Diana Kessler

Mein Mikrobiom, meine Gene und ich

Weitere Titel aus der Reihe

Kosmische Alchemie der Elemente
Die ersten 14 Milliarden Jahre
Karlheinz Langanke, 2024
ISBN 978-3-11-146835-8, e-ISBN 978-3-11-146973-7

Grenzen von Nachhaltigkeit und Ecodesign
Michael Has, 2024
ISBN 978-3-11-144640-0, e-ISBN 978-3-11-144684-4

Warum ist der Himmel blau?
Joachim Breckow, 2024
ISBN 978-3-11-145358-3, e-ISBN 978-3-11-145369-9

Energie – wo kommt sie her
Und seit wann sie uns beschäftigt
Wolfgang Osterhage, 2024
ISBN 978-3-11-115172-4, e-ISBN 978-3-11-115255-4

Faszination Flug
Wirbel, Zirkulation, Auftrieb
Peter Neumeyer, 2024
ISBN 978-3-11-133600-8, e-ISBN 978-3-11-133628-2

Sterngucker
Wie Galileo Galilei, Johannes Kepler und Simon Marius
die Weltbilder veränderten
Wolfgang Osterhage, 2023
ISBN 978-3-11-076267-9, e-ISBN 978-3-11-076277-8

Unterwegs im Cyber-Camper
Annas Reise in die digitale Welt
Magdalena Kayser-Meiller, Dieter Meiller, 2023
ISBN 978-3-11-073821-6, e-ISBN 978-3-11-073339-6

Einstein über Einstein
Autobiographische und wissenschaftliche Reflexionen
Jürgen Renn, Hanoch Gutfreund, 2023
ISBN 978-3-11-074468-2, e-ISBN 978-3-11-074481-1

Lila macht kleine Füße
Können wir unseren Augen trauen?
Werner Rudolf Cramer, 2022
ISBN 978-3-11-079390-1, e-ISBN 978-3-11-079391-8

Zeit (t) – Die Sphinx der Physik
Lag der Ursprung des Kosmos in der Zukunft?
Jörg Karl Siegfried Schmitz-Gielsdorf, 2022
ISBN 978-3-11-078927-0, e-ISBN 978-3-11-078935-5

DE GRUYTER
OLDENBOURG

**DE GRUYTER
POPULÄRWISSEN-
SCHAFTLICHE
REIHE**

Diana Kessler

Mein Mikrobiom, meine Gene und ich

—

Eine grenzenlose Reise ...

DE GRUYTER

Autorin
Dr. Diana Kessler
Winkelweg 48
68305 Mannheim

Illustrationen nach Vorlagen von Diana Kessler
Neugezeichnet von Martin Lay

ISBN 978-3-11-161095-5
e-ISBN (PDF) 978-3-11-161114-3
e-ISBN (EPUB) 978-3-11-161137-2
ISSN 2749-9553

Library of Congress Control Number: 2022949453

Bibliografische Information der Deutschen Nationalbibliothek
Die Deutsche Nationalbibliothek verzeichnet diese Publikation in der Deutschen Nationalbibliografie;
detaillierte bibliografische Daten sind im Internet über http://dnb.dnb.de abrufbar.

© 2025 Walter de Gruyter GmbH, Berlin/Boston, Genthiner Straße 13, 10785 Berlin
Einbandabbildung: Boris SV / Moment / Getty Images
Satz: Meta Systems Publishing & Printservices GmbH, Wustermark

www.degruyter.com
Fragen zur allgemeinen Produktsicherheit:
productsafety@degruyterbrill.com

Für Benjamin, Elisabeth, Johnny und die anderen Homo sapiens

Vorwort

Als ich im Herbst 2020 mein erstes Buch „Von Mund zu Gesund. Wie ein gesunder Mund vor Krankheiten schützt" beendet hatte, wusste ich, dass es noch so viel mehr zu entdecken und zu erzählen gibt.

Die Folge war, dass ich weiterschrieb. Es war mitten in der Corona-Pandemie und die Angst vor etwas ganz, ganz Kleinem, für unsere Augen Unsichtbarem, lähmte uns alle. Doch diese kleinen Wesen waren schon immer in und um uns herum, das erzählte ich den Menschen, die in meine Praxis kamen, ja schon seit über dreißig Jahren.

Und so machte ich mich auf die Reise in die Welt der Mikroben. Als ich am Ende dieser Reise angekommen war, war mein Entdeckungsdrang immer noch nicht gestillt. Das nächste Buch ergab sich aus dem zweiten: ich wollte den Menschen nun auch erklären, wie wir trotz all der vielen Mikroben in und um uns herum als Menschheit und als Einzelne überlebt hatten. So machte ich mich nun auf die Reise, um unser genial funktionierendes Immunsystem zu erkunden.

Naja, inzwischen ist wohl schon klar, wie ich auf die Idee gekommen bin, das nächste Buch zu schreiben. Darin geht es um unsere Gene und die Information, die in unserer DNA und RNA verborgen liegt, und wie wir diese Tag für Tag verwenden. Die drei Bücher sind hier zu einem verschmolzen. Und sie gehören auch zusammen: in jedem von uns ist ein ganzes Universum von menschlichen und Mikrobenzellen verborgen, die miteinander kommunizieren und genial zusammenwirken. Und langsam wird mir auch klar, dass diese Reise grenzenlos ist.

Ich reise für mein Leben gern. Ich finde es immer wieder beeindruckend, wie uns die beim Reisen gemachten Erfahrungen auch ein Stück weit näher zu uns selbst bringen. Lassen Sie sich nun, liebe Leserin und lieber Leser, mit auf diese Reise nehmen!

Mit uns reisen viele wissensdurstige Menschen, von deren Neugier wir uns anstecken lassen wollen. Sie und so viele andere haben unser Verständnis davon, was in und um uns herum geschieht, immer wieder verändert und tun es heute noch, Tag für Tag. Keiner von uns weiß, wo und wie die Reise enden wird, wenn wir den ersten Schritt getan haben. Auf jeden Fall wird es Veränderung geben. Wir werden uns und die Welt um uns herum mit anderen Augen sehen. Los geht's!

https://doi.org/10.1515/9783111611143-202

Inhalt

Teil III: **Die Sprache des Lebens.**
        DNA und RNA

Teil I: **Was wir nicht sehen können. Das unsichtbare Leben der Mikroben**

Die Mikrobe ist nichts, das Milieu ist alles.

Antoine Béchamp (1816–1908)

Einleitung

Meine erste Begegnung mit den kleinen, für unsere Augen unsichtbaren Wesen, machte ich im Biologieunterricht. Es war wohl in der fünften oder sechsten Klasse, da muss ich zehn oder elf Jahre alt gewesen sein.

Ich zeichnete nicht gerne, weil ich der Meinung war, es nicht gut zu können. Deshalb kann ich mich noch genau an meine Anstrengung beim Malen meines Pantoffeltierchens erinnern. Es besteht aus nur einer einzigen Zelle und trägt trotzdem alle Eigenschaften des Lebens in sich. Es ist weniger als einen Viertelmillimeter groß und außen mit Wimpern (Cilien) bedeckt, die wie Wellen schlagen. Wenn es sich schnell bewegt, dreht sich sein ganzer Körper spiralförmig um die eigene Achse. Das sieht wunderschön aus. Hier also ein neuer Zeichenversuch. Ich habe nämlich vor drei Jahren wieder zu zeichnen angefangen, um mein erstes Buch zu illustrieren.

Pantoffeltierchen leben in fast allen Süßwassergewässern, zum Beispiel auch in Pfützen. Ich kann mich noch genau an meinen Heimweg von der Schule an jenem Tag erinnern und wie ich meine Umgebung plötzlich mit ganz anderen Augen sah. Die Pfütze am Straßenrand war plötzlich ein ganzes Universum, in dem diese kleinen Wesen herumschwammen, Bakterien aßen und sich vermehrten – bis zu sieben Mal am Tag. Dabei pflanzen sie sich nicht nur durch Zellteilung – also ungeschlechtlich – fort, sondern manchmal auch geschlechtlich, das nennt man dann Konjugation. Zwei Pantoffeltierchen legen sich dazu an ihren Mundfeldern aneinander – wie wenn sie sich küssen würden. Das alles stellte ich mir ganz romantisch vor, während ich die Pfütze beobachtete.

Später im Leben lernte ich in der Schule, im Studium und in Fortbildungen viele dieser kleinen Wesen kennen, die wir nicht mit dem bloßen Auge sehen können und

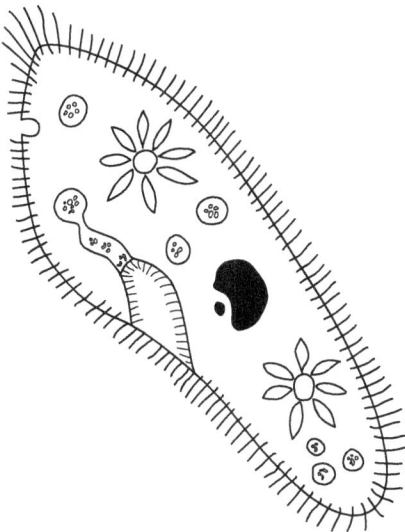

Pantoffeltierchen.

https://doi.org/10.1515/9783111611143-001

die unsere Erde, unseren Körper – und wer weiß, vielleicht auch unser Weltall – bevölkern, und das schon viel, viel länger als wir hier sind. Das sind unter anderem Archaeen, Bakterien, viele Pilze, mikroskopische Algen und Protozoen (zu denen auch das Pantoffeltierchen gehört). Die Gruppe der Viren stellt eine Sondergruppe dar, da sie keine eigentlichen Lebewesen sind. Sie „leben" nur innerhalb von anderen, für sie geeigneten Wirtszellen, wo sie auf deren Stoffwechsel angewiesen sind. Prozentual gesehen sind nur äußerst wenige dieser Kleinstlebewesen für uns Menschen gefährlich. Jene aber, die es sind, können uns nicht nur krank machen, sondern sogar das Leben kosten.

Seit über 30 Jahren arbeite ich nun schon in einem kleinen Stadtteil von Mannheim als Zahnärztin. In meiner Praxis gibt es natürlich auch überall Mikroben, man nenn sie auch Mikroorganismen. Damit sich die Menschen, die zu mir in die Praxis kommen, nicht mit krankheitserregenden Keimen anstecken, haben wir einen vorgegebenen Hygieneplan, an den sich alle Mitarbeiterinnen halten. Wir visualisieren dann oft, was genau mit den Mikroben um den Behandlungsstuhl herum, auf den Instrumenten oder auf den umgebenden Flächen passiert und wie wir alles möglichst keimfrei erhalten. Die jährlichen Hygienekosten für eine Einzelpraxis in Deutschland beliefen sich 2016 laut einer Studie des Instituts der Deutschen Zahnärzte auf 65.000 Euro und sind seit dem Ausbruch der Corona-Pandemie wahrscheinlich noch gestiegen.

Am 11. März 2020 hat die WHO (World Health Organization) COVID-19 zur Pandemie erklärt. Die anfängliche Verunsicherung war sehr groß. Plötzlich stand unsere ganze Welt Kopf und sie ist bis zum heutigen Tag verändert.

Natürlich waren auch die Menschen, die in meine Praxis kamen, verunsichert. Da half es ihnen sehr, wenn ich ihnen erklärte, dass eine gesunde Mundhöhle eine sehr wirksame Barriere gegen das Eintreten von krankmachenden Keimen, also auch gegen Coronaviren ist. Außerdem beruhigte es sie, wenn ich ihnen sagte, dass wir sie schon immer gegen alle möglichen Keime geschützt haben, zum Beispiel Tuberkulose, Hepatitis, HIV und viele andere.

Trotzdem war es nur verständlich, dass die Bedrohung durch das neuartige Coronavirus den Menschen Angst machte. Durch die Fortschritte in der Medizin wähnten wir, die Menschen aus den Industrieländern, uns in Sicherheit vor den meisten Infektionskrankheiten. Es war wie ein Schock und die Menschheit befand sich in einer Schockstarre.

Dabei haben vor nicht allzu langer Zeit ansteckende Krankheiten noch viele Opfer gefordert. Meine Ururgroßmutter hatte noch Ende des 19. Jahrhunderts die Hälfte ihrer 14 Kinder überlebt und starb selbst, als ihr jüngster Sohn erst 2 Jahre alt war. Die meisten ihrer Kinder fielen Infektionskrankheiten zum Opfer: Diphtherie, Tuberkulose oder einer einfachen Lungenentzündung. Der einzige jüngere Bruder meines Vaters starb schon als Baby an einer Lungenentzündung und mein Vater wuchs ohne Geschwister auf. Meine Großmutter trauerte ihrem zweiten Sohn lebenslänglich nach.

In diesem Buch möchte ich Sie mit auf die Reise nehmen, um diese kleinen Wesen um uns herum kennenzulernen. Die meisten davon sind, wie bereits erwähnt, für uns nicht nur harmlos, wie die Pantoffeltierchen aus der Pfütze, einige davon schützen uns sogar vor vielen Krankheiten, und zwar mit der Unterstützung unseres genial funktionierenden Immunsystems. Durch das Wissen und das Verständnis dessen, was sich auf dieser mikroskopischen Ebene abspielt, können wir unsere Welt und uns selbst besser verstehen, uns vor Krankheiten schützen und sogar heilen.

Auf unserer Entdeckungsreise werden wir uns dabei von einigen der vielen Menschen begleiten lassen, die zur Entdeckung der Welt der Mikroben und ihres Zusammenlebens mit uns beigetragen haben. Fast genauso spannend wie die Welt der Mikroorganismen selbst ist die Geschichte ihrer Entdeckung, Beschreibung, Sichtbarmachung und Erforschung und wie sich die Vorstellung der Menschen über die Welt, in der sie lebten, durch diese Einsichten veränderte. Wir werden erleben, wie sich unsere Forschenden begeistern, auf Irrwege geraten, bekämpfen, beschimpfen und sich nicht selten als Rivalen gegenüberstehen. Wir werden auch erleben, dass sie sich gegenseitig unterstützen, verehren und freundschaftlich zusammenarbeiten. Wir haben bis heute schon vieles darüber verstanden, „was die Welt im Innersten zusammenhält", wie es Goethe in seinem „Faust" ausdrückt. Trotzdem dürfen wir niemals vergessen, dass wir uns heute auch nur auf dem Weg befinden und bei weitem noch nicht alles wissen. Auch heute noch irren die Menschen, stellen Vermutungen auf, die nirgends münden, müssen sich neue Theorien und Erkenntnisse gegen alte, eingefahrene durchsetzen.

Lassen Sie uns jetzt gemeinsam in das Holland des 17. Jahrhunderts eintauchen, dahin, wo der erste Mensch die erste Mikrobe zu sehen bekam.

1 Die Neugier eines Tuchmachers aus Delft

Als Antoni van Leeuwenhoek vor mehr als dreihundert Jahren das erste Lichtmikroskop mit einer etwa 270-fachen Vergrößerung baut und damit Wasser aus einem nahegelegenen Süßwassersee beobachtet, entdeckt er als erster Mensch die kleinen unsichtbaren Wesen, die er liebevoll „kleyne dierkens" oder „diertgens" nennt, in der englischen Übersetzung nannte man sie „animalcules". Er weiß damals noch nicht, dass dies der erste Schritt in eine bis dahin unbekannte, da mit dem Auge unsichtbare Welt ist, in der 99,99 Prozent aller unserer Mitbewohner auf dieser Erde zu Hause sind. Mikroorganismen stellen mit 70 Prozent auch den größten Anteil an lebender Materie auf unserem Planeten dar.

Was er auch noch nicht ahnt: die Kleinen sind schon viel, viel länger auf dieser Welt als der Mensch. Bis heute noch weiß man nicht so ganz genau, wie lange es das Universum, die Erde und Leben darauf gibt, es gibt jedoch schon wissenschaftliche Schätzungen, die im Laufe der Zeit erstellt worden sind.

Fangen wir also mit dem Anfang an: mit der Entstehung des Universums. Nach dem heutigen Stand der Wissenschaft gab es vor 14 Milliarden Jahren gar nichts; keine Materie, keinen Raum und keine Zeit. Vor etwa 13,8 Milliarden Jahren ereignete sich etwas Unglaubliches: man nennt es den Urknall, im Englischen „Big Bang". Seither dehnt sich das Universum immer weiter aus. Vor etwa 4,5 Milliarden Jahren entstand unsere Erde durch eine Verdichtung aus Kometen, Asteroiden, Gas und Staub. Am Anfang war sie von einer brodelnden Oberfläche aus glühend heißem zähflüssigem Magma bedeckt – einem Gesteinsbrei wie es ihn im Inneren der Erde bei großer Hitze (über 6000 Grad Celsius!) und hohem Druck immer noch gibt. Wenn Vulkane ausbrechen, wird Magma an die Oberfläche befördert und heißt dann Lava. Während ich diese Zeilen schreibe, erreicht mich gerade die Nachricht, dass gestern ein alter schlummernder Vulkan auf La Palma, einer Kanareninsel, ausgebrochen ist und tausende Menschen vor den Lavaströmen fliehen.

Am Anfang war unsere Erde also wie ein heißer Ball, der aus geschmolzenen Stoffen bestand: Metallen, Gesteinen, eingeschlossenem Wasser, Gasen und vielem mehr. Im Laufe der Zeit sanken die schweren Stoffe nach unten ab, vor allem die Metalle. Die leichteren Gesteine stiegen nach oben und kühlten langsam aus, bis sie erstarrten. Heute besteht die Erde aus drei Hauptschichten: außen eine relativ dünne Schale, die Erdkruste. Sie ist im Durchschnitt nur etwa 35 Kilometer dick. Darunter folgt der Erdmantel aus schwerem, zähflüssigem Gestein mit etwa 3000 Kilometern Dicke. Und ganz im Innern liegt der Erdkern, der aus Eisen und Nickel besteht. Dabei unterscheiden wir einen etwa 2200 Kilometer dicken äußeren Erdkern, in dem das Metall bei über 5000 Grad Celsius geschmolzen und so dünnflüssig wie Quecksilber ist. Darin eingebettet liegt das Innerste der Erde, der innere Erdkern, und der ist, trotz der dort herrschenden 6000 Grad Celsius, wegen des hohen Drucks fest.

Die Erde kühlte mit der Zeit immer weiter ab, bis sich auf ihrer äußeren Kruste Wasser sammeln konnte: es entstanden Meere. Und diesen Meeren entsprang vor etwa 3,8 Milliarden Jahren das Leben.

https://doi.org/10.1515/9783111611143-002

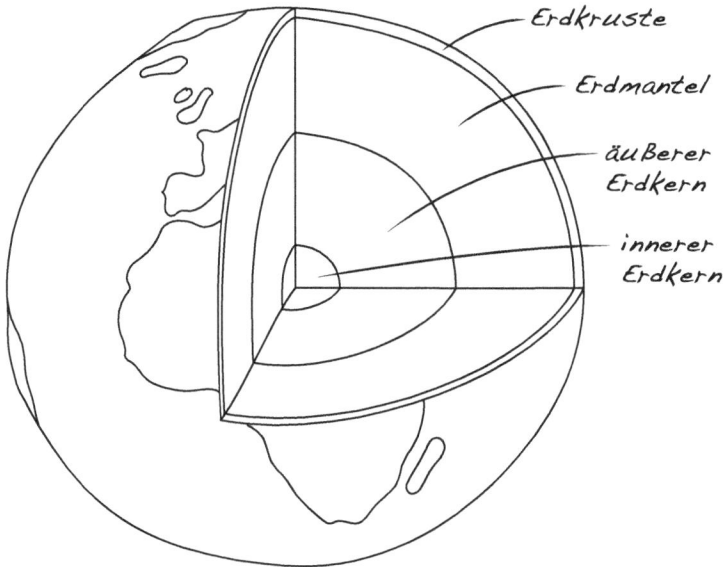

Aufbau der Erde.

Ich kann mich noch sehr lebhaft an meine Promotionsfeier im Juni 1991 in der Alten Aula der Universität Heidelberg erinnern. Es war alles sehr feierlich und aufregend, meine Eltern und mein Bruder waren da, und allein schon die alten Wände, der Boden und die Möbel, zwischen denen schon so viele Generationen von Studierenden aller möglichen Wissenschaften, der Medizin, des Rechts oder der Philosophie gesessen hatten, ließen mein Herz schneller schlagen. Ein indischer Sitar-Spieler begleitete die Zeremonie. Und jemand hielt einen Vortrag mit dem Titel „Das Leben. Ein einzigartiger Gewinn im Roulette der Moleküle?". An den Namen des Referenten kann ich mich nicht mehr erinnern, aber ich fühlte in jenem Moment eine so unendliche Dankbarkeit darüber, dass ich die Chance bekommen hatte, auf dieser Welt zu sein, dass es mich zu Tränen rührte.

Um die Entstehung unserer Erde und des Lebens darauf im Laufe der Zeit zu veranschaulichen, hier ein kleines Gedankenspiel. Ich bin jetzt 55 Jahre alt. Wäre ich die Erde, hätte sich, als ich etwa achteinhalb Jahre alt war, auf meiner Oberfläche das erste einzellige Lebewesen entwickelt, um mein 30. Lebensjahr herum wären daraus Mehrzeller hervorgegangen, mit 53 wären die ersten Säugetiere darauf spazierengegangen und vor nur acht Tagen der erste Mensch.

Aber kehren wir zu Antoni van Leeuwenhoek zurück. Er wird am 24. Oktober 1632 in Delft, Holland, als Sohn eines Korbmachers geboren, seine Mutter stammt einer Familie von Bierbrauern ab. Er ist das fünfte Kind nach vier Schwestern. In seiner Heimatstadt leben zu jener Zeit etwa 21.000 Menschen. Sein Vater stirbt sehr früh und die Mutter heiratet wieder. Nachdem sein Stiefvater 1648 verstirbt, wird er nach Amsterdam zu einem Tuchmacher in die Lehre geschickt.

Als er im Alter von 20 Jahren nach Delft zurückkehrt, lässt er sich als Tuchmacher und Kurzwarenhändler nieder. 1654 heiratet er die Tochter eines Tuchhändlers und bekommt mit ihr fünf Kinder, von denen nur eines die Kindheit überlebt, seine Tochter Maria; seine Frau stirbt 1666. Van Leeuwenhoek heiratet 1671 erneut; seine zweite Frau verstirbt 1694.

Im Jahre 1660 tritt er eine Stelle als Kämmerer bei den Sheriffs von Delft an. Dadurch, dass sein Einkommen nun gesichert ist, kann er es sich leisten, einen Großteil seiner Zeit seinem Hobby, dem Schleifen von Linsen zur Untersuchung kleiner Gegenstände, zu widmen. Seine Faszination für die vergrößernden Linsen stammte sehr wahrscheinlich aus seiner Zeit als Tuchmacher. Diese benutzten solche Linsen, um die Stoffqualität zu beurteilen. Das beeindruckend illustrierte Buch von Robert Hooke, „Micrographia: oder einige physiologische Beschreibungen von winzigen Körpern durch Vergrößerungsgläser mit Beobachtungen und Untersuchungen darüber.", auf das van Leeuwenhoek scheinbar auf einer Reise nach London aufmerksam geworden war, scheint dabei auch eine Rolle gespielt zu haben.

Mit den kleinen, einfachen Mikroskopen, die er bastelt, beobachtet er alles um sich herum. Er war mit Sicherheit einer der ungewöhnlichsten Wissenschaftler aller Zeiten. Er hatte weder Vermögen, noch hatte er eine höhere Bildung oder gar einen universitären Abschluss. Er sprach auch keine andere Sprache als seine Muttersprache, Holländisch.

Delft, die Stadt in der Antoni van Leeuwenhoek bis zu seinem Tod lebt – er wird 90 Jahre alt –, ist damals ein pulsierendes Handelszentrum mit gepflasterten Straßen und Grachten, die die Stadt durchziehen. Es gibt viele wunderschöne Malereien, die das Delft jener Zeit farbenfroh erstrahlen lassen. Der berühmte holländische Maler Jan Vermeer ist sogar im gleichen Monat des Jahres 1632 wie van Leeuwenhoek geboren. Man weiß allerdings nicht, ob die beiden sich gekannt haben.

Man schätzt, dass er im Laufe seines Lebens über 500 „Mikroskope" hergestellt hat, zehn davon sind bis heute erhalten. Die sehr dünn und perfekt symmetrisch geschliffenen Linsen sind meist nur sehr klein – manche kaum größer als ein Stecknadelkopf – und in der Regel zwischen zwei dünnen, zusammengenieteten Messingplatten montiert. Mit einem kleinen Stift befestigt er das zu beobachtende Objekt vor der Linse und justiert dessen Position mit ein paar Schrauben. Wie er damit mikroskopierte, ist heute immer noch ein Rätsel und er hielt seine Methode auch geheim. Er muss wohl durch eine besondere Beleuchtungstechnik die Wirksamkeit der Linsen optimiert haben. Auf jeden Fall braucht er ganz viel Geduld, um all jene Dinge zu beobachten, und er schreibt und zeichnet alles mit großer Liebe zum Detail auf, was er sieht. Anhand seiner Beschreibungen sind viele Mikroorganismen auch heute auf Anhieb zu erkennen.

Obwohl vor ihm schon andere Menschen Mikroskope gebaut hatten, war es diesen bis dahin nicht gelungen, Gegenstände mehr als zwanzig- bis dreißigmal zu vergrößern. Mit seiner Technik erreicht er eine bis zu 270-fache Vergrößerung. Was Antoni van Leeuwenhoek also sieht, hatte noch nie ein Mensch vor ihm gesehen. Was für ein Gefühl das gewesen sein muss!

Man könnte es vielleicht mit dem Gefühl vergleichen, das Christoph Kolumbus knapp zweihundert Jahre zuvor bei der Entdeckung Amerikas – der Neuen Welt – gehabt haben muss. Aber, obwohl dieser zwischen 1492 und 1504 insgesamt vier Entdeckungsreisen in die Neue Welt unternommen hatte, wusste er bis an sein Lebensende nicht, dass er nicht in Indien gelandet war. Erst Amerigo Vespucci erkannte in seinen Expeditionen, dass Kolumbus sich getäuscht hatte. Nach ihm wurde der neue Kontinent dann auch Amerika genannt. Auch heute gibt es noch dieses Phänomen, dass ein Forscher manchmal nur das sieht, was er zu sehen erwartet.

Natürlich konnte Antoni van Leeuwenhoek zu seinen Lebzeiten die Tragweite seiner Entdeckungen noch nicht in ihrem vollen Umfang überblicken. Dazu würde es noch Jahrhunderte brauchen und selbst heute fangen wir wahrscheinlich gerade erst damit an, die Welt der Mikroorganismen zu verstehen.

Einer seiner Freunde, der in Delft praktizierende Arzt Reinier de Graaf, bringt ihn 1673 mit der erst ein paar Jahre zuvor (1660) gegründeten Royal Society of England in Kontakt, der er fortan Briefe schreibt; es werden bis zu seinem Lebensende über 300. Dass dieser Kontakt fruchtet, ist insofern bemerkenswert, da er mitten im Englisch-Niederländischen Krieg stattfindet. Die Wissenschaftler jener Zeit scheinen sich durch Politik nicht haben beeinflussen lassen.

Zwischen 1673 und 1723 teilt er der Royal Society die meisten seiner Entdeckungen mit, die größtenteils in den „Philosophical Transactions" der Gesellschaft veröffentlicht werden. Van Leeuwenhoek schreibt alle Briefe auf Holländisch, sie werden von Henry Oldenburg, einem langjährigen Sekretär der Royal Society, der nur zu diesem Zweck Holländisch gelernt hatte, ins Englische oder Lateinische übersetzt. Von den über 300 Briefen wählt er 38 für ein Buch aus, das er 1695 unter dem Titel „Arcana naturae detecta" (Enthüllte Geheimnisse der Natur) veröffentlicht. Sowohl die Briefe als auch das Buch wurden digitalisiert und man kann sie im Internet bewundern.

Am 19. Januar 1680 wird van Leeuwenhoek von der Royal Society einstimmig zum ordentlichen Mitglied gewählt; das Diplom, das ihm zugeschickt wird, ist auf Holländisch verfasst. Bis heute ist er mit Abstand der Autor mit den meisten Veröffentlichungen in den „Philosophical Transactions", die die Royal Society seit 1665 publiziert hat.

Es gibt einige Zeichnungen und Gemälde, auf denen van Leeuwenhoek abgebildet ist. Er trägt – wie in jener Zeit üblich – eine lange gelockte Perücke und hat einen feinen Oberlippenbart. Auf den meisten Bildern lächelt er. Lassen Sie uns jetzt einen kleinen Entdeckungsspaziergang mit ihm machen und die Welt jener Zeit mit seinen Augen – und seinen selbstgeschliffenen Linsen – betrachten.

Die ersten Mikroorganismen sieht van Leeuwenhoek wahrscheinlich 1674 bei der Untersuchung einer Wasserprobe aus einem Süßwassersee nahe Delft, dem Berkelse Mere, und beschreibt sie in einem Brief vom 7. September an Henry Oldenburg, so:

Antoni van Leeuwenhoek (um 1680). Quelle: https://de.wikipedia.org/wiki/ Antoni_van_Leeuwenhoek#/media/Datei: Antonius_van_Leeuwenhoek._Mezzotint_ by_J._Verkolje,_1686,_af_Wellcome_ V0003466.jpg

„Zwischen diesen waren viele kleine Animalcules, einige rund, einige etwas größer und oval. Letztere hatten zwei kleine Beine nahe dem Kopf und zwei kleine Flossen am hintersten Ende des Körpers. Andere waren länglicher, sie bewegten sich sehr langsam und kamen selten vor. Diese Animalcules hatten verschiedene Farben, einige weißlich und transparent, andere grün und mit sehr glitzernden Schuppen. Wieder andere waren in der Mitte grün und vorne und hinten weiß. Andere waren aschgrau. Die Bewegung der meisten dieser Animalcules war so schnell und so variabel, hoch, runter und herum, dass es wundervoll anzuschauen war. Einige dieser kleinen Kreaturen waren über tausendmal kleiner, als die kleinsten Tiere, die ich je gesehen habe, auf der Rinde von Käse, in Weizenmehl, Schimmel und dergleichen." Neugierig geworden, untersucht er weiterhin Regenwasser, Fluss-, Brunnen- und Meerwasser. Er ist sicherlich auch wie ich von den Pfützen am Straßenrand fasziniert gewesen ...

Im Jahre 1683 wird er auf den Zahnbelag zwischen seinen eigenen Zähnen aufmerksam. In einem Brief vom 17. September schreibt er darüber: „eine kleine weiße Substanz, die so dick ist, als wäre sie aus Teig". Bei zwei Frauen – das waren wahrscheinlich seine Frau und seine Tochter Maria – und zwei alten Männern, die sich noch nie im Leben die Zähne geputzt hatten, entnimmt er ebenfalls Proben. Dazu muss man wissen, dass Zähneputzen in jener Zeit – besonders für Männer – als dekadent angesehen wird. Das gilt nicht für ihn selbst: er beschreibt sehr detailliert,

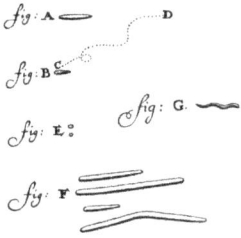

Erste Zeichnung von Bakterien aus dem Zahnbelag
von Antoni van Leeuwenhoek.
Quelle: https://de.wikipedia.org/wiki/Antoni_van_Leeuwenhoek#/media/
Datei:Leuwenhoek_picture_of_animacules.png

wie er seine Zähne mit Salz reinigt, den Mund danach mit Wasser ausspült und Zahn-
stocher für die Zahnzwischenräume verwendet.

Schließlich berichtet van Leeuwenhoek, wie es in seinem eigenen Mund aussieht:
„Ich sah dann meistens mit großem Erstaunen, dass in der besagten Materie viele
sehr kleine lebende Tierchen waren, die sich sehr hübsch bewegten. Die größte Art …
hatte eine sehr starke und schnelle Bewegung und schoss durch das Wasser (oder
den Speichel) wie ein Hecht durch das Wasser. Die zweite Art … drehte sich oft wie
ein Kreisel … und diese waren viel zahlreicher." Dazu schreibt er beeindruckender-
weise: „Alle Menschen, die in den Vereinigten Niederlanden leben, sind nicht so zahlreich wie die lebenden Tiere, die ich heute in meinem Mund habe." Heute weiß man,
dass im Mund eines jeden von uns mehr Mikroorganismen leben als Menschen auf
der ganzen Welt.

Im Mund eines der alten Männer findet van Leeuwenhoek „eine unglaublich
große Gesellschaft von lebenden Tierchen, die flinker schwammen als alle, die ich
bis jetzt gesehen hatte. Die größten von ihnen … bogen ihre Körper in Kurven, um
vorwärtszukommen. … Auch die anderen Tiere waren so zahlreich, dass das ganze
Wasser lebendig zu sein schien." Die Zeichnung, die er zu den in seinem Zahnbelag
gefundenen Wesen verfasst, gilt als die älteste Abbildung von Bakterien aller Zeiten
und ist in die Geschichte der Mikrobiologie eingegangen.

Er spült seinen Mund sogar mit Weinessig aus und stellt fest, dass einige „dierkens" sterben, ein erster Hinweis auf die Antiseptik, mit der sich später noch viele
Forschende beschäftigen würden. Andere Lebewesen jedoch, vor allem solche, die
zwischen den Zähnen sitzen, überleben. Auf diese Weise beschreibt er als erster die
schützende Wirkung eines Biofilms für die darin lebenden Mikroben.

Nicht alle seiner Beobachtungen haben bis heute Bestand. In einem frisch gezoge-
nen Zahn findet van Leeuwenhoek einmal drei Würmer – zwei tote und einen lebenden. Er berichtet, dass seine „Frau herzhaft von altem Käse aß, der von Fäulnis befallen war und viele kleine Würmer in sich hatte". Zu jener Zeit ging man nämlich
davon aus, dass für die Entstehung von Karies ein „Zahnwurm" verantwortlich ist.
Erst über zwei Jahrhunderte später kann Willoughby Dayton Miller zeigen, dass Milch-
säurebakterien durch Entkalkung in die Zahnhartsubstanz eindringen und sie zerstören können.

All seine Beobachtungen schreibt und zeichnet der begeisterte Entdecker auf und
schickt die Aufzeichnungen an die Royal Society. Diese ist sehr interessiert, anfangs

aber auch etwas skeptisch. Am 5. Oktober 1677 sendet van Leeuwenhoek acht Stellungnahmen von angesehenen Persönlichkeiten nach London, darunter der Pastor der englischen Gemeinde in Delft, zwei lutherische Pastoren aus Delft und Den Haag und ein Notar. Ich stelle ihn mir lebhaft vor, wie er diese angesehenen Männer mit einem seiner Mikroskope und einer Probe aus Regenwasser oder Zahnbelag besucht und sie um eine Stellungnahme bittet. Schließlich nimmt sich Robert Hooke, der selbst ein berühmter Mikroskopierer und Fellow der Royal Society ist, der Sache an. Bei drei Sitzungen der Royal Society, am 1., 8. und 15. November des gleichen Jahres, führt Hooke Demonstrationen durch, die die Mitglieder überzeugen. Van Leeuwenhoeks Entdeckungen werden ab sofort nicht mehr angezweifelt und die Neuigkeit darüber verbreitet sich sehr schnell. Plötzlich ist er eine Berühmtheit. Im Laufe der Jahre wird er von Gottfried Leibniz, John Locke, Wilhelm III. von Oranien und seiner Frau, Maria II. von England, sowie dem Zaren Peter dem Großen besucht, die sich von ihm die winzigen Lebewesen zeigen lassen.

Van Leeuwenhoek befasst sich in seinem langen Leben nicht nur mit Mikroorganismen, er ist auch der erste, der Muskelfasern, Spermien, rote Blutkörperchen oder Kristalle in Gichttophi mikroskopisch untersucht und den Blutfluss in Kapillaren beobachtet. Die Mitteilung über die Entdeckung von Samenzellen macht ihm dabei besonders zu schaffen. Den Text dazu lässt er, bevor er ihn nach London schickt – im Gegensatz zu allen anderen –, ins Lateinische übersetzen und bittet die Mitglieder der Royal Society, den Brief nicht zu veröffentlichen, wenn sie ihn für anstößig halten. Außerdem versichert er, dass die Samenflüssigkeit, die er untersucht hatte, von ihm selbst stammt und der Überrest eines ehelichen Beischlafs war und nicht etwa, weil er selbst gesündigt hatte.

Maria, seine einzige Tochter, die überlebt hatte, bleibt unverheiratet und führt nach dem Tode seiner zweiten Frau bis zu seinem Lebensende den Haushalt. Antoni van Leeuwenhoek stirbt am 26. August 1723, fast genau zwei Monate vor seinem 91. Geburtstag, und wird in der Oude Kirk in Delft beigesetzt, Maria folgt ihm am 25. April 1745 nach. Die Inschrift auf dem Grabmal lautet: „Hier ruht Anthony van Leeuwenhoek, ältestes Mitglied der Royal Society in London. Geboren am 24. Oktober 1632 in Delft und gestorben am 26. August 1723 im Alter von 90 Jahren, 10 Monaten und 2 Tagen. An den Leser: Wenn jeder, oh Wanderer, Ehrfurcht vor dem Alter und wunderbaren Gaben hat, so setzt Euren Schritt hier respektvoll. Hier ruht die ergraute Wissenschaft in Leeuwenhoek. Und Maria van Leeuwenhoek desselben Tochter, die am 22. September 1656 in Delft geboren wurde und am 25. April 1745 verstarb."

Antoni van Leeuwenhoek hat durch seinen unendlichen Wissensdurst und seine Begeisterungsfähigkeit der Nachwelt viel hinterlassen. Besonders beeindruckend finde ich, dass er die entdeckten Wesen ganz liebevoll „kleyne dierkens" nennt und alles um sich herum ohne zu werten beschreibt. Wie traurig wäre er gewesen, zu erfahren, dass viele ihm nachfolgende Generationen die kleinen Kreaturen hauptsächlich als Feinde betrachten würden, die Krankheit und Tod mit sich bringen.

Als später, in den 1730-er Jahren der berühmte schwedische Botaniker und Zoologe Carl von Linné anfängt, alle Pflanzen und Tiere zu kategorisieren, fasst er die

Mikroben in der Gattung „Chaos" (formlos) und dem Stamm „Vermes" (Würmer) zusammen. Das war für ihn schon eine Sisyphusarbeit, aber wie würde er heute staunen, wenn sich ihm die ganze mikrobielle Welt erschließen würde! Der berühmte Linné, der später geadelt und, latinisiert, als Carolus Linnaeus bekannt ist, liebt es, lange und schmeichelhafte Porträts seiner selbst zu verfassen und schlägt sogar vor, dass auf seinem Grabstein die Inschrift „Princeps Botanicorum" (Prinz der Botaniker) stehen sollte. Es war keine gute Idee, diese überhöhte Einschätzung seiner selbst in Frage zu stellen, da man Gefahr lief, den Namen irgendeines Unkrauts oder Ungeziefers davonzutragen. Würde er heute noch leben und die vielen neu entdeckten Bakterien und Viren kategorisieren, hätte er seine wahre Freude daran!

Auch auf ein weiteres Detail der Geschichte möchte ich an dieser Stelle hinweisen: Ohne die Zusammenarbeit van Leeuwenhoeks mit anderen Wissenschaftlern jener Zeit wie Reinier de Graaf, Henry Oldenburg, Robert Hooke und einigen anderen wären die faszinierenden Entdeckungen nicht oder erst viel später ins Bewusstsein der Öffentlichkeit gelangt. Wir werden in der Geschichte der Erforschung von Mikroorganismen noch viele Fälle erleben, in der diese kollegiale Zusammenarbeit nicht so gut funktioniert hat, oftmals mit fatalen Folgen. Aus meiner über 30-jährigen Erfahrung als Zahnärztin kann ich selbst leider berichten, dass sie nur selten funktioniert. Es ist höchste Zeit, sich von unseren Kollegen aus dem 17. Jahrhundert inspirieren zu lassen und die Grenzen, die sich noch immer so hartnäckig zwischen einzelnen Fachdisziplinen der Wissenschaft und der Medizin halten, zu überwinden.

Clifford Dobell, der sich 25 Jahre lang mit dem Leben und Wirken von van Leeuwenhoek beschäftigt und zu diesem Zweck sogar das Niederländisch des 17. Jahrhunderts gelernt hat, schreibt dazu in seinem 1932 erschienenen Buch „Antony van Leeuwenhoek und seine Tierchen: Ein Bericht über den Vater der Protozoologie und Bakteriologie und seine vielfältigen Entdeckungen in diesen Disziplinen": „Deshalb, lieber Leser, treffen Sie Herrn van Leeuwenhoek (einen einfachen und gewöhnlichen toten Holländer), schütteln Sie ihm die Hand und hören Sie sich an, was er zu sagen hat. Wenn Sie das getan haben, werden Sie nicht nur die wahre Bedeutung des missbräuchlich verwendeten Begriffs „wissenschaftliche Forschung" kennen, sondern auch erkennen (so hoffe ich), dass Sie auf dem Weg des Friedens und des Fortschritts bereits weiter gegangen sind als einige der hochentwickelten Menschen, die jetzt feierlich in Genf oder bei den Versammlungen der gelehrtesten und modernsten und königlichen und wissenschaftlichen Gesellschaften sitzen (Gott segne und behüte sie alle!).

Für meinen Teil möchte ich nur hinzufügen – obwohl es jetzt offensichtlich sein muss –, dass die Erstellung dieses Buches für mich eine Arbeit der Liebe war: und so wird es mit all seinen offensichtlichen Unvollkommenheiten Ihnen, lieber Leser, und allen anderen Liebhabern von Leeuwenhoek und seinen „kleinen Tieren" und allem anderen, was eine solche Liebe mit sich bringt, angeboten. Lebt wohl."

Mit diesen schönen Worten verabschieden wir uns von Antoni van Leeuwenhoek, tauchen in das Wien des 18. Jahrhunderts ein und begeben uns direkt an den kaiserlichen Hof.

2 Kaiserin Maria Theresia und die Pocken

Diese Umarmung hätte für sie tödlich enden können. Als die Kaiserin Maria Theresia am 22. Mai des Jahres 1767 ihre schwer an Pocken erkrankte Schwiegertochter Maria Josepha von Bayern zum letzten Mal umarmt, bevor diese in ihr Krankenzimmer eingeschlossen wird und eine Woche später stirbt, steckt sie sich bei ihr an. Der ganze Wiener Hof, ja die ganze Stadt bangt um ihr Leben, die Menschen reisen sogar aus den benachbarten Ortschaften an, um für ihre Kaiserin zu beten. Sie laufen haufenweise zur Hofburg, um zu erfahren, wie es ihr geht. In den Straßen sieht man sie erschüttert weinen. Immerhin starb zu jener Zeit jeder dritte der Erkrankten und die Überlebenden waren nicht nur durch deutlich erkennbare Narben gezeichnet, sie konnten in schweren Fällen auch erblinden, ihr Gehör verlieren, Hirnschäden oder andere schwere Schäden davontragen.

Den Bediensteten des Hofes wird befohlen, sich in der Hofkapelle zum Bittgebet zu versammeln. Maria Theresias Sohn Joseph lässt sich – wie ihr Leibarzt Gerard van Swieten – ein Lager in einer der Antekammern des Palastes aufschlagen und weicht kaum von ihrer Seite.

Als 1. Juni erhält die damals 50-jährige Maria Theresia die Sterbesakramente. Wie durch ein Wunder überlebt sie. Schon am 2. Juni geht es ihr besser und der Jubel bei Hof und bei der Wiener Bevölkerung ist groß. Am 14. Juni finden in den Kirchen Wiens Dankgottesdienste mit Pauken und Trompeten statt. Die Bürger der Stadt überbieten sich gegenseitig mit Freudenbekundungen in der Öffentlichkeit, es werden Dutzende von Dankpredigten, -gedichten und -reden gedruckt. Als die Kaiserin am 22. Juni zum ersten Mal wieder durch die Stadt zur Kirche fährt, stehen die Menschen an den Straßen Spalier und jubeln ihr zu, was sie sehr rührt.

Doch im Oktober des gleichen Jahres erkrankt ihre Tochter Maria Josepha auch an den Pocken und stirbt 11 Tage später. Sie ist damit das vierte ihrer Kinder, das sie an die Seuche verliert: ihre erste Tochter Maria Elisabeth mit drei Jahren, Johanna mit zwölf, Karl mit 16 und jetzt Maria Josepha, fünfzehnjährig. Die Kaiserin ist Mutter von sechzehn Kindern, von denen sie sechs überlebt. Wenn ich mir als Mutter von zwei Kindern dies auch nur vorstelle, wird mir ganz anders dabei. Und dabei denke ich auch an meine Ururgroßmutter, der ein ähnliches Schicksal widerfahren ist.

Maria Theresia soll einmal gesagt haben: „Lieber ein mittelmäßiger Frieden als ein glorreicher Sieg." Als Mutter von 16 Kindern kann man das nur sehr gut nachvollziehen. Die Pocken soll sie einmal den Erzfeind des Hauses Habsburg genannt haben. Sobald sie sich von ihrer Krankheit erholt hat, nimmt sie den Kampf gegen die Seuche auf. Das erinnert mich an die Aussagen vieler Politiker in der Zeit der Corona-Pandemie, die ebenfalls vom „Kampf" gegen das Coronavirus sprachen.

Schon 1745 hatte Maria Theresia den aus Leiden in den Niederlanden stammenden Mediziner Gerard van Swieten an den Wiener Hof kommen lassen, er war über viele Jahre ihr Leibarzt und ihr Berater in Sachen Gesundheit. Zum Beispiel sendet sie ihn im Jahre 1755 nach Mähren – heute ein Gebiet in der Tschechei –, um den

https://doi.org/10.1515/9783111611143-C03

Berichten über Vampire in den osteuropäischen Teilen des Kaiserreichs nachzugehen. In seiner „Abhandlung des Daseyns der Gespenster" zieht er natürliche Ursachen als Erklärung heran, zum Beispiel Gärungsprozesse. Andere Mediziner stützen seine Theorie oder sie machen Seuchen für das vermehrte Sterben in den Dörfern verantwortlich, das damals auf Vampire zurückgeführt wurde. Aufgrund seines Berichtes erlässt Maria Theresia ein Verbot für alle traditionellen Abwehrmaßnahmen gegen Vampire wie Pfählen, Köpfen oder Verbrennen. Van Swieten erlangt später Berühmtheit: er ist die Vorlage für den Vampirjäger Van Helsing in Bram Stokers Roman „Dracula".

1768 beruft Maria Theresia den niederländischen Arzt und Botaniker Jan Ingenhousz an den Hof, der die kaiserlichen Kinder mittels der sogenannten Variolation behandelt, um sie vor den Pocken zu schützen. Maria Theresia wird zu einer der glühendsten Verfechterinnen dieser Methode und trägt in hohem Maße dazu bei, dass sie sich in Europa verbreitet. Bezeichnenderweise verordnet sie jedoch keine allgemeine Immunisierungspflicht.

Die Variolation, die man früher auch als Inokulation bezeichnete, war erst Anfang des 18. Jahrhunderts im Westen Europas unter anderem durch die schöne Lady Mary Wortley Montagu bekanntgeworden, wurde aber in anderen Teilen der Welt schon seit dem Anfang des zweiten Jahrtausends n. Chr. praktiziert. Lassen Sie uns auf die Suche nach den Ursprüngen dieser Technik gehen und wie das Wissen darum seinen Weg in die Welt gefunden hat. Dieses Wissen führte nämlich zur Entwicklung des allerersten Impfstoffs, dem gegen die Pocken, der bislang einzigen ansteckenden Krankheit, die als ausgerottet gilt.

Man vermutet, dass die Technik der Variolation Anfang des 11. Jahrhunderts in Zentralasien entwickelt wurde und sich von dort nach China und über die Türkei nach Afrika und Europa verbreitet hat. Schon Avicenna (um 980–1037), ein persischer Arzt und Philosoph, empfiehlt, die Variolation durch Haut-zu-Haut-Übertragung oder durch Inhalation (Einatmen) durchzuführen. In Indien wurden Baumwollbäusche, die mit Sekret aus den Pockenpusteln getränkt waren, auf den angeritzten Oberarm gebunden und es scheint, dass tscherkessische Händler die Technik in den türkischen Teil des Osmanischen Reiches eingeführt haben. In einem 1742 in China verfassten medizinischen Werk, dem „Goldenen Spiegel der Medizin", werden vier Arten der Variolation erwähnt, meist durch das Einführen pockenvirushaltiger Flüssigkeit in die Nase.

Bekannt ist, dass dieses Verfahren in sehr primitiver Form auch auf der Balkanhalbinsel durch mazedorumänische Hirten praktiziert wurde, sowohl bei Tieren als auch bei Menschen. Dazu wartete man, bis die Pusteln aufplatzten, und führte eine Nadel, in der ein Seidenfaden eingefädelt war, durch das Eitersekret. Diese infizierte Nadel zog man durch das Ohr eines gesunden Tieres, um es zu immunisieren. Der Erfolg mit dieser Maßnahme bei ihren geliebten Tieren bewegte die Hirten nun dazu, auch Menschen auf diese Weise zu inokulieren. Es gab unter ihnen auch volkstümliche Ärzte, die von Ort zu Ort zogen und die Menschen immunisierten, meistens mit einem Nadelstich auf der Hand – wobei man das Sekret gründlich mit dem Blut durchmischte – und danach mit einem sauberen Stofftuch fest verband, damit es gut wirken konnte. Der rumänische Volksname für die Variolation war „altoire", also Pfropfen, in Anlehnung an den Begriff aus dem Gartenbau, bei dem ein kleiner Zweig von einem bestimmten Baum genommen und in die Rinde eines anderen gesteckt wird, um bei diesem bestimmte Eigenschaften herbeizuführen. Bei Bäumen nennt man dieses Verfahren auch „Veredeln". Man empfahl bereits in jenen Zeiten, alle Mitglieder eines Hauses zu inokulieren, nachdem einer von ihnen erkrankt war.

Francesco Griselini (1717–1787), ein italienischer Gelehrter und Naturwissenschaftler, bereist in den 70er Jahren des Jahrhunderts das Banat, das im heutigen Rumänien liegt, und beschreibt seine Beobachtungen in seinem 1780 veröffentlichten „Versuch einer politischen und natürlichen Geschichte des Temeswarer Banats in Briefen an Standespersonen und Gelehrte", das er Maria Theresia widmet. Darin erwähnt er auch diese Techniken und sieht es als wahrscheinlich an, dass sie mindestens seit dem 13. Jahrhundert in Anwendung waren.

Anfang des 18. Jahrhunderts scheinen schließlich drei Menschen dazu beigetragen zu haben, dass das Wissen sich weiter verbreitete. Alle diese drei hielten sich zu jenem Zeitpunkt in Konstantinopel auf. In der Hauptstadt des Osmanischen Reiches leben damals etwa sechshunderttausend Menschen. Zu jener Zeit starb in der Weltmetropole und Handelsstadt jedes zehnte Kind an den Pocken. Der damalige Sultan Achmet III. wollte dem nicht länger zusehen und unternahm den in der Geschichte ersten großangelegten Impfversuch: er ließ 1714 tausende von Menschen durch Variolation immunisieren.

Die ersten der drei Menschen, die das Wissen über die Variolation verbreiten, sind Emmanuel Timoni, Arzt der Botschaft von Großbritannien in Konstantinopel, und Giacomo Pylarino, ein venezianischer Arzt und Konsul in Smyrna. Dr. Timoni, ehemaliger Oxfordstudent und Fellow der Royal Society in London, schreibt bereits 1713 einen Brief nach England, in dem er das Verfahren erwähnt. Dieser Brief wird – wie jene van Leeuwenhoeks – in den „Philosophical Transactions" publiziert. Dr. Pylarino seinerseits sammelt alle Fakten dazu in einem 1715 veröffentlichten Buch, das in mehrere Sprachen übersetzt wird.

Die dritte Person ist die bereits erwähnte Lady Mary Wortley Montagu (1689–1762), deren Schönheit und Intelligenz die Bewunderung der königlichen Gesellschaft Englands und die Poesie von Alexander Pope inspirierten. Heute würde man über sie sagen: sie hatte viele Follower.

Im Dezember 1715 erkrankt Mary Montagu an den Pocken. Sie überlebt die Krankheit, ihre Schönheit jedoch nicht: ihr Gesicht ist fortan von Narben durchzogen, ihre Wimpern sind verschwunden und die Haut um ihre Augen bleibt lebenslang gerötet. Als ihr Mann, Edward Wortley Montagu, 1716 zum Botschafter Englands in Konstantinopel berufen wird, besteht sie darauf, ihn mit dem 3-jährigen Sohn zu begleiten. Die Geschichte dieser Reise und ihre Beobachtungen über das Leben im Osmanischen Reich wurden unter dem Titel „Turkish Embassy Letters" (in der deutschen Übersetzung „Briefe aus dem Orient") veröffentlicht und waren ein großer Erfolg.

In einem Brief, den sie 1717 verfasst hat, schreibt sie: „Ich werde Ihnen etwas erzählen, das Sie dazu bringen wird, sich hierher zu wünschen. Die Pocken, die so tödlich und bei uns so verbreitet sind, sind hier völlig harmlos ... Es gibt eine Gruppe alter Frauen, die es sich zur Aufgabe gemacht haben, jeden Herbst, im September, wenn die große Hitze nachlässt, die Operation durchzuführen. Die Leute schicken sich gegenseitig, um zu erfahren, ob jemand aus ihrer Familie die Pocken haben möchte; sie bilden zu diesem Zweck Parteien, und wenn sie sich treffen (gewöhnlich fünfzehn oder sechzehn zusammen), kommt die alte Frau mit einer Nussschale voll mit der Materie der besten Pockensorten und fragt, welche Ader man geöffnet haben möchte. Sie reißt sofort die Vene, die du ihr anbietest, mit einer großen Nadel auf (die dir nicht mehr Schmerz zufügt als ein gewöhnliches Kratzen) und gibt so viel Stoff in die Vene, wie auf dem Kopf ihrer Nadel liegen kann, und verbindet danach die kleine Wunde mit einem hohlen Stückchen Schale ...“.

Um ihren Sohn vor den Pocken zu schützen, trifft Lady Montagu eine spontane und geheime Entscheidung: sie arrangiert ein Treffen bei einer der alten Frauen mit einer Nadel und einer Nussschale. Ihre noch in Konstantinopel geborene Tochter lässt sie nach ihrer Rückkehr nach England ebenfalls variolieren.

Wie Maria Theresia nach ihr wird sie zu einer glühenden Verfechterin der Immunisation. Unter anderem empfiehlt sie der Prinzessin von Wales, ihre beiden Töchter zu variolieren. Diese musste sich zuerst von der Sicherheit des Verfahrens überzeugen, indem sie mehrere Gefangene und sechs Waisenkinder zur Inokulation zwang, und lässt es bei ihren eigenen Töchtern Amelia und Carolina erst zu, als diesen nichts zustieß. In den nächsten zwei Jahrzehnten werden in Großbritannien mehr als 800 Menschen einer Variolation unterzogen, darunter auch ein 8-jähriger Junge namens Edward Jenner, der fast daran gestorben wäre. Er wird später zum Erfinder der Vakzination. Das sollte aber noch mehr als ein halbes Jahrhundert dauern.

Bis dahin muss man bei der Methode der Variolation mit einer relativ hohen Todesrate (2 bis 3 Prozent) rechnen. Und nicht nur das: man kann auch andere Krankheiten wie beispielsweise Syphilis oder Tuberkulose übertragen. All dies führt dazu, dass das Verfahren nicht überall auf Begeisterung stößt. Wie spannend ist es, sich mit der Geschichte zu befassen. Wieder und wieder scheint sie sich zu wiederholen und wir waren in der Corona-Pandemie ganz ähnlichen Themen ausgesetzt wie die Gesellschaft des 18. Jahrhunderts damals.

Natürlich lässt Edward Jenner die Erinnerung an seine Variolation als Kind durch den Apotheker Mr. Holbrook nicht los. Er wird als achtes von neun Kindern und Sohn eines Vikars am 17. Mai 1749 in Berkeley, Gloucestershire geboren. Von seinen Geschwistern versterben drei, bevor sie fünf Jahre alt sind. Edward Jenner wird selbst Arzt und kehrt 1772 in seinen Geburtsort zurück, um Landarzt zu werden. Von einem befreundeten Arzt und Apotheker, John Fewster, erfährt er, dass einer von seinen Patienten, der vorher an den – viel milder verlaufenden und niemals tödlichen – Kuhpocken erkrankt war, nicht mit dem Pockenserum varioliert werden konnte. Er geht dieser Fährte mit vielen Fall- und Beobachtungsstudien nach.

Edward Jenner (1800).
Quelle: https://de.wikipedia.org/wiki/Ed
ward_Jenner#/media/Datei:Edward_
Jenner.jpg

Am 14. Mai 1796 impft er den 8-jährigen James Phipps mit Kuhpockenviren, die er aus der Handfläche der Milchmagd Sarah Nelmes entnommen hat, die gerade an Kuhpocken erkrankt war. Etwa sechs Wochen später, am 1. Juli des gleichen Jahres, varioliert er den Jungen mit Pockeneiter und dieser erweist sich als immun. Dies gilt als die Geburt der ersten Vakzine. Der Name kommt von dem lateinischen Wort für Kuh, vacca.

Jenner unternimmt weitere Versuche, darunter auch bei seinem 11 Monate alten Sohn Robert. Seine Ergebnisse veröffentlicht er 1798 unter dem Titel „An Inquiry Into the Causes and Effects of the Variolae Vaccinae, Or Cow-Pox", also „Eine Untersuchung über die Ursachen und Wirkungen der Pockenimpfung, oder Kuhpocken." Er schließt aus seinen Beobachtungen, dass durch seine Methode eine lebenslange Immunität erreicht werden kann. 1810 widerruft er diese Aussage, ohne den genauen Grund zu kennen. Erst in den späten 1820er Jahren erkennt man, dass der Impfschutz nicht ein Leben lang anhält, sondern aufgefrischt werden muß.

Beachtenswert ist, dass Edward Jenner für seine Impfung auf eine Patentierung verzichtet, weil er befürchtet, dass sich die ärmere Bevölkerung dadurch die Impfung nicht würde leisten können. Wieder einmal eine Quelle der Inspiration für jene, die heutzutage an der Entwicklung von Impfstoffen beteiligt sind.

Napoleon, der seine Soldaten gegen die Pocken impfen ließ, zeichnet Edward Jenner 1804 mit einer Ehrenmedaille aus, obwohl er sich zu jenem Zeitpunkt mit England im Krieg befand. Er sieht dessen Methode als eine der größten Errungenschaften der Menschheit an und befreit auf dessen Bitten hin sogar zwei von Jenners Freunden aus der Gefangenschaft.

Natürlich trifft Jenner im Laufe der Zeit auch auf Widerstand. Viele Impfgegner machen seine Versuche lächerlich und stehen ihnen skeptisch gegenüber, wie beispielsweise Jan Ingenhousz, der Hofarzt der Kaiserin Maria Theresia. Auch die Vorstellung, einen Menschen mit Material aus Kühen zu inokulieren, stößt – besonders in der Kirche – auf Widerstand. Ein weiterer Grund für den Widerstand: manche Zeitgenossen sind der Meinung, dass die Seuche den Menschen nicht ohne Grund geschickt worden war, sondern mit einem bestimmten Ziel. Immanuel Kant (1724–1804), einer der größten Philosophen aller Zeiten, schreibt dazu: „Die Vorsehung habe", ... „Damit Staaten nicht mit Menschen überfüllt werden und man sie in ihrem Keim ersticke zwei Übel als Gegenmittel in sie gelegt – die Pocken und den Krieg". Trotz aller Gegenstimmen setzt sich die Impfung durch und löst die Variolation mit der Zeit ab, bis diese Anfang des 19. Jahrhunderts verboten wird.

Nach und nach wird weltweit eine Impfpflicht gegen Pocken eingeführt, zum Beispiel im Königreich Bayern 1807, im amerikanischen Bundesland Massachusetts 1809 und in Russland 1812. Im Deutschen Reich erfolgt sie 1874 mit dem zu jener Zeit teilweise umstrittenen Reichsimpfgesetz. Eine der Gründe für die Einführung der Impfpflicht gegen Pocken in diesem Gesetz ist die Epidemie, die während des deutsch-französischen Kriegs (1870–1871) ausbricht. Während die Pflichtimpfung gegen Pocken in der preußischen Armee strikt durchgesetzt worden war, wurde sie in der französischen Armee etwas vernachlässigt, obwohl der Impfstoff zur Verfügung gestanden hätte. Es wird geschätzt, dass über 23.000 französische Soldaten den Pocken zum Opfer fielen, auf deutscher Seite waren es nur etwa 300. Nach Kriegsbeginn wurden in über 70 deutschen Ortschaften Lager für gefangene französische Soldaten eingerichtet. Im Gegensatz zu den deutschen Soldaten hatte die breite Masse keinen soliden Impfschutz, so dass hier eine Pockenepidemie ausbrach, die 170.000 Deutschen das Leben kostete. Im Gegensatz dazu waren im Krieg gegen die Franzosen nur etwa 45.000 Soldaten gestorben.

Weltweit gibt es Impfkampagnen, die die Menschen dazu aufrufen, sich gegen die Pocken impfen zu lassen. Sogar die Modemacher von damals machen mit: die Ärmel der Frauenkleider zum Ende des 19. Jahrhunderts lassen Platz für den Piks. Auf Maßnahmen gegen die Ausbreitung von Epidemien und Pandemien, zu denen ja auch Impfkampagnen gehören, gehe ich später noch in einem eigenen Kapitel dazu ein.

Noch im 20. Jahrhundert sind 400 Millionen Menschen an den Pocken verstorben. Am 8. Mai 1980 erklärt die WHO (World Health Organization) die Welt als pockenfrei. Der Kampf gegen das gefährliche Virus ist gewonnen. Lady Mary Montagu und Kaiserin Maria Theresia wären darüber sehr glücklich gewesen.

Ist es nicht bemerkenswert, dass all diese Veränderungen in der Welt stattgefunden haben, bevor Mikroben als Auslöser von Infektionskrankheiten verantwortlich gemacht worden waren? Man wusste weder etwas über die Pockenviren, die den Weg aus dem Sekret in den Pusteln der Erkrankten ins Blut der Gesunden fanden, noch über das Immunsystem, das über diesen Kontakt eine Erinnerung speichern würde, die die Menschen fortan vor dem Erreger schützte. Erst 1906 wird der in Mexiko geborene deutsche Arzt und Mikrobiologe Enrique Paschen sogenannte „Paschensche Körperchen" im Inneren von infizierten Körperzellen beschreiben und erst durch die Entdeckung des Elektronenmikroskops 1930 wird die Menschheit ihr Wissen um diese allerkleinsten Mikroben an der Grenze zwischen lebender und lebloser Materie erweitern.

Auch Ignaz Semmelweis aus Buda weiß noch nichts von alledem. Trotzdem entdeckt er, wie sich Hygienemaßnahmen auf das Überleben von Müttern nach der Geburt ihrer Kinder auswirken.

3 Der verschmähte Professor Ignaz Semmelweis

Auch heute noch denke ich oft, wenn ich meine Hände wasche, an Ignaz Semmelweis. Durch das Aufkommen von Corona wurde das Händewaschen wieder ein großes Thema und es kursierten Videos und Bilderreihen, um zu beschrieben, wie man es am besten macht. Die Bundeszentrale für gesundheitliche Aufklärung empfiehlt gründliches Händewaschen mit Wasser und Seife. Gegen Mitte des 19. Jahrhunderts war dies noch keine Selbstverständlichkeit.

Wir sind wieder in Wien und schreiben das Jahr 1846. Wir befinden uns mitten in der Stadt, im Allgemeinen Krankenhaus, schon damals und bis heute eines der größten Krankenhäuser Europas, und zwar im 8. und 9. Hof. Hier arbeitet der junge Assistenzarzt Ignaz Semmelweis. Er wird am 1. Juli 1818 als fünftes Kind des Spezial- und Kolonialwarenhändlers Josef Semmelweis und der aus wohlhabendem Hause stammenden Theresa in Buda, Ungarn, geboren. Er studiert erst Philosophie und Jura an der Universität Pest und setzt sein Studium der Rechtswissenschaft in Wien fort. Ein Jahr später wechselt er, beeindruckt von einer anatomischen Veranstaltung, die er besucht hatte, zur Medizin und schließt sein Studium 1844 mit dem Magister der Geburtshilfe und im gleichen Jahr mit der Promotion zum Dr. med. ab.

Im Allgemeinen Krankenhaus gibt es zu jener Zeit zwei Entbindungsstationen: die eine ist ausschließlich mit männlichen Ärzten und Medizinstudenten besetzt, die andere mit weiblichen Hebammen. Semmelweis beobachtet, dass auf der ersteren der beiden Stationen fast fünfmal so viele Frauen nach der Entbindung sterben wie auf der zweiten. Er macht es sich zur Aufgabe, herauszufinden, warum.

Die Studie, die er zu diesem Zwecke zwischen 1847 und 1848 durchführt, gilt heute als erstes praktisches Beispiel von evidenzbasierter Medizin. Zuerst beobachtet er, dass die Frauen in der Hebammenklinik in der Seitenlage entbinden, in der von Ärzten geführten in der Rückenlage. Er lässt die Frauen in der von Ärzten geführten Klinik auch auf der Seite gebären, was keinen Effekt auf die Sterberate hat. Weiterhin bemerkt er, dass, immer wenn jemand in der Klinik der Ärzte an Kindbettfieber verstirbt, ein Priester langsam durch die Säle geht, während ein Pfleger eine Glocke läutet. Er vermutet, dass dies die Frauen nach der Geburt erschreckt und sie vielleicht deswegen erkranken. So bittet Semmelweis den Priester also, seine Route zu ändern und die Glocke beiseite zu legen. Dies hat auch keinen Effekt.

In der Zwischenzeit ist er ziemlich frustriert. Er lässt sich beurlauben und unternimmt eine Reise nach Venedig. Bei seiner Rückkehr erwartet ihn die Nachricht des Todes eines seiner Kollegen, des Pathologen Jakob Kolletschka, der mit dem Seziermesser von einem Studenten während einer Obduktion verletzt worden war. Semmelweis studiert dessen Symptome und ihm wird klar, dass er an der gleichen Krankheit gestorben war wie die Frau, die er obduziert hatte. Das ist eine große Entdeckung und wird der Schlüssel zur Lösung des Rätsels.

Der Schlüssel ist: in der ärztlich geführten Station werden Autopsien durchgeführt, in der von Hebammen geführten nicht. Er stellt also die Hypothese auf, dass

https://doi.org/10.1515/9783111611143-004

die Ärzte und Studenten beim Sezieren „Leichenteile" an die Hände bekommen, die sie bei der Entbindung an die Frauen weitergeben, die dadurch erkranken und sterben. Er gibt also dem ärztlichen Personal den Befehl, die Hände und Instrumente mit Chlorlösung zu waschen, später mit dem billigeren Chlorkalk. Nachdem er durchgesetzt hat, dass das ganze Personal der ärztlichen Entbindungsstation vor jeder Untersuchung die Hände auf diese Weise desinfiziert, gelingt es ihm, die Sterblichkeitsrate von April bis August 1847 von 18,3 auf 1,9 Prozent zu senken. Er hat das Problem gelöst und in kürzester Zeit viele Menschenleben gerettet! Man hatte zudem viele Kinder davor bewahrt, ohne ihre Mama aufzuwachsen. Man hätte jetzt erwartet, dass ihm die ganze Welt und vor allem seine medizinischen Kollegen zujubeln.

Dem ist leider nicht so. Die Mehrheit der Ärzte seiner Zeit, viele seiner Kollegen und Studenten, stellen sich gegen ihn. Man verspottet seine Erkenntnisse als „spekulativen Unsinn", empfindet sie gar als rufschädigend. Besonders die Idee, dass ausgerechnet ihnen, den Halbgöttern in Weiß, der Tod an den Händen kleben sollte und sie ihn selbst in den Kreißsaal gebracht hatten, bewirkt großen Widerstand. Vielen Ärzten fällt es schwer, wahrzuhaben, dass sie die Krankheit, die sie eigentlich heilen wollten, selbst verursacht hatten.

Dazu sollte man wissen, dass die Entstehung von Seuchen zu jener Zeit sogenannten Miasmen zugesprochen wurde. Die Theorie stammt von Hippokrates von Kos (ca. 460–375 v. Chr.), der für die Verbreitung von Krankheiten giftige Ausdünstungen des Bodens, die mit der Luft fortgetragen werden – also den Miasmen – verantwortlich machte. Dies erwies sich später als Irrweg der Medizin, obwohl sich manche Epidemien ja tatsächlich über die Luft ausbreiten. Erst Robert Koch, um den es später noch gehen wird, gelingt 1876 der Nachweis des ersten Erregers einer Krankheit, dem Milzbrand, Bacillus anthracis. Noch später würde man wissen, dass die für das Kindbettfieber verantwortlichen Bakterien, unter anderem Peptostreptokokken, Staphylokokken und Escherichia coli, durch die große Wunde, die die Plazenta nach der Entbindung hinterlässt, in den Körper eindringen und die Infektion auslösen.

Es gibt andererseits auch Unterstützung für Semmelweis' Erkenntnisse. Der Arzt und Geburtshelfer Gustav Michaelis, der an der Universität in Kiel tätig ist, erkennt, dass er den Tod vieler Frauen – unter anderem den seiner Cousine – mitverursacht hat, fällt in eine tiefe seelische Krise und nimmt sich 1848 das Leben. Auch ein paar seiner Wiener Kollegen machen sich für Semmelweis stark. Einer von ihnen, Ferdinand von Hebra, hatte ihn dazu gedrängt, seine Ergebnisse zu veröffentlichen, und, als dies nicht erfolgt, schreibt er selbst einen Artikel darüber.

Doch die Mehrheit der Ärzte bleibt in der Abwehr. Erschwerend kommt hinzu, dass der zu jener Zeit sehr hohes Ansehen genießende Pathologe Rudolf Virchow (1821–1902) seine Thesen ebenfalls ablehnt. Je stärker Semmelweis' Beweise sind, umso energischer wird der Widerstand gegen ihn. Heute nennt man dieses Phänomen – wenn Platzhirsche in der Wissenschaft durch eine überzeugende These ihr Revier bedroht sehen und den jungen Wissenschaftler oder die junge Wissenschaftlerin, die sie vertreten, mit aller Kraft sabotieren – nach ihm sogar den „Semmelweis-Reflex".

Ignaz Semmelweis, 1860.
Quelle: https://commons.wikimedia.org/
wiki/Ignaz_Semmelweis#/media/File:
Ignaz_Semmelweis.jpg

Semmelweis zerbricht schließlich an diesem Kampf, den er selbst sehr emotional und erbittert führt. In offenen Briefen an seine ärgsten Widersacher beschimpft er diese zum Beispiel als Mörder. 1850 verlässt er schließlich Wien und eröffnet eine Privatpraxis in Pest. Außerdem arbeitet er auf der Entbindungsstation in einem Pester Spital, wird später Leiter der Geburtshilfeabteilung und ab 1855 Professor für theoretische und praktische Geburtshilfe an der dortigen Universität, die heute nach ihm benannt ist.

Erst 1861 – viel zu spät, um seinen Ruf zu rehabilitieren – erscheint sein Buch „Die Ätiologie, der Begriff und die Prophylaxe des Kindbettfiebers". In der Zwischenzeit waren tausende Mütter nach der Entbindung gestorben, deren Tod durch einfaches Händewaschen verhindert hätte werden können. Dem Werk blieb zu seinen Lebzeiten jeglicher Erfolg versagt.

Der Gynäkologe Louis Kugelmann aus Hannover schreibt am 10. August 1861, an Semmelweis gerichtet: „Nur sehr Wenigen war es vergönnt, der Menschheit wirkliche, große und dauernde Dienste zu erweisen, und mit wenigen Ausnahmen hat die Welt ihre Wohltäter gekreuzigt und verbrannt. Ich hoffe deshalb, Sie werden in dem ehrenvollen Kampfe nicht ermüden, der Ihnen noch übrig bleibt. ... Nicht viele setzen die Liebe zur Wahrheit über die Selbstliebe, Manche sind wohl in gewohnter Selbsttäuschung befangen. Auf andere wieder passt der derbe Sarkasmus Heinrich Heines, der irgendwo sagt: ,Als Pythagoras seinen berühmten Lehrsatz entdeckt hatte, opferte er eine Hekatombe." (Eine Hekatombe war zu jener Zeit ein Opfer von 100 Rindern). „Seitdem haben die [Ochsen] eine instinktartige Furcht vor der Entdeckung von Wahrheiten.'"

1865 erkrankt Semmelweis an schweren Depressionen und wird im Juli des gleichen Jahres von drei Ärztekollegen ohne Diagnose in die staatliche Landesirrenanstalt Döblin bei Wien eingeliefert, wo er zwei Wochen später, am 13. August, stirbt. Die Ursachen seines Todes bleiben bis heute im Dunkeln. Erst 47 Jahre alt, hinterlässt er Frau und drei Kinder. Fast hundert Jahre später werden bei seiner Exhumierung multiple Frakturen an Händen, Armen und am linken Brustkorb festgestellt. Das macht die Aktennotiz der psychiatrischen Klinik, die Gehirnlähmung als Todesursache angibt, unglaubwürdig.

Ignaz Semmelweis, der später als „Retter der Mütter" in die Medizingeschichte eingehen wird, sollte uns heute noch als Vorbild dienen. Auch heute noch ist das wiederholte Desinfizieren der Hände in Krankenhäusern keine Selbstverständlichkeit. Selbst in Europa werden nur in 50 Prozent der von der WHO (World Health Organization) definierten Anlässe die Hände mit einer antiseptischen Lösung keimfrei gemacht.

Die Botschaft für mehr Hygiene wird in Deutschland seit 2008 durch die Kampagne „Aktion Saubere Hände" verbreitet. 2018 meldeten die teilnehmenden Krankenhäuser eine Steigerung des Verbrauchs an Händedesinfektionsmittel von 50 Prozent. Trotzdem sterben immer noch viele Menschen an Infektionen, die sie im Krankenhaus erwerben, sogenannten nosokomialen Infektionen. Das Europäische Zentrum für die Prävention und die Kontrolle von Krankheiten (ECDC) spricht in seinem Bericht von rund 2,6 Millionen solcher Infektionen pro Jahr und 50.000 ihnen zuschreibbaren Todesfällen in Europa (Stand 2016). In Kliniken der USA stecken sich jährlich 5 bis 15 Prozent der Krankenhauspatienten und 25 bis 50 Prozent der Patienten in Intensivpflegestationen an. Laut dem Institute of Medicine in Washington, D. C. sind Krankenhausinfektionen in den USA im Jahr für 44.000 bis 98.000 Todesfälle verantwortlich.

Trotz aller – und wie wir später sehen werden, auch aufgrund mancher – Errungenschaften der modernen Medizin klebt der Tod immer noch an den Händen von Ärzten und Pflegekräften. Es ist ja auch sehr tückisch: wir sehen die Mikroben mit dem bloßen Auge nicht!

Einen Tag vor Semmelweis' Tod, am 12. August 1865, führt der englische Chirurg Joseph Lister in Glasgow, Schottland, die erste Operation unter einer Phenol-Antisepsis an dem 11-jährigen James Greenless durch. Der Junge hatte, nachdem er auf der Straße von einem Pferdewagen überfahren worden war, eine komplizierte Unterschenkelfraktur davongetragen. Die Operation ist erfolgreich. Ignaz Semmelweis wäre sehr stolz auf ihn gewesen.

Auch die sogenannten Listerschen Verbände – in Phenol (man nannte es damals Karbolsäure oder kurz Karbol) getränkte Verbände –, wirken sich nachhaltig auf die Wundheilung aus. Aus dem zuerst punktuellen Einsatz entwickelt Lister nach und nach eine systematische Krankenhaushygiene, die häufiges Händewaschen, die Desinfektion von Instrumenten und Oberflächen sowie den Einsatz von Gummihandschu-

Joseph Lister, 1902.
Quelle: https://de.wikipedia.org/wiki/Joseph_
Lister,_1._Baron_Lister#/media/Datei:Joseph_
Lister_1902.jpg

hen beinhaltet. Gemeinsam mit den Erkenntnissen von Semmelweis führen seine Forschungsergebnisse zu den heute so wichtigen Grundsätzen der Asepsis und Antisepsis
im Gesundheitswesen. Durch Unfälle bedingte und chirurgische Eingriffe verlieren
nach und nach ihren Schrecken, die Patientensterblichkeit sinkt sehr schnell. Lag sie
vor Listers Entdeckungen noch bei 50 Prozent, konnte sie danach auf 15 Prozent gesenkt werden.

Lister informiert die Fachwelt – im Gegensatz zu Semmelweis – sehr schnell über
seine Erkenntnisse, zum Beispiel in einer Rede vor der British Medical Association in
Dublin oder in einer Artikelserie, die ab März 1867 in der Zeitschrift „The Lancet"
publiziert wird. Joseph Lister wird noch zu Lebzeiten mit Ehrungen und Auszeichnungen überhäuft. Zum Beispiel wird er 1897 mit dem erblichen Titel Baron Lister zum
Peer erhoben und erhält einen Sitz im House of Lords.

Inspiriert von Listers Forschungsarbeit entwickelt Dr. Joseph Lawrence, ein Chemiker aus St. Louis in Missouri, in seinem Labor eine einzigartige Formel für eine
antiseptische Lösung und nennt sie Listerine. Zusammen mit dem Apotheker Jordan
Wheat Lambert, mit der er eine Firma gründet, produzieren und verkaufen sie das
Mittel, das seinerzeit als Desinfektionsmittel in Operationssälen und zur Wundbe-
handlung eingesetzt wurde. Heute ist Listerine eine der bekanntesten Mundspüllö-
sungsmarken und wird von mehr als einer Milliarde Menschen weltweit verwendet.

Chlorlösung, Chlorkalk und Karbol werden, da sie zu starken Hautreizungen führen, im Laufe der Zeit durch viele weitere antiseptische Mittel ersetzt. Heute verwenden wir in der Praxis in unserem Hygieneplan viele verschiedene Desinfektionsmittel

in unterschiedlichen Dosierungen für die Hände, die Oberflächen, die Instrumente, und so fort.

Bereits 1871 fängt Joseph Lister an, mit Pilzen der Art Penicillium glaucum zu experimentieren und setzt den Stoff daraus 1884 auch erfolgreich bei einer Krankenschwester ein, die nach einem Pferdetritt einen Abszess bekommen hatte. Diese Forschungsergebnisse veröffentlicht er jedoch nicht. 44 Jahre später wird Alexander Fleming als der Entdecker des Penicillins gefeiert werden, er erhält 1945 sogar den Nobelpreis dafür. Auf diese wichtige Entdeckung werde ich im Verlauf dieses Buches noch näher eingehen.

Joseph Lister bestätigt später in einem Dankesbrief an Louis Pasteur, dass er seine Anregung zum Einsatz von Antiseptika in seiner Arbeit als Chirurg aus der Lektüre seiner Veröffentlichungen über Gärungs- und Fäulnisprozesse erhalten hatte. Auf diese Anerkennung ist Louis Pasteur sehr stolz und teilt den Brief bei verschiedenen Gelegenheiten mit der Öffentlichkeit. An Pasteurs siebzigstem Geburtstag 1892, knapp drei Jahre vor dessen Tod, umarmen sich die beiden Männer sogar bei einem Festakt im großen Amphitheater der Sorbonne in Paris.

Das nächste Kapitel widmet sich nun jenem Louis Pasteur und einem seiner Zeitgenossen, Claude Bernard. Mit diesen beiden großen Wissenschaftlern tauchen wir in das Frankreich des 19. Jahrhunderts ein.

4 „Die Mikrobe ist nichts, das Milieu ist alles."
Louis Pasteur und Claude Bernard

Die beiden Männer, die die Welt in der zweiten Hälfte des 19. Jahrhunderts verändern sollten, werden auf den gegenüberliegenden Seiten der Berge, die das Saône-Tal begrenzen, geboren. Es ist eine Gegend von Weinbauern und der Weinberg von Claude Bernard in Saint-Julien im Beaujolais und jener von Louis Pasteur in Arbois werden immer noch bewirtschaftet und die dort produzierten Weine immer noch mit Genuss getrunken.

Die beiden Männer haben sich nicht nur gekannt, sondern auch gegenseitig sehr geschätzt. Claude Bernard, der um neun Jahre ältere, hatte Louis Pasteur am Collège de France in Paris unterrichtet. Diese bereits 1530 von König François I. gegründete Lehr- und Forschungseinrichtung ist heute noch ein ganz besonderer Ort in der französischen Geisteslandschaft. Ihr Ziel ist es „im Aufbau begriffenes Wissen in allen Bereichen der Literatur, der Wissenschaften oder der Künste" zu vermitteln. Dort finden kostenlose Kurse statt, die allen ohne Bedingungen oder Anmeldung offenstehen, allerdings auch nicht zum Erwerb eines Abschlusses berechtigen. Zum Professor am Collège de France ernannt zu werden, ist eine der höchsten Auszeichnungen im französischen Hochschulwesen. Die fünfzig Lehrstühle verändern ihre Themen fortlaufend, je nach den neuesten Entwicklungen in der Wissenschaft, wobei die Lehrstuhlinhaber von ihren Kollegen aufgrund ihrer bisherigen Arbeit und nicht aufgrund ihrer akademischen Qualifikation gewählt werden. Heutzutage kann man Vorträge dieser renommierten Professoren einfach im Internet ansehen, ohne dafür extra nach Paris reisen zu müssen.

Aber kommen wir ins Collège de France des 19. Jahrhunderts zurück und tauchen in einen ihrer Vorlesungssäle ein. In dem alten Gemäuer kann man heute sicher noch – ähnlich wie in der Alten Aula der Universität Heidelberg – die Energie dieser berühmten Männer erspüren. 23 Jahre lang, zwischen 1855 und 1878, dem Jahr seines Todes, ist Claude Bernard dort Lehrstuhlinhaber für Medizin. Louis Pasteur besucht seine Vorträge und beschreibt den – imposante 1,84 Meter großen – Professor Bernard so: „Die Vornehmheit seiner Person, die edle Schönheit seiner Physiognomie, die von einer großen Sanftheit geprägt war, verführte auf den ersten Blick." Pasteur fügt hinzu, dass sein Freund Bernard „keine Pedanterie und keine wissenschaftliche Voreingenommenheit aufwies."

Professor Bernards Vorträge sind berühmt für ihre Lebendigkeit und seine Studenten lieben ihn. Über seine Lehre sagt er, es ginge ihm nicht darum, „den Schülern die Früchte der Wissenschaft vor die Füße zu werfen", sondern „sie aufzufordern, den Samen der Wissenschaft zu entwickeln".

Louis Pasteur, der seinen Lehrer so bewundert, ist selbst nur 1,63 Meter groß. Der ernst dreinschauende, bärtige Mann wird für damalige Zeiten sehr oft gezeichnet, gemalt und fotografiert. Er wird der bei weitem berühmtere der beiden werden. Er ist von einem unendlichen Wissensdurst getrieben, sehr fleißig, unermüdlich arbei-

https://doi.org/10.1515/9783111611143-005

tend und studierend. Pasteur soll so gut wie nie gelacht haben. Zwei seiner Lieblings-sprüche sind: „Ein Tag ohne Arbeit ist ein gestohlener Tag." und „Es gibt nur Arbeit, die amüsiert." Böse Zungen behaupten, er hatte Angst vor dem Lachen, weil es anste-ckend ist. Und vor Ansteckung hatte er so große Angst, dass er jedes Händeschütteln vermied und sein Geschirr und Besteck vor jedem Essen peinlich genau untersuchte.

Die beiden Männer werden Freunde bleiben und Pasteur wird Bernard, nachdem dieser sich wegen seiner Krankheit in seinen Heimatort Saint-Julien zurückgezogen hat, regelmäßig besuchen.

Widmen wir uns jetzt jedoch dem Leben und den Entdeckungen jedes einzelner der beiden. Obwohl der erstere von ihnen, im Gegensatz zum zweiten, sein Leben nicht mit der Erforschung von Mikroben verbracht hat, hat seine Geschichte in diesem Buch einen wichtigen Platz. Warum dies so ist, wird sich erst beim weiteren Lesen erschließen.

Claude Bernard wird am 12. Juli 1813 als ältester Sohn eines Winzers geboren. Als er achtzehnjährig das Gymnasium aus finanziellen Gründen verlassen muss, nimmt er eine Stelle als Apothekerlehrling in einer Vorstadt von Lyon an. Aus dieser Zeit scheint seine Abneigung für die damaligen Ärzte zu rühren, die er oft als Scharlatane betrachtete. Die Heilmittel jener Zeit waren traditionell überlieferte Rezepturen mit meist dubioser Wirkung.

Vor seinem Studium beschäftigt sich Claude Bernard mit Literatur und schreibt zwei Theaterstücke, gibt seine literarische Laufbahn auf Anraten eines bekannten Literaturkritikers jedoch zu Gunsten der Medizin auf.

1834 zieht er nach Paris, ins Quartier Latin, wo er sich eine Wohnung mit zwei Medizinstudenten teilt – beide werden später ebenfalls berühmte Ärzte werden. Be-sonders beeindruckt ist er von den Vorlesungen von François Magendie am Collège de France, dessen Lehrstuhl er später übernehmen wird. Zwischen 1840 und 1850 arbeitet er unter der Obhut des Physiologen Magendie, der ihm fortan als Vorbild dienen wird. 1848 wird er auch dessen Assistent am Hôtel-Dieu in Paris, dem ältesten Hospital der Stadt.

Am 7. Mai 1845 heiratet er Marie-Françoise Martin, genannt Fanny, die Tochter eines reichen Pariser Arztes. Sie steuert am Anfang ihrer Ehe sogar einen Teil ihrer Mitgift zur physiologischen Forschung bei. Das Paar hat vier Kinder, zwei Töchter und zwei Söhne, wobei nur die Töchter, Tony und Marie, die Kindheit überleben.

Claude Bernard ist so in seine Experimente vertieft, dass er diese auch in seinem zu Hause eingerichteten Privatlaboratorium weiterführt. Fanny ist darüber gar nicht begeistert, denn sie liebt Tiere. Es wird zum Beispiel berichtet, dass ihr Mann einen auf der Straße aufgelesenen streunenden Hund mit nach Hause gebracht und mit großer Begeisterung auf dem Küchentisch viviseziert hat. (Vivisezieren bedeutet, am lebendigen Leib aufschneiden.) Fanny soll, aufgeschreckt durch das Hundegeheul, mit ihren Töchtern in das Haus des befreundeten Schriftstellers und Nachbarn Victor Hugo geflüchtet sein.

Claude Bernard, um 1860.
Quelle: https://de.wikipedia.org/wiki/Claude_
Bernard_(Mediziner)#/media/Datei:Claude_
Bernard_5.jpg

Nach ihrer Scheidung 1870 zieht Fanny mit Tony und Marie – die kinderlos bleiben – mehrmals um, bis sie sich 1893 in Bezons niederlassen, wo sie ein Tierheim für Hunde und Katzen gründen, als Entschädigung für die von ihrem Ehemann und Vater in Tierversuchen geopferten Tiere. Die erste französische Vereinigung gegen Tierversuche, deren Ehrenpräsident Victor Hugo war, geht auch auf Fanny Bernard und ihre Töchter zurück.

Kurz vor seiner Scheidung lernt Claude Bernard die Bankiersfrau Marie Raffalovich kennen, die ihm in seinen letzten Lebensjahren eine treue Freundin und Begleiterin wird. Da leidet er aber bereits unter einer seltsamen Krankheit, deren Ursachen er nicht auf die Spur kommt. Er zieht sich, um sich zu erholen, nach Saint-Julien zurück, dort kümmert er sich um den Weinberg der Familie.

Das Hauptaugenmerk von Claude Bernards Arbeit war es, die wissenschaftliche Methode in der Medizin zu etablieren. Er stellte alles, was die Medizin an Lehrmeinungen bis dahin zustande gebracht hatte, in Frage. Er wollte alles selbst verstehen, selbst entdecken, er stellte auch seine eigenen Erkenntnisse unentwegt in Frage. Diese Grundeinstellung ist für Forschende und Heilende – meiner Auffassung nach – bis zum heutigen Tag von großer Bedeutung. Nur wer immer wieder bereit ist, sich und die Welt um sich herum zu hinterfragen, kann der wissenschaftlichen Arbeit und der Betreuung seiner Patientinnen und Patienten gerecht werden.

Dazu fällt mir die Aussage eines Kursleiters aus meiner Ausbildung in klinischer Hypnose ein. Er pflegte zu sagen, dass Erfolg dumm macht. Wer Erfolg hätte, sei der

Meinung, es hätte mit ihm selbst zu tun und würde oft aufhören, sich in Frage zu stellen. Dieser Dummheit scheint Claude Bernard nicht aufgesessen zu sein.

Bernard gilt als einer der Begründer der Erkenntnistheorie oder Epistemologie, das ist das Teilgebiet der Philosophie, das sich mit der Frage nach den Bedingungen von begründetem Wissen befasst. Sein 1865 veröffentlichtes Meisterwerk, die „Einführung in das Studium der experimentellen Medizin", kann man heute noch in einer französischen Ausgabe bei Amazon bestellen. Es revolutionierte zu seiner Zeit nicht nur die Medizin, sondern die Wissenschaft im Allgemeinen. In diesem Buch zeigen sich auch seine literarischen Fähigkeiten, die er bereits in seiner Jugend erprobt hatte. Durch diese Veröffentlichung war er zum Wissenschaftsautor geworden und schreibt dazu: „Ich mag die Philosophen sehr, und ich genieße ihren Beruf sehr, weil sie in den hohen Regionen der Wissenschaft stehen, die ohne Philosophie nicht auskommt."

Im Gegensatz zu den meisten seiner Zeitgenossen ist er der Meinung, dass die Lebewesen denselben Naturgesetzen unterstehen wie die unbelebte Materie. Vieles, was uns heute als selbstverständlich erscheint, definiert er in seiner Zeit neu. Zum Beispiel, dass Fakten das Fundament der Wissenschaften seien, Beobachtungen der Ausgangspunkt für Forschung oder dass erklärende Hypothesen in Experimenten auf ihre Richtigkeit hin überprüft werden müssen. Diese Prinzipien wird sein Schüler Pasteur, wie wir noch sehen werden, in seinen unzähligen Experimenten anwenden, die ihm zu vielen Entdeckungen verhelfen.

Claude Bernard prägt als erster den Begriff des „milieu intérieur" (der inneren Umgebung), das für die Aufrechterhaltung des Lebens von grundlegender Bedeutung ist. Auf seine Arbeit führt man das Konzept der Homöostase zurück, das ist der Gleichgewichtszustand eines offenen dynamischen Systems, der durch einen inneren regelnden Prozess aufrechterhalten wird. Der Begriff wird nicht nur in der Medizin, sondern auch in der Physik, Chemie, Biologie, Ökologie und in vielen anderen Wissenschaftsbereichen angewandt. Er entwickelt dieses Konzept und zeigt auf, dass die Flüssigkeiten für das Leben der Tiere und Menschen wesentlich sind und dass deren Überleben davon abhängt, ob die Homöostase gewahrt werden kann.

Er entdeckt unter anderem die Funktion des Pankreassekrets für die Fettverdauung und die Rolle der Leber bei den Verdauungsvorgängen. Er entdeckt das Glykogen, das unter anderem in der Leber gebildet wird und im menschlichen und tierischen Körper als Glukosespeicher für den Energiestoffwechsel von großer Bedeutung ist. Außerdem erforscht er das Nervensystem und kann 1856 in Experimenten an Fröschen nachweisen, dass das Nervengift Curare neuromuskuläre Synapsen blockiert.

Seine Forschungsarbeit wird mit vielen Preisen und Mitgliedschaften in wissenschaftlichen Akademien ausgezeichnet. Eine seiner bekanntesten Aussagen, in der er dem französischen Chemiker, Mediziner und Pharmazeuten Antoine Béchamp zustimmt, und die er 1845 während der Preisverleihung des Physiologiepreises der wissenschaftlichen Akademie macht, ist: „..., die Mikrobe ist nichts, das Milieu ist alles." Dieses „Milieu", das Claude Bernard meint, ist unser Immunsystem, aber davon weiß man zu jener Zeit so gut wie nichts. Diese Aussage hat mit dem Aufkommen der

Corona-Pandemie wieder eine neue Bedeutung gewonnen, wie wir im Verlauf des Buches noch sehen werden. Claude Bernard stirbt am 10. Februar 1878 in Paris und wird dort auf dem Friedhof Père Lachaise beigesetzt.

Zu jener Zeit ist Louis Pasteur schon ein berühmter Mann. Er wird am 27. Dezember 1822 in Dole als einziger Sohn in eine Familie von Gerbern hineingeboren. Er hat vier Schwestern. Als er acht Jahre alt ist, zieht die Familie in das malerische Städtchen Arbois, wo sein Vater eine Gerberei betreibt. Nach dem Tod des Vaters wird Louis Pasteur sein Elternhaus umbauen lassen – man kann es heute noch besichtigen. Ich war 2022 dort und konnte mich in dem samt Tapeten und Mobiliar außergewöhnlich gut erhaltenen Haus, das am Ufer des kleinen Flüsschen Cuisance liegt, umsehen. Das Labor im ersten Stock des Hauses beherbergt die originalen Apparaturen, Mikroskope, Pipetten, Glaskolben und viele andere Geräte. In der Bibliothek kann man die Bücher finden, die er gelesen und studiert hatte. Selbst in den Ferien, die die Familie dort verbrachte, arbeitete Pasteur also und musste mit einem Gong, der im Empfangszimmer angebracht war, von der Familie daran erinnert werden, dass es Zeit für den täglichen Spaziergang war. Außerdem hatte er fließend warmes und kaltes Wasser installieren und eine Badewanne einbauen lassen, das war für jene Zeit noch ungewöhnlich.

Nach zwei Anläufen wird Louis Pasteur in Paris an der Ècole Normale aufgenommen und studiert dort fünf Jahre lang. 1847 erlangt er seinen Doktor in Naturwissenschaften aufgrund zweier Doktorarbeiten, einer in Physik und einer in Chemie. Nach einem kurzen Aufenthalt als Physiklehrer in einem Gymnasium in Dijon geht er zwei Jahre später als Assistenzprofessor für Chemie nach Straßburg. Dort verliebt er sich in die Tochter des Rektors der Akademie, die er noch im gleichen Jahr heiratet. Seine Frau wird ihm das ganze Leben lang aufopferungsvoll zur Seite stehen. Das Paar hat fünf Kinder, von denen drei schon in der frühen Jugend sterben.

Bereits 1854, erst 31 Jahre alt, wird er als Professor für Chemie und als Dekan an die neu gegründete Fakultät für Wissenschaften in Lille berufen. Lille entwickelt sich zu jener Zeit gerade zu einem Mittelpunkt der französischen Wirtschaft. Neben der Metallurgie, der chemischen und mechanischen, der Textil- und Zuckerindustrie florieren auch Brennereien und Brauereien. Louis Pasteur besucht eine der Fabriken kurz nach seiner Ankunft in Lille und die Industriellen, beeindruckt von seiner Offenheit, bitten ihn um Rat. Ihre Frage ist: Warum geht die Gärung manchmal schief und führt dann zu niedrigen Alkoholkonzentrationen? Warum wird das Produkt manchmal sauer? Angeregt von der Aufgabenstellung, fängt er an, sich mit der Gärung zu beschäftigen.

Was führt dazu, dass sich der Zucker aus den Zuckerrüben in Alkohol verwandelt, die Gerste in Bier, der Wein in Essig? Was lässt die Milch sauer werden? Pasteur zieht mit seinem Mikroskop in eine der Fabriken und beobachtet. Und er wird fündig. Im Zuckerrübensaft findet er die Mikroben, die diese Gärung herbeiführen. Er findet heraus, dass die kleinen Wesen diesen Weg der Umwandlung nutzen, wenn ihnen der

Louis Pasteur an der École Normale Supérieure, 1845.
Quelle: https://upload.wikimedia.org/wikipedia/commons/archive/5/59/20120705123722%21Pasteur-lebayle-1845.jpg

zur Atmung benötigte Sauerstoff fehlt. Das Gleiche passiert, wenn ein Organismus stirbt: wenn er durch das Blut nicht mehr mit Sauerstoff versorgt wird, beginnt er zu verfaulen.

Nach vielen Experimenten kann Pasteur schließlich aufzeigen, dass alle Gärungsprozesse das Werk von Mikroben sind – entweder Bakterien oder Pilzen. Jeder Gärungsprozess hat dabei seine eigene Mikrobe. Es ist zum Beispiel ein Hefepilz, der die Gerste in Bier verwandelt, ein Bakterium, das die Milch sauer werden lässt. Er beschreibt sogar die zwei Arten der Gärung: die eine kann im Beisein von Sauerstoff nicht stattfinden, in anderen Fällen wird dieser benötigt.

Natürlich wird er sich, aus einer Weingegend stammend, später auch mit dem Wein beschäftigen. Er findet heraus, dass man ihn durch schnelles Erhitzen auf 60 bis 85 Grad (je nach Weinsorte) und anschließendes rasches Abkühlen haltbar machen kann. Durch dieses Verfahren werden schädliche und Fäulnis auslösende Mikroorganismen wie Hefen, Schimmelpilze oder Bakterien abgetötet. Dieses Verfahren wird später nach ihm Pasteurisierung genannt und auch für Milch und Milchprodukte sowie für andere Lebensmittel angewendet werden.

Bereits 1857 und durch seine Errungenschaften eine Berühmtheit, wird Pasteur zum Direktor für wissenschaftliche Studien und zum Administrator an der École Normale in Paris ernannt. Dort richtet er sich sofort zwei Dachräume als Labor ein, um seine Forschungsarbeit zur Gärung fortzusetzen.

Im Jahr 1860 schreibt die französische Akademie einen Preis in Höhe von 2500 Francs für denjenigen aus, der einen überzeugenden experimentellen Beweis für oder gegen die spontane Entstehung von Leben erbringt. Eine neue Herausforderung für Louis Pasteur! Ich stelle ihn mir vor, wie er über dem Thema brütet und nachts vor lauter Gedanken kein Auge zubekommt.

Dafür müssen wir ein bisschen ausholen und uns mit dem Thema der Spontanzeugung, lateinisch Generatio spontanea, befassen. Der Begriff wird im 4. Jahrhundert v. Chr. von Aristoteles geprägt. Dieser geht davon aus, dass bestimmte niedere Tierarten unter dem Einfluss von Wärme, Luft und Wasser unter der Einwirkung von Verwesung spontan entstehen. Zu diesen Arten zählt er Muscheln, Quallen, Schnecken, Krebse, Würmer, ja sogar Aale. In seinem „Organon" beschreibt er das spontane Auftauchen von Motten in Wollsachen oder Mäusen in alten Lumpenstapeln. Später in der Antike beschreibt man auch, dass Läuse aus Schweiß hervorgehen, Skorpione, Wespen und Schlangen aus Aas und Maden aus faulendem Käse. Diese Vorstellung hält sich, von vielen Philosophen und anderen Gelehrten in verschiedenen Varianten beschrieben, bis ins 19. Jahrhundert. Bereits im 17. Jahrhundert bildet sich zwar eine Gegenbewegung zu dieser Theorie, ein überzeugender Beweis für beide Auffassungen war bis zu diesem Zeitpunkt jedoch nicht erbracht worden.

Louis Pasteur experimentiert in seinem Labor unermüdlich, um die Theorie der Urzeugung zu widerlegen. Zum Beispiel füllt er Flaschen mit einem schwanenhalsartigen Hals mit Zuckerwasser, Urin oder Milch, kocht den Inhalt auf und lässt sie stehen. Der Inhalt dieser Flaschen trübt sich nicht. Die gleichen Flaschen, deren Inhalt vorher nicht aufgekocht worden war, trüben sich nach kurzer Zeit, es bildet sich ein Schimmelrasen. Bricht er die Schwanenhälse ab, so dass Luft eintreten kann, bildet sich auch hier Schimmel oder der Inhalt fängt zu gären an. Damit ist der Beweis erbracht und die 2500 Francs gehören ihm. Am 7. April 1864 führt er den Versuch vor den erstaunten Augen von ganz Paris im großen Amphitheater der Sorbonne vor. Unter dem Applaus der Menge beschreibt Pasteur das Experiment. Er erklärt, dass sich nur im Beisein der Keime – der Mikroben – aus den Nährlösungen Leben bildet. Euphorisch über diese Entdeckung sagt er: „Das Leben ist der Keim, und der Keim ist das Leben!"

Es gibt auch eine schöne Geschichte, in der Pasteur aus Leidenschaft für die Wissenschaft sogar zum Bergsteiger wird. Am Fuße des Jura-Gebirges, bei 850 Höhenmetern, setzt er 20 seiner Flaschen mit abgekochtem zuckerhaltigen Hefewasser kurze Zeit der Luft aus, dann schmilzt er den Flaschenkragen mit einer Spirituslampe ab. In acht der zwanzig Flaschen bilden sich Lebensformen. Danach startet er von Chamonix aus eine kleine Expedition. Begleitet von einem Bergführer und einem Maulesel, der die ballonartigen Flaschen trägt, bricht er im September 1860 auf. Auf dem Felssporn Montenvers, der in 1913 Metern Höhe über dem Gletscher Mer de Glace (auf deutsch Eismeer) liegt, wiederholt er das Experiment. Da oben ist es ziemlich kalt und vor allem sehr windig. Er kann die Flaschenhälse nach dem Aussetzen wegen des starken Windes nicht abschmelzen und muss wieder ins Tal, um das Ganze mit

Pasteurs „Schwanenhals"-Ballon.

einem Schutz für die Flamme zu wiederholen. Abends ist seine Freude groß: nur eine der 20 Flaschen hat Keime hervorgebracht! So hatte er nicht nur bewiesen, dass die Keimzahl mit der Höhe abnimmt, sondern auch noch eine Methode beschrieben, mit der man die Konzentration der Keime in der Luft bestimmen kann.

Viel später, 1877, fordert ein britischer Wissenschaftler, Henry Charlton Bastian, Pasteur noch einmal zu diesem Thema heraus, weil er die spontane Entstehung von Leben in sterilem Urin beobachtet haben wollte. Auf diese Anregung hin finden Pasteurs Mitarbeiter später heraus, wie hitzebeständig manche Mikroben sein können. Eine der Folgeentwicklungen dieser Erkenntnis ist der Autoklav, wie wir ihn heute zur Sterilisation unserer Instrumente in der Zahnarztpraxis haben. Das ist ein gasdicht verschließbarer Druckbehälter, der zur thermischen Sterilisierung im Überdruckbereich eingesetzt wird.

Eine sogenannte Spontanzeugung hat es natürlich, wie schon beschrieben, auf unserer Erde gegeben, das war vor etwa 3,8 Milliarden Jahren. Fast hundert Jahre nach Pasteurs Experimenten wird der amerikanische Wissenschaftler Stanley Miller 1953 beweisen, dass in einer reduzierten Erdatmosphäre, wie sie für diese Urzeit angenommen wird, sowie unter der Einwirkung von elektrischen Ladungen, die Blitze simulieren sollten, aus anorganischen Verbindungen organische hervorgehen. Dies war der erste Nachweis dafür, wie Leben aus lebloser Materie entstanden sein könnte. Unter den heutigen atmosphärischen Bedingungen findet keine Spontanzeugung mehr statt und es ist trotz intensiver Forschung bis heute niemandem gelungen, aus unbelebter Materie Leben entstehen zu lassen.

Aber kommen wir zu Louis Pasteur zurück. Wir schreiben das Jahr 1865. Einer seiner ehemaligen Hochschullehrer für Chemie, Jean-Baptiste Dumas, der Politiker geworden war, wendet sich mit einer Bitte an ihn. Er soll eine Krankheit der Seidenraupen untersuchen, die sogenannte Fleckenkrankheit. Zu jener Zeit – es gab ja noch keine künstlichen Textilfasern – war die Seidenindustrie im Süden Frankreichs für tausende

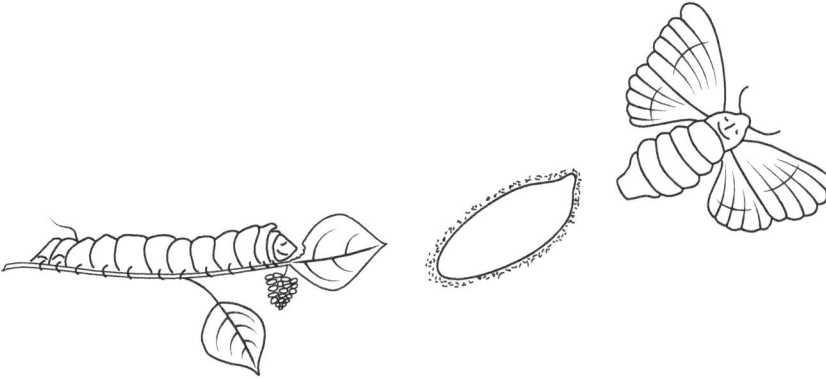

Metamorphose der Seidenraupe.

von Menschen die Lebensgrundlage. Wegen der Fleckenkrankheit war in den vergangenen zwei Jahrzehnten die Seidenproduktion auf ein Sechstel geschrumpft.

Pasteur hatte sich zuvor noch nie mit Seidenraupen beschäftigt. Erst einmal liest er alles darüber, was ihm in die Hände kommt. Aber er erkennt bald, dass er sich, um den Mördern der armen Seidenraupen auf die Spur zu kommen, an den Ort des Verbrechens begeben muss. Am 5. Juni 1865 steigt er in den Zug Richtung Süden, nach Avignon. Dort soll ihm Jean-Henri Fabre, damals schon ein berühmter Entomologe, also Insektenforscher, bei seiner Recherche zur Seite stehen.

Pasteur besucht Dutzende der Seidenraupenfarmen. Das sind sehr hohe Gebäude, in denen die Seidenraupen wohnen und Unmengen an Maulbeerblättern fressen. Wie in der Destillerie in Lille hat er natürlich sein Mikroskop dabei. Damit entdeckt er auf den Körpern vieler Raupen schwarze Punkte, die wie Pfefferkörner aussehen und der Krankheit ihren Namen gegeben haben. Im Französischen heißt die Krankheit „pébrine", was vom provenzalischen Wort für Pfeffer, „pèbre," herrührt.

Fabre macht ihn mit dem Leben der Seidenspinner (Bombyx mori) vertraut. Ein weiblicher Schmetterling legt nach der Befruchtung etwa fünf Gramm Eier, aus dem Larven schlüpfen. Jede einzelne dieser Larven verschlingt innerhalb von fünf Wochen kiloweise Maulbeerblätter und wächst zur Raupe heran. Und eines Tages fängt die Raupe an, einen Schleim zu bilden, mit dem sie sich umgibt, das ist die Seide. Aus zwei Kilometern Seidenfaden baut sie sich eine weiche, gemütliche Puppe, in der sie sich bequem einrichtet. Und, wenn die Puppe nicht zuvor von den Seidenbauern in heißes Wasser getaucht und zu Seide verarbeitet wird, befreit sich eines Tages ein Schmetterling aus dem Kokon, fliegt davon und macht sich auf die Suche nach einem Bräutigam. Dann beginnt der Kreislauf von neuem.

Im Februar 1866 mietet sich Pasteur schließlich mit einem dreiköpfigen Forscherteam in einem Anwesen in der Nähe von Alès ein, dem Zentrum der Seidenraupenepidemie. Auch seine Frau Marie und seine achtjährige Tochter Marie-Louise, genannt Zizi, begleiten ihn und unterstützen ihn bei der Arbeit. Zizi bekommt sogar ein eigenes

Mikroskop, mit dem sie die Seidenraupen fasziniert beobachtet. Die Bewohner des Ortes, die schon alle möglichen Mittel gegen die Krankheit versucht hatten – Chlor, Teeröl, Branntwein oder Absinth – beäugen die Gelehrten, die aus Paris angereist sind, misstrauisch.

Pasteur wird schließlich fündig und entdeckt in den schwarzen Flecken winzige Pilze, die Krankheitserreger. Und einen weiteren Erreger, der den Raupen zusetzt: ein stäbchenförmiges Bakterium als Ursache einer weiteren Krankheit, der sogenannten Flacherie (wörtlich: Schlaffheit). Bei diesen Bakterien beschreibt er sogenannte Sporen oder Zysten, die im Vergleich zu den Stäbchen sehr widerstandsfähig sind und sogar eine lange Trocknung aushalten können. Heute weiß man, dass das von ihm gesehene Bakterium nicht die Ursache der Erkrankung ist, sondern dass sie von Viren und manchmal großer Hitze verursacht wird.

Er trennt nun die brütenden Schmetterlingsweibchen voneinander und untersucht diese mit dem Mikroskop, die erkrankten werden vernichtet. Außerdem werden in den Seidenraupenfarmen strenge Hygienemaßnahmen eingeführt und sie werden häufig gelüftet, um die Feuchtigkeit zu vermeiden. Die gleichen Maßnahmen, wie sie während der Pandemie gegen die Ausbreitung von Coronaviren eingesetzt wurden.

Die Seidenbauern können sich jetzt Mikroskope mieten und lernen, sie zu bedienen. In den Farmen, die Pasteurs Regeln befolgen, erholen sich die Seidenraupen. Die Maßnahmen wirken sehr gut gegen die Fleckenkrankheit, der Flacherie können sie leider nicht so viel anhaben. Auch wenn Pasteur damals als Retter der französischen Seidenindustrie gefeiert wird, kann er deren Untergang nicht aufhalten. Er wird für seinen Erfolg sogar von Napoleon III. zum Senator ernannt, wird den Posten jedoch nie antreten, da der Krieg gegen die Deutschen dem Französischen Kaiserreich ein jähes Ende setzen wird. Diesen von 1870 bis 1871 dauernden Krieg haben wir schon im zweiten Kapitel erwähnt, er wird auch im weiteren Verlauf des Buches noch eine Rolle spielen.

Die Forschungsarbeiten hatten sich wegen einer Reihe von persönlichen Dramen in Pasteurs Leben in die Länge gezogen: zwei seiner Töchter sterben in dieser Zeit. Camille ist zwei Jahre alt, Cécile zwölf. Am 19. Oktober 1868, er ist erst 45 Jahre alt, erleidet er einen schweren Schlaganfall, der ihn halbseitig lähmt. Seine linke Hand bleibt für immer teilweise gelähmt. Während er sich davon erholt, liest Marie ihm Biografien berühmter Männer vor, die ihn ermutigen. Kaum geht es ihm etwas besser, macht er sich umso leidenschaftlicher an die Arbeit. In der Zeit, die ihm noch zu leben bleibt, möchte er noch so viel wie möglich herausfinden. Er sagt: „Ich habe so viel zu tun ... Es gibt eine ganze Welt zu entdecken." Und es wird ihm gelingen, noch einiges dieser Welt zu entdecken.

Von November 1869 bis Juli 1870 ist Pasteur mit seiner ganzen Familie Gast des Kaisers Napoleon III in dessen Villa Vicentina in Trieste, Norditalien, auch eine Gegend von Seidenbauern. Hier erholt er sich von seinem Schlaganfall und beendet seine Studien und sein Buch über die Krankheiten der Seidenraupen. Doch kaum ist die Familie nach Paris zurückgekehrt, bricht der Krieg aus. Während ihr Sohn, Jean-Baptiste, in den Krieg zieht, flüchten Pasteur und seine Frau mit Zizi nach Arbois. Aber auch dort wird es gefährlich und sie ziehen, nachdem sie Jean-Baptiste in den Wirren des Krieges wiederfinden, weiter. Dieser grausame Krieg, der fast 190.000 Soldaten das Leben kostet, wird bei Louis Pasteur tiefe seelische Wunden reißen und eine Feindseligkeit gegenüber den Deutschen hervorbringen, die auch für seine wissenschaftliche Arbeit nicht ohne Folgen bleiben wird, wie wir später noch sehen werden. Während des Krieges schreibt er: „Jedes meiner Werke wird bis zu meinem letzten Tag die Inschrift tragen: Hass auf Preußen. Rache. Rache." Den Ehrendoktor, den Pasteur drei Jahre zuvor von der Universität Bonn erhalten hatte, gibt er 1871 zurück.

Doch Pasteur hat noch andere Feinde, und die sind noch viel zahlreicher: die Keime. Nachdem er den Mechanismen der Gärung auf die Schliche gekommen und die Erreger der Seidenraupenepidemie aufgespürt hatte, ist er überzeugt, dass auch viele andere Krankheiten mikroskopisch kleine, für unsere Augen unsichtbare Erreger als Ursache haben müssen. Zwei seiner fünf Kinder, Jeanne, erst neun, und Cécile, zwölfjährig, hat er bereits an eine ansteckende Krankheit, den Typhus, verloren. Diese Herausforderung, zur Vorbeugung und Heilung von Infektionskrankheiten beizutragen, wird seine wichtigste werden. In einem 1880 verfassten Brief an Joseph Lister schreibt er: „Der Mensch ist machtlos gegen einen unbekannten und unsichtbaren Feind. Seine Situation erinnert mich leider an die unserer armen Soldaten im Krieg von 1870, als in ihren engen Reihen preußische Granaten einschlugen, die außerhalb ihrer Sichtweite waren."

Wir haben schon gesehen, wie Ignaz Semmelweis oder der gerade erwähnte Joseph Lister, noch ohne einzelne Keime als Krankheitserreger identifiziert zu haben, das Auftreten von Krankheiten durch Hygiene hatten eindämmen können. In ihrer großen Mehrheit ignorieren jedoch viele Ärzte immer noch diese Fakten, machen sich über sie lustig und fahren fort zu töten. Die sogenannte Keimtheorie war zuvor schon unter Wissenschaftlern vertreten worden und bereits 1687 war der Erreger der Krätze – eine Milbe – von Giovanni Cosimo Bonomo entdeckt worden, die Theorie war aber bis ins 19. Jahrhundert hinein eine Hypothese geblieben. Milben werden allerdings nicht mehr zu den Mikroben gezählt, sie sind trotz ihrer Kleinheit nämlich schon Gliederfüßer und mit den Spinnen verwandt. In einem Vortrag mit dem Titel „Über die Erweiterung der Keimtheorie auf die Ätiologie bestimmter allgemein verbreiteter Krankheiten", den Pasteur 1880 vor der Akademie der Medizin hält, legt er die Grundlagen der heutigen Mikrobiologie. Er spricht dabei anfangs von „Vibrionen" oder „Infusorien", bis sich schließlich der Begriff „Mikrobe" durchsetzt, der vom Chirurgen Charles-Emmanuel Sédillot geprägt worden war, und der der neuen medizinischen Disziplin die Bezeichnung „Mikrobiologie" gibt. Aus heutiger Sicht können wir uns das nicht vorstellen, aber für die damalige Medizin und ihre Vertreter war es wahrhaft revolutionär. Und dann auch noch von einem Chemiker vorgetragen, der sich in die Belange der Ärzte, der Halbgötter in Weiß, einmischt.

Das nächste Thema von Pasteurs Forschung wird eine Krankheit sein, die etwas größere Tiere als die Seidenraupen befällt: der Milzbrand, im Französischen heißt sie

„charbon", also „Kohle". Diese Krankheit, die Rinder, Schafe und andere Paarhufer ganz plötzlich zusammenbrechen und die armen Tiere auf der Weide in einer schwarzen Blutlache kläglich verenden lässt, tötet jedes Jahr große Teile der Herden und ist von den Bauern sehr gefürchtet. Auch Menschen können durch die Tiere angesteckt werden, eine Übertragung von Mensch zu Mensch wird nach heutigem Wissensstand allerdings ausgeschlossen. Bereits 1849 hatte Aloys Pollender, ein deutscher Arzt, Milzbranderreger in Schafsblut nachgewiesen; Casimir Davaine konnte 1863 zeigen, dass er durch die Übertragung des Blutes von erkrankten Schafen die Krankheit auf andere Tierarten weitergeben konnte. Besonders geheimnisvoll war, dass der Milzbrand an bestimmten Orten jedes Jahr erneut ausbrach, wenn die Tiere dort weideten, was auf eine große Widerstandskraft der Keime hinwies. Die länglichen Körperchen von etwa der doppelten Länge der roten Blutkörperchen, die Davaine unter dem Mikroskop beobachtet hatte, waren hingegen sehr leicht zu zerstören.

Als es 1876 ausgerechnet einem Deutschen, Robert Koch, gelingt, den stäbchenförmigen Erreger des Milzbrandes, den er Bacillus anthracis nennt, auf einem festen Medium zu kultivieren und endgültig nachzuweisen, dass dieser die Krankheit überträgt, tobt Louis Pasteur. Er weist später nach, dass ein kontaminierter Blutstropfen die Krankheit auch dann noch überträgt, wenn er ihn in Urin vierzig Mal verdünnt und sieht sein Experiment als den endgültigen Beweis an. Außerdem kann er nachweisen, dass diese sporenbildenden Bakterien nach dem Tod der Tiere im Boden verbleiben und durch Regenwürmer später wieder an die Oberfläche gebracht werden, wo sie im nächsten Jahr zum Tod der darauf weidenden Tiere führen. Er empfiehlt den Bauern also, die an Milzbrand verendeten Tiere niemals auf den Feldern zu begraben, sondern zu verbrennen.

Auf dem internationalen Medizinkongress im August 1881 in London ergibt sich für Pasteur die Gelegenheit, all seine Erkenntnisse auch international bekannt zu machen. Hier wird er Robert Koch zu ersten Mal begegnen. Die Spannung zwischen den französischen und den deutschen Gelehrten ist zwar zu spüren, alles verläuft jedoch friedlich und ohne Zwischenfälle. Das wird zwei Jahre später in Genf nicht mehr so sein.

Eine der größten Fehden der wissenschaftlichen Welt nimmt hier zwischen den beiden Männern seinen Anfang. Wir werden noch im nächsten Kapitel darauf eingehen, wie diese Rivalität beide zu immer neuen Forschungen antreiben wird. Die Nachwelt wird sie gemeinsam als die Wissenschaftler ansehen, die einen der größten Durchbrüche der Medizin bewirkt haben. Aus heutiger Sicht kann man nur spekulieren, wie sich alles entwickelt hätte, wenn die beiden genialen Männer zusammengearbeitet hätten. Im Allgemeinen wird angenommen, dass diese Rivalität sehr fruchtbar war, da die beiden sich auf der Suche nach immer neuen Erkenntnissen, die sie vor dem anderen gewinnen wollten, sogar selbst übertroffen haben. Allein schon die Sprache ist in ihrer Verständigung eine Barriere, denn Pasteur spricht kaum Deutsch und Koch kaum Französisch.

Louis Pasteur hatte von der schon im zweiten Kapitel beschriebenen Vakzination gewusst, die Edward Jenner für die Immunisierung gegen die Pocken angewandt hatte, damals noch, ohne die Keime als Ursache der Erkrankung entdeckt zu haben. Könnte solch eine Vakzine auch gegen andere Krankheiten schützen? Jetzt, über 80 Jahre später, ist es an ihm, solch ein Verfahren zu entwickeln. Zuerst gelingt es ihm mit der Geflügelcholera. Er findet heraus, dass mit dem Erreger infizierte Hühnerbrühe, die längere Zeit liegengeblieben war, weniger gefährlich ist, wenn man die Hühner damit inokuliert. Werden die vorher damit geimpften Hühner schließlich mit einer frischen Kultur infiziert, werden sie nicht krank, sie sind gegen den Erreger immun. Ungeimpfte Hühner sterben dagegen nach Injektion mit der frischen Kultur. Diesen Experimenten erwächst die Hoffnung, auch gegen andere Krankheiten durch Übertragung von „geschwächten" Keimen – wie man es damals verstand – immunisieren zu können.

Als nächstes versucht er das Gleiche mit dem Milzbrand. Nach vielen Versuchen, wie das Bakterium am besten abzuschwächen ist und keine Sporen mehr bilden kann, verkündet er am 28. Februar 1881 vor der Akademie der Medizin, einen Impfstoff entwickelt zu haben. Der Tierarzt Hippolyte Rossignol fordert ihn daraufhin zu einem öffentlichen Demonstrationsversuch auf seinem Hof in Pouilly-le-Fort heraus. Dieses Experiment wird mit großer öffentlicher Aufmerksamkeit verfolgt und die Menschenmengen strömen in den Ort, um dem Spektakel beizuwohnen.

Am 5. Mai 1881 werden 24 Schafe, eine Ziege und vier Kühe mit einer stark abgeschwächten Kultur geimpft, am 17. Mai wird dies mit einer weniger stark abgeschwächten Impfung wiederholt. Am 31. Mai werden die geimpften Tiere sowie mehrere ungeimpfte mit voll virulenten Keimen infiziert. Als Louis Pasteur am 2. Juni auf dem Hof eintrifft, sind die ungeimpften Tiere fast alle tot oder sterben vor den Augen der Zuschauer, die geimpften haben überlebt, nur ein einziges, trächtiges Schaf stirbt am nächsten Tag. Ich stelle mir all diese aus der Stadt angereisten feinen Herrschaften mit ihren Anzügen, Hüten und den langen Kleidern jener Epoche vor, wie sie auf dem Feld stehen, den Tieren beim Sterben zusehen und jubeln. Einer der Zuschauer ist der Pariser Korrespondent der Londoner Times, der den Ausgang dieses beeindruckenden Experiments in der ganzen Welt bekannt macht.

Noch im gleichen Jahr schlägt Pasteur dem französischen Staat vor, eine Fabrik für die Herstellung des Milzbrand-Impfstoffs aufzubauen, wenn dieser ihn im Gegenzug aller finanzieller Sorgen enthebt. Da der Vorschlag nicht angenommen wird, stellt er den Impfstoff weiter selbst her und muss wegen der großen Nachfrage sogar ein eigenes Labor unter der Leitung seines Mitarbeiters Charles Chamberland einrichten. Dies gilt als der Ursprung der Impfstoffindustrie und wird zu einem überaus einträglichen Geschäft. Die Impfstoffindustrie ist heute ein Milliardengeschäft und hat seit der Corona-Pandemie noch einmal einen großen Aufschwung erlebt.

In den darauffolgenden Jahren werden Millionen von Schafen und Rindern geimpft. Frankreich ehrt Pasteur durch das Großkreuz der Ehrenlegion, der ranghöchsten Auszeichnung Frankreichs, und erhöht sein jährliches Gehalt von 12.000 auf 25.000 Francs. Seine Mitarbeiter Émile Roux und Charles Chamberland werden auf Pasteurs Forderung hin zu Rittern der Ehrenlegion geschlagen.

1881 wird Pasteur – nach dem Tod von Émile Littré, einem ihrer berühmtesten Mitglieder – zum Mitglied der Académie Française gewählt und auf dem vierten internationalen Kongress für Hygiene und Demographie im September 1882 in Genf wie ein Star gefeiert. Hier begegnen sich Pasteur und Koch zum zweiten Mal und steigen sogar im gleichen Hotel ab. Sie stehen sich als bittere Feinde gegenüber, nachdem ein Jahr zuvor die „Mitteilungen aus dem Kaiserlichen Gesundheitsamte" veröffentlicht wurden, in denen Koch und seine Kollegen die Arbeiten der Pasteurianer heftig angegriffen hatten. Der Widerstreit, der sich noch viele Jahre hinziehen wird, hat sicher nicht nur nationalistische Aspekte. Es ist auch der Kampf zwischen zwei starken Egos, bei denen jeder den anderen beschuldigt, den Beitrag des einen nicht anzuerkennen. Außerdem gibt es sprachliche Missverständnisse. Als Pasteur zum Beispiel über einen „receuil allemand" spricht (eine deutsche Monografie), versteht Koch „orgeuil allemand", also deutscher Stolz, und fühlt sich beleidigt.

Später wird Koch darüber schreiben: „Wenn also auf dem Kongreß zu Genf Pasteur als ein zweiter Jenner gefeiert wurde, so geschah dies wohl etwas verfrüht, und man hatte außerdem offenbar im Drange der Begeisterung vergessen, dass Jenners segensreiche Entdeckung nicht Schafen, sondern Menschen zugute gekommen ist." Dies wird Louis Pasteur nicht nur ärgern, sondern ihn auch zu neuer Arbeit anregen. Mit großem Eifer macht er sich daran, Koch zu beweisen, dass er eine Impfung gegen eine Krankheit entwickeln kann, die auch Menschen befällt: die Tollwut.

Pasteur versucht zuerst, die Erreger der Tollwut unter dem Mikroskop zu detektieren, kann sie aber nicht finden. Das hätte im 19. Jahrhundert niemand gekonnt und man würde erst durch die Erfindung des Elektronenmikroskops 1930 diese Mikroorganismen ausfindig machen, die noch viel kleiner sind als Bakterien, und man wird sie „Viren" nennen. Das Wort „Virus" bedeutet im Lateinischen „Gift". Auf diese winzigen Mikroben werden wir später in diesem Buch noch näher eingehen.

Die Tollwut kommt bei Menschen eigentlich selten vor – in jener Zeit sterben einige Dutzend jährlich in Frankreich daran –, im Gegensatz zu zehntausenden, die der Tuberkulose, der Diphtherie, dem Typhus oder der Cholera zum Opfer fallen. Wenn die Tollwut aber ausbricht, ist der Verlauf ziemlich beeindruckend und dramatisch, fast wie in einem Horrorfilm. Es fängt damit an, dass jemand von einem Hund, einem Fuchs oder einem Wolf, vielleicht auch einem Eichhörnchen, einem Waschbären oder einer Fledermaus gebissen wird. Manchmal reicht es aus, dass eines dieser Tiere denjenigen auch nur leckt. Wenn er nichts von der Tollwutgefahr weiß, vergisst er den Vorfall vielleicht schnell wieder. Es vergehen zwei Wochen, ein Monat, zwei, vielleicht sogar mehr, bevor er eines Tages eine Enge in der Brust spürt, eine gewisse Aufgeregtheit, Angst und Verwirrtheit, man versteht ihn nicht mehr, wenn er spricht. Er fängt an, zu sabbern, zu weinen, zu delirieren. Das Tollwutvirus hat langsam, aber sicher seinen Weg entlang der Nerven ins Gehirn geschafft. Jetzt kommt jede Hilfe zu spät: innerhalb weniger Tage wird der Erkrankte mit größter Wahrscheinlichkeit tot sein. Nicht ohne Grund fürchten wir die Tollwut seit Menschengedenken.

Aktuell sterben nach einer Schätzung der WHO jährlich immer noch etwa 59.000 Menschen an Tollwut, die meisten in Asien – vor allem in Indien – und in

Afrika. Es werden aber auch jährlich mehr als 15 Millionen Menschen aufgrund des Verdachts auf eine Infektion geimpft, was geschätzte 327.000 Todesfälle verhindert.

Bereits 1880 beginnt Pasteur gemeinsam mit einer ergebenen Schar an Mitarbeitern, auf deren Hilfe er auch wegen der Folgen seines Schlaganfalls angewiesen ist, mit der Arbeit an der Tollwutimpfung. Die Forscher haben die Idee, dafür Kaninchen zu verwenden, da bei ihnen die Inkubationszeit nur etwa 14 Tage beträgt. Bei mit Chloroform betäubten Kaninchen öffnen sie die Schädeldecke und infizieren ihr Gehirn mit einem Auszug aus dem eines infizierten Tieres. Das Gehirn dient sozusagen als Nährmedium für die Erreger. Sie schaffen es schließlich, die Inkubationszeit auf 8 Tage zu verringern und erhalten so ein maximal virulentes Virus. Jetzt müssen sie den umgekehrten Weg gehen: das Virus abschwächen.

Die Idee, wie dies zu bewerkstelligen ist, stammt eigentlich von Pasteurs Mitarbeiter Émile Roux, der später nie versucht hat, sich in den Vordergrund zu drängen. Sie trocknen die Emulsion unter streng aseptischen Bedingungen mit Hilfe von Kaliumhydroxyd aus. Eine 14 Tage lang auf diese Weise getrocknete Hirnmasse, die damit stark in ihrer Virulenz abgeschwächt ist, injizieren sie einem Hund. Es folgen tägliche Injektionen mit jeweils 13 Tage, 12, 11, und so fort immer kürzer getrockneter Hirnmasse, bis zu einer mit Material aus einem am gleichen Tag an Tollwut gestorbenen Kaninchen. Man sperrt den Hund in einen Käfig mit tollwütigen Hunden, die ihn überfallen und beißen. Der Hund steckt sich nicht mit Tollwut an. Pasteur ist wie besessen von seiner Arbeit, beeindruckt von den Ergebnissen. Er schläft kaum, aber das kennen wir ja schon von ihm.

Auf dem Medizin-Kongress in Kopenhagen 1884 stellt er erste Ergebnisse vor einem jubelnden Publikum vor. Im Gegensatz zu Émile Roux, der weitere Tierexperimente durchführen will, bevor der Impfstoff am Menschen angewandt wird, ist Pasteur ungeduldig. In einem Brief an den Kaiser von Brasilien Dom Pedro II. bittet er diesen sogar darum, ihm zu erlauben, Versuche an zu Tode Verurteilten seines Landes durchführen zu können. Der Kaiser lehnt ab. Ein Zufall, der eine bis heute oft erzählte Geschichte hervorgebracht hat, gibt Pasteur eine Chance, die er sofort ergreift. Die Geschichte ist in Frankreich immer noch Schullektüre und es gibt sogar ein Theaterstück zu diesem Thema für Schüler der 7. Klasse.

Die Geschichte nimmt ihren Anfang in einer kleinen Ortschaft im Elsass mit dem Namen Maisongoutte, oder Meisengott in der Nähe von Villé oder Weiler. Wir schreiben den 4. Juli 1885. Am Morgen dieses sonnigen Tages ist der neunjährige Bäckerssohn Joseph Meister unterwegs, um für seinen Vater Hefe zu kaufen. Auf seinem Weg wird er plötzlich von dem Hund des örtlichen Delikatessenhändlers Theodore Vonné angefallen und in die rechte Hand und danach, schon auf dem Boden liegend, in die Beine gebissen. Ein Schlosser hatte die Szene betrachtet und verjagt den Hund mit einer Eisenstange. Josephs Eltern bringen den Kleinen zum nächsten Arzt, Dr. Eugène Weber in Weiler, der die Wunden mit Karbolsäure ausspült. Bis in diese Gegend hatte sich damals die Nachricht über die Forschungen eines gewissen Chemikers Louis Pasteur über die Tollwut verbreitet. Am 5. Juli machen sich also Joseph, seine Mutter und der Besitzer des Hundes, Monsieur Vonné, auf die Reise nach Paris, passieren die Grenze nach Frankreich und stehen am 6. Juli vor der Tür der École Normale und vor Louis Pasteur. Dieser muss eine Entscheidung treffen, die ihm nicht leicht fällt. Nach der Konsultation mit zwei ärztlichen Kollegen – dem Kinderarzt Joseph Grancher und dem Neurologen Alfred Vulpian – entschließen sie sich, Joseph zu impfen. Ihm und seiner Mutter werden in einem Laborgebäude zwei Betten eingerichtet. In einem Zeitraum von zehn Tagen erhält Joseph zwölf Injektionen mit immer höherer Virulenz. Schließlich verabreicht man ihm eine „Viertagessuspension" (also nur vier Tage getrocknete Hirnmasse). Ein Hund, dem man diese sehr virulente Suspension verabreicht, stirbt später.

Die erfolgreiche „Heilung" von Joseph Meister ist nun keinesfalls ein Beleg für die Wirksamkeit der Impfung. Pasteur selbst gibt an, dass nur 10 Prozent der Menschen, die von einem tollwütigen Hund gebissen werden, auch tatsächlich erkranken. Auch wirft man ihm später vor, dass er keine eindeutige Tollwutdiagnose für den Hund durchgeführt hat. Erst durch die statistische Auswertung einer großen Zahl von Fällen wird später nachgewiesen, dass Pasteurs Tollwut-Impfstoff tatsächlich wirksam ist. Vorwürfe kommen auch von Seiten der Medizinethiker, die Pasteur vorwerfen, dass er „Menschenversuche" unternommen hätte. Viele Aktivisten gegen Tierversuche, die jetzt, Ende des 19. Jahrhunderts, anfangen, in England, Frankreich und den Vereinigten Staaten Organisationen zu gründen, stellen sich auch gegen ihn. Die erste französische Organisation gegen Tierversuche, die 1882 gegründet wird, geht, wie bereits erwähnt, auf Claude Bernards Frau Fanny zurück. Das Heulen und Bellen der gequälten und tollwütigen Tiere, das aus den Labors in Paris und Villeneuve-l'Étang westlich der Stadt ertönt, bringt Pasteur ebenfalls viele Gegner ein.

Wenn man sich das heutige Vorgehen vor der Zulassung eines Impfstoffs oder eines Medikaments ansieht, stellt man fest, dass es trotz der vielen Gesetze und Auflagen immer noch Unsicherheiten gibt. Auch während der Corona-Pandemie wurde diese Diskussion mit der Entwicklung der Impfstoffe gegen Covid-19 heftig geführt. Wir werden darauf noch später in diesem Buch zurückkommen.

Pasteur zieht sich wie jeden Sommer nach Arbois zurück. Entgegen seinem üblichen Übereifer geht er noch nicht an die Öffentlichkeit. Dem kleinen Joseph, der inzwischen nach Hause zurückgekehrt ist, geht es gut und er schreibt Pasteur sogar. Erst am 26. Oktober gibt Pasteur vor der Akademie der Wissenschaften die Ergebnisse seiner Impfung an Joseph Meister bekannt. Die Nachricht ist eine Sensation. Aus aller Welt reisen von möglicherweise tollwütigen Hunden gebissene Menschen nach Paris. Innerhalb eines Jahres werden allein dort 2500 Menschen mit dem Impfstoff behandelt. Kurz nach Joseph Meister, im Oktober 1885, begibt sich auch der 15-jährige Hirte Jean-Baptiste Jupille aus dem Juragebirge beim Team um Pasteur in Behandlung. Er war von einem tollwütigen Hund gebissen worden, während er Kinder vor diesem retten wollte. Auch er überlebt und wird berühmt.

Mit großer medialer Aufmerksamkeit wird zudem die Reise von vier kleinen Amerikanern begleitet, die aufgrund eines Aufrufs zur Spende im New York Herald den Atlantik überqueren. Als alle vier gesund und wohlbehalten zurückkehren, werden sie wie Stars gefeiert. Aus Smolensk in Russland reisen achtzehn Muzhiks (russische Bauern) mit ihrem Priester an, die von einem tollwütigen Wolf gebissen worden waren. Sechzehn werden überleben und der Zar Alexander III. wird Pasteur dafür das Großkreuz von Sankt Anna verleihen.

Um die Unmengen an Impfstoff herzustellen, keimt die Idee von einem Institut auf. Kaum wird das Projekt ins Leben gerufen, gehen von überall Spenden dafür ein. Jeder will Teil dieses Projekts sein, vom einfachen Arbeiter bis zum Kaiser von Brasilien, vom Bauer bis zur Königin von Dänemark oder dem Zaren von Russland. Auch im Elsass fordern elf Zeitungen zu Spenden auf, wofür sich Pasteur in einem gerührten Brief bedankt. Der angelegte Fonds schwillt auf 2,6 Millionen Francs an und am 14. November 1888 wird das Institut Pasteur im Beisein des damaligen Präsidenten Sadi Carnot eingeweiht, Pasteur wird dessen erster Direktor. Von Anfang an ist das Institut Pasteur weit mehr als ein Zentrum der Schutzimpfung gegen Tollwut, es ist ein Forschungsinstitut für Medizinische Mikrobiologie. Es wird später in der ganzen Welt kopiert.

1887, 64 Jahre alt, erleidet Pasteur einen zweiten Schlaganfall. Er kann seine Forschungsarbeit zwar nicht weiterführen, bleibt aber mit seinen Mitarbeitern, Schülern und vielen anderen Wissenschaftlern im Dialog. Als Alexandre Yersin, einer seiner berühmtesten Schüler, ihm den Erreger der Pest unter dem Mikroskop zeigt, soll er gesagt haben: „Oh! Wie viel es noch zu tun gibt!"

Am 27. Dezember 1892, seinem 70. Geburtstag, wird er im großen Amphitheater der Sorbonne vor über 2000 Gästen gefeiert, auch Frankreichs Präsident ist eingeladen. Als Louis Pasteur, am Arm des Präsidenten der Sorbonne gestützt, in den Festsaal geführt wird, ertönt lauter, nicht enden wollender Beifall. Es werden viele Reden auf ihn gehalten, auch Joseph Lister ist zugegen, die beiden alten Herren umarmen sich. Pasteur kann mit gebrochener Stimme nur ein paar Worte des Dankes sagen, sein Sohn Jean-Baptiste liest die Antwortrede vor. Hier ein kleiner Auszug daraus: „Die Abgesandten der fremden Nationen, so weit hergereist, um Frankreich ihre Sympathie zu bezeugen, machen mir die tiefinnigste Freude, die ein Mensch empfinden kann, der unerschütterlich glaubt, dass Wissenschaft und Friede über Unwissenheit und Krieg siegen werden, dass sich die Völker verständigen müssen, nicht um zu zerstören, sondern um aufzubauen, und dass die Zukunft denen angehört, die das Meiste für die leidende Menschheit thun werden." Wie aktuell sind seine Worte heute noch!

In den Sommermonaten zieht sich Pasteur aufs Land, nach Villeneuve-l'Étang, zurück. Marie und Zizi verbringen ihre Zeit an seinem Krankenbett und lesen ihm Biografien vor. Fast vollständig gelähmt stirbt er am 28. September 1895 im Kreise seiner Familie und umgeben von Mitarbeitern und Studenten. In manchen Quellen wird überliefert, er habe auf dem Sterbebett seinem Lehrer Bernard recht gegeben und gesagt, „Die Mikrobe ist nichts, das Milieu ist alles." Wir werden später in diesem Buch noch sehen, dass beides von Bedeutung ist und nicht so einfach voneinander

Louis Pasteur, 1895.
Quelle: https://commons.wikimedia.org/wiki/
File:Louis_Pasteur,_foto_av_Paul_Nadar,_Crisco_
edit.jpg

getrennt werden kann. Erst einige Jahre später wird man anfangen, unser Immunsystem zu entdecken und zu verstehen, wobei heute noch vieles davon unverstanden bleibt. Es ist auch überliefert, dass Pasteur an seinem letzten Tag, als seine Frau versucht, ihm etwas Milch einzuflößen, sagt: „Ich kann nicht." Es ist das erste Mal in seinem Leben, dass er von einer Niederlage spricht. Und zugleich das letzte.

Louis Pasteur wird in einer Krypta im Institut Pasteur beigesetzt. Nachdem Joseph Meister lebenslang mit ihm in Verbindung geblieben war, siedelt er 1913 nach langjähriger Tätigkeit als Bäcker im Elsass nach Paris um und wird Pförtner des inzwischen weltberühmten Instituts. Am 14. Juni 1940 besetzen deutsche Truppen Paris, zehn Tage später nimmt sich Joseph Meister das Leben. Es wird manchmal behauptet, er habe sich selbst getötet, um deutsche Soldaten davon abzuhalten, zur Gruft seines Retters vorzudringen. Spätere Recherchen ergaben aber, dass er scheinbar dachte, seine Familie sei in einem Bombenangriff getötet worden und nimmt sich wenige Stunden bevor diese zurückkehrt mit Hilfe eines Gasofens das Leben.

Bereits 1878 hatte Louis Pasteur seine Familie gebeten, seine Labortagebücher geheim zu halten. Dies war eine Reaktion auf die Veröffentlichung eines der Schüler von Claude Bernard, Marcelin Berthelot, einem berühmten Chemiker. Dieser hatte nach Bernards Tod dessen Notizen veröffentlicht, in denen Bernard unter anderem Pasteurs Theorie zur Gärung anzweifelt. Dadurch wird Pasteur dazu gezwungen, gegen seinen verehrten Lehrer Bernard Stellung zu beziehen. Um selbst nicht in eine solche Situation zu kommen, verbietet er also die Veröffentlichung seiner Labortagebücher.

Erst 1964 übergibt sein Enkel Louis Pasteur Valery-Radot die Tagebücher der Französischen Nationalbibliothek. Darin sind 40 Jahre Forschungsarbeit dokumentiert. Hundert Jahre nach Pasteurs Tod veröffentlicht der US-amerikanische Wissenschaftshistoriker Gerald L. Geison sein Buch „The Private Science of Louis Pasteur", in dem er dieses Material aufarbeitet. Es ist in Frankreich – obwohl es nie ins Französische übersetzt worden ist – ein Eklat. Demnach waren Meister und Jupille zum Beispiel nicht die ersten beiden Patienten, die den Tollwutimpfstoff erhalten hatten, sondern zwei andere Personen. Bei der ersten wurde das Serum nur ein Mal appliziert, bevor das Ministerium reagierte und weitere Impfungen verbot, bei der zweiten, einem elfjährigen Mädchen, das allerdings bereits Symptome der Krankheit zeigte, blieb sie erfolglos. Das Mädchen starb. Die Debatte über die Labortagebücher und die endgültige Wahrheit wird heute noch weitergeführt. Wie bei allen Geschichten begegnet man immer wieder Varianten. Ich bin jetzt schon neugierig darauf, was man sich später über die Corona-Pandemie erzählen wird, und habe mich schon manchmal gefragt, ob die Wissenschaftler und Wissenschaftlerinnen von heute auch solche geheimen Tagebücher führen.

Wir verabschieden uns jetzt von Louis Pasteur und wenden uns seinem größten Rivalen, Robert Koch zu. Aber keine Sorge, Pasteur wird uns auch im nächsten Kapitel noch ab und zu begegnen. Das wissenschaftliche Leben von Robert Koch ist einfach zu sehr mit dem von Louis Pasteur verknüpft, um ihn aus den Augen zu verlieren.

5 Robert Koch und sein Kampf gegen die Keime

Robert Koch wird am 11. Dezember 1843 in Clausthal, im Oberharz als Sohn eines Bergrats geboren. Das Haus mit der rosaroten Fassade, in der der kleine Robert aufwächst, ist riesig. Die Familie hat 13 Kinder – von denen zwei als Säuglinge sterben –, im Haus leben zudem noch zwei unverheiratete Tanten und die Dienerschaft.

Robert ist das dritte der Geschwister und ein eifriger Schüler. Besonders die Mathematik und die wissenschaftlichen Fächer liegen ihm. Er ist auch ziemlich gut in Englisch, was ihm später in seiner Karriere nützen wird, aber nur mittelmäßig in Französisch, was, wie wir bereits gesehen haben, auch nicht ohne Folgen bleiben wird.

Sein Großvater mütterlicherseits, der viel Humor hat und der Natur sehr verbunden ist, übt einen großen Einfluss auf ihn aus. Mit seinem Onkel Eduard macht er lange Ausflüge in den Wald und in die Berge, beobachtet die Welt um sich herum, sammelt Insekten, Pflanzen, Steine. Zu Hause steckt er diese in seine Terrarien. Noch größer ist seine Begeisterung, als sein Opa ihm ein Vergrößerungsglas schenkt. Ich stelle mir den kleinen Robert vor, wie er damit fasziniert durch die Landschaft oder auch das große Haus zieht und all jene Dinge beobachtet, die die Menschen um ihn herum nicht sehen können. Diese Faszination wird ihn sein Leben lang begleiten.

Onkel Eduard ist zudem Chemiker und Anhänger der um 1837 entwickelten Daguerreotypie, einer Vorstufe der Fotografie. Mit einer kastenähnlichen Kamera nahm man damals Bilder auf einer versilberten Kupferplatte auf. All diese Fertigkeiten und Interessen werden Robert Koch in seinem beruflichen Werdegang und in seiner Arbeit als Forscher begleiten.

Mit 19 Jahren legt er sein Abitur am humanistischen Gymnasium in Clausthal ab. Eigentlich träumt er zu jener Zeit davon, Seemann zu werden, zu reisen und die Welt zu durchstreifen, wegen seiner Kurzsichtigkeit und weil er eine Brille tragen muss, gibt er diesen Traum jedoch auf. Er wird ihn später im Leben wahr werden lassen und viele Reisen durch die Welt machen. Einige seiner Geschwister emigrieren nach Amerika und er spielt auch mit diesem Gedanken. Sein Vater ermutigt ihn dazu, Herz und Verstand entscheiden zu lassen. Und da er damals schon in Emmy Fraatz verliebt ist – die er später heiraten wird –, geht er zum Studieren nach Göttingen, nicht weit von seinen geliebten Bergen und von Emmy entfernt. Um ihm das Studium zu ermöglichen, muss sich die Familie Koch sehr einschränken und er selbst lebt auch sehr bescheiden und studiert unermüdlich. Das Motto seines Lebens, das ihn seither begleitet, lautet: „Nuncam otiosus" (niemals untätig).

Ab 1862 studiert er zuerst Philologie, wechselt aber noch im ersten Semester zur Medizin. Göttingen ist damals schon eine berühmte Universität mit vielen renommierten Professoren, die ihn sehr beeindrucken. Einer davon ist Jakob Henle, sein Anatomieprofessor, der bereits in einem 1840 veröffentlichten Buch die Vermutung ausspricht, dass Krankheiten durch Mikroorganismen hervorgerufen werden, was er allerdings nicht beweisen kann. In diesem Buch legt er bereits seine „Postulate"

https://doi.org/10.1515/9783111161143-006

vor, die sein Schüler 40 Jahre später umfassend belegen wird und die als „Koch'sche Postulate" oder „Henle-Koch-Postulate" in die Geschichte der Mikrobiologie eingehen werden.

Robert Koch schließt sein Studium mit einer Doktorarbeit im Bereich der Pathologie ab und geht anschließend an die Charité nach Berlin, um einen Kurs bei Rudolf Virchow, dem berühmtesten Pathologen seiner Zeit, zu besuchen. Zu dieser Autorität wird Koch viele Jahre später in Widerstand gehen. 1866 nimmt er eine Assistentenstelle am Allgemeinen Krankenhaus in Hamburg an, wo gerade eine Choleraepidemie ausgebrochen ist. Im Stuhlgang von Erkrankten sieht er mit seinem Mikroskop sogenannte Vibrionen, die er auch zeichnet, wird sie aber erst 17 Jahre später als die Erreger der Cholera identifizieren können. Robert und Emmy heiraten am 16. Juli 1867, am 6. September 1868 wird Gertrud geboren, von ihrem Vater liebevoll Trudy genannt. Sie wird das einzige Kind bleiben.

Nach weiteren Umzügen lässt sich die kleine Familie in Rakwitz, einer Kleinstadt in Posen, im heutigen Polen, nieder. Hier lernt Koch schnell polnisch, baut Beziehungen zu den Menschen auf und festigt seinen Ruf als Arzt. Nebenbei findet er auch noch Zeit für seine wissenschaftlichen Beobachtungen und verwendet dazu ein Mikroskop. Doch die Idylle wird durch den schon erwähnten deutsch-französischen Krieg durchbrochen.

Drei von Roberts Brüdern melden sich freiwillig, wegen seiner Kurzsichtigkeit wird er jedoch vom Militärdienst freigestellt. Mit der Unterstützung seines Lehrers Rudolf Virchow schafft er es trotzdem, am Krieg teilzunehmen und zwar als Militärarzt. In einem Brief an seinen Vater berichtet er, dass er in seinem kurzen Aufenthalt im Militärlazarett mehr gelernt habe, als er es in sechs Monaten in einem zivilen Hospital getan hätte. Er begegnet dem Typhus und der Ruhr, versorgt Komplikationen, die als Folge von Kriegsverletzungen auftreten. Er erlebt die Pockenepidemie, die während des Krieges auftritt und wie schwer die französischen Soldaten im Gegensatz zu den deutschen betroffen sind, weil sie nicht systematisch durchgeimpft worden waren. Am 16. Januar 1871, Koch befindet sich gerade in Orléans, gibt der Generalarzt ihm bekannt, dass die Bewohner von Rakwitz nach ihm verlangen, und so kehrt er nach Hause zurück. Am 10. Mai 1871 wird in Frankfurt der Friedensvertrag unterschrieben.

1872 erhält Koch eine Stelle als Kreisphysikus des Kreises Bomst. Zu dieser Aufgabe gehört außer der Tätigkeit als Landarzt – die Praxis ist in Wollstein gelegen – auch die Betreuung des Krankenhauses, die Überwachung der hygienischen Zustände, die Ausstellung von Attesten und die Durchführung von Impfungen. Der Kreisphysikus war in der Regel der gefragteste Arzt im Kreis, also der „Sterbedoktor", der in schwierigen Fällen konsultiert wurde. Robert, Emmy und Trudy ziehen in die kleine, hübsche Stadt Wollstein, die zu jener Zeit etwa 3000 Einwohner zählt, und wohnen am Ufer eines Sees, der von Wald umgeben ist. Sie werden dort acht glückliche und produktive Jahre verbringen, an die sich Trudy gerne erinnern wird.

Sie wohnen im ersten Stock eines zweigeschossigen Hauses, hier ist auch die Arztpraxis untergebracht. Die große, helle Diele dient als Wartezimmer für die Patienten. Das Sprechzimmer wird mit einem Vorhang geteilt und im so geschaffenen Labor wird Koch seine Arbeit zum Milzbranderreger durchführen. Später, als er, um seine Präparate zu fotografieren, auf optimale Beleuchtung angewiesen ist, wird er Emmy hinausschicken, um nachzusehen, ob sich Wolken nähern. Aus diesem Grund wird er Emmy liebevoll seinen „Wolkenschieber" nennen. Das wertvolle Mikroskop, das er zur Betrachtung der Präparate verwendet, ist ein Geschenk Emmys. Ihr Vater hatte die notwendige Summe dafür einer Anlage entnommen, die er für seine Tochter angespart hatte.

Außerdem braucht Koch für seine Versuche Tiere. Es werden viele Mäuse gefangen, die kommen im Haus aber sowieso in großer Zahl vor. Die Bewohner Wollsteins bringen ihm auch andere Nagetiere – ihre Mäuse, Kaninchen und Meerschweinchen – und einmal wohnen da auch zwei Affen, die Koch hatte kommen lassen. Emmy kümmert sich liebevoll um den kleinen Zoo.

Auch auf den schlesischen Feldern wütet, wie bereits auf den Feldern Frankreichs im letzten Kapitel beschrieben, der Milzbrand. Robert Koch beginnt sich 1873 dafür zu interessieren, in etwa der gleichen Zeit, in der sich Pasteur dem Thema widmet. Kochs eigener Lehrer, der berühmte Rudolf Virchow, bestreitet vehement jede Beteiligung von Mikroben bei ansteckenden Krankheiten. Dieser hatte seinerzeit bereits Ignaz Semmelweis widersprochen und gegen eine solche Eminenz wie ihn war es ziemlich schwer, etwas auszurichten. Aber Robert Koch kennt natürlich auch die Ansichten seines Göttinger Professors, Jacob Henle, der seine Postulate bereits 1840 formuliert hatte.

Koch betrachtet also das Blut der infizierten Tiere mit dem Mikroskop und sieht die – bereits 1849 beschriebenen – länglichen Stäbchen. Das erfüllt das erste Postulat: der mutmaßliche Erreger ist mit der Krankheit assoziiert, er kommt in gesunden Tieren nicht vor.

Als Erster beobachtet er bei den Erregern das Phänomen der Sporenbildung. Wir erinnern uns: auch Pasteur hatte bereits bei der Flacherie der Seidenraupen solche widerstandsfähigen Formen der Bakterien entdeckt. Koch kennt darüber hinaus die Arbeiten des Botanikers Ferdinand Cohn, der im benachbarten Breslau wohnt, und dessen 1872 erschienenes Buch „Über Bakterien, die kleinsten lebenden Wesen". 1875 hatte dieser nachgewiesen, dass manche Bakterien unter bestimmten Bedingungen Sporen bildeten, was sie gegen äußere Einflüsse extrem widerstandsfähig machte. Man konnte sie sogar kochen, ohne dass sie zerstört wurden.

Nun besteht die Herausforderung darin, zu beweisen, dass diese Bakterien die Ursache des Milzbrandes sind. Er erinnert sich an das zweite und dritte Postulat seines Lehrers Henle: er muss versuchen, den Erreger außerhalb des Tierkörpers in einer Reinkultur zu züchten und dann – drittens – nachweisen, dass die Übertragung dieser Kultur die Krankheit auslöst. Er macht sich fieberhaft an die Arbeit und Emmy muss ihn oft daran erinnern, dass draußen die Patienten auf ihn warten.

Er kommt auf die Idee, den Glaskörper eines Kaninchenauges als Medium zu benutzen und es funktioniert. Nun gibt es ein weiteres Problem: für ein schnelles

Wachstum brauchen die Bakterien eine konstante Temperatur von 30–35 Grad, die ohne Stadtgas oder Elektrizität nicht so leicht zu erreichen ist. Mit einer Kerosinlampe, einem Teller mit nassem Sand und einem Papierfilter baut er eine Vorrichtung, die die nötigen Bedingungen erfüllt. Es gelingt ihm schließlich nicht nur, die Bakterien zu kultivieren und durch ihre Übertragung den Milzbrand bei gesunden Tieren herbeizuführen. Ihm gelingt es auch, aufzuzeigen, dass sich im Blut von erkrankten Tieren Sporen bilden, die so widerstandsfähig sind, dass sie selbst durch Kochen und durch monate- oder jahrelanges Trocknen nicht zerstört werden können. Das erklärt auch, warum die Krankheit Jahr um Jahr auf den gleichen „verfluchten" Feldern auftritt. Er nennt den Erreger „Bacillus anthracis" (Milzbrandbacillus).

Robert Koch ist zu Anfang etwas unsicher, ob er mit seinen Ergebnissen an die Öffentlichkeit treten soll. Er ist erst 32 Jahre alt, ein einfacher Landarzt und hat all seine Studien unter höchst unzureichenden Bedingungen und isoliert von der wissenschaftlichen Gemeinde seiner Zeit durchgeführt. Er wendet sich in einem Brief vom 22. April 1876 an Ferdinand Cohn in Breslau, der zum Glück nur wenige Fahrtstunden von Wollstein entfernt wohnt. Cohn, durchaus etwas misstrauisch, lädt Robert Koch für den kommenden Sonntag nach Breslau ein, damit dieser ihm seine Experimente zeige. Man kann sich Kochs Aufregung vorstellen, mit der er sich mit seinem Mikroskop, seinen Chemikalien, seinen Kaninchen, Mäusen und Fröschen frühmorgens auf den Weg macht und Cohn nach stundenlanger Reise seine Experimente vorführt. Cohn ist vollauf begeistert davon und ruft sogar Julius Cohnheim, den Direktor des pathologischen Instituts zu Breslau hinzu. Dieser wendet sich seinerseits an seine Assistenten: „Nun lassen Sie alles stehen und liegen und gehen Sie zu Koch, dieser Mann hat eine großartige Entdeckung gemacht, die in ihrer Einfachheit und Exaktheit der Methode um so mehr Bewunderung verdient (...)"

Ferdinand Cohn führt Robert Koch begeistert in die Welt der Wissenschaft ein und lässt ihn seine Entdeckungen in den Spalten seiner Zeitschrift „Beiträge zur Biologie der Pflanzen" veröffentlichen. Er hat ein viel stärkeres Mikroskop, mit dem er alles noch viel detaillierter betrachten kann, und bietet ihm sogar an, die neue Entdeckung zu illustrieren.

Die historische Veröffentlichung, die im Oktober 1876 erscheint und Pasteurs großen Ärger entfacht, wird also von Cohn illustriert. Die Zeitschrift liegt in digitalisierter Form vor und man kann sie online abrufen.

Auch Rudolf Virchow, der Lehrer, den Robert Koch so bewundert, reagiert skeptisch. Es gibt aber kein Zurück. Betrachtet man die Arbeiten Pasteurs und Kochs im Nachhinein als eine Einheit, kann die Welt die Augen vor der neuen Erkenntnis nicht mehr verschließen: der Milzbrand wird von einem klitzekleinen, für unsere Augen unsichtbaren Wesen verursacht. Dies ist einer der größten Durchbrüche der Medizin und zwei einander verfeindete Wissenschaftler haben diese Nachricht gemeinsam in die Welt gebracht. Dies ebnet den Weg für die Erforschung und Behandlung vieler ansteckender Krankheiten. Wie bereits beschrieben, wird es Pasteurs Aufgabe sein, den Impfstoff gegen den Milzbrand zu entwickeln und zu vermarkten.

Beide Wissenschaftler, angeregt durch die beeindruckenden Ergebnisse, forschen unermüdlich weiter. Robert Koch, der ja durch seinen Onkel Eduard von Kindheit an mit dem Verfahren der Daguerreotypie vertraut ist, verfeinert seine Methode der Fotografie und veröffentlicht im November 1877 einen Artikel in Cohns Zeitschrift unter dem Titel „Verfahren zur Untersuchung, zum Konservieren und Photographieren der Bakterien", in dem zum allerersten Mal Fotografien von Bakterien erscheinen. Diese Fotos sind herausragend, selbst aus heutiger Sicht. Dabei müssen sie noch einzeln in jedes Exemplar der Zeitschrift eingeklebt werden!

Um sein Verfahren noch weiter zu perfektionieren, besucht Koch im Sommer 1878 in Jena die Fabrik von Carl Zeiss, der optische Linsen herstellt. Hier trifft er den Physiker Ernst Abbe, mit dem er gemeinsam zwei neue Verfahren entwickelt, die für die Beobachtung der Mikroben einen großen Fortschritt erlauben werden: das Öl-Immersionsobjektiv und den Abbeschen Kondensor. Es würde den Rahmen des Buches sprengen, genau zu erklären, wie diese funktionieren. Vielleicht nur eine Bemerkung dazu: die Verfahren werden heute noch in der Fotografie angewandt.

Mit den neuen Techniken vertraut, untersucht Robert Koch auch jene Bakterien, die für Wundinfektionen verantwortlich sind und mit denen er sich bereits im deutsch-französischen Krieg auseinandersetzen musste. 1878 veröffentlicht er ein kleines Buch mit dem Titel „Untersuchungen über die Ätiologie der Wundinfektionskrankheiten", in dem er mehrere Bakterienarten, die dafür verantwortlich sind, beschreibt.

Robert Koch vertieft sich mehr und mehr in seine Forschungsarbeit, die natürlich Geld kostet und kein zusätzliches Einkommen einbringt. Die finanziellen Sorgen bedrücken ihn mehr und mehr, aber anstatt nach einer Lösung zu suchen, flüchtet er sich in seine Arbeit. In seinem kleinen, mit einem Vorhang abgetrennten Laboratorium fühlt er sich mehr und mehr von der wissenschaftlichen Gemeinde isoliert und durch die finanzielle Not in seinem Forschungseifer eingeengt.

Nach einem kurzen Aufbruch nach Breslau, wo ihm Cohn eine Stelle als Arzt besorgt, er es jedoch nicht schafft, einen Patientenstamm aufzubauen, eröffnet sich ihm eine neue Chance. Unter dem erneuten Einfluss von Ferdinand Cohn wird Robert Koch im April 1880 als Leiter eines neuen Labors für Bakteriologie im Auftrag des Kaiserlichen Gesundheitsamtes vorgeschlagen. Der Haken dabei: die Stelle soll nicht entlohnt werden, er muss erneut einen Patientenstamm in einer unbekannten Stadt – diesmal Berlin – aufbauen. Da er in Breslau damit bereits schlechte Erfahrungen gesammelt hat, besteht er darauf, ein Gehalt zu bekommen und ist erfolgreich. Am 9. Juli 1880 zieht die Familie nach Berlin.

Hier kann sich Robert Koch endlich intensiv seiner Forschungsarbeit widmen. Er erhält ein Zimmer mit drei Fenstern – für seine Beobachtungen braucht er wie schon erwähnt viel Licht – und zwei Assistenten zur Seite: Friedrich Loeffler, erst 28 Jahre alt, und Georg Gaffky, 30 Jahre. Voller Begeisterung machen sich die jungen Männer an die Arbeit und kommen vor den Wundern dieser neuen, unbekannten Welt der Mikroben aus dem Staunen nicht heraus. Bis in die späten Abendstunden sitzen sie in ihrem Labor zusammen, beobachten, diskutieren und vergessen darüber zu essen, zu trinken oder gar zu schlafen. Der Pioniergeist des Labors zieht sehr bald weitere Wissenschaftler an, auch fängt man an, mit dem Hygienelabor des Gesundheitsamtes zusammenzuarbeiten.

Eine der größten Herausforderungen ist es, reine Bakterienkulturen zu erhalten. Zum einen muss alles unter sterilen Bedingungen durchgeführt werden, damit kein anderer Keim aus der Umgebung eindringen kann. Zum anderen braucht man ein Kulturmedium, auf dem sich die Bakterien gut vermehren können.

Aus Ferdinand Cohns Labor in Breslau kennt Koch Kartoffeln als Nährmedium und probiert es damit aus. Doch darauf bilden viele pathogene Bakterien keine Kolonien. Er hat die Idee, Gelatine in die flüssigen Medien zu geben und das funktioniert! Nun hat diese allerdings einen Nachteil: viele pathogene Bakterien entwickeln sich am besten bei Körpertemperatur. Leider wird bei dieser Temperatur Gelatine aber flüssig.

Die Lösung kommt von Fanny Hesse, der Frau eines der Mitarbeiter Kochs, der ein halbes Jahr im Labor mitgearbeitet hat. Frau Hesse benutzte schon immer für ihre Fruchtgelees Agar Agar und hatte das Rezept von Freunden ihrer Mutter, die in Java gelebt hatten. Anfangs werden die Nährböden in rechteckigen Schalen ausgegossen und erst später (1887) entwickelt Richard Petri, ein Schüler Kochs, dazu die runden Schalen, die nach ihm Petrischalen genannt werden. Heute noch werden Petrischalen und Agar Agar, ein Extrakt aus Rotalgen, die in Indonesien häufig vorkommen, zur Bakterienzüchtung verwendet. Sie oder Ihre Kinder haben das vielleicht schon einmal in der Schule ausprobiert: man stellt in den kleinen Glasschalen, über die man jeweils eine zweite Glasschale stülpt, einen Nährboden her und lässt Bakterien aus verschiedenen Quellen (Geld, Handy, Computertastatur oder auch Speichel) darin wachsen. Sie können das gerne auch selbst zu Hause ausprobieren, denn die fertigen Sets dazu gibt es inzwischen frei verkäuflich im Internet.

Dies ist für die weitere Entwicklung der Mikrobiologie von herausragender Bedeutung. Jetzt kann man nicht nur eine bestimmte Kolonie durch Ausstreichen auf ein anderes Medium übertragen und so eine reine Kultur erhalten. Man kann sogar die Kolonien zählen, die nach der Inkubation (Bebrütung) des Mediums entstanden sind. Diesen zweiten Aspekt wird man sehr bald dafür verwenden, um die Techniken der Desinfektion zu verbessern, die es ja damals schon seit Lister – und davor Semmelweis – gegeben hatte. Und wenn wir noch weiter in die Vergangenheit gehen, erinnern wir uns vielleicht sogar an van Leeuwenhoek, der seinerzeit schon seinen Mund mit Essigwasser ausgespült und festgestellt hatte, dass danach weniger „dierkens" in seinem Speichel auffindbar waren.

Wie wir bereits wissen, verwendet Lister zu jener Zeit Karbolsäure zur Desinfektion von Wunden, Instrumenten und Oberflächen. Das Mittel hält der Überprüfung nicht stand und Joseph Lister geht dazu über, das von Koch vorgeschlagene wirksamere Desinfektionsmittel zu verwenden. Dieses Mittel – Sublimat, eine Quecksilberdichlorid-Lösung – erweist sich später als sehr giftig und wird nicht mehr verwendet.

Außerdem weiß man schon, wie widerstandsfähig Bakteriensporen sein können und überprüft die Sterilisation unter Druck mit Wasserdampf. Wie bereits erwähnt hatte das Team um Pasteur sich schon früher damit befasst und der erste Autoklav trägt auch den Namen eines von Pasteurs Mitarbeitern, Charles Chamberland.

Während Robert Koch im Entdeckerfieber ist, vermissen Emmy und Trudy ihr altes Zuhause in Wollstein, die Nachbarn, Patienten, den Garten und den kleinen Zoo, der mit ihnen gewohnt hatte. Zudem verbringt der Ehemann und Vater die meiste Zeit in seinem Labor und ist immer seltener zu Hause. In der Ehe kriselt es zunehmend.

Im August 1881 reist Koch, wie wir ja schon im letzten Kapitel erfahren haben, zum internationalen Kongress nach London, wo er Louis Pasteur zum ersten Mal trifft. Joseph Lister, der Gastgeber des Kongresses, stellt Koch ein Labor im Royal College zur Verfügung, in dem er den Kongressteilnehmern seine neuen Techniken der Mikrofotografie und der festen Kulturmedien demonstriert. Es wird berichtet, dass Louis Pasteur, der dieser Demonstration beiwohnt, Kochs Hand tief beeindruckt ergreift und sagt: „Dies ist ein großer Fortschritt, Monsieur."

Weniger als zwei Wochen nach seiner Rückkehr aus London fängt Koch mit seiner Forschungsarbeit zum Erreger der Tuberkulose an. Zu jener Zeit breitet sich die Tuberkulose über ganz Europa und in allen Schichten der Gesellschaft aus. 25 bis 40 Prozent der Todesfälle gehen auf sie zurück, in Lille zum Beispiel sterben 60 Prozent aller Kinder unter 5 Jahren daran. Als eine der Ursachen wird die zunehmende Industrialisierung, das Leben in der Stadt, oft in Armut und Promiskuität angesehen. Aber auch heute ist die Tuberkulose weltweit immer noch die häufigste tödliche bakterielle Infektionskrankheit. 2016 erkrankten 10,4 Millionen Menschen neu an Tuberkulose und 1,7 Millionen Menschen starben daran. Dabei ist etwa ein Drittel der Weltbevölkerung mit Tuberkuloseerregern infiziert, es erkranken im Laufe ihres Lebens allerdings nur etwa fünf bis zehn Prozent daran.

Um die Bakterienkulturen zu züchten, entwirft Koch einen Brutschrank, den er sich von einem Berliner Kunstschlosser bauen lässt. Als Versuchstiere verwendet er Meerschweinchen und kann die Erreger auf einem Nährboden aus geronnenem Blut züchten, auch wenn sie sehr langsam wachsen. Als schwierig erweist sich auch ihre Anfärbung, so dass er die Methode der Gegenfärbung einführt, um die stäbchenförmigen Mikroben sichtbar zu machen. Die Färbung ist trotzdem zu schwach, um sie fotografieren zu können, so dass sie vorerst nur gezeichnet werden. Nach 271 Versuchen und sieben Monaten Arbeit ist der Erreger der Tuberkulose isoliert und heißt fortan „Koch'scher Bazillus". Er kann auch Tuberkelbazillen im Auswurf von an Lungentuberkulose Erkrankten nachweisen und damit auf die von ihnen ausgehende Ansteckungsgefahr hinweisen.

Am 24. März 1882 stellt Koch seine Entdeckung in einem Vortrag mit dem Titel „Ätiologie der Tuberculose" der Berliner Physiologischen Gesellschaft vor. Er hat auf einem Tisch über 200 histologische Präparate sowie makroskopische Teile eines mit einer Reinkultur infizierten tuberkulosekranken Tieres ausgestellt. Für alle Anwesenden ist klar, dass dies ein historischer Moment ist. Die Nachricht über den Vortrag dringt bis zu seinem Lehrer Rudolf Virchow vor, der immer noch an der Übertragung von Krankheiten durch Mikroben zweifelt. Er sieht sich am nächsten Tag die Präparate an und geht ohne ein Wort. Bis zu seinem Lebensende wird er die Theorien seines ehemaligen Schülers Robert Koch als „Bazillenzirkus" abtun und sie als kühn und unbewiesen bezeichnen.

Bereits am 10. April wird der Vortrag in der „Berliner Klinischen Wochenschrift" erwähnt, zwölf Tage später in der „London Times". Die „New York Times" zeigt sich hoffnungsvoll, dass diese neue Errungenschaft hoffentlich bald zur Herstellung eines Impfstoffs gegen die Tuberkulose führen könnte. Robert Koch ist plötzlich weltberühmt.

Am 27. Juni ernennt Kaiser Wilhelm I. ihn zum Geheimen Regierungsrat. Damit einher geht eine Gehaltserhöhung, die Erhöhung der Forschungsgelder sowie der Zahl seiner Assistenten. Im September des gleichen Jahres reist er nach Genf zum Kongress für Hygiene und Demographie, wo er seinen Rivalen Louis Pasteur zum zweiten Mal trifft. Dieser hat in der Zwischenzeit wie schon erzählt einen Impfstoff gegen den Milzbrand entwickelt. Koch wird erst 1890 ein Mittel gegen die Tuberkulose entwickeln können und dieses wird leider keinen Erfolg bei ihrer Bekämpfung haben.

Im Sommer 1883 bricht in Ägypten die Cholera aus und deutsche und französische Mikrobiologen werden ins Land entsandt. Die Krankheit war erst zu Beginn des 19. Jahrhunderts aus Indien nach Europa geschwappt, und zwar in mehreren überraschenden Epidemien. Mit Epidemien und Pandemien werden wir uns später in einem eigenen Kapitel dazu befassen.

Die Krankheit ist schrecklich und rafft die Menschen in sehr kurzer Zeit dahin. Sie fängt mit starkem Durchfall und Erbrechen an, die in einer ausgeprägten Entwässerung münden. Geschwächt, durstig, von Krämpfen geplagt und am Ende von einer entsetzlichen blau-grünen Farbe – bedingt durch den extremen Flüssigkeitsverlust –, sterben die Menschen manchmal innerhalb von wenigen Stunden. Heute noch erkranken nach Schätzungen der WHO jährlich zwischen 1,3 und 4 Millionen Menschen daran, zwischen 21.000 und 143.000 sterben.

Schon 1830 hatte man die Vermutung geäußert, die Cholera könnte über Wasser verbreitet werden und 1854 hatte der englische Arzt John Snow während einer Choleraepidemie in London durch das Abmontieren des Griffes einer Pumpe im Stadtteil Soho eine beeindruckende Verringerung von Erkrankungen verzeichnen können, aber das alles war nur eine Hypothese geblieben. Wir erinnern uns: auch Robert Koch hatte in seiner Zeit in Hamburg bereits Choleraerreger unter dem Mikroskop betrachtet, ihre Beteiligung an der Krankheit jedoch nicht nachweisen können.

Pasteur selbst wird nicht nach Ägypten reisen, er entsendet aber im August 1883 eine vierköpfige Delegation von Mitarbeitern, denen er eine Liste von neun Hygienemaßnahmen mitgibt, die sie peinlich genau befolgen müssen. Koch reist noch im gleichen Monat selbst mit drei Mitarbeitern nach Alexandria, wo die Epidemie wütet und Pasteurs Team bereits eingetroffen ist. In unterschiedlichen Krankenhäusern beginnen sie am Ort des Verbrechens mit der Detektivarbeit: sie wollen den (stimmiger eigentlich die) Mörder so schnell wie möglich identifizieren. Am 18. September, als die Epidemie sich eigentlich schon zurückgezogen hat, stirbt der nur 27-jährige Louis Thuillier aus Pasteurs Team an der Cholera. Die Nachricht ist ein Schock für alle. Der junge Mann hatte im Dienst an der Wissenschaft sein Leben verloren. Auch die Forscher um Koch sind bei der Beisetzung dabei und legen zwei Lorbeerkränze am Sarg nieder.

Einen Tag vor Thuilliers Tod schreibt Koch einen ersten Bericht an den Innenminister seines Landes, in dem er einen kommaförmigen Erreger beschreibt, den er für die Ursache der Krankheit hält. Er kann ihn sogar kultivieren, aber nicht bestätigen, dass er die Ursache der Erkrankung ist, da kein damit geimpftes Tier daran erkrankt. Was er zu jener Zeit noch nicht weiß: die Cholera befällt ausschließlich Menschen, Tiere erkranken nicht daran.

Da die Epidemie in Ägypten jedoch schon verebbt, hat er die Idee, nach Indien zu reisen, wo sie endemisch ist (also regelmäßig vorkommt), um sie weiter zu studieren und beantragt diese Reise bei den deutschen Autoritäten. An seinem 40. Geburtstag, am 11. Dezember 1883, trifft er in Kalkutta ein. Sein Jugendtraum vom Reisen geht also doch noch in Erfüllung. In seinem Bericht vom 2. Februar 1884 gibt er sich siegreich: er sieht den kommaähnlichen Bazillus als den Erreger der Cholera an, auch wenn er ihn nicht auf Tiere übertragen kann und so eines seiner Postulate nicht erfüllt ist. Dieser Nachweis wird ihm ein Jahr später gelingen, als er ein Meerschweinchen infizieren kann, dessen Darm er vorher mit Natriumbicarbonat neutralisiert hat.

In Kalkutta studiert Koch auch das System der Versorgung mit Trinkwasser und schreibt seinen letzten Bericht am 4. März 1884, in dem er die Verbreitung der Seuche durch Wasser beschreibt. So wird der Erreger in Gegenden oder Stadtteilen, in denen Fäkalien in die Flüsse geleitet werden, an die Menschen, die später davon trinken, weitergegeben. Dabei würde das einfache Abkochen des Wassers genügen, um die Krankheit einzudämmen.

Auch diese neuen Erkenntnisse werden nicht überall anerkannt. Der bayrische Chemiker und Apotheker Max von Pettenkofer, damals Professor in München, sieht die Ursachen für die Cholera vor allem in den Umweltbedingungen. Robert Koch besucht diesen sogar auf seiner Rückreise aus Kalkutta in München, kann ihn aber nicht überzeugen. Einige Jahre später trinkt Professor Pettenkofer sogar, um seine Theorie zu belegen, in der Öffentlichkeit ein Glas Wasser, in dem es von Choleravibrionen nur so wimmelt und kommt mit einem leichten Durchfall davon. Was man damals auch noch nicht weiß: von den infizierten Menschen bilden lediglich etwa 20 Prozent Symptome aus, da der Erreger äußerst empfindlich gegen Magensäure ist und man erst erkrankt, wenn ausreichend Bakterien in den Dünndarm gelangen, wo sie sich sehr gut vermehren können. Hier bilden sie ein Toxin, also ein Gift, das zu den Symptomen führt. Noch 1884 wird ein katalanischer Arzt, Jaume Ferran i Clua, einen Impfstoff gegen die Cholera entwickeln, den er 1885 bei einer Choleraepidemie in Valencia erfolgreich einsetzt.

Nach Berlin zurückgekehrt genießt Robert Koch erst einmal seinen Erfolg und beginnt zu unterrichten, was in den nächsten Jahren eine seiner Hauptbeschäftigungen wer-

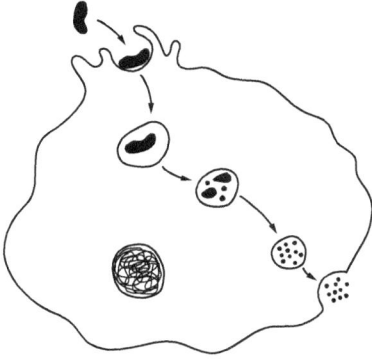

Makrophage verspeist Bakterium.

den wird. Im Mai 1885 wird er zum Professor am neuen Lehrstuhl für Hygiene an der Universität von Berlin ernannt. Auch errichtet die Universität ein Hygieneinstitut, dessen Direktor er wird. In dieser Zeit entwickelt sich das – einstmals kleine Labor – zu einem Zentrum für junge, ehrgeizige und später oftmals erfolgreiche Forscher, wenn nicht sogar Nobelpreisträger: Paul Ehrlich, Emil Behring, Carl Flügge oder Shibasaburo Kitasato.

In dieser Zeit ist der Kontakt zwischen den Wissenschaftlern der beiden führenden Schulen – der Pasteurs und jener Kochs – sehr spärlich. Im Juni 1888 wird der junge Alexandre Yersin – der später den Erreger der Pest identifizieren wird – vom Institut Pasteur nach Berlin geschickt, um Kochs Unterricht zu folgen. Er besucht 24 Lektionen, die von zwei Mitarbeitern Kochs geführt werden und schreibt und zeichnet alles gewissenhaft auf: den Ablauf der Versuche, die Vorbereitung der Kulturmedien, den Plan des Labors, die Tierkäfige oder die Formeln der Farbstoffe. Der Kontakt mit den deutschen Kollegen ist sehr fruchtbar und er reist mit mehr als vierzig Bakterienkulturen und vielen neuen Erfahrungen nach Paris zurück. Und noch schöner: er wird mit seinen deutschen Kollegen in Kontakt bleiben.

Die Zeit scheint reif für den Austausch über die Grenzen hinweg. Der ukrainische Biologe Elie Metchnikoff reist 1888 ebenfalls nach Berlin, um Koch von seiner Entdeckung zu überzeugen. Er hatte 1880 die ersten Immunzellen entdeckt, und zwar besondere weiße Blutkörperchen, Phagozyten, die den Körper gegen die Ansteckung durch Mikroben schützen, indem sie diese verschlingen. Beobachtet hatte er das bei kleinen, durchsichtigen Seesternlarven – übrigens wunderschöne Wesen – in die er einen Rosenstachel steckte. Sofort eilten Immunzellen des Seesterns herbei. Er nennt diese Zellen Makrophagen. Kleineren weißen Immunzellen, die er später entdeckt, gibt er den Namen „Mikrophagen", heute werden sie neutrophile Granulozyten genannt.

Metchnikoff gilt als der Vater der Immunologie und wird später für seine Entdeckung mit dem Nobelpreis geehrt. Mit dem Immunsystem und seiner Rolle in der Abwehr von Infektionskrankheiten werden wir uns im zweiten Teil dieses Buches noch sehr ausführlich beschäftigen.

Metchnikoff zeigt Koch seine Präparate, in denen man Bakterien im Innern der Phagozyten sieht. Bei ihrem ersten Treffen ist Koch sehr abweisend, hört ihm beim zweiten jedoch schon aufmerksamer zu. Zum Abschluss bemerkt er jedoch nur: „Sie wissen, ich bin kein Spezialist der mikroskopischen Anatomie; ich bin Hygieniker; also ist es mir gleichgültig, ob sich Spirillen innerhalb oder außerhalb von Zellen befinden."

Solche Kommunikationsschwierigkeiten findet man heute leider auch gelegentlich bei den Vertretern verschiedener Fachdisziplinen. Und hier ist das Thema wieder: Mikrobe oder Milieu? Die Mikrobiologen hatten bei der ganzen Forschung mit Reinkulturen in Petrischalen oftmals vergessen, die Erreger in den Körpern der Erkrankten zu betrachten. Dieses Thema begleitet uns bis heute.

1889 schließt sich Robert Koch, nachdem er seine Forschungsarbeit in den letzten Jahren etwas vernachlässigt hatte, wieder in sein Labor ein. Nur wenige wissen, woran er forscht, und er deckt es auch erst am 4. August 1890 auf, dem Eröffnungstag des 10. Internationalen Medizinischen Kongresses, der in Berlin stattfindet. Es werden 6000 Teilnehmer erwartet, die führenden Köpfe der medizinischen und wissenschaftlichen Welt jener Zeit. Der Kongresspräsident ist Rudolf Virchow.

Die „Sensation", die Koch ankündigt, ist, dass er bei der Entwicklung eines Heilmittels gegen die Tuberkulose Fortschritte gemacht hat. Obwohl er in seinem Vortrag andeutet, dass seine Forschungen noch nicht abgeschlossen sind, sind die Kongressteilnehmer begeistert und jubeln ihm zu. Es trudelt sogar ein Glückwunschtelegramm von Louis Pasteur ein.

Das geheimnisvolle Mittel, das in Kochs Labor hergestellt wird, heißt zuerst „Koch'sche Lymphe", später Tuberkulin. Wie in Paris nach der wundersamen Heilung von Joseph Meister strömen jetzt die Tuberkulosekranken zu Koch nach Berlin. Schon im Herbst 1890 beginnen klinische Versuche am Menschen. Koch hatte sich das Mittel auch selbst zugeführt und litt danach an ziemlich unangenehmen Nebenwirkungen, überlebte aber. Er schickt im November des gleichen Jahres – scheinbar versöhnt durch das Glückwunschtelegramm – sogar eine Probe an Pasteur.

Die Nachricht verbreitet sich in der ganzen Welt. Es wird berichtet, dass sich Arthur Conan Doyle, selbst Arzt und Schriftsteller und Erfinder des bekanntesten Detektivs der Welt, Sherlock Holmes, wenige Stunden nach dem Lesen der Nachricht sofort in den Zug gesetzt hat, um zu Robert Koch zu reisen. Er erreicht Berlin am 16. November 1890 und begibt sich direkt an die Universität, wo einer von Kochs Kollegen, Dr. Ernst von Bergmann, am nächsten Morgen eine klinische Vorführung zum Tuberkulosemittel zeigen soll. Dafür gibt es jedoch keine Eintrittskarten mehr. Anschließend fährt er sogar zu Kochs Wohnung, wo er nicht eingelassen wird. Er wird später dazu bemerken: „Für den Engländer in Berlin, und auch für den Deutschen, ist es gegenwärtig sehr viel leichter, den Bazillus von Koch zu sehen, als auch nur den flüchtigsten Blick auf seinen Entdecker zu erhaschen."

Am nächsten Tag begibt er sich ohne Eintrittskarte zu der Vorführung und wartet geduldig auf Dr. Bergmann, den er bei seiner Ankunft sogleich überfällt. „Ich bin

Arthur Conan Doyle (mit der für seinen Helden Sherlock Holmes typischen Kleidung) mit einem Vergrößerungsglas an der Haustür von Robert Koch, er sieht den Bazillus, aber keinen Koch.

tausend Meilen gereist. Darf ich nicht eintreten?", bittet Doyle. Die Antwort ist nur: „Vielleicht möchten Sie meinen Platz einnehmen? Das ist der einzige, der frei ist!" Er gibt jedoch nicht auf und trifft einen amerikanischen Arzt, der ihm am Nachmittag die Aufzeichnungen des Vortrags zeigt. Schon einen Tag nach dem Studium der Daten soll Doyle zu der Schlussfolgerung gekommen sein, dass alles noch zu experimentell und unausgereift sei und noch am 20. November veröffentlicht er im Londoner Daily Telegraph einen Artikel dazu. Ein wahrer Sherlock Holmes also!

Die anfängliche Euphorie ebbt ab, nachdem einige der behandelten Patienten Rückfälle erleiden. Joseph Lister, der auch am Berliner Kongress teilgenommen hatte, bringt Koch seine Nichte, die an Lungentuberkulose leidet, und die nicht gerettet werden kann. Auch aus einem anderen Grund greift die wissenschaftliche Welt Koch an: sie werfen ihm vor, die Rezeptur des Tuberkulins geheim zu halten. Am 15. Januar 1891 deckt er das Rätsel auf: das Tuberkulin war aus Glycerinpeptonbouillon gezüchteten Tuberkelbazillen durch Eindampfen und Filtrieren gewonnen worden. Rudolf Virchow kritisiert die Behandlung in einer Veröffentlichung sehr deutlich. Nachdem 21 Menschen trotz der Behandlung an Tuberkulose sterben, zeigt ihre Autopsie sogar, dass sie an einer ihrer besonders schweren Formen erkrankt waren, und zwar der Miliartuberkulose. Ein erster klinischer Versuch an fast 2000 Tuberkulosekranken hat nur eine kleine Zahl an Heilungen gezeigt. In einer ähnlichen Zahl von Fällen konnten auch schon Heilungen ohne Behandlung beobachtet werden. Heute wird Tuberkulin – in abgewandelter Form – immer noch beim sogenannten „Tuberkulin-Test" eingesetzt. Damit kann man herausfinden, ob eine Person schon einmal Kontakt mit Tuberkelbazillen hatte und so eine vorausgegangene oder aktuelle Infektion erkennen. Erst 11 Jahre nach Robert Kochs Tod, 1921, werden der Mikrobiologe Albert Calmette und der Veterinärmediziner Camille Guerín einen Lebendimpfstoff gegen Tuberkulose entwickeln können.

Das Jahr 1890 ist für Robert Koch auch in privater Hinsicht sehr turbulent. Die Ehe mit Emmy verschlechtert sich immer mehr. 1888 hatte seine geliebte Tochter Trudy einen seiner Assistenten geheiratet, sie wird 1892 mit ihm nach Straßburg ziehen. Über seiner vielen Arbeit vergisst er oftmals, nach Hause zu gehen und vernachlässigt Emmy. Das ist aber noch nicht alles. Bei dem Berliner Maler Gustav Graefe, bei dem er im Laufe des Jahres 1890 für ein Porträt posiert, entdeckt er das Porträt der bildhübschen 17-jährigen Hedwig Freiberg, einer Schauspielerin. Er verliebt sich Hals über Kopf in sie.

Schon im Oktober 1890 fängt der Wunsch nach einem eigenen Institut nach dem Vorbild des Institut Pasteur zu reifen an. Es werden Architekten nach Paris geschickt, um sich für ihr Bauprojekt in Berlin Inspiration zu holen. Doch die Misserfolge mit dem Tuberkulin, seine zerbrochene Ehe und der Skandal um sein Verhältnis mit Hedwig belasten ihn und er flüchtet im Frühjahr 1891 in den Urlaub nach Ägypten. Nach seiner Rückkehr ist er regelmäßig Gast im Berliner Lessingtheater, um Hedwig aus der Nähe zu bewundern. Im September 1893, nur zwei Monate nach seiner Scheidung von Emmy, heiratet er Fräulein Freiberg. Die beiden werden sehr glücklich miteinander und Hedwig begleitet Robert sogar auf vielen seiner Expeditionen, die er unternehmen wird.

Das „Königlich Preußische Institut für Infektionskrankheiten", das er sich so sehr gewünscht hat, wird am 1. Juli 1891 eröffnet und er wird dessen Direktor. Wie Louis Pasteur hat er nun sein eigenes Institut, ein großer Triumph. Die beiden Institute werden mit motivierten Teams und ausreichend Forschungsmitteln – parallel und manchmal in Zusammenarbeit – viele Erreger identifizieren und für viele Erkrankungen Erklärungen finden, die zu deren Prävention und Therapie beitragen werden.

Im August 1892 bricht in Hamburg die Cholera aus – die letzte große Choleraepidemie in Deutschland. Der preußische Gesundheitsminister entsendet Robert Koch sogleich an den Ort des Geschehens. Bei einer Besichtigung eines der Gängeviertel der Stadt, in denen die Menschen in engen Gassen in Schmutz und in Elend lebten, soll er gesagt haben: „Ich vergesse, dass ich in Europa bin!" Die Menschen werden aufgefordert, das Trinkwasser abzukochen, es werden spezielle Desinfektionskolonnen in die Wohnungen von Erkrankten geschickt, um sie zu reinigen. Es werden sogar Fasswagen organisiert, die abgekochtes Wasser verteilen und Garküchen bieten „bakterienfreie" Mahlzeiten an.

Als Folge der Epidemie erkranken 17.000 Hamburger, bis Oktober sterben 8600 Menschen. Aus diesen und späteren Erfahrungen lernt Koch sehr viel über die Ausbreitung von Seuchen und entwickelt Prinzipien, die zu ihrer Bekämpfung dienen sollen. Später wird man von der „Seuchenbekämpfung nach den Prinzipien Kochs" sprechen. Auf dieses Thema – dem der Epidemiologie – werde ich in einem späteren Kapitel näher eingehen.

Zwei Mitarbeiter Kochs – Emil Behring und Shibasaburo Kitasato – können auch bald neue Ergebnisse vorweisen. Behring beschäftigt sich insbesondere mit dem Blutserum und kann zum Beispiel aufzeigen, dass das Serum von Ratten im Gegensatz zu jenem der Meerschweinchen sehr widerstandsfähig gegen Milzbranderreger ist, und zwar unabhängig vom Vorhandensein von Phagozyten, wie sie Metchnikoff beschrieben hatte. Kitasato seinerseits gelingt es, Tetanusbazillen zu züchten, ein sehr schwieriges Unterfangen, da diese in der Gegenwart von Sauerstoff nicht überleben. Er stellt auch fest, dass diese ein Toxin, also ein Gift, herstellen. Solch ein Toxin gibt es auch für die Diphtherie, was von den Pasteurianern Roux und Yersin bereits entdeckt worden war.

Nachdem man ja Antiseptika als wirksame Mittel gegen Keime entdeckt hatte, waren bereits einige Wissenschaftler auf die Idee gekommen, diese erkrankten Versuchstieren zu injizieren. Die Idee hatte 2020 nach dem Aufkommen der Corona-Pandemie auch Donald Trump bei einer Pressekonferenz geäußert. Er ermunterte Forscher dazu, zu prüfen, ob man Menschen direkt Desinfektionsmittel spritzen könne, um sie vor der Krankheit zu schützen. Das Problem: diese Mittel töten nicht nur die Keime, sie sind auch für Menschen und Tiere lebensgefährlich. Leider hatten sich fünfzehn US-Bürger anschließend durch das Trinken von Desinfektionsmitteln vergiftet, vier Menschen sind daran gestorben.

Behring kommt also auf die Idee, diphtherieerkrankten Meerschweinchen ein Desinfektionsmittel (und zwar Jodtrichlorid) zu injizieren und einige davon überleben. Die Überlebenden erweisen sich später gegen Diphtherie immun. Er stellt die Hypothese auf, dass ihre Fähigkeit, sich dem Diphtherietoxin zu widersetzen, vielleicht im Serum ihres Blutes liegen könnte und injiziert jetzt Meerschweinchen erst einmal eine tödliche Dosis des Toxins und anschließend das Serum, das er von den immunen Meerschweinchen gewonnen hatte. Die Tiere überleben. Das Blut dieser Tiere enthält also einen Stoff, der gegen die Wirkung des Toxins schützt. Mit diesem Mittel sollte es also möglich sein, auch diphtheriekranke Kinder zu heilen!

Am 4. Dezember 1890 veröffentlichen Behring und Kitasato einen Artikel dazu in der Deutschen Medizinischen Wochenschrift, der sehr viel Beachtung findet. Es ist ein erster Schritt bei der Erforschung der humoralen Immunabwehr – also jener, die durch das Blutserum gegen eintretende Erreger wirkt. Im Gegensatz dazu scheint Metchnikoffs Theorie der zellulären Immunabwehr zu stehen. Hierbei wird das Eintreten der Erreger durch Zellen wie zum Beispiel Phagozyten direkt abgewehrt. Die Vertreter der beiden Theorien stehen sich lange Zeit als Rivalen gegenüber, obwohl Elie Metchnikoff vorschlägt, dass es möglicherweise beide Mechanismen gibt. Er wird später damit Recht behalten. Die Auffassung der Humoralimmunologen (der Vertreter der humoralen Immunabwehr) um Behring und Ehrlich wird sich jedoch bis in die 1940er Jahre durchsetzen und jene der Zellularimmunologen (den Vertretern der zellulären Immunabwehr) erst danach Anerkennung finden.

Mit den neuen Erkenntnissen macht sich Emil Behring fieberhaft daran, das Serum in ausreichender Menge zu entwickeln, um es zur Behandlung diphtheriekranker Kinder einzusetzen. Diese Erkrankung, die früher als „Würgeengel der Kinder" bezeichnet wurde und der Schrecken aller Familien war, forderte zu jener Zeit unzählige Opfer. Im damaligen Preußen starben zwischen 1875 und 1887 im Jahr durchschnittlich etwa 45.000 Menschen, 98 Prozent waren Kinder und Jugendliche unter fünfzehn. Bei dieser Krankheit bilden sich sogenannte Pseudomembranen im Hals, im Kehlkopf oder den Luftröhren und die Kinder ersticken qualvoll daran.

Es wird ein langer und anstrengender Weg, bis Behring 1892 einen Vertrag mit der Firma Meister, Lucius & Co. mit Sitz in Höchst bei Frankfurt unterschreibt, aus ihr wird später die erfolgreiche pharmazeutische Höchst-Gruppe hervorgehen. Diese stellt Behring die notwendigen Gelder zum Kauf und Unterhalt von größeren Tieren zur Verfügung, mit denen ausreichend Serum gewonnen werden kann – am Anfang sind es vierzig Schafe und einige Pferde. Im März 1893 können sie das Serum schließlich an elf Kindern testen. Neun davon überleben. Nicht alle Mitarbeiter Behrings sind überzeugt und die Firma Höchst macht ihrerseits Druck. Behring wird angeraten, mit Paul Ehrlich, auch einem Mitarbeiter Kochs, zusammenzuarbeiten und gemeinsam sind sie erfolgreich.

Im Januar 1894 beginnt man mit einem größer angelegten Versuch an 220 Kindern, 168 werden wieder gesund, also über 75 Prozent. Ohne Behandlung liegt die Überlebensrate lediglich bei 50 Prozent. Im Mai werden die Ergebnisse veröffentlicht und schon im August bringt die Firma Höchst das Mittel auf den Markt. 1901, noch vor Robert Koch, wird Emil Behring für die Entwicklung der Serumtherapie den allerersten Nobelpreis für Medizin erhalten. Er wird als „Retter der Kinder" in die Geschichte eingehen und später, aufgrund seiner Erfolge im Kampf gegen Tetanus – auch Wundstarrkrampf genannt –, als „Retter der Soldaten". 1915 wird er von Kaiser Wilhelm II. mit dem Eisernen Kreuz am weißen Bande ausgezeichnet.

Emil Behring wird damit zum Begründer der passiven antitoxischen Schutzimpfung, der er den Namen Immunisierung geben wird. In dem injizierten Serum – das 1894 auf dem Internationalen Hygiene-Kongress gar als „Behring'sches Gold" bezeichnet wird – sind nämlich keine Erreger mehr enthalten, sondern nur das vom Körper produzierte sogenannte „Antitoxin". Der Begriff „Immunisierung" wird heutzutage breiter angewandt und man bezeichnet damit jede Art eines Aufbaus einer Immunität im Körper, also auch die Vakzination, wie sie Jenner entwickelt hatte. Diese ist ihrerseits eine aktive Immunisierung, bei der der Körper selbst eine Abwehr gegen die Erkrankung bildet. Gegen die Diphtherie wird 1923 eine aktive Immunisierung entwickelt werden. Sie gilt als eine der ältesten und erfolgreichsten Immunisierungsverfahren und steht auf der Liste der unentbehrlichen Arzneimittel der WHO. Die Impfung wird bei Kindern bereits ab dem 3. Lebensmonat empfohlen. Heute treten daher nur

Emil Behring bei seiner Hochzeit 1896.
Quelle: https://de.wikipedia.org/wiki/
Emil_von_Behring#/media/Datei:E_A_
Behring.jpg

noch sehr vereinzelt Diphtheriefälle auf, 1997 starb in Deutschland zum letzten Mal ein Mensch daran.

Aber kehren wir ins Jahr 1894 zurück. Bis Ende dieses Jahres waren bereits 75.000 Fläschchen des Serums hergestellt und verkauft worden, im folgenden Jahr betrug der Reingewinn für die pharmazeutische Firma 706.770 Mark, umgerechnet wären das heute über 3,5 Millionen Euro. Später wird Emil Behring sogar ein eigenes Unternehmen – die Behringwerke – gründen und der erste Arzt sein, der durch eine medizinische Entdeckung sehr reich geworden ist.

Auch die Pasteurianer führen unter der Leitung von Emile Roux noch 1894 eine Studie mit dem Diphtherie-Serum durch, deren Ergebnisse sie auf dem Hygiene-Kongress in Budapest präsentieren. Die wissenschaftliche Welt ist begeistert! Durch eine erneute Spendenaktion können in Villeneuve-l'Étang neue Pferde – die für die Diphtherieserumgewinnung gebraucht werden – gekauft werden, außerdem kann man durch verschiedene Verbesserungen, vor allem durch die Erhöhung der Dosis, die Sterblichkeitsrate noch weiter – sogar auf 10 Prozent – senken.

1895 zeichnet die Académie des Sciences Behring und Roux gemeinsam mit dem Alberto-Levi-Preis aus, der mit 50.000 Francs dotiert ist. Daraufhin schreibt Roux einen Brief an seinen deutschen Kollegen Behring, in dem er unterstreicht, dass seine eigenen Verdienste „es nicht verdienen, auf den gleichen Rang wie die Ihren gestellt zu werden." Und „mein ganzer Verdienst besteht darin, Ihnen auf einem Weg gefolgt zu sein, den Sie geöffnet haben." Auf seiner Hochzeitsreise nach Capri macht Emil Behring sogar mit seiner jungen Frau Else einen Umweg nach Paris, um endlich ihre Freunde Roux und Metchnikoff aus dem Institut Pasteur kennenzulernen. Émile Roux wird später sogar der Taufpate ihres ersten Sohnes Fritz. Die Taufpaten der nächsten fünf Söhne werden alles berühmte Wissenschaftler sein: Carl Wernicke, Wilhelm Conrad Röntgen, Elie Metchnikoff und Friedrich Althoff.

Zwischen Robert Koch und Emil Behring hatten sich in der Zwischenzeit aus vielen Gründen Unstimmigkeiten entwickelt. Der Letztere verlässt bereits 1894 das Berliner Institut für Infektionskrankheiten und wird in Marburg Direktor seines eigenen Instituts. Auch mit Paul Ehrlich, mit dem er an der Entwicklung des Diphtherieserums zusammengearbeitet hat, verwirft Behring sich. Ehrlich gründet 1896 das Institut für Serumforschung und Serumprüfung in Steglitz bei Berlin, das 1899 nach Frankfurt am Main verlegt wird, das heutige Paul Ehrlich-Institut. Es gab also nicht nur kollegiale Zusammenarbeit, sondern auch Neid, Konkurrenz und Missgunst in der wissenschaftlichen Welt. Das hat sich bis heute nur wenig geändert.

Von Konkurrenz geprägt ist auch die wissenschaftliche Expedition nach Hongkong, wo im Sommer 1894 die Pest wütet. Es handelt sich um die Beulenpest, auch Bubonenpest genannt. Heute weiß man, dass sie durch Flohbisse übertragen wird, die auf Ratten oder anderen Nagetieren leben. Sie geht mit hohem Fieber, geschwollenen Lymphknoten (daher Beulenpest), einer schwarz-bläulichen Hautfärbung und blutigem Auswurf einher. Die Sterblichkeit der Beulenpest liegt unbehandelt bei 50 bis 60 Prozent. In Europa kommt sie heute nicht mehr vor, wohl aber in einigen Regionen Afrikas, Asiens sowie Süd-, Mittel- und Nordamerikas.

Alexandre Yersin wird vom Institut Pasteur nach Hongkong entsandt und trifft fast zeitgleich mit dem japanischen Team um Shibasaburo Kitasato, der aus Berlin in seine Heimat zurückgekehrt war, am 15. Juni dort ein. Yersin hat es vorerst nicht leicht, überhaupt an Leichen von pestkranken Menschen heranzukommen, alle sind für die Japaner reserviert. Zudem bemerkt er, dass seine Versuchstiere und Kulturröhrchen manipuliert werden. Er hat sich in der Zwischenzeit mit einem italienischen Missionar, Pater Vigano, der seit 30 Jahren in Hongkong lebt, angefreundet. Dieser lässt für ihn neben dem Alice Memorial Hospital eine kleine Bambushütte aufbauen, in der er weiterarbeiten kann. Außerdem besticht Pater Vigano englische Matrosen, die mit der Bestattung der Toten beauftragt sind, und diese ermöglichen ihm den Zugang zu den Särgen.

Am 22. Juni ist sich Yersin sicher, den Pestbazillus identifiziert zu haben, und schickt die Mikroben von 21 Pestfällen ins Institut Pasteur nach Paris. Am 30. Juli wird das Ergebnis der Académie des Sciences mitgeteilt. Nach Paris zurückgekehrt, zeigt er seinem alten und schon sehr gebrechlichen Lehrer wie schon berichtet stolz das Bakterium unter dem Mikroskop. Später wird Yersin gemeinsam mit zwei weiteren Mitarbeitern des Instituts ein Serum gegen den Pestbazillus – der ihm zu Ehren Yersinia pestis heißt – entwickeln und damit kann im Juni 1896 der erste Mensch geheilt werden. Ein neuer großer Durchbruch für die Menschheit!

Robert Koch (um 1900).
Quelle: https://de.wikipedia.org/wiki/
Robert_Koch#/media/Datei:Robert_
Koch.jpg

Doch kehren wir zu Robert Koch zurück. Er hatte ja schon als Kind vom Reisen geträumt und war bereits während seiner Cholera-Expedition in Ägypten und Indien gewesen. Zwischen 1896 und 1908 bereist er unter anderem Südafrika, Indien, Ostafrika, Java, Neuguinea, Italien, die Vereinigten Staaten und Japan. Er interessiert sich zwar auch für die Sehenswürdigkeiten, das Klima oder die Kultur dieser Länder, aber vor allem für ihre unsichtbaren Einwohner, die Krankheiten herbeiführen. Er ist vielen Erregern auf der Spur: jenen der Amöbenruhr, der Pest, der Malaria, der Schlafkrankheit, der Rinderpest und anderen mehr. Natürlich besucht er auch befreundete Forscher und wird weltweit für seine Errungenschaften geehrt.

In Begleitung seiner jungen Frau empfindet er diese Zeit wie eine ewige Hochzeitsreise. 1900 wird in Berlin-Wedding ein neues Institutsgebäude für das „Königlich Preußische Institut für Infektionskrankheiten" gebaut, zu dem auch ein Krankenhaus gehört. Es wird 1912, zum 30. Jahrestag der Entdeckung des Tuberkuloseerregers, den Namenszusatz „Robert Koch" erhalten und wird später bei der Bekämpfung der Corona-Pandemie eine wichtige Rolle spielen. In der Zeit des Nationalsozialismus wird es eine schwere Krise erleben, da zwei Drittel der Mitarbeiter Juden waren und daher nicht mehr arbeiten durften. Auch wird es sich an Menschenversuchen in Konzentrationslagern und psychiatrischen Anstalten beteiligen, um Impfstoffe zu testen.

Nach Virchows Tod wird Koch als ausländisches Mitglied der Académie des Sciences in Paris berufen. Zu dieser Zeit sind die Ressentiments aus dem deutsch-französischen Krieg scheinbar überwunden. Leider werden noch zwei weitere Kriege folgen, die man Weltkriege nennen wird und die die Wissenschaftler wieder voneinander abspalten werden.

1904 reisen Robert und Hedwig nach Paris. Sie besuchen Theateraufführungen, Museen, und genießen das gute Essen. Elie Metchnikoff, der Koch ja viele Jahre zuvor in Berlin besucht hatte, führt sie durch die Stadt und durch das Institut Pasteur. Sie besuchen auch Pierre Curie, der ihnen Experimente mit Radium vorführt.

1905 wird Robert Koch mit dem Nobelpreis für Medizin für seine Forschungsarbeit über die Tuberkulose ausgezeichnet. Er genießt seinen Ruhm und bereist weiterhin die Welt, die ihn bejubelt. 1908 bricht er zu einer Weltreise auf – seiner letzten großen Reise – die ihn über London und New York nach Japan führt – wo er natürlich auch seinen ehemaligen Mitarbeiter Shibasaburo Kitasato trifft.

Obwohl er bereits seit längerem mit Herzproblemen zu kämpfen hat, bleibt er weiterhin sehr aktiv. Sein Lebensmotto ist ja schon immer: „Nuncam otiosus". Im Frühjahr 1910, er ist 66 Jahre alt, zieht sich Robert Koch zur Erholung in ein Sanatorium in Baden-Baden zurück. Er stirbt nachts im Schlaf am 27. Mai. Er wird in einem prächtig verzierten Marmormausoleum in seinem Institut beigesetzt. Wie Pasteur ruht also auch er im Herzen des nach ihm benannten Instituts. Und beide sind – trotz der vielen Mikroben, mit denen sie umgeben waren, nicht an einer Infektionskrankheit – der häufigsten Todesursache jener Zeit – sondern an einer Herz-Kreislauf-Erkrankung gestorben, der häufigsten Todesursache unserer Zeit. Und sie werden beide für jene Zeit ziemlich alt: Pasteur 72 und Koch 66. Die durchschnittliche Lebenserwartung betrug im 19. Jahrhundert noch 35,6 Jahre für Männer und 38,4 für Frauen. Bis heute hat sie sich mehr als verdoppelt und beträgt weltweit bei Männern 70,6 und bei Frauen 75 Jahre (im Jahr 2019). Das liegt natürlich zu großen Teilen an der Kindersterblichkeit: Vor 100 Jahren starb weltweit jedes dritte Kind vor seinem fünften Geburtstag, vor 50 Jahren jedes siebte, vor 25 Jahren jedes zwölfte, heute ist es trotz allem noch jedes sechsundzwanzigste.

Um ein Labor und einen seiner darin fast sein ganzes Leben lang arbeitenden Wissenschaftler, der dazu einen großen Beitrag geleistet hat, dass die ansteckenden Krankheiten ihren Schrecken verloren haben und wir Menschen heute mehr als doppelt so alt werden, geht es im nächsten Kapitel.

6 In ein Labor verirrte Schimmelpilze

In diesem Kapitel tauchen wir in ein mikrobiologisches Labor im Norden Londons ein. Wir sind immer noch am Anfang des 20. Jahrhunderts, und zwar im Clarence Wing des St. Mary's Hospital im Londoner Stadtteil Paddington. Es ist eines der zwölf Lehrkrankenhäuser der britischen Hauptstadt, die zu jener Zeit für die medizinische Ausbildung zuständig sind. Die „Impfabteilung" („Inoculation Department"), wie das Labor genannt wird, umfasst nur zwei Räume und wird von Almroth Wright, einem der berühmtesten Mikrobiologen und Immunologen seiner Zeit geführt.

Heute befindet sich in den Räumen das sehr sehenswerte „Alexander Fleming Laboratory Museum". Aus dem Fenster des Labors sieht man auf die Praed Street, in der immer noch das Fountains Abbey – ein typisch englischer Pub – sein Bier ausschenkt. In diesem Pub haben die Wissenschaftler des „Inoculation Department" schon Anfang des letzten Jahrhunderts zusammengesessen und sich über ihre Forschungsarbeit und das Leben ausgetauscht.

Als Alexander Fleming 1906 zu Almroth Wrights Team hinzustößt, hat der „Old Man" (alte Mann), wie er von seinen Schülern genannt wird, schon ein hohes Ansehen in der wissenschaftlichen Welt. Am 10. August 1861 in Middleton Tyas im Norden Yorkshires als Sohn eines presbyterianischen Pastors und der Tochter eines schwedischen Professors für Organische Chemie geboren, hatte er schon viel Lebenserfahrung gesammelt und schon einige Länder bereist, bevor er sich mit großer Begeisterung der Erforschung der Mikroben und des Immunsystems verschrieb.

Wright studiert am Trinity College in Dublin neben modernen Sprachen und Literatur Medizin und erhält anschließend ein Stipendium in Leipzig, seinerzeit eine Hochburg der medizinischen Welt. Einer seiner Professoren ist der Pathologe Julius Cohnheim, den wir schon aus dem letzten Kapitel kennen.

Nach Zwischenstationen in London, Cambridge, Sydney, Marburg und Straßburg wird er 1892 Professor für Pathologie an der Army Medical School in Netley. Hier entwickelt er 1896 den ersten Impfstoff gegen Typhus, der an 3000 Soldaten in Indien getestet wird. Als 1899 der Zweite Burenkrieg in Südafrika ausbricht, empfiehlt er den britischen Truppen eine verpflichtende Impfung, es lassen sich jedoch nur 14.000 von über 300.000 Soldaten impfen. Im Burenkrieg kommt es zu schweren Typhusepidemien und unter den britischen Soldaten erkranken 58.000 Menschen, 9000 sterben. Aus dieser Erfahrung wird die britische Armee lernen: durch die Durchimpfung der Truppen wird der Erste Weltkrieg der erste Krieg sein, bei dem weniger Soldaten an Infektionen sterben als an Kugeln.

1902 wird Almroth Wright als Professor für Pathologie an das St. Mary's Hospital in London berufen und gründet hier das „Inoculation Department". Seine Mitarbeiter, die man auch „Wright's Men" (Wright's Männer) nennt, regiert er mit väterlicher Hand. Seine charismatische Ausstrahlung, seine virtuosen Vorlesungen und sein Enthusiasmus, mit dem er seine Ideen und Theorien vorträgt, faszinieren Alexander Fleming bereits während seines Medizinstudiums. Anfangs will er eigentlich Chirurg

https://doi.org/10.1515/9783111611143-007

Almroth Wright (um 1900).
Quelle: https://de.wikipedia.org/wiki/
Almroth_Wright#/media/Datei:Almroth_
Wright_c1900.jpg

werden und sieht die Impfabteilung nur als Zwischenstation in seiner Karriere. Er wird die nächsten 49 Jahre seines Lebens hier arbeiten.

Alexander Fleming wird am 6. August 1881 auf der Lochfield Farm, in der Gemeinde Darvel in Schottland, geboren. Sein Vater heiratet nach dem Tod seiner ersten Frau mit 60 Jahren zum zweiten Mal. Grace, seine zweite Frau, schenkt ihm zu den vier Kindern aus erster Ehe noch vier. Alexander, Alec genannt, ist der drittgeborene.

Der kleine Alec ist blond und blickt mit großen, blauen Augen und aufrichtigem Blick in die schöne Welt, die er um sich entdeckt. Mit seinem älteren Bruder John und dem jüngeren, Robert, durchstreift er in völliger Freiheit die Täler und Moore. Wie der kleine Robert Koch ist auch Alec fasziniert von der Natur, der ersten und besten aller Lehrerinnen. Die Brüder fischen in den beiden Flüssen, dem Glen Water und dem Loch Burn, nach Forellen, machen in den Mooren mit bloßen Händen Jagd auf Kaninchen und Hasen, suchen nach Kiebitzeiern.

Mit fünf Jahren geht Alec in die kleine Schule in Loudoun Moor, die ungefähr eine Meile entfernt liegt, und in der eine junge Lehrerin alle Kinder aus den nahegelegenen Farmen unterrichtet. Über diese Zeit wird er später sagen: „Ich glaube, mein größtes Glück war, als Mitglied einer großen Familie auf einem Bauernhof im Moor aufgewachsen zu sein. Wir hatten kein Geld zum Ausgeben; wir hatten auch keine Ausgaben. Wir mussten unseren eigenen Spaß kreieren, aber es war einfach: hatten wir nicht die Tiere der Farm, die Fische und die Vögel? Vor allem haben wir unbewusst tausend Dinge gelernt, die ein Städter sein ganzes Leben lang ignorieren wird."

Später besucht er die Schule in Darvel, das etwa vier Meilen entfernt liegt. Den Schulweg legt er natürlich jeden Morgen und jeden Abend zu Fuß zurück. In dieser Zeit trägt er bei einem Zusammenstoß mit einem kleineren Jungen seine charakteristische „Boxernase" davon. Mit zwölf Jahren muss er noch weiter weg in die Schule, nach Kilmarnock, von wo er nur an den Wochenenden nach Lochfield zurückkehrt. Allein der Weg von der Farm bis zur ersten Eisenbahnstation, den er montags und freitags zurücklegt, misst 10 Kilometer.

Mit dreizehneinhalb zieht Alec schließlich nach London, wo sein Halbbruder Tom Augenarzt geworden ist und sein älterer Bruder als Optiker arbeitet. Er beendet seine Ausbildung an der Polytechnischen Schule und nimmt einen Job bei einer Schifffahrtsgesellschaft an. Fünf Jahre später lässt ihn die Erbschaft eines Onkels über 250 Pfund Sterling seine Pläne ändern und er beschließt, Medizin zu studieren. Nachdem er die Aufnahmeprüfung 1901 als Bester des Vereinigten Königreichs besteht, entscheidet er sich für das Studium am St. Mary's Hospital, das er 1906 erfolgreich beendet und wie bereits erwähnt als Assistent im Labor von Sir Almroth Wright – der im gleichen Jahr zum Ritter geschlagen und zum Fellow der Royal Society gewählt worden war – zu arbeiten anfängt.

Kehren wir also in dieses Labor zurück. Professor Wright, der „Old Man", finanziert das Labor mit Hilfe seiner bei den englischen Aristokraten und Millionären jener Zeit sehr bekannten Privatpraxis im Herzen Londons. Seine Mitarbeiter ermutigt er auch, als Ärzte zu arbeiten, um, wie er sagte, „mit den Füßen auf dem Boden zu bleiben." Allerdings zwingt er sie mehr oder weniger dazu, da er ihnen so gut wie nichts zahlt – 100 Pfund im Jahr. Er ist der Meinung, Forschung müsse uneigennützig betrieben werden.

Almroth Wright ist eine faszinierende Persönlichkeit. Seine Schüler lieben und verehren ihn für seine ungeheure Bildung, seine Lust am Philosophieren und seine Vorliebe für das Paradoxe. Er ist mit großer Begeisterung Forscher und in seiner Gegenwart wird alles auf wunderbare Weise interessant und bedeutsam. Allerdings machen ihn seine schroffe, und jähzornige Persönlichkeit und seine umstrittenen Ansichten bei seinen ärztlichen Kollegen nicht nur beliebt. Man nennt ihn etwa den „Praed Street-Philosophen", den „Paddington Plato", „Sir Almost Right" („Sir fast richtig") oder "Sir Always Wrong" („Sir immer falsch"). Er macht sich auch noch andere Feinde: er ist ein erbitterter Gegner der Sufragettenbewegung – eine Bewegung von Frauenrechtlerinnen jener Zeit in Großbritannien und den Vereinigten Staaten, die für das Wahlrecht der Frauen eintreten. Er schreibt 1913 sogar ein Buch dazu: „Ungekürzte Argumente gegen das Frauenwahlrecht", in dem er unter anderem darlegt, dass sich das Gehirn von Frauen von Natur aus von jenem der Männer unterscheide, so dass es sich nicht für die Bewältigung sozialer und öffentlicher Probleme eignet. Auch ist er gegen die Einbeziehung von Frauen in die wissenschaftliche Gesellschaft, da diese dazu führen würde, dass sie zu einer „Hahn-und-Hennen-Show" (cock-and-hen-show) wird.

Almroth Wright wird als Vorlage für die Figur von Sir Colenso Ridgeon in der wunderbaren Komödie von George Bernard Shaw „Des Doktors Dilemma" Berühmtheit erlangen. In diesem Theaterstück thematisiert Shaw, der ein guter Freund von Wright ist, ein Dilemma, das bis heute aktuell ist: wer erhält das lebensrettende Mittel, wenn es nicht genug davon gibt?

Einer seiner Schüler, John Freeman, beschreibt ihn so: „Seine Persönlichkeit wirkte auf die jungen Männer jener Zeit wie ein Schluck Wein; die Freiheit seiner Gedanken, die Freiheit in seinem Auftreten und die Freiheit seiner Sprache waren zwar für die orthodoxeren Älteren geschmacklos, aber für uns junge Leute ein berauschendes, anregendes Gebräu." Jeden Morgen, wenn Professor Wright im Labor eintrifft, begrüßt er seine Mitarbeiter so: „Nun, mein Freund, was haben Sie heute von unserer Mutter, der Wissenschaft, gelernt?"

Aber gehen wir an die Arbeit. Woran genau arbeiten „Wright's Männer" zu jener Zeit? Wright kennt natürlich die Arbeiten Metchnikoffs, mit dem er befreundet ist. Er ist überzeugt, dass die Theorien der humoralen und zellulären Immunabwehr nicht im Widerspruch zueinander stehen, sondern sich gegenseitig ergänzen. Er beobachtet die Phagozyten im Blut – sie erscheinen als graue Flecken –, wie sie Bakterien verspeisen – die als schwarze Punkte erkennbar sind. Und er stellt fest, dass die Fähigkeit zur Phagozytose bei verschiedenen Menschen sehr unterschiedlich ist. Er stellt die Hypothese auf, dass es im Blutserum eine Substanz gibt, die die Bakterien für die Makrophagen „schmackhaft" macht und nennt sie deswegen „Opsonin", vom griechischen Wort „opsonó", was so viel heißt wie „Ich bereite Essen vor für ...". Er definiert auch den „opsonischen Index", das ist das Verhältnis zwischen der Anzahl der durch Phagozyten zerstörten Bakterien im Blut eines Testpatienten und der Anzahl der zerstörten Bakterien im Blut einer normalen Person.

Plötzlich scheint die Medizin zu einer exakten Wissenschaft zu werden. Es gibt eine Messgröße für die Funktion der Immunabwehr eines Patienten. Was uns heute als selbstverständlich erscheint – dass Parameter im Blut darüber Auskunft geben können, ob wir gesund sind oder nicht und was uns genau fehlt – nimmt hier seinen Anfang. Aber was für eine Heidenarbeit: in einem Tropfen Blut schwarze Punkte in grauen Flecken zu zählen! Mit dieser Arbeit verbringen „Wright's Männer" viele, viele Stunden, oft bis in die späte Nacht hinein. Die Bestimmung des opsonischen Index wird bald aufgegeben, aber die Existenz solcher „Opsonine" wird bestätigt werden und sie behalten auch ihren Namen.

Das Leben im „lab", wie es die Mitarbeiter nennen, ist wie das einer Familie, und Almroth Wright verhält sich wie ein autoritärer, beschützender Vater. Tagsüber, aber auch nachts, trifft man sich zum Tee in der „Bibliothek", in der es allerdings keine Bücher gibt. Hier thront Professor Wright in seinem Sessel hinter seinem Schreibtisch, umgeben von seinen ihn bewundernden Schülern. Meistens spricht er allein und kann zum gleichen Thema mit Leichtigkeit Kant, Sophocles, Dante oder Rabelais zitieren. Er liebt vor allem die Poesie und hatte einmal ausgerechnet, dass er eine Viertelmillion Verse auswendig rezitieren kann, unter anderem Shakespeare, Milton, Dante, Goethe und Kipling.

„Little Flem", wie Fleming im Labor genannt wird, spricht sehr wenig. Wenn er sich jedoch nach langem Schweigen entscheidet, etwas zu sagen, kann man sicher

sein, dass es sehr treffend ist. Von früher Jugend an hatte er es sich zum Gesetz gemacht, niemals auf einer vorgefassten Meinung zu beharren und war empfänglich für
die Meinungen und Erfahrungen anderer.

Ein weiterer Schwerpunkt der Forschungsarbeit des Labors ist die Vakzinethera-
pie. Die Arbeiten von Jenner, Pasteur und Koch hatten gezeigt, dass man Menschen
und Tiere präventiv – also vorbeugend – gegen Infektionen schützen kann. Das Team
um Wright versucht, durch die Entwicklung von Autovakzinen – das sind Impfungen,
die aus den körpereigenen Bakterien entwickelt werden – bereits manifeste Krankheiten zu heilen. Wright ist überzeugt davon, dass die Medizin der Zukunft in der
Immuntherapie und nicht in der Therapie mit chemischen Substanzen – also Chemotherapie oder Pharmakotherapie – liegen wird. Wie das Schicksal so spielt, wird genau in seinem Labor der größte Durchbruch der Chemotherapie erreicht werden,
was ihm schwer zu schaffen machen wird. Aber, wer weiß? Vielleicht sind wir heute
nur noch nicht so weit und er wird später noch Recht behalten. Auf jeden Fall wird
die Immuntherapie inzwischen bei manchen Krebsformen eingesetzt, und das mit
vielversprechenden Ergebnissen.

In der Zwischenzeit forschen Paul Ehrlich und seine Mitarbeiter in Frankfurt auch
fieberhaft an Therapiemethoden zur Behandlung von Infektionskrankheiten. Ehrlich
beschäftigt sich wie Metchnikoff intensiv mit dem Immunsystem und entwickelt die
sogenannte Seitenkettentheorie. Ohne an dieser Stelle näher darauf einzugehen – wir
werden uns im zweiten Teil des Buches noch mit dem Immunsystem beschäftigen –
erst einmal so viel: es ist eine Theorie über die Bildung von Antikörpern. Paul Ehrlich
wird 1908 gemeinsam mit Metchnikoff dafür den Nobelpreis für Medizin erhalten.

Paul Ehrlich sucht jedoch auch nach einer „Wunderwaffe", die die Bakterien töten oder zumindest unschädlich machen kann, ohne das menschliche Gewebe anzugreifen. Eines seiner Forschungsgebiete ist die Syphilis, eine damals sehr gefürchtete
Erkrankung. Die anfänglichen Symptome sind Geschwüre, später jedoch befällt die
Krankheit auch das Gehirn und das Nervensystem, führt zu Lähmungen und zu Demenz und oft zum Tod. Viele Infizierte leben abgeschottet von der Welt in Heilan-
stalten.

Schon Paracelsus hatte im 16. Jahrhundert versucht, Syphilis mit Arsen zu heilen.
Ein Arsenderivat, das Atoxyl, das gegen den Erreger der Syphilis, das Bakterium Treponema pallidum, wirksam war, war auch Anfang des 20. Jahrhunderts erprobt worden, erwies sich aber als zu giftig. Ehrlich macht sich daran, Derivate (Abkömmlinge)
dieser Substanz zu erproben. Nach vielen Versuchen und Tausenden von geopferten
Mäusen und Meerschweinchen ist die 606-te Substanz, die er im Mai 1909 entdeckt,
der Durchbruch. Er nennt sie Salvarsan, „die durch Arsen rettet".

Ehrlich, auch ein Freund Almroth Wrights, besucht noch im gleichen Jahr das
„lab" während einer Reise nach London, im Zuge derer er einen Vortrag zum Thema
„Chemotherapie" hält. Die britischen Forscher erhalten ein paar Dosen Salvarsan, die
intravenös verabreicht werden müssen. Da Flem die Technik der intravenösen Injekti-

on als einer der wenigen Ärzte jener Zeit beherrscht, nimmt er sich des Mittels an. Er ist begeistert von der spektakulären Wirkung des Salvarsan und wird sogar „Private 606" genannt. Viele Syphilis-Patienten suchen seine Hilfe. Es gibt sogar eine Karikatur aus jener Zeit, auf der Fleming mit einer riesigen Spritze dargestellt wird.

Wright seinerseits misstraut den chemischen Mitteln und äußert sogar bei einem Vortrag im Medical Research Club, dass eine Chemotherapie menschlicher bakterieller Infektionen niemals möglich sein werde.

Schon in den ersten Monaten des Ersten Weltkriegs wird Wright als Oberstleutnant mit einigen seiner Männer – darunter auch Alexander Fleming – nach Frankreich geschickt, um dort ein Labor und ein Zentrum zur Erforschung von Wundinfektionen aufzubauen. Das Labor zieht also in dieser Zeit nach Boulogne-sur-Mer um, und zwar in das dortige Kasino.

Unter anderem kümmert sich Almroth Wright darum, dass ausreichend Typhus-Impfstoff an die alliierten Truppen verabreicht wird – während des ersten Weltkrieges werden es etwa zehn Millionen Impfdosen sein. Wie bereits erwähnt werden diese Impfungen unzählige Menschen vor dem Tode retten. Man hat geschätzt, dass dadurch statt 120.000 Toten nur 1200 Menschen ihr Leben an den Typhus verloren haben. Wright wird also dieses Mal in seinem Einsatz für die Impfung der Soldaten viel erfolgreicher sein als während des Burenkriegs.

Im Kasino von Boulogne gibt es weder fließendes Wasser, Gas oder Abwasser. Man improvisiert mit Bunsenbrennern, Paraffinöfen und Feuer-Blasebälgen, um Inkubatoren zu heizen und Glasbläserarbeiten zu verrichten. Die Wasserversorgung erfolgt durch Pumpen und Benzinkanister. Fleming bemerkt später, dass es eines der besten Labore war, in denen er je gearbeitet hat. Er fängt sofort an, an der Erforschung des Wundbrands und des Tetanus zu arbeiten, die damals für zehn Prozent der Todesfälle in den Feldlazaretten verantwortlich sind.

Fleming sucht zuallererst nach den Ursachen der Infektionen. Er untersucht die Wunden bei der Einlieferung der Soldaten und autopsiert später die Leichen der Verstorbenen. Er findet heraus, dass die gefährlichsten Erreger zu 90 Prozent von der Kleidung der Soldaten selbst stammen. Die Ergebnisse, die er 1915 in The Lancet veröffentlicht, sind die erste umfassende Beschreibung der Ursachen von Wundinfektionen. Er beobachtet, dass die Aktivität der Phagozyten in frischen Wunden sehr hoch im Verschlingen von Bakterien ist, dass diese Aktivität jedoch durch die Wirkung der Antiseptika unterdrückt wird, da sie auch den Phagozyten zusetzen oder sie sogar töten. Dadurch gewinnen die Bakterien wieder die Oberhand über das Geschehen. Diese Beobachtungen stoßen in der wissenschaftlichen Welt auf großen Widerstand. Die so viel gepriesenen Antiseptika, die von Lister so erfolgreich eingesetzt worden waren, verlieren dadurch ihre wunderbare Wirkung.

Fleming lässt sich, um den Kritikern zu widersprechen, eine geniale Versuchsanordnung einfallen. Er ist ein Meister der Glasbläserei und hatte schon früher im „lab" seine Freude daran, Tiere und andere Objekte aus Glas zu blasen. Er konstruiert eine künstliche Wunde aus einem Reagenzglas, das er erhitzt und aus den erweichten Wänden mit Hilfe der Glasblasetechnik einige Stacheln herauszieht. Danach füllt er das stachelige Röhrchen mit einer mit Bakterien infizierten Flüssigkeit, leert es und ersetzt es durch ein Antiseptikum, das er 24 Stunden lang bebrütet. Dieses wiederum entleert er und ersetzt es durch eine flüssige Kultur, in der alle Bakterien wachsen können. Als er diese ein weiteres Mal bebrütet, sind die ursprünglichen Bakterien so virulent wie immer. Die Bakterien hatten offensichtlich in den „Stacheln" der künstlichen Wunde überlebt. Das erinnert mich an meine Arbeit bei der Wurzelbehandlung und der Desinfektion der Wurzelkanäle eines Zahnes. Das Kanalsystem ist so verzweigt und unregelmäßig – ich sage meinen Patientinnen und Patienten immer, dass es einem Labyrinth ähnelt –, dass es äußerst schwierig ist, alle Bakterien zu beseitigen, die für die Infektion verantwortlich sind.

Fleming führt seine Experimente weiter und findet heraus, dass auch Enzyme im Blut durch die Antiseptika zerstört werden, die ansonsten zur Beseitigung der Bakterien führen würden. Er schlussfolgert, dass das zerstörte Gewebe in den Wunden erst einmal entfernt werden muss, bevor antiseptische Mittel wirksam werden können. Diese Methoden werden wieder auf viel Widerstand stoßen und erst im zweiten Weltkrieg weitestgehend übernommen werden.

Auch in Boulogne werden die philosophischen Gespräche um Almroth Wright weitergeführt und es kommen viele Gäste zu Besuch. Es wird berichtet, dass Wright bei einem Besuch von Bernard Shaw so sehr in ein Gespräch mit ihm vertieft war, dass sie nicht einmal bemerkten, dass der Kamin Feuer gefangen hatte und das Stubenmädchen nur knapp verhindern konnte, dass das Haus in Flammen aufging.

Die Spanische Grippe – eine der größten Pandemien aller Zeiten, auf die ich später noch eingehen werde – stellt das Team vor neue Herausforderungen. Sehr bald übertrifft die Zahl der Influenza-Toten jene der Soldaten, die an ihren Verletzungen sterben. Das Team wird dieser Pandemie hilflos gegenüberstehen. Im Januar 1919 kehrt Fleming in das „Inoculation Department" nach London zurück.

Für alle in seiner Umgebung überraschend hatte Alexander Fleming am 23. Dezember 1915 Sarah McElroy geheiratet, die mit ihrer Zwillingsschwester ein privates Pflegeheim in London führte. Sarah, die Sareen genannt wird, ist Irin, und sie wird ihrem Mann bis zu ihrem Tod 1949 liebevoll zur Seite stehen. Nach seiner Rückkehr aus Frankreich beziehen sie eine Wohnung in Chelsea, im Westen Londons, in der Fleming bis an sein Lebensende leben wird. Da sie beide das Landleben lieben, erwerben sie wenig später ein Ferienhaus in der Nähe von Barton Mills, in Suffolk. Es heißt The Dhoon, und hier werden sie – mit vielen Freunden und später ihrem Sohn Robert – ihre meisten Wochenenden und ihre Sommerferien verbringen.

Trotz seiner autoritären Art ermutigt Almroth Wright seine Mitarbeiter stets, eigene Wege zu gehen und eigene Experimente anzustoßen. Fleming ist zum Beispiel neugierig, zu beobachten, was so alles in seinen Petrischalen wächst und davon stehen immer eine große Menge herum. Er wird von seinen Kollegen oft als etwas unordentlich kritisiert und bemerkt später, dass ihm das zu seinen beiden großen Entdeckungen verholfen hat.

Ende November 1921, als er einen Schnupfen hat, implantiert er etwas von seinem Rotz in eine Petrischale und beobachtet später, dass in deren Umgebung von 1 cm manche Keime nicht wachsen. Er probiert es auch mit Tränen aus und findet den gleichen Effekt. Irgendeine Substanz in diesen Körperflüssigkeiten hat die Fähigkeit, Bakterien zu töten. Die Mitarbeiter im Labor müssen mit Hilfe von ausgepressten Zitronen in jener Zeit Unmengen an Tränen für Flems Experimente sammeln. Den Laboranten wurden sogar drei Pence pro Tränenspende gezahlt. Er macht weitere Tests, unter anderem mit Blut, Sperma, Eiter oder Eiklar. Überall findet er diese Wirkung.

Almroth Wright, der als Namensgeber ja sehr gewandt ist, gibt der wunderbaren Substanz den Namen „Lysozym", also ein Enzym, das die Fähigkeit hat, Bakterien aufzulösen. Seine Beobachtungen trägt Fleming im Dezember des gleichen Jahres vor dem Medical Research Club vor, im Mai 1922 erscheint eine Veröffentlichung in den Proceedings of the Royal Society B: Biological Sciences.

Unglücklicherweise ist das Wundermittel, das er entdeckt hat, zwar sehr wirksam gegen harmlose Bakterien, die in unserer Umgebung vorkommen, gegen gefährliche Arten erweist es sich als wirkungslos. Aber eigentlich ist es ja auch kein Wunder: wäre es gegen alle pathogenen Erreger effizient, wären wir ja vor diesen durch Lysozym geschützt. In der Öffentlichkeit wird die Entdeckung mit wenig Begeisterung aufgenommen. Auch gelingt es Fleming nicht, reines Lysozym aus den Flüssigkeiten zu isolieren.

Lysozym wird das erste Protein (Eiweiß) sein, dessen genaue Formel bestimmt wird und als eine wichtige Komponente der angeborenen Immunabwehr angesehen werden, und zwar nicht nur beim Menschen, sondern bei vielen anderen Organismen, auch Pflanzen. Die Tragweite dieser Entdeckung wird die wissenschaftliche Welt erst viele Jahre später erkennen. Fleming selbst war auf seine Entdeckung sehr stolz und würde noch oft betonen, dass man eines Tages noch darüber sprechen werde.

Wir schreiben den 3. September 1928 und Flem ist 47 Jahre alt. Es ist sein erster Tag im Labor nach seinem Sommerurlaub in The Dhoon, wo er den ganzen August mit seiner Frau und seinem 4-jährigen Sohn Robert verbracht hat. Vor seiner Abreise hatte er einige seiner Bakterienkulturen auf der Fensterbank stehenlassen. Viele seiner Kollegen entsorgten ihre Petrischalen kurz nachdem sie sie untersucht hatten, aber nicht so Flem. Wie immer bewahrte er sie meistens wochenlang auf, bis sich vierzig bis fünfzig davon stapelten. Er war neugierig, zu sehen, ob und was sich daraus so entwickelt hatte.

Einer der ehemaligen Forschungsstipendiaten, Melvin Pryce, besucht Fleming gerade in seinem Labor, als dieser dabei ist, die Petrischalen auszusortieren. Plötzlich sagt dieser: „That is funny ..." („Das ist lustig ..."): er hat etwas Außergewöhnliches entdeckt. Auf einer der Petrischalen war ein Schimmelpilz gewachsen – was im Labor gar nicht selten vorkam. Was ihm dabei auffällt: um die Schimmelpilzkultur war ein Bereich, in dem die Bakterien zerstört worden waren. Pryce bemerkt dazu: „So hast Du Lysozym entdeckt." Fleming nennt die Substanz erst einmal Schimmelpilzsaft (Mould Juice).

Er fotografiert die Kultur sofort und setzt sie Formalindampf aus, um das Präparat zu fixieren. Er wird es wie einen Schatz sein Leben lang aufbewahren. Vertrocknet und brüchig ist es heute noch in der British Library zu bewundern. Er zeigt es vielen seiner Kollegen und alle betrachten es interessiert, können Flems Begeisterung jedoch nicht teilen. Dreizehn Jahre später, als sich die Bedeutung des Penicillins wirklich etabliert hat, würden sie sich alle an diesen Augenblick erinnern.

Lange Zeit hielt sich die Legende, der Pilz sei durch das Fenster aus der uns schon bekannten Praed Street ins Labor geflogen. Erst 1966 stellte man fest, dass er sich wahrscheinlich aus dem ein Stockwerk darunter liegenden Zimmer des jungen irischen Mykologen (Pilzforschers) Charles La Touche ins „lab" verirrt hatte.

Alexander Fleming lässt alle Forschungsarbeiten liegen, mit denen er sich gerade beschäftigt, und widmet all seine Aufmerksamkeit dem Schimmelpilzsaft. Welche Art des Penicillin-Pilzes es ist, wird noch lange diskutiert und erst 2011 wird man ihn als Penicillium rubens identifizieren. Fleming testet den antibakteriellen Effekt der Substanz und findet heraus, dass sie unter anderem gegen Erreger des Scharlachs, der Pneumonie (Lungenentzündung), Meningitis (Hirnhautentzündung), Diphtherie oder Gonorrhoe wirksam ist. Am 7. März 1929 gibt er ihr – ganz ohne die Hilfe Almroth Wrights – den Namen „Penicillin".

Ihm ist auch bewusst, dass das Phänomen, das er hier beobachtet, eine Antibiose ist. Das Wort kommt aus dem griechischen von „anti" (gegen) und „bios" (Leben) und beschreibt die Beziehung zwischen einzelnen Lebewesen oder Gruppen verschiedener Arten, die für einen der Beteiligten von Nachteil ist und dessen Wachstum hemmt oder ihn abtötet. Das Phänomen der Antibiose wurde bereits 1889 von Jean-Paul Vuillemin formuliert und 1897 hatte Ernest Duchesne sogar seine Dissertationsarbeit mit dem Titel „Beitrag zum Studium der vitalen Konkurrenz bei Mikroorganismen: Antagonismen zwischen Schimmelpilzen und Mikroben" verfasst.

Weiterhin untersucht Fleming, ob die Substanz für menschliche Zellen, besonders für weiße Blutkörperchen, schädlich ist. Man hatte ja schon zuvor viele bakterientötende Wirkstoffe gefunden, sie waren nur alle leider auch für Körperzellen mehr oder weniger giftig. Er findet heraus, dass das nicht der Fall ist.

Er beschäftigt sich auch mit der Frage, ob vielleicht auch andere Schimmelpilze solche magischen Substanzen produzieren und hält eine zeitlang nach allem Schimmligen Ausschau, was er finden kann: Käse, Schinken, Obst. Er bittet sogar einige Künstler des Chelsea Arts Club, in dem er Mitglied ist, ihm ihre modrigen Schuhe zu bringen. Er wird jedoch nicht fündig.

Am 13. Februar 1929 stellt er seine Ergebnisse dem Medical Research Club vor. Wie sieben Jahre zuvor interessiert sich so gut wie niemand dafür. Und so wird es auch noch einige Jahre bleiben.

Warum ist das so? Zum einen will es den Wissenschaftlern nicht gelingen, den Wirkstoff Penicillin aus dem Schimmelpilzsaft zu isolieren. Zum anderen erweist sich die Substanz als sehr instabil und verliert nach relativ kurzer Zeit ihre Wirkung. Und schließlich braucht man zur Behandlung große Mengen des Stoffs, also auch finanzielle Mittel, um Anlagen zu bauen, die ihn herstellen. So sehr sich Fleming auch bemüht, das Interesse anderer Wissenschaftler zu wecken und – wie beim Lysozym – immer wieder betont, dass es eine bedeutsame Entdeckung ist, will der Durchbruch nicht gelingen

In der Zwischenzeit wird auch anderswo an Wirkstoffen gegen Bakterien geforscht. 1932 entdeckt Gerhard Domagk, der in Wuppertal-Elberfeld im Stammwerk der Bayer AG forscht, dass ein roter Farbstoff Mäuse gegen Streptokokkeninfektionen schützt. Und das in einer Dosierung, die für die Körperzellen ungefährlich ist. Er nennt das Wundermittel „Prontosil". 1935 veröffentlicht er seine Ergebnisse und das Medikament kommt noch im gleichen Jahr auf den Markt.

Auch er reist – wie 1909 Paul Ehrlich – nach London und stellt seine Ergebnisse der Royal Medical Society vor. Fleming ist bei dem Vortrag dabei und ist sehr interessiert, obwohl er bemerkt, dass Penicillin ein besseres Mittel sei. Wright ist selbstverständlich wieder äußerst skeptisch.

Bayer hatte die Entdeckung des Prontosils patentiert, so dass andere Forschende fieberhaft daran arbeiten, weitere solcher Substanzen zu finden. Dem Team des Institut Pasteur gelingt es, nachzuweisen, dass die Wirkung des Prontosils auf einem einzigen Molekül basiert, dem Para-Amino-Phenyl-Sulfonamid. Dieses Molekül wurde schon lange zur Herstellung von Farbstoffen verwendet und war leicht herzustellen und sehr stabil.

Fleming untersucht in Studien sogleich die Sulfonamide und kann zeigen, dass sie gegen bestimmte Bakterien wirksam sind, jedoch nur, wenn die Zahl der Erreger nicht allzu groß ist. Sie wirken nämlich nur bakteriostatisch – sie hemmen also die Vermehrung der Mikroben, so dass die körperliche Abwehr wieder die Oberhand gewinnen kann. 1937 erkrankt Flemings älterer Bruder John an einer Lungenentzündung, nachdem sie zusammen einem Rugbyspiel zugeschaut hatten. Ihm können weder die Autovakzine helfen noch das Prontosil, und das bei Pneumonien besser wirksame Sulphapyridin ist nicht lieferbar. John stirbt und sein jüngerer Bruder muss dabei hilflos zusehen.

Gerhard Domagk erhält für seine Entdeckung 1939 den Nobelpreis für Medizin, darf ihn aber aufgrund einer Anordnung Adolf Hitlers nicht annehmen. Der Grund für diese Anordnung war die Verleihung des Friedensnobelpreises an Carl von Ossietzky, einem Gegner des Naziregimes. 1947 wird Domagk den Nobelpreis in Stockholm entgegennehmen, ohne jedoch die damit verbundene Geldsumme.

Wir machen einen kleinen Umweg an die Universität Oxford. Hier arbeitet der australische Pathologe Howard Florey und eines seiner Forschungsprojekte ist seit 1929 das

Lysozym. Er bittet Fleming sogar um Unterstützung bei seiner Arbeit dazu. Als Florey 1935 für sein Forschungsteam einen Biochemiker sucht, bewirbt sich der in Berlin geborene Ernst Chain, der wegen seiner jüdischen Wurzeln 1933 aus Nazideutschland geflohen war. Wie Almroth Wright lässt er dem jungen, erst 29 Jahre alten Wissenschaftler freie Hand, um seine eigenen Forschungen voranzubringen. Diese Teamarbeit zwischen Wissenschaftlern unterschiedlicher Fachdisziplinen – Florey als Mediziner und Chain als Biochemiker – sollte sich als sehr fruchtbar erweisen.

Chain macht sich an die Arbeit, die Biochemie der Wirkung des Lysozyms zu studieren. Wenn dieses Enzym fähig ist, Bakterien zu zerstören, muss es in der Bakterienzelle ein Substrat geben, auf das es wirkt. Sozusagen wie der Schlüssel für das Schloss. Er wird fündig und findet in dem Bakterium Micrococcus lysodeicticus – die Kultur hatte Fleming Jahre zuvor nach Oxford geschickt – eine Substanz (ein Polysaccharid), das vom Lysozym gespalten wird. Er ist begeistert und stöbert in der Literatur jener Zeit nach weiteren Zusammenhängen. So stößt er auf Flemings Veröffentlichung von 1929. Er liest alles über Penicillin, was er finden kann, und stellt fest, welch große Arbeit schon bei dem Versuch gemacht worden war, die Substanz für die mögliche therapeutische Nutzung zu isolieren und zu reinigen.

Sie wollen sich der Herausforderung gerne erneut stellen, aber dafür brauchen sie Geld. Florey schickt ein Memorandum mit allen Details an die Rockefeller Foundation und diese gewährt ihnen – einige Monate später – fünf Tausend Dollar für das Projekt. Anfang 1939 fängt Chain mit der Arbeit an, die Sommerferien verbringt er in Belgien. Bei seiner Rückkehr ist der Zweite Weltkrieg ausgebrochen.

Am 25. Mai 1940 testen sie das gereinigte Penicillin an Mäusen. Während die mit drei verschiedenen Keimen infizierten Mäuse sterben, überleben die mit Penicillin behandelten alle. Die Wissenschaftler sind außer sich vor Freude. Aus Angst vor einer Invasion nähen sie sich sogar die Schimmelpilzkulturen in ihre Kleider, um sie auf der Flucht mit sich nehmen zu können. Sie ahnen jetzt schon, welche große Bedeutung dies gerade jetzt, in Kriegszeiten, für die Behandlung von Verwundeten haben würde.

Am 24. August 1942, einem Samstag, erscheint der Artikel „Penicillin as a Chemotherapeutic Agent" (Penicillin als Chemotherapeutikum) im The Lancet, Hauptautoren sind Chain und Florey. Als Alexander Fleming sein Exemplar öffnet, ist er schwer beeindruckt. Er macht sich gleich am nächsten Tag auf den Weg nach Oxford, um seine geliebte Substanz im reinen Zustand zu sehen. Er sagt zu Florey: „Ich bin gekommen, um zu sehen, was ihr mit meinem alten Penicillin gemacht habt." Wie es seine Art ist, spricht er wenig und lässt sich alles genau zeigen, was das Team erarbeitet hat. Ernst Chain wird viele Jahre später berichten, wie überraschend dieser Besuch für ihn gewesen sei und dass er damals gar nicht wusste, dass Fleming noch lebt.

Was für ein Gefühl das für „Little Flem" gewesen sein muss! Nach all diesen Jahren des Wartens war es der Welt gelungen, das von ihm entdeckte Penicillin nutzbar zu machen! Später würde man ihm vorwerfen, dass er den Oxforder Wissenschaftlern bei diesem Besuch vergessen hatte, zu gratulieren. Er würde aber nie versäumen, ihnen bei vielen Gelegenheiten seine Anerkennung auszusprechen. Bei seiner Rückkehr ins Labor bemerkt er: „Sie waren die Chemiker, die ich 1929 gerne dabei gehabt hätte". 1945, bei einem Vortrag in der Académie de Médicine in Paris, sagt er: „Man hat mich bezichtigt, das Penicillin erfunden zu haben. Erfinden lässt sich das Penicillin von keinem Menschen, denn es wurde vor undenklichen Zeiten von einem gewissen Schimmelpilz hervorgebracht."

Die Oxforder Wissenschaftler machen sich nun an die Arbeit, genug Penicillin herzustellen, um das Mittel in klinischen Versuchen zu testen. Kurzerhand verwandeln sie die Sir William Dunn School of Pathology in die erste Penicillin-Produktionsanlage. Sie züchten den Schimmelpilz in allen Gefäßen, die sie finden können: allen möglichen Flaschen, Fläschchen, Keksdosen, Benzinkanistern, Bettpfannen ... Ein weiterer Biochemiker des Teams, Norman Heatley, hat ein besonderes Improvisationstalent und ist zudem noch ein begnadeter Handwerker. Er designt nach der Vorlage der Bettpfannen, die sich durch ihre Form als am produktivsten erweisen, modifizierte Keramikpfannen und Florey findet einen Handwerker, der bereit ist, 500 davon herzustellen. Man behilft sich mit Ölkannen, Lebensmittelbehältern, Badewannen, Mülleimern, Milchkannen, Kühlschränken und Büchergestellen, um die improvisierte Produktionsanlage aufzubauen.

Mit einem Zuschuss des Medical Research Council kann Florey sogar sechs „Penicillin-Girls" einstellen, um die Produktion aufrechtzuerhalten. Mit sterilen Kitteln, Hauben und Masken arbeiten sie unter recht unangenehmen Bedingungen für 2 Pfund in der Woche.

Langsam drängt es die Forscher schließlich, das Mittel an Menschen zu erproben. Anfang Februar 1941 erleidet der 43-jährige Oxforder Polizist Albert Alexander eine lebensbedrohliche Sepsis, nachdem er sich bei der Gartenarbeit im Gesicht eine Verletzung durch einen Rosenstrauch zugezogen hatte. Der verantwortliche Keim, Staphylococcus aureus, ist für Penicillin anfällig. Am 12. Februar erhält Alexander eine intravenöse Injektion von 200 ml, danach alle drei Stunden jeweils 100 ml. Die Besserung seines Zustands ist sehr auffällig: sein Fieber fällt, er fängt wieder an zu essen. Man geht sogar so weit, den Urin des Patienten zu sammeln, ihn von der Krankenstation mit dem Fahrrad in die Sir William Dunn School zu fahren und das isolierte Penicillin wieder zurück. Florey wird später bemerken: „Penicillin wurde im St. Mary's Hospital entdeckt, in Oxford extrahiert, und gereinigt, indem es die Oxforder Polizei durchlief."

Trotz aller Anstrengungen reicht die Menge an Antibiotikum nicht aus. Man muss im Labor darauf warten, dass die Substanz aus den Pilzkulturen wieder geerntet werden kann; die nächste Ernte kommt zu spät. Albert Alexander verstirbt am 15. März. Die Wissenschaftler sind sicher, dass sie ihn hätten retten können, hätten sie nur genügend Penicillin gehabt.

Auf der Grundlage dieser Erkenntnisse wendet sich Florey an die britische Regierung, um in die Wege zu leiten, dass das Wundermittel in industriellen Mengen hergestellt werden kann. Die Antwort ist negativ. Großbritannien ist mitten im Krieg und ist ständigen Bombardierungen ausgesetzt. Der Zeitpunkt ist äußerst ungünstig. Sie beschließen, sich an die Vereinigten Staaten zu wenden.

Im Juni 1941 brechen Florey und Heatley über Lissabon mit dem Schiff nach New York auf. In ihrem Gepäck haben sie die Penicillinkulturen und machen sich Sorgen, dass diese die große Hitze nicht überstehen könnten. Ein Freund von Florey bringt sie in Kontakt mit dem Northern Regional Research Laboratory in Peoria, Illinois. Hier wird mit großer Begeisterung und teilweise unglaublichem Idealismus die Penicillinproduktion vorangetrieben. Heatley bleibt in Peoria und unterstützt die Arbeit der Produktionsanlagen. Hier muss ein wichtiger Punkt betont werden: keiner der britischen Wissenschaftler, weder Fleming, Chain, Florey oder Heatley, haben irgendeine ihrer Entdeckungen patentieren lassen. In ihrer Wahrnehmung durfte man mit einer Substanz, die der Menschheit einen solch unglaublichen Nutzen bringen konnte, keine Geschäfte machen.

Die Mykologen von Peoria tragen jedoch auch ihrerseits zur Verbesserung der Penicillinproduktion bei. Sie benutzen schon für andere Kulturen Maisquellbrühe, die sich als geeigneter herausstellt als das in Oxford verwendete Kulturmedium, später ersetzen sie die Glukose in der Kultur mit Laktose, was auch einen besseren Ertrag bewirkt. Auch suchen sie nach neuen Schimmelpilzkulturen, die produktiver sind als jene eine, die sich an einem Septembertag des Jahres 1928 in Flemings Labor verirrt hatte. Besonders eine der Forscherinnen am Northern Regional Research Laboratory, Mary Hunt, schleppt alles an, was sie an Verschimmeltem auf Wochenmärkten, in Bäckereien und Käsehandlungen finden kann. Das erinnert uns an Fleming, der das sogar mit modrigen Schuhen probiert hatte. Die junge Frau hat bald den Namen „Mouldy Mary" und Alexander Fleming liebte es, ihre Legende zu erzählen. Danach soll sie eines Tages eine verschimmelte Cantaloupe-Melone vom Markt mitgebracht haben, die einen Schimmelpilz der Sorte Penicillium chrysogenum enthielt. Dieser erwies sich als besonders produktiv. In Wirklichkeit soll eine Hausfrau aus Peoria, deren Name nicht in die Geschichtsbücher eingegangen ist, die Cantaloupe-Melone abgegeben haben. Nachdem sich die Forschenden schon von überall in der Welt hatten Proben schicken lassen, fanden sie das Gute also direkt vor ihrer Tür. Diese eine Cantaloupe-Melone ist die Quelle der meisten später verwendeten Penicillinkulturen in der ganzen Welt. Auch heute werden natürlich vorkommende Penicilline zur Herstellung der Medikamente verwendet, auch wenn es biosynthetisch und teilsynthetisch hergestellte Penicilline gibt.

Jetzt können wir getrost zu Alexander Fleming zurückkehren und seine Freude und seinen Erfolg teilen. Mitte Juni 1942 wird Harry Lambert – ein Partner von Flemings Bruder Robert – mit einer schweren Streptokokken-Meningitis in das St. Mary's Hospital eingeliefert. Da Sulfonamide nicht anschlagen und sich der Zustand des Patienten nicht bessert, ruft Fleming Florey am 6. August an, um ihn um etwas Penicillin zu bitten. Florey schickt ihm das ganze Penicillin, das er gerade hat. Am Abend des gleichen Tages fängt Fleming mit intramuskulären Injektionen an. Im Wirbelkanal des

Patienten finden sie allerdings keine Spuren des Penicillins. So entschließt sich Fleming, das Mittel direkt in den Wirbelkanal zu injizieren, obwohl das vorher noch nie ausprobiert worden war. Harry Lambert überlebt wie durch ein Wunder. Die Beschreibung dieses klinischen Falles erscheint am 8. Oktober 1943 im The Lancet und ihr wird diesmal große mediale Aufmerksamkeit zuteil.

Nach dieser spektakulären Episode fangen Fleming und Florey an, einander zu schreiben. Plötzlich geht alles ziemlich schnell. Sir Cecil Weir, Generaldirektor für Ausrüstung im Ministerium für Versorgung, wird mit der Organisation eines Projekts zur Aufnahme der Penicillin-Massenproduktion beauftragt. Am 25. September 1942 beruft er eine Konferenz ein, um Repräsentanten der pharmazeutischen und chemischen Industrien mit Fleming, Florey und anderen Männern, die an der Entwicklung des Penicillins beteiligt waren, zusammenzubringen. Weir unterstreicht, dass alle Informationen über die Substanz und ihre Produktion zusammengelegt werden und alle Beteiligten ein einziges Ziel verfolgen sollten: so schnell und so viel Penicillin wie möglich zu produzieren.

Arthur Mortimer, ein Biochemiker, der der Sitzung beiwohnt, wird danach sagen: „Auch wenn es Ihnen nicht bewusst ist: dies wird ein historisches Treffen sein, nicht nur in den Annalen der Medizin, sondern wahrscheinlich in der Weltgeschichte. Zum ersten Mal werden alle, die an der Herstellung eines Heilmittels beteiligt sind, ihre Wissenschaft und ihre Arbeit zur Verfügung stellen, ohne Hintergedanken an Gewinn oder Ehrgeiz ..." Als Ergebnis dieser Konferenz wird das General Penicillin Committee gegründet, das die kommerzielle Penicillinproduktion in Großbritannien koordiniert und ihren Vertrieb kontrolliert.

Wir sind immer noch mitten im Krieg und es sterben immer noch viele Soldaten an Wundinfektionen. Bereits im Juli 1942 schickt Florey etwas Penicillin zu den Streitkräften im Nahen Osten nach Ägypten und dieses vermag bereits einige Menschenleben zu retten. Im Mai 1943 wird ein Team aus Algier damit ausgestattet, um seinen Effekt auf Kriegsverletzungen zu untersuchen. Die Ergebnisse sind spektakulär. Männer, die früher ihre Arme oder Beine verloren hätten, entkommen der Amputation, große Wunden, die früher den sicheren Tod herbeigeführt hätten, können geheilt werden. Auch die sehr häufigen Gonorrhö-Fälle innerhalb der Truppen können in nur 12 Stunden Behandlungszeit kuriert werden. Bis zum sogenannten D-Day, das ist der 6. Juni 1944, an dem die alliierten Truppen in der Normandie landen, wird genug Penicillin produziert, um alle Verwundeten der Alliierten behandeln zu können. Der D-Day wird die Befreiung Frankreichs und später ganz Europas von den Nazis einläuten.

Alexander Fleming, der bis dahin ein ruhiges Leben geführt hatte, ist über Nacht eine Berühmtheit. Er wird mit einer Flut von Briefen überschwemmt, sein Telefon hört nicht zu klingeln auf. Er ist anfangs etwas erstaunt, fängt aber nach und nach an, es zu genießen. Er wird jedoch nicht müde, immer wieder daran zu erinnern, welch große Rolle Florey und Chain in der Geschichte des Penicillins gespielt haben. 1943 wird er zum Fellow der Royal Society gewählt, wie Almroth Wright 37 Jahre zuvor. Wie bei Claude Bernard und Louis Pasteur hat der Schüler seinen Lehrer an Berühmtheit übertroffen. Claude Bernard und Almroth Wright müssen sehr gute Lehrer gewesen sein.

Während dieser Zeit – dem Ende des Zweiten Weltkrieges – wird das Dilemma des Doktors, das Bernard Shaw in seiner Komödie beschrieben hatte, bittere Wahrheit: wen rettet man, wenn es nicht genug Penicillin gibt? Man muss jeden Fall rigoros daraufhin prüfen, ob man das Mittel einem Menschen verabreicht, der auch ohne dieses eine Überlebenschance hat, und welcher Mensch so krank ist, dass er ohne Penicillin sterben würde. Fleming erhält hunderte von Briefen, in denen er von Menschen für sich oder für Familienmitglieder und Freunde um Hilfe gebeten wird und er versucht überall zu helfen, wie er kann, und beantwortet alle Briefe mit seiner kleinen, aber gut lesbaren Handschrift.

Auch wird er nicht müde, zu betonen, dass Penicillin kein universelles Heilmittel ist, das alle Krankheiten heilen kann. Um das herauszufinden, stellt er fest, werden Ärzte und Mikrobiologen Hand in Hand für das Wohl ihrer Patienten zusammenarbeiten müssen. Er unterstreicht auch, dass das Penicillin nur dann wirken kann, wenn es am Ort der Infektion angreifen kann, entweder lokal oder über das Blut. Und er warnt schon zu jener Zeit vor der Entwicklung von Resistenzen. Man müsse gegen die Keime einen „Blitzkrieg" führen – also mit hohen Dosen des Penicillins angreifen, um zu verhindern, dass überlebende Keime Resistenzen gegen das Antibiotikum entwickeln. Auf diesen Aspekt werde ich später noch näher eingehen.

Im Juli 1944, als die Zeitungen die Liste der neuen Adelstitel veröffentlichen, wird „Little Flem" zu Sir Alexander Fleming und Sareen zu Lady Sarah Fleming. Er sagt dazu: „Ich wünschte fast, ich wäre Ire, um das alles wirklich genießen zu können."

Nach der Rückkehr aus dem Buckingham Palace, wo er vom König zum Ritter geschlagen wurde, findet in der uns bekannten Bibliothek eine kleine Feier statt. Der schon 82-jährige Almroth Wright, der auch zugegen ist, scheint sehr schlechter Laune zu sein und hält eine flammende Rede über die Vorzüge der Impfung und die Nachteile der Chemotherapie. Alle hören gespannt zu und suchen in Flemings Gesicht vergeblich nach einer Reaktion, sei es ein Zeichen der Belustigung oder des Zorns. Als der „Old Man" schließlich geht, wird es für alle anderen ein wunderschöner und unvergesslicher Abend.

Im Sommer 1945 unternimmt Fleming mit seiner Frau eine Amerikareise, die zu einem wahren Triumphzug wird. Schon auf der Schifffahrt auf der Aquitania hält er einen Vortrag über die Entdeckung des Penicillins für die Mitreisenden, es folgen während seiner Tour durch Amerika unzählige Vorträge, Interviews und Pressekonferenzen, bei denen er überall mit großer Begeisterung und Dankbarkeit gefeiert wird. Er besucht die Anlagen in Peoria und in New York die Labore von Pfizer. Sein Besuch hier war natürlich angekündigt gewesen und man hatte alles gründlich geputzt, bis es glänzte. Dazu bemerkt Fleming: „Wenn ich unter solchen Bedingungen gearbeitet hätte, hätte ich das Penicillin nie entdeckt."

Er hat allerdings auch viel Anerkennung für die amerikanischen Kollegen, die dem Schimmelpilz die heilende Substanz abgerungen hatten. Der Chemiker John L. Smith, Vizepräsident von Pfizer, sagt einmal hierzu: „Der Schimmel ist temperamentvoll wie eine Operndiva, die Ausbeute ist niedrig, die Isolierung schwierig, die Extraktion mörderisch, die Reinigung katastrophenanfällig und die Untersuchung unbefriedigend".

Im September des gleichen Jahres reist er auf Einladung der französischen Regierung nach Paris und wird auch dort wie ein Star gefeiert. Das Team des Institut Pasteur bereitet ihm einen pompösen Empfang, er besucht den Louvre und trifft den Präsidenten De Gaulle. Bei einem der Abendessen sagt George Duhamel, ein bekannter französischer Schriftsteller jener Zeit zu Fleming: „Monsieur, Sie sind aus Pasteurs Bereich herausgetreten." Darauf antwortet dieser: „Ohne Pasteur bin ich nichts!" Es folgen Reisen nach Italien, Dänemark, Norwegen, Belgien. Am 25. September erreicht ihn ein Telegramm aus Stockholm: gemeinsam mit Chain und Florey erhält er den Nobelpreis für Medizin. Im Dezember reist er nach Stockholm, um ihn entgegenzunehmen. Es ist die erste Nobelpreisverleihung seit dem Ausbruch des Zweiten Weltkrieges.

Fleming wird noch unzählige Reisen in die Welt machen und viele Ehrungen werden ihm zuteil. In seiner etwas scheuen und unaufdringlichen Art wird „Penicillin Man", wie er oft in der Presse genannt wird, der Ruhm jedoch nie zu Kopf steigen. Am 30. April 1947 stirbt Sir Almroth Wright 85-jährig und Fleming ist sehr traurig über den Verlust seines Lehrers und Freundes. Natürlich fehlt Wright dem ganzen Labor, schon allein der leere Sessel in der Bibliothek ist für alle ein Grund zur Trauer. Fleming wird Direktor des Instituts, das 1948 in Wright-Fleming-Institut umbenannt wird und das heute immer noch in der Praed Street liegt.

Sareens Gesundheitszustand hatte schon gegen Ende des Krieges angefangen sich zu verschlechtern, sie leidet unter Parkinson. Obwohl Fleming auch in dieser Zeit viel reist, merkt man ihm seine Besorgnis an. Er bemerkt, betrübt: „Und das Schlimmste ist, dass Penicillin ihr nicht helfen kann ... Zur Zeit von John war es noch nicht verfügbar; jetzt ist es verfügbar, aber für Sareen nutzlos." Er fühlt sich so hilflos wie damals, als sein Bruder starb. Sareen stirbt am 22. November 1949. Am Tag des Begräbnisses erscheint er wieder im Labor, er scheint um zwanzig Jahre gealtert. Er flüchtet sich in seine Arbeit.

Bereits seit Oktober 1946 forscht die griechische Wissenschaftlerin Amalia Koutsouri-Voureka im Labor. Sie ist die erste Frau, die hier arbeitet und darf ihre Mahlzeiten erst mit ihren Kollegen einnehmen und bei den Tees in der Bibliothek dabei sein, nachdem Almroth Wright sich in den Ruhestand begeben hatte. Die 30 Jahre jüngere Forscherin liebt die Arbeit im Labor und schätzt die Zeit, die sie mit dem von ihr bewunderten Professor Fleming verbringt.

Am Vormittag des 9. April 1953 heiratet Alexander Fleming Amalia im Rathaus von Chelsea, mittags folgt die kirchliche Zeremonie in der griechisch-orthodoxen Kirche der Heiligen Sophia in London. Fleming ist sehr glücklich und sieht verjüngt aus.

Sie reisen zusammen nach Cuba, nach New York, gehen viel aus, treffen Freunde und verbringen Wochenenden und Sommerferien in Barton Mills.

Im Januar 1955 zieht sich der 73-jährige Sir Alexander Fleming als Institutsleiter zurück, geht aber trotzdem immer noch jeden Tag in sein Labor. Amalia und er planen im März eine Reise nach Istanbul, Ankara und Beirut, mit Zwischenstopp in Griechenland. Amalia drängt ihren Mann, sich noch vorher gegen Typhus impfen zu lassen und einer seiner Kollegen verabreicht ihm die Impfung im Labor. Einen Tag später, am 11. März, stirbt Alexander Fleming an einem Herzinfarkt. Wie die großen Mikrobiologen Pasteur und Koch vor ihm, erliegt er nicht den Erregern, die er sein ganzes Leben lang untersucht hatte, sondern einer Herz-Kreislauf-Erkrankung.

Er wird in der Krypta der Saint Paul's Cathedral begraben, neben vielen berühmten Briten wie Admiral Lord Nelson oder William Turner. Aus aller Welt kommen Beileidsbekundungen, in Barcelona legen die Blumenhändler ihre Blumen vor der Gedenktafel von Flemings Besuch nieder, in Griechenland wehen die Flaggen auf Halbmast.

Jetzt befällt mich selbst auch eine tiefe Traurigkeit, da ich mich an dieser Stelle von Alexander Fleming verabschieden muss, in dessen Leben ich in den letzten drei Wochen eingetaucht war. Aber ich werde mich mit Leichtigkeit an ihn erinnern und ihm jedes Mal, wenn ich ein Rezept über Penicillin ausstelle, innerlich meinen Dank aussprechen.

Kehren wir jetzt ins Heute zurück. Egal, wo Sie sich gerade befinden: um Sie herum und in Ihnen leben unvorstellbar viele kleine Wesen, die Sie nicht sehen können. So gut es geht, werde ich in den nächsten beiden Kapiteln versuchen, diese Welt aus der Sicht der für unsere Augen Unsichtbaren zu betrachten, zumindest mit dem Wissen, das man bis heute darüber zusammengetragen hat.

7 Das Leben als Mikrobe

Eines der Lieblingsbücher meiner Kindheit ist „Gulliver's Reisen" und ich liebte die Vorstellung, dass es irgendwo ein „Lilliput" gibt. Ich konnte nicht umhin, mir als Kind das Mikrobenleben so ähnlich wie das Leben auf Lilliput vorzustellen. Da Jonathan Swift, der Autor des Buches, ein Zeitgenosse Antoni van Leeuwenhoeks war und wie dieser Mitglied der Royal Society, muss er dessen Arbeiten gekannt haben. Auf der Suche nach Hinweisen darauf habe ich ein Gedicht von Jonathan Swift entdeckt, das dies zu bestätigen scheint:

> „Das Ungeziefer teet und zwickt nur
> Ihre Feinde um einen Zentimeter überlegen.
> So, Naturalisten beobachten, ein Floh
> Hat kleinere Flöhe, die ihn befallen,
> Und diese haben noch kleinere, um sie zu beißen,
> Und so geht es ad infinitum:"

Sich vorzustellen, wie diese kleinen Wesen leben, war nicht nur für Jonathan Swift im 17. Jahrhundert schwierig, auch für uns heute ist es immer noch schwer vorstellbar. Wie kleine Menschlein oder Flöhe, mit Sinnesorganen wie Augen und Ohren oder gar einem Gehirn, so sind sie sicherlich nicht. Dazu fällt mir einer der Lieblingswitze meines Vaters ein, der selbst Naturwissenschaftler war. Er geht so: Es sitzen fünf Forscher um einen großen, runden Tisch, in dessen Mitte sitzt ein Floh. Einer der fünf Gelehrten sagt: „Spring" und der Floh springt. Danach reißen sie dem Floh alle sechs Beine aus. Einer der Forscher sagt wieder: „Spring". Der Floh springt nicht. Die Wissenschaftler fassen das Experiment so zusammen: Wenn man einem Floh alle Beine ausreißt, hört er nicht mehr.

Mikroben haben jedoch nicht einmal Beine und schon gar keine Augen oder Ohren. Sie waren, wie wir schon erfahren haben, die ersten Lebewesen auf dieser Welt. Aber was ist eigentlich Leben? Wie unterscheidet sich Leben von Nicht-Leben? Es gibt ein paar Hauptmerkmale des Lebendigen: es hat eine Gestalt und wächst, es bewegt sich aus eigener Kraft fort, es nimmt Stoffe aus der Umgebung auf und gibt andere wieder ab, es nimmt Reize auf, verarbeitet sie und kann darauf reagieren, es kann sich vermehren, also Nachkommen bilden, und es besteht aus mindestens einer Zelle. Die Zelle ist der Grundbaustein des Lebens. All diese Eigenschaften haben Sie und ich mit den allerkleinsten Wesen gemeinsam. Ganz schön viel, oder?

Da wir im weiteren Verlauf des Buches noch oft über Zellen sprechen werden, wollen wir uns hier einmal kurz damit befassen, was Zellen eigentlich sind. Das wird Sie jetzt vielleicht an Ihre Schulzeit erinnern, und das hoffentlich nicht in allzu unangenehmer Weise. Aber keine Sorge, es wird nur eine kurze Zwischeneinlage.

Bakterien und Archaeen, die wir ja schon im ersten Kapitel kennengelernt haben, bestehen aus jeweils einer einzigen Zelle ohne Zellkern, deswegen nennt man sie Prokaryoten. Der Begriff kommt aus dem Altgriechischen: „pro" heißt „vor", „karyon"

https://doi.org/10.1515/9783111611143-008

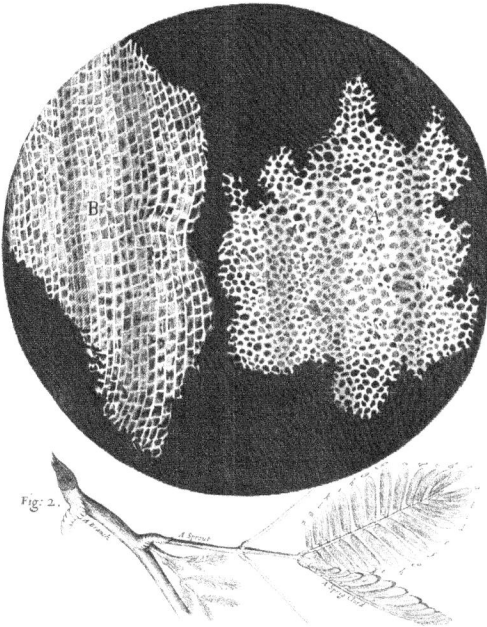

Korkzellen, Zeichnung von Robert Hooke, erschienen in seinem Buch Micrographia (1765).
Quelle: https://en.wikipedia.org/wiki/Cell_theory#/media/File:Cork_Micrographia_Hooke.png

„Nuss", und bezieht sich darauf, dass sie noch keine Zellkerne („Nüsse") haben. Alle anderen Bewohner dieser Erde bestehen aus einer oder mehreren Zellen, in deren Innern sich ein Zellkern befindet, deswegen nennt man sie „Eukaryoten", wobei „eu" „richtig" oder „gut" bedeutet. Wie sich aus den Prokaryoten Eukaryoten entwickelt haben, darum geht es gleich noch.

Die erste Beschreibung einer Zelle haben wir Robert Hooke zu verdanken. Erinnern Sie sich noch an ihn? Er ist ein Zeitgenosse von Antoni van Leeuwenhoek und auch Mitglied der Royal Society of London. Noch 1665 beschreibt er Korkzellen, die er mit seinem Mikroskop beobachtet hatte und führt den Begriff „Cellula", also „Zelle" dafür ein, weil sie ihn an Klosterzellen erinnern, wie sie von Mönchen und Nonnen bewohnt werden.

Jede Zelle ist von einer Hülle umgeben, die man Zellmembran nennt und die Außen von Innen fein säuberlich trennt, gleichzeitig aber gezielt Stoffe hinein- und hinauslassen kann. Darüber findet nicht nur der Stoffwechsel statt, die Zelle kann damit auch Reize empfangen und mit anderen Zellen kommunizieren. Im Inneren der Zelle finden wir das sogenannte Zytoplasma, in dem alles weitere herumschwimmt. Das genetische Material, in der alle Informationen für den Bau dieses einen Wesens enthalten ist, schwimmt bei Prokaryoten frei im Zytoplasma herum, bei Eukaryoten ist es im Zellkern organisiert. Diese auf Nachkommen vererbbaren Informationen werden als Genom oder Erbgut eines Lebewesens bezeichnet, und in Form einer einzigen Sub-

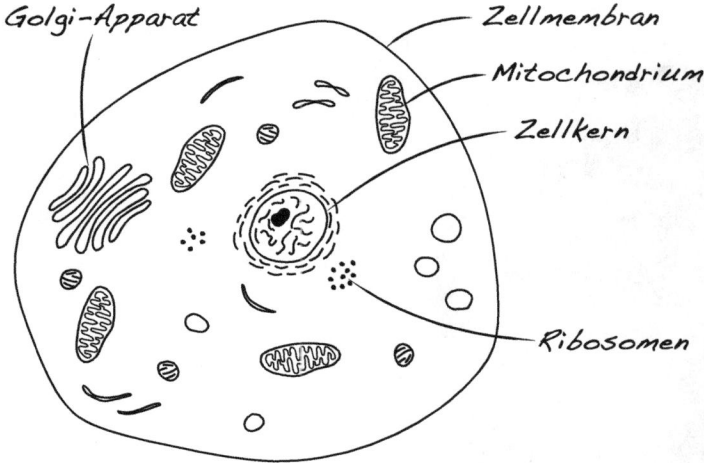

Aufbau der Zelle.

stanz, der DNA oder Desoxyribonukleinsäure abgespeichert. Nur RNA-Viren – wir werden uns später noch mit ihnen befassen – benutzen für diese Codierung RNA oder Ribonukleinsäure.

Mit diesen beiden Substanzen, ihrer Erforschung und Beschreibung werden wir uns im dritten Teil dieses Buches noch sehr ausführlich befassen. Am 28. Februar 1953 entschlüsseln der US-Amerikaner James Watson gemeinsam mit dem Briten Francis Crick die Struktur dieses faszinierenden Moleküls – sie werden 1962 dafür mit dem Nobelpreis geehrt. Auch sie bauen ihre Entdeckung auf die Erkenntnisse anderer Forschenden auf, so, wie wir es schon aus den früheren Entdeckungsgeschichten kennen. Von da an wird es noch einige Jahre dauern, bis man ganze Genome entschlüsseln kann – die von Bakterien, Archaeen, Pflanzen, Tieren und Menschen.

Schließlich gibt es im Inneren der Zelle auch noch sogenannte Organellen, die verschiedene Funktionen erfüllen. Erwähnt seien zum Beispiel die Mitochondrien, die Kraftwerke unserer Zellen, die den Großteil der Energieversorgung in unserem Körper leisten und die nur in eukaryotischen Zellen vorkommen. Außerdem die Ribosomen, die „Proteinfabriken" unserer Zellen, in denen nicht nur alle Proteine hergestellt werden, die die einzelne Zelle zum Leben braucht und aus der sie aufgebaut ist, sondern auch viele andere, die die Zelle verlassen, um vielfältige Aufgaben zu übernehmen. Wir werden uns in den nächsten Kapiteln immer wieder auf diese Grundstrukturen der Zellen beziehen, die natürlich um ein Vielfaches komplexer sind als hier dargestellt.

Erinnern Sie sich noch? Wir haben uns bereits im ersten Kapitel mit der Entstehung der Erde und des Lebens auf ihr vertraut gemacht. Vor 3,8 Milliarden Jahren war das Leben aus den Meeren unserer Erde entsprungen, anfangs nur in Form einfachster Bakterien und Archaeen, die, wie gerade erwähnt, aus einer einzigen prokaryotischen Zelle bestehen. Lange Zeit dachte man, Archaeen seien auch Bakterien und nannte sie deshalb Archaebakterien oder Urbakterien, erst molekulargenetische Untersuchungen enthüllten 1994 bei der Untersuchung von Proben aus den heißen Quellen des Yellowstone-Parks ihre Andersartigkeit. Unter anderem enthalten ihre Zellwände andere Arten von Proteinen als jene von Bakterien, außerdem weisen sie molekulargenetisch insgesamt mehr Ähnlichkeiten mit Eukaryoten als mit bakteriellen Prokaryoten auf. Viele Archaeen sind an extreme Umweltbedingungen angepasst und einige Forschende sehen in ihnen eine Art „Erinnerung" an die Anfänge des Lebens, als unsere Erde ein wahrlich unwirtlicher Ort war. Sie kommen aber auch im Meer, in Binnengewässern und in unserem Körper vor.

Trotz ihrer Kleinheit verändern diese Wesen die Erde nachhaltig. Einige von ihnen fangen an, ihre eigene Nahrung herzustellen, indem sie die Sonnenenergie nutzen, um Kohlendioxyd und Wasser in Glukose umzuwandeln. Dieser Prozess wird Photosynthese genannt, als Nebenprodukt entsteht Sauerstoff. Es dauert eine ewige Zeit an Photosynthesearbeit, aber sie erschaffen unsere Atmosphäre, wie wir sie heute kennen. Ihnen können wir danken, dass wir in einer sauerstoffreichen Welt leben und atmen. Heute noch stellen die photosynthetischen Bakterien in unseren Ozeanen die Hälfte des Sauerstoffs her, den wir einatmen, und verbrauchen dabei – chemisch gesehen kann es ja nicht anders sein – die gleiche Menge an Kohlendioxyd.

Irgendwann vor 2 bis 3 Milliarden Jahren geschah etwas sehr Bedeutsames: ein Archaeon nahm ein Bakterium in sich auf und diese Verbindung führte zur Entstehung des ersten Eukaryoten – des ersten Einzellers mit einem Zellkern. Diese sogenannte Endosymbiontentheorie ist inzwischen weitestgehend anerkannt und besagt, dass hierbei aus den Bakterien die Mitochondrien hervorgegangen sind, die Energiezentralen unserer Zellen. Für diese Theorie spricht unter anderem, dass Mitochondrien eine eigene DNA (Desoxyribonukleinsäure) besitzen und sich autonom, also unabhängig von der restlichen Zelle teilen. Aus dieser Verschmelzung sind alle Lebewesen hervorgegangen, deren Zellen einen Zellkern haben, also viele Einzeller, wie unser Pantoffeltierchen, und alle Mehrzeller, also Pflanzen, Tiere und auch Sie und ich. Ohne diese Verschmelzung würde heute noch auf der Oberfläche unserer Erde nichts mit dem bloßen Auge zu sehen sein, sondern nur mit dem Mikroskop. Es gäbe allerdings weder Augen noch Mikroskope ...

Kommen wir wieder ins Heute zurück. Zu dem oben beschriebenen Szenario ist es nicht gekommen. Ich sehe aus dem Fenster und empfinde wie so oft eine große Dankbarkeit für das, was ich sehe. Der Nebel lichtet sich gerade und enthüllt eine in allen Gelb- und Rottönen strahlende Herbstlandschaft. Vögel fliegen durch die Luft und ein Eichhörnchen klettert eine mindestens fünfzehn Meter hohe Kiefer hoch, die über die Häuser der alten Stadt hinausragt. Wie gut, dass es so gekommen ist ...

Unter uns leben sie aber noch, die Archaeen, Bakterien und auch viele mikroskopisch kleine Eukaryoten. Und dann gibt es noch eine Gruppe von Wesen, von denen man sich nicht einig ist, ob sie eher der lebendigen oder der leblosen Materie zugeordnet werden sollen: die Viren. Wir erinnern uns, dass Carl von Linné im 18. Jahrhundert noch alle Mikroben unter der Gattung „Chaos" (formlos) und dem Stamm

„Vermes" (Würmer) zusammengefasst hatte. Auch heute gehen Forschende davon aus, dass wir den größten Teil des Lebens auf mikroskopischer Ebene noch nicht kennen und, wer weiß, vielleicht auch niemals in vollem Umfang kennen werden.

Seit van Leeuwenhoek und Linné weiß man inzwischen trotzdem schon Einiges und man ist durch die molekularbiologischen Untersuchungsmethoden gerade dabei, täglich Neues hinzuzulernen. Ich werde versuchen, Ihnen zuerst ein bisschen etwas zu den einzelnen Arten der kleinen Wesen zu erzählen, sie also in systematische Kategorien einordnen, wie das Linné vor über 300 Jahren angefangen hat, zu tun. Dieses Verfahren, das in der Biologie von großer Bedeutung für das Verständnis des Lebens ist, wird als Taxonomie bezeichnet. Heute noch streiten sich Taxonomen aller Welt um die Zugehörigkeit von Pflanzen- und Tierarten zu bestimmten Gruppen und Untergruppen. Stellen Sie sich zum Beispiel vor: es gibt etwa fünftausend Arten von Gras. Nicht nur für uns, sogar für Profi-Graskenner sehen sie alle mehr oder weniger gleich aus. Kein Wunder also, dass manche Grasarten mindestens zwanzigmal mit unterschiedlichen Namen versehen wurden. Leider ist der Beruf des Taxonomen selbst vom Aussterben bedroht, da es immer weniger Lehrstühle dafür gibt und immer weniger Biologie-Studenten in der Bestimmung von Pflanzen, Tieren, Pilzen und Mikroorganismen ausgebildet werden. Das ist schade, da durch die Zerstörung der Natur und den Klimawandel viele Arten schneller aussterben, als sie beschrieben und klassifiziert werden können.

Später werde ich ein paar wenige Mikroben konkret in zwei verschiedenen Ökosystemen beschreiben: in einem Süßwassersee und in unserem Zahnbelag. Warum ich diese beiden Umgebungen gewählt habe? Natürlich in Erinnerung an Antoni van Leeuwenhoek, seine Wasserproben aus dem Berkelse Mere und die kleynen dierkens aus seinem Zahnbelag. Das Ökosystem „Zahnbelag" kenne ich natürlich als Zahnärztin auch noch aus anderen Gründen …

Fangen wir also mit den Archaeen an. Bisher kennt man mehr als hundert verschiedene Archaeen, geht jedoch davon aus, dass in nächster Zeit noch einige entdeckt werden. Man teilt sie in drei große Gruppen ein. Die methanogenen Archaeen leben in Sümpfen und im Schlamm stehender Gewässer, aber auch in den Pansen der Wiederkäuer und im Darm anderer Tiere. Methanogene Archaeen hat man auch im menschlichen Körper, und zwar im Darm, im Zahnbelag, im Bauchnabel und in der Vagina gefunden. Sie bilden aus Kohlendioxyd und Wasserstoff Methan und werden für die Abwasseraufbereitung und für die Biogasgewinnung aus Abfällen auch praktisch genutzt. Die thermophilen (das heißt, Wärme bevorzugenden) schwefelabhängigen Archaeen halten Temperaturen von über 100 Grad Celsius aus und leben zum Beispiel am Meeresboden oder in heißen Quellen, die halophilen (Salz bevorzugenden) Archaeen an sehr salzhaltigen Orten, beispielsweise im Toten Meer oder im Großen Salzsee in den Vereinigten Staaten. Man hat bisher noch kein Archaeon entdeckt, das Krankheiten auslöst. Allerdings scheint es einen Zusammenhang zwischen dem Auftreten von Archaeen im menschlichen Körper und bestimmten Krankheiten wie Parodontitis, Divertikulose oder Darmkrebs zu geben.

Einige Bakterien haben wir in den letzten Kapiteln dieses Buches bereits näher kennengelernt. Dabei ist Ihnen sicher aufgefallen, dass die Wissenschaftler bis in die Mitte des letzten Jahrhunderts hinein sehr stark auf die krankheitserregenden Spezies darunter fokussiert waren. Aber das würde ich ihnen nicht allzu übelnehmen. Wenn man zusehen muss, wie man bis zur Hälfte seiner Kinder an ansteckende Krankheiten verliert, bevor sie das Erwachsenenalter erreicht haben, oder erleben muss, wie jede sechste Mutter im Wochenbett stirbt und ihre Kinder zu Halbwaisen macht, ist es nur natürlich, sich auf die pathogenen Keime zu fokussieren. Schlägt man heute noch ein Mikrobiologie-Lehrbuch auf, wird man feststellen, dass der größte Teil davon den krankmachenden Erregern gewidmet ist, obwohl ihre Zahl weit unter jener der harmlosen oder gar nützlichen Bakterien liegt. Von den bisher bekannten Bakterienarten auf der Welt sind nur etwa 5 Prozent krankheitsauslösend. Die Forschenden gehen allerdings davon aus, dass etwa 99 Prozent aller Bakterienspezies auf unserer Erde noch gar nicht bekannt sind. Jährlich findet man zwischen 500 und 800 neue Bakterienarten und hat allein in unserem Darm in den letzten Jahren Tausende von neuen Bakterienarten entdeckt.

Wir erinnern uns, dass auch schon Louis Pasteur bei seiner Arbeit an den Gärungsprozessen nützliche Bakterien beschrieben hat. Martinus Beijerinck, ein niederländischer Mikrobiologe, findet 1881 Bakterien, die Stickstoff aus der Luft aufnehmen und in Ammoniak verwandeln, das die Pflanzen zum Leben brauchen. Er entdeckt auch andere, die am Schwefelkreislauf in der Natur beteiligt sind. Wie van Leeuwenhoek wirkt er in Delft und arbeitet dort am Labor für Mikrobiologie der Technischen Universität. Die Mitglieder der um ihn gegründeten sogenannten Delfter Schule verstehen sich als mikrobielle Ökologen und unterstreichen in ihren Veröffentlichungen, dass Mikroben nicht nur eine Bedrohung, sondern auch einen Segen für die Menschheit bedeuten.

Wir wissen auch schon, dass die photosynthetischen Bakterien – vor allem sind das Cyanobakterien, man nannte sie früher auch Blaualgen – zu einem hohen Maße für die Bildung des Sauerstoffs in unserer Atmosphäre verantwortlich sind. Darüber hinaus spielen Bakterien nicht nur im Stickstoff- und Schwefelkreislauf, sondern auch im dem von Kohlenstoff und Phosphor eine entscheidende Rolle und zersetzen später, nach deren Tod, die organischen Körper wieder durch Fäulnisprozesse, so dass ihre Bestandteile in die Natur zurückgeführt werden. All diese Aufgaben erfüllen die Bakterien natürlich nicht alleine. In den Böden unserer Erde arbeiten sie zum Beispiel eng mit tausenden von Pilzarten zusammen, mit denen sie kommunizieren. Über das geniale Netzwerk, in dem Pilze und Bakterien in den Böden unseres wunderschönen Planeten zusammenarbeiten, wird nach wie vor intensiv geforscht.

Auch schon Ende des 19. Jahrhunderts werden im menschlichen Körper nichtpathogene Bakterien entdeckt, auf diese gehen wir im nächsten Kapitel ausführlicher ein.

Die nächste Gruppe von Mikroben, die der mikroskopisch kleinen Eukaryoten, ist deutlich vielfältiger. Die meisten davon sind immer noch Einzeller, es gibt aber auch einige Mehrzeller darunter.

Fangen wir mit den Pilzen an. Wie oben erwähnt, arbeiten sie ganz eng mit den Bakterien zusammen, um den Boden unserer Erde fruchtbar zu machen. Auch den Hefepilz, den Pasteur bei der Gärung von Bier beobachtet hat, haben wir schon kennengelernt. Und den ganz besonderen Schimmelpilz, der Penicillin herstellen kann. Auch unter den Pilzen gibt es pathogene Arten, wie wir es schon für den Erreger der „pébrine" erfahren haben, der die Seidenraupen befällt. Viele Pilze befallen Pflanzen und sind von Bauern sehr gefürchtet. Und mancher von Ihnen hat wahrscheinlich schon einmal unter Fußpilz gelitten. Beim Menschen verursachen pathogene Pilze sogenannte Mykosen, besonders an der Haut und auf und in Hautbildungen wie Haaren oder Nägeln.

Es gibt auch riesige Algen, aber die zu den Mikroben zählenden Vertreter dieser Gruppe werden als Mikroalgen bezeichnet. Wie alle Algen betreiben sie Photosynthese und sind, wie die Cyanobakterien, für die Bildung von Sauerstoff zuständig, den die Bewohner unserer Erde einatmen.

Einen Vertreter der Protozoen – man nennt sie auch Urtierchen – haben wir auch schon kennengelernt, das Pantoffeltierchen. Die meisten Protozoen sind ebenfalls harmlos, obwohl viele als Parasiten leben. Sie reinigen zum Beispiel Gewässer, indem sie die darin befindlichen Bakterien verspeisen. Sie können jedoch auch Krankheiten herbeiführen, zum Beispiel Malaria, Toxoplasmose oder die Schlafkrankheit. Auch Amöben werden zu den Protozoen gezählt und leben meist unabhängig von pflanzlichen oder tierischen Wirten im Erdreich oder im Wasser. Nur die Entamoeba histolytica, eine häufige Ursache von Darminfektionen, führt zu einer Erkrankung beim Menschen, der Amöbiasis.

Kommen wir schließlich zu den allerkleinsten Mikroben, den Viren. Durch die Corona-Pandemie, die vor über vier Jahren angefangen und unser ganzes Leben und unsere Welt auf den Kopf gestellt hat, haben sich die meisten von Ihnen wahrscheinlich fast schon zu Virologen weitergebildet. Hier möchte ich trotzdem auf diese so gefürchteten Wesen näher eingehen.

Wie die ersten Viren entstanden sind, darüber ist man sich uneins und es gibt mehrere Theorien dazu. Eine davon ist, dass Viren selbständig gewordene Gene sind, die sich aus den Genomen anderer Lebewesen „befreit" haben.

Die Hauptmerkmale des Lebens haben wir ja bereits kennengelernt und man ist sich darüber einig, dass Viren keine eigentlichen Lebewesen sind. Sie bestehen aus einer Hülle, darin eingeschlossen ist ihr genetisches Material – entweder in einer DNA oder einer RNA codiert – und ein paar Proteine (Eiweiße). Sie verfügen also nur über die Information für ihre Vermehrung, nicht aber über die Mittel. Sie schleusen ihr Erbgut in andere Zellen ein, um sich darin zu vermehren. Auch haben sie keinerlei Stoffwechsel, sie sind also Parasiten, die vom Stoffwechsel ihres Wirtes „leben".

Außerhalb von Zellen bezeichnet man sie als „Virionen", das sind einzelne Viruspartikel, die auf verschiedenen Wegen von einem Organismus zum anderen übertragen werden können. Bemerkenswert ist, dass es bisher etwa 9000 bekannte Viren-

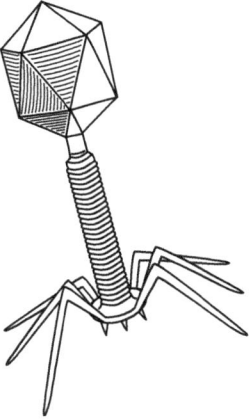

Bakteriophage.

arten gibt, die ihrerseits etwa 1,8 Millionen verschiedene der noch heute lebenden Wesen befallen können.

Es gibt zum Beispiel Viren, die Bakterienzellen befallen, man nennt sie dann Bakteriophagen oder kurz Phagen. Im gesamten Wasser unserer Meere sind Virionen dieser Phagen die häufigsten Arten von Lebewesen – wenn man sie denn als solche betrachtet –, sie werden als „Virioplankton" bezeichnet. Im Augenblick wird in der Medizin aufgrund der immer häufiger auftretenden Antibiotikaresistenzen intensiv an der Anwendung von Phagen als Antibiotika-Ersatz geforscht. Man ist dabei aber noch weit von einem Durchbruch entfernt.

Kehren wir zum 7. September 1674 zurück und zu einem Brief Antoni van Leeuwenkoeks aus Delft an Henry Oldenburg, nach London, in dem er die faszinierenden, in allen Farben schimmernden Animalcules im nahegelegenen Berkelse Mere beschreibt, die ersten je beschriebenen Mikroben. Wie wunderbar, dass es heute, 350 Jahre später, diese Wunder immer noch in unseren Binnengewässern gibt! Auch in der Nähe unseres Hauses liegt, mitten in einer Waldlichtung, ein kleiner Teich, und ich beobachte ihn oft, wie er sich mit den Jahreszeiten verändert. Wie damals auf meinem Rückweg von der Schule, als ich die Pfütze am Wegesrand mit ganz anderen Augen sah, nachdem ich das Pantoffeltierchen im Biologieunterricht kennengelernt hatte.

Betrachten wir diesen kleinen Teich einmal näher – Sie haben in der Nähe Ihres Wohnortes sicher auch einen, den Sie erkunden können. Er ist ein ziemlich komplexes Ökosystem. Gerade heute, mit dem Thema des Klimawandels, ist das Studium solcher Ökosysteme von großer Bedeutung. Erinnern Sie sich noch an Claude Bernard und seine Vorstellung eines „milieu intérieur", auf das der Begriff der Homöostase gründet? Bei einem Ökosystem bezeichnet die Homöostase einen stabilen Zustand, der durch negative Rückkoppelung aufrechterhalten wird. Dieses Gleichgewicht wird dank dreier Beteiligter im System erhalten: den Produzenten (in unserem Teich sind es zum Beispiel Mikroalgen und Cyanobakterien), den Konsumenten (beispielsweise Protozoen, aber auch Wasserflöhe oder Fische) und den Destruenden (hier Bakterien und Archaeen). Die Produzenten wandeln durch Photosynthese Kohlendioxid aus der Luft und dem Wasser mit Hilfe der Sonnenenergie in organische Substanzen um, die Konsumenten ernähren sich entweder direkt von diesen Substanzen oder sie fressen andere Wesen, die sich davon ernährt haben, und die Destruenden zersetzen die organischen Substanzen durch Fäulnisprozesse und geben ihre Bestandteile wieder an die Umgebung zurück.

Beschreiben wir das noch etwas genauer: Die phototrophen Organismen des Teiches, also jene, die Sonnenlicht als Energiequelle nutzen können – Algen und phototrophe Bakterien, meist Cyanobakterien – bezeichnet man als Phytoplankton. Sie können also Sonnenlicht als Energiequelle nutzen und bauen mit deren Hilfe aus Wasser und Kohlensäure ihren eigenen Körper auf. Als „Abfallprodukt", wie es oft genannt wird, entsteht dabei das wichtigste unserer Nahrungsmittel überhaupt: Sauerstoff. Diese Wesen stellen somit die Basis der Nahrungskette für alle anderen Lebewesen in diesem Gewässer her, entweder direkt – sie werden verspeist – oder indirekt, als Energie- und Kohlenstoffquelle.

Zum Zooplankton des Teiches gehören unter anderem kleine Lebewesen wie die Protozoen, zum Beispiel das Pantoffeltierchen, das wird gleich noch näher beobachten werden. Und schließlich gibt es noch heterotrophe Bakterien – also solche, die Sonnenlicht nicht als Energiequelle nutzen können –, Archaeen und Viren, die sich in großer Zahl im Wasser des Sees tummeln. Über die Viren in Gewässern, dem sogenannten Virom, ist bisher nur wenig bekannt und es wird aktuell intensiv zu diesem Thema geforscht. An seichten Stellen des kleinen Teiches, wo zum Beispiel ein Stein aus dem Wasser ragt, findet man auch Biofilme, glitschige, schleimige Schichten, die im Sonnenlicht glänzen. Hier tummeln sich in nur einem Milliliter dieses Biofilms bis zu einer Billion Mikroben. Solch einen Biofilm werden wir auch noch im nächsten Kapitel kennenlernen.

Wir fokussieren uns jetzt, in diesem kleinen Teich, auf eine der unendlich vielen Mikroben darin, und zwar auf eines der Pantoffeltierchen. Wie wär's, wenn wir das kleine Wesen einfach fragen, wie es sich da so lebt? Es wird uns natürlich nicht antworten können, aber was würde es antworten, wenn es das könnte?

Hallo, ich stelle mich einmal vor. Mein wissenschaftlicher vollständiger Name – angelehnt an die Klassifikation des berühmten Carl von Linné – ist Paramecium caudatum – das bedeutet „geschwänztes Pantoffeltierchen". Ich lebe schon viel länger auf dieser Erde als Du, so lange, dass ich mich daran nicht mehr erinnern kann. Ich wurde im Jahre 2007 als erster Protist (man nennt sie auch Mikroeukaryoten) zum Einzeller des Jahres gewählt. Ehrlich gesagt hat diese Auszeichnung mir nicht besonders viel bedeutet.

Ich bin nur zwischen 50 und 300 Mikrometer – das sind Tausendstel Millimeter – groß. Zum Vergleich: ein Sandkorn misst ungefähr 90 Mikrometer, eines Deiner Haare ist etwa 70 Mikrometer dick. Die Bakterien, die ich gerne esse, sind zwischen 0,3 und einem Mikrometer groß, Viren sind noch etwa 100-mal kleiner. Wenn ich ein Bakterium esse, ist es im Vergleich so, als wenn Du eine Erbse verspeisen würdest.

Ich gehöre unter den Urtieren (Protozoen) zu den Wimpertierchen oder Ciliata und mein einzelliges Körperchen, das in etwa die Form einer Schuh- oder Pantoffelsohle hat (daher mein Name) ist auch rundherum mit etwa 10.000 Wimpern ausgestattet, mit denen ich mich fortbewege. Zum Vergleich: Du hast etwa zehn Mal so viele Haare auf Deinem Kopf. An meinem hinteren Ende habe ich sogar ein paar längere Wimpern, das ist mein Wimpernschopf.

So schwimme ich also im Wasser ziemlich schnell – etwa 1 bis 1,4 mm pro Sekunde –, umher, schlage mit meinen Wimpern und drehe mich dabei spiralförmig um meine eigene Achse, und zwar so gut wie immer nach links. Warum ich das so mache, bleibt bis auf weiteres mein Geheimnis. So beschreibe ich also beim Fortbewegen eine Art Schraubenbahn. Ich kann auch ganz leicht durch Engpässe und Hindernisse hindurchschlüpfen, da meine Außenhaut (das ist meine Zellmembran, ich bestehe ja nur aus einer Zelle) sehr elastisch ist. Wenn ich auf ein Hindernis treffe, schwimme ich zunächst wieder etwas zurück, drehe mich ein wenig und schwimme dann wieder vorwärts. Was mein Ziel bei diesem ständigen Umherschwirren ist? Ich suche natürlich nach Nahrung. Diese schwimmt auch zuhauf im Wasser in Form von Bakterien umher.

Ich habe zwar keine Augen und keine Ohren, dafür aber eine Art „chemischen" Sinn in Form von sogenannten Chemorezeptoren an meiner äußeren Hülle. Bei Dir ist es mit dem Geschmacks- und Geruchssinn so ähnlich, da sind auch Chemorezeptoren im Spiel. Mit ihnen kannst Du zum Beispiel sogar schmecken, was Dir im Krankenhaus in Deine Infusionslösung getan wurde. Ich schwimme also herum und schmecke und rieche leckere Bakterien. Wenn Du Hunger hast, gehst Du ja auch diesen Chemorezeptoren nach. Außerdem habe ich einen Tastsinn, mit dem ich meine Beute ertasten kann, und Temperaturunterschiede kann ich auch gut wahrnehmen. Wenn ich Bakterien gefunden habe, befördere ich diese mit Wimpernschlägen bis zu meinem Mundfeld, das auch mit Wimpern versehen ist, und von da in meinen Zellmund, der sie sich durch Phagozytose einverleibt. So etwas machen zum Beispiel auch bestimmte Immunzellen in Deinem Blut, wie Du Dich erinnern kannst. Ihnen schmecken die Bakterien auch gut. Bei der Phagozytose stülpt sich meine Zellmembran einfach ein und verschlingt das Bakterium.

Meine Mahlzeit kommt schließlich innerhalb der Zelle in eine meiner Nahrungsvakuolen, in der sie verdaut wird. Was ich gebrauchen kann, wird resorbiert, also in meiner Zelle aufgenommen, was ich nicht benötige, wird wieder über meinen Zellafter ausgeschieden, das heißt dann Exozytose. Da ich ein Vielfraß bin und fast unaufhörlich Essen in mich hineinschlinge, kann ich meine Körpermasse in ein paar Stunden ganz leicht verdoppeln. Wenn zu viel Wasser in mich eindringt, kann ich das mittels sternförmig angeordneter Zuführungskanälen in zwei pulsierende Vakuolen leiten und aktiv ausscheiden.

Unter meinesgleichen gibt es keine Männlein oder Weiblein. Wenn ich Nachkommen haben möchte, teile ich mich einfach. Dabei mache ich mich erst ganz lang, zuerst teilt sich mein Mundfeld und dann schnürt sich mein ganzer einzelliger Leib nach und nach durch, bis aus mir zwei identische Ichs entstanden sind. Ich kann mich also selbst klonen, und das bis zu sieben Mal jeden Tag. Damit es aber auch noch etwas genetische Variation in meiner Art gibt, beherrsche ich auch etwas, das man „Konjugation" nennt. Es fängt so an, wie ihr das – wenn ihr Lust habt, euch fortzupflanzen – auch macht: Ich nähere mich einem anderen Pantoffeltierchen und wir legen unsere Mundfelder aneinander. Man könnte, in Menschensprache ausgedrückt, sagen, wir küssen uns. In dem Bereich, in dem wir uns treffen, verschmelzen unsere Zellmembranen und unsere Wimpern verschwinden. In einem recht komplexen Vorgang tauschen wir während dieser Vereinigung das Material aus unseren Zellkernen, also unser Erbgut aus. Diese Konjugation ist nicht alltäglich, sie findet vor allem dann statt, wenn sich die Jahreszeiten ändern oder wenn sich die Umweltbedingungen verschlechtern.

Darum dreht sich also mein ganzes Leben: um „mangiare" (Essen) und „amore" (Liebe). Bei euch ist das ja auch der Mittelpunkt von allem. Wenn ich keine Feinde treffe oder mein Teich austrocknet, kann ich auch immer so weiterleben. Ich kenne keinen Alterstod.

Zu meinen Feinden gehören Amöben, Sonnentierchen oder Heliozoa und andere Wimpertierchen wie ich, die Didinien oder Nasentierchen, deren Lieblingsnahrung ich bin. Gegen ihre Angriffe wehre ich mich mit meinen Trichozysten, das sind stäbchenförmige Gebilde unter meiner Zellmembran, mit denen ich, wenn Gefahr droht, lange, klebrige Proteinfäden (Eiweißfäden) ausschleudern kann. So ein Büschel Proteinfäden ist wie eine Falle für meine Gegner, mit denen ich sie mir vom Leib halten kann, manche von ihnen verenden sogar darin. In so einem Teich wird eh die meiste Zeit gekämpft, so friedlich und idyllisch, wie das für Dich vielleicht von außen aussieht, geht es da keineswegs zu. Alle unsere Mitbewohner hier wollen ja auch nichts als überleben, so wie ich. Leben ist unser größtes Ziel und unser höchstes Gut. Aber das ist es für euch ja auch.

Diese Schilderung über das Leben des Pantoffeltierchens habe ich mir natürlich nur ausgedacht und sie beruht auf dem, was man seit Antoni van Leeuwenhoek über diese mikroskopisch kleinen Wesen bis heute herausgefunden hat. Auch seine Schilderung der „kleynen dierkens" in seinem Zahnbelag, die van Leeuwenhoek 1683 nach London schickt, erregt viel Aufsehen bei der Royal Society. Doch das Wissen um diese kleinen Wesen, die friedlich in und auf unserem Körper leben und sogar eine große Rolle für den Erhalt unserer Gesundheit spielen, wurde erst in den letzten ein bis zwei Jahrzehnten vertieft und die Forschung daran läuft gerade auf Hochtouren. Darum geht es in unserem nächsten Kapitel.

8 Die „dierkens" in uns – das menschliche Mikrobiom

Mein Blick schweift wieder aus dem Fenster, wo sich die Herbstlandschaft bereits verändert hat. Die Laubbäume haben einen Großteil ihrer in prächtigen Farben leuchtenden Blätter verloren. Der Tag ist trüb und verregnet und auch bei längerem Hinaussehen kann ich kein Eichhörnchen erspähen. Nur ein paar Krähen segeln durch die Luft. Hier drinnen ist es zum Glück warm und kuschelig und bei mir im Bett schläft noch unser Hund, daneben räkeln sich zwei unserer drei Katzen. Jeder von uns vier ist wie ein ganzer Planet, auf dem Billionen von Mikroben ihr Zuhause haben.

Das ist auch kein Wunder: als sich Pflanzen und Tiere auf unserer Erde entwickelt haben, waren die Mikroben ja schon da. Alles hat in der Gegenwart von Keimen seinen Anfang genommen, es ist nur natürlich, dass sich daraus Lebensgemeinschaften entwickelt haben.

Wir haben schon gesehen, dass sich die Forschenden bis in die Mitte des 20. Jahrhunderts, mit nur wenigen Ausnahmen, der Erforschung der krankmachenden Keime gewidmet haben. Einige von ihnen finden auch schon gegen Ende des 19. Jahrhunderts im Inneren des menschlichen Körpers harmlose Bakterien. Das Wort „Bakterium" ist in dieser Zeit jedoch zu solch einem Feindbild herangewachsen, dass sie sich kaum wagen, ihre Entdeckungen bekannt zu machen. Theodor Escherich, ein deutsch-österreichischer Kinderarzt und Bakteriologe, nach dem das Darmbakterium Escherichia coli benannt ist, schreibt dazu: „Es scheint eine sinnlose und zweifelhafte Übung zu sein, die scheinbar zufällig auftretenden Bakterien in normalen Fäkalien und im Darmtrakt zu untersuchen und zu entwirren, eine Situation, die von tausend Zufällen gesteuert zu sein scheint." Die Arbeit daran, diese Bakterien im Darm zu klassifizieren und herauszufinden, welches ihre Aufgaben sind, ist in der aktuellen wissenschaftlichen Welt eines der großen Themen.

Auch Elie Metchnikoff, den wir aus den vorigen Kapiteln kennen, beschäftigt sich mit „guten" Bakterien. Obwohl er in seinem Leben mindestens zwei Mal versucht hatte, sich umzubringen, schreibt er 1908, damals 63-jährig, das Buch „Die Verlängerung des Lebens. Optimistische Studien". Metchnikoff sieht die Ursache der – seiner Auffassung nach nicht notwendigen – Alterungsprozesse in entzündlichen Vorgängen im Körper. Er forscht an Nahrungsmitteln, die mit Bakterien angereichert sind – Probiotika –, ganz besonders an solchen, die in Sauermilch, Joghurt und Kefir vorkommen und die die schädlichen Bakterien im Körper verdrängen sollen. Er hatte zuvor bulgarische Bauern beobachtet, die solche Produkte regelmäßig konsumierten und über hundert Jahre alt wurden. Obwohl er es sich auch angewöhnt, regelmäßig Kefir zu trinken, stirbt er 71-jährig an einem Herzinfarkt. Heute ist das Thema Probiotika mit dem Zeitalter der intensiven Erforschung des Darmmikrobioms wieder aktueller denn je.

https://doi.org/10.1515/9783111611143-009

Die Einteilung in „gute" und „schlechte" Bakterien lässt sich, wie man heute weiß, auch nicht so einfach bewerkstelligen. Viele harmlose Keime können unter bestimmten Bedingungen nämlich auch Krankheiten auslösen und gefährliche Keime können für manche Menschen auch ganz ungefährlich sein. Darum wird es im zweiten Teil dieses Buches gehen, der sich mit unserem Immunsystem befasst. Doch vorher stelle ich Ihnen unser menschliches Mikrobiom vor: all die vielen Mikroben, die Tag für Tag auf uns, in uns und mit uns zusammenleben.

Der Begriff „Mikrobiom" wurde von dem US-amerikanischen Molekularbiologen und Genetiker Joshua Lederberg geprägt. Er war der Meinung, dass man das Leben des Homo sapiens nur im Zusammenhang mit den ihn bevölkernden Mikroben – seinem Mikrobiom – wirklich im Kern verstehen könne. 1958 erhielt er gemeinsam mit zwei anderen Wissenschaftlern den Nobelpreis für Medizin. Heute sieht man den Menschen mitsamt seinem Mikrobiom als „Superorganismus" oder „Holobionten". Der Ausdruck kommt aus dem Griechischen wobei „hólos" „alles", „ganz" oder „gesamt" bedeutet und „bios" „Leben". Das Wort wurde 1991 von der amerikanischen Biologin Lynn Margulis geprägt.

Wie seinerzeit der Durchbruch bei der Nutzbarmachung des Penicillins nur durch die interdisziplinäre Zusammenarbeit zwischen verschiedenen wissenschaftlichen Fachrichtungen möglich wurde, so brauchten diese neuen Erkenntnisse das noch in größerem Maße. Wir erinnern uns an die Anfänge der Mikrobiologie und die Schwierigkeiten, denen die Wissenschaftler begegneten, wenn sie für die Züchtung der Keime, die sie studieren wollten, ein geeignetes Medium finden wollten. Das Entwickeln von Nährböden, Petrischalen und Inkubatoren, das durch Pasteur und Koch ihre Anfänge nimmt, wird zwar immer weiter perfektioniert, man stößt jedoch sehr bald an Grenzen, weil man viele Mikroben nicht züchten kann.

Dann kam die Genforschung. Über das Genom und die DNA, das Molekül, in dem unsere ganze Erbinformation verschlüsselt ist und dessen Struktur James Watson und Francis Crick 1953 entdecken, haben wir schon im letzten Kapitel gesprochen. Die Grundlagen dafür werden bereits 1986 gelegt, am 1. Oktober 1990 startet schließlich das Humangenomprojekt. Der Auftrag an die Forschenden ist, das menschliche Genom, also die Gesamtheit aller menschlicher Gene, zu entschlüsseln. Gleich zu Anfang sind 1000 Forscher aus 40 Ländern der Welt daran beteiligt. Am 26. Juni 2000 verkündet der damalige US-Präsident Bill Clinton feierlich und begleitet von großer weltweiter Aufmerksamkeit die Vollendung eines ersten Entwurfs des menschlichen Genoms: „Heute lernen wir die Sprache, in der Gott das Leben schuf", so seine Worte.

Die wissenschaftliche Welt ist jedoch enttäuscht: hatte man in den 1960-er Jahren die Anzahl der menschlichen Gene noch auf mehrere Millionen geschätzt, so war ihre Zahl auf rund 23.000 geschrumpft. Das sind weniger als bei vielen anderen Tieren und sogar Pflanzen. So haben Weintrauben zum Beispiel – deren Genom 2007 von einer Gruppe von französischen und italienischen Forschenden entschlüsselt wird – mehr Gene als wir Menschen. Später kommt eine weitere Enttäuschung hinzu: unsere

Gene sind mit jenen von Schimpansen – der Spezies, die uns genetisch von den heute noch lebenden Tierarten am nächsten steht – zu fast 99 Prozent identisch.

Nach wie vor arbeitet man daran, die vielen Geheimnisse, die unsere DNA verborgen hält, zu lüften, und wir werden im letzten Teil des Buches noch einmal darauf zurückkommen. Mit den Erkenntnissen und Erfahrungen, die man damit gesammelt hat, wird 2007 ein neues Projekt gestartet: das „Human Microbiome Project". Dieses widmet sich seither der Erforschung des Erbguts aller Mikroben, die uns bewohnen.

Diese Arbeit ist gerade in vollem Gange. Aber, wie arbeiten die Forschenden denn? Um nur im Ansatz zu erfassen, was für eine Heidenarbeit das ist, die gerade stattfindet, muss ich hier auf die sogenannte DNA-Sequenzierung eingehen. Und, um diese zu verstehen, auch noch etwas näher auf die faszinierende Struktur dieser Substanz, die 1953 solch einen Trubel in der wissenschaftlichen Welt ausgelöst hatte. Mit dieser Substanz werden wir uns auch noch intensiv im dritten Teil dieses Buches beschäftigen.

Die DNA oder Desoxyribonukleinsäure ist ein langer, sehr dünner Faden, der in jeder Zelle von Lebewesen (außer in RNA-Viren, aber Viren zählt man ja nicht unbedingt zu den Lebewesen) enthalten ist. Seine Länge ist von Organismus zu Organismus recht unterschiedlich, von Mensch zu Mensch aber so gut wie gleich. Würde man die DNA einer beliebigen menschlichen Zelle an ein Maßband halten, wäre sie etwa 2 Meter lang, ihr Durchmesser beträgt dagegen nur zwei Nanometer, das sind zwei Billionstel Meter. Vielleicht noch eine Zahl, die die Menge an Information, um die es hier geht, veranschaulicht. Es wird heute geschätzt, dass unser Körper aus etwa 30 Billionen Zellen besteht, wobei nur etwa 10 Prozent davon einen Zellkern mit DNA haben, der Rest sind rote Blutkörperchen (Erythrozyten) und Blutplättchen (Thrombozyten) ohne Zellkerne. Wenn man die DNA dieser 3 Billionen Zellen aneinanderreiht, ergeben sich 6 Billionen Meter, das ist in etwa vierzig Mal die Entfernung bis zur Sonne und zurück.

Alle Details dazu, wie das betreffende Lebewesen aufgebaut ist und wie es funktioniert, sind in diesem langen Faden abgespeichert. Es ist sozusagen die Bedienungsanleitung für die Herstellung und Steuerung dieses Wesens, zum Beispiel seinen Augen, Muskeln oder seiner Spucke. Dabei sind nur etwa 2 Prozent der DNA kodierend, enthalten also Informationen, die das Erbgut betreffen. Die Forschenden sind sich aber weitgehend einig darin, dass auch die anderen 98 Prozent nicht völlig nutzlos sein können. Sie wissen einfach nur noch nicht genau, wofür sie gut sind.

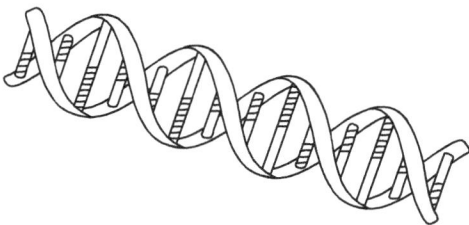

DNA oder Desoxyribonukleinsäure.

Die DNA ist wie eine verdrehte Strickleiter aufgebaut, man nennt sie auch eine Doppel-helix. Außen befinden sich zwei Stränge, die sich schraubenförmig umeinander drehen und die untereinander mit einer Art „Sprossen" verbunden sind. In diesen „Sprossen" befindet sich die eigentliche Erbinformation, man nennt sie „DNA-Basen". Hiervon gibt es vier verschiedene Arten: Adenin (A), Cytosin (C), Guanin (G) und Thymin (T). Diese vier Buchstaben werden auch als „Alphabet des Lebens" bezeichnet. Dabei kann sich nur A (Adenin) mit T (Thymin) und C (Cytosin) mit G (Guanin) verbinden. Aus der Abfol-ge dieser sogenannten Basenpaare entsteht der dem Leben zugrundeliegende Text, der in gewissem Sinne alles Leben auf der Erde zu beschreiben vermag.

Kommen wir aber zur DNA-Sequenzierung zurück. Das ist die Bestimmung der Abfolge dieser Basenpaare in einem DNA-Molekül. Seit 1995 konnte mit diesem Ver-fahren das Genom von über 50.000 verschiedenen Organismen analysiert werden (Stand 2020). Im Laufe der letzten Jahrzehnte hat man die Sequenzierungsmethoden immer weiter perfektioniert. Heute verwendet man dafür sogenannte Next-Generati-on-Sequencing-Geräte und diese haben in den letzten Jahren dazu geführt, dass man auch das menschliche Mikrobiom immer besser kennenlernen konnte. Ohne hier zu sehr ins Detail zu gehen, spielt heute bei der Identifizierung der Bakterien unseres Mikrobioms die sogenannte 16S-Analyse die größte Rolle, eine Methode, die die soge-nannte 16S-rRNA entschlüsselt.

Wie bei der Entschlüsselung des menschlichen Genoms sind die Forschenden, die am Human Microbiome Project mitarbeiten, über die Ergebnisse erneut sehr erstaunt. Was man bis zum jetzigen Zeitpunkt weiß, möchte ich versuchen, so verständlich wie möglich zu beschreiben, ohne jedoch allzu sehr in die Details einzutauchen. Zum einen würde es den Rahmen des Buches sprengen. Zum anderen gibt es – glücklicherweise – dazu schon einiges an Literatur, die auch für Laien gut verständlich und spannend zu lesen ist. Und schließlich ist die Entwicklung in diesem Bereich so rasant, dass vieles, was ich heute hier schreiben kann, bei der Veröffentlichung dieses Buches längst nicht mehr aktuell sein wird. Wir dürfen niemals vergessen, dass wir uns immer noch auf dem Weg der Erforschung befinden und so vieles noch nicht wissen. Wir hatten ja schon erwähnt, dass man davon ausgeht, dass wir 99 Prozent aller Bakterien dieser Welt noch gar nicht kennen. Jedes Jahr werden etwa 500 bis 800 neue Bakterienspezies entdeckt.

Kehren wir also an diesen verregneten Herbsttag zurück, an dem ich es mir mit dem Hund und den drei Katzen zu Hause gemütlich gemacht habe. Während ich unseren Hund streichle, hüpfen ein paar mikrobielle Bewohner von mir auf ihn über und von ihm auf mich. Das ist, als wenn jemand von der Erde einen kurzen Besuch auf einem anderen Planeten machen würde, aber auf einem, auf dem es Leben gibt. Bisher haben wir in unserem Weltall ja leider noch nichts dergleichen gefunden.

Mein Körper ist – wenn ich gesund bin und das bin ich zum Glück gerade – von mehreren tausend verschiedenen Mikrobenarten bewohnt. Ich bin also weniger ein Individuum als ein Ökosystem aus Billionen von kleinen Wesen, die Tag für Tag mit mir zusammenleben, ihre Nahrung mit mir teilen, sich vermehren und mit meinen menschlichen Zellen und untereinander kommunizieren. Mein Körper besteht aus etwa 30 Billionen Zellen, zusätzlich tummeln sich auf und in ihm etwa 39 Billionen Bakterien, dazu auch noch Archaeen, Pilze, Viren und Amöben (sie gehören zur Gruppe der Protozoen, wie unser Pantoffeltierchen). Die Bakterien stellen jedoch den bei weitem größten Anteil dar, so dass wir bei dem Begriff „Mikrobiom" meistens den bakteriellen Anteil davon meinen. Ich bin also etwas mehr Bakterium als Mensch.

Unter dem Begriff „Mikrobiom" versteht man streng genommen die Gesamtheit der Gene unserer Mikrobiota, das sind also all jene Mikroorganismen, die unseren Körper bewohnen. Da die meisten davon außerhalb unseres Körpers nicht auf Nährböden gezüchtet werden und daher nur über die Sequenzierung ihrer Gene ausfindig gemacht werden können, werde ich die beiden Begriffe „Mikrobiom" und „Mikrobiota" in der Regel als Synonyme verwenden. Aus dem Kontext heraus wird jeweils ersichtlich sein, ob es sich um die Mikroben selbst oder nur um ihre Gene geht.

Die Wesen, die in mir leben, gab es auf dieser Erde schon viel, viel länger als mich und sie werden hier wahrscheinlich noch weiterleben, wenn es keine Menschen mehr auf der Welt gibt. Auch mich werden einige von ihnen überleben: wenn ich sterbe, verlassen sie meinen Körper und können mit ein bisschen Glück ein neues menschliches Zuhause finden.

Während meine menschlichen Zellen allerdings mit den Ihrigen, liebe Leserin und lieber Leser – ich hoffe, Sie erlauben mir diesen Vergleich – zu 99,9 Prozent identisch sind, können wir uns in unserem Mikrobiom um bis zu 80–90 Prozent unterscheiden. Ganz besonders dann, wenn wir nicht in der gleichen Wohnung leben (was in der Regel der Fall sein wird) oder wenn sich unsere Lebens- und Ernährungsgewohnheiten stark voneinander unterscheiden.

Fangen wir auch hier mit der Entstehung des Lebens an und mit der Besiedlung des „Planeten", der unser Körper ist, also mit der Schwangerschaft. Bis vor kurzem ging man noch davon aus, dass ein Kind im Mutterleib in einer sterilen Umgebung heranreift. Inzwischen sprechen bereits einige Studien dafür, dass dem nicht so ist und dass bereits in dieser Phase Bakterien von der Mutter auf das Baby übergehen. Für die Entwicklung eines gesunden Mikrobioms ist später die natürliche Geburt von großer Bedeutung, da beim Passieren des Geburtskanals die Mikroben der Mutter auf das Kind übertragen werden. Das geschieht auch beim Stillen: nicht nur wird die Brust der Mutter während der Schwangerschaft und der Geburt mit Bakterien angereichert, in jedem Milliliter Muttermilch tummeln sich auch noch über 10 Millionen Bakterien, vor allem aus der Familie der Lactobazillen und Bifidobakterien.

Stillen wirkt sich noch auf eine ganz andere Weise auf das Mikrobiom des Babys aus: In der Muttermilch sind etwa 200 sogenannte HMO (Human Milk Oligosaccharides) enthalten, die den mengenmäßig drittgrößten Teil der Muttermilch nach Laktose und Fetten ausmachen. Man dachte früher, sie seien eine wichtige Energiequelle für die Kleinen, es stellte sich jedoch heraus, dass sie für Babys absolut unverdaulich sind. Diese kurzkettigen Zucker sind Nahrung für bestimmte Darmbakterien, die beim Baby für ein gesundes Darmmikrobiom sorgen, besonders dafür, dass das sogenannte Bifidobacterium infantis im Babydarm Fuß fassen kann und andere, weniger förderliche oder gar gefährliche, verdrängt werden. Menschliche Muttermilch hebt sich sogar von der Milch anderer Säugetiere ab: sie enthält fünfmal so viele HMO (Human Milk Oligosaccharide) wie Kuhmilch, und zwar in mehreren hundertfachen Mengen.

Bestimmte Bestandteile der HMO, und zwar Sialinsäuren, scheinen für die rasante Gehirnentwicklung der Babys eine besondere Rolle zu spielen. Und als wäre das noch nicht genug, binden HMO sogar schädliche Darmbakterien an sich, die außer Gefecht gesetzt werden und in der Babywindel landen. Während der ersten Lebensjahre ist das Darmmikrobiom eines Babys und Kleinkindes dabei noch sehr variabel und durch Ernährungsgewohnheiten stark beeinflussbar, später ist es deutlich stabiler und widerstandsfähiger, dafür aber auch weniger veränderbar.

Wir werden das im zweiten Teil des Buches noch näher beleuchten, ich will aber hier auch schon darauf hinweisen: in unseren ersten zwei bis drei Lebensjahren sind wir und unser sehr plastisches Immunsystem noch offen für alle Bakterien, die zu uns kommen wollen. Durch die Keime unserer Mutter, die natürliche Geburt, das Stillen und die Erfahrungen und die Ernährung dieser ersten Jahre werden wichtige Weichen dafür gestellt, wer bei uns willkommen geheißen wird und wer nicht; wer Freund ist und wer Feind.

Kommen wir zu meinem jetzt erwachsenen Körper und den verschiedenen Regionen darauf und darin zurück. Auf und in mir haben es sich, je nach Lebensbedingungen, unterschiedliche Mikroben eingerichtet. Das kann man sich in etwa so vorstellen wie auf unserer Erde: so wie in Wüstengebieten gewisse Pflanzen- und Tierarten leben und im tropischen Regenwald wieder andere, so bevölkern auch bestimmte Mikrobenpopulationen meine unterschiedlichen Körperregionen. Bei der Erde ist das Sache der Biogeographie, die sich mit der Verbreitung und den räumlichen Mustern von Populationen, Lebensgemeinschaften und Biomen beschäftigt. Machen wir uns also als Mikrobiomforscher auf Entdeckungsreise.

Als die Forschenden damit anfingen, die Populationen in verschiedenen Körperregionen zu erkunden, gingen sie eigentlich davon aus, dass sie eine Art Kern-Mikrobiom finden würden, das den meisten Menschen gemein ist. Zu ihrem großen Erstaunen konnten sie so etwas nicht finden.

Es scheint eher so, als hätte jeder von uns quasi einen „mikrobiellen Fingerabdruck". Bei einem Versuch, bei dem verschiedene Teilnehmende einige Stunden in einer Klimakammer zugebracht hatten, wurde die Luft daraus abgeleitet und untersucht. Jeder einzelne von ihnen hinterließ eine ganz individuell zusammengesetzte „Mikrobenwolke". Das Mikrobiom verändert sich zwar auch mit der Zeit, ist aber immer noch so stabil, dass es sich über viele Monate hinweg einzelnen Personen zuordnen lassen kann. Es ist bisher noch nicht abschließend geklärt, aber man vermutet, dass Hunde, die darauf trainiert sind, nach ganz bestimmten Menschen anhand ihres Körpergeruchs – zum Beispiel durch ein Kleidungsstück oder seine Bettwäsche – zu suchen, auch diesen individuellen Mikrobenmix erriechen. Unser Hund, der mich gerade mit großen Augen ansieht, kann das mit seinen etwa 220 Millionen Riechzellen – etwa zehn Mal mehr als ich sie habe – sicherlich auch.

Die Mikrobenwelt unseres Körpers kann man vielleicht mit dem Vorkommen bestimmter Tiere in den Regionen unserer Erde vergleichen. Dabei übernehmen bestimmte Populationen bestimmte Aufgaben in der Gemeinschaft, es sind aber nicht immer die gleichen. Wie das größte und stärkste Beutetier in Asien zum Beispiel der Tiger ist, so ist es in Südamerika der Jaguar. Sie haben die gleiche Rolle, gehören aber einer anderen Art an.

Kehren wir zu unserer Expedition zurück und fangen wir mit meiner Haut an. Mit etwa 2 Quadratmetern Oberfläche – das ist etwa so groß wie eine halbe Tischtennisplatte – umgibt sie mich rundherum. Im Vergleich zu anderen Regionen ist es eine ziemliche Wüste. Alles, was man von meiner Haut sehen kann – außer, ich habe mich gerade eben verletzt – sind abgestorbene Zellen, also tote Materie. Wie makaber! Außerdem enthalten diese abgestorbenen Hornzellen Keratin, ein ziemlich robustes Protein, aus dem auch meine Haare und meine Nägel bestehen. Diese Schutzschicht ist überaus wichtig, da die Keime, die ja überall in meiner Umgebung darauf lauern, eingelassen zu werden, hier auf großen Widerstand stoßen.

Meine Hautoberfläche beherbergt Billionen einzelner Bakterien, die hunderten bis gar tausenden Arten angehören, die zum Großteil noch gar nicht benannt sind. Manche sind nur auf der Durchreise und ziehen sehr bald weiter, weil ihnen die Umgebung nicht zusagt – man nennt sie auch „transiente" Bakterien. Andere wohnen hier dauerhaft und machen mein einzigartiges Hautmikrobiom aus, das sind die „residenten" Spezies. Die letzteren Arten, die sozusagen eine Aufenthaltserlaubnis besitzen, unterscheiden sich über meine Körpergeographie hinweg, zum Beispiel zwischen feuchten (Achselhöhlen oder Kniekehlen) und trockenen Gebieten (zum Beispiel Unterarmen oder -schenkeln).

Die faszinierende Mikrobenwolke, die mich umgibt, haben wir schon beschrieben. Selbst wenn ich mich nicht bewege, gebe ich in jeder Stunde gut eine Million Mikroben an meine Umgebung ab. Man kann mich anhand meiner Bakterienwolke sogar identifizieren, ähnlich wie anhand meines Fingerabdrucks. Die Vielfalt der Spezies auf meiner Haut ist auch interessanterweise größer als sonst irgendwo in meinem Körper.

Besonderer Aufmerksamkeit hat eine Forschergruppe aus dem Biologielabor der North Carolina State University um Rob Dunn dem Mikrobiom von Bauchnabeln geschenkt und Erstaunliches herausgefunden. Alles hatte mit einer Schnapsidee eines der Forscher angefangen, der eine Bauchnabelprobe eines seiner Kollegen für ein Weihnachtskartenmotiv verwenden wollte. Die Idee fand großen Anklang im Labor und man machte sich daran, mit sterilen Wattestäbchen die Bauchnabel von 60 Freiwilligen zu untersuchen.

Bei dieser außergewöhnlichen Nabelschau, die den schönen Namen „Belly Button Biodiversity Project" („Bauchnabel-Biodiversitätsprojekt") erhielt, fand man unfassbare 2368 Bakterienarten, davon 1458 bisher der wissenschaftlichen Welt noch völlig unbekannte Spezies. Während sich in manchen Bauchnabeln nur 29 Arten tummelten, waren es bei anderen bis zu 107, im Durchschnitt 67. Ein Wissenschaftsautor beherbergte zum Beispiel ein Bakterium, das man bis dahin nur in japanischen Bodenproben gefunden hatte – er war jedoch noch nie in Japan gewesen. Ein anderer, recht intensiv riechender und lange nicht gewaschener Bauchnabel, enthielt zwei Archaeenarten, wie man sie nur in Eiskappen und Thermalspalten findet. Mein Bauchnabel ist also in der Wüstenlandschaft meiner Haut so etwas wie ein tropischer Regenwald, wie Rob Dunn es bezeichnet. Dazu bemerkt er: „In jedem Wald mag das Spektrum der vorhandenen Pflanzen zwar variieren, aber ein Ökologe kann sich immer darauf verlassen, dass es ein paar dominante Baumarten gibt." Wir sind wieder beim Ökosystem angekommen, bei dem die gleichen Gesetze der Homöostase gelten wie im Waldteich, dem ich mit Frieda regelmäßig einen Besuch abstatte, und wie in Claude Bernards „milieu intérieur".

Reisen wir doch weiter und treten wir über meinen Mund in meinen Körper ein. Wir gehen sozusagen an den Strand und machen einen Sprung in den Ozean, der an dieser Stelle seinen Anfang nimmt. Hier leben bis zu 20 Milliarden Bakterien, also mehr als doppelt so viele wie es Menschen auf der Erde gibt. Auch hier gibt es zusätzlich Viren, Pilze und Amöben, wobei wir uns wieder auf die Bakterien fokussieren werden, nicht nur, weil es so viele sind, sondern auch, weil man bisher am meisten über sie weiß.

Man unterscheidet zwischen „kommensalen" Bakterien, die einfach ein bisschen mitessen und mir weder helfen noch schaden, und „symbiotischen" Bakterien. Diese sind meine Freunde: sie schützen mich vor feindlichen Angreifern und geben Stoffe ab, die mir und manchmal auch anderen Bakterienstämmen helfen. Unter den „kommensalen" Bakterien gibt es wiederum solche, die man „opportunistisch" nennt. Meist verhalten sie sich harmlos, unter bestimmten Umständen oder wenn sie in größeren Mengen auftreten, können sie jedoch pathogen, also krankheitsauslösend werden. Wie in unserem Waldteich-Ökosystem herrscht auch hier ein ständiger Krieg ums Überleben. Gemeinsam mit meinem Immunsystem, über das wir im zweiten Teil des Buches noch einiges erfahren werden, kämpfen meine Schutzspezies in jeder Sekunde – also auch gerade jetzt – gegen unerwünschte Eindringlinge. Ist ja auch ganz klar: sie wollen auch nur, dass ihr „Planet", auf dem sie leben, erhalten bleibt.

Für das Verständnis des Ökosystems meines Mundes ist noch eine weitere Tatsache bedeutend: es kommt nicht nur auf die Menge und die Art dieser Mikroben an, sondern auch darauf, wie sie miteinander kommunizieren. Dabei übernimmt jede Population, also jede Keimart, eine eigene Aufgabe, so dass ihre Wirkung auch eine gemeinsame ist. Dadurch schafft die Mundbevölkerung es, gegen äußere Angriffe sehr widerstandsfähig zu sein. Spült man den Mund beispielsweise mit einem desinfizierenden Mundwasser, sterben einige Bakterienstämme ab. Die anderen wiederum können deren Leichen verspeisen und sich in einer anderen Konstellation neu organisieren.

Erinnert Sie das an etwas? Schon Antoni van Leeuwenhoek hatte vor über 300 Jahren seinen Mund mit Weinessig ausgespült und festgestellt, dass einige der „kleynen dierkens" sterben, einer der ersten Hinweise auf die Antiseptik, die durch Semmelweis und Lister weiterentwickelt wird. Andere „dierkens" jedoch, vor allem solche, die zwischen seinen Zähnen sitzen, überleben die Weinessigspülung. Damit beschreibt van Leeuwenhoek als erster die schützende Wirkung eines Biofilms auf die darin lebenden Mikroben.

Auch in meinem Mund unterscheiden sich die Bakterienpopulationen je nach erkundeter Region in ihrer Art und in ihrer Anzahl etwas, also auf der Zunge, der Wangeninnenseite, dem Gaumen, den Zähnen, dem Speichel, dem Rachen oder den Mandeln. In den beiden letzteren Bereichen liegt der sogenannte „Waldeyer-Rachenring", über den wir im zweiten Buchteil noch mehr erfahren werden.

Über das Mikrobiom der Zunge könnte man auch wieder ein ganzes Buch schreiben. Mein Zungenbelag ist eine Mischung aus Nahrungsresten und Mikroorganismen. Hier ist es wie überall in der Bakterienwelt: die Mikroben auf meiner Zunge sind nicht einfach bunt zusammengewürfelt, sondern in Kolonien organisiert. In einer 2020 veröffentlichten Studie machten Forscher durch Fluoreszenz-Farbstoffe, die bestimmte Gene auf dem Erbgut der Bakterien markierten, diese im wahrsten Sinne des Wortes als bunte Bakterienkolonien sichtbar. Die so dargestellten wunderschön anzusehenden Mosaike eröffnen uns einen ganz neuen Blick auf die faszinierende Welt der Bakterien, die wir in uns tragen.

Setzen wir unsere Expedition fort und besuchen wir meinen Zahnbelag. Darin sind die Mikroben in einem sogenannten Biofilm organisiert, wie wir ihn schon auf dem glitschigen Stein in unserem Waldteich beschrieben haben. Als Zahnärztin – und vorher Zahnmedizinstudentin – bin ich seit über 30 Jahren eine Kennerin des oralen Biofilms und möchte Sie hier gerne damit näher vertraut machen.

Bevor ich jedoch damit anfange, muss ich Ihnen ein winzig kleines Häutchen auf der Oberfläche meiner Zähne vorstellen, das Schmelzoberhäutchen oder die Pellikel. Es ist ein 0,5 bis 1 Mikrometer dünner filmartiger Proteinniederschlag, der einen sehr wirkungsvollen Schutz für meine Zähne darstellt, indem er zu ihrer sogenannten Remineralisation beiträgt, also, dass sie hart und fest bleiben und nicht von Kariesbakterien angegriffen werden können. Dieses kleine Etwas wird täglich viele Male – durch Zähneputzen, Abrieb oder dem Essen von etwas Hartem, beispielsweise einer Möhre – zerstört. Und setzt sich trotzdem augenblicklich wieder zusammen, um meine Zähne zu schützen. Seine Rolle ist aber zwiespältig, denn ohne diesen feinen Proteinfilm könnten sich die Bakterien aus meinem Mund nicht an meinen Zähnen festsetzen.

Wird das Schmelzoberhäutchen nun von Bakterien besiedelt, nennt man es Plaque oder Zahnbelag. Diesen Belag kann man sogar mit Färbeflüssigkeit oder -tabletten auf

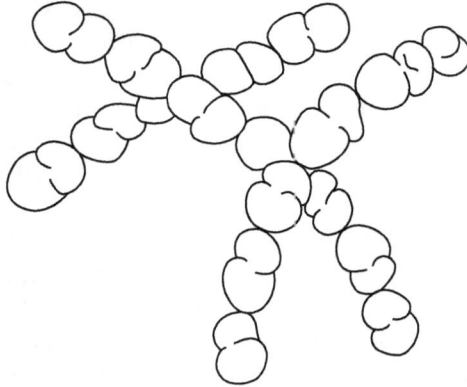

Muntans-Streptokokken.

den Zähnen sichtbar machen, wie man sie inzwischen in der Drogerie kaufen kann. Mit Hilfe dieser Methode färbe ich in meiner Praxis Kindern und Erwachsenen die Zähne an, so dass wir üben können, wie man die Mikroben am besten tagtäglich von seinen Zähnen wegbekommt. Dabei kommt es nicht allzu selten vor, dass wir an bestimmten Stellen – besonders in den Zahnzwischenräumen – Ablagerungen entdecken, an denen die Menschen zwei Tage oder mehr vorbeigeputzt haben.

Ich habe Ihnen schon im letzten Kapitel versprochen, das Leben als Mikrobe auch noch ganz konkret im Zahnbelag zu beschreiben. An dieser Stelle will ich das wahr machen und mit Ihnen in so einen Biofilm eintauchen. Ich bin sicher, so eine Stelle gibt es gerade auch in meinem Mund ... Hier, in diesem Zahnbelag, treffen wir das Bakterium Streptococcus mutans und fragen es, wie es sich da so lebt.

Hallo, Homo sapiens, ich stelle mich erst einmal vor. Mit meinem wissenschaftlichen Namen heiße ich Streptococcus mutans. Das Wort „Streptococcus" kommt aus dem griechischen „strepto", was kettenförmig heißt, weil ich mit anderen Bakterien meiner Art gerne längere Ketten bilde, und „coccus" von „rund", was meine Form beschreibt. Damit gehöre ich zu den 25 Streptokokken-Arten, die in Deinem Mund vorkommen und die 20 Prozent aller meiner Mitbewohner hier ausmachen. Mein zweiter Name, „mutans" heißt „ändern" und spricht auf meine Wandlungsfähigkeit an. Ich kann meine rundliche Form nämlich auch verändern und sehe dann wie ein kurzes Stöckchen aus, man nennt mich dann auch Coccobazillus (also ein Bakterium zwischen rund und stäbchenförmig).

Ich bin nur zwischen 0,5 und 2 Mikrometer – das sind Millionstel Meter! – groß. Wie mein Name schon sagt, treibe ich mich mit mindestens einem Artgenossen oder auch in längeren Ketten mit ihnen herum. Aktiv bewegen kann ich mich nicht, so dass ich hier in diesem Zahnbelag ziemlich bewegungslos herumsitze. Aber solange ich gut zu essen habe – ich ernähre mich von Kohlenhydraten –, macht mir das nichts aus. Und dann bin ich ja eh die ganze Zeit mit meiner Vermehrung beschäftigt.

Wie Du weißt, bin ich ja ein Prokaryot, habe also keinen Zellkern. Mein Erbgut ist in einer DNA in Ringform organisiert, das heißt Nukleotid und schwimmt frei im Zytoplasma der einzigen Zelle, aus der ich bestehe, herum. Zusätzlich kommen darin noch ringförmige Plasmide vor, die auch genetische Informationen über mich und mein Leben enthalten.

Wie das Pantoffeltierchen vermehre ich mich durch Teilung und dabei entstehen aus mir zwei identische Zellen. Wenn ich genug zu essen habe, mache ich das ungefähr alle dreißig Minuten. Je nachdem, wie lange wir uns unterhalten werden, wirst Du es also demnächst mit zwei von uns zu tun haben. Aber mein Klon hat sicher nichts dagegen, wenn wir uns über unser Leben unterhalten.

Das ist dann schon sehr beeindruckend, wie schnell aus mir in kurzer Zeit mehrere Generationen von Mutansstreptokokken hervorgehen. Bei Dir dauert das so viel länger! Du musst erst einmal einen Partner eines anderen Geschlechts finden, ihm gefallen, mit ihm Kinder haben ... Und dann wieder jahrelang warten, bis diese erwachsen sind und selbst nach jemandem suchen, mit dem sie Kinder haben wollen. Und so fort. Aus mir können theoretisch innerhalb eines halben Tages schon Milliarden mit mir identische Wesen hervorgehen. Natürlich nur theoretisch. Dafür müssten wir die ganze Zeit genug zu essen haben und keine Zunge, keine Zahnbürste, kein Interdentalbürstchen und keine Möhre dürften uns von Deiner Zahnoberfläche vertreiben.

Wie das Pantoffeltierchen kenne ich auch die Konjugation. Dafür nähere ich mich einem anderen Bakterium meiner Art an und wir bilden eine Zellplasmabrücke aus Pili – das sind haarähnliche Ausläufer meiner Zellwand. Die bei der Konjugation beteiligten Pili heißen auch Sexpili –, über die wir genetische Informationen austauschen, zum Beispiel Gene, die uns gegen Antibiotika resistent machen. Mit anderen Bakterien kommuniziere ich noch auf vielfältige und sehr komplexe Weise.

Ich komme in fast jedem Menschenmund vor und schwimme manchmal auch da draußen, im Speichel herum. Aber hier in diesem Biofilm bin ich ganz besonders sicher. Hier geschieht etwas Ähnliches wie in der Geschichte eurer Zivilisation: so wie ihr Menschen euch zusammengetan habt, um gegen Unwetter und Angreifer besser gewappnet zu sein, so trotzen wir Mikroben gemeinsam giftigen Substanzen und anderen Angreifern, zum Beispiel euren Immunzellen. Hier, in dieser Bakterienstadt, teilen wir uns die Nahrung, geben Gene aneinander weiter und können sogar den pH-Wert regulieren. Da wir auf diesen Wert noch öfters zu sprechen kommen werden, hier kurz zur Information: ein pH-Wert von 7 bedeutet, eine Lösung ist neutral; bei Werten darunter ist sie sauer, darüber basisch.

Hier, an dieser feuchten Oberfläche Deines Zahnes, haben wir optimale Bedingungen, um einen solchen Biofilm zu bauen. Ich gehöre zu den sogenannten „Pionierkeimen", bin also unter den ersten, die mit dem Biofilmbau anfangen. Ich bin nämlich fakultativ anaerob, kann also sowohl im Beisein von Sauerstoff als auch ohne ihn überleben.

Um mich an Deinem Schmelzoberhäutchen festzuhalten, benutze ich ebenfalls Fimbrien oder Pili, also die feinen haarähnliche Ausläufer, die aus meiner Zellwand herausragen. Hier bilde ich mit anderen Keimarten und auch mit meinesgleichen einen Bakterienrasen, der zuerst in die Breite und schließlich auch in die Dicke wächst. Wir werden also nach und nach immer mehr Mikroben auf Deinem Zahn. Wie ihr das beim Bau von Städten macht, so bauen wir uns jetzt spezielle Wasserkanäle, die unsere Nahrung von außen bis in die untersten Schichten und die von uns gebildeten Stoffe von innen nach außen befördern können.

Wenn man noch genauer hinsieht, besteht diese Biofilmstadt nur zu einem kleinen Teil (etwa 10 Prozent des Trockengewichts) aus Bakterien. Vielmehr ist es ein feines Netz aus sogenannten Exopolysacchariden, die uns Biofilmbewohnern Unterschlupf bieten. Wir stellen diese Substanzen selbst her und sie erfüllen viele Aufgaben: sie sind nicht nur unser Zuhause, sondern in ihnen speichern wir auch Nährstoffe, sie spielen bei der Regulation des pH-Werts und bei unserer Kommunikation untereinander eine Rolle. Wie es schon Antoni van Leeuwenhoek vor fast 350 Jahren festgestellt hatte, sind wir in so einem Biofilm viel besser gegen bakterientötende Mittel geschützt. Gegen lokale Antibiotika sind wir zum Beispiel 1000- bis 1500-fach resistenter, wenn wir in so einem Biofilm organisiert sind, als wenn wir frei herumschwimmen.

Das sind also unsere Städte – in Deinen Augen würden sie vielleicht eher wie geheimnisvolle unterirdische feuchte Labyrinthe aussehen – in denen wir wohnen, essen, uns den gewünschten pH-Wert einstellen und miteinander kommunizieren. Dabei bringen wir einander Dinge bei, die wir erlebt haben. So ähnlich wie ihr das in euren Schulen macht.

Ich gehöre zu den sogenannten kommensalen Bakterien in Deinem Mund, das heißt ich lebe hier und esse bei Deinen Mahlzeiten mit, helfe Dir aber nicht. Unter bestimmten Umständen kann ich Dir aber auch schaden. Früher wurde mir nachgesagt, ich sei ganz allein für eine Krankheit verantwortlich, die 97,5 Prozent der Menschen auf der Erde befällt: die Karies. Das stimmt aber so nicht ganz. Erst einmal

Milliardenstadt im Mund.

schaffe ich das nicht allein, sondern brauche dafür noch andere Mitbewohner, zum Beispiel Candida-Pilze und Lactobazillen, die eigentlich ganz harmlos sind, wie ich.

Ich habe Dir ja schon erzählt, dass ich Kohlenhydrate esse – ich liebe es also, wenn Du leckere Bonbons oder ein feines Nutellabrot naschst. Diese Kohlenhydrate baue ich mit Hilfe von Gärungsprozessen – wie sie schon Louis Pasteur beschrieben hat – in Milchsäure um. Dadurch sinkt der pH-Wert in meiner Umgebung, sie wird sauer. Dein Speichel ist zwar durch drei verschiedene Puffersysteme bemüht, diesen pH-Wert möglichst neutral, also bei etwa 7, aufrechtzuerhalten. Wenn wir es aber schaffen, lange genug an einem Ort an Deinem Zahn zu bleiben, ohne weggeputzt und weggespült zu werden, gelingt es uns, Deine wunderbar harte und widerstandsfähige Zahnsubstanz mit Hilfe der Milchsäure aufzuweichen.

Anfangs sind es nur kleine Entkalkungen, die man als weißliche Flecken ausfindig machen kann. Wenn diese Entkalkung aber weiter fortschreitet, schaffen wir den Eintritt durch die harte Schutzschicht. Hier können wir – vor den äußeren Angriffen noch besser geschützt – weitermachen und uns eine schöne gemütliche Höhle bauen. Was für eine Party wir da jetzt feiern können! Und wenn Dein Zahnarzt oder Deine Zahnärztin diese Höhle nicht entdeckt, machen wir sie immer größer und immer mehr von uns können darin wohnen. Eine Karieshöhle ist wahrlich ein Paradies für uns Mutansstreptokokken!

Ich hatte auch schon erwähnt, dass ich zu den Pionierkeimen Deines oralen Biofilms gehöre. Auf mir können sich mit der Zeit – wenn sie nicht vertrieben werden – sogenannte Brückenkeime auflagern und weiter in die Tiefe Deiner Zahnfleischtasche wachsen, diese wiederum ebnen den Weg für aggressivere Keime, also jene, die bei Menschen die Krankheit Parodontitis auslösen. Daran bin ich nun nicht mehr in so großem Maße beteiligt, aber das ist bei uns ja eh so, dass wir als Art allein nicht viel ausrichten können. Aber wenn wir uns zusammentun – oho!

Es kommt noch ein weiterer Faktor hinzu: bleibt der Biofilm hier länger liegen, können in Deinem Speichel bestimmte Proteine nicht wirken, die das Ausfallen von Kalzium und Phosphat hemmen. Die Salze dieser Ionen führen dann im Biofilm zu Verkalkungen, es entsteht Zahnstein. Jetzt sind die Straßen der Biofilmstadt also sogar gepflastert! Diese rauen Stellen dienen uns Bakterien dazu, uns noch besser anzuheften. Je tiefer die Zahnfleischtasche hier mit der Zeit wird – der Weg dahin ist sehr komplex und hat mit der Entzündungsreaktion zu tun, die Dein Körper jetzt als Waffe gegen uns einsetzt – umso besser können die pathogenen, also krankmachenden anaeroben Bakterien, für die ja Sauerstoff giftig ist, ihr Unwesen treiben. Auf die hier stattfindenden Entzündungsvorgänge gehe ich im zweiten Teil des Buches noch näher ein. Die Krankheit, die dabei entsteht, die Parodontitis, ist ebenfalls ein sehr verbreitetes Leiden. Hierzulande weist jeder zweite Erwachsene zwischen 35 und 44 Jahren eine Parodontitis auf, bei den älteren Menschen nimmt die Häufigkeit noch zu, wobei meistens die Zahl ihrer Zähne abnimmt.

In ganz, ganz seltenen Fällen, und wenn ich in großen Mengen in Deinen Blutkreislauf eindringen kann, kann ich Dir sogar lebensgefährlich werden, indem ich eine Sepsis, also eine Blutvergiftung herbeiführe. Gelangen schließlich viele von uns über die Blutbahn an andere Stellen Deines Körpers, können wir sogar Abszesse in Hals, Lunge und Leber und an Herzklappen eine sogenannte Endokarditis herbeiführen, die Dich auch das Leben kosten kann. Aber keine Angst: das alles kommt nur sehr, sehr selten vor.

Du musst mich auch verstehen: an sich will ich nichts als leben und Nachkommen zeugen, damit meine Art auf dieser Erde weiterlebt. Das ist bei Dir und Deinen Mitmenschen auch nicht anders.

Während ich Dir das alles erzählt habe, habe ich mich auch schon geteilt, aber das geht so nebenbei, ich habe viel Übung darin. Ich weiß auch gar nicht, warum wir – wir sind ja jetzt zwei – Dir das jetzt alles erzählt haben. Jetzt kannst Du Dir vielleicht ausdenken, wie Du uns und unsere Mitbewohner aus unserem Zuhause vertreiben kannst und wir können keine wilden Höhlenpartys mehr feiern! Deswegen schweige ich jetzt lieber. Bis dann!

Nach diesem ausführlichen Gespräch mit meiner kleinen Mikrobe ziehen wir nun weiter. An der Kreuzung vorbei – hier wird dafür gesorgt, dass kein Essen und Trinken in meine Atemwege gelangt – in die Speiseröhre und weiter in den Magen. Durch die Magensäure, das ist verdünnte Salzsäure, ist es hier ziemlich sauer – der pH-Wert liegt bei nur 1 bis 1,5 – so dass die meisten Bakterien, die verschluckt werden, hier kläglich zugrunde gehen. Danach geht es weiter in den Darm und hier werden wir uns etwas länger aufhalten. Mein Darmmikrobiom ist nicht nur besonders wichtig für mich, es ist auch das bisher am besten untersuchte Mikrobiom des Menschen. Auch hier leben zusätzlich Archaeen, Pilze, Viren, Amöben und manchmal sogar größere Wesen, wie Würmer, wir werden aber auch diesmal bei den Bakterien bleiben.

Die rund 100 Billionen Bakterien, die in meinem Darm leben, wiegen etwa ein bis zwei Kilogramm. Die Zahl ist allerdings nur eine Schätzung und widerspricht anderen Quellen, die die Gesamtzahl unserer Mikroben in und auf unserem Körper mit etwa 39 Billionen angeben. Außerdem ist es auch so, dass sich diese Zahl – zum Beispiel nach dem Gang auf die Toilette – fortlaufend verändert. Bisher hat man im Darm ein paar tausend Spezies entdeckt, es kommen aber ständig neue hinzu. Carl von Linné hätte heute seine wahre Freude daran, jeder dieser Arten einen Namen zu verpassen. Wenn man also heutzutage Bakteriologe ist, hat man gute Chancen, bei der Namensgebung einer Spezies mitzuwirken. Im Gegensatz zu Linné würde heute aber wahrscheinlich niemand mehr unbeliebte Zeitgenossen damit bestrafen.

Mein eigener Darm beherbergt ein Gemisch aus etwa 200 bis 500 Bakterienspezies, wobei 99 Prozent davon etwa 30 bis 40 Arten angehören. Bei ursprünglich lebenden Jäger- und Sammlerstämmen, wie zum Beispiel einer Gruppe von Yanomami-Indianern in Venezuela, deren Dorf erst 2008 zufällig von einem Hubschrauber aus entdeckt wurde, fand man doppelt so viele Arten wie bei modernen Menschen.

Wie auf dem Planeten Erde findet auch in unserem Darm ein Artensterben statt. Wie bei einem Ökosystem ist auch jenes unseres Darms umso stabiler, je mehr Arten darin vorkommen. Diese als Biodiversität bezeichnete Vielfalt aller lebenden Organismen nimmt nicht nur weltweit, sondern auch in unserem Inneren ab und dies hat Folgen für unsere Gesundheit. Wenn hier die schädlichen Bakterien die Oberhand gewinnen und den nützlichen Spezies den Lebensraum streitig machen, führt das hier – wie schon für unseren Mund beschrieben – zu einer Dysbiose. Je weniger artenreich das Darmmikrobiom ist, umso leichter kann sich eine solche Dysbiose einstellen. Wie in der dentalen Plaque spielen bei einem dysbiotischen Darm Biofilme eine Rolle und die Forschung daran, wie solche Biofilme beseitigt werden können, ist in vollem Gange.

Man kann inzwischen Testkits im Internet bestellen, die Probe selbst entnehmen und an ein mikrobiologisches Labor senden. Das Labor gibt einem dann Auskunft darüber, welche Bakterienarten im hauseigenen Darmzoo untergebracht sind. Bei verschiedenen Krankheiten könnte das in Zukunft zusätzliche Informationen bereitstellen – im Augenblick weiß man einfach noch nicht genug, um wirklich fundierte Empfehlungen auszusprechen. Hier können bei manchen Erkrankungen nämlich die schädlichen Bakterien die Oberhand gewinnen und den nützlichen den Lebensraum streitig machen, was als „Dysbiose" bezeichnet wird. Ein gesundes Gleichgewicht wird hingegen „Eubiose" genannt.

Die vielen Mikroorganismen, die hier leben, sind, genau wie im Mund, in Biofilmen organisiert. Hier, in der größten Metropole meines Körpers, ist richtig was los! Gehen wir nun auf Entdeckungsreise in diese warme, feuchte, dunkle Darmbillionenstadt, in der es keinen Sauerstoff gibt. Schenken wir den kleinen Wesen hier, die in einer für jeden von uns ziemlich einzigartigen Zusammensetzung vorkommen und uns viele wertvolle Dienste erweisen, jetzt unsere Aufmerksamkeit.

Da es hier keinen Sauerstoff gibt, siedeln sich auch nur Mikroben an, die ihre Energie nicht aus Sauerstoff beziehen, sondern die sie selbst, zum Beispiel durch Gärung, herstellen können. Die daraus entstehenden Stoffe – zum Beispiel Methan, Wasserstoff, Schwefelwasserstoff und Kohlendioxyd – kann man später auch mit der Nase wahrnehmen. Die Billionen mikroskopisch kleinen Einwohner haben hier ein wohliges Zuhause gefunden, sie frieren nicht und es gibt genug zu essen. Sie revanchieren sich aber auch dafür, und zwar auf sehr vielfältige Weise.

Zum einen unterstützen sie mich bei der Verdauung. Ihre Hauptnahrungsquelle sind Ballaststoffe, die sie zu kurzkettigen Säuren – zum Beispiel Acetat, Butyrat und Propionat – abbauen, diese versorgen meine Darmzellen mit Energie. Am besten untersucht ist die Rolle des Butyrats, das außer bei der Energieversorgung der Darmzellen und der Einstellung des pH-Wertes – der im gesunden Darm bei 6,6 bis 6,9 liegt, also ganz leicht sauer ist – auch immunmodulierend wirkt. Meine Untermieter im Darm regen zudem meine Darmbewegungen an.

Aktuelle Forschungen konnten zeigen, dass die Zusammensetzung des Mikrobioms auch einen Einfluss auf das Gewicht hat. Hier ist zum Beispiel das Verhältnis zwischen den Bakteriengattungen der Firmicutes und Bacteroidetes, die zusammen

Billionenstadt im Darm.

etwa 90 Prozent unseres Mikrobioms stellen, von Bedeutung. Die Firmicutes können, im Gegensatz zu den Bacteroidetes, komplexe Kohlenhydrate verdauen, und daraus die uns schon bekannten kurzkettigen Fettsäuren Butyrat, Propionat und Acetat bilden, die den Darmzellen und so dem Körper als Energiequelle dienen. Menschen mit einem Übermaß an Firmicutes gewinnen 10 bis 15 Prozent mehr Energie aus der gleichen Nahrung wie Menschen, die weniger davon beherbergen. Wenn sich manche Menschen also darüber ärgern, dass andere mehr essen als sie ohne zuzunehmen, könnte das einen realen Hintergrund haben.

Wegen seines Einflusses auf den Stoffwechsel und das Immunsystem wurde das Darmmikrobiom als wichtiger Faktor für gesundes Altern vorgeschlagen. In einer 2016 veröffentlichten Studie hat man versucht, im Darmmikrobiom von 105 bis 109 Jahre alten Menschen aus der Gegend der Emilia Romagna in Italien Hinweise auf diese These zu finden. Die Forschenden konnten feststellen, dass die Zahl der häufig vorkommenden, symbiotischen und sehr stark an den Menschen angepassten Bakterienarten – beispielsweise Ruminococcoceae, Lachnospiraceae und Bacteroideae – mit dem Alter abnimmt. Gleichzeitig nehmen weniger dominante Arten, die nicht so stark an den Menschen angepasst sind, zu. Diese Gruppen unterstützen sie scheinbar während des Alterns bei der Aufrechterhaltung ihrer Gesundheit, zum Beispiel Akkermansia, Bifidobacteria und Christensellaceae.

Freude der Mikroben im Darm über eine herabfallende Möhre.

Manche Darmbakterien können aus Ballaststoffen die Vitamine B1, B2, B5, B6, B9 (oder Folsäure), B12 und K2 herstellen und tragen so zur Versorgung damit bei. Andere beteiligen sich an der Herstellung von Hormonen, zum Beispiel den Glückshormonen Dopamin und Serotonin oder dem Hormon Melatonin. Man hat sogar herausgefunden, dass 90 Prozent des Serotonins – das für gute Laune, Motivation und Ausgeglichenheit entscheidend ist – im Darm in Zusammenarbeit mit Bakterien gebildet wird. Die Ernährungswissenschaftlerinnen und -wissenschaftler mussten sich in den letzten Jahren seit der Erforschung unseres Mikrobioms vollkommen in ihrem Denken umstellen. Während man früher nur darüber nachdachte, welche Nahrung für unsere menschlichen Zellen förderlich ist, weiß man inzwischen, dass wir nicht nur uns, sondern einen unglaublich artenreichen, faszinierenden Zoo füttern. Den Kindern in meiner Praxis erkläre ich oft, dass sie beim Essen nicht nur an sich, sondern auch an all die vielen Haustiere in ihnen denken und ihnen ab und zu eine Möhre servieren sollten.

Wie genau man durch die Umstellung der Ernährung zu einem gesunden Darmmikrobiom beitragen kann, ist das Thema vieler Forschungsarbeiten und vieler Bücher. Probiotika – das sind Nahrungsmittel, die lebende Mikroben enthalten – und Präbiotika – das sind Lebensmittelbestandteile, die das Wachstum und die Aktivität der im Darm lebenden Mikroben fördern – werden gerade sehr erfolgreich in aller Welt zum Kauf angeboten. Dabei stehen sie schon seit Jahrtausenden auf unserem Speiseplan in Form von Milchsäureprodukten, gegorenen Speisen wie Sauerkraut oder Kimchi, Gemüse oder Salat.

Auf die Ausbildung unseres Geschmacksinns werde ich im zweiten Teil des Buches noch näher eingehen. Wichtig ist, dass wir uns bewusst machen, dass wir in der Regel nicht aus Vernunft essen, sondern weil wir Appetit, weil wir Lust haben.

Andererseits wissen wir auch, dass wir auf dem Weg zu immer schneller verfügbaren und in kurzer Zeit zuzubereitenden Speisen unserer Nahrung nicht nur viele gesunde Nährstoffe, sondern auch freundliche Mikroben entzogen haben. Unsere Kinder gaben diesen Speisen den Namen „Bilderessen", weil man sie nicht zubereiten, sondern die bebilderten Verpackungen auspacken und zum Beispiel in den Ofen schieben konnte. Je öfter Sie also die Zeit finden, Ihre Mahlzeiten selbst aus frischen, möglichst unbehandelten und aus Ihrer näheren Umgebung oder dem eigenen Garten stammenden Lebensmitteln zuzubereiten, umso gesünder für Ihr Mikrobiom – und gleichzeitig für die Umwelt. Zudem sollte es möglichst vielfältig sein, um den Artenreichtum im Darm zu fördern, und möglichst viel Gemüse und Obst enthalten, das den „freundlichen" Bakterien als Hauptnahrungsquelle dient. Je besser man den Bauernhof kennt, von dem diese Lebensmittel stammen, umso besser der Überblick über eingesetzte Pestizide und chemische Düngemittel. Vorsicht geboten ist auch vor Fleisch aus Massentierhaltung, da den Tieren hier oftmals Antibiotika und Hormone zugefüttert werden, die wir mitessen. Auf das Thema Antibiotika gehe ich noch in einem eigenen Kapitel dazu ein.

Die bisher am besten untersuchte Diät, die gesundheitsfördernd wirken soll, ist die sogenannte Mittelmeerdiät, mit viel Gemüse, Obst, frischem Fisch und Olivenöl. Dabei schmeckt sie auch noch köstlich und gibt einem ein Urlaubsgefühl: nach Urlaub an der Mittelmeerküste. Aber vergessen wir nicht: unser Geschmacksinn ist ganz eng mit unserem limbischen System verbunden. Nicht umsonst beschäftigen sich so viele Menschen mit der Bewertung von Restaurants, mit Kochbüchern, Fernsehsendungen und Filmen dazu. Man spricht daher auch von „Kochkunst" oder „Esskultur". Wir sind alle in gewissem Sinne „Feinschmecker" und Essen ist für alle Menschen der Welt eine Quelle der Lust und der Freude.

Am einfachsten gestaltet sich die Aufrechterhaltung eines gesunden Mikrobioms nach bisherigen Erkenntnissen, wenn wir bereits in der frühesten Kindheit – eigentlich noch im Schoß unserer Mutter – mit möglichst vielen freundlichen Mikrobenarten besiedelt werden. Eine solch artenreiche Besiedlung wirkt sich zudem maßgeblich auf die Entwicklung eines gesunden Immunsystems aus.

Nach den ersten 1000 Tagen in unserem Leben scheint unser Mikrobiom nicht mehr so plastisch – also wandelbar – zu sein. Je größer der ursprüngliche Artenreichtum, umso leichter kann sich das Darmmikrobiom nach einer Veränderung, beispielsweise einer Durchfallerkrankung, der Gabe eines Antibiotikums oder einer Diät, wieder stabilisieren. Kommt es im Anschluss danach zu einer Dysbiose, ist es nicht immer einfach, diese wieder in eine Eubiose zu verwandeln.

Auf eine der Therapiemöglichkeiten, der fäkalen Mikrobiomtransplantation (FMT) gehe ich später auch noch ein. Immerhin gibt es inzwischen die relativ kostengünstige Möglichkeit der individuellen Mikrobiombestimmung. So kann man eine Dysbiose im Darm diagnostizieren und als mögliche Ursache für gesundheitliche Beschwerden ausfindig machen, die zuvor nicht zugeordnet werden konnten. Die therapeutischen Konsequenzen daraus dürften von Mensch zu Mensch und von Mikrobiom zu Mikrobiom variieren. Und da wir uns Menschen zu 80 bis 90 Prozent in der Zusammensetzung unseres Mikrobioms unterscheiden, würde dies den Eintritt in die schon lange geforderte sogenannte personalisierte Medizin bedeuten. Und, wie Paracelsus es ja schon vor langer Zeit ausdrückte, wären wir selbst unsere eigenen Heiler, die uns tagtäglich mit Messer, Gabel und Löffel und dem, was wir damit aufnehmen, heilen. Hippokrates (460–377 v. Chr.), der bedeutendste Arzt der griechischen Antike, sagte schon: „eure Nahrung sei eure Medizin und eure Medizin sei eure Nahrung".

Kehren wir zu meiner Darmbillionenstadt zurück. Die Billionen Mikroorganismen leben hier eingebettet und in engem Kontakt mit meinen Körperzellen. Die Darmschleimhaut hätte ausgebreitet etwa die Größe eines Tennisplatzes, hundert mal größer als die Oberfläche der Haut. Sie muss einerseits durchlässig sein, damit ich über ihre Oberfläche die Nährstoffe im Blut aufnehmen kann, die ich zum Leben brauche. Andererseits muss sie verhindern, dass krankmachende Mikroben über die Darmwand ins Blut gelangen. Es ist also so etwas wie eine Grenzkontrolle nötig: es muss geregelt sein, was hier hindurch darf und was nicht.

Wir werden uns im nächsten Teil des Buches noch sehr intensiv mit dieser sogenannten „selektiven Darmbarriere" beschäftigen. Hier sei schon einmal verraten, dass sich 70 Prozent aller Abwehrzellen hier aufhalten. Ihre große Aufgabe ist es, an dieser riesigen Körperoberfläche zwischen Freunden und Feinden zu unterscheiden, die ersten gewähren zu lassen und die zweiten abzuwehren. Dieses von allerfrühester Kindheit an stattfindende Unterscheiden zwischen Freund und Feind ist ein wichtiges Training für unser Immunsystem. Je mehr es an dieser Stelle lernt, umso besser ist es für spätere Begegnungen mit neuen Herausforderungen gewappnet.

Ganz beeindruckend ist: alles, was in meiner Darmbillionenstadt passiert, wird fortlaufend an das Gehirn gemeldet. Dies geschieht über das sogenannte enterische Nervensystem, das aus über 100 Millionen Nervenzellen besteht, mehr als in meinem Rückenmark. Man nennt es auch das „Bauchhirn".

Es ist über den großen Vagusnerv, aber auch über viele andere Schaltungen mit dem Gehirn verbunden; diesen Kommunikationsweg nennt man Darm-Hirn-Achse. Dieser Austausch geht allerdings vor allem, also zu etwa 90 Prozent, vom Darm in Richtung des Gehirns. Jeder von uns hat schon einmal erlebt, dass er oder sie eine Entscheidung „aus dem Bauch heraus" getroffen hat oder seinem „Bauchgefühl" gefolgt ist.

Wie genau diese Kommunikation zwischen den Billionen von Lebewesen, die den Darm bewohnen, und unserem Gehirn funktioniert, daran forscht man gerade sehr intensiv und die Wissenschaftler und Wissenschaftlerinnen aus den Bereichen der Psychologie, Psychiatrie und Neurologie arbeiten hier mit jenen der Mikrobiologie zusammen. Auf jeden Fall scheint das Leben unserer Darmmikroben einen entscheidenden Einfluss auf unser Verhalten und unsere Psyche zu haben.

Die Menschen, die an dieser Forschung beteiligt sind, kommen aus dem Staunen nicht heraus. Und manche fragen sich sogar, wer hier eigentlich der Boss ist – der Mensch oder sein Mikrobiom? Wie so oft im Leben geht es hier nicht um das Entweder-Oder oder um Gewinner und Verlierer. Wir und unser Mikrobiom sind eins und wir können uns nicht unabhängig von ihm verstehen und kennenlernen. Die Grundmaxime des „Erkenne Dich Selbst", die einst über dem Orakel zu Delphi gestanden hat, hat durch die Mikrobiomforschung eine ganz neue Dimension bekommen.

Man weiß heute, dass unser eigenes Genom nicht alle Informationen bereitstellen kann, um ein funktionierendes erwachsenes Immunsystem zu gestalten. Wir brauchen dafür den Input eines Mikrobioms. Die Gegenwart der Mikroben ist grundlegend an der Ausbildung von Immunzellen und sogar Organen beteiligt, die diese Zellen bilden und speichern. Und während unser menschliches Genom aus etwa 23.000 Genen besteht, wird jenes unseres Mikrobioms auf 8 Millionen Gene geschätzt – rund 350 Mal mehr.

Setzen wir unsere Expedition fort, kehren wir zur Kehlkopfkreuzung zurück und setzen wir unsere Reise durch die Luftröhre fort. Am Ende meiner Luftröhre entspringen die Bronchien – das sind röhrenartige Gebilde – und dieses Röhrensystem verzweigt sich immer weiter während die Röhren immer dünner werden. Am Ende der kleinsten Verästelungen stehen rund 300 Millionen Lungenbläschen (Alveolen), über die der Gasaustausch stattfindet, also über die mein Körper atmet. Man hat ausgerechnet, dass die Fläche der Lungenbläschen zusammen etwa 80 bis 120 Quadratmeter ausmachen würde, etwa die Größe einer Drei- bis Vierzimmerwohnung.

Wie bei der Oberfläche des Darms ist dies eine riesige Angriffsfläche in meinem Körper, über die Erreger und andere Fremdkörper in meinen Blutkreislauf eindringen können. Wie bei meinem Darm muss es hier auch eine „selektive Barriere" geben, denn hier wird ja eines der wichtigsten Lebensmittel überhaupt – der Sauerstoff – aufgenommen und auch hier gilt es, den Eintritt pathogener Keime in den Blutkreislauf zu verhindern.

Auch das Epithel der Lunge ist – wie das des Darmes – von einem komplexen und vielfältigen Mikrobiom besiedelt, wobei dieses in der Zusammensetzung jenem des Mundhöhlenmikrobioms ähnelt, was darauf schließen lässt, dass die Mikroben vor allem über die Aspiration (das bedeutet das Eindringen von flüssigen oder festen Stoffen in die Atemwege) von Keimen aus Mund und Rachen zustande kommt. Auch hier weiß man schon, dass eine große Vielfalt an unterschiedlichen Spezies von Vorteil ist und forscht unablässig daran, herauszufinden, wie ein gesundes, „eubiotisches" Lungenmikrobiom zusammengesetzt ist und wie man eine „Dysbiose" – also ein Ungleichgewicht – verhindern kann.

Bei dieser Forschung hat man auch die sogenannte Darm-Lungen-Achse entdeckt. Es scheint, dass sich die Mikrobiota von Darm und Lunge lebenslänglich gegenseitig beeinflussen und man hat angefangen, diese bidirektionalen Beziehungen – das heißt sie gehen in beide Richtungen – zu erforschen. Man steckt dabei aber noch in den

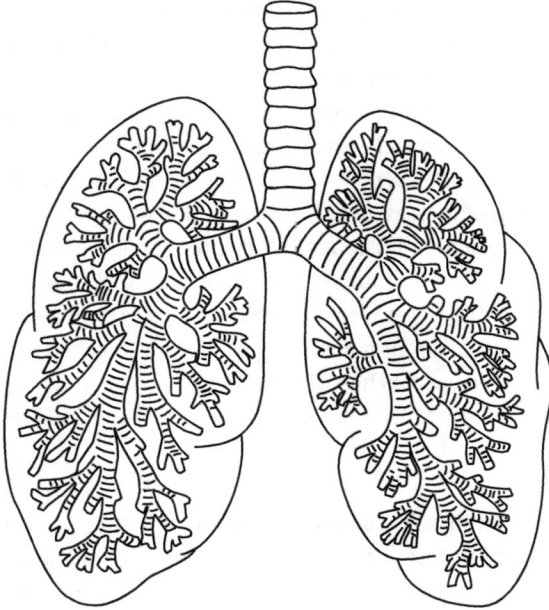

Aufbau der Lunge.

Kinderschuhen. Auf die Lunge und wie sie sich gegen Angriffe durch krankmachende Keime zur Wehr setzt, gehe ich im zweiten Teil des Buches noch näher ein.

Es gibt noch unendlich viele Körperregionen, in die wir unsere Expedition fortsetzen könnten. Selbst in unserem Gehirn, von dem man das niemals vermutet hätte, haben Forscher Bakterienstämme entdeckt. Warum das so lange gedauert hat? Forschende hatten Bakterien zwar schon vorher im Elektronenmikroskop gesehen, wussten einfach nur nicht, was es ist. Schon die Idee schien ihnen abwegig, denn sie hatten gelernt, dass die Blut-Hirn-Schranke verhindert, dass Bakterien oder Viren ins Gehirn gelangen können, was oftmals bedrohliche Folgen haben kann, und kamen erst sehr spät auf die Idee, dass es Bakterien sein könnten.

Wir werden im zweiten Teil des Buches viele hier beschriebenen Mikrobiome und ihre Wechselwirkungen mit unserem Immunsystem kennenlernen. Bevor wir nun zu unserem nächsten Kapitel übergehen und die faszinierende Welt unseres Mikrobioms vorerst verlassen, möchte ich noch eine Bemerkung hinzufügen. Wir haben durch die molekularbiologische Mikrobiom-Analytik einen ziemlich umfassenden Überblick über die Vielfalt und die Zusammensetzung der Mikroben gewonnen, die unseren Körper bewohnen. Dieser bleibt in der Regel jedoch nur deskriptiv, also beschreibend. Um wirklich zu verstehen, was an dieser Stelle zwischen uns und unseren Mikroben passiert, müssten wir diese „live" beobachten können und dafür müssten wir sie wiederum kultivieren können. Viele Darmbakterien sind jedoch außerhalb unseres Darms unter Laborbedingungen nur schwer zu züchten. Das liegt daran, dass sich die meisten unserer „hauseigenen" Mikroben vieler Gene entledigt haben und fast ausschließlich auf das Leben in uns angepasst sind – darauf kommen wir im dritten Teil des Buches noch einmal zurück.

Diesen Herausforderungen stellen sich hunderte Forschungsgruppen, die sich weltweit mit dem Mikrobiom beschäftigen, und wir dürfen gespannt sein, was hier in nächster Zeit an Erkenntnissen ans Tageslicht kommt – im wahrsten Sinne des Wortes.

In meinen Vorträgen erwähne ich oft, dass ich ein sehr friedliebender Mensch bin. Wenn ich eine Sternschnuppe sehe, wünsche ich mir meistens nur eines: Frieden für uns, unsere Kinder, die Kinder, die sie einmal haben werden, und so fort. Deswegen heißt sogar unser Hund, der bei uns eingezogen ist, seit die Kinder aus dem Haus sind, Frieda. Aber leider ist es nun einmal eine Tatsache: unser Körper und die Schutzspezies, die darin wohnen, führen gemeinsam mit unserem Immunsystem tagtäglich einen – meist sehr erfolgreichen – Krieg gegen jede Art von Angreifern. Mit diesem Krieg werden wir uns im zweiten Teil dieses Buches eingehender befassen.

Dass Sie dieses Buch lesen – und ich es schreibe – bedeutet, dass wir beide bisher siegreich aus diesem Krieg hervorgegangen sind. Infektionskrankheiten haben heute für die meisten von uns ihren Schrecken verloren, selbst wenn die Corona-Pandemie zuletzt für viel Angst und Verunsicherung gesorgt hat. Die Erfahrung, dass die eigenen Kinder oder nahestehende Familienmitglieder in der Blüte des Lebens von einer Infektionskrankheit hinweggerafft werden, haben wir, unsere Eltern und selbst unsere Großeltern glücklicherweise nur sehr selten gemacht.

Trotz der großen Erfolge in der Medizin gibt es aber auch immer wieder neue Herausforderungen, auf die wir uns einstellen müssen. Besonders wir Menschen der industrialisierten Welt glaubten uns im großen Ganzen vor Infektionskrankheiten geschützt – bis zum Dezember 2019, als die Corona-Pandemie über uns hereinbrach. Wer hätte davor gedacht, dass unsere Welt durch solch ein Ereignis erschüttert werden würde? Epidemien und Pandemien gehören zur Geschichte der Menschheit allerdings schon immer dazu. Was wir aus der Vergangenheit darüber lernen können, darum geht es im nächsten Kapitel.

9 Von Epidemien und Pandemien

Die Begriffe „Epidemie" und „Pandemie", die während der Corona-Pandemie allgegenwärtig waren, bezeichnen die Ausbreitung einer Infektionskrankheit. Bei einer Epidemie ist die Ausbreitung nur lokal oder regional, unter einer Pandemie versteht man ihre weltweite Ausbreitung. Über dieses Thema könnte man wieder ein ganzes Buch, vielleicht eher mehrere, schreiben. Viele Seuchen und ihre Auswirkungen auf unsere Welt, die Menschen, die Gesellschaft und die Kultur werden unerwähnt bleiben müssen, genauso wie die Epidemien, die Pflanzen und Tiere befallen. Für alle, deren Neugier geweckt ist, gibt es am Ende des Buches Empfehlungen zum Weiterlesen.

Die ältesten Funde, die auf unsere Spezies, Homo sapiens, hindeuten, sind etwa 300.000 Jahre alt. Die damaligen Vertreter unserer Gattung leben als Jäger und Sammler, so wie heute nur noch sehr wenige Menschen auf der Welt. Sie leben in kleinen Gruppen von etwa 20 bis 50 Personen zusammen, vorzugsweise in Höhlen, gehen auf die Jagd und sammeln Früchte, Wurzeln und Kleingetier. Diese kleinen Horden, die unter sich bleiben, erleben natürlich keine Epidemien und schon gar keine Pandemien.

Das ändert sich, als Menschen sesshaft werden und sich in größeren Gemeinschaften organisieren. Sie fangen an, Handel zu treiben, so können sie Bakterien, Viren, Pilze, Protozoen, und die dazugehörigen Krankheiten an viele andere Menschen weitergeben. Ansteckende Krankheiten werden nicht nur von Mensch zu Mensch, sondern auch von Tier zu Mensch übertragen, man bezeichnet sie dann als Zoonosen. Die Forschenden vermuten, dass die meisten aller ansteckenden Krankheiten irgendwann als Zoonosen angefangen haben. Die Krankheitserreger, die zuvor Tiere infiziert hatten, passten sich irgendwann, als die Menschen anfingen, in größeren Gemeinschaften und mit ihren Tieren zusammenzuleben, an die Menschen als Wirtsorganismen an. Bei sogenannten vektorübertragenen Krankheiten werden die Keime über einen anderen Organismus, zum Beispiel eine Stechmücke, eine Zecke oder einen Floh übertragen. Was hier eigentlich übertragen wird, ist – wie wir bereits in den ersten Kapiteln dieses Buches erfahren haben – bis ins 19. Jahrhundert hinein ein Mysterium, auch wenn die sogenannte „Keimtheorie" schon etwas früher ihren Ursprung hat. Wie wir wissen, erbringt Louis Pasteur den ersten Nachweis eines Krankheitserregers, und zwar für eine ansteckende Krankheit der Seidenraupen. Die damalige Epidemie drohte den südfranzösischen Seidenbauern die Lebensgrundlage zu entziehen.

Seuchen, wie man sie früher nannte, hatten die Menschheit allerdings schon lange vor Pasteur heimgesucht, also lange bevor man ihre Ursache kannte. Der bis heute älteste Nachweis von Yersinia pestis, dem Erreger der Pest, stammt aus einem Grab im russischen Nordwestkaukasus und ist 4900 Jahre alt, weitere Funde aus dem Altai-Gebirge (in der heutigen Mongolei) sind etwa 4800 Jahre alt. Die erste Pandemie, von der wir wissen, hat sich wahrscheinlich in der Zeit zwischen 3500 und 2800 v. Chr. zugetragen. Die Forscher vermuten, dass die sogenannte „Steinzeitpest", die in Europa

https://doi.org/10.1515/9783111611143-010

vom Baikalsee bis zur Iberischen Halbinsel wütete, eine „Lungenpest" war, die noch gefährlicher war als die spätere von Nagetieren übertragene Beulenpest, die über Flohbisse verbreitet wird. Man schätzt, dass die damalige Bevölkerung Europas, die ungefähr acht Millionen Menschen umfasste, durch die Seuche auf mehr als die Hälfte schrumpfte.

Die erste der abendländischen Literatur überlieferte Darstellung einer Epidemie verdanken wir dem antiken Historiker Thykidides. Den Erreger der sogenannten Attischen Seuche hat man nicht identifizieren können, manche Historiker vermuten aber, dass es auch eine Pestepidemie war, die zwischen 430 und 426 v. Chr. in Athen wütete. In einem der faszinierendsten Texte der antiken Literatur schreibt Thykidides über die Seuche: „Sie begann zuerst, so heißt es, in Äthiopien oberhalb Ägyptens und stieg dann nieder nach Ägypten, Libyen und in weite Teile von des Großkönigs Land. In die Stadt Athen brach sie plötzlich ein und ergriff zunächst die Menschen im Piräus ... Später gelangte sie auch in die obere Stadt, und da starben die Menschen nun erst recht dahin."

Die Ärzte, für die die Krankheit völlig unbekannt ist, stehen ihr hilflos gegenüber. Erste Symptome sind starke Hitze im Kopf, Rötung und Entzündung der Augen, eine blutigrote Zunge und ein roter Rachen sowie übelriechender Atem. Danach folgen Niesen, Heiserkeit und starker Husten, bis schließlich die Seuche die inneren Organe angreift und zerstört. Sie geht mit hohem Fieber, Blasen und Geschwüren an der Haut einher und führt in vielen Fällen innerhalb von sieben bis neun Tagen zum Tod.

Da vorher niemand zuvor so etwas Schreckliches erlebt hatte, vermutet man, die Spartaner – immerhin befindet man sich mit ihnen gerade mitten im Peloponnesischen Krieg – hätten die Brunnen der Stadt vergiftet. Mit jedem Tag, mit dem die Seuche weiter wütet, werden die Athener mutloser, abgestumpfter und mitleidloser. Wieder andere versuchen den Augenblick, der ja ihr letzter sein kann, hemmungslos zu genießen und folgen ihren Trieben ohne Rücksicht auf die Folgen.

Das Massensterben und der Krieg gegen Sparta führen sehr bald zu einem Zusammenbruch der ganzen Wirtschaft. Der Zorn der Athener richtet sich mehr und mehr gegen ihren Herrscher, Perikles, dem sie die Schuld an ihrem Unglück geben. Die attische Demokratie, eine Zeit, in der Athen eine ökonomische Blüte erfährt und sich kulturell eindrucksvoll entfaltet – in dieser Zeit werden die Bauten auf der Akropolis errichtet – gerät in eine ernsthafte Krise. Demagogische Strömungen kommen auf und bewirken Unsicherheit, Zwietracht und Unruhe im Staat. Als die Athener 404 v. Chr. kapitulieren, wird die Niederlage auch auf die grausame Seuche zurückgeführt, die die Gesellschaft geschwächt und zersplittert hatte. Wenn wir die Geschichte der Menschheit studieren, lernen wir immer wieder auch etwas für unser Leben in der Gegenwart hinzu.

Im Jahre 541 n. Chr., zur Zeit des römischen Kaisers Justinian, bricht die Pest in Ägypten aus, erreicht 542 Konstantinopel und verbreitet sich dann im ganzen Nahen Osten. Innerhalb von Monaten zieht sie weiter nach Spanien, Italien und Germanien und gelangt sogar nach Irland. Bei der sogenannten „Justinianischen Pest" handelt es sich Forschungen zufolge um die Beulenpest.

Diese Pest-Pandemie erstreckt sich bis ins 8. Jahrhundert n. Chr., tritt in regelmäßigen Abständen von etwa 12 Jahren immer wieder in Erscheinung – insgesamt 18 Mal – und kostet vielen Millionen Menschen das Leben. Um 770 verschwindet die Pest für fast 600 Jahre aus dem Mittelmeerraum und Europa. Die Ursachen dafür werden in der wissenschaftlichen Welt immer noch diskutiert. Manche Forscher vermuten, dass sich die Gesundheitslage der Überlebenden paradoxerweise so verbessert hatte, dass sie von der Seuche verschont blieben.

Leider kehrt sie im 14. Jahrhundert mit voller Wucht nach Europa zurück. Diese Pest-Pandemie kostet etwa einem Drittel der europäischen Bevölkerung das Leben. Der „Schwarze Tod", wie man die Pest zu jener Zeit nennt, bricht 1346 in der Hafenstadt Kaffa am Schwarzen Meer (dem heutigen Feodossija) aus, das gerade von Tataren belagert wird. Als die Seuche die tatarischen Truppen erfasst, bauen sie Katapulte und werfen die Toten über die Stadtmauern – und mit ihnen die Pesterreger. Das ist wahrscheinlich der erste überlieferte Nachweis des Einsatzes von Bio-Waffen. In der belagerten Stadt, die den Genuesen als Handelszentrum dient, bricht die Pest aus und die genuesischen Schifffahrer bringen auf ihren Schiffen die Ratten, ihre Flöhe und damit den „Schwarzen Tod" in ihre Heimat, nach Italien. Über die Handelswege breitet sich die Pest sehr schnell in Europa aus. Unter anderem sind die Gebiete des heutigen Italiens, Frankreichs, Deutschlands, Dänemarks, Schwedens, Polens, Finnlands und sogar Grönlands betroffen.

Wie zur Zeit der Attischen Seuche berichten Zeitzeugen übereinstimmend von einem Sittenverfall. Im Angesicht des Todes werden alte Regeln der Moral außer Kraft gesetzt, Pestkranke werden gemieden – selbst von nahen Verwandten – und jene, um die sich jemand kümmert, können sich glücklich schätzen.

In einem der Meisterwerke der abendländischen Literatur, in Bocaccios „Dekameron", schildert der Autor in der Rahmenhandlung des Buches die Pest als eine medizinische, ökonomische, soziale und moralische Katastrophe. Nicht nur war die Seuche schrecklich, dazu kam noch die „Unfähigkeit der Ärzte", das Verlassenwerden der Kranken und die Gier und Mitleidlosigkeit der Gesunden hinzu. Er beschreibt den Zusammenbruch einer Gesellschaft, in der nichts mehr gilt als das Rette-sich-wer-kann. Im Sommer des Jahres 1348 flüchten sieben Frauen und drei Männer vor der Pest in ein Landhaus in der Nähe von Florenz, nach Fiesole, in die Villa Palmieri. An der Stelle dieser Villa steht heute die Villa Schifanoia (übersetzt: „Langeweile vermeiden"), bei einem Besuch kann man den paradiesischen Ausblick über das – zu jener Zeit vom „schwarzen Tod" gebeutelte – Florenz immer noch genießen. Die zehn jungen Menschen versuchen hier, indem sie sich in zehn Tagen (daher „Decameron", Zehn-Tage-Werk) jeweils zehn Geschichten erzählen, in dieser Katastrophe Gemeinschaft herzustellen und das Wesen der menschlichen Natur zu ergründen, die sie teilen.

Die Ärzte jener Zeit machen, wie Bocaccio es in seinem „Dekameron" auch beschreibt, keine gute Figur. Zu jener Zeit glaubt man ja, dass die Krankheit über sogenannte Miasmen übertragen wird, also giftigen Ausdünstungen des Bodens, die mit

Pestdoktor.

der Luft davongetragen werden. Aufgrund dessen trugen die Ärzte jener Zeit – vornehmlich in Italien und Frankreich – Masken mit etwa 15 Zentimeter langen schnabelförmigen Nasen, in denen Theriak, ein Kräutergemisch aus etwa 55 Kräutern und eine damals als Universalheilmittel gehandelte Medizin, enthalten war. Unter anderem enthielt es Schlangenfleisch, Zimt, Myrrhe und Honig. Man glaubte nämlich, der lange Schnabel der Maske würde bewirken, dass sich die Luft mit den schützenden Gerüchen der Kräuter anreichern und den Arzt so vor der Krankheit beschützen würde. Auch heute noch sieht man in Venedig Menschen mit den Masken des „dottore della peste" (Pestdoktors), die heute noch ziemlich bedrohlich wirken.

Die „Große Pest" verändert Europa nachhaltig. Die Hygiene wird verbessert und der Gebrauch von Seife setzt sich nach und nach durch. Es werden mehr Steinhäuser gebaut, diese bieten den Flöhen einen weniger guten Unterschlupf. Man bekämpft die Ratten- und Flohpopulationen und Rattenfänger werden zu wichtigen Staatsbeamten, die sogar in Shakespeares „Romeo und Julia" erwähnt werden. Die Hausratten, die die Pest übertragen, werden von Wanderratten, die vorher nicht in Menschennähe gelebt hatten, verdrängt.

Die dritte Pandemie ist uns bereits begegnet. Sie beginnt 1894 in den Hunan- und Canton-Regionen von China, wo die Krankheit endemisch ist (also regelmäßig vorkommt) und gelangt in die Hafenstadt Hongkong, wo Alexandre Yersin das verursachende Bakterium nachweisen kann, das ihm zu Ehren Yersinia pestis heißt. Er kann auch zeigen, dass dieser Erreger in Hongkong für das massenhafte Rattensterben verantwortlich ist.

Aus Hongkong gelangt der Erreger mit Hilfe der großen Dampfschiffe in weiter entlegene Gebiete und verbreitet sich weltweit. Diese dritte Pest-Pandemie kostet während der nächsten 50 Jahre rund 12 Millionen Menschen das Leben. Heute kann man die Pest mit Antibiotika behandeln, die Sterblichkeit liegt nach Behandlung aber immer noch bei 10 bis 15 Prozent, unbehandelt jedoch – wie wir schon wissen – bei 50 bis 60 Prozent. Die Entwicklung von Impfstoffen – an der immer noch gearbeitet wird – verlief und verläuft unbefriedigend und die Krankheit ist noch nicht von unserem Planeten verschwunden.

Ebenso wenig verschwunden ist eine Seuche, die die Menschen, die sie befällt, nicht innerhalb von Tagen, sondern von Jahren tötet: die Lepra. Die chronische Infektionskrankheit gehört zu den ältesten Leiden der Menschheit und konnte zum Beispiel in 4000 Jahre alten Funden in Indien nachgewiesen werden. Sie wird auch in alten ägyptischen und indischen Schriften oder der Bibel erwähnt. Menschen, die daran erkranken, werden aus Angst vor Ansteckung vom Rest der Gesellschaft isoliert, also „ausgesetzt", daher auch der Name „Aussatz". Im Mittelalter werden außerhalb der Stadtmauern sogenannte „Siechenhäuser" eingerichtet und um die Erkrankten kümmern sich oft die Mönche des Lazarus-Ordens, weshalb man die Krankheit auch als Lazarus-Krankheit bezeichnet. Später entstehen auch größere und stärker isolierte Leprakolonien, zum Beispiel auf der Insel Moloka'i, wohin die Leprakranken Hawaiis ab 1865 verbannt werden. Auf dem Tor zur Leprakolonie stand ein Zitat aus Dante's „Inferno": „Lasset alle Hoffnung fahren!"

Der Lepraerreger, das Mycobacterium leprae, wird 1873 vom norwegischen Arzt Gerhard Armauer Hansen entdeckt – so erhält das Leiden einen weiteren Namen, und zwar Hansen-Krankheit. Das Bakterium, das niedrige Temperaturen von 30 bis 32 Grad bevorzugt, besiedelt vor allem die Haut von Armen und Beinen, aber auch die Nase und das Gesicht. Es wird durch Tröpfcheninfektion übertragen, dafür ist allerdings sehr enger Kontakt nötig. Ein robustes Immunsystem „ummantelt" die Erreger und hält sie häufig jahre- bis jahrzehntelang in Schach. Ist es geschwächt, wie zum Beispiel durch Mangelernährung, zerstört das eigene Immunsystem die befallene Haut, später auch das darunter liegende Gewebe, in schweren Fällen sogar den Knochen. Die kranken Menschen, deren auffällige, vom Körper selbst „weggefressene" Haut- und Körperteile andere dazu bringen, sich von ihnen abzuwenden, leiden unter der Isolation und der sozialen Ausgrenzung, was ihr Immunsystem in der Regel noch weiter schwächt.

1915 entwickelt die afroamerikanische Chemikerin Alice Augusta Ball (1892–1916), die am College of Hawaii forscht und lehrt, eine Technik, mit der es gelingt, die Ethylesterkomponenten aus den Fettsäuren des Öls aus den Samen des indischen Chaulmoograbaums zu isolieren. Dieses antibakterielle Öl wurde schon zuvor erfolgreich bei Leprakranken, allerdings nur zur äußeren Anwendung, eingesetzt. Das neue Medikament kann den Kranken nun injiziert werden, was das Wachstum der Bakterien hemmt, allerdings nicht zur Heilung führt.

Alice Ball ist erst 24, als sie während ihrer Lehrtätigkeit im Labor aus Versehen Chlorgas einatmet und daran verstirbt. Die Reichweite ihrer Entdeckung wird ihr also nie bewusst. Doch es ist schlimmer: der damalige Präsident des College of Hawaii, Dr. Arthur Dean, beansprucht die Erfindung für sich und nennt sie „Dean-Methode". Zum

Alice Augusta Ball, 1915.
Quelle: https://manoa.hawaii.edu/news/
article.php?aId=13098

Glück folgt 1922 die Aufdeckung des Falls durch einen Assistenzarzt am Kalihi-Kran-kenhaus in Hawaii und die Methode wird in „Ball-Methode" umbenannt.

Ab 1941 setzt man die uns schon bekannten Sulfonamide gegen Lepra ein, ab 1983 empfiehlt die WHO eine neu entwickelte sechs- bis zwölfmonatige Therapie mit einem Mix aus bestimmten Antibiotika. Plötzlich ist die gefürchtete Krankheit heilbar.

Heute ist Lepra in Entwicklungsländern immer noch ein ernst zu nehmendes Problem. Die meisten Leprakranken leben in Indien, Brasilien, Südostasien und Afri-ka. Immer noch stecken sich weltweit jährlich etwa 200.000 Menschen mit der Krank-heit an. In Europa ist sie so gut wie ausgerottet, und es gibt nur noch zwei Leprakolo-nien: eine im Sanatorium San Francisco de Borja in Fontilles, im bergigen Hinterland der Costa Blanca in Spanien und eine zweite in Tichilesti, im Donaudelta in Rumänien.

2020 veröffentlicht die WHO eine „Road Map" zur Elimination von Lepra bis 2030. Die Organisation „Global Partnership for Zero Leprosy" engagiert sich weltweit, um dieses Ziel zu erreichen. Angestrebt wird nicht nur eine Welt mit „null Leprafällen" („Zero Leprosy"), sondern auch eine mit „null Behinderung" („Zero Disability") und „null Diskriminierung" („Zero Discrimination"). Auf das Verschwinden dieser Krank-heit von unserem Planeten hoffen wir also noch.

Verschwunden ist glücklicherweise eine Krankheit, deren Erreger nie nachgewiesen wurde: der Englische Schweiß oder „Sudor anglicus". Die Krankheit tritt im 15. und 16. Jahrhundert in fünf Seuchenwellen hauptsächlich in England auf und verschwin-det dann für immer. Nachdem die Symptome auftreten – das sind vor allem starke Schweißausbrüche – vergehen nur wenige Stunden bis zum Tod. Die Krankheit ist meist tödlich, sehr ansteckend und trifft vor allem junge Männer in der Blüte des

Lebens. Es gibt einige Vermutungen, welcher der Erreger gewesen sein könnte, aber es sind alles nur Hypothesen.

Die Pocken haben wir in einem eigenen Kapitel dazu kennengelernt und sie sind – wie der Englische Schweiß – ebenfalls aus unserer Welt verschwunden. Na ja, nicht ganz, muss man sagen. Laut dem amerikanischen Geheimdienst besitzen noch fünf Staaten der Welt Pockenkulturen, öffentlich zugegeben wird dies allerdings nur von den USA und von Russland.

Pocken sind wahrscheinlich schon seit Jahrtausenden bekannt und traten – so vermutet man – vor 12.000 Jahren in den ersten Siedlungen im Nordosten Afrikas auf, später gibt es Hinweise darauf in fast allen Kulturen. Nur in Amerika schien es sie vor der Eroberung nicht gegeben zu haben und man schätzt, dass ein Viertel bis die Hälfte der indigenen Bevölkerung Amerikas nach der Ankunft der Europäer den Pocken zum Opfer gefallen ist. In Europa sind die Menschen vor allem bis zum Ende des 18. Jahrhunderts schwer getroffen, die Epidemien töten in dieser Zeit sogar mehr Menschen als die Pest.

Der Erreger der Krankheit ist ein Virus und heißt Orthopoxvirus variolae. Die Pocken gehen mit hohem Fieber und einem schweren Krankheitsgefühl einher, erst später treten die typischen eitrigen Hautbläschen auf, die der Krankheit den Namen geben – die Pocken oder Blattern. Es gibt kein bekanntes Heilmittel gegen die Pocken, so ähnlich wie bei der Grippe. Warum es so schwierig ist, Medikamente gegen Viruserkrankungen zu entwickeln, werden wir im zweiten Teil des Buches erfahren. Das einzig gut Wirksame ist die vorbeugende Immunisierung.

Der von Edward Jenner 1896 entwickelte Impfstoff gegen die Krankheit ist, wie wir wissen, der erste Impfstoff überhaupt – wenn man von der zuvor schon Jahrhunderte praktizierten Variolation absieht. Von der Entwicklung des Impfstoffs bis zur Ausrottung der Pocken 1980 vergehen 84 Jahre und es braucht viele Impfgesetze und Impfkampagnen.

Wie wir wissen, wird schon Anfang des 19. Jahrhunderts in manchen Gegenden eine Impfpflicht eingeführt, im Deutschen Reich schließlich 1874, nachdem während des deutsch-französischen Krieges 170.000 Menschen an den Pocken gestorben waren. Wie heute zu Zeiten von Corona gibt es bei der Einführung der ersten Impfung Impfgegner und -skeptiker, darunter der berühmte deutsche Philosoph Immanuel Kant. Manche Impfgegner befürchten, dass sich mit dem Pockenimpfstoff plötzlich alle Menschen in Kühe verwandeln könnten, es gibt sogar eine Karikatur dazu aus jener Zeit. Im Deutschen Reich entstehen viele Impfanstalten, die meist an Bauernhöfe mit Kühen angeschlossen sind – wie wir wissen, stammt der Impfstoff aus Kuhpocken, daher auch der Name „Vakzine". Die Impfpflicht wird, wie heute, immer wieder als Anlass genommen, um zu diskutieren, wie weit der Staat in die Entscheidungsfreiheit des Einzelnen eingreifen darf. Andere sehen in der Impfung einen Eingriff in die Natur oder in Gottes Schöpfung.

Trotz aller Widerstände setzt sich die Impfung durch und aus den reichen Industriestaaten verschwinden die Pocken, die die Menschheit seit Jahrtausenden begleitet hatten. Nur in strukturschwächeren Gebieten wie Indien und Afrika treten trotz breit angelegter Impfkampagnen immer wieder lokal Pockenepidemien auf, die sich oft rasend schnell ausbreiten.

Daher ändert die WHO (World Health Organisation) 1967 ihre Strategie. Durch eine neuartige, flexible Impfkampagne, die von internationalen Beratenden aus 70 Ländern der Welt begleitet wird, und mit Hilfe der Minister und von Mitarbeitern des Gesundheitsprogramms gelingt es der WHO, die Welt am 8. Mai 1980 als pockenfrei zu deklarieren, welch ein Sieg! Die WHO selbst hat immer noch 64 Millionen der kostspieligen Impfdosen vorrätig, um bei einem eventuellen Pockenausbruch schnell reagieren zu können.

Auch der Syphilis sind wir früher begegnet: gegen sie hatte Paul Ehrlich das Medikament Salvarsan entwickelt, später wurde sie durch Penicillin heilbar. Nach der Rückkehr der Entdecker Amerikas häufen sich in europäischen Mittelmeerhäfen Berichte über eine mysteriöse Krankheit. In jener Zeit beginnen die sogenannten italienischen Kriege, die von 1494 bis 1559 andauern sollten. Zu Anfang richtet sich der Krieg gegen das Königreich Neapel und als die Scharen von Söldnern aus vielen Ländern in ihre europäischen Heimatländer zurückkehren, bringen sie die Krankheit mit nach Hause. Wie schon zur Zeit von Thykidides und der Attischen Seuche richtet sich die Wut der Bevölkerung gegen andere Menschen – gepaart mit der einhergehenden Angst vor ihnen. In den meisten Nachbarländern Frankreichs spricht man von der „französischen Krankheit", in Frankreich heißt sie „neapolitanische Krankheit", Schotten nennen sie „englische Krankheit", Norweger „schottische Krankheit", in Russland heißt sie sogar „polnische Krankheit".

Die chronische Infektionskrankheit wird von dem Bakterium Treponema pallidum subspecies pallidum übertragen, in der Regel beim Geschlechtsverkehr. Die Erreger vermehren sich vor allem im Genitalbereich und bei der Bekämpfung der Keime zerstört das Immunsystem auch das umliegende Gewebe, was zu einem meist einzelnen, schmerzlosen Geschwür an dieser Stelle führt und von selbst wieder abheilt. Als es noch keine Behandlung dafür gab, folgten weitere Krankheitsstadien, im Spätstadium kam es zu Schädigungen an der Hauptschlagader, dem Rückenmark oder dem Gehirn. Sind die beiden letzteren betroffen, spricht man von der gefürchteten Neurosyphilis, die Betroffenen werden dabei oft wahnsinnig und sterben in geistiger Umnachtung. Zwischen den Stadien liegen oft jahre- bis jahrzehntelange beschwerdefreie Phasen, in denen die Menschen weiterhin ansteckend sind, allerdings weniger als im Anfangsstadium.

Nach Schätzungen der WHO steckten sich 2020 weltweit etwa 7 Millionen Menschen neu mit Syphilis an. Wird sie früh erkannt, ist die Krankheit heutzutage gut behandelbar und verläuft so gut wie nie tödlich.

Der Malaria, der wir uns jetzt widmen wollen, war auch schon Robert Koch auf seinen Reisen nach Afrika auf der Spur. Die Malariaerreger sind keine Bakterien, sondern einzellige Eukaryoten aus der Gruppe der Plasmodien. Sie werden von den Weibchen der Anophelesmücke übertragen, benutzen also einen sogenannten Vektor, so ähnlich wie das Pestbakterium den Rattenfloh. Die fünf bekannten Plasmodienarten, die Malaria auslösen und zu unterschiedlichen Verläufen führen, befallen die Erythrozyten im Blut und bringen sie zum Platzen.

Der Name der Krankheit kommt aus dem Italienischen: „Mal'aria", schlechte Luft. Wie bei vielen anderen Infektionskrankheiten schob man die Schuld auf die „schlechte Luft" in der Gegend der Gebiete, die von der Krankheit betroffen waren. Schon im Altertum war in der Gegend um die pontinischen Sümpfe südöstlich von Rom eine Seuche bekannt, die man „Wechselfieber" nannte. Es gab kaum etwas, was Eroberer so sehr davon abschreckte, Italien anzugreifen, als die Geschichten über diese Krankheit. Nachdem der Westgotenkönig Alarich Rom erobert hatte, starb er kurz darauf an Malaria, der Ostgotenkönig Theoderich fiel ihr in Ravenna zum Opfer.

Auch aus dem Mittelalter sind Malaria-Epidemien bekannt. Die deutschen Könige, die sich zum Kaiser ernennen lassen wollten und dafür zum Papst jener Zeit reisen mussten, vermieden den Sommer zum Reisen. Die italienischen Päpste waren den Deutschen darüber hinaus nicht immer wohl gesonnen, und so ernannte Kaiser Heinrich der III. 1046 einen deutschen Bischof zum Papst. Doch Clemens II starb, genauso wie die drei ihm nachfolgenden deutschen Päpste. Wahrscheinlich alle vier an Malaria.

Ein erster Heilungsansatz kommt von Jesuiten. Diese hatten schon im 17. Jahrhundert in Südamerika beobachtet, dass die dort lebenden Ureinwohner ein Mittel gegen Malaria einsetzten, das sie „Quina" nannten, was in ihrer Sprache so viel bedeutet wie „Baumrinde", und das dem südamerikanischen Chinarindenbaum abgewonnen wird. Zuerst hieß der Wirkstoff „Jesuitenpulver", später „Chinarinde" oder „Chinin". Der italienische Arzt Francesco Torti (1658–1741) beschreibt als Erster die positive Wirkung des Medikaments. Die Angst vor Malaria hindert auch viele Europäer daran, ins Innere Afrikas vorzudringen. Chinin, das ab Anfang des 19. Jahrhunderts verfügbar wird, macht es danach möglich. Heute ist Chinin immer noch in Tonic Water enthalten, doch Achtung: die Menge an Chinin ist viel zu niedrig, um gegen Malaria zu wirken.

Erst 1880 entdeckt der französische Militärarzt Alphonse Laveran die Erreger der Malaria, die Plasmodien, im Blut von Erkrankten. Man weiß damals aber noch nicht, wie sie dahin gekommen waren. Erst der englische Militärarzt Ronald Ross findet den Übertragungsweg über die Anophelesmücke. Er erhält 1902 den Nobelpreis dafür.

Trotz vieler weltweiter Bemühungen zur Kontrolle und Ausrottung der Malaria lebt heutzutage immer noch die Hälfte der Weltbevölkerung in Regionen mit Malariarisiko, wie manche von Ihnen wahrscheinlich wissen, die schon einmal in eine dieser Gegenden gereist sind. Die WHO schätzt, dass jedes Jahr fast 250 Millionen Menschen an Malaria erkranken und über 600.000 daran sterben.

Auch der Cholera sind wir schon begegnet, die im 19. Jahrhundert in mehreren Pandemien ausbricht. Als der britische Arzt John Snow 1854 bei einem Ausbruch der Seuche im Londoner Stadtteil Soho den Griff einer Wasserpumpe abmontiert und so das Leben vieler Menschen rettet, gilt das als Geburtsstunde der modernen Epidemiologie, also der Wissenschaft über die Ursachen und die Verbreitung von Epidemien. Wir erinnern uns, dass Robert Koch den Erreger, das Vibrio cholerae, 1883 in Alexandria nachweisen kann und seine Arbeit dazu in Indien, wo die Cholera endemisch ist, fortsetzt.

Eine der letzten großen Choleraepidemien Europas 1892 in Hamburg haben wir auch schon erwähnt und sogar einige der Maßnahmen, die damals – unter dem Einfluss von Robert Koch – zur Bekämpfung der Seuche ergriffen wurden. Noch im gleichen Jahr wird in Hamburg das „Institut für Hygiene und Umwelt" gegründet, ganze Viertel werden saniert oder abgerissen und es wird das Filtrierwerk der Hamburger Wasserwerke gebaut. Im April 1893 wird die Stelle eines Hafenarztes geschaffen, der sich fortan darum kümmern soll, dass keine Infektionen von einem Schiff an Land gebracht werden. Wir erinnern uns: Hafenstädte wie Piräus, Kaffa oder Hongkong hatten bei der Verbreitung von Seuchen schon früher eine Rolle gespielt.

Die letzte große Cholera-Pandemie beginnt 1961 in Indonesien und breitet sich nach Indien, Russland und Nordafrika aus. Mit kleinen nationalen Epidemien – unter anderem in Haiti während des Erdbebens 2010, das viele sanitäre Infrastrukturen vernichtet hatte – hält diese siebte Pandemie immer noch an.

Die Cholera tritt heute noch in Ländern auf, in denen Trink- und Abwassersysteme nicht voneinander getrennt sind. Sie wird durch verseuchtes Wasser, aber auch durch Fische und andere Nahrungsmittel aus dem Meer verbreitet. Weltweit treten jährlich 1,3 bis 4 Millionen Cholerafälle auf, 21.000 bis 143.000 Menschen sterben daran. In Industrieländern, in denen Kläranlagen und Wasserwerke für sauberes Wasser sorgen, ist die Cholera glücklicherweise sehr selten geworden.

Wie lange es die Grippe unter uns Menschen schon gibt, weiß man nicht genau. Als erste Beschreibung der Influenza gilt die des berühmten Arztes Hippokrates von Kos aus dem Jahre 412 v. Chr. und wir befinden uns in Perinth, einer Hafenstadt am Marmarameer im damaligen Nordgriechenland. Man nennt die damalige Epidemie die „Perinthische Hustenepidemie". Man vermutet jedoch, dass es die Grippe schon lange davor beim Menschen gegeben hat und dass das Virus von Haustieren, die nach der Einführung der Landwirtschaft mit ihnen auf engem Raum zusammenleben, auf den Menschen übergetreten ist. Es gibt Viren, die ausschließlich Menschen befallen – Pocken-, Masern-, Mumps- und Rötelnviren zum Beispiel – und solche, die nur bei Tieren zu finden sind.

Im nächsten Teil des Buches werden wir den Weg, den Viren wählen, um in Zellen einzudringen, näher kennenlernen. Menschliche und tierische Zellen sind unterschiedlich aufgebaut, so dass die Viren unterschiedliche Werkzeuge benötigen, um in sie einzudringen und sie zu erobern. Das Virus macht, um von einem rein tierischen Krankheitserreger zum Erreger einer menschlichen Krankheit zu werden, viele Veränderungen durch. Doch Viren mutieren unablässig. Irgendwann tritt nun einmal eine Mutation auf, die eine – für das Virus – nützliche Veränderung bewirkt und so für uns Menschen zur Gefahr wird. Als natürliches Reservoir für Grippeviren gelten im Allgemeinen Vögel, vor allem Wasservögel – zum Beispiel Enten –, die so gut wie nicht an der Infektion erkranken. Man vermutet, dass Schweine dazu beigetragen haben, dass die Vogelkrankheit zu einer Menschenkrankheit wurde, weil ihre Zellen den Menschenzellen ähnlicher sind. Dieses Zusammenleben war, egal wie sich alles letztendlich zugetragen hat, ein optimales Forschungslabor für das Virus, um herauszufinden, wie es am besten in menschliche Zellen eindringt und sie zu Virusfabriken umfunktioniert, um sich fortzupflanzen.

Die Grippe war also – so wie heute – eine endemische Krankheit, das heißt sie trat regelmäßig in der Bevölkerung auf. Die gelegentlichen schwereren Ausbrüche – und um diese wird es im folgenden gehen – werden als Epidemien oder, wenn sie weitere Teile der Welt betreffen, als Pandemien bezeichnet.

Im Sommer des Jahres 1889 beginnt in Zentralasien die sogenannte „Russische Grippe", die sich über die Handelsrouten nach Russland und China ausbreitet, später von Russland nach Europa und in die ganze Welt. Die Forscher streiten sich heute immer noch darüber, ob der Erreger ein Influenza- oder ein Corona-Virus war. Die Pandemie fordert weltweit bis zu einer Million Opfer und ist die bis dahin schwerste Epidemie einer Atemwegsinfektion.

Zu jener Zeit kennt man schon die Keimtheorie und hat durch Pasteur und Koch viel über die Ausbreitung von Krankheiten gelernt. Einer von Robert Kochs Mitarbeitern, Richard Pfeiffer, will 1892 den Erreger der Influenza identifiziert haben und nennt ihn Pfeifferschen Bazillus, heute heißt er Haemophilus influenzae. Spätere Forschungen werden ergeben, dass die Grippe von Viren verursacht wird, die man mit herkömmlichen Mikroskopen allerdings nicht erkennen kann. Den Pfeifferschen Bazillus gibt es tatsächlich und er ist häufig im Rachen von Menschen anzutreffen, allerdings verursacht er nicht die Grippe. Dieser Irrtum wird 1918, als die Spanische Grippe ausbricht, immer noch bestehen.

Es gibt zu jener Zeit zwar schon einige Wissenschaftler, die vermuten, dass die Grippe von kleineren Erregern als Bakterien herbeigeführt wird. Nicht nur gelingt es kaum, den Erreger in Reinkultur zu züchten, man kann die Krankheit durch die Inokulation von Affen auch nicht herbeiführen. Das dritte Koch'sche Postulat ist also nicht erfüllt. Es wird viel Zeit und Mühe in die Forschung zum Pfeifferschen Bazillus investiert und man erkennt erst viele Jahre später, dass man auf dem Holzweg war und die Hoffnung, eine Impfung gegen die Grippe entwickeln zu können, wird sich in dieser Zeit nicht erfüllen.

Wenn man an das letzte Jahrhundert denkt, kommen einem wahrscheinlich Bilder der zwei großen Weltkriege oder der Kalte Krieg und sein Ende in den Sinn. Nur selten liegt der Fokus auf einer der größten Seuchen des Jahrhunderts, die jeden dritten Menschen auf der Erde infizierte, das waren damals 500 Millionen. Zwischen dem 4. März 1918 und irgendwann im März 1920 tötete die Spanische Grippe zwischen

50 und 100 Millionen Menschen, das waren 2,5 bis 5 Prozent der Weltbevölkerung. Sie übertraf damit den ersten Weltkrieg mit 17 Millionen Todesopfern, den Zweiten Weltkrieg mit 60 Millionen und vielleicht sogar beide zusammengenommen. Seit der Pest-Pandemie des 14. Jahrhunderts war es die größte in der Geschichte der Menschheit.

Über die Spanische Grippe könnte ich wieder ein ganzes Buch schreiben und glücklicherweise gibt es auch schon welche, deren Lektüre sehr lohnenswert ist, um vieles, das wir in der Corona-Pandemie durchgemacht haben, besser zu verstehen und in einen größeren Zusammenhang zu stellen. Ich kann trotzdem nicht umhin, hier ein paar Fakten dazu einzubringen.

Heute geht man davon aus, dass die Pandemie in den USA ihren Anfang genommen hat, und zwar am Morgen des 4. März 1918 in Camp Fuston in Kansas, als sich der Koch des Ausbildungslagers, Albert Gitchell, mit Hals-, Kopfschmerzen und Fieber krankmeldet. Zur Mittagszeit beherbergt die Krankenstation bereits hundert Patienten, in den Wochen darauf wird ein Hangar gebraucht, um alle Kranken unterzubringen. Die USA waren im April 1917 dem Krieg beigetreten und die Soldaten werden in Camps wie diesem in Kansas für ihren Einsatz in Europa ausgebildet. Auch heute noch dauert die Suche nach dem sogenannten Patient Null (patient zero) an und es gibt noch mindestens drei gut dokumentierte andere Möglichkeiten für den ersten nachgewiesenen Fall von Spanischer Grippe.

Bis April 1918 kann man im Mittleren Westen der USA und bis hin zu den Städten an der Ostküste schon von einer Grippeepidemie sprechen. Von hier bringen die Soldaten die Krankheit in die französischen Häfen, wo sie von Bord gehen. Von der Front aus greift die Grippe sehr schnell auf ganz Frankreich über und breitet sich weiter nach Großbritannien, Italien und Spanien aus. Ende Mai erkranken sogar der spanische König, sein Premierminister und einige Mitglieder des Kabinetts.

Hier kommt es zur Namensgebung der Epidemie: Da Spanien in diesem Krieg neutral ist und eine relativ liberale Zensur hat, wird das Ausmaß der Seuche im Vergleich zu anderen Ländern weniger verschwiegen. Am 27. Mai 1918 meldet die Nachrichtenagentur Reuters – eine internationale Nachrichtenagentur in London –, dass der spanische König Alfons XIII. erkrankt sei. Als am 29. Juni der spanische Gesundheitsdirektor Martín Salazar verkündet, er kenne keine Berichte über eine ähnliche Krankheit im Rest von Europa, geht die internationale Presse dazu über, von der „Spanischen Grippe" zu sprechen.

In Spanien selbst nennt man die Krankheit „Soldat von Neapel" („Soldado de Nápoles"), da sie sich ähnlich schnell verbreitet wie ein Lied mit diesem Namen, der Teil der Zarzuela – das ist eine typisch spanische Art des Musiktheaters – „La canción del olvido" („Das Lied des Vergessens") ist und die am 1. März, kurz vor Ausbruch der Pandemie, ihre Premiere hat. Zeitgenössische Beobachter nehmen an, dass der Erreger aus Frankreich nach Spanien gekommen war, da im Winter 1917/18 etwa 24.000 Spanier in Frankreich arbeiteten, von denen 9000 vor Ausbruch der Pandemie heimgekehrt waren.

Die Spanische Grippe beginnt ganz plötzlich mit einem ausgeprägten Krankheitsgefühl im ganzen Körper, Kopf- und Gliederschmerzen, trockenem Husten und starken Reizungen im Hals- und Rachenbereich. Später folgt sehr hohes Fieber über ein oder zwei Tage hinweg. Die Krankheit dauert im Durchschnitt drei und selten mehr als fünf Tage. In schweren Fällen tritt eine Lungenentzündung auf – entweder primär durch das Grippevirus selbst oder sekundär durch bakterielle Superinfektionen –, manchmal hämorrhagisches Fieber (einhergehend mit Blutungen aus Mund, Nase und inneren Organen) sowie eine bläulich-schwarze Verfärbung der Haut, die die Ärzte jener Zeit als „heliotrope Zyanose" bezeichnen – ein Versuch, die Farbe, die den Ton der gleichnamigen Pflanze hatte, möglichst genau zu beschreiben. Die Blaufärbung der Haut kommt vom Mangel an Sauerstoff. Für die Betroffenen und jene, die es beobachten, ist das Ganze jedoch viel Unheimlicher: das Blau verdunkelt sich nämlich langsam zu Schwarz, und zwar zuerst an den Händen und Füßen, einschließlich der Nägel, später wandert es weiter bis zum Bauch und zum Rumpf. Schleichend und unerbittlich erobert der Tod den menschlichen Körper. Manche Menschen berichten, die Spanische Grippe habe einen besonderen Geruch gehabt, und zwar nach modrigem Heu. Es gibt auch Berichte von Menschen, die sich im Angesicht des nahenden Todes durch die Krankheit das Leben nehmen, indem sie aus dem Krankenhausfenster springen oder sich mit einem Rasiermesser die Kehle durchschneiden. Wer die Krankheit überlebt, braucht sehr lange, um sich davon zu erholen und manche Menschen leiden für den Rest ihres Lebens an neurologischen Ausfällen.

Die Pandemie tritt in drei Wellen auf. Die erste Welle, die wie schon beschrieben in Kansas ihren Anfang nimmt, verbreitet sich also nach Frankreich, Spanien, Großbritannien, Italien und Deutschland. Im Juni werden auch schon Fälle aus Indien, China, Neuseeland und den Philippinen gemeldet. Im Juli trifft sie vor allem Dänemark und Norwegen, im August die Niederlande und Schweden. Im Vergleich zu den nächsten Pandemiewellen wird die erste noch relativ mild verlaufen und die Sterblichkeitsrate ist etwas niedriger als bei den nächsten. Schon zu Beginn zeichnet sich eine Besonderheit dieser Grippewelle ab: sie trifft besonders Männer zwischen 20 und 40 Jahren. Die Krankheit ist diesmal nicht kriegsentscheidend wie im Peloponnesischen Krieg, schwächt jedoch die schon angeschlagenen deutschen Truppen und wird von manchen als Beschleuniger der deutschen Niederlage angesehen, da viele Soldaten erkranken.

Etwa in der zweiten Augusthälfte des Jahres 1918 kommt es zu einer zweiten Welle. Zwischen Frühjahr und Herbst hatte sich das Virus verändert: es war nicht mehr so gut an die Vögel, dafür umso besser an die Menschen angepasst. Es scheint, dass diese zweite Pandemiewelle auf dem norwegischen Frachtschiff Bergensfjord ausbricht – vier Seeleute versterben bereits an Bord und werden der See übergeben – und am 12. August, als das Schiff in Brooklyn anlegt, kommt mit ihm auch das Virus dort an. Fast gleichzeitig werden in vier Hafenstädten Ausbrüche gemeldet: in Boston (USA), Brest (Frankreich), Dakar (Senegal) und Freetown (Sierra Leone).

Die Seuche breitet sich rasend schnell in den USA aus, insgesamt sterben dort 675.000 Zivilisten und damit mehr US-Amerikaner als auf den Schlachtfeldern beider

Weltkriege. In Europa liegt der Fokus der Berichterstattung auf dem Krieg und die Meldungen über die Grippepandemie werden als beinahe nebensächlich aufgefasst. Manche vermuten, dass die Tatsache, dass vor allem junge, gesunde Männer sterben, einer Überreaktion des Immunsystem geschuldet ist. Dieser sogenannte „Zytokinsturm" löst demnach einen Angriff der Abwehrkräfte seiner Opfer gegen ihr eigenes Körpergewebe aus. Ein amerikanisch-japanisches Forscherteam hat den Erreger der Spanischen Grippe genetisch komplett nachgebaut und diese Hypothese 2007 durch eine Studie an Affen möglicherweise belegt, die im Journal „Nature" veröffentlicht wurde.

Auch die zweite Grippewelle umfasst ganz Europa, aber auch Südamerika, Asien, Afrika und die pazifischen Inseln. In Asien fordert sie weltweit die Hälfte aller Opfer und hier ist auch die Sterblichkeitsrate mit fünf Prozent besonders hoch. In Indien sterben bis zu 20 Millionen Menschen, in China über 9 Millionen. Während Neuseeland schwer getroffen wird, entgeht Australien der Ansteckung durch eine strikte Seequarantäne.

Eine dritte Welle – in ihrer Schwere liegt sie irgendwo zwischen den ersten beiden – tritt ab Februar 1919 zuerst in Großbritannien auf und greift erneut überall auf der Welt um sich. Australien, das die Quarantäne Anfang 1919 aufhebt – leider zu früh, aber das kann damals niemand wissen – wird diesmal auch getroffen, 12.000 Menschen sterben. Am 21. Januar 1919 wird in Paris der Friedensvertrag von Versailles unterzeichnet – der Krieg zwischen den Menschen ist vorüber. Leider nicht der zwischen Viren und Menschen. Es kommt noch zu weiteren Ausbrüchen, zum Beispiel in Chile, Peru oder in Japan. Eine der letzten Spuren der Krankheit tritt gegen Ende März 1920 in einem japanischen Dorf etwa 500 Kilometer nördlich von Tokio auf. Danach ist der Spuk vorbei.

Es ist zwar über 100 Jahre her, trotzdem können wir heute noch aus den damaligen Reaktionen und Maßnahmen lernen, die die Spanische Grippe ausgelöst haben. Im August 1918 ordnen die USA an, alle Schiffe mit Erkrankten unter Quarantäne zu stellen, das erweist sich wegen des Krieges jedoch als nicht durchführbar. Den Menschen wird empfohlen, Menschenmengen zu meiden, Mund, Haut und Kleider stets sauber zu halten und viel zu lüften. Man sollte die Hände vor dem Essen waschen, direkt nach dem Aufstehen ein bis zwei Gläser Wasser trinken, auf zu enge Kleidung, Schuhe oder Handschuhe verzichten.

Mancherorts wird das Spucken auf der Straße – das damals noch sehr verbreitet ist – unter Strafe gestellt, zum Beispiel in New York. Andere Städte verpflichten die Menschen zum Tragen eines Mundschutzes und die New Yorker Gesundheitsbehörde unterstützt die Maßnahme mit dem Slogan „Lieber lächerlich als tot" („Better be ridiculous than dead"). Spätere Studien zeigen, dass das Verbieten von Massenveranstaltungen und das verpflichtende Tragen eines Mundschutzes die Todesrate in amerikanischen Großstädten, um bis zu 50 Prozent zu senken vermochte.

Ebenfalls eingesetzt werden Quarantänemaßnahmen. Die Quarantäne wird von den Venezianern im 15. Jahrhundert erfunden, als sie anordnen, die Schiffe, die aus dem Osten ankommen, vierzig Tage lang vor Anker zu legen – also eine „Quarantäne" lang – bevor die Menschen von Bord dürfen. In jener Zeit erfolgen die meisten Fernreisen auf dem Seeweg und die Häfen sind – wie schon früher berichtet in Athen, Kaffa oder Hongkong – Einfallstore für Seuchen. Daher gibt es in vielen Hafenstädten Quarantänekrankenhäuser in der Nähe der Docks oder sogar auf vorgelagerten Inseln, wie zum Beispiel die Quarantäne-Inseln Lazzaretto Vecchio und Lazzaretto Nuovo bei Venedig oder Spinalonga nördlich von Kreta. Auch zur Zeit der Spanischen Grippe wird die häusliche Quarantäne angeordnet, in Krankenhäusern isoliert man die Grippekranken von anderen Patienten.

Wichtig ist auch, die auftretenden Fälle rechtzeitig zu registrieren. Da die Grippe zu jener Zeit – wie heute glücklicherweise auch – eine normalerweise eher harmlose Krankheit ist, ist sie nicht meldepflichtig. Als die Schwere der Erkrankung bekannt wird, ändert sich das. Vielerorts werden Massenveranstaltungen verboten, Schulen, Theater und Gotteshäuser geschlossen und die Benutzung öffentlicher Verkehrsmittel eingeschränkt.

Man beginnt auch, an der Entwicklung von Impfstoffen zu arbeiten. Man geht jedoch vom falschen Erreger, dem Pfeifferschen Bazillus aus. Manche Impfungen haben sogar Erfolg; heute weiß man, dass dies daran liegt, dass sie die sekundäre Infektion mit Bakterien unterbinden, die häufig eine Lungenentzündung verursachen. In vielen Fällen funktionieren sie allerdings nicht.

Das eine sind die Maßnahmen gegen die Spanische Grippe, das andere ihre Durchsetzung. Zu jener Zeit haben die Behörden mehr Befugnisse, um in das Leben von Privatpersonen einzugreifen, die man heute als invasiv empfinden würde. Andererseits gibt es noch viel Aberglauben und Analphabetismus und viele Menschen werden von den Empfehlungen gar nicht erreicht. In der spanischen Stadt Zamora, die wegen ihrer beeindruckenden Befestigungsanlagen „la bien cercada" („die gut umschlossene") heißt, widersetzt sich der damalige Bischof Álvaro y Ballano den Gesundheitsbehörden und ordnet eine Novene zu Ehren des Heiligen Rocco, des Schutzpatrons gegen Pest und Seuchen an – das sind Abendgebete an neun aufeinanderfolgenden Tagen. Im Beisein des Bürgermeisters und vieler anderer Persönlichkeiten der Stadt erteilt er einer großen Menschenmenge die heilige Kommunion, in einer anderen Kirche stehen die Menschen Schlange, um die Reliquien des Heiligen Rocco zu küssen. Zamora hatte mehr Todesopfer zu beklagen als jede andere spanische Stadt.

Was wir in dieser schweren Pandemie nicht außer Acht lassen dürfen ist die Hilflosigkeit der Ärzte. Wir erinnern uns, dass auch Fleming, der in der Zeit der beiden ersten Grippewellen in Boulogne verweilt und die Wundinfektionen bei Soldaten erforscht, der Spanischen Grippe hilflos gegenübersteht. Es gibt keinerlei Medikamente dagegen und jeder Arzt versucht sein Bestes, um irgendeine Hilfe anbieten zu können. Das Aspirin, das 1897 vom deutschen Chemiker Felix Hoffmann entdeckt wurde und durch seine schmerzlindernden, fiebersenkenden und entzündungshemmenden Eigenschaften als Wundermittel gehandelt wird, wird teilweise in so hohen Dosen verschrieben, dass es selbst zum Gift wird.

Man versucht es mit Chinin, Codein, Salvarsan, sogar mit Opium, Morphium, Heroin oder Kokain. Manche sehen sogar Zigaretten und Alkohol als mögliche Heilmittel und der in der Schweiz geborene Architekt Le Corbusier soll sich in seine Pariser Wohnung eingeschlossen haben, Cognac getrunken und geraucht haben, bis die Pandemie abgeklungen war. Die Antibiotika, die gegen die Superinfektionen hätten eingesetzt werden können, werden – wie wir schon wissen – erst gegen Ende des Zweiten Weltkriegs verfügbar sein, antivirale Medikamente erst in den 1960er Jahren. Doch auch diese – wie wir im zweiten Teil des Buches sehen werden – können den Viren nicht so viel anhaben, wie man sich das wünschen würde. Die folgende Pandemie, die heute noch fortbesteht und auf die wir gleich näher eingehen werden, wird bei der Weiterentwicklung dieser Medikamente und beim Verständnis unseres Immunsystems eine große Rolle spielen.

Was die Impfung gegen Grippeviren betrifft, wird man später, nachdem man die Erreger identifiziert hat, erfolgreich sein, aber, wie wir noch sehen werden, wird man zwei Mal im Jahr einen jeweils neuen Impfstoff herstellen müssen, weil das Virus rasend schnell mutiert. Und selbst mit diesen Impfstoffen kommt man oft zu spät, weil das Virus noch einen anderen Weg gegangen ist, den man nicht erwartet hatte. Auch gegen die nächste Pandemie ist bisher noch kein Impfstoff verfügbar. Bei einer aktuellen, groß angelegten Studie in mehreren südafrikanischen Staaten erwies sich ein Impfstoff, der vom US-Pharmakonzern Johnson & Johnson entwickelt wurde, als zu wenig wirksam.

Es geht um AIDS oder „Aquired Immune Deficiency Syndrome", das beim Menschen durch die Infektion mit dem HI-Virus auftritt. Die Krankheit tritt Anfang der 1980er Jahre in der öffentlichen Wahrnehmung auf, vermutlich gibt es sie allerdings schon viel länger. Wir haben ja schon gesehen, dass Krankheiten von Tieren auf Menschen übertragen werden, Forschende sprechen dabei von einem sogenannten Spillover (Überlauf). Ein Team aus Pennsylvania hat den Erreger zurückverfolgt und fand den wahrscheinlichen Vorgänger bei Schimpansen in Kamerun. Nach ihren Berechnungen fand dieses Spillover um 1910 plus/minus 20 Jahren statt.

Von Kamerun aus macht sich das Virus den Kongo entlang auf den Weg Richtung Léopoldville, dem heutigen Kinshasa, der Hauptstadt der Demokratischen Republik Kongo. Zwischen 1920 und 1960 explodiert die Bevölkerung von Léopoldville von 20.000 auf über 400.000 Einwohner. Die Übertragung geschieht durch Kontakt mit Körperflüssigkeiten, also über sexuelle Kontakte oder das Wiederverwenden von Spritzen und Nadeln, ohne sie zu sterilisieren. Der älteste nachgewiesene Fall stammt aus dem Jahr 1959 aus Léopoldville, damals Belgisch-Kongo. Erst durch Reisende, die aus der inzwischen großen Hauptstadt in die Welt kommen, breitet sich der Erreger ab den 1960er-Jahren in der Welt aus.

Zuerst gelangt er nach Haiti und weil viele Haitianer im Ausland arbeiten, von dort aus in die westliche Welt. Drei frühe Fälle sind dokumentiert: der eines Teenagers aus Missouri, der eines Norwegers, der in der Jugend zur See fuhr, und der einer Ärztin, die in Zaire gearbeitet hatte. Alle drei sind an der Krankheit gestorben.

Eine HIV-Infektion zeigt uns, was passiert, wenn das Immunsystem zusammenbricht – das wir im zweiten Teil des Buches näher kennenlernen werden. Das Virus greift nämlich genau in eines der Kernstücke dieses so genial funktionierenden Systems ein und dringt in die T-Helferzellen, aber auch in T-Killerzellen und dendritische Zellen ein. Dieses Virus gehört zu den sogenannten Retroviren und diese Viren haben die Eigenschaft, für immer in der Zelle ihres Wirtes zu bleiben. Diese RNA-Viren heißen deswegen Retroviren, weil sie ihre Erbinformation zuerst in eine DNA umcodieren bevor sie sie in den Zellkern der Zelle einschleusen.

Die Erstinfektion mit dem Virus ist mild und verläuft eher wie eine harmlose Erkältung. Die Immunabwehr kommt in Gang und es werden T-Zellen und B-Zellen gebildet, die gegen das Virus wirksam sind und den Großteil der Feinde vernichten. Leider ist das HI-Virus sehr hinterhältig und bleibt in den Zellen versteckt. Darüber hinaus kann es auch direkt von Zelle zu Zelle übertragen werden, so dass es nicht frei in der Blutbahn herumschwimmt und entdeckt werden kann. In dieser Phase spürt ein Mensch nicht, dass etwas in seinem Körper nicht stimmt, man nennt es die chronische Phase der Infektion.

Bei jeder Teilung hat das Virus nun die Fähigkeit, sich zu verändern und dadurch die Immunantwort immer wieder auszutricksen. Es spielt sozusagen ein Versteckspiel mit unserem Immunsystem. Doch es ist ihm – wie wir es auch von den unterschiedlichen Grippeviren in darauffolgenden Grippesaisons kennen – immer einen Schritt voraus. Und es kommt schlimmer: es greift irgendwann gezielt die T-Helferzellen an, jene Zellen also, die der Körper braucht, um die B-Zellen und T-Killerzellen zur Immunantwort anzuregen. Die T-Killerzellen gehen nun dazu über, die mit HI-Viren infizierten T-Helferzellen zu zerstören. Sie vernichten also die eigenen Waffen, die der Körper gegen das Virus zur Verfügung hat. Irgendwann kollabiert das spezifische Immunsystem.

Hier tritt die dritte Phase der Erkrankung ein, das eigentliche AIDS (Aquired Immune Deficiency Syndrome). Alle möglichen Mikroben, auch solche, die unter normalen Umständen nicht krankheitsauslösend wirken, können dem Körper jetzt Schaden zufügen. Sogar Krebszellen, die sonst Tag für Tag vom Immunsystem beseitigt werden, können lebensbedrohlich werden. Bis vor etwa fünfundzwanzig Jahren war jede Infektion mit dem HI-Virus ein Todesurteil.

Seit den 1980er Jahren arbeiten Forschende auf der ganzen Welt daran, Medikamente und Impfstoffe gegen das HI-Virus zu entwickeln. Die Medikamente, die die Vermehrung des Virus verhindern oder wenigstens verlangsamen können, haben die tödliche Krankheit in eine chronische Erkrankung verwandelt, mit der man alt werden kann. Ein Durchbruch bei der Impfung gegen HIV ist leider nicht in Sicht.

Im Jahr 2020 lebten weltweit etwa 37,7 Millionen HIV-positive Menschen. Es kam in diesem Jahr aber auch zu 1,5 Millionen Neuinfektionen, das sind immer noch 4100 täglich, etwa 680.000 Menschen sind daran gestorben. Während im Durchschnitt in der Welt etwa 0,5 Prozent der Menschen infiziert sind, liegt dieser Prozentsatz in manchen afrikanischen Ländern bei 25 Prozent.

Die Schutzmaßnahmen gegen die Ansteckung werden seit den 1980er Jahren weltweit propagiert. Dazu gehört der Schutz beim Geschlechtsverkehr, das Achten auf sauberes Drogenbesteck sowie die sogenannte Prä-Expositionsprophylaxe durch Einnahme von HIV-Medikamenten. Eine Übertragung durch Blutprodukte ist hierzulande aufgrund strenger Richtlinien so gut wie ausgeschlossen. All diese Maßnahmen haben zu einer deutlichen Verringerung der Fallzahlen, besonders in den Industrieländern, geführt.

Kommen wir zu der Pandemie, die uns allen noch tief in den Knochen sitzt. Vor etwa viereinhalb Jahren ist ein neuartiges Virus in unseren Fokus gerückt, das unsere ganze Welt auf den Kopf gestellt hat. Ohne das Coronavirus hätte ich dieses Buch, das Sie gerade lesen, wahrscheinlich niemals geschrieben. Ich hätte wahrscheinlich auch gar nicht herausgefunden, dass ich überhaupt gerne Bücher schreibe, hätte mich nicht der Ausbruch der Coronapandemie im März 2020 buchstäblich an den Schreibtisch gefesselt, um mein erstes Buch „Von Mund zu Gesund. Wie ein gesunder Mund vor Krankheiten schützt" zu schreiben. Dieses schlummerte wohl seit geraumer Zeit in mir, aber es gab so viel anderes, das wichtiger zu sein schien.

Ich habe in meinem ganzen bisherigen Leben nichts erfahren, das mich selbst, die Menschen um mich herum, ihre Werte und ihren Alltag so einschneidend verändert hat wie das Coronavirus. Auch wenn inzwischen fast jeder von uns mit Informationen dazu überflutet wurde, komme ich nicht umhin, hier auf die Corona-Pandemie einzugehen.

Coronaviren, zu deren Gruppe das SARS-CoV-2-Virus gehört, werden erstmals Mitte der 1960er Jahre beschrieben. Sie kommen bei allen Landwirbeltieren vor, also bei Säugetieren, Vögeln, Reptilien und Amphibien, bei denen sie sehr unterschiedliche Krankheiten auslösen.

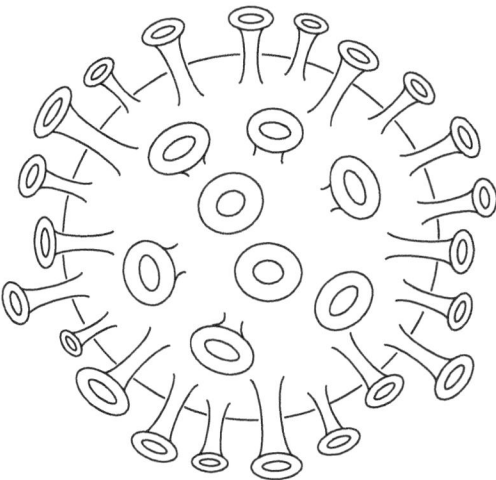

Coronavirus.

Von den 7 Arten von Coronaviren, die dafür bekannt sind, beim Menschen Krankheiten auszulösen, verursachen vier Erkältungssymptome – man leidet unter einem grippalen Infekt. Etwa fünfzehn Prozent der grippalen Infekte, die gemeinhin „Erkältungen" genannt werden, gehen auf Coronaviren zurück. Die anderen drei – SARS-CoV, MERS und SARS-CoV-2 – verursachen hingegen schwerere und manchmal tödliche Atemwegsinfektionen.

2003 tritt die erste durch SARS-CoV hervorgerufene Pandemie und damit die erste des 21. Jahrhunderts auf, und das gleich in 26 Ländern. Das Virus verursacht das Schwere Akute Atemwegssyndrom (Severe Acute Respiratory Syndrome, also SARS). Hier ist Patient Null auch nicht ganz gesichert, man vermutet aber, dass es ein Bauer aus Foshan in der Provinz Guangdong in Südchina ist, der am 16. November Symptome einer „atypischen Lungenentzündung" aufweist. Von den weltweit 8096 infizierten Menschen sterben bis 31. Juli 2003 774 Personen, das entspricht einer Sterblichkeitsrate von 9,6 Prozent. Als Virusreservoir werden Fledermäuse in Betracht gezogen, von denen die Viren auf Menschen übergetreten sein sollen, wahrscheinlich über die Zibetkatze – eine asiatische Schleichkatze – als Zwischenwirt.

Die Weltöffentlichkeit beobachtet mit Schrecken, wie schnell sich die Seuche in unserer globalisierten Welt ausbreiten kann. Am 6. Mai 2003 beschließt man die Einrichtung eines Europäischen Zentrums für Krankheitsprävention und dieses, das European Centre for Disease Control (ECDC), wird ein knappes Jahr später in Stockholm eröffnet.

Zehn Jahre später, 2012, tritt ein neues Virus, das MERS-CoV, auf, das das sogenannte „Middle East Respiratory Syndrome" auslöst, ebenfalls eine schwer verlaufende Atemwegserkrankung. Ganz genau weiß man es nicht, aber man vermutet, dass das Virus von Dromedaren auf den Menschen übergetreten sein könnte. Die Pandemie erstreckt sich in mehreren Ausbrüchen bis 2015 über 27 Länder. Dabei werden 2494 laborbestätigte Fälle und 858 Todesfälle gezählt – also 34,4 Prozent.

Forschende sehen die Ursache dafür, dass diese beiden Pandemien relativ schnell wieder aus der Welt verschwunden sind, in ihrer hohen Letalität – also Sterblichkeit. Nur wenn das Virus sich über längere Zeit in einer Population halten kann, kann es mutieren. Stirbt sein Wirt jedoch zu schnell, kann es sich nicht ausbreiten. Das MERS-CoVirus gibt es zwar noch in Saudi-Arabien, es sterben jedoch nur noch wenige Menschen daran. Man vermutet, dass es mutiert und daher schwächer geworden ist.

Auch SARS-CoV-2 ist vermutlich durch Fledermäuse auf den Menschen übertragen worden, und zwar auf einem Markt für lebende Tiere im chinesischen Wuhan. Dieses Virus ist unendlich viel ansteckender als das SARS- und das MERS-Virus, glücklicherweise aber auch viel weniger tödlich. Das neuartige Virus hat sich, wie Sie alle wissen, in Windeseile in der ganzen Welt ausgebreitet.

Das SARS-CoV-2-Virus überträgt sich von Mensch zu Mensch über Tröpfchen, also über das Sekret der Atemwege, beispielsweise beim Niesen oder Husten. Auch eine Übertragung durch Aerosole, besonders in schlecht belüfteten Räumen oder durch kontaminierte (verseuchte) Flächen wird diskutiert.

Nach einer Ansteckung erkranken 55 bis 85 Prozent der Menschen erkennbar an COVID-19. Manche fühlen sich kaum krank oder haben nur milde, grippeähnliche Symptome. Bei anderen wiederum treten schwere beidseitige Lungenentzündungen auf, die manchmal mit einem akuten Lungenversagen einhergehen und auch solche, die tödlich enden. Doch nicht nur die Lunge, auch die Leber, das Zentralnervensystem, die Nieren, Blutgefäße und das Herz können betroffen sein.

Die Inkubationszeit nach einer Ansteckung beträgt durchschnittlich fünf bis sechs Tage, gelegentlich auch bis zu zwei Wochen. Das ist also besonders gefährlich: Menschen, die das Virus in sich tragen, ohne sich krank zu fühlen, können es ungewollt auf andere übertragen.

Die häufigsten Symptome sind Fieber, trockener Husten und Müdigkeit, weniger häufig unter anderem eine verstopfte Nase, Kopfschmerzen, Übelkeit und Erbrechen oder Geschmacks- und Geruchsverlust. Bei der Mehrzahl der bekannten Infizierten verläuft die Krankheit leicht und die Symptome klingen meistens innerhalb von ein bis zwei Wochen ab. Sowohl der Verlauf als auch die Schwere der Erkrankung variieren allerdings sehr stark, nicht nur zwischen einzelnen Menschen, sondern auch abhängig von der Virusvariante. Wie das Grippevirus verändert sich nämlich auch das Coronavirus kontinuierlich durch Mutation.

Laut WHO (World Health Organisation) waren bis zum 3. März 2024 weltweit rund 774 Millionen Menschen an COVID-19 erkrankt, wobei in vielen Ländern eine hohe Dunkelziffer vermutet wird. Seit Februar 2020 sind im Zusammenhang mit dem Coronavirus über 7 Millionen Menschen gestorben (Stand April 2024), das würde einer Tödlichkeitsrate von rund einem Prozent entsprechen. Zu Anfang der Pandemie habe ich die Weltkarte der Johns-Hopkins-Universität mit den bunten Punkten und den Infektions- und Todeszahlen mehrmals täglich betrachtet. Sicher kennen Sie sie, liebe Leserin und lieber Leser, auch.

SARS-CoV-2 benutzt als Eintrittspforte in die menschliche Zelle ein Enzym der Zellmembran, das ACE2 (Angiotensin-konvertierendes Enzym 2). Es spielt eine große Rolle im sogenannten Renin-Angiotensin-Aldosteron-System (RAAS), das den Volumenhaushalt unseres Körpers steuert und unseren Blutdruck reguliert. Durch seine Funktion, die sehr komplex mit vielen anderen Substanzen unseres Körpers interagiert, übt es eine Schutzwirkung auf unser Herz-Kreislauf-System aus. ACE2 kommt zum Beispiel in hohen Konzentrationen in der Nasen- und Mundschleimhaut vor, so dass diese als Eintrittspforten für das Virus diskutiert werden. Aber auch in der Niere, der Lunge, dem Gefäßendothel und unserem Magen-Darm-Trakt ist ACE2 vertreten. An dieser Stelle docken sie also an, nehmen die menschlichen Zellen in Besitz und funktionieren sie zu Virusfabriken um, um sich zu vermehren. Wie der Krieg weitergeht und unser Immunsystem sich wehrt, werden wir im zweiten Teil des Buches erfahren.

Seit dem 11. März 2020, als die WHO (World Health Organisation) COVID-19 zur Pandemie erklärt hat, arbeiten Forschende aus der ganzen Welt gemeinsam an der Entwicklung von Medikamenten und Impfstoffen gegen die Krankheit. Auch an dieser Stelle möchte ich nicht zu sehr ins Detail gehen, da – wie schon bei der Mikrobiomforschung – alles, was ich schreiben kann, fortlaufend aktualisiert wird. Was die Therapie betrifft, stehen wir – wie bei saisonalen Grippeepidemien – auch noch ziemlich hilflos da. Nicht so bei den Impfungen. Bis zum 10. Juli 2023 wurden weltweit mehr als 13,4 Milliarden Impfdosen verabreicht. Mit Impfungen, ihrer Wirkung und ihren Nebenwirkungen beschäftigen wir uns auch noch im nächsten Teil des Buches.

Relativ häufig berichten Menschen – wie wir es auch bei der Spanischen Grippe kennengelernt haben – nach der Erkrankung mit COVID-19 von anhaltenden Beschwerden, die viele Organsysteme betreffen können – man nennt dieses Krankheitsbild Long COVID. Dies kommt nicht nur bei anfangs schwer Erkrankten, sondern auch bei jungen, gesunden, anfangs nur leicht erkrankten Menschen vor.

Es wird sicher noch Jahre dauern, bis all jenes, was wir während der Corona-Pandemie erlebt haben, hinsichtlich der Folgen für unsere körperliche und seelische Gesundheit sowie unsere gesamte Gesellschaft aufgearbeitet werden wird. Im Augenblick scheint der Spuk allerdings vorbei – wie seinerzeit bei der Spanischen Grippe. Immerhin ist diese nie wiedergekommen, wie so viele andere Pandemien der Weltgeschichte auch. Und sollte wieder eine Pandemie ausbrechen, werden wir im zweiten Teil dieses Buches unsere Alliierten und unglaublichen Waffen im Kampf gegen krankmachende Keime kennenlernen.

Nachwort

Wir haben bisher eine wahrlich lange Reise hinter uns. Wir haben vor 13,8 Milliarden Jahren mit dem Urknall angefangen und erlebt, wie unsere Erde entstanden ist und wie es da ausgesehen hat, bevor es uns Menschen darauf gab. Wir haben miterlebt, wie die ersten Menschen mit Hilfe von primitiven Mikroskopen mit Linsen aus geschliffenem Glas die ersten Mikroben zu sehen bekamen. Wir haben erfahren, wie das Verständnis über das Leben der Mikroben und ihre Kommunikation untereinander und mit unseren Zellen dazu beigetragen hat, dass sich unsere Weltsicht in den letzten 350 Jahren grundlegend verändert hat.

Wie so oft sehe ich aus dem Fenster und über die alte Stadt, die im Sonnenlicht glänzt. Später, wenn ich mit Frieda am kleinen Waldteich vorbeispazieren werde, wünsche ich meinen kleinen Pantoffeltierchen einen schönen Tag.

Wir Menschen sitzen oft dem Irrtum auf, dass wir denken, vieles zu wissen. Doch auch heute noch befinden wir uns auf dem Weg und sind ständig auf der Suche nach neuen Erkenntnissen. Auch heute noch irren Wissenschaftler und Wissenschaftlerinnen, streiten darüber, wer Recht hat, versuchen sich neue Theorien gegen alte durchzusetzen.

Wir wissen aber auch, dass es, von einer höheren Ebene aus betrachtet, kein „Gut" und kein „Böse" gibt. Die krankheitserregenden Mikroben, mit denen wir uns im ständigen Krieg befinden, wollen, genau wie wir, vor allem eines: leben. Genauso wie unsere Mikrobiota, die viele Fähigkeiten entwickelt haben, um uns bei unserem Überleben zu unterstützen. Das Ökosystem, das wir sind, ist ein Milieu, auf dem Mikroben leben und sich vermehren, wenn wir es mit der Sprache Claude Bernards ausdrücken wollen. Je mehr wir all jenes, was in uns vorgeht, verstehen, umso mehr können wir gesund bleiben oder uns selbst heilen.

Zum Abschluss wünsche ich Ihnen, lieber Leser und liebe Leserin, dass Sie möglichst lange und gesund leben. Vergessen Sie aber nicht: alle anderen Wesen dieser Erde, so klein sie auch sein mögen, haben wie Sie vor allem das eine im Sinn: leben! Dieses Leben, „ein einzigartiger Gewinn im Roulette der Moleküle", sollte jeder von uns in vollen Zügen genießen.

https://doi.org/10.1515/9783111611143-011

Teil II: **Krieg und Frieden in uns. Wie wir jeden Tag überleben**

Worte sind natürlich die mächtigste Medizin, welche die Menschheit benutzt.

Joseph Rudyard Kipling (1865–1936)

Einleitung

Als ich am vierundzwanzigsten Februar 2022 erfuhr, dass russische Truppen in der Ukraine einmarschiert waren, erinnerte ich mich an eine Begebenheit, die sich einige Jahre zuvor zugetragen hatte.

Ich hatte meine Tochter an den Mannheimer Bahnhof gefahren, zu ihrem Zug nach Amsterdam, wo sie kurz zuvor zu studieren begonnen hatte. Wir hatten noch etwas Zeit und gingen in die Bahnhofsbuchhandlung. Meine Tochter wollte eine Zeitschrift für die lange Zugfahrt kaufen. Da erblickten wir zwei lange Reihen von Militärzeitschriften, die meisten davon auf glänzendes Papier gedruckt, mit Beschreibungen von Schlachten, Waffen, Kriegstaktik und anderen militärischen Themen. Ich hatte so etwas noch nie zuvor gesehen. Mir wurde übel. Irgendwann mussten wir zum Gleis. Mein Töchterchen, das gefühlt gerade eben noch als Baby in meinen Armen gelegen hatte, verschwand im Zugabteil. Ich lief dem Zug noch eine Weile hinterher und sah ihm nach, bis ich ihn aus den Augen verlor. Als ich die Treppe vom Gleis hinabstieg, brach ich in Tränen aus. Meine achtzehnjährige Tochter hatte ich, ganz alleine, in diese gefährliche Welt entlassen. Als ich an meinem Auto ankam, hatte ich mich etwas gefangen und sagte mir: So geht es allen Müttern dieser Welt. Beruhige Dich. Diese Welt war schon immer gefährlich und wird sie auch weiterhin bleiben.

Seit dem Februar 2022 ist das Interesse an Panzerhaubitzen, Flugabwehrraketen, Pistolen, Sturmgewehren, Granatwerfern und anderen militärischen Themen noch weiter gestiegen. Die Aussage der österreich-ungarischen Kaiserin Maria Theresia kennen wir schon: „Lieber ein mittelmäßiger Frieden als ein glorreicher Sieg." Von ihren sechzehn Kindern – elf Töchtern und fünf Söhnen – erreichten nur zehn das Erwachsenenalter. Drei davon starben bereits im Kleinkind- und Säuglingsalter, weitere drei fielen Pockenepidemien zum Opfer. Die Pocken soll Maria Theresia einmal den Erzfeind des Hauses Habsburg genannt haben.

Nach dem Ausbruch der Corona-Pandemie Ende 2019 wurde uns der Kampf plötzlich wieder sehr bewusst, den unsere Körper in jedem Augenblick gegen all jene mikroskopisch kleinen Wesen führen, die wir mit dem bloßen Auge nicht sehen können. Das Coronavirus mit seinen hübschen antennenförmigen Ausstülpungen wurde zum Medienstar. Der Schock saß tief und man konnte die Angst der Menschen förmlich spüren. Nicht nur Corona, sondern auch die Angst davor war ansteckend. Wie schon zur Zeit der Attischen Seuche im 5. Jahrhundert v. Chr. richtete sich die Wut mancher Menschen gegen andere – gepaart mit der Angst vor ihnen.

Dabei haben wir alle schon immer in der Gegenwart von Mikroben gelebt und hatten noch nie die Chance, keimfrei aufzuwachsen und zu leben. Um all diesen Gefahren entgegenzutreten, hat unsere Spezies Mensch ein unglaublich geniales System entwickelt, dessen Geheimnisse die Forschenden unserer Zeit immer noch dabei sind, zu entschlüsseln: unser Immunsystem. Jeder von uns – auch unsere geliebten Kinder – trägt dieses Abwehrsystem in sich, das ihn oder sie jeden Tag überleben lässt. Wie bei den meisten Systemen kann es allerdings auch fehlfunktionieren und seinerseits zu Erkrankungen führen, manchmal sogar zum Tod.

https://doi.org/10.1515/9783111611143-012

Nach und nach entdeckt man nämlich, dass unser Immunsystem weniger für die Abwehr gegen Keime konstruiert ist, sondern vielmehr, um die gesamte Gemeinschaft unseres Körpers mit den darauf und darin lebenden Mikroben zu verteidigen und ihr Zusammenleben zu koordinieren. Eine der wichtigsten Aufgaben unseres Immunsystems ist es, „Freunde" von „Feinden" zu unterscheiden, die ersteren zu beschützen und gewähren zu lassen und die zweiten möglichst effizient aus dem Weg zu räumen, ohne im eigenen Körper zu großen Schaden anzurichten.

Hier ist also der Versuch, einige jener unsichtbaren und meistens unbewussten Vorgänge innerhalb unseres Körpers zu beschreiben, die unser Überleben sichern. Abgesehen davon, dass Forschungsteams in der ganzen Welt unermüdlich neue Erkenntnisse hervorbringen, wird es niemals vollständig werden und – obwohl ich versuche, es so einfach und anschaulich wie möglich darzulegen – nicht immer einfach zu verstehen sein. Die Immunologie – das war schon zur Zeit meines Studiums so und ist heute noch komplexer als je zuvor – ist auch für uns Medizinerinnen und Mediziner ein eher schwieriges Thema. Ich bin aber überzeugt, dass allen von uns ein Grundverständnis dafür unabdingbar ist. Ich habe durch meine langjährige Tätigkeit als Zahnärztin die Erfahrung gemacht, dass wir durch das Verständnis dessen, was in uns vorgeht, gesund bleiben und sogar heilen können.

Wir machen uns also wieder auf die Reise. Es wird sehr spannend – hier wird unaufhörlich gekämpft und es wird viele Tote geben! Ich werde hierbei – auch wenn die Vergleiche manchmal etwas hinken und die inneren Armeen und Geheimdienste etwas anders funktionieren als in der äußeren Welt – manchmal auf die militärische Sprache zurückgreifen. Wer weiß, vielleicht bringe ich sogar ein paar Leser und Leserinnen der Militärzeitschriften aus den Bahnhofsbuchhandlungen dazu, dieses Buch zu lesen. Wenn sie erfahren, wie viel Krieg mit welch genialen Waffen in ihnen selbst geführt wird, werden sie vielleicht die Lust am Krieg im Außen verlieren.

1 Die Zeit vor unserer Geburt

Unser Immunsystem spielt bereits eine Rolle für uns, bevor wir gezeugt werden. Als unsere Eltern sich zum ersten Mal begegnet und sich so nahegekommen sind, dass sie den Geruch des anderen wahrnehmen konnten, müssen sie diesen Duft gemocht haben. Dabei ist natürlich nicht das Parfum gemeint, das jeder von ihnen zu jener Zeit gerade benutzte – obwohl sie damit bestimmt auch intensive Erinnerungen verbinden – sondern ihr ganz unverfälschter Körpergeruch.

Ob wir jemanden gut riechen können, hängt nämlich mit dessen sogenannten Humanen Leukozyten-Antigenen, kurz HLA zusammen. Bei allen anderen Wirbeltieren ist die Bezeichnung dafür MHC, das bedeutet „Major Histocompatibility Complex". Je unterschiedlicher die HLA-Typen eines anderen Menschen, umso besser können wir ihn oder sie riechen. Wie wir später noch sehen werden, wirken sich diese in der Zellmembran unserer Zellen liegenden Substanzen entscheidend auf die Funktion unseres Immunsystems aus. Und je unterschiedlicher die HLA-Typen eines Liebespaares, umso besser sind ihre Nachkommen gegen Krankheiten gewappnet. Sehr interessant ist auch, dass diese Merkmale im Unterschied zu vielen anderen kodominant vererbt werden, das heißt, dass die Gene dafür sowohl von der Mutter als auch vom Vater an die nächste Generation weitergegeben werden. Napoleon mochte den natürlichen Geruch seiner Frau Josephine so sehr, dass er ihr vor seiner Rückkehr von einem Eroberungszug geschrieben haben soll: „Nicht waschen, komme in drei Tagen." Vielleicht sollten wir auf den Dating-Plattformen lieber ungewaschene T-Shirts austauschen statt Fotos …

Dass ich hier bin und diese Zeilen schreibe und Sie, liebe Leserin und lieber Leser, es auch sind, um sie zu lesen, ist – und das sollte man sich immer wieder ins Bewusstsein rufen – ein absolutes Wunder! Im Ejakulat eines Mannes tummeln sich Millionen von Samenzellen, durchschnittlich etwa 40 Millionen, manchmal auch mehrere hundert Millionen. Schon mit 200 Samenergüssen könnte ein Mann also theoretisch einen Planeten wie die Erde bevölkern. Auch an den Eizellen hat die Natur nicht gespart: wenn eine Frau ins gebärfähige Alter eintritt, verfügt sie über etwa 400.000 Eizellen, die darauf warten, befruchtet zu werden.

Das erscheint uns auf den ersten Blick vielleicht als Verschwendung. Wenn wir allerdings näher hinsehen, gibt es einige Hindernisse zu überwinden, bevor aus diesen vielen Zellen neues Leben entsteht.

Dafür, dass sie ein so wunderschönes Ziel verfolgen, werden die Eindringlinge nicht gerade freundlich begrüßt. Bei der Expedition, die von Millionen von Samenzellen von der Vagina aus auf die Reise zur Entdeckung der Eizelle angetreten sind, geraten nur wenige hundert in ihre Nähe, der Großteil von ihnen stirbt bei diesem Abenteuer. Bereits am Anfang des Weges werden viele durch das saure Milieu der Vagina abgetötet, die die Frau täglich vor der Infektion mit Mikroben schützt. Dieses saure Milieu wird übrigens von Bakterien unterhalten, die auch Teil unseres Mikrobioms sind – für die eine Hälfte der Menschheit. Auch Immunzellen greifen die Ein-

https://doi.org/10.1515/9783111611143-013

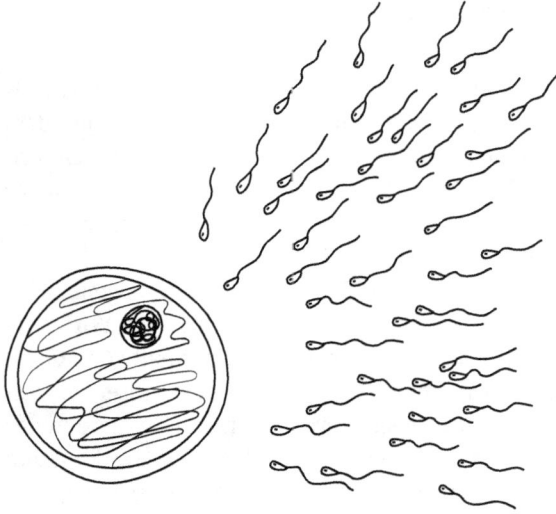

Expedition, Samenzellen auf dem Weg zur Eizelle.

dringlinge an, die sich ebenfalls zur Wehr setzen. Darüber, wie solche Abwehrzellen gegen „Fremdes" vorgehen, geht es auch gleich noch. Was im Großen also – zumindest in den allermeisten Fällen – als Liebesakt erlebt wird, bedeutet im Inneren des weiblichen Körpers bereits Krieg.

Bei der Ejakulation werden die Samenzellen mit einer Geschwindigkeit von etwa 17 km/h hinauskatapultiert, doch bereits in der Scheide verringert sich dieses Tempo und sie kommen nur noch mit 3–4 mm pro Minute voran. Wenn sie sich zu mehreren zusammentun, kommen sie im Team etwas schneller vorwärts. Sie sind also nicht nur Konkurrenten in diesem Wettschwimmen, sondern auch Teamplayer.

Bis heute weiß man nicht genau, was die Spermien auf ihrem langen Weg aus der Vagina bis zur Eizelle leitet. Umgerechnet auf ihre Größe – sie sind nur etwa 60 Mikrometer groß – entsprächen die etwa fünfzehn Zentimeter, die sie, sich schraubenartig um ihre eigene Achse drehend und mit dem Schwanz schlagend, flussaufwärts zurücklegen, für uns einer Entfernung von über fünf Kilometern, die sie in etwa einer Stunde schwimmen. Im Gespräch sind Duftstoffe, die von Geruchsrezeptoren im Halsteil der Spermien wahrgenommen werden. Auch das Hormon Progesteron scheint eine Rolle zu spielen. Als Hormone werden all jene Substanzen unseres Körpers bezeichnet, die an einer Stelle gebildet werden und deren Wirkung sich auf andere Bereiche in uns entfaltet. Auf solche Substanzen werden wir ebenfalls noch näher eingehen.

Außerdem sondern Gebärmutterhals und Muttermund an den fruchtbaren Tagen spezielle Zuckerstoffe aus, die dafür sorgen, dass die Samenzellen beweglich und lebendig bleiben. An der Verzweigung der Eileiter müssen die Expeditionsteilnehmer eine Entscheidung treffen: rechts oder links? Nur in einem der beiden steht nämlich eine Eizelle bereit. Hier geht es also auch schon wie überall im Leben um Entscheidungen.

Nur wenn die Abenteurer innerhalb von 24 Stunden nach dem Eisprung am Ziel eintreffen, kann es zur Befruchtung kommen. Sobald es ein einzelnes dieser Millionen von Spermien schafft, die Hülle der hundert Mal größeren Eizelle zu durchdringen – sie ist ein kleines bisschen kleiner als ein Punkt in diesem Text –, verändert sich diese so, dass keine weiteren Samenzellen eindringen können. Die Expedition ist beendet und ein einziger der Millionen Abenteurer ist der Sieger. Gleich zu Anfang unseres Lebens geht es also um Gewinnen oder Verlieren. Schon dieser erste Krieg, der zu unserer Entstehung beigetragen hat, hat Millionen von Opfern gefordert, deren keiner gedenkt.

Alle von uns – außer eineiige Zwillinge – sind aus der Verschmelzung von einer dieser Millionen Samenzellen des Vaters mit einer, der in jenem Augenblick dafür bereiten, Eizelle der Mutter entstanden. Bis wir geboren werden, kommen allerdings noch weitere Hindernisse hinzu. Die befruchtete Eizelle muss sich nun aus dem Eileiter in die Gebärmutterhöhle bewegen, das dauert etwa sechs bis zwölf Tage. Schon im Laufe dieser Reise teilt sie sich und wird zu einer aus etwa 200 Zellen bestehenden sogenannten Blastozyste. Nur etwa jede vierte Blastozyste schafft es schließlich, sich erfolgreich in der Gebärmutterschleimhaut einzunisten.

In ein bis zwei von hundert Schwangerschaften nistet sie sich irgendwo anders ein. Meistens bleibt sie im Eileiter stecken, in sehr seltenen Fällen im Eierstock, im Gebärmutterhals oder in der Bauchhöhle. Solche sogenannten extrauterinen (außerhalb der Gebärmutter liegenden) Schwangerschaften können wegen innerer Blutungen manchmal sogar lebensgefährlich werden, wenn nicht schnell eingegriffen wird. Auf jeden Fall kann sich das neue Wesen unter diesen Umständen nicht entwickeln und stirbt.

Hat sich nun dieses auf der ganzen Welt einmalige kleine Wesen erfolgreich in der Gebärmutter eingenistet, teilen sich die Zellen weiter. In diesem Stadium wird es Embryo genannt.

Eine Schwangerschaft ist – wie jedem von uns bewusst ist – ein absoluter Ausnahmezustand im Leben einer Frau. Vor allem ist sie auch ein absoluter Ausnahmezustand für ihr Immunsystem. In ihrem Inneren wächst nämlich etwas heran, das für sie zur Hälfte „fremd" ist, da die Hälfte der Gene des neuen Wesens vom Vater stammen. Unter normalen Umständen müsste das Immunsystem also Alarm schlagen und zum Angriff übergehen. Dann wären Sie und ich aber jetzt gar nicht da.

Lange Zeit ging man davon aus, dass das Immunsystem in der Schwangerschaft gedrosselt wird, um Abstoßungsreaktionen zu vermeiden. Wie sich nach und nach herausstellt, gibt es sehr fein und komplex aufeinander abgestimmte Anpassungen im Immunsystem einer werdenden Mutter, die über die Schwangerschaft hinweg genau getaktet sind, sozusagen eine Art immunologische Uhr. Es ist eine Gratwanderung: einerseits sollen die Immunzellen das werdende Baby mit dem für den mütterlichen Körper „Fremden" nicht abstoßen, andererseits sollen Mutter und Kind vor drohenden Infektionen und Tumoren beschützt werden.

Tatsächlich wirkt zum Beispiel das Schwangerschaftshormon Progesteron immunsuppressiv und das ist einer der Gründe dafür, dass Schwangere beispielsweise häufiger unter Zahnfleischentzündung (Gingivitis) leiden. Dieses komplexe Zusammenspiel zwischen mütterlichem Immunsystem und kindlichen Zellen ist störanfällig. Sowohl eine zu starke Unterdrückung des Immunsystems mit der Folge von bakteriellen Infektionen bei der werdenden Mutter als auch ein zu starker Angriff der mütterlichen Immunzellen auf das werdende Kind können zu Schwangerschaftskomplikationen führen, zum Beispiel zu einer Fehlgeburt oder einer Frühgeburt bei zu niedrigem Geburtsgewicht.

Kehren wir zu unserem Embryo zurück. Auch nach der Einnistung in der Gebärmutter bleibt das Risiko groß, am Ende doch nicht geboren zu werden. Viele Schwangerschaften enden schon, bevor die Frau überhaupt weiß, dass sie schwanger ist. Von den Frauen, bei denen die Monatsblutung ausbleibt und der Schwangerschaftstest positiv ist, hat jede sechste eine Fehlgeburt. Zählt man auch jene hinzu, bei denen das Schwangerschaftshormon zwar erhöht ist, aber noch keine Anzeichen einer Schwangerschaft im Ultraschall zu erkennen sind, sind es sogar 50 bis 70 Prozent! Dass Sie also eine Frau kennen, die bereits eine Fehlgeburt hatte, oder die Erfahrung selbst gemacht haben, ist ziemlich wahrscheinlich. Meine Frauenärztin hat mir seinerzeit auch empfohlen, die Nachricht über meine Schwangerschaft nicht allzu schnell in die Welt zu tragen.

Dabei passieren die meisten Fehlgeburten in den ersten drei Monaten, danach sinkt die Wahrscheinlichkeit sehr deutlich auf etwa ein Prozent, je nach Alter der werdenden Mutter. Die Ursachen dafür lassen sich nicht immer eindeutig ausmachen.

Aus neueren Forschungen geht zum Beispiel hervor, dass auch hier die uns schon bekannten MHC-Moleküle, beim Menschen HL-Antigene genannt, eine Rolle spielen. Nicht nur beeinflussen sie also die Eltern bei ihrer Partnerwahl durch den Duft, den sie verströmen, sie wirken auch noch nach der Befruchtung. Die Wahrscheinlichkeit, dass die befruchtete Eizelle nicht vom mütterlichen Körper aufgenommen wird, ist umso größer, je mehr sich die Eltern in ihren HLA-Typen ähneln. Auch hier gibt die Natur also bereits jenen Nachkommen den Vorzug, die sich durch ihren immunologischen Fingerabdruck besser gegen Krankheiten schützen können.

Die Wahrscheinlichkeit, nach einer Fehlgeburt ein gesundes Baby zur Welt zu bringen, ist sehr hoch. Auch hier gilt es, möglichst offen darüber zu sprechen und aufzuklären. Durch die Tabuisierung dieses Themas wird nämlich oftmals verhindert, dass betroffene Eltern ausreichend von ihrem sozialen Umfeld unterstützt werden. Wie so oft hilft auch hier mehr Wissen über die manchmal sehr leidvolle Erfahrung hinweg.

Ab der 10. Woche ähnelt das neue Wesen einem kleinen Menschlein immer mehr und wird jetzt Fötus genannt. Es wird über die Nabelschnur durch seine Mama mit allem versorgt, was es zum Leben braucht, auch mit Sauerstoff, denn es atmet ja noch nicht selbst. Dabei schwimmt es in der Gebärmutter im Fruchtwasser umher und kostet davon. Wir werden später noch auf den Geschmackssinn zurückkommen, an dieser Stelle sei aber schon verraten, dass das kleine Wesen nicht nur schmecken kann, was seine Mama gerade isst, sondern sogar über mehr Geschmacksknospen verfügt als später in seinem Leben.

Ab der vierzehnten Schwangerschaftswoche können wir auch schon an unserem Daumen saugen. Die unglaubliche Kraft, die wir später dafür brauchen, um die Milch aus der Brust unserer Mama herauszusaugen, wird also frühzeitig trainiert. Dieses „Workout" für unsere Kiefermuskulatur, das übrigens auch für die gesunde Entwicklung unseres Kausystems bedeutsam ist, findet also schon im Mutterleib statt. Ich habe die Ultraschallbilder meiner beiden Kinder noch vor meinem inneren Auge – die Ausdrucke davon sind leider schon verblaßt – auf denen sie an ihrem Daumen lutschen.

Lange Zeit ging man davon aus, dass Babys in einer sterilen Umgebung heranreifen. Seit dem Start des Humanmikrobiomprojektes (Human Microbiome Project) 2007, das sich zur Aufgabe gemacht hat, die Mikroben zu erforschen, die uns besiedeln, entdeckt man nach und nach, dass praktisch alle Bereiche unseres Körpers mikrobielle „Untermieter" beherbergen, also auch die Gebärmutter. Einige dieser Mikrobiome haben wir schon kennengelernt und kommen auch noch später darauf zurück.

Wenn der Fötus also vom Fruchtwasser seiner Mama trinkt, kommt er bereits mit ihren mikrobiellen „Bewohnern" in Kontakt. Ist das Mikrobiom hier gestört, also besteht ein Ungleichgewicht zwischen „gesunden" und „krankmachenden" Keimen, kann sich das auch auf das Baby auswirken.

Schon ab der 10. Schwangerschaftswoche fängt unser Immunsystem an, sich auszubilden, ab der 21. Woche ist es in all seinen Grundkonzepten vorhanden. Die Immunzellen werden dabei in der Leber gebildet, nach der Geburt übernimmt das Knochenmark diese Rolle. Im Fruchtwasser seiner Mama lernt der Fötus auch schon einige „Mitbewohner" kennen. Neuere Untersuchungen zeigen, dass die Immunabwehr eines Babys im Mutterleib nicht nur einfach unfertig und untrainiert ist, sondern auch anders funktioniert. Vor den allermeisten Keimen wird das kleine Wesen natürlich durch das Immunsystem seiner Mama verteidigt, in deren Körper es eingebettet ist.

Auch im Körper der werdenden Mutter finden Veränderungen statt. Unter anderem verändert sich in dieser Zeit das Mikrobiom in ihrem Darm. Hier nimmt die Zahl an Proteobakterien- und Actinobakterienarten zum Beispiel zu, die eine wichtige Rolle bei der Abwehr von Krankheitserregern spielen und überdies die Aufnahme von Nährstoffen fördern, so dass die Schwangere an Gewicht zunimmt und ihr Baby so besser versorgen kann. Auch das Verhältnis zwischen den Firmicutes- und Bacteroidetes-Arten verändert sich zugunsten der ersteren, was dazu beiträgt, dass mehr Kalorien aus jeder Mahlzeit aufgenommen werden können. Der Kalorienbedarf steigt in dieser Zeit um immerhin bis zu 25 Prozent. Wer weiß, vielleicht ist das auch der Grund, warum Schwangere oft plötzlich auf ganz anderes Essen Lust haben als zuvor. Gesichert ist diese Vermutung allerdings nicht.

Eine Frage, die die Menschen seit Ewigkeiten beschäftigt, ist: Was führt letztendlich zu unserer Geburt? Wann genau wird jener Vorgang ausgelöst, der uns aus dem geschützten Schoß unserer Mama hinaus in die Außenwelt befördert?

Lange Zeit tappte man bei dieser Frage im Dunkeln. Erst neuere Studien haben ergeben, dass das Signal höchstwahrscheinlich vom Fötus ausgesandt wird. Ab der 32. Schwangerschaftswoche fängt dessen Lunge nämlich damit an, das sogenannte Tensid-Protein A zu bilden (SP-A oder Surfactant Protein A), das ihn auf das Atmen außerhalb seiner Mama vorbereitet. Dieses Protein wiederum aktiviert eine Art von Immunzellen des angeborenen Immunsystems, und zwar Makrophagen – über sie werden wir auch noch einiges erfahren –, die über verschiedene immunologische Mechanismen die Gebärmutter aus einem Ruhezustand in einen kontraktilen (sich zusammenziehenden) Zustand versetzen, also die Wehen auslösen. Das Baby lässt seine Mama also auf diesem Wege wissen, dass es bereit ist, auch ohne sie zu atmen und daher gerne in die Welt da draußen entlassen werden möchte. Und wieder ist unser geniales Immunsystem daran beteiligt!

Was dann kommt ist eine der wunderbarsten, beeindruckendsten und tiefgreifendsten Erfahrungen des menschlichen Lebens und gleichzeitig der Anfang unserer offiziellen Existenz. Jetzt – oder spätestens ein paar Tage danach – erhalten wir einen Namen und werden, mit wenigen Ausnahmen, in den Melderegistern dieser Welt geführt.

Der Zauber und die Einmaligkeit dieses Augenblicks ist für alle Menschen, die ihn je erlebt haben, absolut unvergesslich, obschon jene, die gerade geboren werden, ihn später nicht erinnern können.

Daran, dass wir bei einer natürlichen Geburt auf unserem Weg nach draußen so nebenbei an den Mikrobiota von Darm und Scheide unserer Mutter vorbeikommen und der Kontakt mit diesen von großer Bedeutung für die Ausbildung eines eigenen gesunden Mikrobioms ist, wollen wir uns meistens lieber auch nicht erinnern. Doch die Studienlage ist eindeutig: eine natürliche Geburt bietet dem kleinen Menschlein einen besseren Schutz vor vielen Krankheiten.

In manchen Kliniken ist es sogar üblich, per Kaiserschnitt geborene Babys einem sogenannten „Vaginal Seeding" auszusetzen, das heißt, sie mit Keimen aus dem Vaginaltrakt der Mutter zu besiedeln. Die Studienlage dazu ist allerdings nicht eindeutig, so dass dieses Vorgehen nicht überall empfohlen wird. Beunruhigend für die Gesundheit nachfolgender Generationen ist die Zunahme der Kaiserschnittrate weltweit allemal: 2020 wurden 29,7 Prozent der Babys in Deutschland durch einen Kaiserschnitt geboren, in Brasilien, China und Italien liegt die Rate in manchen Städten schon bei achtzig bis neunzig Prozent.

So, und jetzt, liebe Leserin und lieber Leser, halten wir erst einmal inne. Ich nehme ein paar tiefe Atemzüge – was Sie jetzt sicher auch tun – und feiere einfach, dass ich da bin! So viele Samenzellen (Millionen!), Eizellen (hunderttausende!), befruchtete Eizellen und spätere Stadien der vorgeburtlichen Entwicklung wurden geopfert, doch wir alle sind zur Welt gekommen! Und haben bis heute auch noch überlebt.

Wir werden zweifelsohne in eine Welt voller Gefahren hineingeboren, von denen wir die meisten mit dem bloßen Auge gar nicht sehen können. Bei unserer Geburt verlassen wir den geschützten Raum des mütterlichen Schoßes und unser kleiner, aber gut gerüsteter Körper muss den unzähligen Keimen um ihn herum jetzt – natürlich immer noch mit der Unterstützung seiner Eltern – die Stirn bieten. Machen wir uns auf in dieses große Abenteuer!

Bevor wir in die nächste Phase der Entwicklung unseres Immunsystems übergehen, möchte ich ein paar Worte zu seinem Titel verlieren. Warum beschreibe ich darin gerade die ersten zwei Jahre? Schon seit langem beschäftigen sich Forschende aus vielen Bereichen mit der Bedeutung der ersten tausend Tage im Leben eines Menschen, das ist die Zeit von der Befruchtung bis zum zweiten Geburtstag. Viele, wenn nicht die Mehrzahl von ihnen, sind sich darin einig: diese tausend Tage sind fundamental für unser gesamtes weiteres Leben.

Sowohl die körperliche als auch die geistige, emotionale und soziale Entwicklung werden in dieser ersten Zeit entscheidend geprägt. Institutionen rufen weltweit dazu auf, Eltern zum Wohle der gesamten Menschheit in dieser Zeit mehr Unterstützung, Begleitung und Beratung zukommen zu lassen. Denn es geht um mehr als nur das Glück und die Verwirklichung jedes Einzelnen von uns. Es geht um mehr Freiheit, Gleichheit, Brüderlichkeit und Menschlichkeit für alle und daher um eine bessere Zukunft.

Ein afrikanisches Sprichwort sagt: „Es braucht ein ganzes Dorf, um ein Kind zu erziehen". In diesem Buch werde ich nicht alles ansprechen können, was in diesen ersten tausend Tagen für die gesunde Entwicklung eines Menschen von Bedeutung ist. Hier geht es diesmal um unser Immunsystem und dieses wird in diesen ersten tausend Tagen ebenfalls ganz grundlegend geprägt.

2 Die ersten zwei Jahre

Ich werde den Blick niemals vergessen, mit dem mich meine Kinder nach ihrer Geburt angesehen haben. Sie wurden mir, noch nackt und ungewaschen, auf den Bauch gelegt und sahen mich zum ersten Mal an. Nach der schweren Anstrengung waren sie müde und hungrig. Und, was für mich unglaublich faszinierend war, sie wussten genau, wo es zu essen gab, und fingen sofort zu trinken an.

Wenn man Babys auf den Bauch ihrer Mama legt, finden sie den Weg zu ihrer Brust von allein und docken dort gierig nach Nahrung an. Auf dem Weg dahin leitet sie der Duft und wahrscheinlich die höhere Temperatur der Brustwarze.

Wir alle gehören der Gruppe der Säugetiere an. Den Namen haben wir bekommen, weil sich am Anfang unseres Lebens alles um das Saugen dreht. Die WHO (World Health Organization) empfiehlt, Säuglinge in den ersten sechs Monaten ausschließlich zu stillen. Hierzulande wird diese Empfehlung allerdings nur bei jedem achten Kind verwirklicht.

Die Liste der Vorteile des Stillens, sowohl für das Baby als auch seine Mama, ist so lang, dass man darüber ein ganzes Buch schreiben könnte. Unter anderem wird die emotionale Bindung zwischen Mutter und Kind gefördert, die harmonische Entwicklung der Kiefer beim Baby begünstigt, das Risiko für den plötzlichen Kindstod und das Brustkrebsrisiko der Mutter gesenkt, es wirkt sich positiv auf die Rückbildung der Gebärmutter aus und hilft außerdem auch der Figur, da das Stillen unglaublich viel Energie verbraucht.

Dass Muttermilch nebenbei auch noch kostenlos ist, scheint eher trivial und zu selbstverständlich. Aber was gibt es an Nahrungsmitteln für uns alle eigentlich noch umsonst? Inzwischen kostet in der Regel sogar sauberes Trinkwasser Geld. Nur noch die Luft, die wir atmen, und vielleicht ein paar wilde Früchte und Pilze, die wir am Wegrand finden, sind bei uns, den Menschen der Industrienationen, ohne Geld zu haben. In unserem tiefsten Innern wissen wir alle natürlich, dass die wirklich wichtigen Dinge in unserem Leben nichts kosten. Und John Steinbeck sagt uns: „Alles, was nur Geld kostet, ist billig". Kommen wir aber auf die Bedeutung der Muttermilch für unser Immunsystem zu sprechen.

Lange dachte man, dass nur die Brustwarze der Mutter mit Bakterien angereichert ist und machte sich sogar Sorgen darüber, dass Muttermilch Keime enthalten könnte. Heute weiß man, dass viele Mikroben beim Stillen direkt auf das Baby übertragen werden. Etwa dreißig Prozent der nützlichen Bakterien, die im Darm eines Babys landen, stammen direkt aus der Muttermilch, weitere zehn Prozent von der Haut der mütterlichen Brust. In jedem Milliliter Muttermilch tummeln sich über 10 Millionen Bakterien, vor allem aus der Familie der Lactobazillen und Bifidobakterien. Dieses bis vor kurzem geheime Geschenk, das Mütter ihren Kindern durch das Stillen machen, scheint einen großen Einfluss auf die Entwicklung eines gesunden Mikrobioms beim Baby zu haben.

Wie wir schon wissen, enthält Muttermilch etwa 200 verschiedene sogenannte HMO (Human Milk Oligosaccharides), die Nahrungsquelle für bestimmte Darmbak-

https://doi.org/10.1515/9783111611143-014

terien, die für Babys besonders wertvoll sind, zum Beispiel das Bifidobacterium infantis. Diese Substanzen machen den drittgrößten Teil der Muttermilch nach Laktose (Milchzucker) und Fetten aus. Muttermilch enthält sogar viel mehr HMO als die Milch anderer Säugetiere, zum Beispiel 100 bis 1000mal so viele wie Kuhmilch. Und diese genialen Substanzen leisten noch mehr: sie binden schädliche Darmbakterien an sich, setzen sie außer Gefecht und befördern sie in die Babywindel. Die Bedeutung der HMO wurde inzwischen sogar von den Herstellern von Ersatzmilch erkannt, so dass einige davon inzwischen der Flaschennahrung beigefügt werden.

An dieser Stelle komme ich nicht umhin, auf die Ausbildung unseres Geschmackssinns einzugehen. Dieser hat nämlich einen bedeutsamen Einfluss darauf, was wir gerne essen. Und das hat zweifelsohne einen großen Einfluss auf unsere Entwicklung und unsere Gesundheit.

Man sagt ja so schön: „Über Geschmack lässt sich nicht streiten." Wie wir gesehen haben, fängt das Ungeborene schon im Mutterleib damit an, vom Fruchtwasser seiner Mama zu kosten, und zwar bereits ab der siebten Woche. Ab der vierzehnten Woche trinkt es regelmäßig davon, ab dem vierten Monat mindestens zweihundert Milliliter täglich. Etwa im dritten Schwangerschaftsmonat beginnen sich die Geschmacksknospen auf seiner Zunge zu entwickeln und so kann es schon schmecken, was seine Mama gegessen hat. Zwischen dem fünften und siebten Schwangerschaftsmonat verfügt das kleine Menschlein über die allermeisten Geschmacksknospen seines Lebens! Von etwa zehntausend am Anfang geht ihre Zahl später auf nur zweitausend im Erwachsenenalter zurück. Babys sind also kleine Feinschmecker!

Wenn wir geboren werden, nehmen wir also viel mehr Geschmacksrichtungen wahr und empfinden sie auch intensiver. Wenn wir gestillt werden, schmecken wir auch alles, was unsere Mama gegessen hat. Die Vorliebe für Süßes ist allerdings immer vorhanden, denn süß signalisiert uns energiereiche, schnell verwertbare Kost und genau das brauchen wir, um zu überleben und groß und stark zu werden. Nicht umsonst schmeckt sowohl das Fruchtwasser als auch die Muttermilch süß. Vor Bitterem und Saurem schrecken Babys oft zurück, denn bittere Substanzen können giftig sein, saure wiederum verdorben.

Das hat die Natur doch wunderbar eingerichtet: sie bereitet die nächste Generation schon frühzeitig auf das vor, was es in seinem Elternhaus, seinem Kulturkreis und seiner geographischen Zone später zu essen geben wird. Was seiner Mama also schmeckt und ihr guttut, soll später auch dem Baby, Kind und Erwachsenen schmecken und ihm daher guttun. Wir können unsere Kinder also schon früh in ihrem Leben mit jenem vertraut machen, was wir gerne möchten, dass sie später essen, indem wir es in unserer Schwangerschaft und Stillzeit selbst zu uns nehmen.

Wessen wir uns meistens nicht bewusst sind: wir essen in der Regel nicht aus Vernunft oder weil wir Hunger haben. Die Natur hat das wieder wunderbar organisiert: sie hat die Notwendigkeit der Nahrungsaufnahme mit dem Geschmackserlebnis verbunden. Und wenn alles gut läuft und wir uns nicht durch Werbung für industriell vorgefertigte Nahrung verführen lassen, haben wir auch genau auf das Lust, was unser Körper gerade braucht.

Was wir bei dem Thema Ernährung und den vielen Ratgebern, die es inzwischen wie Sand am Meer gibt, auch nicht außer Acht lassen sollten: unser Geschmack ist sehr eng mit dem limbischen System in unserem Gehirn verbunden, das der Verarbeitung von Emotionen dient. In seinem berühmten Roman „Auf der Suche nach der verlorenen Zeit" beschreibt Marcel Proust auf mehreren Seiten den Geschmack einer in Tee getunkten Madeleine, die in ihm intensive Kindheitserinnerungen weckt. Diesen Effekt, dass ein Geschmack oder ein Geruch ganz plötzlich und unerwartet eine Erinnerung hervorruft, heißt nach ihm auch „Proust-Effekt". Die eigene Ernährung oder jene seiner Kinder umstellen zu wollen, ist also eine sehr komplexe Angelegenheit, die weit in die eigene Kindheit und wahrscheinlich die der Eltern, Großeltern, und so weiter zurückreicht. Das zu verstehen ist meiner Meinung nach wichtig, um die Hürden zu überwinden, die uns und unseren Kindern zu einer gesünderen Ernährung verhelfen können.

Kehren wir zu unserem Säugling zurück. Am Anfang seines Lebens kann er sich kaum bewegen und nimmt seine Umgebung nur unscharf wahr. Da hilft es ihm, dass er besonders gut riechen und schmecken kann. Wie wir schon erfahren haben, leitet der Geruchssinn ihn sogar zur Brust seiner Mama. Das Saugen, das er bereits vor seiner Geburt intensiv geübt hat, hilft ihm dabei, genug zu essen und zu trinken zu bekommen.

Durch die Muttermilch kommt er in Kontakt mit den Keimen, mit denen seine Mama schon vertraut ist, zusätzlich liefert ihm der „Zaubertrank" auch noch die Nährstoffe, die seinen Darmbakterien das Überleben sichern. Er enthält außerdem noch bestimmte Substanzen, mit denen wir uns später in diesem Buch noch ausgiebig beschäftigen werden: Antikörper. Sie bieten dem Baby den sogenannten „Nestschutz", sie schützen es also vor den Krankheiten, die seine Mama bereits durchgemacht hat oder gegen die sie geimpft ist. Diese sogenannte „passive Immunität" dient als Überbrückung in einer Zeit, in der sich das eigene Immunsystem des Kindes noch in der Entwicklung befindet. Auch andere bioaktive Substanzen in der Muttermilch wie Zytokine und Hormone schützen das Baby vor ansteckenden Krankheiten.

Schließlich findet man in diesem „Zaubertrank" sogar Immunzellen der Mutter, unter anderem Neutrophile und Makrophagen, die wir später noch näher kennenlernen werden. Mit der Muttermilch schickt unsere Mama uns also sogar schon ihre eigenen Kämpfer mit auf den Weg, damit sie uns beschützen.

Die Erforschung der Bestandteile der Muttermilch bringt die Menschen heute noch zum Staunen. Durch die Mikrobiomforschung rücken aktuell noch die vielen lebendigen Bestandteile in ihren Fokus. Wir übertragen offensichtlich nicht nur unsere menschlichen Gene auf unseren Nachwuchs, sondern ganz direkt auch unser Mikrobiom und die Erfahrungen, die unser Immunsystem mit ihm gemacht hat. Wie harmonisch oder weniger harmonisch eine Mutter also mit ihren Mikrobiota zusammenlebt, wirkt sich ganz direkt auf ihr Baby aus. Über diese Harmonie und wie sie gestört werden kann, erfahren Sie später in diesem Buch mehr.

Wie wir gesehen haben, ist unser Immunsystem bereits vor unserer Geburt in seinen Grundkonzepten vorhanden und macht auch schon da seine Erfahrungen mit den Keimen, die im Fruchtwasser herumschwimmen. Nach der Geburt geht es mit dem Training jedoch erst so richtig los. In dieser Phase sind sowohl Immunsystem als auch Mikrobiom noch sehr plastisch, also veränderbar, gleichzeitig aber auch vulnerabel, also verletzlich.

Kinder scheinen das von Anfang an zu wissen und erkunden in dieser Zeit die Welt vor allem mit ihrem Mund. Sie „kosten" alles, was sie um sich herum auftreiben können. Ich erinnere mich noch lebhaft an die Zeit, in der wir einen beträchtlichen Teil des Sandes vom Strand unverdaut in den Windeln unserer Kinder wiederfanden. Fachleute raten Müttern inzwischen sogar dazu, ihre Kinder ruhig mal den eigenen Popel essen oder aus einer Pfütze trinken zu lassen.

Natürlich sind nicht alle Keime „gute Freunde" und für Eltern ist es oftmals sehr schwer, diese Gratwanderung zwischen dem Schutz ihrer Liebsten und der Förderung eines gesunden und unbeschwerten Kontakts mit der Außenwelt zu schaffen. Was wir uns dabei immer bewusst machen müssen: wir sind ständig und überall von Keimen und anderen Gefahren umgeben. Dieses Dilemma, das ich bereits in der Einleitung zu diesem Teil des Buches beschrieben habe, macht allen Eltern dieser Welt zu schaffen.

Ich kann mich auch noch an unsere Verzweiflung erinnern, wenn die Kinder krank waren. Unser Kinderarzt tröstete uns immer wieder und betonte, dass zehn bis zwanzig Infekte in den ersten beiden Lebensjahren nicht nur unbedenklich sind, sondern sogar förderlich, da sie die Immunabwehr unserer Kleinen stärken. Besonders bei den Erstgeborenen ist es nicht immer einfach, das anzunehmen. In dieser Zeit ist ein Kinderarzt, dem man vertraut, von unschätzbarem Wert.

Trotzdem zählen die ersten Jahre unseres Lebens nach wie vor zu den lebensgefährlichsten, auch wenn sich das zuletzt in beeindruckender Weise geändert hat. Vor 100 Jahren starb weltweit noch jedes dritte Kind vor seinem fünften Geburtstag, vor 50 Jahren jedes siebte, vor 25 Jahren jedes zwölfte, heute ist es trotz allem noch jedes sechsundzwanzigste. Jährlich sterben weltweit immer noch vier Millionen Babys vor ihrem ersten Lebensjahr und von 1000 geborenen Kindern sind es immer noch 40, die ihren fünften Geburtstag nicht überleben (Stand 2020), aber die Tendenz ist weiter sinkend.

Sowohl Immunologen als auch Mikrobiomforscherinnen und viele andere Wissenschaftler beschäftigen sich intensiv mit der Erforschung jener Faktoren, die Menschen sowohl zur Ausbildung eines möglichst harmonisch arbeitenden Immunsystems als auch eines gesunden Mikrobioms verhelfen können. Und, wie bereits erwähnt, richten sie ihren Fokus auf diese erste Zeit und die ganz besonderen ersten tausend Tage. Neben der natürlichen Geburt und dem Stillen gehört der Kontakt zu möglichst vielen harmlosen Mikroben, die es immer schon in unserer Umgebung gegeben hat, zu den untersuchten Faktoren.

Einen positiven Einfluss auf das Immunsystem haben Studien zufolge ältere Geschwister, das Aufwachsen mit Haustieren und ganz besonders auf einem Bauernhof. Der britische Immunologe Graham Rook schlägt 2003 dafür den Begriff „Alte Freunde-

Hypothese" (Old Friends Hypothesis) vor. Damit meint er, dass es in unserer frühen Kindheit des Kontakts mit jenen Mikroben bedarf, die schon während der Evolution von Säugetieren und Menschen um uns herum gelebt haben. Wir sollten in unserer Kindheit also die Bekanntschaft möglichst vieler dieser „alten Freunde" machen, um den Umgang mit ihnen zu trainieren und jenen, die eine gesunde Symbiose mit uns eingehen wollen, den Einzug in unseren Körper erlauben. Anschließend sollten sie auch noch genug von uns zu essen bekommen und in den ersten Jahren möglichst keine Antibiotika, die das Ökosystem im Darm schädigen können. Mit dem Thema Antibiotika werden wir uns später noch in einem eigenen Kapitel beschäftigen.

Aufgrund der Plastizität unseres Immunsystems wird auch die Verabreichung so gut wie aller Impfungen in diesen ersten zwei Lebensjahren empfohlen. Wie wir später noch sehen werden, nimmt die Leistung unseres Immunsystems bereits ab dem Ende der Pubertät kontinuierlich ab. Gerade jetzt, nach der Corona-Pandemie, ist es wichtig, sich das vor Augen zu führen. Denn die Impfung gegen das Virus ist nur ein Training für unser Immunsystem. Geschützt werden wir nicht durch die Impfung selbst, sondern durch das, was sie mit unserem Immunsystem macht. Wie dieses Training im Einzelnen funktioniert, werden wir später noch sehr genau unter die Lupe nehmen.

Da Sie, liebe Leserin und lieber Leser, diese Zeilen lesen, haben Sie Ihr zweites Lebensjahr erfolgreich überlebt, in dem wichtige Grundlagen für die Entwicklung Ihres Immunsystem gelegt wurden. Wie genial dieses wunderbare System funktioniert und wie es uns jeden einzelnen Tag, ja eigentlich eher jeden Augenblick unseres Lebens hat überleben lassen und dies auch – gerade in diesem Moment und hoffentlich noch möglichst lange – tut, ist unglaublich faszinierend.

Wir wissen schon, dass wir uns in eine Welt von Mikroben hineinentwickelt haben, die lange vor uns auf diesem Planeten gelebt haben. Höchstwahrscheinlich werden sie hier auch noch weiterleben, wenn es keine Menschen mehr auf der Erde gibt. Schon Bakterien selbst haben Immunabwehrsysteme gegen Viren entwickelt und je größer die Lebewesen wurden, umso komplexer auch die Art, wie sie sich gegen schädliche Mikroben zur Wehr setzten. In der Art, wie wir Menschen uns dagegen wehren, fließen viele Kriegstaktiken und -methoden, die in der Geschichte des Lebens entwickelt worden sind, mit ein.

Wie viele andere Lebewesen auch, haben auch wir Mikroben in uns aufgenommen, die uns als ihr Zuhause betrachten. Manchmal kämpfen sie Schulter an Schulter mit unseren Zellen gegen die Feinde, in anderen Fällen können sie in unserem Körper Schaden anrichten. Manchmal verteidigen unsere eigenen Immunzellen die Mikroben vor den Angriffen durch andere Feinde. Auch sie, die ja zum Kämpfen ausgebildet sind, wissen nicht immer genau, wann sie nun angreifen und wann sie sich wieder friedlich zurückziehen sollen. Und manchmal kommt es vor, dass sich in uns selbst feindliche Zellen entwickeln, Krebszellen, die von unseren Immunzellen nicht erfolgreich genug bekämpft werden konnten.

Lassen Sie uns jetzt gemeinsam unser mikroskopisches Ich und jenes System erkunden, das uns Tag für Tag das Leben rettet – und manchmal auch in Gefahr bringt.

Obwohl, wie wir im weiteren Verlauf des Buches noch sehen werden, die beiden Systeme zu jeder Zeit Hand in Hand zusammenarbeiten, lernen wir zuallererst unsere angeborene Immunabwehr kennen. Das sind die Kämpfer an der vordersten Front, jene, die in Sekundenschnelle eingreifen.

3 Unser angeborenes Immunsystem

Bevor wir uns den Kämpfern in diesem „inneren" Krieg widmen, möchte ich Ihnen in groben Zügen die „Festung" beschreiben, die gegen die Eindringlinge verteidigt werden soll, also unseren Körper.

Aktuellen Schätzungen zufolge besteht dieser aus etwa 30 Billionen Körperzellen, zusätzlich befinden sich auf und in ihm etwa 39 Billionen Bakterienzellen. Dazu kommen noch Pilze, Viren und andere Parasiten, zum Beispiel Würmer oder Amöben. Wie viele Viren uns bevölkern kann bisher nur geschätzt werden, man geht aber von dem Zehnfachen der Bakterienpopulation, und zwar von etwa 380 Billionen aus. Wie auf unserem Planeten Erde spielt Diversität hier also auch eine große Rolle. Wie schon bekannt sind wir komplexe Ökosysteme mit zahllosen mikroskopisch kleinen Mitbewohnern unterschiedlicher Spezies.

So unglaublich es auch erscheint: all diese Zellen stehen in Kontakt miteinander. Rund neunzig Prozent unserer Körperzellen sind rote Blutkörperchen, man nennt sie auch Erythrozyten, deren wesentliche Aufgabe es ist, den Sauerstoff, den wir einatmen, im ganzen Körper zu verteilen. Verbunden sind alle unsere Zellen über ein weit verzweigtes Blutgefäßsystem. Zusätzlich durchfließt uns ein komplexes Lymphsystem, in dem vor allem Immunzellen umherwandern, gleichzeitig aber auch Flüssigkeit aus unserem Gewebe wieder über die Blutgefäße abtransportiert wird.

Von außen umgeben sind wir von etwa zwei Quadratmetern Haut (in etwa die Größe einer halben Tischtennisplatte). Außerdem kleiden uns in unseren Verdauungswegen, Atemwegen, den Ohren, der Blase und den Geschlechtsorganen etwa sechshundert Quadratmeter Schleimhäute aus (etwas mehr als das Doppelte eines Tennisplatzes). Wie wir später sehen werden, ist der Eintritt über die Haut sehr gut beschützt. Viel mehr Verteidigung wird an den Schleimhäuten benötigt, denn diese sind ja auch dafür da, dass Substanzen – Wasser, Nahrung, Sauerstoff – in unseren Körper eintreten und andere – Kohlendioxid, Urin, Kot – ihn wieder verlassen können. Hier überall sind Wachtposten stationiert, die unsere Körperfestung zu verteidigen haben.

Um die Vorgänge, die im Folgenden beschrieben werden, zu verstehen, erinnern wir uns noch einmal an die Zelle, den Grundbaustein des Lebens. Den Namen „Cellula" erhielt sie wie schon erwähnt 1665 von Robert Hooke, der Korkzellen mit einem der ersten je gebauten Mikroskope beobachtet und gezeichnet hatte und die ihn an Klosterzellen erinnerten, wie sie von Mönchen und Nonnen bewohnt werden.

Jede Zelle ist von einer Hülle umgeben, die Außen und Innen fein säuberlich voneinander trennt, gleichzeitig aber auch Stoffe hinein- und hinauslassen kann. Über diese Zellmembran findet also der Stoffwechsel der Zelle statt, gleichzeitig kann sie darüber auch Reize empfangen und mit anderen Zellen kommunizieren. Doch wie macht sie das eigentlich? Sie hat keine Augen, keine Ohren und keinen Mund. Sie macht das über Rezeptoren. Wir haben das schon bei unserer Samenzelle erlebt, die sich auf die Expedition zur Eizelle aufmacht. Auch unser Geschmacks- und Geruchssinn funktionieren über solche Rezeptoren. So können wir zum Beispiel schmecken,

https://doi.org/10.1515/9783111611143-015

was in einer Infusionslösung enthalten ist, die uns verabreicht wird. Mit Hilfe der Rezeptoren können Zellen nicht nur Reize empfangen, sondern auch vielfältige Botenstoffe. Mittels dieser Botenstoffe, von denen wir später noch einige kennenlernen werden, findet eine unablässige Kommunikation in unserem Innern statt. Ich stelle mir das wie bei einem großen Familienfest vor, bei dem jeder mit jedem spricht und gestikuliert.

Die Zelle nimmt nicht nur Informationen mit Hilfe von Rezeptoren auf ihrer Oberfläche auf, sie stellt hier auch Nachrichten bereit. Wie solche Nachrichten auf der Zelloberfläche unserer Zellen präsentiert werden, ist mehr als faszinierend. Hier spielen die uns bereits begegneten HLA- oder MHC-Moleküle eine wichtige Rolle. Wir erinnern uns: diese Stoffe sind daran beteiligt, ob wir jemanden gut riechen können und spielen auch eine Rolle dabei, ob eine befruchtete Eizelle zu einem menschlichen Wesen heranreift oder nicht. Von diesen Substanzen, die auf der Zelloberfläche fast aller menschlichen Zellen vorkommen, unterscheidet man drei Gruppen.

Die MHC-Klasse I-Moleküle kommen auf allen Körperzellen außer den Erythrozyten und den Zellen des Trophoblasten vor – das ist die äußere Zellschicht der uns schon bekannten Blastozyste, dem aus etwa 200 Zellen bestehenden 5 bis 6 Tage alten Embryo. Diese Moleküle erzählen der Außenwelt der Zelle davon, was in ihrem Inneren vorgeht. Sie können nämlich Partikel von körpereigenen und körperfremden Proteinen binden, die gerade in ihrem Inneren hergestellt werden. Diese Partikel sind also wie Bruchstücke von Proteinmolekülen, Molekülschnipsel. Unser Immunsystem überwacht jeden Augenblick, ob an Zelloberflächen Virusteilchen oder Teile von entarteten Zellen auftauchen und setzt daraufhin alle Mechanismen in Gang, um diese Zellen zu zerstören. Die MHC-Klasse I-Moleküle beschützen gesunde Zellen allerdings auch vor dem Angriff von Immunzellen: sind keine „verdächtigen" Partikel zu erkennen, lassen die Immunzellen sie in Ruhe.

De MHC-Klasse II-Moleküle kommen auf wenigen Immunzellen, unter anderem auf Makrophagen, dendritischen Zellen und B-Zellen vor. Sie erzählen von etwas anderem, und zwar von dem im Inneren unseres Körpers geführten Krieg, indem sie extrazelluläre (außerhalb der Zellen befindliche) Partikel (Molekülschnipsel) präsentieren. Sie sind also die Instrumente der Kriegsberichterstattung, die wir gleich noch näher beschreiben werden.

Zu den MHC-Klasse III-Molekülen gehören einige Komplementfaktoren und Zytokine, mit diesen Substanzen befassen wir uns später auch noch.

Entdeckt wurden alle diese Substanzen, die mit dem Überbegriff MHC (Major Histocompatibility Complex) zusammengefasst werden, in der Transplantationsmedizin, und zwar beim Versuch, Haut oder Organe von einem Menschen auf den anderen zu übertragen. Dabei fand man heraus, dass diese Transplantationen besser funktionieren, je ähnlicher sich Menschen in den MHC-Molekülen sind. Erst später entdeckte man nach und nach, welche herausragende Rolle sie in der interzellulären Kommunikation spielen. Ich stelle sie mir gerne als Redaktionsteam einer Tageszeitung vor, die jeden Tag neue Berichte von allem veröffentlicht, was in der riesigen Körperfestung passiert. Oder als das Papier, auf dem die Zeitung gedruckt ist.

Mit dem Aufbau der Zelle und ihren Organellen haben wir uns im ersten Teil des Buches ja bereits beschäftigt und er wird auch im dritten Teil eine Rolle spielen. Bei uns Eukaryoten ist die DNA (Desoxyribonukleinsäure), in der unsere Erbinformation verschlüsselt ist, in einem Zellkern organisiert. Jede einzelne Zelle hat auch ihren Stoffwechsel, muss Nahrung und Sauerstoff aufnehmen und Kohlendioxid und Abfallstoffe wieder abgeben. In ihren Mitochondrien wird die Energie erzeugt, die sie für ihre Aktivitäten braucht. Und sie stellt in den sogenannten Ribosomen selbst Proteine her, die zum Aufbau der Zelle benötigt werden oder sie wieder verlassen.

Wir hatten bereits erwähnt, dass die Mehrzahl (etwa 90 Prozent!) unserer Zellen rote Blutkörperchen oder Erythrozyten sind. Diese sind in vielerlei Hinsicht außergewöhnlich. Die scheibenförmigen, im Durchmesser nur etwa 7,5 Mikrometer großen (ein Haar misst ungefähr 70 Mikrometer im Durchmesser) und in der Mitte eingedellten Zellen haben keine Zellkerne und daher auch keine DNA. Ihnen fehlen auch die meisten anderen Organellen wie etwa Ribosomen oder Mitochondrien. Während ihrer Bildung im Knochenmark – also im Inneren unserer großen Knochen, das ist vor allem in der Wirbelsäule, in den Hüften, Schultern, Rippen, im Brustbein und in den Schädelknochen – hier gehen übrigens fast alle Blutzellen aus sogenannten Stammzellen hervor –, entledigen sie sich ihres Zellkerns und der Mehrzahl ihrer Organellen und bestehen zum größten Teil nur noch aus Hämoglobin, einem Protein mit der Fähigkeit, Sauerstoff zu binden. Um durch die allerkleinsten Blutgefäße zu passen, können sie sich verformen und ganz schlank machen.

In unserem Knochenmark werden täglich etwa 200 Milliarden Erythrozyten gebildet, also 2 Millionen in jeder Sekunde! Sie leben im Durchschnitt etwa 120 Tage. Danach können sie ihre Rolle nicht mehr erfüllen, werden in der Milz als überaltert identifiziert und in Bruchstücke zerlegt, die später von Makrophagen – gleich mehr zu ihnen – aufgefressen werden. Wir werden noch oft erleben, wie wichtig es ist, dass Zellen nicht nur gebildet, sondern auch gezielt wieder aus dem Verkehr gezogen werden.

Einen weiteren wichtigen Bestandteil des Blutes stellen die Blutplättchen oder Thrombozyten dar, die bei der Blutgerinnung eine entscheidende Rolle spielen. Sie sind auch scheibenartig, zellkernlos und noch viel kleiner als Erythrozyten – nur 1,5 bis 3 Mikrometer groß.

Die dritte Art von Blutzellen wird unter dem Namen „weiße Blutkörperchen" zusammengefasst, obwohl ihre Vertreter äußerst unterschiedlich aussehen und auch sehr verschiedene Aufgaben erfüllen. „Weiß" nennt man sie nur, weil sie im Gegensatz zu den „roten" Blutkörperchen, den Erythrozyten, keinen Blutfarbstoff besitzen. Zu ihnen gehören sowohl Zellen der angeborenen als auch solche der erworbenen Immunabwehr.

Wir werden uns später in den Kapiteln zu den einzelnen Kriegsschauplätzen noch mit unserer „Körperfestung" befassen. Schauen wir uns nun schon einmal die Kämpfer an, die sie verteidigen.

3a Das Regiment der Makrophagen

Die Makrophagen sind die ersten jemals beschriebenen Immunzellen. Sie wurden, wie wir schon wissen, 1882 von dem ukrainischen Biologen Elie Metchnikoff entdeckt. Er hatte durchsichtige Seesternlarven, die er auf einem Spaziergang am Strand von Messina im Nordosten Siziliens aufgelesen hatte, zu Hause angekommen mit einem Rosenstachel durchstochen und beobachtet, wie plötzlich Zellen des Seesterns herbeieilen, den Stachel umzingeln, einen Teil der sie umgebenden Membran um das Partikel stülpen und so die Beute aufnehmen. In dem so entstandenen „Membransack", der heute „Phagosom" genannt wird, wird die Beute schließlich in ganz kleine Molekülschnipsel zerteilt, man könnte sagen, verdaut. Er findet die Zellen auch im menschlichen Körper und beobachtet fasziniert ihren Krieg gegen die Mikroben. Er gibt ihnen den Namen, den sie heute noch tragen, „Makrophagen" das bedeutet „große Fresser". Als er seine Beobachtungen veröffentlicht, tun viele seiner Zeitgenossen seine Theorie von den bakterienfressenden Menschenzellen als Unsinn ab, 1908 wird er dafür mit dem Nobelpreis geehrt.

Stammesgeschichtlich stellen Makrophagen wahrscheinlich die älteste Form der angeborenen oder unzpezifischen Immunabwehr dar. Die meisten von ihnen werden als Monozyten im Knochenmark gebildet. Unser Knochenmark zählt übrigens gemeinsam mit dem Thymus – den wir später noch kennenlernen werden – zu den primären lymphatischen Organen. Als periphere lymphatische Organe bezeichnet man die Lymphknoten, die Milz und die sogenannten schleimhautassoziierten lymphatischen Gewebe (MALT, „Mucosa Associated Lymphoid Tissue"), die in praktisch allen Schleimhäuten vorkommen und von denen auch noch die Rede sein wird.

Die Monozyten werden also im Knochenmark gebildet und über das Blut in den ganzen Körper entlassen. Kommen sie in Kontakt mit Infektionen, werden sie zu Makrophagen und fangen mit dem Mikrobenfressen an. Man kann das mit einer Mobilmachung von Soldaten vergleichen: Gibt es keine Gefahr, gehen Menschen ihren normalen Tätigkeiten nach. Droht ein Krieg, ziehen manche von ihnen ihre Uniform an, schnallen ihre Waffen um und fangen zu kämpfen an.

Doch wie erkennen Makrophagen die Mikroben, die sie verschlingen sollen? Natürlich auch mit Rezeptoren. Die Forschenden ahnten zwar schon lange, dass es diese Rezeptoren geben müsse, konnten sie aber nicht finden. Erst in den 90er Jahren des letzten Jahrhunderts entdeckten Forscher um Christiane Nüsslein-Volhard einen ersten solchen Rezeptor bei Fruchtfliegen. Sie war in dem Augenblick so begeistert, dass sie „Toll!" ausrief und den Rezeptor so nannte. Inzwischen hat man viele solcher Rezeptoren entdeckt, die diesem ähneln, daher ihr Name „Toll-like". Sie – und weitere unter dem Begriff „Mustererkennungsrezeptoren" zusammengefasste Rezeptoren haben die Fähigkeit, Strukturen von Mikroorganismen zu erkennen, die nur bei diesen vorkommen.

Die Mikroben wehren sich natürlich auch dagegen, aufgefressen zu werden. Wie alle Lebewesen dieser Welt wollen sie auch nur leben und haben, wie wir, Waffen

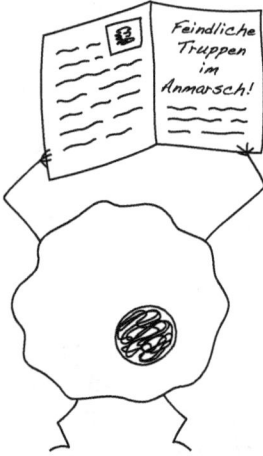

Makrophage mit Zeitung, Überschrift „Feindliche Truppen im Anmarsch".

entwickelt, um sich zu schützen. Manche Bakterien verhindern oder erschweren das Aufgefressenwerden durch die Beschaffenheit ihrer Oberfläche: durch Fimbrien oder Pili (das sind feine haarähnliche Ausläufer, die aus ihrer Zellwand herausragen), durch Kapseln, Schleime oder ganze Schleimschichten, in die sie sich zu sogenannten Biofilmen organisieren. Auf diese gehen wir später noch näher ein.

Andere Bakterienarten bilden sogenannte Toxine, die menschliche Zellen töten können. Manche dieser Toxine töten wahllos, andere greifen nur gezielt Immunzellen an. Auch wenn sie sich schon im Inneren der Phagozyten (Fresszellen) befinden, können einige Bakterien ihren Tod noch verhindern, indem sie Stoffe bilden, die die Phagozytose verhindern. Dafür lösen sie das Phagosom, in das sie zum Verdauen eingeschlossen wurden, auf. Die Zelle, in der sie sich nun befinden, lösen sie entweder sofort auf, oder erst, nachdem sie sich darin vermehrt haben. All diese Vorgänge werden im Bereich der „Zellulären Mikrobiologie" erforscht und bringen immer noch erstaunliche Mechanismen zutage, mit denen sich Erreger gegen uns zur Wehr setzen. Hier geht es, wie wir sehen, um das Prinzip „Töten oder getötet werden". Krieg also. Wie sich Viren gegen unser Immunsystem wehren, besprechen wir in einem eigenen Kapitel dazu.

Unsere Makrophagen kämpfen nicht nur, sie sind wie bereits erwähnt auch Kriegsberichterstatter. Sie stellen in der Regel den ersten Kontakt zu den Eindringlingen dar und die Nachricht darüber ist für unseren ganzen Körper von Bedeutung. Die Bakterien, die sie fressen, zerteilen sie in kleine Molekülschnipsel und das, was sie finden, präsentieren sie auf ihrer Zelloberfläche mit Hilfe der MHC-Klasse II-Moleküle. Wie wenn sie ihre Kriegserfahrung in einer Zeitung abbilden und mit dieser Nachricht durch unseren Körper schwimmen würden, damit es alle erfahren. Die Überschrift des Artikels lautet: „Feindliche Truppen im Anmarsch!"

Diese Information ist vor allem für die T-Zellen der erworbenen Immunabwehr wichtig, die daraufhin aktiv werden und die hochspezialisierte Verstärkung herbeirufen, um den Feind gezielt anzugreifen. Dazu mehr im nächsten Kapitel.

Makrophagen gibt es nicht nur im Blut, sie kommen fast überall in unserem Körper vor. Wir sind ihnen auch schon in den ersten Kapiteln begegnet: in der Gebärmutter, wo sie sogar bei der Einleitung der Geburt eine Rolle spielen, und in der Muttermilch, wo sie von der Mutter ausgesandt werden, um ihr Baby zu verteidigen.

Außer den etwa 21 Mikrometer großen, beweglichen Makrophagen, die vor allem in der Blutbahn herumreisen und bei Bedarf in Körpergewebe einwandern können, gibt es auch ortsständige Makrophagen. Diese sind fest an verschiedenen Grenzen unserer Körperfestung stationiert und dürfen ihren Posten nicht verlassen. Das ist ja bei uns Menschen auch so: die Soldaten an den Grenzposten müssen immer in Position bleiben, sowohl in Kriegs- als auch in Friedenszeiten.

Diese sogenannten Gewebsmakrophagen unterscheiden sich in den verschiedenen Geweben zum Teil sehr stark voneinander – sowohl in ihrer Größe, als auch in ihrer Form. Sie tragen auch unterschiedliche Namen, beispielsweise Histiozyten im Bindegewebe, Alveolarmakrophagen in der Lunge, Osteoklasten im Knochen, Chondroklasten im Knorpel, Mikrogliazellen im Gehirn, Kupffer-Sternzellen in der Leber oder Hofbauerzellen in der Plazenta (dem Mutterkuchen). Die meisten dieser residenten (ortsständigen) Makrophagen werden nicht im Knochenmark gebildet, sondern entstehen schon im Dottersack des Embryos – das ist sein Ernährungsorgan in der frühen Entwicklungsphase, bevor die Plazenta seine Versorgung übernimmt. Sie sind auch langlebiger als andere Immunzellen. Auf einige von ihnen kommen wir noch in den Kapiteln zu den Kriegsschauplätzen zu sprechen.

Makrophagen können also körperfremde Substanzen, wie sie etwa auf der Oberfläche von Bakterien und Viren vorkommen, erkennen und sie sich daraufhin, wie schon beschrieben, durch Phagozytose einverleiben. Das Verdauen dieser Stoffe führt im Inneren der Makrophagenzelle zu bedeutsamen Veränderungen, man sagt, die Makrophagen wären „aktiviert". Die „aktivierten" Makrophagen, also die Kämpfer, die ihre Waffen umgeschnallt haben, sind äußerst kampfeslustig. Sie fressen und zerstören nun viel wirksamer und schneller als unbewaffnete Mitstreiter, und zwar nicht nur die erkannten Feinde, sondern alles, was ihnen in die Quere kommt. Außerdem setzen sie verschiedene Substanzen frei, die, wie die Zeitung, die sie veröffentlichen, Nachrichten an andere Zellen überbringen.

Jene Substanzen, mit Hilfe derer Zellen miteinander kommunizieren, nennt man Zytokine (Zellbotenstoffe). Diese Botenstoffe werden über eigens dafür zuständige Rezeptoren an der Zellmembran wahrgenommen. Wir haben schon gesehen, dass diese Stoffe sozusagen „geschmeckt" oder „gerochen" werden, und das kommt dadurch zustande, dass die Substanzen an ganz bestimmten Rezeptoren „andocken", wie ein Schlüssel in sein Schloss. Wir werden im Verlauf des Buches noch viele verschiedene Arten solcher Substanzen kennenlernen. Mittels einer bestimmten Art von Zytokinen, sogenannten Chemokinen (chemotaktische, das heißt Zellen anlockende Zellbotenstoffe) rufen Makrophagen weitere Immunzellen zu ihrer Unterstützung herbei. Andere von den Makrophagen freigesetzte Stoffe, sogenannte Entzündungsmediatoren, führen zu einer lokalen Entzündung. Diesen komplexen Vorgang, jenen der Entzündung, besprechen wir später noch.

Makrophagen haben außer dem Kämpfen gegen Feinde und der Kriegsberichterstattung noch eine sehr wichtige Aufgabe, die wir schon erwähnt haben: sie beseitigen tote Körperzellen. In uns sterben in jeder Sekunde etwa fünfzig Millionen Gewebszellen ab und alles, was dabei übrigbleibt, wird von den Makrophagen aufgefressen. Welch nachhaltige Müllverwertung, oder?

Auch dafür, dass Tattoos in der Haut bleiben, sind Makrophagen verantwortlich. Sie schlucken nämlich die farbige Tinte, die sie jedoch nicht verdauen, also zersetzen können. Natürlich sterben Makrophagen auch irgendwann – ihr Leben dauert zwischen 30 und 90 Tage –, aber die Tinte verschwindet trotzdem nicht mit ihnen. Na, warum wohl? Weil neue Makrophagen die gefärbten toten Artgenossen auffressen und mit ihnen die Farbe des Tattoos. Die Tinte wird also wieder und wieder gefressen und so von einer zur nächsten Makrophagengeneration weitergegeben.

Wir werden den Makrophagen noch einige Male in diesem Buch begegnen. Wenn ein Krieg ausbricht, kämpfen sie selbstverständlich nicht allein. Zu ihnen gesellen sich die tapferen neutrophilen Granulozyten oder kurz Neutrophilen.

3b Das große Regiment der Neutrophilen

Diese Immunzellen hat Elie Metchnikoff seinerzeit „Mikrophagen" genannt, weil er sie, wie die deutlich größeren Makrophagen, beim Phagozytieren von Bakterien beobachtet hatte. Der heutige Name geht auf Paul Ehrlich zurück und hängt mit der Anfärbbarkeit der Granula zusammen, die in den Zellen enthalten sind. Um sie unter dem Mikroskop zu betrachten, muss man Zellen nämlich mit Farbstoffen anfärben. Es gibt auch noch zwei weitere Arten von Granulozyten, nämlich eosinophile und basophile, sie stellen kleinere Kampftruppen von Immunzellen dar. Die Eosinophilen spielen besonders in der Bekämpfung von Parasiten, zum Beispiel Würmern eine Rolle. Nachdem sie diese phagozytieren, zersetzen sie sie mit Hilfe von besonderen Enzymen, die sie in ihren Granula enthalten. Basophile sind an der Steuerung allergischer Reaktionen beteiligt und setzen zudem Signalstoffe für Eosinophile frei, dadurch sind sie ebenfalls bei der Parasitenbekämpfung im Einsatz.

Kommen wir zu unseren Neutrophilen zurück. Sie sind etwa 9 bis 15 Mikrometer groß und stellen mit bis zu 65 Prozent den bei weitem größten Anteil an weißen Blutkörperchen im Blut. Wir bilden täglich mehr als hundert Milliarden Neutrophile aus Stammzellen in unserem Knochenmark. Etwa die Hälfte von ihnen schwimmt frei herum, die andere Hälfte haftet an der Blutgefäßwand, wo sie, wenn Gefahr droht, schnell mobilisiert werden kann.

Die sehr kampflustigen und opferbereiten Krieger patrouillieren in großer Zahl in unserem Blut umher und sind besonders gut darin, alles auch nur potenziell Schädliche aufzuspüren. Stoßen sie auf feindliche Truppen, wandern sie in Sekundenschnelle ins Gewebe ein. Dabei tun sie sich in Zellschwärmen zusammen und greifen gemeinsam an. Wie die Makrophagen senden sie, wenn sie eine Gefahr gewittert haben, ebenfalls Chemokine aus, um weitere Immunzellen zur Verstärkung herbeizurufen.

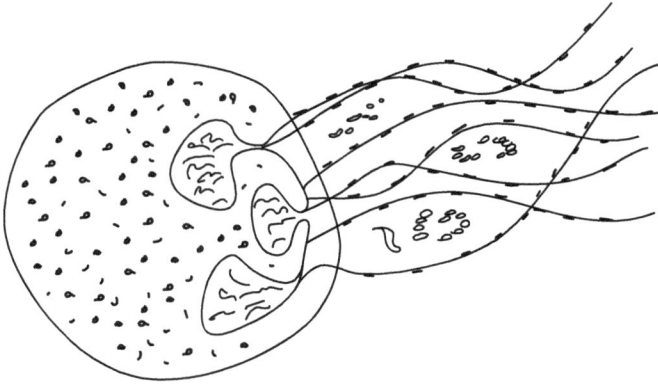

NET auswerfender neutrophiler Granulozyt.

Sie töten den Feind wie die Makrophagen zum einen dadurch, dass sie sich ihn einverleiben und in Stücke zerteilen. Darüber hinaus enthalten ihre Granula (Körnchen) – die ihnen den Namen geben – verschiedene Substanzen, beispielsweise freie Radikale, Wasserstoffperoxid oder Stickstoffmonoxid, die sie freisetzen und mit denen sie Bakterien abtöten können.

Bei der dritten Waffe muß ich immer an Spiderman denken: Neutrophile können ihre Zellmembran auflösen und aus DNA und Proteinen bestehende Netze, sogenannte „Neutrophil Extracellular Traps" (NET, „neutrophile extrazelluläre Fallen") auswerfen, mit denen sie die Erreger einfangen und durch die gleichzeitige Ausschüttung antimikrobieller Substanzen um die Ecke bringen. Bei dieser Aktion lösen die tapferen Kämpfer sich quasi selbst auf, um ihr Netz, das zu ihrer Waffe wird, zu bauen. Wie die Spezialeinheit der Kamikaze-Piloten im zweiten Weltkrieg opfern diese Immunzellen ihr Leben im Kampf gegen den Feind. Es gibt Bakterien, zum Beispiel einige Streptokokkenarten, die durch die Produktion von DNAse (einem DNA-spaltenden Enzym) diese Netze durchschneiden und sich so aus ihnen befreien können. Andere Bakterien wiederum schützen sich vor den Netzen durch Kapseln aus Polysacchariden (Vielfachzuckern), oder indem sie an die Netze binden und ihr Ausbreiten verhindern.

Da ist also richtig was los, wenn Neutrophile in den Kampfmodus kommen! Zu viel von diesem Kampf ist allerdings nicht nur für die Bakterien schädlich. Auch das umliegende menschliche Gewebe wird durch die aggressiven Substanzen angegriffen und zerstört. Wichtig ist also, dass diesen wildgewordenen Schwärmen auch gesagt wird, wann sie mit dem Kämpfen aufhören sollen. Erst vor kurzem hat man entdeckt, dass sie sich dabei selbst stoppen, und zwar dadurch, dass sie gegenüber den Lockstoffen, die zur Bildung des Neutrophilenschwarms geführt haben, unempfindlich werden. Das ist schon genial: sie greifen an, wüten umher und bringen sich selbst wieder zur Räson.

Auch ohne Kampf leben Neutrophile nicht sehr lange. Nach ihrer Bildung und Freisetzung im Knochenmark zirkulieren sie nur etwa acht Stunden im Blut und überleben dann noch bis zu vier Tage im Gewebe. Danach leiten sie ihre Apoptose ein, das bedeutet, sie üben einen gesteuerten Selbstmord aus. Im Gegensatz zu einem gewaltsamen Tod einer Zelle – zum Beispiel bei einer Verletzung oder einer Verbrennung – wird bei dieser Art von Zelltod keine Entzündung ausgelöst. Der Tod der Neutrophilen beim Auswerfen ihrer Netze hat übrigens einen eigenen Namen, und zwar „Netose". Die vielen toten Neutrophilen, die Tag für Tag in uns sterben, werden, wie all unsere anderen Zellleichen, von Makrophagen aufgefressen. Ganz offensichtlich müssen diese Zellen niemals Hunger leiden!

Diese beiden Regimenter patrouillieren also Tag für Tag in unserem Blut. Doch woher wissen sie, dass wir in Gefahr sind? Eine entscheidende Rolle bei ihrer Rekrutierung und ihrer Koordinierung spielt das Komplementsystem.

3c Der Schlachtruf des Komplementsystems

Unsere mehr als 40 Komplementproteine werden vor allem in der Leber gebildet. Normalerweise schwimmen sie in großen Mengen in unserem Körper umher und tun gar nichts. Sie werden nur aktiv, wenn Gefahr in Verzug ist, und das wird ihnen durch die Anwesenheit von Keimen oder auch von Antikörpern vermittelt. Wir wissen ja, dass Zellen chemische Signale erkennen und darauf reagieren können. Eine Aktivierung des Komplementsystems ist sozusagen ein Schlachtruf, der eine Truppenmobilisation in Gang setzt. Wie ein Kriegshorn, wie es im Krieg der Menschen noch bis ins 20. Jahrhundert hinein genutzt wurde. Durch die verschiedenen Hornsignale konnten einzelne Einheiten in einem Krieg dirigiert und koordiniert werden.

Die Aktivierung des Komplementsystems erfolgt kaskadenartig, das heißt, dass die Veränderung in einem Komplementprotein mehrere darauf folgende Reaktionen herbeiführt, die aufeinander aufbauend, sehr schnell und unumkehrbar ablaufen. Alle Aktivierungswege und das komplexe Zusammenspiel der Komplementfaktoren zu beschreiben, würde den Rahmen dieses Buches sprengen. Trotzdem möchte ich auf ein paar der Folgen dieser Aktivierung eingehen.

Zum einen werden dadurch Stoffe frei, die man „Opsonine" nennt. Den Begriff kennen wir schon: er wurde 1903 von den Briten Almroth Wright und Stewart Douglas geprägt, die damit eine Substanz im Blut beschreiben, die Bakterien für Phagozyten „schmackhafter" macht, also „opsoniert". Das Wort stammt vom griechischen Wort „opsonó" ab, was so viel heißt wie „Ich bereite Essen vor für ...". Diese Substanzen markieren den Feind also als solchen und motivieren Makrophagen und Neutrophile dazu, ihn aufzufressen. Man schätzt, dass die opsonierten Keime die Phagozyten um das 5000-fache stärker zur Phagozytose anregen als nicht opsonierte. Auch Phagozyten essen also das lieber, was ihnen besser schmeckt.

Des Weiteren führt die Komplementkaskade zur Bildung sogenannter Membranangriffskomplexe (MAC, „Membrane Attack Complex"). Ein MAC dockt am feindlichen

Objekt an und bildet dort eine etwa 10 Nanometer große Pore, die eine Art Loch in seine Membran „schneidet". Dadurch, dass darüber nun ungehindert Wasser und Elektrolyte aus- und eindringen können, wird das feindliche Objekt getötet. Man könnte es mit einem Wurfgeschoß vergleichen, das die Erregerwand aufreißt und so tödlich verletzt. Oder wie ein Torpedo, der einen Schiffsrumpf durchdringt und das Schiff zum Sinken bringt.

Eine weitere Folge der Komplementaktivierung ist die Bildung sogenannter Anaphylatoxine, die unter anderem Immunzellen anlocken und entzündungsfördernd wirken. Auf die Entzündungsreaktion gehen wir später noch näher ein.

Das Komplementsystem wird in der Regel der angeborenen Immunabwehr zugerechnet, wirkt sich jedoch auch auf unser spezifisches Immunsystem aus. Es ist in gewisser Hinsicht also eine Brücke zwischen den beiden Systemen. In den letzten Jahren wird Forschenden mehr und mehr bewusst, dass das Komplementsystem über seine Funktion innerhalb des Immunsystems hinaus noch viele andere Vorgänge in unserem Körper beeinflusst, unter anderem die Blutbildung (Hämatopoese), die Fortpflanzung oder die Organregeneration. Die Forschung dazu bleibt sehr spannend.

Nun haben wir uns bisher mit einigen Zellen und Substanzen in unserem Blut beschäftigt. Die Angreifer kommen ja zum Glück in der Regel nicht direkt dahin, sondern müssen zuerst die Barriere unserer Haut oder der Schleimhäute passieren. Dort sind, neben unseren Gewebsmakrophagen, auch noch andere Posten stationiert.

3d Das Regiment der Mastzellen

Diese etwa 20 bis 30 Mikrometer großen, gewebsständigen Wächter enthalten, wie die Granulozyten, Granula (Körnchen), in denen sie verschiedene entzündungsfördernde Substanzen, beispielsweise Histamin, Heparin oder den Botenstoff Tumornekrosefaktor (TNF), speichern. Auch sie werden im Knochenmark gebildet und wandern danach in das Gewebe ein. Besonders häufig findet man sie an den Grenzflächen unseres Körpers, also in der Haut, den Verdauungsorganen oder der Lunge. Auch an Körperöffnungen wie Nasenlöchern, Augen, Ohren, dem After oder im Genitalbereich kommen sie gehäuft vor. Je nachdem, wo sie stationiert sind, unterscheiden sich die Mastzellen voneinander und erfüllen auch unterschiedliche Aufgaben.

Benannt und als Erster beschrieben hat Paul Ehrlich diese Zellen bereits Ende des 19. Jahrhunderts. Er ging nämlich davon aus, dass sie „mästen", da er sie besonders dort fand, wo er „Überernährungszustände" im Gewebe vermutete, beispielsweise in chronisch entzündetem oder in Tumorgewebe. Eine andere Theorie besagt, der Name komme von den vielen Granula, von denen man dachte, die gefräßigen Mastzellen hätten sie sich einverleibt. Erst später entdeckte man ihre Rolle als Immunzellen, ihren Namen „Mastzellen" behielten sie jedoch.

Werden Mastzellen durch Erreger oder auch eine Beschädigung von Körpergewebe aktiviert, setzen sie ihre Granula frei, sie „degranulieren". Man könnte auch sagen, sie werfen mit ihren Granaten. Eingeleitet wird diese Degranulation unter anderem durch die uns schon bekannten Anaphylatoxine des Komplementsystems.

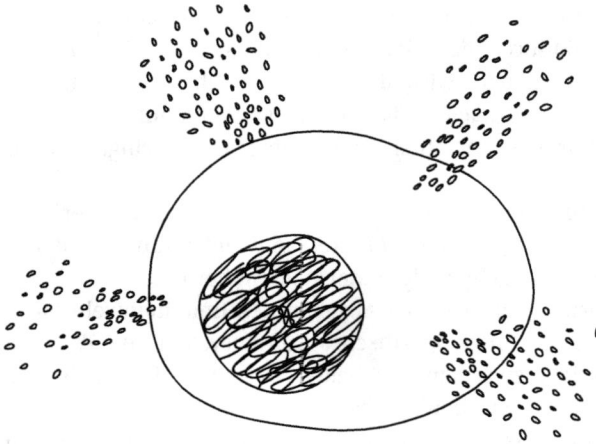

Degranulierende Mastzelle.

Mastzellen haben unverdienterweise einen ziemlich schlechten Ruf. Das liegt daran, dass sie durch die Freisetzung von Histamin Allergikern schwer zu schaffen machen. Diese Substanz führt nämlich zu den Symptomen, unter denen diese oftmals schwer leiden: Jucken, Schnupfen, Blasen- und Quaddelbildung, sogar Atemnot. Auf das Thema Allergien gehen wir später in einem eigenen Kapitel ein.

Das Histamin ist nur eine der vielen Substanzen, die Mastzellen aus ihren Granula auswerfen können. Es bewirkt unter anderem eine Erweiterung der Blutgefäße und ruft andere Immunzellen herbei. Andere Stoffe wirken gerinnungshemmend, aktivieren das uns schon bekannte Komplementsystem, oder führen zu gesteigerter Schleimbildung. Man ist in der Forschung immer noch dabei, neue Mechanismen zu entdecken, mit denen diese besonderen Zellen in unsere Immunantwort eingreifen.

Zum Beispiel hat man erst vor kurzem herausgefunden, wie die Mastzellen, die ja im Gewebe wohnen, die Neutrophilen aus der Blutbahn rekrutieren. Dafür beziehen sie um ein Blutgefäß herum Stellung und schieben Zellfortsätze bis ins Gefäß hinein. Durch diese Fortsätze entleeren sie ihre Granula direkt ins Blut und der darin befindliche Botenstoff TNF (Tumornekrosefaktor) aktiviert Proteine auf der Oberfläche von Neutrophilen – die ja zu Milliarden im Blut herumpatrouillieren oder innen an der Gefäßwand stationiert sind. Die Neutrophilen wissen nun Bescheid: hier ist Not am Mann! Hier werden wir gebraucht! Und wandern kampfeslustig ganz schnell in das Gewebe ein.

Auch bei der Wundheilung spielen unsere Mastzellen eine wichtige Rolle. So schütten sie beispielsweise den Botenstoff IL-6 aus, der hornbildende Zellen in der Haut (Keratinozyten) dazu anregt, antibakterielle Stoffe zu bilden. Dadurch können mit Bakterien infizierte Wunden schneller und leichter heilen.

Die nächsten Kämpfer, denen wir uns widmen, sind die natürlichen Killerzellen. Ihr Krieg richtet sich gegen eigene Zellen, und zwar solche, die für unseren Körper eine Gefahr darstellen: virusinfizierte Zellen oder Tumorzellen.

3e Das Regiment der natürlichen Killerzellen

Natürliche Killerzellen stellen 5 bis 20 Prozent unserer weißen Blutkörperchen im Blut. Wie Makrophagen und Neutrophile patrouillieren sie in der Blutbahn umher, besonders in den peripheren (in den äußeren Zonen liegenden) Blutgefäßen, auf der Suche nach Zellen, mit denen etwas nicht stimmt.

Wir erinnern uns: alle Körperzellen außer Erythrozyten tragen auf ihrer Oberfläche an den MHC-Klasse I-Molekülen gebundene Informationen darüber, was in ihnen gerade passiert. Das wäre so, als würde man zum Beispiel auf unserer Haut oder in unserem Gesicht lesen können, was in uns drinnen vorgeht. Zugegebenermaßen kann man das ja manchmal auch. Ist eine menschliche Zelle mit einem Virus infiziert oder hat sie sich so verändert, dass sie ihre eigentliche Rolle, die sie in einem bestimmten Gewebe einzunehmen hat, nicht mehr erfüllt, werden die sonst üblichen Informationen nicht mehr an ihrer Oberfläche dargeboten. Man hat diese Theorie als die „Missing Self"-Theorie (Theorie des fehlenden Selbst) bezeichnet. Die natürlichen Killerzellen erkennen also anhand der fehlenden Informationen auf der Zelloberfläche, dass hier ein Feind in der Gestalt von einer Körperzelle lauert. Mit der Suche nach solchen „aus der Reihe tanzenden" Zellen sind unsere natürlichen Killerzellen unentwegt beschäftigt.

Hier findet also so etwas wie ein Bürgerkrieg statt. Die Suche und Zerstörung von Feinden aus den eigenen Reihen.

Die natürliche Killerzelle kennt zwei verschiedene Tötungsmechanismen, wenn sie eine solche „verdächtige" Zelle auffindet. Bei dem ersten dockt die natürliche Killerzelle an der Zelle an, die sie zerstören will, und schleust bestimmte Enzyme hinein, die Eiweiße in der Zelle spalten und so zum gesteuerten Zelltod – zur Apoptose – führen. Die zweite trägt einen Namen, der sich nicht gerade nach Militärsprache anhört: der „Todeskuss". Dafür bindet die natürliche Killerzelle an spezielle Rezeptoren der verdächtigen Zelle, den sogenannten „Todesrezeptoren", was dazu führt, dass in der Zelle eine enzymatische Kettenreaktion eingeleitet wird, die ebenfalls zu ihrem Tod führt.

Wir werden diese unglaublich wichtigen Zellen später noch kennenlernen, wenn wir unser Immunsystem im Kampf gegen eine Virusinfektion begleiten oder in seinem Kampf gegen Krebs. Zuvor widmen wir uns jedoch einer Gruppe von Zellen, die als die wichtigsten Vermittler zwischen dem angeborenen und dem erworbenen Immunsystem angesehen werden: die dendritischen Zellen.

3f Die Sondereinheit der dendritischen Zellen

Diese Immunzellen sind in vielerlei Hinsicht besonders. Mit ihren sternförmigen Ausläufern stechen sie schon durch ihre Form aus der Gruppe der Abwehrzellen heraus. Bereits 1868 entdeckte Paul Langerhans eine spezielle Art von dendritischen Zellen in der Haut, die nach ihm benannt sind. Er ging allerdings fälschlicherweise davon aus, dass es sich um Nervenzellen handelt.

Erst 1973 beschrieb Ralph M. Steinman diese Zellen mit bäumchenartigen Ausläufern und wurde 2011 dafür mit dem Nobelpreis geehrt. Er war tragischerweise drei Tage vor der Bekanntgabe des Preises an einem Krebsleiden verstorben, was das Preiskomitee aber nicht wusste. Stellvertretend für ihn nahm seine Witwe den Preis in Empfang.

Das Wort „dendritisch" bedeutet „von den Bäumen abstammend", „verzweigt". Sie werden wie alle Blutzellen im Knochenmark gebildet, interessanterweise sowohl aus Monozyten, den Vorläuferzellen der Makrophagen, als auch aus Vorläuferzellen von T- und B-Zellen, die wir gleich noch kennenlernen werden. Dendritische Zellen kommen, wie die Mastzellen, in fast allen Körpergeweben vor, und sind, wie auch diese, in den Grenzregionen wie Magen-Darm-Trakt, Lunge oder in den Schleimhäuten von Nase und Mund in größerer Zahl anzutreffen.

Wenn ich an die Aufgabe von dendritischen Zellen denke, stelle ich sie mir als mysteriöse Geheimagenten vor. Sie tragen die bei weitem zahlreichsten MHC-Klasse II-Moleküle auf ihrer Zelloberfläche, und zwar etwa das 10 bis 100-fache als beispielsweise Makrophagen oder B-Zellen. Wie alle menschlichen Zellen tragen sie auch MHC-Klasse I-Moleküle auf ihrer Membran. Wie die Makrophagen können sie Erreger, Teile von Erregern, und andere Antigene (auf diese gehen wir später noch ein) in sich aufnehmen, also phagozytieren und in ihrem Inneren in kleine Molekülschnipsel zerteilen. Auch sie können Feinde übrigens mit Hilfe von Mustererkennungsrezeptoren erkennen, die wir schon kennengelernt haben. Zudem sammeln sie ganze infizierte Zellen, Krebszellen oder auch Zellteile ein. Sie fressen das alles nicht nur, um zu töten, sie erstellen einen ausführlichen, minutiösen und detailgenauen Bericht über die Lage auf dem Schlachtfeld, das sie inspiziert haben. Mit den langen, fingerförmigen Ausstülpungen ihres Zytoplasmas, die andauernd in Bewegung sind, sind sie unablässig auf Spurensuche. Ihnen darf keine Information entgehen, denn das könnte dem menschlichen Wesen, in dem sie leben und arbeiten, das Leben kosten. Und logischerweise wären sie dann auch tot.

Mit ihren langen Armen können sie durch die sogenannten Tight Junctions von Geweben durchgreifen – das sind Membranproteine, die Gewebe voneinander abgrenzen –, ohne diese zu beschädigen. Geheimagenten mit langen, genialen Fingern also, die einen Durchsuchungsbefehl haben.

Sehr wichtig dabei ist: auch in Friedenszeiten spielen dendritische Zellen eine große Rolle. Detektieren sie nichts Suspektes, verhindern sie auch, dass das Immunsystem aktiviert wird. Sind sie allerdings zu unaufmerksam und lassen sie zu vieles durchgehen, kann dies auch böse Folgen haben und zum Beispiel Tumorzellen zum Wachstum verhelfen. So werden aktivierte dendritische Zellen inzwischen in der Krebstherapie genutzt, in der sogenannten Immuntherapie. Dazu später mehr. Von Bedeutung erscheint mir auch Folgendes: Es ist zwar nicht der einzige Mechanismus, mit dem Vitamin D unser Immunsystem bei der Arbeit unterstützt, dieses Vitamin

Dendritische Zelle mit Fahndungsfoto, darauf steht: „Wanted. Dead or Alive".

spielt aber eine Schlüsselrolle bei der Unterstützung der gesunden Reifung von dendritischen Zellen und bei ihrer Regulierung. Durch ausreichend Vitamin D in unserem Körper können wir diesen wunderbaren Kämpfern also etwas unter die Arme greifen. Hat die dendritische Zelle genug gesehen und gehört – natürlich bildlich gesprochen, wir wissen ja schon, dass sie die Informationen eher riecht und schmeckt – trifft sie plötzlich eine Entscheidung: sie macht sich auf den Weg über die Blut- oder Lymphbahnen. Sie wandert zum nächstgelegenen peripheren lymphatischen Organ, beispielsweise einem Lymphknoten oder einer Mandel – auf all diese kommen wir auch noch zu sprechen. Auf ihrem Weg dahin verändert sie sich. Statt Dendriten bekommt sie jetzt schleierartige Ausstülpungen und Membranfalten, weshalb sie früher auch „Schleierzelle" genannt wurde. Sie hört auch auf, Proben zu sammeln, indem sie die Fähigkeit verliert, zu phagozytieren.

An ihrem Zielort angekommen, verweilt sie nun mit der auf ihrer Oberfläche dargestellten Information. Um beim Bild des Geheimagenten zu bleiben, der vom Kriegsschauplatz zurückkehrt und sagt: hier ist es, das Fahndungsfoto, und es trägt die Überschrift: „Invasion des Planeten durch Unbekannte! Bitte melde sich jeder, der etwas über sie weiß, damit wir ihnen den Garaus machen!" Die Lymphknoten und anderen peripheren lymphatischen Organe sind also wie Militärstützpunkte, in denen die unterschiedlichen Akteure, die am Krieg beteiligt sind, zusammenkommen und Informationen austauschen, um sich die weitere Kriegstaktik zu überlegen.

Was nun geschieht, ist eine der genialsten Zaubereien, die sich die Natur jemals ausgedacht hat! Und um das zu verstehen, muss ich Ihnen erst einmal unser erworbenes Immunsystem vorstellen.

4 Das erworbene Immunsystem

Während es ein angeborenes Immunsystem schon bei Pflanzen und bei wirbellosen Tieren gibt – wir erinnern uns an Metchnikoffs Seesternlarve, ein Wesen, dessen Stamm es seit 600 Millionen Jahren gibt – haben Wirbeltiere in ihrer Evolution einen zweiten Weg der Immunabwehr entwickelt, den man erworbenes oder adaptives Immunsystem nennt.

All die Kämpfer und ihre Waffen, die wir im letzten Kapitel kennengelernt haben, sind ja auch schon ziemlich genial, und in der Regel schaffen sie es ohne weitere Hilfe, die allermeisten Kriege zu gewinnen. Aber durchaus nicht immer.

Wir wissen ja, dass Mikroben schon viel länger auf dieser Erde gelebt haben als wir. Sie haben immer neue Wege und Methoden gefunden, um unsere Immunsysteme auszutricksen und werden das in Zukunft mit Sicherheit auch immer wieder versuchen. Dass dies so ist, haben wir Ende 2019 mit dem Aufkommen der Corona-Pandemie wieder schmerzlich erfahren.

Trotz all dieser Tricks der Erreger, ihren Mutationen und Resistenzen, können wir uns gegen sie wehren, wir haben uns daran sozusagen angepasst, wir, unsere Kinder, Enkelkinder und so fort, stehen ihnen nicht hilflos gegenüber. In diesem Zusammenhang spielen sogenannte Antigene und Antikörper eine große Rolle, Begriffe, die Sie in der Corona-Pandemie sicher des Öfteren gehört haben.

Als Antigene bezeichnet man alle möglichen Molekülschnipsel, die von unserem Immunsystem als fremd erkannt werden. Unser Körper reagiert auf den Kontakt mit solchen Antigenen durch die Bildung von Antikörpern, die diese Antigene (also unsere Molekülschnipsel) binden und sie für die Zerstörung durch andere Akteure unseres Immunsystems markieren. Dabei passen das Antigen und der Antikörper zusammen wie etwa ein Schlüssel zu seinem einzigartigen Schloss. Begründet hat diese Theorie 1887 der uns schon bekannte Paul Ehrlich, er nannte sie damals „Seitenkettentheorie". Er wurde 1908 gemeinsam mit Elie Metchnikoff dafür mit dem Nobelpreis geehrt. Das Nobelpreiskomitee versöhnte damit zwei Pole der damaligen Wissenschaft: jene Wissenschaftler, die wie Paul Ehrlich der Meinung waren, unsere Abwehr funktioniere humoral (also über Flüssigkeiten) und die Vertreter der zellulären Immunantwort, die wie Elie Metchnikoff Zellen dafür verantwortlich machten.

Doch wie soll das möglich sein? Wie soll unser Körper die hunderten Milliarden von möglichen Antigenen auf unserer Erde aufspüren können, um dagegen passende Antikörper zu bilden? Lassen Sie sich überraschen, wie er das macht.

4a Das Regiment der T-Zellen

Diese 6 bis 8 Mikrometer großen Immunzellen werden ebenfalls in unserem Knochenmark gebildet. T-Zellen besitzen zwar noch andere Rezeptoren, am meisten unterscheiden sie sich allerdings in ihrem T-Zell-Rezeptor, der fähig ist, Antigene zu erkennen.

https://doi.org/10.1515/9783111611143-0`6

Durch eine sogenannte somatische Rekombination – einem echten Wunder der Natur – werden die etwa 300 Genabschnitte, die für den Bauplan der T-Zell-Rezeptoren codieren, jeweils neu kombiniert. Etwa wie bei einem Lottospiel: hier können aus nur 49 Zahlen Millionen von Kombinationen gezogen werden. Theoretisch können wir T-Zellen mit 100 Milliarden von verschiedenen T-Zell-Rezeptoren herstellen, die 100 Milliarden mögliche Antigene des Universums erkennen! Was für ein Wissen jeder von uns doch in sich trägt! Niemand von uns sollte eigentlich jemals unter Minderwertigkeitskomplexen leiden ...

Strenggenommen erkennen T-Zell-Rezeptoren keine ganzen Antigene, sondern nur Teile davon, sogenannte Peptide, das sind kurze Aminosäureketten, also Molekülschnipsel von Proteinen. Und sie erkennen sie nur dann, wenn sie ihnen auf den uns bereits bekannten MHC-Molekülen (beider Klassen) präsentiert werden.

Die im Knochenmark gebildeten sogenannten T-Vorläuferzellen wandern erst einmal in eines der zentralen Organe unseres Lymphsystems, das zweite neben dem Knochenmark, den Thymus. Dort werden sie zu funktionsfähigen Immunzellen ausgebildet, daher auch ihr Name: T-Zellen.

Unser Thymus oder die Thymusdrüse ist ein kleines, zweigelapptes Organ, das direkt hinter dem Brustbein und etwas oberhalb des Herzens liegt. Es heißt übrigens so, weil der Thymus von Kühen beim Kochen nach Thymian riecht. Lange Zeit dachte man, dieses Organ sei für uns völlig wertlos. Erst Jaques Miller – er ist heute eine Legende und gilt als der einzige noch lebende Wissenschaftler, der die Funktion eines Organs entdeckt hat – fand Ende der 1950er Jahre heraus, dass es für unser Immunsystem von herausragender Bedeutung ist. Bei unserer Geburt ist es etwa 6 cm lang und 2 cm breit, wächst im Kleinkindalter noch etwas und fängt nach der Pubertät kontinuierlich an zu schrumpfen. Das lymphatische Gewebe wird dann nach und nach mit Fettgewebe ersetzt. Teilweise übernehmen die Milz und die Lymphknoten seine Aufgaben im Erwachsenenalter.

Erst im Thymus werden die T-Zellen zu funktionsfähigen Abwehrzellen ausgebildet, hier machen sie also ihre Militärausbildung. Dafür durchlaufen sie die Thymusläppchen von außen nach innen.

Die Ausbildung auf der Militärakademie des Thymus ist außergewöhnlich streng. Die Auszubildenden müssen dabei verschiedene Prüfungen bestehen. Zum einen müssen sie die MHC-Moleküle (beider Klassen), die ihnen von den Thymuszellen präsentiert werden, erkennen. Schaffen sie das nicht, müssen sie leider sterben, sie enden durch Apoptose. Die zweite Prüfung ist nicht weniger wichtig: Sie dürfen keine körpereigenen Antigene erkennen und binden. Auch hier werden jene von ihnen, die auf diese reagieren, vernichtet. Ziemlich grausam, oder?

Diese harte Auswahl bestehen nur zwei Prozent der T-Zellen. Für unser Überleben ist es sehr wichtig, dass die anderen 98 Prozent sterben. Einige T-Zellen entgehen dieser Selektion, doch unser Körper und unser Immunsystem können sich in der Regel durch viele Mechanismen und hemmende Immunzellen erfolgreich dagegen wehren. Nur wenn diese Mechanismen versagen, können sich diese T-Zellen gegen

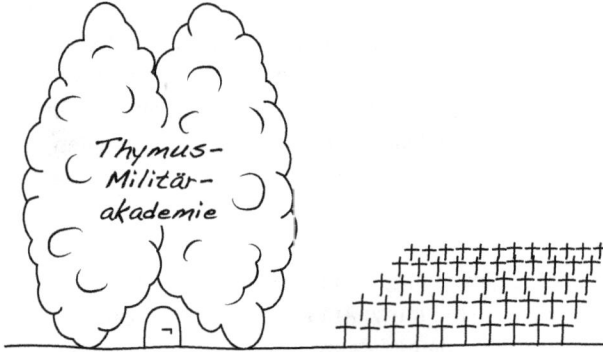

Thymus-Militärakademie-Gebäude, daneben Friedhof (mit Kreuzen) der geopferten T-Zellen.

körpereigenes Gewebe richten und zu Autoimmunkrankheiten führen. Die Fähigkeit, körpereigene Antigene zu erkennen, wird in unserem Immunsystem allerdings auch genutzt. Einige dieser T-Zellen entwickeln sich zu regulatorischen T-Zellen. Dazu später mehr.

Die zwei Prozent, die die Prüfung bestanden haben, werden vom Thymus ins Blut- und Lymphsystem entlassen. Sie heißen jetzt naive T-Zellen. Hinter ihnen liegt ein wahrer Friedhof von Mitschülern, die durchgefallen sind. Erst wenn die naiven T-Zellen mit den ganz genau zu ihnen passenden Antigenen in Kontakt kommen, also wissen, wer ihre Feinde sind, sind sie als Kämpfer ausgebildet und werden in die Armee aufgenommen.

Je nachdem, auf welcher der beiden Klassen von MHC-Molekülen die T-Zellen ihre Antigene erkennen können – und sie können sie ausschließlich an diese gebunden erkennen –, erfüllen sie unterschiedliche Aufgaben. Jene T-Zellen, die Antigene auf MHC-Klasse I-Molekülen erkennen, werden zu zytotoxischen T-Zellen, früher auch T-Killerzellen genannt, ausgebildet. Man bezeichnet sie auch als CD8-Zellen, nach dem Rezeptor, den sie benutzen, um die MHC-Moleküle zu erkennen. Ähnlich wie die natürlichen Killerzellen kämpfen diese gegen virusinfizierte und entartete Zellen, allerdings ganz spezifisch gegen jene, die das ganz bestimmte, zu ihnen passende Antigen aufweisen. Die anderen, die ihre Antigene auf MHC-Klasse II-Molekülen erkennen, werden zu T-Helferzellen – auch als CD4-Zellen bekannt –, die B-Zellen und auch Zellen des angeborenen Immunsystems im Kampf gegen Erreger unterstützen.

Die dritte Gruppe, jene der regulatorischen T-Zellen, die etwa fünf bis sieben Prozent unserer T-Zellen ausmachen, haben wir schon erwähnt. Sie hemmen die auf Angriff ausgerichteten Immunzellen und können dadurch überschießende oder fehlgeleitete Immunreaktionen verhindern. Sie sind also jene Krieger, die die wild gewordene Meute dazu aufruft, wieder aufzuhören, um zu große Kollateralschäden zu vermeiden. Sie sorgen auch dafür, dass unser Immunsystem sich nicht gegen die uns nützlichen und wohlwollenden mikrobiellen Untermieter, also unsere Mikrobiota, richtet. Auf diese sehr wichtigen Immunzellen kommen wir später noch öfter zu sprechen.

Jetzt kommen wir endlich zu unserer dendritischen Zelle zurück. Sie sitzt also mit ihrem Fahndungsfoto in einem Lymphknoten, der Milz oder einem anderen peripheren lymphatischen Organ – also dem Militärstützpunkt – und wartet darauf, dass irgendeine der Milliarden T-Zellen, die unentwegt im Blut- und Lymphsystem patrouillieren, vorbeischwimmt und das Foto erkennt. Die im Thymus ausgebildeten naiven T-Zellen warten ja nur darauf, dass endlich das Kriegshorn geblasen wird und sie zeigen können, was sie alles gelernt haben! Und da es ja für alle bekannten Antigene, wie wir wissen, irgendwo eine passende T-Zelle mit dem passenden Rezeptor dafür gibt, hat die dendritische Zelle in der Regel auch Erfolg. Das kann allerdings ein paar Tage dauern und so lange müssen die Kämpfer der angeborenen Immunabwehr an der Front tapfer ausharren.

Trifft die dendritische Zelle nun auf eine ganz genau zum Antigen passende T-Helferzelle – wie der Schlüssel zu seinem Schloss – wird diese aktiviert. Dabei kann eine einzige dendritische Zelle hundert bis dreitausend T-Helferzellen aktivieren. Jetzt teilt die T-Helferzelle sich in Windeseile. Die Sondereinheit mit der ganz speziellen Ausbildung ist mobilisiert! Ebenfalls aktiviert werden die zytotoxischen T-Zellen. Diese kann die dendritische Zelle allerdings nur nach vorherigem Kontakt mit der genau passenden T-Helferzelle zum Kämpfen animieren. Das hat unser Körper wieder genial gelöst: bevor er zum Krieg aufruft, muss er sich ganz sicher sein, dass die Gefahr echt ist! Ebenfalls aktiviert werden die regulatorischen T-Zellen mit dem genau passenden Rezeptor, diese sorgen dafür, dass alles unter Kontrolle bleibt.

Unglaublich faszinierend ist: die dendritische Zelle scheint bereits beim Erstellen des Fahndungsfotos in etwa zu wissen, um welche Art von Feind es sich handelt. Sie hat also bereits einen Plan, welche der Immunzellen am besten gegen ihn gerüstet sind. Hat sie das Foto eines Bakteriums dabei, verhält sie sich also anders, als wenn sie ein Virus oder einen Parasiten erkannt hat. Auch dazu später noch mehr.

Die Sondereinheit der T-Zellen beeilt sich nun, möglichst schnell an die Front zu gelangen und die dortigen Truppen zu unterstützen. Hier angekommen, feuern sie Makrophagen und Neutrophile durch Zytokine dazu an, die Erreger zu töten. Auch natürliche Killerzellen können von den T-Helferzellen aktiviert werden, sie werden sozusagen zum Kämpfen angespornt. Und schließlich treten sie mit den B-Zellen in Kontakt, die genau wie sie den genau passenden Antigenrezeptor tragen. Um das zu verstehen, was jetzt folgt, müssen wir diese genialen B-Zellen auch noch kennenlernen.

4b Das Regiment der B-Zellen

Bisher haben wir also unsere T-Zellen mit ihren ganz spezifischen Antigenrezeptoren im Fokus gehabt, die viele Milliarden von Antigenen des Universums erkennen. Zur Bildung der dagegen wirksamen Antikörper, also den ganz spezifischen Waffen dagegen, brauchen wir unsere B-Zellen.

Auch die B-Zellen sind etwa 6 bis 8 Mikrometer groß. Ihr Name geht auf ein lymphatisches Organ bei Vögeln zurück, das Girolamo Fabrizio bereits 1621 beschrieben hatte, aber nicht wusste, wozu es dient. Erst Mitte der 1960er Jahre fanden Max Cooper und Robert Good heraus, dass in der Bursa fabricii, dem von Fabrizio beschriebenen Organ, wichtige Immunzellen gebildet werden und nannten sie daher B-Zellen. Beim Menschen gibt es dieses Organ nicht und sie werden, wie die meisten Immunzellen, im Knochenmark gebildet. Dass unser Körper allerdings Antikörper bilden kann, wusste man schon zuvor. Als ihre Geburtsstunde gilt, wie auch schon beschrieben, die 1890 veröffentlichte Arbeit von Emil Behring und Shibasaburo Kitasato. Für diese Entdeckung und die daraus entwickelte Serumtherapie wurde Emil Behring 1901, dem allerersten Jahr der Preisverleihung, mit dem Nobelpreis geehrt.

Auch bei den B-Zellen erfolgt die Bildung der vielen Milliarden unterschiedlichen Antigenrezeptoren – hier heißen sie logischerweise B-Zell-Rezeptoren – durch den komplexen Vorgang der somatischen Rekombination. Im Unterschied zu den T-Zell-Rezeptoren erkennen diese allerdings ganze Antigene, und zwar unabhängig davon, ob sie an MHC-Moleküle gebunden sind oder nicht. Auch in ihrer Form unterscheiden sie sich von den T-Zell-Rezeptoren, und zwar dadurch, dass sie statt einem zwei Arme haben, die in Form eines Y aus der Zellmembran herausragen.

Hier werden die B-Zellen, wie das bei den T-Zellen in der Militärakademie des Thymus der Fall ist, bereits im Knochenmark geprüft. Sie brauchen allerdings nur die zweite Prüfung zu bestehen – also keine körpereigenen Antigene erkennen –, da sie ja für ihre Erkennung nicht auf MHC-Moleküle angewiesen sind. Wer die Prüfung nicht besteht, muss leider sterben. Wie bei den T-Zellen überleben auch hier einige wenige. Nach ihrer Ausbildung werden sie nun als naive B-Zellen über die Blutbahn in den Körper entlassen.

Auch sie sind, wie die T-Zellen, auf der Suche nach ihrem passenden Antigen. Sie patrouillieren allerdings nicht wie diese unentwegt durch Blut- und Lymphbahnen, sie konzentrieren sich bei ihrer Suche auf die Militärstützpunkte, also die peripheren lymphatischen Organe. Auch sie warten ja nur darauf, endlich etwas Sinnvolles tun zu können. Sie haben dabei etwas mehr Möglichkeiten als ihre T-Zell-Waffenbrüder. Sie können das gesuchte Antigen nicht nur auf dendritischen Zellen und Makrophagen finden, wo es auf MHC-Klasse II-Molekülen zur Schau gestellt wird, sondern auch direkt im Blut oder in der Lymphe aufgelöst. Sie können die Nachrichten also ganz direkt, ohne die Redaktion durch eine Zeitung, empfangen. Auch die in Gang gekommene Komplementkaskade unseres angeborenen Immunsystems wirkt sich auf die Aktivierung der B-Zelle aus. Ist ein Antigen nämlich an solche Komplementproteine gebunden, wird die B-Zelle dadurch etwa hundert Mal stärker aktiviert als ohne diese.

B-Zellen nehmen, im Gegensatz zu den T-Zellen, diese Antigene in sich auf und spalten sie in kleine Peptide. Sie erinnern sich: das sind kurze Aminosäureketten, also Molekülschnipsel von Proteinen. Diese präsentieren sie auf ihren eigenen MHC-Klasse II-Molekülen. Sie kommen also wie die dendritischen Zellen mit einem eigenen Fahndungsfoto auf ihrer Oberfläche daher. Und wie diese suchen sie nach der genau zu ihnen passenden T-Zelle, die mit seinem Rezeptor jenes Antigen erkannt hat, das zu ihnen passt.

Hier geht unser Körper also auf Nummer sicher. So ähnlich wie bei der Zwei-Faktor-Authentifizierung beim Internetbanking: so wie die Bank sich absichern will, dass kein anderer als Sie die Überweisung tätigt, so muss unser Körper auf Nummer sicher gehen, bevor er zum Großangriff übergeht.

Jetzt, da diese beiden Faktoren zusammengekommen sind, schüttet die T-Helferzelle Zytokine aus, die die B-Zelle aktivieren. Die peripheren lymphatischen Organe, also unsere Militärstützpunkte, werden in Alarm versetzt. Ihre kleinsten Einheiten, die Lymphfollikel heißen, beginnen sich zu verändern. Aus diesen mikroskopisch kleinen, primären Lymphfollikeln, werden bis zu stecknadelkopfgroße, sekundäre. In den darin befindlichen Keimzentren beginnen die B-Zellen fleißig sich zu teilen, denn sie werden im Krieg gebraucht. Wenn eine Infektion im Gange ist, können wir das selbst manchmal an zu tastenden, vergrößerten Lymphknoten merken. Etwa 90 Prozent der vier- bis achtjährigen haben solch vergrößerte Lymphknoten, darin spiegelt sich die Aktivität ihres Immunsystems wider, das Kämpfer und Waffen gegen neue Erreger mobilisiert.

Aus einem Teil der aktivierten B-Zellen entwickeln sich hier Plasmazellen. Und diese letzte Gruppe von Immunzellen will ich Ihnen nun vorstellen.

4c Die Plasmazellen – Waffenfabriken

Diese rundlichen bis ovalen, etwa 10 bis 18 Mikrometer großen Zellen stellen die stärksten und am höchsten spezialisierten Waffen her, die unserem Immunsystem zur Verfügung stehen: Antikörper, im internationalen Sprachgebrauch heißen sie auch Immunglobuline. Wir erinnern uns: mit Hilfe von Antikörpern wird uns am Anfang unseres Lebens Nestschutz durch unsere Mama gewährt.

Diese Spezialwaffen kommen allerdings nicht in einer einzigen, sondern gleich in fünf verschiedenen Varianten daher. Zuallererst werden IgM ((Immunglobuline M) gebildet. Das sind unsere größten Antikörper, in denen sich fünf Y-förmige Antikörpermoleküle zusammentun, um ein sogenanntes Pentamer zu bilden. Mit diesen nicht ganz so spezifischen Antikörpern ist unser Immunsystem noch nicht zufrieden, sie sind aber schon einmal eine gute Unterstützung für die tapferen Kämpfer auf dem Schlachtfeld und werden auch innerhalb kurzer Zeit auf dem Weg dahin entlassen. Ist also viel IgM im Blut eines Menschen nachweisbar, spricht das für eine frisch durchgemachte Infektion, also mit einem Erreger, mit dem der Körper zuvor noch nie in Kontakt gekommen war.

Kommen wir zu unseren Keimzentren in den sekundären Lymphfollikeln der Militärstützpunkte unseres Immunsystems zurück. Hier begegnen sich einige der uns schon bekannten Immunzellen, um noch bessere Waffen für die anhand des Fahndungsfotos erkannten Feinde zu schmieden: B-Zellen, T-Helferzellen und dendritische

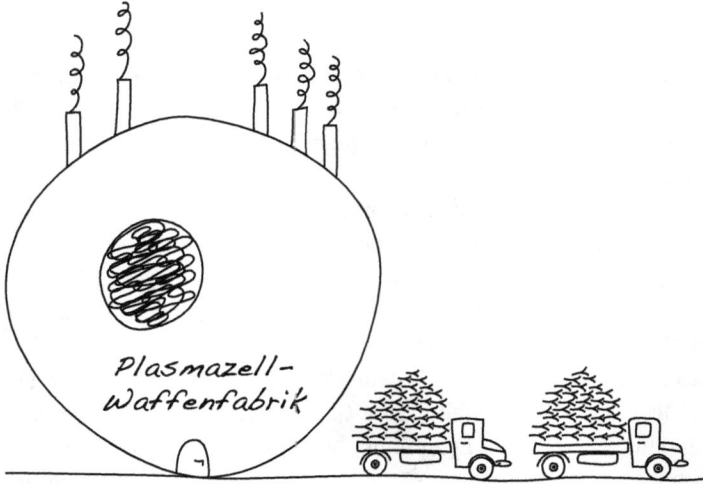

„Plasmazell-Fabrik" mit rauchenden Schornsteinen, daraus fahren Laster mit der Aufschrift „Antikörper", heraus ragen Y-förmige Immunglobuline.

Zellen – diese werden hier follikuläre dendritische Zellen genannt. Der faszinierende Vorgang, in dem diese Experten für den neuen Feind komplex eingebunden sind, wird Affinitätsreifung genannt. Etwas vereinfacht ausgedrückt verändert die B-Zelle durch verschiedene Genmutationen den von ihr hergestellten Antikörper – die Waffe – immer wieder ein kleines bisschen und diese wird von follikulären dendritischen Zellen und T-Helferzellen darauf getestet, wie gut sie funktioniert. Passt sie besser an das Antigen des Feindes, darf die B-Zelle weitermachen. Tut sie das nicht, wird sie umgebracht. Wieder so eine grausame Immunzellprüfung, oder? Ich stelle es mir wie die Testphase einer von Fachleuten neu entwickelten Waffe vor. Auch hier wird die Mehrheit der B-Zellen aus dem Verkehr gezogen.

Von jenen, die überleben, bekommt ein Teil die Erlaubnis, sich erst einmal zu teilen – in dieser Zeit heißen sie Plasmablasten und produzieren auch schon fleißig – um danach, als Plasmazellen, so richtig mit der Waffenproduktion loszulegen. Diese Plasmazellen teilen sich nicht mehr. Die meisten von ihnen wandern ins Knochenmark, wo sie die nun perfektionierten Waffen – sogenannte gegen das Antigen hochaffine Antikörper – herstellen. Diese stehen unserem Körper etwa drei Wochen nach dem ersten Kontakt zum Antigen zur Verfügung. Eine dieser Plasmazellen kann in jeder Sekunde bis zu zweitausend solcher Spezialwaffen herstellen. Von denen könnten sich die Waffenfabrikanten eine Scheibe abschneiden! Diese Plasmazellen leben ziemlich lange – teilweise länger als ein Jahr.

In einem Tropfen unseres Blutes sind etwa 13 Billionen (!) Antikörper enthalten, ein Spiegel dessen, was unser Immunsystem in all den Jahren seit es uns beschützt, schon gesehen hat. Wie eine immunologische Biografie unseres Lebens, die in einen einzigen Blutstropfen passt. Die meisten Antikörper im Blut gehören zur Klasse der

IgG (Immunglobuline G), sie sind es zum Beispiel auch, die Babys wie früher beschrieben den Nestschutz gewähren.

Auch in unseren Schleimhäuten, unserem Speichel und anderen Körperflüssigkeiten finden sich die passenden Antikörper, die hier als IgA (Immunglobuline A) daherkommen. IgE (Immunglobuline E) werden bei der Abwehr von Parasiten, zum Beispiel Würmern, benötigt und sind an allergischen Reaktionen, wie wir später noch sehen werden, beteiligt. Die in sehr kleinen Mengen vorhandenen IgD (Immunglobuline D) spielen wahrscheinlich eine Rolle dabei, ob aus einer aktivierten B-Zelle eine Plasmazelle oder eine B-Gedächtniszelle wird. Die B-Gedächtniszellen sind, sollte der gleiche Feind sich noch einmal trauen, anzugreifen, sofort zur Stelle und können jetzt ohne die ganzen vorher beschriebenen Vorgänge aktiv werden und zur Antikörperproduktion übergehen. Auch ein Teil der aktivierten T-Zellen erinnert sich an den Krieg und den Feind und sie bleiben als T-Gedächtniszellen zurück. Sind wir also aus dem Krieg als Sieger hervorgegangen, erinnert sich unser Körper fortan daran. Man sagt auch, wir sind immun dagegen. Wie man die Immunität gegen ansteckende Krankheiten auch ohne das Durchmachen der Krankheit erlangen kann, darum geht es im Kapitel zur Immunisierung.

Eigentlich sind Antikörper B-Zellrezeptoren, sie stecken mit ihren Y-förmigen Armen nur nicht an der Zellmembran fest, sondern schwimmen frei herum. Dabei stellen die Arme des Y den variablen Teil dar, der sich an das spezifische Antigen heftet, das Hinterteil ist konstant und innerhalb der fünf Antikörperklassen gleich.

Doch wie wirken diese speziellen Waffen eigentlich? Das Wichtigste: sie bekämpfen nur ganz genau jene Feinde, die zu ihnen passen. Von solchen Waffen können wir nur träumen: sie würden in einem Krieg nur jene Menschen angreifen, die uns etwas zuleide tun wollen, und zum Beispiel Frauen und Kinder, die unbewaffnet sind und ohne böse Absichten daherkommen, verschonen.

Mit ihren mobilen Armen „riechen" die Antikörper geradezu das zu ihnen genau passende Antigen, in das sie wie ein Schlüssel zum Schloss „einschnappen". Die Antigen-Antikörperbindung ist eine der stärksten Bindungen, die in der Natur vorkommen. Die Antikörper umzingeln den Erreger und dieser ist dadurch für die anderen Immunzellen besser erkennbar. Auch hier spricht man, wie beim Komplementsystem, von einer Opsonierung, nun aber nur für die ganz genau passenden Keime. Außerdem führen Antikörper dazu, dass die Keime „verklumpen" und diese großen Keimklumpen können für Makrophagen und Neutrophile leichter erkannt werden. Antikörper, die ihren Spezialfeind erkannt haben, aktivieren die Immunzellen des angeborenen Immunsystems auch direkt, indem sie mit ihren Hinterteilen an speziellen Rezeptoren dieser Zellen binden und sie zum Angriff anregen. Zudem aktivieren sie wie schon erwähnt unser Komplementsystem, die uns schon bekannte Komplementkaskade kommt in Gang. Hier kommt die schon beschriebene Rolle des Komplementsystems als Brücke zwischen angeborenem und erworbenem Immunsystem erneut zum Vorschein.

All diesen Kämpfern und ihren Waffen werden wir auf verschiedenen Kriegsschauplätzen unseres Körpers später noch begegnen. Doch bevor wir diese lokalen Kriege näher beschreiben, will ich Ihnen noch einen kleinen Überblick über unser Lymphgefäßsystem und die lymphatischen Organe geben, auch wenn wir bisher schon einiges darüber erfahren haben.

Unsere primären lymphatischen Organe kennen wir schon recht gut. Das ist zum einen unser Knochenmark, das die Hohlräume unserer großen Knochen, vor allem der Wirbelsäule, der Hüften, Schultern, Rippen, dem Brustbein und der Schädelknochen ausfüllt. Hier entstehen wie bereits bekannt unsere Erythrozyten, Thrombozyten und fast alle Immunzellen aus sogenannten Stammzellen. Offenbar hat unser Körper diese wichtigen Zellen besonders gut schützen wollen und sie daher in den Knochen versteckt. Zum anderen ist es unser Thymus, die Militärakademie unserer T-Zellen, deren Vorläuferzellen ja ebenfalls aus dem Knochenmark stammen.

Unser Lymphgefäßsystem ist, im Gegensatz zu unserem Blutgefäßsystem, kein geschlossenes System. Als fingerförmige kleine initiale Lymphgefäße, die netzförmig angeordnet sind, haben sie ihren Ursprung im Bindegewebe. Hier nehmen sie zum einen die Flüssigkeit wieder auf, die zum Transport des Sauerstoffs und der Nährstoffe aus dem Blut zu den Zellen abgegeben wurde. Ein kleiner Teil der Flüssigkeit, Kohlendioxid und kleinere Stoffwechselprodukte der Zellen werden durch das Blutgefäßsystem wieder aufgenommen und weitertransportiert, größere jedoch, wie Eiweiß oder Fettmoleküle, Zellleichen oder -trümmer, Fremdstoffe – zum Beispiel Tätowiertinte –, Tumorzellen und vieles mehr können aufgrund ihrer Größe durch die Blutgefäße nicht wieder abtransportiert werden und nutzen dafür die Lymphbahn. In der durchsichtigen, leicht gelblichen Lymphe sind auch viele unserer tapferen Kämpfer des Immunsystems unterwegs.

Die kleinen Gefäße vereinen sich zu immer größer werdenden, bevor sie sich in den beiden sogenannten Venenwinkeln, die gut beschützt hinter unserem Brustbein liegen, in die Blutbahn entleeren. Die Lymphe fließt viel langsamer als das Blut in seinem Gefäßsystem und ist, da darin ja auch kein Herz schlägt, auf verschiedene Mechanismen angewiesen, damit es nicht ins Stauen gerät. Manchmal merken wir das selbst, zum Beispiel wenn wir zu lange sitzen und unsere Beine anschwellen. Unter anderem sind unsere Muskeln daran beteiligt, die wie eine „Muskelpumpe" wirken. Wenn wir aufstehen und ein bisschen herumlaufen, schwellen unsere Beine so auch schnell wieder ab.

Unterwegs zu den Venenwinkeln passiert unsere Lymphe etwa 600 Lymphknoten – unsere Militärstützpunkte. Diese 5 bis 20 mm großen ovalen bis bohnenförmigen Gebilde gehören, wie bereits beschrieben, zu unserem peripheren Lymphsystem. Darin fließt die Lymphe etwa hundertmal langsamer als im restlichen System und kann so, wenn wir in Ruhe sind, bis zu 20 Minuten darin verweilen. So haben die Immunzellen wie schon beschrieben die Möglichkeit, Informationen auszutauschen, mögliche Feinde ausfindig zu machen und eine Kriegstaktik zu entwickeln.

Wir haben auch ein peripheres lymphatisches Organ, das in unserer Blutbahn zwischengeschaltet ist: die Milz. Dieses etwa pfirsichgroße Organ liegt im linken oberen Bauchraum hinter unseren Rippen. Sie hat, wie auch schon erwähnt, zum einen eine Filterfunktion für unsere Erythrozyten. In der sogenannten „roten Pulpa" der Milz werden diese wie durch einen Schwamm durchgeführt. Die jungen, noch biegsamen roten Blutkörperchen können sich durch die Maschen dieses Schwamms durchschlängeln und ziehen weiter, die überalteten und weniger biegsamen – und das sind sie nach etwa 120 Tagen –, werden abgefangen und von Makrophagen aufgefressen. Hier erfüllen die „großen Fresser" wieder ihre Müllmann-Funktion, für die sie uns schon bekannt sind.

Die „weiße Pulpa" der Milz ist ähnlich aufgebaut wie ein Lymphknoten. Hier gibt es die uns schon bekannten Lymphfollikel und auch die Milz kann, wie die Lymphknoten, vergrößert sein, dann kann man sie manchmal unter dem linken Rippenbogen ertasten. Auch in diesem Militärstützpunkt fließt das Blut langsamer, so dass die Immunzellen Zeit haben, um sich untereinander auszutauschen und Kriegspläne zu schmieden. Hier geben zum Beispiel bewegliche Makrophagen, die Kriegsopfer verspeist und ihre Fahndungsfotos auf den MHC Klasse II-Molekülen dabeihaben, die Information an dendritische Zellen weiter. Durch all diese weiten Verzweigungen und zwischengeschalteten Militärstützpunkte wird gewährleistet, dass die Informationen zu gefährlichen Angreifern der gesamten Körperarmee mitgeteilt werden. Fast so etwas wie ein „world wide web" unseres Körpers. Außer, dass die Erde nur 8 Milliarden Bewohner hat, wir dagegen etwa 70 Milliarden Zellen beherbergen – 30 Milliarden Körper- und 39 Milliarden Bakterienzellen.

Auf das schleimhautassoziierte lymphatische Gewebe (MALT, „Mucosa Associated Lymphoid Tissue"), das ebenfalls zu den peripheren lymphatischen Organen gezählt wird, werden wir in den nächsten vier Kapiteln näher eingehen.

Nun haben wir einen kleinen Überblick über das System, das uns Tag für Tag das Leben rettet. Wenn ich mir all diese winzig kleinen Zellen vorstelle – die eigenen und die unserer Mitbewohner –, wie sie sich fortbewegen, ihre Ausläufer auf der Suche nach Informationen ausstrecken, sich mittels verschiedener Substanzen miteinander verständigen und im Kampf für uns ihr Leben lassen, beeindruckt mich das schon sehr. Immer wieder erzähle ich den Menschen in meiner Praxis, dass ihr Körper unbemerkt und stillschweigend schon unendlich viele Kriege ausgefochten hat, bevor wir uns krank fühlen oder eine Diagnose erhalten.

Sie werden in den nächsten 5 Kapiteln einiges wiederfinden, was Sie schon aus dem ersten Teil des Buches zu unserem Mikrobiom kennen. Weil es aber Sinn macht, die Kriegsschauplätze samt allen an diesem Krieg Beteiligten zu beobachten, habe ich manches schon Bekannte wiederholt. Lassen Sie uns also jetzt ganz konkret in solch einen Kriegsschauplatz eintauchen.

5 Kriegsschauplatz Haut

Betrachten Sie einmal ganz aufmerksam Ihre Haut, dieses schützende Etwas, das Sie umgibt, und dem Sie einen Großteil Ihrer äußeren Erscheinung verdanken. Wir wissen ja schon, dass sie uns rundherum mit einer etwa zwei Quadratmeter großen Oberfläche umhüllt, ungefähr so groß wie eine halbe Tischtennisplatte. Außer Sie haben sich gerade verletzt, ist Ihre Hautoberfläche mit einer Schicht abgestorbener Hautzellen überzogen. Wie gruselig!

Die meisten Zellen unserer Haut sind Hornzellen oder Keratinozyten. Das Keratin, das sie bilden – und aus dem auch unsere Haare und Nägel bestehen – ist wasserabweisend und verleiht Schutz und Stabilität. In jeder Stunde bildet unsere Haut 20 Millionen neue Hautzellen. Die äußeren Schichten sterben ab – wir entledigen uns im Jahr etwa 180 Milliarden toter Hautzellen, etwa so viele, wie Sterne in unserer Milchstraße sind. Man schätzt, dass etwa die Hälfte des Staubes, den wir in unseren Wohnungen regelmäßig mit dem Staubsauger aufsaugen, unsere toten Hautzellen sind. Wir häuten uns also – wie Schlangen –, aber nur nach und nach und Zelle für Zelle.

Die Keime, die hier anklopfen und darum bitten, in unser für sie verheißungsvolles Inneres eingelassen zu werden, finden also vor allem tote Zellen vor. Die vielen Billionen einzelner Bakterien, die hunderten bis manchmal tausenden von Spezies angehören, haben wir auch schon erwähnt: die „transienten", also sich auf der Durchreise befindenden, und die „residenten", die sozusagen eine Aufenthaltserlaubnis haben.

Sie kommen aus unserer Umgebung oder von einem anderen bewohnten menschlichen, tierischen oder pflanzlichen Körper. Hier – wie in all unseren Mikrobiota – gibt es auch Viren, Pilze und andere Parasiten. Da unsere Bakterien jene Untermieter sind, die bisher am intensivsten erforscht wurden, werde ich in der Regel auf sie allein eingehen und dies nicht in jedem Fall erneut hervorheben.

Unsere Hautmikroben wohnen in einem feinen Hydrolipidfilm, man nennt ihn auch „Säureschutzmantel". Wenn ich an diesen „luxuriösen" Mantel denke, fällt mir immer das Märchen „Des Kaisers neue Kleider" ein. Ja, sogar wenn wir vollkommen nackt sind, sind wir vor so vielen Feinden wunderbar und genial geschützt. Der pH-Wert dieses Films liegt bei etwa 4,8 bis 5,5, ist also leicht sauer. Sie erinnern sich: in der Vagina ist der pH-Wert ebenfalls sauer, da liegt er bei 3,8 bis 4,4, ist dort also etwas saurer als auf unserer Haut.

Gebildet wird dieser „luxuriöse" Mantel von unseren Schweiß- und Talgdrüsen. Gemeinsam mit den „residenten" Mikroben verwehrt er unerwünschten Gästen den Eintritt. Unterstützung bekommt er von einer besonderen antimikrobiellen Substanz, die außer in unserem Schweiß auch in allen unseren Körperflüssigkeiten wie Speichel, Tränen, Ohrenschmalz, den Sekreten unserer Atemwege, der Nieren und des Darms, im Blutserum, im Liquor des Gehirns und Rückenmarks und – wie könnte es anders sein – auch im Fruchtwasser und in der Muttermilch enthalten ist: Lysozym. Diese Substanz kennen wir schon: Sie wurde 1921 zum ersten Mal von Alexander

https://doi.org/10.1515/9783111611143-017

Luxuriöser Säureschutzmantel eines Kaisers mit vielen verschiedenen Bakterien.

Fleming beschrieben, der 6 Jahre später das erste Antibiotikum, und zwar Penicillin, entdecken würde. Dieses Enzym hat die Fähigkeit, Zellwände von Bakterien aufzulösen und kommt nicht nur beim Menschen, sondern bei vielen anderen Lebewesen vor: Tieren, Pflanzen, Pilzen, Bakterien und sogar Bakteriophagen (das sind bakterientötende Viren). Lysozym wird auch unserem angeborenen Immunsystem zugerechnet. Auch Makrophagen und Neutrophile können Lysozym bilden, das sie im direkten Kampf gegen bakterielle Erreger einsetzen.

In unserer Haut siedeln auch die uns schon bekannten Langerhanszellen. Erinnern Sie sich? Diese besondere Form der dendritischen Zellen, die Langerhans schon 1868 entdeckt hatte, aber fälschlicherweise davon ausging, sie seien Nervenzellen. Auf jedem Quadratzentimeter unserer Haut siedeln bis zu 800 dieser Zellen, netzförmig verteilt. Mit ihren Zellausläufern, also diesen neugierigen „Fingern," die nach Gefahren Ausschau halten, bewachen die Geheimagenten unsere Hautoberfläche.

Bleibt unsere Haut intakt, sind wir gut geschützt und die Langerhanszellen halten aufmerksam Wache. Doch jeder von uns weiß es aus eigener Erfahrung: das ist nicht immer so. Wie lange ist es her, dass Sie sich zuletzt in den Finger geschnitten haben? Lassen Sie uns zu diesem Erlebnis zurückkehren.

Stellen wir uns vor, Sie standen in der Küche und haben gerade Gemüse kleingeschnipselt. Das ziemlich scharfe Messer hat statt der Karotte Ihren Zeigefinger erwischt. Der erste Reflex war sicher, den Finger in den Mund zu stecken, oder? Das hat Mutter Natur uns gut beigebracht: das Lysozym aus unserer Spucke hat jetzt schon ein paar Mikroben erfolgreich zur Strecke gebracht. Wenn die Schnittwunde nicht allzu tief war, werden Sie sich die Hände wahrscheinlich an der Spüle gewaschen und mit der Küchenarbeit weitergemacht haben.

Ihr Körper ist dabei nicht so entspannt geblieben. An der Stelle, an der das Messer Ihre Haut verletzt hat, klafft – aus mikroskopischer Sicht – ein riesiges Loch. Unzählige Bakterien versuchen jetzt, in Ihren Körper einzudringen. Im Vergleich zu draußen, wo sie herkommen, ist es da drin nämlich paradiesisch: es herrschen gemütliche 36,5 bis 37,4 Grad Celsius und es gibt genug zu essen und zu trinken. Nichts wie rein!

Gleich nach dem Schnitt setzt auch schon die Blutgerinnung ein. Ihre Blutplättchen (Thrombozyten) heften sich an die Wundränder und verkleben sie, daraufhin vernetzen sie sich. In einem sehr komplexen Vorgang, der – wie beim Komplementsystem – kaskadenartig abläuft, wird die Verletzung in wenigen Minuten mit einem Blutgerinnsel verschlossen.

Jene Mikroben, die in der kurzen Zeit die Gelegenheit ergriffen haben, einzudringen – und ihre Zahl geht mindestens in die Tausende – lösen sofort eine Immunantwort aus. Ihre Makrophagen, die ja wie alle unsere Immunzellen nur darauf warten, endlich was zu tun zu haben, erkennen mit ihren Mustererkennungsrezeptoren bakterienspezifische Strukturen und schlagen Alarm. Nun setzen sie zum einen Chemokine frei, um Verstärkung herbeizurufen.

Zum anderen setzen sie bestimmte Zytokine frei, die unverzüglich eine Entzündungsreaktion herbeiführen, man nennt sie auch Entzündungsmediatoren. Hier kommen wir endlich zur ersten Beschreibung dieser bedeutsamen Reaktion unseres Körpers. Das Wort „Entzündung" erinnert an sich schon an Krieg: dort werden auch Sprengkörper oder Granaten „entzündet" (oder gezündet).

Bei einer Entzündung weiten sich die Blutgefäße und werden für Immunzellen durchlässiger. An Ihrer Schnittwunde am Finger können wir alle fünf Zeichen der Entzündung erkennen: Rötung, Erwärmung, Schwellung, Schmerzen und Funktionsverlust. Die Stelle rötet sich, weil mehr Blut fließt, und das bringt zusätzliche Wärme. Das hat Vorteile: die meisten Bakterien mögen es nicht gerne allzu warm, der Stoffwechsel der Körperzellen kommt dadurch hingegen so richtig in Gang, was für die Reparatur des verletzten Gewebes von Vorteil ist. Einige der Substanzen, die die Entzündung auslösen, machen Ihre Nervenenden für Schmerzen empfänglicher. Und schließlich können Sie den verletzten Finger nicht so benutzen wie zuvor, wodurch sie gezwungen sind, ihn zu schonen. Wenn die Schnittwunde etwas tiefer ausgefallen ist, muss also vielleicht jemand anders das Gemüse weiterschnipseln.

Eine Entzündung ist ein äußerst wirkungsvoller Mechanismus unseres Körpers. Durch sie wird die Aufmerksamkeit der Immunzellen auf den Feind konzentriert und es wird so viel Unterstützung vom System angefordert, wie es braucht, um ihn zu besiegen. Leider kann dieser Vorgang, wenn er chronisch wird, dem Körper auf Dauer großen Schaden zufügen, wie wir später in diesem Buch noch sehen werden.

Die Hautmakrophagen haben über ihre Chemokinausschüttung auch weitere Kämpfer auf das Schlachtfeld gerufen. Durch die Auflockerung der Blutgefäßwand können sie leichter dahin vordringen. Sofort ist ein Bataillon von Neutrophilen zur Stelle – sie schwimmen ja zu jeder Zeit zu Milliarden in Ihrem Blut umher und vernehmen den Schlachtruf ohne Verzögerung. Auch die im Blut patrouillierenden Monozyten ziehen ihre Uniform an, schnallen ihre Waffen um und werden zu mobilen Makrophagen, die in Windeseile vor Ort sind. All diese tapferen Kämpfer verschlingen so viele Bakterien wie sie fassen können. Die Neutrophilen, die sich in großen Schwärmen zusammengetan haben, greifen wie wildgeworden an, verspeisen die Feinde, bewerfen sie mit ihren giftigen Granula und werfen ihre Netze aus – die neutrophilen extrazellulären Fallen oder NET („neutrophil extracellular traps") –, um sie einzufangen und zu töten.

Unterstützung erhalten die Krieger von Ihrem Komplementsystem, jener Gruppe von über 40 Proteinen, die durch die Komplementkaskade die Erreger entweder direkt abtötet, die Entzündung fördert oder die Bakterien für die Phagozyten opsoniert, also schmackhafter macht, damit sie mehr davon essen.

In der Regel reicht dieser Kampfeinsatz für Ihre kleine, beim Gemüseschnipseln in der Küche zugefügte Schnittwunde, vollkommen aus, um alle eingedrungenen Bakterien zu töten. Je weniger Feinde auf dem Schlachtfeld verbleiben, umso weniger Zytokine und Chemokine werden ausgeschüttet. Auch das Komplementsystem beruhigt sich. Die Entzündung bildet sich nach und nach zurück, die Blutgefäße ziehen sich wieder zusammen, die überschüssige Gewebsflüssigkeit wird durch Ihr Lymphsystem abtransportiert und die verletzte Stelle schwillt ab. Die Hautoberfläche heilt vollkommen zu, als wäre nichts geschehen. Die Hautzellen, die sich ja sowieso unentwegt vermehren, schützen Sie wie vor dem Schnitt wieder und der luxuriöse Säureschutzmantel aus Fett, Schweiß, Mikroben und noch vielem mehr überzieht Sie. Sie sind geheilt! Wie wenig sind wir uns doch normalerweise darüber bewusst, was für ein Wunder das ist!

Das könnte das Ende des Krieges sein und ist es doch nicht ganz. Da Ihr Immunsystem nicht genau weiß, ob es mit harmlosen oder vielleicht doch sehr resistenten und aggressiven Keimen zu tun hat, sorgt es vor. Ihre Langerhanszellen – 800 pro Quadratzentimeter Ihrer Haut – haben den Angriff ebenfalls miterlebt. Sie haben mit ihren langen Fingern eingedrungene Keime aufgespürt und verschluckt und andere Informationen auf dem Schlachtfeld eingesammelt.

Wenn sie der Meinung sind, genug zu wissen, geben die Langerhanszellen ihren Wachtposten auf und machen sich als dendritische Zellen über die Lymphbahnen auf den Weg zum nächsten Lymphknoten. Mit dabei haben sie Fahndungsfotos von den Angreifern, die sie auf ihren MHC-Klasse II-Molekülen zur Schau tragen. Was folgt, kennen Sie schon: über Ihre T- und B-Zellen entwickelt Ihr erworbenes Immunsystem spezifische Kämpfer und Waffen gegen die Keime. Bis diese allerdings mobilisiert sind, ist der Krieg in der Regel längst vorbei und sie werden vorerst nicht mehr gebraucht. Trotzdem hinterlassen sie die Erinnerung an den Feind in Form von T- und B-Gedächtniszellen und spezifischen Antikörpern. Ihr Immunsystem hat aus dieser Erfahrung gelernt. Man hat herausgefunden, dass T-Zellen in der Haut neben dem angeborenen Immunsystem an der Wundheilung beteiligt sind. Wie wichtig unser erworbenes Immunsystem im Kampf gegen gefährlichere Feinde ist, die unser angeborenes Immunsystem nicht allein besiegen kann, erfahren Sie noch später in diesem Buch.

Wie wir bereits wissen, sind die etwa zwei Quadratmeter Haut, die uns umgibt – etwa so groß wie eine halbe Tischtennisplatte –, nicht die Haupteintrittspforte für Keime, die uns besiedeln wollen, und wir bieten ihnen vor allem dann eine Angriffsfläche, wenn wir uns verletzen. Ganz anders sieht es bei unseren Schleimhäuten aus. Lassen Sie uns in die Welt der Schleimhäute eintreten, die unsere Verdauungsorgane von innen auskleiden. Eine der Haupteintrittspforten ist unser Mund, und hier wollen wir uns ein bisschen umsehen.

6 Kriegsschauplatz Mund

Diesen Kriegsschauplatz kenne ich als Zahnärztin natürlich am besten von allen. In diesen Krieg mische ich mich nämlich aktiv ein. Ich ziehe gegen die angreifenden Mikroben in den Kampf und beteilige mich am Wiederaufbau der vom Krieg zerstörten Gebiete. Vor kurzem sprach ich einen Mann in meiner Praxis auf seine „Baustelle" an, also den kariösen Zahn, den wir an diesem Termin reparieren wollten. Da entgegnete er: „Das ist nicht meine Baustelle, sondern Ihre."

Die Strukturen und Vorgänge in unserem Mund habe ich bereits in meinem ersten Buch beschrieben. Das ist sozusagen mein „Arbeitsplatz", der selbstverständlich mit allen anderen Teilen des Menschen in enger Verbindung steht. Und über diese Verbindungen von Kopf bis Fuß und von Fuß bis Kopf geht es denn auch in diesem Buch.

Die meiste Zeit meines Arbeitslebens verbringe ich allerdings damit, die Menschen, die in meine Praxis kommen, zu Kämpferinnen und Kämpfern gegen die Krankheiten in ihrem Mund auszubilden. Wie Paracelsus (1493 oder 1494 bis 1541) es ausdrückt: „Der Arzt verbindet Deine Wunden. Dein innerer Arzt aber wird Dich gesunden. Bitte ihn darum, sooft Du kannst."

Mit dem Mikrobiom des Mundes sind wir ja bereits aus dem ersten Teil des Buches vertraut und haben eine Mikrobe darin – aus der später zwei wurden – zu ihrem Leben darin befragt. Wir wissen auch schon, dass unser Mund je nach Region auch sehr unterschiedlich besiedelt ist, also auf der Zunge, der Wangeninnenseite, dem Gaumen und den Zähnen, dem Speichel, dem Rachen und den Mandeln. In den beiden letzteren gibt es bereits ein sehr wirksames Immunsystem, das den mukosa-assoziierten lymphatischen Organen (MALT), die wir bereits erwähnt haben, zugerechnet wird. Hier nennt man es auch den „Waldeyer-Rachenring". Dieser gilt als „immunologisches Frühwarnsystem", hier meldet unser Körper die Gefahr, die durch den Mund und die Nase von außen einzutreten versucht. Ich kann mich noch sehr gut daran erinnern, wie unser Kinderarzt, der auch ein Freund der Familie war und zu uns nach Hause kam, mir mit einem Teelöffel die Zunge nach unten drückte, um in diesen Bereich hineinzuschauen. Sie, lieber Leser, haben das sicher auch das ein oder andere Mal erlebt.

Doch bevor wir uns diesem „immunologischen Frühwarnsystem" widmen, besuchen wir einen Bereich darin, in dem es leider sehr häufig zu erbitterten Kämpfen kommt: den Übergang zwischen dem Zahnhartgewebe unserer Zähne und dem Weichgewebe, dem Zahnhalteapparat oder Parodontium. Die oberste Zellschicht unserer Haut und unserer Schleimhäute nennt man Epithel – wir werden im Verlauf des Buches noch weiteren Epithelien begegnen. Hier, am Parodontium, liegt die einzige Stelle unseres Körpers, an der dieses Epithel durchbrochen ist. Sonst ist dies nur der Fall, wenn wir uns – wie im Kapitel zuvor – verletzt haben.

Warum die Natur uns solch eine Schwachstelle eingebaut hat, darüber kann man nur spekulieren. Ich sage spaßeshalber oft, dass wir eigentlich gar nicht dafür „designt"

https://doi.org/10.1515/9783111611143-018

sind, so alt zu werden. Als die ersten Säugetiere vor etwa 125 Millionen Jahren entstanden, betrug ihre Lebenserwartung nur wenige Jahre und es gibt nur sehr vereinzelt Säugetierarten, die älter als 30 Jahre werden. Jene, die älter werden, wie zum Beispiel Elefanten oder Wale, besitzen auch ganz andersartige Gebisse als ihre Säugetierverwandten. Elefanten bekommen zum Beispiel sechs Mal neue Backenzähne. Die erste Garnitur hält etwa drei Jahre, auf den weiteren kauen sie über zehn Jahre herum. In freier Wildbahn werden sie auch nicht so alt wie im Zoo: ist die letzte Garnitur aufgebraucht, verhungern sie, weil sie nicht mehr kauen können. Von solchen kostenlosen neuen Zahngarnituren können wir Menschen nur träumen.

Hier also, am Übergang zwischen Zahnhart- und -weichgewebe, siedeln sich in unserem Mund Bakterien besonders gerne an. Sie sind, wie vielerorts in der Natur, in einem sogenannten Biofilm organisiert, den man Plaque oder Zahnbelag nennt – wir werden später noch anderen Plaques begegnen, zum Beispiel an Blutgefäßwänden. Wenn Sie morgens aufwachen, spüren Sie Ihren Zahnbelag, wenn Sie mit der Zunge über Ihre Zähne streichen. Wie sich die Mikroben in unserem Mund in Biofilmen organisieren und ihre „Milliardenstädte" bauen, haben wir auch schon erfahren.

Wenn es im Biofilm bei der ganz normalen Zusammensetzung des Mikrobioms bleibt, bedeutet das noch keine Gefahr. Der Biofilm wächst zwar in die Dicke, wird irgendwann aber durch die Zunge, den Speichel, und – eventuell – die Zahnbürste abgetragen. Gefährlich wird es erst, wenn sich die Zusammensetzung der Keime hier verändert. Dies geschieht nicht ganz plötzlich. Nach den Pionierkeimen siedeln sich sogenannte Brückenkeime an, die den aggressiven Bakterien den Weg ebnen. Sie schaffen den Parodontitiserregern durch ihren Stoffwechsel eine ökologische Nische. Diese sind nämlich strikt anaerobe Keime, für sie ist Sauerstoff also giftig. Hier sieht man wieder, wie gefährlich es die Bakterien macht, wenn sie sich zusammentun und gemeinsam agieren. Bei uns Menschen ist das ja auch nicht anders und wir erreichen mehr, wenn wir zusammenhalten.

Gegen diese gefährlichen Keime wehrt sich unser Körper. Hier ist sie wieder: die Entzündung. Wir haben wieder Krieg. Die pathogenen Keime und ihre Stoffwechselprodukte dringen in das Weichgewebe um den Zahn, in den Gingivalsaum ein. Die Nachricht vom feindlichen Angriff wird wieder durch Botenstoffe des Immunsystems bekanntgegeben. Die Blutgefäße weiten sich, das Zahnfleisch schwillt an und rötet sich. Das Gewebe wird aufgelockert und kann bei Berührung sogar bluten.

Zur Erweiterung der Blutgefäße kommt auch eine Erhöhung ihrer Durchlässigkeit hinzu, so dass die Immunzellen in das Gewebe eindringen können. Die Makrophagen sind gleich zur Stelle und machen sich über die Bakterien her.

Auch Neutrophile eilen herbei und stürzen sich in den Kampf, werfen Netze aus und entleeren ihre giftigen, mit Wasserstoffperoxid, freien Radikalen und Stickstoffmonoxid gefüllten Granula. Auch T- und B-Zellen werden herbeigerufen, erkennen bestimmte Antigene an der Oberfläche der Mikroorganismen und können sie so bekämpfen.

Bleibt die Entzündung auf das Zahnfleisch, also die Gingiva beschränkt, spricht man von einer Gingivitis. Diese ist reversibel. Intensiviert man jetzt die Mundhygiene

Makrophage („Riesenfresszelle") verspeist ein Bakterium in der parodontalen Tasche.

und reinigt alle entzündeten Stellen so gründlich wie möglich, bildet sich die Entzündung spontan zurück. Bei über fünfzig Prozent der Erwachsenen ab etwa 35 Jahren entwickelt sich laut der letzten, und zwar fünften Deutschen Mundgesundheitsstudie daraus eine Parodontitis, eine der häufigsten Krankheiten überhaupt, weshalb sie auch als Volkskrankheit bezeichnet wird.

Wann genau die Entzündung, die zuvor auf das Zahnfleisch begrenzt war, anfängt, in den Knochenstoffwechsel einzugreifen, wird immer noch untersucht. Gesichert ist, dass hier viele Faktoren zusammenspielen, und dass es wie bei vielen Krankheiten ein multifaktorielles Geschehen ist. Genetische, Umweltfaktoren, Rauchen, Stress oder zahlreiche Allgemeinerkrankungen spielen hier eine Rolle.

Normalerweise findet im Zahnhalteapparat, unserem Parodont, Knochenaufbau und -abbau fortlaufend statt und die beiden Vorgänge stehen im Gleichgewicht. Für den Aufbau sind sogenannte Osteoblasten zuständig, für den Abbau die Osteoklasten. Das sind, erinnern wir uns, die ortsständigen Makrophagen unseres Knochens. Bei einer Parodontitis kommt es zu einer Verschiebung dieses Gleichgewichts in Richtung Knochenabbau.

Den Menschen in meiner Praxis erkläre ich es so: Ihr Körper leidet unter der ständigen Belastung durch die chronische Entzündung in Ihrem Mund. Um diese loszuwerden, zieht er sich zurück, um die Entzündungsquelle, den Zahn, loszuwerden. Ihr Knochen zieht sich also auf der Flucht vor den Angreifern zurück. Je tiefer die parodontale Tasche hier wird, um so bessere Bedingungen haben die pathogenen Bakterien: ein anaerobes Milieu (also eines ohne Sauerstoff) und kaum Zahnbürsten und ähnliche antimikrobielle Waffen.

Wichtig ist es hier zu betonen, dass die Parodontitis nicht einzelne Zähne betrifft, sondern alle Zahnhalteapparate in einem Mund. Hier kommt es durch die beschriebenen Vorgänge zu einer Verschiebung des Gleichgewichts in Richtung der pathogenen gegenüber den Schutzspezies in unserem Mund, also zu einer Dysbiose. Solche Dysbiosen können auch an anderen Stellen unseres Körpers auftreten, zum Beispiel im Darm, im Magen oder in der Lunge.

Man hat ausgerechnet, dass alle entzündlich veränderten Stellen bei einem voll bezahnten Menschen mit einer Parodontitis je nach ihrer Schwere eine bis zu handtellergroße Wunde ausmachen. Eine Wunde, die viele von uns unbemerkt mit sich herumtragen und durch die unentwegt Bakterien in die Blutbahn eindringen können. Dabei ist die Behandlung einer Parodontitis nicht aufwendig und die Herstellung einer Eubiose im Mund hat sehr gute Erfolgsaussichten.

Setzen wir unsere Reise in Richtung unserer Nahrung fort, führt sie an dem schon erwähnten Waldeyer-Rachenring, unserem immunologischen Frühwarnsystem, vorbei. An dieser Stelle treffen sich unsere Verdauungs- und Atemwege, auf letztere gehe ich im übernächsten Kapitel näher ein.

Zu dieser Ansammlung von lymphatischen Organen gehören zum einen unsere Mandeln oder Tonsillen: eine Rachen-, eine Zungenmandel, zwei Gaumen- und zwei Tubenmandeln. Besonders bei Kindern sind die Gaumenmandeln zeitweise durch die Aktivität des Immunsystems so stark vergrößert, dass sie die Atmung behindern und Schlafstörungen verursachen können, daher wurden sie früher häufig entfernt. Heute ist man mit der Mandelentfernung etwas restriktiver und entfernt sie deutlich seltener. Außerdem zählt man die Seitenstränge sowie kleinere, im Rachen verteilte Einheiten von lymphatischem Gewebe dazu.

Im Waldeyer-Rachenring gibt es eine besondere Art von Zellen, die sogenannten M-Zellen, denen wir später auch noch im Darm begegnen werden. Der Begriff M-Zelle kommt von „microfold" (kleine Falte) und von der feinen Fältelung, die auf der äußeren Seite dieser Zellen zu finden ist. Etwa 10 bis 15 Prozent des Schleimhautepithels der Tonsillen werden von M-Zellen gebildet. Hier, in diesen Fältelungen, bleiben Stoffe und Erreger aus der Nahrung und der eingeatmeten Luft hängen, die sich die M-Zelle durch Phagozytose einverleiben kann. Auf ihrer Rückseite weist sie Einbuchtungen auf und steht in direkter Verbindung mit dendritischen Zellen, Makrophagen, sowie T- und B-Zellen. Diese Zellen wirken also wie ein Auffanglager für Informationen zu allem, was für den Körper gefährlich werden könnte und geben diese direkt an das Immunsystem weiter, damit es rechtzeitig eingreifen und möglichen Schaden abwenden kann. Wie alle sekundären lymphatischen Organe bestehen die Tonsillen und die anderen Bestandteile des Waldeyer-Rachenrings aus den uns schon bekannten Lymphfollikeln, die, wenn sie aktiviert werden, zur Bildung von Plasmazellfabriken und entsprechenden Antikörpern – unseren Spezialwaffen – führen.

An diesen Wachtposten müssen feindliche Mikroben, die in unseren Körper eindringen wollen, erst einmal vorbei. Was sie erwartet, wenn sie weiterreisen, darum geht es im nächsten Kapitel.

7 Kriegsschauplatz Verdauungstrakt

Unser Verdauungstrakt ist im Prinzip ein langer Muskelschlauch, der von unserem Mund bis zu unserem After reicht. Nach dem Mund geht es über die Kehlkopfkreuzung zum einen weiter in unsere Atemwege – hierher kommen wir später wieder zurück – zum anderen in unsere Speiseröhre. Durch den faszinierenden und komplexen Akt des Schluckens, der zum Teil bewusst und zum Teil unbewusst abläuft, wird alles, was wir essen, hier in Richtung Magen geleitet und es wird durch vielfältige Mechanismen verhindert, dass es den falschen Weg Richtung Lunge nimmt. Wie unangenehm es werden kann, wenn man etwas „in den falschen Hals" bekommen hat, weiß sicher jeder von uns aus eigener Erfahrung – auch im übertragenen Sinn.

Über die Speiseröhre gelangt unsere Nahrung mitsamt den noch in ihr enthaltenen Mikroben in den Magen, der im linken Oberbauch liegt. Mit seinen 20 bis 30 Zentimetern Länge kann er etwa eineinhalb Liter aufnehmen – das ist allerdings von Mensch zu Mensch und je nachdem, wie viel man isst, unterschiedlich. Der Mageneingang ist über die Muskeln der Speiseröhre und des Zwerchfells fast immer verschlossen, diese entspannen sich jedoch beim Schlucken und geben den Weg frei. Im Mageninneren ist es besonders sauer: der Magensaft enthält nämlich Salzsäure und sie ist daran beteiligt, dass unser Essen aufgespalten wird. Hier liegt der pH-Wert im nüchternen Zustand bei etwa 1, bei gefülltem Magen bei 2 bis 4. Die Mehrheit der Keime stirbt hier einen qualvollen Säuretod. Dieser Zugang wird also von unserem Körper über chemische Waffen kontrolliert. Wie es die Magenzellen schaffen, solch eine starke Säure zu produzieren, ohne daran selbst zu verenden, ist äußerst faszinierend, darauf einzugehen würde den Rahmen des Buches allerdings sprengen.

Die Vorstellung, dass der Magen wegen seines sauren pH-Werts keine Mikroben beherbergt, hat sich – wie bei vielen anderen Stellen des Körpers – lange Zeit in den Köpfen der Forschenden gehalten. Heute weiß man, dass es hier sowohl transiente (sich auf der Durchreise befindende) als auch kommensale (in Frieden mit uns lebende) Bakterien gibt und dass sich auch hier eine Dysbiose innerhalb des Magenmikrobioms negativ auf unsere Gesundheit auswirkt.

In dieses System einzugreifen, erweist sich oftmals als zweischneidiges Schwert. Eine Studie konnte zum Beispiel zeigen, dass der Magenkeim Helicobacter pylori, der nachweislich an der Entstehung von Magengeschwüren und Magenkrebs beteiligt ist, über die Hormone Ghrelin und Leptin eine entscheidende Rolle bei der Regulation unseres Appetits spielt. Wenn das Bakterium durch Antibiotika ausgeschaltet wurde, nahmen die Probanden an Gewicht zu.

In der Mikrobenmetropole unseres Körpers, der Billionenstadt in unserem Darm, haben wir uns im ersten Teil des Buches auch schon umgesehen. Je weiter man der Nahrung auf dem Verdauungsweg folgt, umso größer die Zahl und die Artenvielfalt an Bakterien. Unter normalen Umständen halten sich 70 Prozent der Darmmikroben im hinteren Abschnitt des Darmes, also in unserem Dickdarm auf. Bevölkern zu viele

https://doi.org/10.1515/9783111611143-019

Mikroben den Dünndarm, kommt es zu einer sogenannten Dünndarm-Fehlbesiedlung und diese ist behandlungsbedürftig.

Der Darm ist bei uns Erwachsenen etwa fünfeinhalb bis siebeneinhalb Meter lang, hat allerdings durch seine Fältelungen und Darmzotten eine Oberfläche von 300 bis 500 Quadratmetern, also ungefähr die Größe eines Tennisplatzes. Über diese riesige Fläche nimmt unser Körper die Nahrung im Blut auf, die wir zum Leben brauchen. Zu diesem Zweck muss die Darmschleimhaut durchlässig sein, allerdings nur für das, was wir auch aufnehmen wollen.

Bedingt durch die riesige Oberfläche des Darmes, über die mögliche Feinde einzutreten versuchen, können wir davon ausgehen, dass es hier Krieg gibt. Dieser Krieg verläuft allerdings weit weniger aggressiv als zum Beispiel an unserer Schnittwunde oder wenn es Bakterien schaffen, in unsere Blutbahn einzudringen. Hier geht es eher um ein dauerhaftes Sortieren zwischen Freund und Feind, also eine Art Status Quo. Eine ständige Entzündung – wie sie leider bei manchen Erkrankungen vorkommt – kann unser Körper hier nicht gebrauchen.

Hier, am Grenzposten Darmwand, gibt es drei Verteidigungslinien, die dazu beitragen, dass die schon erwähnte „selektive Darmbarriere" wirkt. Diese drei Linien sind, vereinfacht ausgedrückt, in drei Schichten der Darmwand organisiert. Die oberste Schicht der Darmwand nennt man Darmepithel und dessen Zellen werden alle drei bis fünf Tage aus Darm-Stammzellen neu gebildet. So ist das Darmepithel das sich am schnellsten erneuernde Gewebe unseres Körpers.

Die erste Linie, die an der obersten Schicht zur Darmhöhle hin, liegt, ist unser Darmmikrobiom selbst: all jene Spezies, die hier schon leben, verweigern den – schon zahlenmäßig unterlegenen – Neuankömmlingen den Zutritt. Sie wollen ihre paradiesische Darmbillionenstadt nämlich für sich reservieren. Wir erinnern uns: schon im Bauch unserer Mutter und später durch die Muttermilch wird unser Darm mit Bakterien besiedelt, die mit der Muttermilch auch gleich ihr Futter mitgeliefert bekommen. So sorgt also unsere Mutter – und später die Umgebung, in der wir aufwachsen, dafür, dass wir mit den an uns Menschen angepassten Mikroben eine lebenslange Symbiose eingehen.

Sehen wir uns das einmal im Detail an. Unsere „eubiotischen" Bakterien, also jene, die eine für unsere Gesundheit förderliche Symbiose mit uns eingehen, wollen wir mal vereinfacht die „guten" Bakterien nennen, „böse" sollen also all jene heißen, die für eine Dysbiose sorgen. So einfach ist das natürlich nicht, vor allem deswegen, weil die Kommunikation der Bakterien untereinander und jene mit unserem Immunsystem sehr komplex und von Mikrobiom zu Mikrobiom und Immunsystem zu Immunsystem unterschiedlich ist. Die „guten" Bakterien hindern die „bösen" zum Beispiel daran, an der Darmwand anzudocken und produzieren antibakterielle Substanzen, die sie zur Strecke bringen. Außerdem versorgen sie die Zellen der Darmwand mit Energie und unterstützen das darmeigene Immunsystem in seiner Funktion.

Die zweite, darunter liegende Verteidigungslinie ist die Darmwand selbst, die mit einer Schleimschicht ausgekleidet ist. Die darin enthaltenen Stoffe, sogenannte

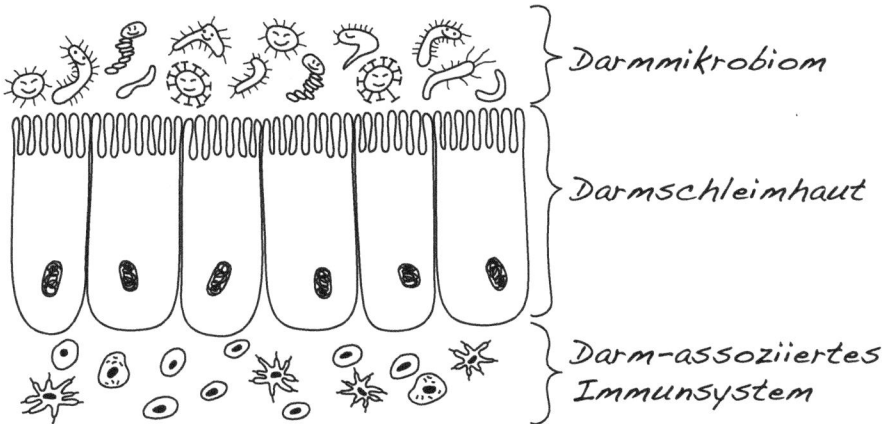

Darmwand mit den drei Verteidigungslinien.

Mucine, geben dem Schleim die zähflüssige, gelartige Struktur und werden von bestimmten Zellen der Darmwand produziert. In ihm verfangen sich Mikroben und andere Fremdstoffe und werden durch „Defensine" – darunter zum Beispiel auch Lysozym – unschädlich gemacht. Der Schleim enthält auch Antikörper, und zwar die uns schon bekannten IgA (Immunglobuline A), mit denen Feinde bekämpft werden, die uns schon einmal bedroht haben und gegen die wir Spezialwaffen besitzen. Schließlich bilden die Schleimhautzellen untereinander sogenannte „Tight junctions" („feste Verbindungen"), das sind Proteinkomplexe, die verhindern, dass Mikroben und Fremdstoffe zwischen den Zellen hindurchschlüpfen können.

Die dritte Verteidigungslinie ist das darmeigene Immunsystem und dieses liegt unter dem Darmepithel. 70 Prozent aller unserer Abwehrzellen sind in unserer Darmwand stationiert! Hier unterscheiden sie zwischen Freund und Feind, zwischen „guten" und „bösen" Bakterien, und gewähren oder verweigern ihnen den Zutritt. Wir erinnern uns: schon Säuglinge „kosten" ihre Umgebung und ihr Immunsystem übt diese Unterscheidung von frühester Kindheit an.

Das lymphatische Gewebe unseres Darmes ist Teil des MALT (mukosaassoziierten Schleimhautgewebes) und heißt hier GALT („Gut Associated Lymphatic Tissue"). Dazu gehören zum Beispiel die Peyer-Plaques, das sind Ansammlungen von bis zu achtzig Lymphfollikeln. Besonders viele gibt es im Krummdarm (Ileum) und im Wurmfortsatz des Blinddarms. Unsere hundert bis zweihundert Peyer-Plaques ragen kuppelartig in die Darmhöhle hinein. Ich stelle sie mir gerne als die Wolkenkratzer dieser belebten Darmbillionenstadt vor. Hier haben wir, wie im Waldeyer-Rachenring, M-Zellen (Mikrofalten-Zellen), die mit ihren Fältelungen die vorbeischwimmenden Informationen über mögliche Feinde einsammeln und an die Lymphfollikel und den darin arbeitenden T-, B-, Plasmazellen und dendritischen Zellen weitergeben. Überall im Darm, im Dickdarm etwas häufiger, kommen auch isolierte Lymphfollikel vor, auch sie weisen M-Zellen auf.

Achtzig Prozent aller Antikörper bildenden Zellen befinden sich hier, in der Darmwand. Unsere Darmbillionenstadt ist also auch der Hauptstandort der Waffenfabrikation in unserem Körper. Im Vergleich zu den Lymphknoten oder der Milz – unseren Militärstützpunkten – hat das sogenannte mucosale Immunsystem, das wir zuvor schon mit dem Waldeyer-Rachenring kennengelernt und dem wir später noch in den Atemwegen begegnen werden, ein paar besondere Eigenschaften.

Zum Beispiel finden wir hier überall T-Helferzellen, T-Killerzellen und regulatorische T-Zellen im Einsatz, zusammen nennt man sie Effektor-T-Zellen. An anderen Stellen des Körpers wäre das Vorhandensein so vieler Immunzellen ein Signal für eine Erkrankung. Hier, im Darm, gehört ihr Dauereinsatz zur Normalität. Wenn keine Gefahr droht, halten die regulatorischen T-Zellen die anderen gut unter Kontrolle. Nur wenn eine echte Gefahr erkannt wird, wird unverzüglich eine Immunantwort gegen die angreifenden Keime ausgelöst. Das merkt man zum Beispiel daran, dass man Durchfall bekommt.

Auch die dendritischen Zellen – unsere Geheimagenten – sind hier besonders aktiv. Man schätzt, dass täglich fünf bis zehn Prozent der dendritischen Zellen aus der Darmschleimhaut in die nahegelegenen mesenterialen Lymphknoten wandern – das sind besonders große Lymphknoten, die in unserem Bauchraum liegen. Hier berichten sie fortlaufend von allem, was sie mit ihren langen Fingern so an Informationen aus dem Darminhalt gesammelt haben. Sie erzählen hier aber auch ständig davon, wenn sich friedliche Bakterienpopulationen auf der Darmwand niedergelassen haben. Damit diese von den Immunzellen nicht angegriffen werden, führt diese Information zur Bildung von spezifischen regulatorischen T-Zellen, die in die Darmschleimhaut zurückkehren und für Frieden sorgen. Nicht nur während der Ausbildung in der Militärakademie des Thymus, sondern auch hier, im Darm, werden diese wichtigen Friedenstruppen ausgebildet, die für das harmonische Funktionieren unseres Immunsystems von herausragender Bedeutung sind und denen wir später im Kapitel zu Allergien und Autoimmunerkrankungen wieder begegnen werden. Inzwischen weiß man, dass sich die Immunsysteme unterschiedlicher Schleimhäute untereinander austauschen und so Informationen vom Darm zum Beispiel auch in die Atemorgane gelangen. Diese Verbindung wird als Darm-Lungen-Achse bezeichnet.

Auch die Makrophagen verhalten sich hier anders. Hier leben zum einen keine ortsständigen Makrophagen, sie werden fortlaufend aus Monozyten aus dem Blut mobilisiert. Die Keime aus dem Darminhalt und auch die hier ansässigen Keime versuchen ständig, die Schleimschicht zu durchdringen und durch die „Tight junctions" des Darmepithels durchzuschlüpfen. Hier sind die Makrophagen besonders fresslustig und phagozytieren sie, bevor ihnen das gelingt. In unserem Darmepithel werden alle drei bis fünf Tage aus Darm-Stammzellen neue Zellen gebildet, hier befindet sich sogar das sich am schnellsten erneuernde Gewebe unseres Körpers. Abgestorbene Darmzellen, die nicht mehr gebraucht werden, werden ebenfalls von den Darmphagozyten, hier in ihrer Rolle als Müllmänner, verschlungen. Im Gegensatz zu anderswo lebenden Makrophagen stellen sie hier allerdings keine nennenswerten Zytokinmengen her, verhalten sich also friedlicher. Man vermutet, dass sie darüber hinaus die Aktivität der regulatorischen T-Zellen im Darm abstimmen.

Die drei Verteidigungslinien sind nicht streng voneinander getrennt. Mikroben dringen in die unteren Schichten der Darmwand ein und Immunzellen sind in der Epithelschicht der Darmwand stationiert. Im gesunden Dünndarm kommen etwa 10 bis 15 Lymphozyten auf 100 Epithelzellen. Wie bei uns Menschen ist die Verteidigung eines Grenzgebietes eine komplexe Herausforderung. Wie an Staatsgrenzen ist es eine Gratwanderung: man will Terroristen den Eintritt verweigern und friedlichen Zuwanderern Zutritt gewähren. Gibt es in unserem Körper vielleicht so etwas wie „Darmpolitiker", die das alles koordinieren?

So genau versteht man es noch nicht. Neunzig Prozent der Informationen, die über die uns schon bekannte Darm-Hirn-Achse fließen, werden vom Darm in Richtung Gehirn transportiert. Unser „Bauchhirn" scheint einen bedeutsamen Einfluss auf unser Verhalten und unsere Psyche zu haben und daran wird gerade sehr intensiv geforscht. Wie faszinierend: 100 Millionen Nervenzellen in unserem Darm – mehr als in unserem Rückenmark – senden Meldungen an unser Gehirn und die wenigsten davon erreichen je die Ebene unseres Bewusstseins. Das gilt übrigens auch für die Mehrzahl der Informationen, die innerhalb der 100 Milliarden Nervenzellen in unserem Gehirn ausgetauscht werden.

Doch eigentlich ist das nicht so verwunderlich: unsere Spezies hat das Zusammenleben mit Mikroben trainiert, seit es uns gibt. Die Bakterien waren nämlich zuerst da, da sie in unserer Evolution sehr viel älter sind als der Mensch. Wir sind unter der ständigen Anwesenheit von Bakterien entstanden und hatten noch nie die Möglichkeit, keimfrei aufzuwachsen und zu leben. Trotz des vielen Kriegs in uns kann man es nicht leugnen: wir sind auch unglaublich symbiotisch mit all den kleinen Mikroben in uns.

Auch wenn wir uns an dieser Stelle sehr lange aufgehalten haben, haben wir das Thema Darm mitsamt seinem Mikrobiom und seinem besonderen Immunsystem nur anschneiden können. Im Anhang des Buches finden Sie daher weiterführende Literatur, die auch konkrete Empfehlungen und sogar leckere Kochrezepte enthält. Ich habe es in meiner Praxis allerdings oft erlebt, dass Ratschläge und Empfehlungen umso wirksamer sind, je mehr man die genau dahinter liegenden Mechanismen und Vorgänge versteht. Viele der Geschichten, die ich den Menschen in meiner Praxis tagtäglich erzähle, haben demnach auch das Ziel, dieses Wissen verständlich und spielerisch zu vermitteln.

Reisen wir ans Ende unserer Darmbillionenstadt. Im Dickdarm sorgen sogenannte Saumzellen dafür, dass Wasser aus dem Darminhalt wieder in den Körper zurückgeschleust wird. Alles, was bis dahin nicht verdaut werden konnte, übernehmen die Billionen von Mikroben, die hier in der größten Menge und Vielfalt vorkommen. Was am Ende herauskommt, unser Kot, enthält immer noch 75 Prozent Wasser, so gut wie keine Nährstoffe mehr, abgeschilferte Darmzellen und Mikroben in schwindelerregen-

Goldesel aus dem Märchen.

den Zahlen – sie machen mehr als die Hälfte der Trockenmasse aus. In einem Gramm gesundem, feuchtem Stuhl befinden sich etwa 100 Milliarden Bakterien, 100 Millionen Viren, 10 Millionen Archaeen (das ist die zweite Gruppe von zellkernlosen Einzellern neben den Bakterien), dazu noch kleinere Mengen an Pilzen und Protozoen.

Mit der Erforschung des Mikrobioms hat das Interesse an diesem menschlichen Ausscheidungsprodukt stark zugenommen. 2013 wurde in den USA die erste Kotbank, OpenBiome, eröffnet und sammelt Kot von gesunden Spendern, die sie mit 40 Dollar pro Spende entschädigt. Es ist allerdings leichter, in Harvard aufgenommen zu werden, als hier als Spender, und nur etwa 4 Prozent der Bewerber dürfen hier regelmäßig ihre Exkremente in Geld verwandeln. Hier muss ich an das Märchen denken, in dem einer der Söhne des Schneiders mit einem Goldesel heimkehrt, der Goldstücke ausscheiden kann. Obschon die Methode der Verwendung menschlicher und tierischer Exkremente eine lange Tradition in der Geschichte der Medizin hat und das 1696 erschienene Buch „Heylsame Dreck-Apotheke" des Gelehrten und Arztes Christian Franz Paulini, das ein Bestseller war, noch bis ins 21. Jahrhundert nachgedruckt wurde, ist sie erst mit der Erforschung des Mikrobioms wieder als Therapiemethode aufgenommen worden.

Mittels der sogenannten Stuhltransplantation werden bereits wiederkehrende Infektionen mit Clostridioides difficile (früher Clostridium difficile) behandelt, das sind besonders antibiotikaresistente Bakterien, die im Darm von Menschen nach längerer Einnahme von Antibiotika die Oberhand gewinnen. Dadurch ersetzt man das dysbiotische Mikrobiom der Erkrankten mit einem eubiotischen, also gesunden. Sogenannte FMT (fäkale Mikrobiom-Transplantationen) werden hierzulande in 39 Kliniken (Stand 2023) angeboten. Um diese Methode allerdings auch bei anderen Erkrankungen einzusetzen, braucht es weitere Studien zu ihrer Wirksamkeit, besonders Langzeitstudien. Im Internet kursieren Videos, wie man dies selbst zu Hause durchführen kann, doch davor sei gewarnt. Das Wissen um das Mikrobiom und die Wechselwirkungen zwischen sämtlichen Mikroben, die darin wohnen, besonders auch mit den vielen Viren, steckt noch in den Kinderschuhen und die Gefahr der Übertragung von Krankheiten ist nicht kalkulierbar.

Verabschieden wir uns nun von unserem Darm und kehren, wie schon angekündigt, an unsere Kehlkopfkreuzung zurück. Diesmal reisen wir allerdings nicht über den Mund, sondern über unsere Nase dahin.

8 Kriegsschauplatz Atemwege

Unsere Nase mit den beiden Nasenlöchern ist eine weitere Eintrittspforte in unsere innere Schleimhautlandschaft, die bewacht werden muss. Hier wird die Luft, die wir einatmen, gefiltert, angefeuchtet und vorgewärmt. Im Inneren unserer Nase, also in den Nasenmuscheln, gibt es viele mikroskopisch kleine Flimmerhärchen (sogenannte Zilien), in denen sich Fremdkörper, aber auch Mikroorganismen verfangen. Diese kleinen Flimmerhärchen bewegen sich unaufhörlich und in unserer Nase finden bis zu 800 Flimmerschläge pro Minute statt.

Das Innere der Nasenräume ist, wie der Darm, von einem Schleimfilm bedeckt, in dem sich die Eindringlinge verfangen und wieder in Richtung Nasenausgang hinausbefördert werden. Das sogenannte Nasensekret – unsere „Rotze" – enthält auch Wirkstoffe, zum Beispiel Lysozym, und Immunglobuline A (IgA). Die Nasenmuscheln, die die Luft durch enge Öffnungen mit gefältelten Schleimhautoberflächen leiten, wirken wie eine Falle für unerwünschte Eindringlinge. Haben wir zum Beispiel Schnupfen, schwellen die Nasenmuscheln weiter an, so wird die Filterfunktion unserer Nase erhöht. Das kann manchmal sehr unangenehm sein, wenn man eine „verstopfte" Nase hat.

Atmen wir also durch unsere Nase statt durch unseren Mund, begegnet die Atemluft, die ja zu jeder Zeit auch Keime beherbergt, einer wirksameren Immunbarriere. Die Vorteile der Nasenatmung sind durch das Auftreten der Corona-Pandemie daher wieder in den Fokus der Aufmerksamkeit gerückt.

Auf zwei weitere Vorteile der Nasenatmung will ich noch eingehen, obschon sie nicht direkt in Verbindung mit dem Immunsystem stehen. In unseren Nasennebenhöhlen wird Stickstoffmonoxyd gebildet (NO), ein Gas, das bei der Nasenatmung der Atemluft beigefügt wird. Diese Substanz, die manche Fachleute als den ältesten Botenstoff des Körpers ansehen (nicht nur Säugetiere, sondern auch Vögel, Fische, Frösche und sogar Krebse können ihn bilden), beeinflusst die Regulation von Durchblutung, Blutdruck und sogar Blutgerinnung. Wenn die Atemluft in den Lungenbläschen ankommt, bewirkt das darin enthaltene NO eine Gefäßerweiterung, wodurch bei jedem (Nasen-)Atemzug etwa 10 bis 15 Prozent mehr lebenswichtiger Sauerstoff zu unseren Organen weitertransportiert werden kann. Und nicht zuletzt verpassen wir es, wenn wir durch den Mund atmen, die Dinge und Menschen um uns herum zu erriechen – und wie wichtig das zum Beispiel für die Wahl des richtigen Partners ist, wissen wir schon aus dem ersten Kapitel dieses Buches.

Auch die durch die Nase eingeatmeten Mikroben müssen am Waldeyer-Rachenring vorbei, den wir bereits aus dem vorigen Kapitel kennen. Dahinter geht es weiter zur Kehlkopfkreuzung, wo sich unsere Verdauungs- und Atemwege trennen. Unsere Luftröhre verzweigt sich an ihrem unteren Ende in zwei Hauptbronchien, die jeweils in die beiden Lungenflügel führen. Diese nehmen den größten Teil unseres Brustkorbes ein, wobei der linke etwas kleiner ist als der rechte, weil hier noch unser Herz

https://doi.org/10.1515/9783111611143-020

hineinpassen muss. Das Röhrensystem der Bronchien verzweigt sich immer weiter, während die Röhren immer dünner werden. Die Schleimhaut der Atemwege ist faszinierend: sie sieht aus wie ein Teppich aus beweglichen Flimmerhärchen – daher der Name Flimmerepithel –, dazwischen liegen einzelne, schleimbildende Becherzellen, die einen relativ wässrigen, durchsichtigen Schleim bilden. Dieser Schleim enthält unter anderem Lysozym, Immunglobuline A, Komplementfaktoren sowie andere antibakterielle Wirkstoffe. Die Flimmerhärchen dieses feuchten Teppichs bewegen sich unaufhörlich in Richtung Kehlkopf, und zwar etwa 1000 Mal in jeder Minute. In der Luftröhre beträgt die Geschwindigkeit dieser Wellenbewegung bis zu 1 cm pro Minute. Mit diesen Bewegungen befördern die Flimmerhärchen eingedrungene Partikel wieder nach oben, in Richtung Rachen, wo wir sie verschlucken – den Weg, den sie danach gehen, kennen wir aus dem letzten Kapitel. Nur wenn die Funktion der Flimmerhärchen gestört ist, zum Beispiel durch Zigarettenrauchen oder bei einer Atemwegserkrankung, übernimmt der Hustenreflex die Reinigungsfunktion für die Atemwege. Auch Niesen befördert Partikel und Keime wieder in unsere Umgebung zurück.

Am Ende der allerkleinsten Verästelungen der Atemwege liegen rund 300 Millionen Lungenbläschen (Alveolen), über die wir atmen. Hier nehmen wir den lebensnotwendigen Sauerstoff aus der Atemluft auf und geben Kohlendioxid wieder an unsere Umgebung ab. Man hat ausgerechnet, dass die Fläche der Lungenbläschen zusammen etwa 80 bis 120 Quadratmeter ausmacht, also etwa die Größe einer Drei- bis Vierzimmerwohnung.

Hier haben wir, wie in unserem Darm, ein großes Grenzgebiet, über das Erreger und Fremdstoffe eintreten können. Auch hier gibt es eine Schleimhaut, Schleim und ein mucosales Immunsystem. Auch hier findet sich eine „selektive Barriere", denn auch hier muss das lebensnotwendige Lebensmittel Sauerstoff aufgenommen und der Eintritt schädlicher oder krankmachender Keime und Substanzen abgewehrt werden.

Auch die Schleimhaut der Lunge ist, wie die des Darmes, mit einem komplexen und vielfältigen Mikrobiom besiedelt, wobei dieses in seiner Zusammensetzung jenem des Mundes ähnlicher ist als jenem des Darmes. Die Lunge galt noch bis vor wenigen Jahren, wie wir das auch schon von anderen Organen her kennen, als steriles Organ und das Vorhandensein von Mikroben als das Zeichen einer Erkrankung.

Inzwischen weiß man, dass die Mikroben in unserer Lunge wichtige Aufgaben für uns übernehmen. Sie verhindern, wie im Darm, dass sich Krankheitserreger ausbreiten, stimulieren das Immunsystem und kämpfen mit ihm gemeinsam gegen Schadstoffe aus der Luft, um zu verhindern, dass diese das Lungenepithel schädigen.

Auch hier weiß man schon, dass eine große Vielfalt an Bakterien für die Gesundheit unserer Lunge von Vorteil ist und forscht intensiv daran, um herauszufinden, wie ein gesundes, eubiotisches Lungenmikrobiom zusammengesetzt ist und wie man eine Dysbiose verhindern kann. Wie schon erwähnt, tauschen sich die Immunsysteme des Darms und der Lunge untereinander aus – man nennt es die Darm-Lungen-Achse. Es scheint, dass sich die Mikrobiota von Darm und Lunge lebenslänglich gegenseitig beeinflussen und man hat angefangen, diese bidirektionalen Beziehungen – das heißt, sie gehen in beide Richtungen – zu erforschen.

Da es in der Lungenschleimhaut deutlich weniger Nährstoffe gibt als im Darm, schaffen es hier weit weniger Keime, sich anzusiedeln. Auch ihre Erforschung gestaltet sich als problematischer, da es hier viel schwieriger ist, Proben zu entnehmen.

Treten wir in eines unserer Lungenbläschen ein. Der enge Gang der mit Flimmerepithel ausgekleideten Bronchiole, der letzten kleinen Verästelung des Bronchialbaums, weitet sich plötzlich, das Flimmerepithel endet abrupt. Die im Durchmesser 0,1 bis 0,4 Millimeter große Alveole ist innen mit dem sogenannten „Surfactant" ausgekleidet, einem Gemisch aus Phospholipiden und Proteinen, die die Oberflächenspannung der Alveole herabsetzt, damit sie geöffnet bleibt und darin der Gasaustausch vonstattengehen kann. Erinnern Sie sich: durch die Bildung von Surfactant Protein signalisiert der Fötus seiner Mama, dass er auch ohne sie atmen kann und leitet so die Geburt ein.

Es gibt zwei Arten von Lungenepithelzellen oder Pneumozyten, die die Lungenbläschen von innen auskleiden: zum einen sind es die flachen Deckzellen, die teilweise weniger als 0,1 Mikrometer dick sind und über die der Gasaustausch stattfindet, diese bedecken über 90 Prozent der Alveolaroberfläche. Zum anderen sind es die eher kubischen Nischenzellen, die den Surfactant bilden. Unter dem Lungenepithel befindet sich ein Netz aus feinsten Blutgefäßen, den Lungenkapillaren, die den Sauerstoff in die Blutbahn aufnehmen und das Kohlendioxid daraus wieder in die Alveolen abgeben.

Hier, im Inneren der Lungenbläschen, ist das Regiment der Makrophagen besonders stark vertreten. Das ist auch verständlich: eine Invasion des so lebenswichtigen Organs Lunge ist für unseren Körper ganz besonders gefährlich und wird durch das hier stationierte tapfere Makrophagenregiment auch bei fast jeder Atemwegsinfektion verhindert. Die Alveolarmakrophagen werden, wie im Darm, aus Monozyten aus der Blutbahn rekrutiert und phagozytieren die eingeatmeten Fremdstoffe und Mikroben, die auf dem Weg bis dahin nicht aufgehalten werden konnten. Staub, Ruß und Teer lagern sie zum Beispiel im Zwischengewebe der Lunge und in den darin liegenden Lymphknoten ab, so dass eine Lunge, die viel von diesem Ruß abbekommt – wie zum Beispiel bei Rauchern – richtig schwarz aussieht. Zu viel davon kann das Lungengewebe schließlich schädigen und in ihrer Funktion einschränken. Hört die Belastung mit den Fremdstoffpartikeln wiederum auf, zum Beispiel wenn man mit dem Rauchen aufhört, kann sich das Gewebe der Lunge nach und nach wieder regenerieren.

Die Alveolarmakrophagen wandern zwischen dem geöffneten Alveolarraum und dem darunterliegenden Gewebe hin und her, manchmal werden sie auch wieder durch Husten hinausbefördert. Sie phagozytieren nicht nur, sondern schütten auch antimikrobielle Substanzen aus, beispielsweise Lysozym, Stickstoffmonoxyd (NO) oder Wasserstoffperoxid. Zu ihrer Unterstützung rufen sie zudem über Chemokine Neutrophile herbei, die sie im Kampf gegen Eindringlinge unterstützen. Auch das Regiment der Mastzellen ist in der Lunge besonders stark vertreten. Ihre Beteiligung an Erkrankungen wie Asthma, Lungenfibrose, chronisch-obstruktiver Lungenerkrankung (COPD) oder Lungenkarzinomen wird immer noch untersucht, um neue Therapiemöglichkeiten für diese gefährlichen Krankheiten zu finden.

Auch dendritische Zellen, unsere Geheimagenten, spionieren in der Lunge aus, was an Antigenen aus der Atemluft in den Körper eingedrungen ist, sammeln Informationen und wandern in die Lymphknoten, um diese Informationen an die Immunzellen des erworbenen Immunsystems weiterzugeben. Hier, in den Militärstützpunkten, tauschen sie Informationen mit anderen Immunzellen aus und können so ihre Kriegstaktik entwickeln. Auch die uns schon bekannte Darm-Lungen-Achse spielt hier eine Rolle. Wie wir schon erfahren haben, tauschen sich die Immunzellen des Darms lebenslänglich mit jenen der Lunge aus. Es gilt zum Beispiel als erwiesen, dass Kinder, die auf einem Bauernhof und mit viel Kontakt zu „freundlichen" Keimen aufwachsen, ein geringeres Risiko aufweisen, an Asthma zu erkranken oder andere Allergien zu entwickeln.

Im Lungengewebe können sich als Reaktion auf länger andauernde Belastungen durch Fremdpartikel – zum Beispiel bei Rauchern – sogenannte tertiäre Lymphknoten, man nennt sie auch induzierbare bronchienassoziierte Lymphknoten (iBALT), entwickeln, also neue Militärstützpunkte, in denen Informationen zum Krieg ausgetauscht und mittels T- und B-Zellen die Waffenproduktion in Gang gesetzt wird. Man könnte diese Lymphknoten auch als improvisierte Feldlager ansehen, die bei einem länger andauernden Krieg notdürftig eingerichtet werden. Diese Militärstützpunkte sind weit weniger gut organisiert und können den Ausgang des Krieges langfristig negativ beeinflussen, wie man es inzwischen zum Beispiel für den Verlauf von chronisch obstruktiven Lungenerkrankungen (COPD) herausgefunden hat.

Vieles, was sich hier im Lungengewebe abspielt, ist immer noch nicht hinlänglich erforscht. Obwohl die Corona-Pandemie vor fast vier Jahren über uns hereingebrochen ist, weiß man bisher immer noch nicht genau, wie es bei den schweren COVID-19-Verläufen zu dem lebensgefährlichen und manchmal tödlichen akuten Atemnotsyndrom (acute respiratory distress syndrome, ARDS) kommt. Bei dieser Komplikation, die sich innerhalb von Tagen oder manchmal auch nur Stunden nach der Infektion entwickelt, füllen sich die Lungenbläschen mit Flüssigkeit und das Surfactant Protein wird abgebaut, so dass der Gasaustausch hier zum Erliegen kommt. So kann der Körper nicht mehr mit Sauerstoff versorgt werden. Die Überlebensrate liegt hier nur bei 50 bis 60 Prozent und auch die Überlebenden tragen oft bleibende Lungenschäden davon. Ein Krieg auf Leben und Tod.

Atemwegserkrankungen sind allerdings erst die zweite Haupttodesursache weltweit, wie uns die Weltbevölkerungsuhr zeigt, die man jederzeit im Internet abrufen kann und die ich gelegentlich fasziniert verfolge. Die Todesursache Nummer eins – weltweit ein Viertel aller Todesfälle – sind nach wie vor Herz-Kreislauferkrankungen, also Herzinfarkt und Schlaganfall. Und um jenen Krieg auf Leben und Tod, den unser Körper tagtäglich in unseren Blutgefäßen führt, geht es im nächsten Kapitel.

9 Kriegsschauplatz Blutgefäße

Sehen wir uns diesmal in unserem Blutgefäßsystem um, das unseren gesamten Körper durchzieht. Im Gegensatz zum Lymphgefäßsystem ist es ein geschlossenes Röhrensystem, das von Arterien – das sind jene Gefäße, die das Blut vom Herzen wegtransportierten –, Venen – jene, die es wieder zum Herzen zurückbefördern –, und den dazwischen liegenden Kapillaren – die kleinsten Verästelungen der Blutgefäße, die überall im Körper der Versorgung mit Sauerstoff und Nährstoffen dienen und über die in den Alveolen der Gasaustausch stattfindet. Je nach Körpergröße, Gewicht, Geschlecht und Trainingszustand fließen durch jeden von uns etwa 5 bis 7 Liter Blut. Während Sie diesen Text lesen, schlägt Ihr Herz unaufhörlich und ohne dass Sie es bewusst kontrollieren müssen, und zwar im Durchschnitt 70 Mal in der Minute. In jeder Minute wird das ganze Blutvolumen durch unseren Körper bewegt. Wenn Sie 80 Jahre alt werden sollten – oder schon sind – hat Ihr Herz mehr als drei Milliarden Mal geschlagen. Welch eine Leistung!

Die Länge der vielen Blutgefäßbahnen hat man auf etwa hunderttausend Kilometer geschätzt: das entspricht fast zweieinhalbmal dem Umfang unserer Erde. Die Oberfläche der Gefäßinnenwände beträgt etwa 1200 Quadratmeter, also die Größe von fast fünf Tennisplätzen! Hier, im Blut, haben Keime eigentlich nichts zu suchen und werden, sollten sie ihren Weg dahin finden, sofort von den vielen im Blut patrouillierenden Immunzellregimenten so schnell wie möglich aus dem Verkehr gezogen. In jedem Liter unseres Blutes zirkulieren im Durchschnitt 1,5 Milliarden Lymphozyten, bei Kindern sind es etwa doppelt so viele.

Trotzdem greifen Mikroben auch hier ständig an. Einige Wege dahin haben wir bereits beschrieben: eine Verletzung der Haut, eine Gingivitis oder Parodontitis im Mund, über die Schleimhäute des Darmes oder der Lunge, wenn die Immunbarrieren hier versagen. Alles hart umkämpfte Grenzposten, die wir schon kennengelernt haben.

Dringen Bakterien ins Blut ein, spricht man von einer Bakteriämie. Für die meisten Menschen hat das keine spürbaren Folgen und die Keime sind in der Regel nach wenigen Minuten nicht mehr nachweisbar. Ist das Immunsystem allerdings geschwächt oder übersteigen die ins Blut eingedrungenen Keime die Abwehrkräfte des Körpers, kann sich daraus eine gefährliche Sepsis entwickeln. Hier kommt es zu einer überschießenden Abwehrreaktion, die wichtige Organe schädigen und oftmals auch tödlich verlaufen kann. In diesem Fall ist schnelles ärztliches Handeln überlebenswichtig.

Und doch schaffen es Bakterien, sich auch in den Blutgefäßen anzusiedeln. Obwohl es noch weitere Erkrankungen der Blutgefäße gibt, möchte ich hier nur über eine der lebensgefährlichsten und am meisten verbreiteten sprechen: die Arteriosklerose oder Atherosklerose, auch Arterienverkalkung genannt. Strenggenommen gibt es zwischen den beiden Bezeichnungen einen Unterschied, obwohl sie meistens als Synonyme verwendet werden. Als Arteriosklerose bezeichnet man sämtliche degenerative (abbau-

https://doi.org/10.1515/9783111611143-021

ende) Erkrankungen der Arterien, der Begriff Atherosklerose fokussiert auf die Einlagerung atherosklerotischer Plaques in den Gefäßinnenwänden.

Über die Entstehung dieser Ablagerungen streiten sich die Fachleute seit den 50er-Jahren des 19. Jahrhunderts. Zu jener Zeit waren es zwei berühmte Pathologen: der Deutsche Rudolf Virchow und der Österreicher Carl von Rokitansky. Sie erkannten zwar beide die Entzündungszeichen in der atherosklerotischen Plaque, gaben ihnen jedoch unterschiedliche Bedeutungen. Während Virchow eine Entzündung als primäre Ursache der Ablagerungen ansah, glaubte Rokitansky, dass sie erst als Reaktion darauf auftritt.

Im Grunde dauert dieser Streit bis heute an. 2016 kündigte die American Heart Association (AHA), gemeinsam mit Verily Life Sciences (früher Google Life Sciences) und AstraZeneca an, einen 75-Millionen-Dollar-Preis an jene Forschungsgruppe zu vergeben, die bereit ist, die Ursache der Atherosklerose zu finden und präventive Verfahren dagegen zu entwickeln. Sie nannten diese Initiative „One Brave Idea" (Eine mutige Idee).

Atherosklerotische Plaques wurden schon bei der berühmten Eismumie Ötzi gefunden, der vor schätzungsweise 53.000 Jahren gelebt hat. Diese Krankheit befällt uns also wahrscheinlich seit Menschengedenken, heilen können wir sie jedoch nach wie vor nicht.

Es gibt selbstverständlich schon einiges, was man darüber weiß: es handelt sich um eine chronische Entzündung der Arterienwand, die meist schon in der Jugend anfängt und sich über Jahrzehnte hinweg entwickelt. Durch diese chronische Entzündung verändert sich die Wand der befallenen Arterien. Dabei bilden sich herdförmige Ansammlungen von Fettsubstanzen, komplexen Kohlenhydraten, Blut und Blutbestandteilen, Bindegewebe und Kalziumablagerungen, man nennt sie atherosklerotische Plaques. In vielen solcher Plaques konnten Mikroben detektiert (entdeckt) werden, unter anderem auch solche, die an der Entstehung einer Parodontitis beteiligt sind. Wie wir es schon von den „Bakterienstädten" im Mund kennen, entwickelt sich auf dem Nährboden dieser Plaques ein Biofilm. Umstritten ist bisher, ob die beteiligten Mikroben an der Plaque-Entstehung ursächlich beteiligt sind oder erst später hinzukommen. Die gleiche Frage stellt man sich übrigens für die Mikrobiome von Tumoren: wirken sie an der Krebsentstehung mit oder besiedeln sie sie erst im Nachhinein?

Einige der bekannten Risikofaktoren für die Entwicklung von Atherosklerose sind Bluthochdruck, hohe Cholesterinspiegel im Blut (besonders LDL, Low-Density-Lipoprotein), Rauchen, Diabetes, Adipositas oder Bewegungsmangel. Wie die Parodontitis entwickelt sich diese chronisch entzündliche Krankheit sehr langsam – über Jahre bis Jahrzehnte hinweg – und die Folgen treten erst in einem höheren Lebensalter auf.

Wie der Darm oder die Lunge haben wir im Inneren von Blutgefäßen ein Epithel, hier wird es Endothel genannt. Die dünne Schicht aus Endothelzellen, die das Innere unserer Blutgefäße wie eine Tapete auskleidet, produziert unter anderem Stickstoffmonoxyd. Erinnern Sie sich: dieser Stoff, der uns schon in den Nebenhöhlen der Nase begegnet ist und als einer der ältesten Botenstoffe des menschlichen und tierischen

Körpers gilt, beeinflusst die Regulation von Durchblutung, Blutdruck und Blutgerinnung und bewirkt, wenn wir durch die Nase atmen, dass mehr Sauerstoff über unsere Lungenbläschen aufgenommen werden kann. Es gibt noch einige andere sogenannte endotheliale Faktoren, die hier gebildet werden und zwei Gruppen zugeordnet werden können: kontrahierende (die zur Verengung der Blutgefäße beitragen) und relaxierende (die zu deren Erweiterung führen). Als einer der Hauptfaktoren für Atherosklerose wird ein Ungleichgewicht zwischen diesen Faktoren in Richtung der kontrahierenden Substanzen angesehen.

An den Ursachen für einen Mangel an Stickstoffmonoxyd im Blut – dem wichtigsten relaxierenden endothelialen Faktor – wird immer noch geforscht. Zum einen nimmt die körpereigene Produktion mit dem Alter ab, auch weil einer der Grundbausteine, die Aminosäure Arginin, in geringeren Mengen produziert wird. Man kann Arginin und andere Vorstufen von Stickstoffmonoxyd zum Beispiel durch die Nahrung zuführen, um diesem Prozess entgegenzuwirken. Des Weiteren spielt der Cholesterinstoffwechsel eine Rolle, oxidativer Stress, auch genetische Faktoren werden diskutiert. Auf jeden Fall wird ein zu wenig an Stickstoffmonoxyd als Auslöser einer endothelialen Dysfunktion angesehen. Dies ist eine Störung der vielfältigen Funktionen des Endothels und wirkt sich unter anderem auf die Einstellung der Gefäßweite, auf die Gefäßpermeabilität (-durchlässigkeit) sowie die Funktion der Thrombozyten (Blutplättchen) aus.

Durch die erhöhte Durchlässigkeit des Endothels können Bestandteile des Blutplasmas in die darunterliegenden Gefäßwandschichten eindringen, wie zum Beispiel LDL (Low-Density-Lipoprotein), man nennt es auch „schlechtes" Cholesterin, im Gegensatz zu HDL (High-Density-Lipoprotein), welches als „gutes" Cholesterin bezeichnet wird. Über verschiedene Mechanismen wird hierdurch eine Entzündungsreaktion ausgelöst: wieder haben wir Krieg.

Einige der Monozyten – also die Vorstufen von Makrophagen –, die durch die Entzündung angelockt wurden, wandern durch die Endothelschicht in die darunterliegende Zellschicht, die sogenannte Media, wo sie sich zu Makrophagen differenzieren. Dort phagozytieren sie Lipide (Fette) und LDL-Cholesterin und werden so zu „Schaumzellen". Einlagerungen solcher Schaumzellen in den Wänden von Arterien bezeichnet man als „fatty streaks" (fettige Streifen). Im weiteren Verlauf der Erkrankung sterben die Schaumzellen ab und bilden einen toten Kern im Inneren der Ablagerungen, der sich durch das Hinzukommen weiterer Immunzellen vergrößert. Ein Kaliummangel im Blut scheint dazu beizutragen, dass es hier auch zu Verkalkungen kommt. Über abgestorbenen Schaumzellen bildet sich nun ein „Deckel" aus glatten Muskelzellen und Bindegewebe – nun sprechen wir von einem Atherom oder einer atherosklerotischer Plaque. Ich stelle mir solche Atherome im Körper wie schlummernde Vulkane vor – man weiß nie, wann sie aufbrechen / ausbrechen.

Durch diese Veränderungen in der Gefäßwand verengt sich die betreffende Arterie und das Gewebe, das sie zu versorgen hat, leidet unter der Unterversorgung. Je nachdem, um welche Arterien es sich handelt, kommt es zu einer Unterversorgung des Herzens, des Gehirns, der Nieren oder der Gliedmaßen.

Die Vorgänge innerhalb der atherosklerotischen Plaque werden durch die Komplementkaskade und viele andere Entzündungsmediatoren im Blut verstärkt. Einige dieser Substanzen greifen das Bindegewebe der Gefäßwand an und führen zu dessen Zerstörung – dies unterhält die chronische Entzündung. Ein Teufelskreis. Darüber hinaus führen die Ablagerungen zu einer weiteren Störung der Gefäßmotorik und der Strömungsverhältnisse, dies unterhält wiederum die endotheliale Dysfunktion.

Schreitet dieser entzündliche Prozess weiter voran, kommt es zu einer weiteren Gewebszerstörung und die atherosklerotische Plaque bricht auf. Wie ein Vulkan, der nach langer, ruhiger Zeit an seiner Oberfläche im Inneren gebrodelt und gearbeitet hat und schließlich explodiert. Oder ein Entzündungsherd, der aufbricht. Wie eine Vulkanexplosion ist auch dies lebensgefährlich.

Was schließlich zu diesem Ausbruch führt, ist auch noch nicht endgültig geklärt. Einige Forschende, die sich mit dem Biofilm in der atherosklerotischen Plaque beschäftigen, haben herausgefunden, dass Stresshormone wie zum Beispiel Cortisol am Aufbrechen der in der Regel sehr stabilen Biofilme beteiligt sein könnten. Chronischer Stress ist bekanntlich einer der auslösenden Faktoren für einen Herzinfarkt und darauf deuten auch erhöhte Cortisolwerte in den Haaren von Herzinfarktpatienten hin.

Jetzt haben wir an der Stelle, an der die Gefäßwand aufgebrochen ist, eine offene Wunde, wie wir wie schon von der verletzten Haut kennen. Innerhalb weniger Sekunden findet eine Blutgerinnungsreaktion statt – ausgelöst durch die Blutgerinnungskaskade – und es bildet sich ein Pfropf. Dieser verengt das Blutgefäß weiter und kann manchmal auch zu dessen vollständigen Verschluss führen. Dann droht ein Herzinfarkt oder – wenn es die Arterien im Gehirn betrifft – ein Schlaganfall.

Die Entzündungsmediatoren, die von den geschädigten Endothelzellen abgegeben werden, verbreiten sich im ganzen Körper. Wie tragisch: sie rufen um Hilfe, um ihre Zerstörung zu melden und weitere Zerstörung zu verhindern, und unterhalten diese damit. Ein weiterer Teufelskreis.

Doch es gibt auch gute Nachrichten: die chronischen Entzündungsprozesse in unseren Blutgefäßen sind reversibel, können also wieder rückgängig gemacht werden, wie wir es schon von der Parodontitis kennen. Eine große Rolle spielt hierbei – wie auch dort – die Ernährung. Eine Ernährung, die uns vor Herz-Kreislauf-Erkrankungen schützt, sollte ausreichend Kalzium, Vitamin C und D, mehrfach ungesättigte Fettsäuren und Ballaststoffe enthalten. Wir sind wieder bei der Ernährungsberatung.

Wirkungsvoll ist auch die Verringerung des Infektionsrisikos und das scheint jene Forschende zu bestätigen, die eine Infektion als ursächlich für die Entstehung der Atherosklerose ansehen. Aufgrund einer aktuellen Studie aus dem Jahr 2021, die Teilnehmer aus 8 Ländern umfasste, gibt es sehr starke Hinweise darauf, dass eine Grippeimpfung das Herzinfarktrisiko deutlich verringert. Obwohl man die Mechanismen dahinter noch gar nicht versteht, sind die Daten so deutlich, dass die Empfehlung ausgesprochen wird, Patienten und Patientinnen mit einem hohen Herzinfarktrisiko oder nach überstandenem Herzinfarkt noch während ihres Klinikaufenthalts gegen Grippe zu impfen.

Den Krieg, der meistens über Jahrzehnte in unseren Blutgefäßen stattfindet, verlieren trotzdem sehr viele von uns. Wir dürfen jedoch niemals vergessen: wir gewinnen ihn auch, und zwar jeden Tag unseres Lebens. Außer am letzten.

Die führende Todesursache für uns Menschen waren allerdings nicht immer schon Herz-Kreislauferkrankungen. Bis ins letzte Jahrhundert hinein waren es Infektionskrankheiten. Und die mitunter gefährlichsten Mikroben, die daran beteiligt sind, sind Viren. Wie unser Körper Tag für Tag gegen diese besonderen Angreifer kämpft, darum geht es im folgenden Kapitel.

10 Der Kampf gegen Viren

Der Kampf gegen diese allerkleinsten Mikroben ist durch die Corona-Pandemie, die vor über vier Jahren ausgebrochen ist und unser ganzes Leben und unsere Welt auf den Kopf gestellt hat, erneut in den Fokus der Aufmerksamkeit gerückt. Man ist sich darüber einig, dass Viren keine eigentlichen Lebewesen sind. „Leben" können sie nur im Inneren anderer Zellen, in die sie sich Eintritt verschaffen. Auch haben sie keinerlei Stoffwechsel, sie sind also Parasiten, die vom Stoffwechsel ihres Wirtes „leben".

Außerhalb von Zellen bezeichnet man sie als „Virionen", das sind einzelne Viruspartikel, die auf verschiedenen Wegen von einem Organismus zum anderen übertragen werden können. Bemerkenswert ist, dass es bisher etwa 9000 bekannte Virenarten gibt, die ihrerseits etwa 1,8 Millionen verschiedene der noch heute lebenden Wesen befallen können.

Viren bestehen aus einer Hülle, darin eingeschlossen ist ihr genetisches Material – entweder in einer DNA (Desoxyribonukleinsäure) oder einer RNA (Ribonukleinsäure) codiert – und ein paar Proteine (Eiweiße). Wenn wir uns mit ihnen anstecken, schleusen sie ihr Erbgut in unsere Zellen ein, um sich darin zu vermehren.

Wir sind bereits siegreich aus dem Kampf in unserer Schnittwunde und jenem gegen die Bakterien, die uns bei einer Parodontitis befallen, hervorgegangen. Widmen wir uns jetzt einer Situation, die, genau wie die letzteren, jeder von Ihnen schon erlebt hat: eine echte Grippe, man bezeichnet es auch als Influenza. Auch hier endet der Kampf in den allermeisten Fällen mit einem Sieg für uns.

Das Wort „Influenza" kommt aus dem Italienischen und bedeutet „Einfluss". Es entstand im Mittelalter, in einer Zeit, in der man glaubte, dass epidemische Krankheiten – also solche, die zu bestimmten Zeiten und in großer Zahl in einem begrenzten Gebiet auftreten – durch die Gestirne beeinflusst werden. Später schrieb man sie dem Einfluss der Kälte zu und übertrug den Namen auf die Krankheit, die man heute „Grippe" nennt. Die Erreger, die sie verursachen, heißen Influenza A und B-Viren (Influenza C-Viren sind deutlich harmloser) und gehören der Gruppe der Orthomyxoviridae an. Sie sind etwa 100 Nanometer groß, also ein Zehntel Mikrometer. Im Vergleich: eine menschliche Zelle misst im Durchschnitt 10 bis 20 Mikrometer, also ungefähr das hundert- bis zweihundertfache. Unsere Feinde besitzen nur 10 Gene – die in einer RNA (Ribonukleinsäure codiert sind –, mit denen sie 11 verschiedene Proteine bilden können. Demgegenüber sind wir mit etwa 23.000 Genen ausgestattet, die für die Bildung von 80.000 bis 400.000 Proteinen zuständig sind. Auf den ersten Blick ein ungleicher Kampf – David gegen Goliath. Die Viren sind zwar klein, aber oho!

Wie Sie sich mit den Influenza-Viren angesteckt haben, können Sie nicht immer zurückverfolgen. Vielleicht hat sie jemand auf Sie übertragen, der im Bus, in der Straßenbahn oder im Flugzeug neben Ihnen gesessen hat, vielleicht war es ein Kollege oder eine Kollegin am Arbeitsplatz. Möglicherweise hat Sie jemand angehustet oder angeniest, dessen Körper damit versucht hat, die Feinde loszuwerden. Oder Sie haben eine mit ihnen infizierte Türklinke berührt und Ihre Hand später zum Mund geführt, ohne sie vorher zu waschen.

https://doi.org/10.1515/9783111611143-022

Die vielen kleinen Viren sind also irgendwie durch Ihren Mund oder Ihre Nase eingetreten. Einige davon sind wahrscheinlich von Ihrem Schleim, andere vom intensiven Schlag Ihrer Flimmerhärchen an der Weiterreise in Ihre Zellen gehindert worden, Sie haben sie samt dem Schleim verschluckt und sie sind in der tödlichen Magensäure elend verendet.

Einige Viren haben es schließlich doch irgendwie geschafft, an eine Ihrer Atemwegsepithelzellen anzudocken. Den Eintritt gewähren ihnen besondere Rezeptoren an Ihren Zellen, zu denen ihre Proteine passen. Die Bösewichte haben also so etwas wie spezielle Schlüssel dabei, die in eines der vielen Schlösser der Epithelzellen passen. Einmal in Ihre Zelle eingedrungen, hat das Virus plötzlich alles, was es zum Leben braucht. Das angestrebte Ziel ist der Zellkern, denn da liegt, wie wir wissen, das Genom der Menschenzelle mit der Bedienungsanleitung für den Bau und das Funktionieren dieser Zelle – und des ganzen dazugehörigen Menschen. Hier liegen die Codes für die Herstellung aller Proteine, die diese Zelle zusammenbauen kann, und auf diese Proteinproduktion will unser feindliches Virus zurückgreifen, um im eigenen Interesse Proteine herzustellen. Wie genial, oder? Und wie hinterhältig!

Bei jedem einzelnen Virus funktioniert das ein bisschen anders und ist ziemlich komplex. Es endet jedoch – wenn das Virus Erfolg hat – mit der feindlichen Übernahme der Zelle mit dem Hauptziel, möglichst schnell möglichst viele Viren der eigenen Art herzustellen. Wie uns und allen Lebewesen in der Welt geht es unseren mikroskopischen Feinden also um ihr Überleben und jenes ihrer Spezies. Im Gegensatz zu uns geht es bei ihnen allerdings viel, viel schneller. Innerhalb kurzer Zeit gehen aus einem einzigen Virus Millionen von Nachkommen hervor, die ein einziges Ziel verfolgen: in weitere Zellen einzudringen und diese zu Virenfabriken umzuwandeln, die mehr und mehr von ihresgleichen hervorbringen.

Hier erkennen wir auch schon den wichtigsten Unterschied zu unserem früher beschriebenen Kampf gegen Bakterien: jene bleiben in der Regel –außer sie werden gerade phagozytiert und dann ist es meistens eh um sie geschehen – außerhalb der Menschenzellen. Viren schlüpfen jedoch in unsere Zellen hinein, um sie sich gefügig zu machen. Stellen Sie sich das einmal übertragen auf einen menschlichen Krieg vor: es ist, als würden Feinde in uns eindringen, um uns für ihren Sieg zu rekrutieren. Wie könnten wir uns gegen so etwas Bösartiges wehren? Doch keine Sorge, unser Immunsystem ist auch für eine solche Invasion gewappnet.

Wir erinnern uns: unsere menschlichen Zellen – nicht nur Immunzellen – tragen an ihrer Oberfläche Mustererkennungsrezeptoren, mit denen sie Teile von Bakterien, aber auch von Viren erkennen können. Diese Rezeptoren melden unverzüglich die Gefahr und die Zelle schüttet unter anderem spezielle Zytokine aus, die Interferone genannt werden. Der Name kommt aus dem lateinischen „interferre", was so viel bedeutet wie „eingreifen" oder „sich einmischen".

Seit ihrer spektakulären Entdeckung im Jahre 1957 sind diese besonderen Substanzen Gegenstand intensiver Forschung und diese hat seit dem Auftreten der Corona-Pandemie noch einmal Aufwind bekommen. Diese Botenstoffe, die sofort in die nähere Umgebung und schließlich ins Blut ausgeschüttet werden, beeinflussen fast alle Funktionen unseres Immunsystems auf vielfältige Weise. Im Kampf gegen Viren greifen sie diese nicht direkt an, sondern setzen innerhalb der Zelle Mechanismen in Gang, die verhindern, dass sich die Viren vermehren können. Durch die Interferonausschüttung warnen die belagerten Zellen auch ihre noch nicht infizierten Nachbarzellen, die sich so wappnen und gegen die Invasion wehren können.

Interferone regen sowohl Makrophagen als auch natürliche Killerzellen dazu an, aktiver zu werden. Zur Erinnerung: die natürlichen Killerzellen sind jene grausamen Kämpfer, die nach Zellen aus den eigenen Reihen Ausschau halten, die ihnen irgendwie auffällig vorkommen, und diese unverzüglich umbringen, unter anderem durch ihren „Todeskuss". Interferone führen auch dazu, dass Zellen vermehrt MHC-Moleküle beider Klassen bilden, dadurch können Immunzellen besser erkennen, was in ihrem Inneren vorgeht. Interferone haben noch eine weitere wichtige Wirkung, auf die wir im nächsten Kapitel eingehen werden: sie verlangsamen das Wachstum von Tumoren.

Doch kehren wir zu unserer Grippeinfektion zurück. In den ersten ein bis zwei Tagen merken wir noch nichts davon, dass wir uns angesteckt haben. So lange dauert bei der Grippe die sogenannte Inkubationszeit. Eine 2014 veröffentlichte Studie fand sogar heraus, dass die allermeisten Menschen, die sich in einer Grippesaison anstecken, anschließend gar nicht wirklich krank werden oder so milde Symptome haben, dass sie sie nicht für erwähnenswert halten. Sehr wahrscheinlich ist, dass in diesen Fällen das angeborene Immunsystem mit der Unterstützung der Interferone den Angriff der Viren abgewehrt hat, bevor diese sich ausbreiten konnten.

Wenn Sie sich an Ihre letzte Grippe erinnern können, war das allerdings nicht so. Dass die Grippe immer noch so gefährlich ist und nicht durch eine Impfung ausgerottet werden konnte wie zum Beispiel die Pocken, die im letzten Jahrhundert noch 400 Millionen Menschen das Leben gekostet haben, liegt an ihrer Wandlungsfähigkeit. Die Influenza-Viren mutieren ständig und jede Grippesaison hält für die Virologen neue Überraschungen bereit. Die Wissenschaftler der WHO schließen jedes Jahr eine Art Wette ab. Sie beobachten ein halbes Jahr bevor auf der Nordhalbkugel die Grippesaison beginnt – also um Februar, März herum –, welche Virenstämme während des (nördlichen) Winters auf der Südhalbkugel verbreitet waren und stellen einen Impfstoff gegen die drei bis vier häufigsten Arten her. Leider sind diese sechs Monate für die Viren eine sehr lange Zeit und manchmal passt der Impfstoff im Herbst schon nicht mehr. Die Impfstoffe für die Grippesaison auf der Südhalbkugel werden entsprechend im September des Vorjahres entwickelt.

Kehren wir auf das Schlachtfeld zurück. Die hinterhältigen Influenza-Viren ziehen bei uns ja nur deswegen so regelmäßig ein, weil sie sich mindestens halbjährlich immer wieder ein bisschen verändern, ansonsten wären wir nach einer durchgemachten Grippe immun. Vor allem zwei der 11 Proteine, die das Virus bildet, sind für seine Gefährlichkeit von Bedeutung: das Hämagglutinin und die Neuraminidase. Alle beide

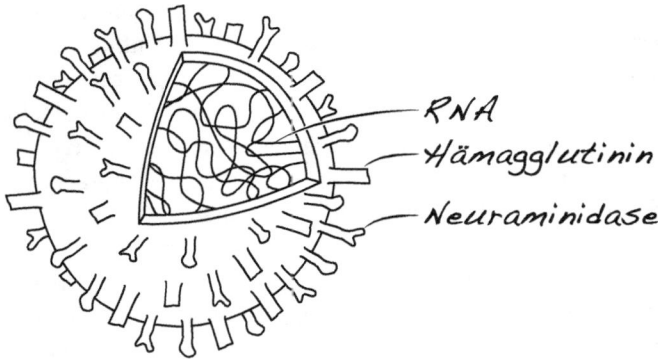

Influenzavirus.

ragen – ähnlich wie beim neuartigen Coronavirus – spikeartig an ihrer Oberfläche heraus. Das erstere hilft dem Feind, in die Zellen einzudringen, das zweite, seine Nachkommen wieder daraus zu entlassen.

Die Viren sind also in unsere Schleimhautzellen eingedrungen und vermehren sich rasant. Manche von ihnen haben sogar gelernt, die Ausschüttung von Interferonen zu unterbinden, so dass sie bei ihrem Eroberungszug weniger Hindernisse vorfinden. In der Zelle dauert die Replikation – also die Vermehrung des Virus – etwa sechs Stunden, danach ziehen die verstärkten Truppen wieder aus, um ihr Unwesen weiterzutreiben. Sie wandern auf der Suche nach Opfern weiter, erst in die Nachbarschaft, dann immer weiter, außer, sie werden von Ihrem Immunsystem daran gehindert. In den ersten drei bis vier Tagen findet man sie nur auf den Schleimhäuten, später auch in Immunzellen, frei schwimmend im Blut, in Muskel- oder Nervenzellen. Auf dem Höhepunkt der Infektion beherbergt jeder Milliliter unseres Nasenschleims 100.000 bis 10 Millionen Viren. Die meisten Zellen, die als Virusfabriken missbraucht worden sind, sterben nach ihrer Invasion.

All diese Vorgänge sind Ihren Geheimagenten, den dendritischen Zellen, natürlich nicht geheim geblieben. Sie sammeln fleißig Viruspartikel von überall ein, wo sie sie finden können, und manchmal werden sie selbst von Viren erobert und zur Virenvermehrung benutzt. Wir hatten ja schon erwähnt, dass sie sich im Kampf gegen Viren schon von Anfang an etwas anders verhalten, als wenn sie es mit Bakterien oder anderen Feinden zu tun haben. Die Tageszeitung mit der Nachricht über die Virusinvasion würde mit großer Lettern und besonders eindrücklich von der aufkommenden Kriegsgefahr berichten. Mit diesen Schlagzeilen machen sie sich auf den Weg zum nächsten sekundären lymphatischen Organ, zum Beispiel einem Lymphknoten. Hier suchen sie nun nicht nur nach den T-Helferzellen, die über die Aktivierung der genau passenden B-Zellen die Waffenproduktion in Gang setzen, sondern auch nach den genau passenden T-Killerzellen. Dafür können Sie die feindlichen Antigene nicht nur auf ihren MHC Klasse II, sondern auch auf jenen der Klasse I präsentieren, was man als Antigen-Kreuzpräsentation bezeichnet. Erinnern Sie sich an die grausame

Ausbildung der T-Zellen im Thymus? Da wurden jene T-Zellen, die Antigene auf MHC Klasse II-Molekülen erkennen, zu T-Helferzellen und jene, die sie auf MHC Klasse I-Molekülen erkennen zu T-Killerzellen. Und diese letzteren werden im Kampf gegen Viren nun ganz dringend gebraucht. Diese brauchen zu ihrer vollständigen Aktivierung allerdings noch die genau zu ihnen passenden T-Helferzellen, um ihre Reihen zu erweitern und in den Kampf zu ziehen. Hier gibt es also wieder eine Zwei-Faktor-Authentifizierung, wie wir sie schon früher erlebt haben. Damit will der Körper sich noch einmal absichern, dass die Gefahr echt ist.

Bis die dendritischen Zellen die passenden T- und B-Zellen ausfindig gemacht haben, diese angefangen haben, sich zu vermehren und die Antikörperproduktion in Gang kommt, vergeht allerdings etwas Zeit. Unser erworbenes Immunsystem braucht bekanntlich etwas länger, bis es tätig werden kann. So lange müssen die anderen Krieger tapfer auf dem Schlachtfeld ausharren.

Eine besondere Untergruppe der dendritischen Zellen, die sogenannten plasmazytoiden dendritischen Zellen, die in der Blutbahn umherschwimmen, nehmen schon kleinste Virusspuren wahr und fangen innerhalb weniger Stunden an, Interferone in großen Mengen herzustellen. So langsam merken Sie es auch: Sie fangen an, sich krank zu fühlen. Der Hals tut weh, die Nase läuft, Sie husten, manchmal kommen Kopfschmerzen hinzu. Sie haben überhaupt keinen Appetit und würden am liebsten einfach nur im Bett bleiben und umsorgt werden. Das ist für die meisten Krankheiten typisch, dass es einem den Appetit verschlägt. Zytokine, die jetzt im Blut zirkulieren, benachrichtigen das Gehirn, dass es Energie braucht und dafür wird jene für die Verdauung von Nahrung eingespart.

Auch Ihr Komplementsystem ist aus dem Schlaf erwacht und hat das Kriegshorn geblasen. Sie erinnern sich: durch seine Aktivierung werden Anaphylatoxine freigesetzt, die andere Immunzellen anlocken und aktivieren, gleichzeitig aber auch entzündungsfördernd wirken und die Immunzellen dazu anregen, ihre giftigen Granula zu entleeren. Wie schon früher beschrieben hat die Entzündung auch eine Schattenseite und fügt Ihren Körperzellen ebenfalls Schaden zu. Es ist wie in einem echten Krieg: es entstehen unerwünschte Kollateralschäden.

Auf den Schlachtruf hin wird auch Ihr Neutrophilenregiment mobilisiert, das mit den Waffen, die ihm zur Verfügung stehen, gegen den Feind zu Felde zieht: sie phagozytieren, entleeren ihre Granula und werfen ihre Netze aus. Doch sie können ja nur jene Viren angreifen, die frei herumschwimmen, und verpassen all jene, die sich in den Zellen verstecken. Ihre Rolle ist bei einer Virusinfektion umstritten, denn auch hier leiden die Körperzellen mit. Die Neutrophilen kämpfen trotzdem tapfer und ihre Leichen landen in unseren Papiertaschentüchern, die wir, krank im Bett liegend, in großen Mengen verbrauchen.

Der anhaltende Krieg gegen die Influenzaviren lässt unser Immunsystem zu einer weiteren Maßnahme greifen: es schüttet Pyrogene aus. Das Wort entstammt dem griechischen Wort „pyr", das Feuer bedeutet, pyrogen heißt also „feuererzeugend". Diese Stoffe wirken über die Blutbahn auf ein bestimmtes Areal in unserem Gehirn, und zwar auf das Wärmeregulationszentrum des Hypothalamus. Während Ihre normale Körpertemperatur bei etwa 36,0 bis 37,2 Celsius liegt, setzt Ihr Körper jetzt verschiedene Mechanismen in Gang, um diese zu erhöhen. Wie bei einem Thermostat in Ihrer Wohnung. Zum einen geschieht das durch Muskelzittern, das schnelle Zusammenziehen der Muskeln erzeugt Wärme. Zum anderen verengen sich die Blutgefäße an Ihrer Hautoberfläche, was verhindert, dass die Wärme entweicht. Deswegen frieren wir auch wenn unser Fieber steigt. Wir reagieren natürlich nicht nur bei Virusinfektionen mit Fieber, sondern auch im Kampf gegen andere Erreger. Es hat sich jetzt nur ergeben, dass ich den Vorgang an dieser Stelle beschreibe.

Doch was für einen Zweck hat diese Temperaturerhöhung für Ihren Kampf gegen die Erreger? Das Fieber wirkt gleich in zweifacher Hinsicht: zum einen macht es den Viren das Leben schwer und hindert sie an ihrer Vermehrung, zum anderen wirkt es auf praktisch alle Ihre Immunzellen anregend und treibt sie zur Höchstleistung an. Letztere sind, im Gegensatz zu den viel einfacher konstruierten Bakterienzellen oder Viren – die ja gar keine Zellen sind – viel besser gegen Temperaturschwankungen geschützt. Das Fieber mit Medikamenten voreilig zu senken ist also nicht zu empfehlen, weil man sein Immunsystem dadurch bei der Arbeit stört.

Für Sie bedeutet die Aufrechterhaltung einer höheren Körpertemperatur eine große Anstrengung und erfordert ganz viel zusätzliche Energie. Wie bei einem höher eingestellten Thermostat, da verbraucht Ihre Heizung auch viel mehr Gas, Öl oder Strom. Jeder zusätzliche Grad bedeutet für Ihren Körper etwa zehn Prozent mehr Energie. Das merken Sie auch: Sie können, so sehr Sie es auch wollten, nichts anderes tun als im Bett zu bleiben. Wichtig ist es, besonders viel zu trinken, denn auch Flüssigkeit benötigt Ihr Körper mehr, wenn er fiebert.

Wenn Sie also beim nächsten Mal mit hohem Fieber, Glieder- und Halsschmerzen und einer laufenden Nase im Bett liegen, können Sie sich Ihre wild um sich werfenden Neutrophilen, die mit ihren langen Fingern umhertastenden dendritischen Zellen, Ihre grausamen natürlichen Killerzellen, T-Killerzellen oder das unglaubliche Treiben in Ihren Lymphknoten vorstellen, das mit der Suche nach dem genau zum saisonalen Influenzavirus passenden Antikörper beschäftigt ist. Vielleicht fällt es Ihnen dann leichter, anzunehmen, dass Sie gerade die lang ersehnte Party verpassen oder nicht auf die Schipiste können.

Es dauert etwa fünf bis sieben Tage, bis Ihr erworbenes Immunsystem die ganz besondere Einheit der Kämpfer mobilisiert hat, die nur und einzig allein für diesen Krieg bestimmt ist. Ganz wichtig: diese Armee kämpft nur gegen die genau passenden Feinde, die jetzt gerade angreifen und verschont eigene Zellen und Gewebe. Auch das unterscheidet das erworbene vom angeborenen Immunsystem und begrenzt den Schaden für den ganzen Körper.

Während Makrophagen, Neutrophile und natürliche Killerzellen tagelang auf dem Schlachtfeld in den Atemwegen tapfer ausgeharrt haben, kommt endlich die ersehnte Verstärkung herbei. Die unzähligen T-Killerzellen mit dem genau zum Virusantigen passenden Rezeptor halten überall nach den auf den MHC Klasse I präsentierten Antigenen Ausschau. Ist auf der Oberfläche der Zelle nichts zu finden, lassen sie sie leben, wird das Virusantigen detektiert, muss sie eines kontrollierten Todes durch Apoptose sterben. Sie erinnern sich: das ist ein gesteuerter Zelltod, bei dem verhindert wird, dass eine Entzündung ausgelöst wird. Die Zellleichen mitsamt dem gefährlichen Inhalt werden schließlich von den Makrophagen verspeist und verdaut. Wohl bekomm's!

Auch die Millionen gegen die Influenzaviren entwickelten Antikörper – unsere Spezialwaffen –, die die Plasmazellfabriken verlassen, erreichen nach und nach das Schlachtfeld. Erst die IgM (Immunglobuline M), die zwar noch nicht so spezifisch sind, dafür aber schneller einsatzbereit, später die IgG (Immunglobuline G) im Blut und IgA (Immunglobuline A) in den Schleimhäuten. Sie binden – mit einer der stärksten Bindungen der Natur – mit ihren Y-förmigen Fangarmen die Viren und bewirken, dass diese in großer Zahl verklumpen, von Makrophagen besser erkannt und schließlich aufgefressen werden. Außerdem hindern die Antikörper die Viren daran, an den Rezeptoren von Zellen anzulegen und in sie einzudringen. Wir kennen ja schon zwei der 11 Virusproteine der Influenzaviren: das Hämagglutinin und die Neuraminidase. Passend zu ihnen gibt es spezielle Antikörper und diese verhindern entweder das Eindringen der Viren in die Zellen (Hämagglutinin-Antikörper) oder deren Austritt (Neuraminidase-Antikörper).

T-Killerzellen und Antikörper schaffen es schließlich gemeinsam mit den Makrophagen, die die Zell- und Virenleichen fressen müssen, den feindlichen Angriff abzuwehren. Eines schönen Tages wachen Sie morgens auf und es geht Ihnen deutlich besser. Das Fieber, das Sie in den letzten Tagen in einer Art Berg- und Talfahrt begleitet hat, ist so gut wie weg. Wenn Ihr Körper die Temperatur wieder herunterregelt (der Thermostat im Wärmeregulationszentrum des Hypothalamus wird wieder auf Normaltemperatur eingestellt), erweitern sich die Blutgefäße an der Hautoberfläche, außerdem werden die Schweißdrüsen angeregt. Sowohl die Verdunstungskälte durch den Schweiß auf Ihrer Haut als auch die Gefäßerweiterung führen dazu, dass Ihr Körper Wärme abgibt, so dass das Fieber sinkt.

Wie bei unserer Schnittwunde klingt die Entzündung, die hier ja große Teile unserer Atemwege in Schach gehalten hat, wieder ab. Durch die sinkende Zahl der Viren nimmt die Zytokinmenge im Blut ab, das Komplementsystem kommt auch langsam zur Ruhe. Die Tageszeitung hat ihre Überschriften geändert und macht allen Körperbewohnern den nahenden Frieden kund. Von so einer Tageszeitung können wir gerade, bei den Kriegen in der Welt, nur träumen! Auch die Friedenstruppen, unsere regulatorischen T-Zellen, wirken auf die kämpfende Meute ein und halten sie an, sich zu beruhigen. Genauso wichtig wie das Hochfahren dieser ganzen komplexen Immunvorgänge während einer Virusinfektion ist nun das Herunterfahren. Wir müssen bedenken, dass es da nicht so etwas wie einen General gibt, der das oberste Befehlskommando hat, alles findet im Kleinen statt und basiert auf der fein abgestimmten Kommunikation zwischen den einzelnen Zellen. Und, wie wir sehen, funktioniert es in der Regel sehr gut so. Vielleicht sollten sich auch die Militärs von dieser

Art der Kriegsführung inspirieren lassen … Doch auch im Körper funktioniert das nicht immer wie geplant und manchmal kommt unsere Immunabwehr auch dann nicht zur Ruhe, wenn es weit und breit keinen Feind mehr gibt. Doch dazu später.

Jetzt, da Ihre Temperatur wieder im Normalbereich ist und Ihr Körper nicht mehr so viel Energie zum Hochregeln benötigt, kommen Sie wieder zu Kräften. Auch Ihr Appetit kehrt zurück. Erst wenn man krank war, kann man den unglaublichen Schatz der Gesundheit erkennen. Sie sollten sich nach solch einem schweren Krieg allerdings noch etwas erholen. Und Sie können jetzt, da Sie die Protagonisten kennen, die zu Ihrer Genesung beigetragen haben, ihnen all Ihren Dank aussprechen und sie in den folgenden Tagen richtig verwöhnen!

Ihre Immunzellen haben so schnell nicht vor, so etwas Schreckliches wieder zu erleben und merken sich den Feind. Bei uns Menschen ist es ja nach einem Krieg nicht anders: die Erfahrungen daraus wirken noch über Generationen hinaus. Die Erinnerung an das Virus wird in uns über verschiedene Mechanismen gespeichert. Zum einen verwandeln sich einige der Plasmazellen, die an der Spezialwaffenproduktion beteiligt waren, in sogenannte langlebige Plasmazellen. Diese wandern ins Knochenmark und produzieren fortlaufend geringe Antikörpermengen, die sich unter den Antikörpercocktail in unserem Blut mischen. Sie erinnern sich: ein einziger Tropfen Blut enthält etwa 13 Billionen solcher Antikörpermoleküle! Wagt sich das gleiche Influenzavirus zufällig wieder, über unsere Atemwege einzumarschieren, sind sofort passende Antikörper zur Stelle und lösen eine Immunantwort aus.

Zum anderen werden B-Gedächtniszellen gebildet, die fortan durch unser Blut- und Lymphsystem patrouillieren und darauf warten, dass der zu ihnen passende Feind erneut einfällt. Wenn das passiert, fangen sie sofort damit an, sich zu vermehren und müssen dafür nicht einmal mehr von ihren passenden T-Helferzellen aktiviert werden. Sie brauchen die Suche nach der genau passenden Waffe auch nicht wieder über die Affinitätsreifung zu durchlaufen: die Bedienungsanleitung für die beste Waffe liegt ja schon vor. Die so viel schneller funktionsfähigen Plasmazellfabriken legen also innerhalb weniger Stunden mit der Waffenproduktion los.

Auch einige T-Zellen merken sich den Krieg. Ein Teil von ihnen siedelt sich im Gewebe an, zum Beispiel auch in der Haut und in den Schleimhäuten, und wartet auf den Feind. Wenn er einfällt, informieren sie die umliegenden Zellen, die schneller reagieren können. Wir haben ja schon gesehen, dass solche T-Zellen auch bei der Wundheilung eine Rolle spielen. Andere T-Gedächtniszellen patrouillieren unentwegt durch Blut- und Lymphbahnen auf der Suche nach ihrem spezifischen Antigen. Eine dritte Division bleibt schließlich in den sekundären lymphatischen Organen, zum Beispiel in den Lymphknoten, stationiert, dort kann sie, wenn die Nachricht über eine neue Invasion, zum Beispiel über eine dendritische Zelle, eintrifft, sofort reagieren und die Truppe aufstocken.

All dies geschieht nun, beim zweiten Kontakt mit dem Feind, innerhalb weniger Stunden. So schnell, dass Sie in der Regel gar nicht merken, dass irgendetwas vorgefallen ist. Jetzt sind Sie ja immun.

Wenn solch ein Happy-End doch auch in jenem Krieg, den wir im nächsten Kapitel beschreiben, die Regel wäre! Leider ist das, trotz der Arbeit unzähliger Forschungsteams in der Welt, die inzwischen immer enger vernetzt sind, noch nicht der Fall. Hierzulande liegt die 5-Jahres-Überlebensrate von Krebs – was in den meisten Fällen einer Heilung gleichkommt – bei über 50 Prozent. Das bedeutet aber auch, dass fast die Hälfte der Menschen mit einer Krebsdiagnose daran stirbt. Hier kämpft unser Immunsystem ebenfalls Tag für Tag gegen diese gefährlichen Feinde aus den eigenen Reihen.

11 Der Kampf gegen Krebszellen

Wir haben schon erfahren, dass unser Körper aus ungefähr 30 Billionen Zellen besteht. Wir wissen auch, dass in uns ständig neue Zellen durch Zellteilung entstehen und andere wiederum sterben. Die Zahlen dazu sind mehr als beeindruckend: Jeden Tag sterben zwischen 50 und 70 Milliarden unserer Zellen und werden ersetzt. Nicht alle leben gleich gefährlich: die Schleimhaut des Darmes erneuert sich alle ein bis zwei, die des Mundes alle acht bis zehn Tage, die Haut ist alle vier Wochen neu. Wir häuten uns jeden Monat und fangen unsere Hautreste mit dem Staubsauger ein.

Über einige andere Zellen wissen wir auch schon Bescheid: Neutrophile leben, selbst wenn sie sich nicht im Kampf opfern, nur wenige Tage, Makrophagen einige Wochen bis Monate. Erythrozyten werden in der Milz nach etwa vier Monaten aussortiert, doch da sind sie bereits geschätzte 1600 Kilometer in der Blutbahn herumgeschwommen und haben ihre Zellbrüder mit Sauerstoff versorgt. Andere Zellen haben eine längere Lebenserwartung, zum Beispiel Knochenzellen – trotzdem werden Sie, wenn Sie solange leben, in etwa zehn Jahren ein komplett neues Skelett ihr eigen nennen. Besonders langlebig sind Nervenzellen, die oft Jahrzehnte halten und zum Teil gar nicht ersetzt werden.

Das hört sich doch fantastisch an! Warum altern wir dann eigentlich, wenn wir uns doch fortlaufend selbst erneuern? Bakterien altern zum Beispiel nicht – sie überleben entweder und teilen sich im Rhythmus von etwa zwanzig Minuten, oder sie sterben vor Hunger, werden von Bakteriophagen (das sind bakterientötende Viren) ermordet oder im Inneren von Makrophagen oder anderen Immunzellen verdaut.

Über die Ursachen des Alterns wird immer noch intensiv geforscht. Einer der wichtigsten Gründe liegt darin, dass unser Genom, das, wie wir wissen, in unserer DNA verschlüsselt ist, fortlaufend schädigenden Einflüssen unterworfen ist und sich verändert. Diese Veränderungen bezeichnet man als Mutationen. Man hat sogar geschätzt, dass die DNA jeder einzelnen Zelle unseres Körpers bis zu einer Million Mal am Tag geschädigt wird. Direkt in unseren Zellen gibt es faszinierende Mechanismen, die darauf reagieren. Nicht nur können Schäden dadurch frühzeitig repariert werden, im Zellinneren kann auch der kontrollierte Selbstmord einer Zelle aktiviert werden, wenn der Schaden zu groß ist. Gefährlich wird eine Mutation vor allem dann, wenn sie Gene betrifft, die das Wachstum von Zellen beeinflussen oder an genau den Prozessen beteiligt sind, die auf die Reparatur der DNA oder den Selbstmord der Zelle bei zu großen Schäden einwirken.

An all jenen Mechanismen, die eine Körperzelle zur Krebszelle werden lassen, wird nach wie vor intensiv geforscht, um Krebsmedikamente entwickeln zu können. Auch die Erforschung der Ursachen ist ein großes Thema. Neben genetischen Faktoren, die an der Entstehung von Krebs beteiligt sind, spielen Rauchen, Alkohol, Röntgen- und Sonnenstrahlen sowie manche Substanzen und Medikamente eine Rolle. Das Alter ist eines der wichtigsten Risikofaktoren. Wenn wir lange genug leben, bekommen wir alle Krebs. Viele Menschen sterben allerdings zuvor an anderen Krankheiten oder eines gewaltsamen Todes.

https://doi.org/10.1515/9783111611143-023

Forscher gehen aktuell davon aus, dass Mutationen zu etwa zwei Dritteln der Fälle mehr oder weniger zufällig entstehen und das Vorhandensein von Tumorzellinseln innerhalb von gesundem Gewebe viel häufiger vorkommt als früher gedacht. Hier ist vor allem unser Immunsystem herausgefordert, solche aus der Reihe tanzenden, sich unkontrolliert vermehrenden und den Signalen zur Selbstzerstörung trotzenden Zellen aus dem Verkehr zu ziehen. Viele Forschergruppen widmen sich daher zurzeit diesen Themen und haben bereits vielversprechende Therapien daraus entwickelt.

Stellen wir uns das mal in unserem Körper vor: während sich unsere Zellen teilen, passieren ab und zu Fehler und unsere DNA, dieser hauchdünne Strang, der auseinandergezogen etwa zwei Meter messen würde, baut sich in der nächsten Zelle nicht detailgenau so wieder auf wie zuvor. Immerhin sprechen wir von 50 bis 70 Milliarden Zellteilungen an jedem Tag unseres Lebens. Wie wir gesehen haben, sind nicht alle dieser Mutationen gefährlich, sondern nur jene, die sich auf Zellwachstum, DNA-Reparatur und Selbsttötung der Zelle auswirken. Werden solche mutierten Zellen nicht repariert oder zum Selbstmord angeregt, wollen sie in Ihrem Körper ja auch nur eines: leben. Sie tanzen jetzt aber aufgrund ihres veränderten Erbgutes innerhalb des Gewebes, in dem sie wohnen, aus der Reihe. Sie stehen nicht mehr in einem harmonischen Kontakt mit ihren Nachbarzellen. Sie hören auch nicht mehr auf die Signale, die ihnen vom Körper zugesandt werden. Sie vermehren sich ohne Hemmung und sehen auch nicht ein, dass sie sich durch Apoptose selbst töten sollen, wenn entsprechende Signale ausgesandt werden. Es sind quasi Rebellen, die sich gegen die geltenden Gesetze aufgelehnt haben. Richtig gefährlich werden sie, wenn sie es schaffen, aus den benachbarten Blutgefäßen kleine Seitenarme zu bilden, die sie mit Sauerstoff und anderen Nährstoffen versorgen. Man nennt das Angioneogenese und manche Krebstherapien richten sich auch genau dagegen, dass die Blutgefäßneubildung in diesem gefährlichen Gewebe zustande kommt.

Andere Krebsarten betreffen nicht festes Gewebe, sondern die Zellen, die im Blut umherschwimmen, sowie die blutbildenden Organe im Knochenmark und den Lymphorganen. Auch hier teilen sich die Rebellen hemmungslos und verdrängen mehr und mehr gesunde Blutzellen, die ihre Aufgaben daher nicht mehr erfüllen können.

Man kennt etwa 200 verschiedene Erkrankungen, die unter dem Überbegriff „Krebs" zusammengefasst werden. Gutartige Tumoren werden übrigens nicht als „Krebs" bezeichnet, da in ihrem Inneren keine eigentlichen Krebszellen wachsen. Sie verdrängen durch ihr Wachstum trotzdem andere Körperzellen und können, wenn sie sich zum Beispiel im Gehirn an kritischen Stellen ausbreiten, ebenfalls zu einer Lebensbedrohung werden. Leider können gutartige Tumore manchmal auch entarten, also anfangen, die Regeln zu brechen und zu einer bösartigen Geschwulst werden.

Seit etwa zehn Jahren gehe ich alljährlich zum Hautkrebs-Screening, vorgestern war es wieder soweit. Zuerst wurden meine bekannten vier auffälligen Hautstellen fotografiert, die seit Jahren unter Beobachtung stehen. Mit größter detektivischer Sorgfalt untersuchte der Hautarzt anschließend die zwei Quadratmeter große Fläche – die

Größe einer halben Tischtennisplatte – und verglich die Fahndungsfotos miteinander. Zum Glück fand er nichts Auffälliges und ich konnte erleichtert aufatmen. Ich bin nämlich eine Sonnenanbeterin und in meiner Kindheit waren Sonnenschutzmittel nicht so verbreitet und ihre Bedeutung noch nicht so bekannt.

Sehen wir uns einen festen Tumor etwas genauer an und verorten wir ihn zum Beispiel in der Haut. Wir wissen schon, dass sich unsere Hautzellen relativ schnell teilen und uns alle vier Wochen mit neuer Haut überziehen. Gerade durch die Sonnenstrahlung können Mutationen im Erbgut dieser Zellen auftreten und über die vorhin beschriebenen Entwicklungen zur Entstehung von Krebszellen führen. Eine der Hautzellen hat schließlich solch eine Reihe von Mutationen durchlaufen und ist rebellisch geworden. Sie teilt sich schneller als ihre benachbarten, „braven" Schwestern und wächst zu einem kleinen Zellklumpen heran, dessen Zellen auch nicht mehr so fest aneinander hafter. wie die anderen Hautzellen. Schon um auf eine Größe von ein bis zwei Millimeter heranwachsen zu können, müssen neue Blutgefäße her, ansonsten verhungern die Zellen. Durch diese Blutgefäße können Krebszellen in den ganzen Körper wandern und dort neue Zellkolonien bilden, diese werden Metastasen genannt.

Die Aufständischen machen auch den ortsständigen Zellen Probleme, indem sie mit ihnen um Sauerstoff und Nahrung konkurrieren. Manche Körperzellen in ihrer Nachbarschaft verhungern und ersticken dabei und ihr gewaltsamer Tod bewirkt über Botenstoffe eine Entzündungsreaktion. Diese ruft weitere Immunzellen auf den Plan, das Komplementsystem schaltet auf Alarm, es werden Interferone ausgeschüttet.

Wie bei dem im vorigen Kapitel beschriebenen Krieg gegen Viren müssen hier Feinde aus den eigenen Reihen angegriffen werden: zuletzt waren es virusinfizierte, jetzt entartete, also Krebszellen. Auch hier erkennen die Immunzellen die Verräter mit Hilfe ihrer MHC Klasse I-Moleküle.

Auch hier greift das angeborene Abwehrsystem zuallererst an. An der ersten Front kämpfen die natürlichen Killerzellen. Diese aggressiven Abwehrzellen sind stets auf der Suche nach Verrätern, die keine Informationen auf ihren MHC Klasse I-Molekülen darbieten und das, was in ihnen vorgeht, verheimlichen wollen. Umgehend werden die Rebellen von den natürlichen Killerzellen aus dem Verkehr gezogen.

Die Entzündung, die hier im Tumor und in seiner Umgebung „gezündet" wird, hilft einerseits bei der Mobilisation der Immunzellregimente, die allesamt in den Krieg beordert werden. Doch wie beim Krieg gegen Viren gibt es auch Nachteile: Durch die Weitung der Blutgefäße und ihre erhöhte Durchlässigkeit bekommen auch Tumorzellen mehr Sauerstoff und Nahrung. Mastzellen bilden sogar einen Wachstumsfaktor für Blutgefäße, von dem die Angioneogenese (Gefäßneubildung) im Tumor profitiert. So wirken sich also die Entzündungsvorgänge mitunter negativ auf den Krieg gegen das Krebsgeschwür aus. Mehr noch: chronischen Entzündungen wird sogar eine Rolle bei der Entstehung von Krebserkrankungen zugesprochen.

Auch unsere Langerhanszellen schieben hier, in der Haut, Wache. Das sind jene dendritischen Zellen, die Paul Langerhans 1868 entdeckt und fälschlicherweise für

Nervenzellen gehalten hatte. Man schätzt, dass unsere Haut etwa zehn Milliarden solcher Wächter beherbergt. Den langen Fingern unserer Geheimagenten entgeht natürlich auch nicht, dass sich innerhalb der Haut, die sie bewachen, eine Gruppe von Rebellen gebildet hat, die sich hemmungslos vermehren und die Befehle der Zellkommunikation nicht mehr befolgen. Auch sie können die Informationen auf den MHC Klasse I-Molekülen lesen und reagieren alarmiert. In diesen rebellischen Zellen passieren komische Dinge, irgendwie stimmt da etwas nicht! Kurzerhand verschlucken sie eine solche Zelle, verdauen sie und wandern mit dem auf ihren MHC Klasse II abgebildeten Fahndungsfoto zum nächsten Lymphknoten.

Was hier geschieht, kennen wir schon. Die dendritische Zelle wartet sehnsüchtig auf genau jene T-Zelle, die den passenden Rezeptor für das feindliche Antigen der Krebszelle hat. Sie mobilisiert zum einen die T-Killerzellen, die sich in Windeseile vermehren und auf den Kriegsschauplatz in der Haut ausströmen. Zum anderen die T-Helferzellen, die die zu ihnen passenden B-Zellen dazu anregen, Antikörper gegen die Krebszellen zu bilden. Wenn all das gut funktioniert, werden diese zur Strecke gebracht und wir haben in der Regel nichts davon gemerkt. Und sehr wahrscheinlich ist, dass, wie bei den vielen Influenzainfektionen, von denen wir nichts mitbekommen haben, auch hier die Dunkelziffer an Krebsgeschwüren, die in uns gewachsen und später wie von Zauberhand – wir wissen inzwischen ja schon, dass unser Immunsystem zauberhaft ist – wieder dahingeschmolzen sind.

Manche Tumore sind manchmal schon zu groß, um vollständig beseitigt zu werden, werden aber vom Immunsystem gut kontrolliert und können nicht weiterwachsen oder gar Metastasen bilden. Hier stellt sich eine Art Gleichgewicht ein, nach dem Motto: leben und leben lassen.

Mit diesen Situationen brauchen wir uns im Alltag nicht zu beschäftigen, da wir in der Regel nichts davon erfahren. Mit jenen Fällen, in denen das nicht so gut funktioniert, beschäftigen sich Millionen von Menschen, ihre Familien, ihr Freundeskreis, ihre Ärzte und andere Therapeuten. 2020 erkrankten 19,3 Millionen Menschen weltweit neu an Krebs, knapp 10 Millionen starben daran.

In diesen Fällen schafft unser geniales Abwehrsystem weder die Zerstörung des Tumors noch die Kontrolle über ihn. Er wächst unkontrolliert weiter und wird zur lebensgefährlichen Bedrohung. Es gibt mehrere Mechanismen, mit denen sich die Krebszellen der Zerstörung durch das Immunsystem entziehen können und diese sind alle in den letzten Jahren stark in den Fokus der Wissenschaft gerückt, da sie ganz neue Möglichkeiten in der Krebstherapie eröffnen.

Zum einen vermehren sich Krebszellen ja ziemlich schnell und mutieren dabei – wie andere Zellen auch. Wächst und mutiert der Krebs schnell genug, überleben schließlich einige Zellen, die von den Immunzellen nicht mehr erkannt werden können. Dieser Prozess wird als Immun-Editing bezeichnet (Editing bedeutet „Bearbeitung"). Zum anderen können die Krebszellen lernen, das Immunsystem gezielt zu hemmen. Oft bedienen sie sich dabei der regulatorischen T-Zellen, die eigentlich dafür da sind, um überschießende oder gegen eigene Zellen gerichtete Immunreaktionen abzuschalten. Manche Krebszellen haben überdies gelernt, an sogenannten „Checkpoints" der Immunzellen anzudocken, durch die die Immunreaktion ausgebremst wird. Diese Mechanismen nennt man Immunevasion (Evasion bedeutet „Flucht"). Es gibt noch weitere solcher Mechanismen, mit denen sich das Krebsgewebe vor der Zerstörung schützt, zum Beispiel über Botenstoffe oder Veränderungen in der Antigen-Präsentation auf den MHC Klasse I-Molekülen an der Oberfläche der Krebszellen.

Ein weiteres Hindernis bei der Bekämpfung des Tumors stellt die hier gelegentlich herrschende Sauerstoffarmut dar, man nennt sie Hypoxie. Durch das schnelle Wachstum entstehen im Inneren der Geschwulst Stellen, die nicht so gut durchblutet sind und an denen jener Sauerstoff, der zur Verfügung steht, schnell verbraucht wird. Die Krebszellen passen sich durch verschiedene Mechanismen an diese sauerstoffarme Umgebung an, die Immunzellen, die den Sauerstoff brauchen, haben jedoch keinen Zugang zu diesen gefährlichen Körpergebieten. Ich stelle mir das bildlich ein bisschen vor wie ein Zeltlager von Guerilleros im kolumbianischen Regenwald. Hier verschanzen sich die Aufständischen vor den Immunzellkämpfern und schneiden ihr Territorium vom Rest des Planeten ab.

Ein ganz neues Forschungsgebiet beschäftigt sich mit den Mikroben, die sich im Tumorgewebe ansiedeln. Jeder Tumor scheint mit seinem eigenen Mikrobiom daherzukommen, der das Geschehen in seinem Inneren und seiner Umgebung auf besondere Weise beeinflusst. Wir kennen das ja schon von all den anderen Kriegsschauplätzen: Mikroben leben überall in und auf uns, teilen mit uns Nahrung und Lebensraum. Es ist, als würden die bösen Guerilleros auch Mitstreiter aus den Reihen der körpereigenen Mikroben rekrutieren, die sie bei ihren extremistischen Vorhaben unterstützen.

Was die Mikroben hier suchen und wie sie mit den Körperzellen kommunizieren – und was das Thema dieser Kommunikation ist – ist noch weitgehend unbekannt. Unklar ist auch, ob die Mikroben an der Entstehung und Ausbreitung der Tumore mitbeteiligt sind, oder erst später hinzukommen und das Krebsgewebe besiedeln. Diese Frage, die sich ja auch bei der atherosklerotischen Plaque stellt, ist bislang unbeantwortet.

Dass manche Mikroben, besonders Viren, an der Krebsentstehung beteiligt sind, ist schon länger bekannt. Viren dringen ja in die Zellen ein und verändern deren Erbinformation. Wenn sie hier zum Beispiel Gene stören, die am Wachstum der Zelle, der DNA-Reparatur oder dem Selbstmord der Zelle beteiligt sind, kann dies zur Krebsentstehung beitragen. Zum Glück führt nur ein Bruchteil der Infektionen mit solchen tumorfördernden – sogenannten onkogenen – Viren oder Onkoviren zu Krebs.

Zum Beispiel werden humane Papillomviren (HPV) mit der Entstehung von Tumoren des Gebärmutterhalses und des Mund-Rachenraums in Verbindung gebracht. Der in Heidelberg forschende Mediziner Harald zur Hausen, der 2023 87-jährig verstorben ist, erhielt für seine Arbeit am HP-Virus 2008 den Nobelpreis für Medizin und Physiologie. Glücklicherweise gibt es seit 2007 die Schutzimpfung gegen das Virus, die hierzulande für 9 bis 14-jährige Mädchen und Jungen zur Krebsprävention empfohlen wird. Die Auswirkung dieser Impfprogramme auf die Häufigkeit von Krebs kann zurzeit natürlich noch nicht eingeschätzt werden, dafür sind die bisher Geimpften noch zu jung.

Als weitere Onkoviren gelten das Epstein-Barr-Virus (EBV), das Hepatitis B- und C-Virus oder das Kaposi-Sarkom-Herpesvirus (KSHV). Bislang gibt es nur gegen das Hepatitis B-Virus eine Impfung, seit 1995 wird sie von der STIKO (ständigen Impfkommission) allen Säuglingen und Kleinkindern empfohlen, man kann sie auch später nachholen. Auch ein Bakterium gilt als onkogen, und zwar der Helicobacter pylori, der unter anderem an der Entstehung von Magenkarzinomen beteiligt ist. Auch manchen Parasiten wird eine Rolle bei der Krebsentstehung zugesprochen.

In aktuellen wissenschaftlichen Studien konnten zum Beispiel Zusammenhänge zwischen oralen Keimen, die an der Entstehung von Parodontitis beteiligt sind, und Pankreaskarzinomen gezeigt werden. Die Forschenden haben auch herausgefunden, dass die Veränderungen in der mikrobiellen Zusammensetzung im Mundraum schon Jahre vor dem Ausbruch der Tumorerkrankung bestehen. Dieser Krebs der Bauchspeicheldrüse ist zum Glück nicht sehr häufig, mit einer mittleren Fünf-Jahres-Überlebensrate von nur elf Prozent gehört er aber zu den tödlichsten Leiden, die man kennt. Die Forscher hoffen nun, über diesen Mechanismus etwas für die Vorbeugung und Behandlung dieser bei der Diagnose oft schon sehr fortgeschrittenen Krankheit tun zu können.

Kehren wir zu unserem Kriegsschauplatz zurück. Die Rebellen haben es geschafft, einen kleinen Hautbereich für sich zu erobern und vermehren sich darin. Fällt das rechtzeitig auf – hierzulande zahlen die gesetzlichen Krankenkassen das Hautkrebs-Screening ab 35 Jahren alle zwei Jahre – kann die Veränderung vollständig entfernt werden. Eine Untersuchung des entnommenen Gewebes gibt Hinweise auf die Art und mögliche Aggressivität des Tumors und bestimmt die weitere Therapie. Wichtig ist es auch, herauszufinden, ob der Krebs über die Blutbahn in andere Körperbereiche gestreut – also metastasiert – hat, zum Beispiel in die nahegelegenen Lymphknoten oder auch darüber hinaus.

Außer der operativen Entfernung kommt bei der Krebsbehandlung eine Strahlen- und/oder Chemotherapie in Frage. Beide Verfahren machen es sich zunutze, dass Krebszellen sich schneller teilen als gesunde und durch die eingesetzten Strahlen und Substanzen eher zerstört werden als das gesunde Gewebe. Dieses leidet in beiden Fällen trotzdem mit, so dass mit teils erheblichen Nebenwirkungen zu rechnen ist. Auch Interferone, deren Wirkung wir im letzten Kapitel beschrieben haben, werden in der Krebstherapie eingesetzt, meistens in Kombination mit anderen Behandlungen.

Schließlich gibt es die im Augenblick in vielen Studien untersuchte Immuntherapie gegen Krebs. Hier wird über sehr verschiedene Verfahren in jene Mechanismen eingegriffen, über die die Krebszellen der Zerstörung durch das Immunsystem entrinnen. Beispielsweise werden Patienten Monozyten aus dem Blut entnommen und im Reagenzglas daraus dendritische Zellen kultiviert, die gegen genau die zu bekämpfenden Krebszellen „scharf" gemacht werden. Genial, oder? Auch Makrophagen oder natürliche Killerzellen können entnommen und außerhalb des Körpers „trainiert" werden, um wieder kampfeslustig eingeschleust und auf die Guerilleros losgelassen zu werden. Leider reagiert nicht nur jede Krebsart, sondern auch jeder Mensch etwas anders auf die Immuntherapien und die Ursachen hierfür sind weitgehend unklar. Auch hier können zum Teil schwere Nebenwirkungen auftreten, zum Beispiel Autoimmunreaktionen, wenn sich die „scharfgemachten" Immunzellen gegen eigene Zellen wenden.

Von den Menschen, die eine Krebsdiagnose erhalten, können wie bereits erwähnt hierzulande mehr als die Hälfte auf eine dauerhafte Heilung hoffen, vor 1980 waren es lediglich ein Drittel. Die Statistiken dazu werden inzwischen sorgfältig erfasst und Erkenntnisse daraus fortlaufend veröffentlicht. Allerdings steigt die Zahl der Neuerkrankungen weltweit, unter anderem durch die steigende Lebenserwartung. Das Thema Krebs wird uns also leider weiter beschäftigen und eine Ausrottung der Krankheit, wie wir es bei den Pocken erlebt haben, ist nicht in Sicht.

Nach dem Schreiben dieses Kapitels bin ich gerade einfach nur froh, dass ich bisher keine Krebsdiagnose erhalten habe und bedanke mich dafür ganz herzlich bei meinem unglaublichen Immunsystem, das den Kampf gegen die Guerilleros bisher immer gewonnen hat.

Im nächsten Kapitel geht es um Krankheiten, die leider weltweit ebenfalls auf dem Vormarsch sind, glücklicherweise jedoch viel seltener tödlich verlaufen: Allergien und Autoimmunerkrankungen.

12 Allergien und Autoimmunerkrankungen

Diese beiden Gruppen von Erkrankungen scheinen auf den ersten Blick nichts gemeinsam zu haben. Doch – außer der Tatsache, dass sie beide in den letzten Jahrzehnten auf dem Vormarsch sind – haben sie mit unserem Immunsystem zu tun, und zwar mit einem, das außer Kontrolle gerät. Bei Allergien richtet es sich gegen Substanzen, die in unserer Umgebung vorkommen und an sich keine Gefahr für uns darstellen, bei Autoimmunerkrankungen gegen unsere Körperzellen selbst.

Wir haben schon erfahren, dass es zu jeder Zeit in unserem Inneren nicht nur von Bedeutung ist, dass Feinde angegriffen und aus dem Weg geräumt werden, sondern auch, dass später wieder Frieden einkehrt. Unsere „Darmpolitiker" haben wir zwar nicht ausfindig machen können, die Friedenstruppen, unsere regulatorischen T-Zellen, aber schon.

Dass es solche Zellen geben müsse, wurde von Forschenden schon seit den 1970er Jahren thematisiert, sie nannten sie zu jener Zeit Suppressor-T-Zellen. Bis in die Mitte der 1990er Jahre wurde diese These allerdings von den meisten Immunologen in Zweifel gezogen, vor allem deshalb, weil man die Zellen nicht isolieren und so bei ihrem Wirken beobachten konnte. Inzwischen weiß man, dass es nicht nur eine Art von regulatorischen T-Zellen, gibt, sondern viele verschiedene.

Erinnern Sie sich an die strenge Militärausbildung der T-Zellen im Thymus? Es gab zwei wichtige Prüfungen zu bestehen: als erstes mussten sie MHC-Moleküle erkennen, zweitens durften sie keine körpereigenen Antigene erkennen und binden. Ein Teil der regulatorischen T-Zellen sind jene Studenten, die, obwohl ihre Rezeptoren zu körpereigenen Antigenen passen, der strengen Prüfung in der Militärakademie entrinnen und überleben. Sie werden schon im Thymus so umprogrammiert, dass sie keinen Schaden anrichten können. Wieder ein genialer Schachzug unserer Immunabwehr, von der sich die Militärs ein Stück abschneiden könnten: in den eigenen Reihen solche Soldaten mit auszubilden, die bei einem Krieg verhindern, dass zu aggressiv agiert wird und dafür sorgen, dass wieder Frieden einkehrt.

Ein anderer Teil der regulatorischen T-Zellen entsteht nicht im Thymus, er wird in den sekundären Lymphorganen gebildet. Auch diesen sind wir schon begegnet, und zwar im Darm. Hier wandert ständig Fremdes durch uns durch und fremde Mikroben haben sich sogar in unserem Inneren häuslich eingerichtet und leben symbiotisch mit uns zusammen. Damit hier nicht ständig Krieg herrscht, wandern Immunzellen mit der Information über diese Antigene in die nächstgelegenen Lymphknoten und führen dort zur Bildung von regulatorischen T-Zellen. Diese kehren schließlich an den Ort des Geschehens zurück und sorgen für Frieden. Wie schon eingangs erwähnt: die Genialität unseres Immunsystems liegt nicht nur in seiner Fähigkeit, Feinde zu bekämpfen, sondern auch darin, Freunde und Feinde voneinander zu unterscheiden und einen in Gang gesetzten Krieg nicht fortzuführen, wenn er nicht mehr gebraucht wird.

https://doi.org/10.1515/9783111611143-024

Widmen wir uns zuerst den Allergien. Bereits 1565 beschrieb der italienische Chirurg Leonardo Botallo die „Rosenerkältung", eine Krankheit, die manche Menschen entwickelten, wenn sie sich in der Nähe von Rosen aufhielten. Doch so harmlos wie beim sogenannten „Heuschnupfen" geht es bei einer Allergie nicht immer zu. Jeder von uns kennt auch Geschichten von Menschen, die innerhalb weniger Minuten durch einen Wespenstich getötet wurden. All das wird einzig und allein durch das Zutun unseres Immunsystems herbeigeführt! Welch eine mächtige Armee, oder? Winzige Immunzellen, ein paar wirkungsvolle Proteine, David gegen Goliath! Und wie tragisch: sie haben ihr eigenes Zuhause zerstört!

In den allermeisten Fällen laufen Allergien zum Glück nicht so dramatisch ab. Beunruhigend ist, dass ihre Häufigkeit in den letzten Jahrzehnten rasant zugenommen, sich in der westlichen Welt in den letzten 20 Jahren sogar mehr als verdoppelt hat. Allein in Europa sind etwa 60 Millionen Menschen betroffen (Stand 2020), in Deutschland sterben jährlich mehrere Tausend Menschen an allergischen Reaktionen.

Zu den Ursachen dieser Zunahme gibt es einige Hypothesen, aber bisher noch keine endgültige wissenschaftliche Evidenz. Die „Alte Freunde-Hypothese" ist eine davon. Jene Kinder, die schon früh – am besten in den magischen ersten 1000 Tagen – mit harmlosen Mikroben und ihren Antigenen in Kontakt kommen, die schon immer in und unter uns gelebt haben, leiden später seltener unter Allergien. Es gibt einige sehr beeindruckende Studien, die diese Hypothese belegen, und es wird weiter intensiv daran geforscht. Die Ergebnisse therapeutisch umzusetzen, scheint etwas kompliziert. Man müsste den Eltern empfehlen, bei einem Kinderwunsch auf einen Bauernhof zu ziehen oder sich zumindest eine Kuh zuzulegen.

Eine weitere Hypothese bezieht sich auf die Immunglobuline E (IgE), die bei Allergien eine große Rolle spielen. Sie sind normalerweise da, um Parasiten abzuwehren, zum Beispiel Würmer. Dabei binden sich die IgE über spezifische Rezeptoren an Mastzellen, die sich rundherum an den im Vergleich zu Körperzellen riesigen Wurm festklammern und mit ihren mit chemischen Waffen gefüllten Granula bewerfen. Wieder David gegen Goliath. Da Parasiten durch die veränderten Hygienebedingungen in der westlichen Welt sehr selten geworden sind, könnte dieser, sozusagen „unterforderte" Teil des Immunsystems überreagieren und zu Allergien führen. Auch hier ist die therapeutische Umsetzung nicht einfach und Menschen mit Allergien werden sich nicht in jedem Fall dazu entschließen, ihren Darm mit Würmern zu besiedeln, um ihre Allergie loszuwerden. Derzeit laufen bereits Studien zu dieser Therapiemöglichkeit und wir dürfen gespannt sein, welche Ergebnisse sie hervorbringen. Es gibt noch einige weitere Hypothesen, die mit der Veränderung der Lebensgewohnheiten, der Umwelt oder des menschlichen Mikrobioms zusammenhängen.

Die Mechanismen, die einer allergischen Reaktion auf ein Antigen zugrunde liegen – sei es Insektengift, ein Nahrungsmittel, Modeschmuck oder ein Medikament – sind ziemlich unterschiedlich und wer240den daher klassischerweise in vier Typen eingeteilt. In allen Fällen spielen einige der uns bekannten Immunzellen und ihre Spezialwaffen – also Antikörper – eine Rolle. Um den Rahmen des Buches nicht zu sprengen, gehe ich hier nur auf die häufigste der vier Typen, und zwar die Typ-I-Allergie ein. Heuschnupfen, Nahrungsmittelallergien, Nesselsucht oder allergisches Asthma sind alles Typ-I-Allergien oder sogenannte Allergien vom Soforttyp.

Die allergische Reaktion entwickelt sich hier in zwei Stufen. Hat ein Mensch zum ersten Mal Kontakt mit einem Antigen, zum Beispiel dem Wespengift im vorher genannten Beispiel, bildet sein Körper Immunglobuline E (IgE) gegen dieses Antigen – in diesem Fall wird es als „Allergen" bezeichnet. Wir erinnern uns: Nach dem Kontakt mit einem Antigen bilden die Plasmazellen zuerst das weniger spezifische IgM, später, nach der Affinitätsreifung in den Lymphfollikeln, auch IgG (die vor allem ins Blut entlassen werden), IgA (die in die Schleimhäute übersiedeln), und eben IgE. Manche Menschen besitzen eine Neigung dazu, besonders viel IgE zu bilden, man bezeichnet diese Personen als „atopisch".

Diese IgE können sich wie bereits beschrieben an Mastzellen binden – das sind die uns schon bekannten Wächter, die an den Grenzflächen unseres Körpers, also in der Haut und den Schleimhäuten unserer Verdauungsorgane und Atemwege stationiert sind. Die Mastzellen, die an IgE gebunden sind, bezeichnet man nun als „sensibilisiert". Begegnet man nie wieder einer Wespe, die einen sticht, bleibt all das ohne Folgen.

Folgenschwer ist es erst, wenn es ein zweites Mal geschieht. Das Wespengiftallergen bindet sich jetzt an die sensibilisierten Mastzellen und dies führt über eine Signalkette zur Entleerung ihrer zahlreichen Granula, die unter anderem Histamin und Heparin, aber auch viele andere Substanzen enthalten. Die großen Mengen an Histamin führen zu einer Erweiterung der Blutgefäße und der Verengung der Atemwege. Je nach Menge an IgE und an Wespengift kann diese Reaktion im Körper nun so stark ausfallen, dass sie zu einem sogenannten anaphylaktischen Schock führt, der lebensbedrohlich ist. Auch die Eintrittspforte des Allergens spielt bei dieser Immunreaktion eine Rolle und diese unterscheidet sich je nach Eintritt über die Haut, die Schleimhäute oder dem direkten Zugang ins Blut.

Nicht nur Mastzellen sind an diesem Geschehen beteiligt. Die von ihnen ausgeschütteten Zytokine rufen auch die kleineren Regimenter der basophilen und eosinophilen Granulozyten auf den Plan, die die Entzündungsreaktion aufrechterhalten. Erinnern wir uns: diese Immunzellen spielen, genau wie die Immunglobuline E, eine bedeutsame Rolle in der Parasitenbekämpfung. Sie enthalten zum Teil andere Zytokine in den Granula, die gegen diese besser wirken. Heute, da Parasiten in der westlichen Welt durch unser verändertes Hygieneverhalten so gut wie ausgerottet sind, wird die Aktivierung all dieser Mechanismen zu einem Krieg, der sich gegen den eigenen Körper wendet.

Das alles ist aber eigentlich noch komplexer. Nicht jeder Kontakt zu einem möglichen Allergen führt zu einer Sensibilisierung. Manchmal entwickeln Menschen zum Beispiel eine Allergie gegen ein Nahrungsmittel, das sie zuvor jahrelang gerne und problemlos gegessen hatten. Vielleicht war es sogar ihre Lieblingsspeise. Auch atopische Menschen können, selbst wenn sie gegen ein bestimmtes Antigen sensibilisiert sind, beim Kontakt damit ganz ohne symptomatische allergische Reaktion auskommen. Man versteht vieles davon noch nicht genau, doch auch unsere Psyche kann sich über viele Mechanismen auf unser Immunsystem und daher auch auf unsere Neigung zu Allergien auswirken. Ein ganzer Wissenschaftsbereich, die Psychoneuroimmunologie, beschäftigt sich mit diesen Zusammenhängen, dazu mehr am Ende dieses zweiten Buchteils.

Wie viele Allergiker wissen, helfen die meisten Therapiemethoden nur kurzfristig und die Medikamente haben zum Teil starke Nebenwirkungen. Am einfachsten ist es, man meidet die Substanzen, auf die man allergisch reagiert, von vornherein. Als Medikamente kommen Antihistaminika – Stoffe, die die Histaminausschüttung unterbinden, die für die meisten Symptome verantwortlich ist – oder Kortisonpräparate, die das Immunsystem im Ganzen unterdrücken, zum Einsatz. Die einzige bisher verfügbare ursächliche Therapie ist die sogenannte Hyposensibilisierung, die am besten bei Pollenallergien und bei Allergien gegen Bienen- und Wespengift hilft. Hierzu werden die auslösenden Allergene in kleinen, langsam ansteigenden Konzentrationen über verschiedene Eintrittswege zugeführt, um so die Toleranz des Körpers gegen diese Substanz herbeizuführen. Diese Eigenschaft des Immunsystems, auf bestimmte Antigene nicht zu reagieren – sie also zu tolerieren –, spielt auch bei Autoimmunerkrankungen eine herausragende Rolle.

Dem Prinzip der Toleranz sind wir im Verlauf dieses Buches schon des Öfteren begegnet. Schon am Anfang unseres Lebens toleriert unsere Mama uns in ihrem Körper, obwohl wir auch fremde Gene – jene unseres Vaters – in uns tragen. Wir haben schon erfahren, dass hier ganz fein aufeinander abgestimmte Anpassungen im mütterlichen Immunsystem dazu beitragen, dass zum einen das „Fremde" nicht abgestoßen wird, zum anderen Mutter und Kind vor Infektionen und Tumoren beschützt werden.

Auch im Darm und in der Lunge sind wir ihr bereits begegnet: hier „tolerieren" die Grenzposten an unseren Schleimhäuten jene Bakterien, die uns gut gesinnt sind und einen wichtigen Beitrag zu unserer Gesundheit leisten und schreiten sofort zum Angriff über, wenn feindliche Truppen im Anmarsch sind. Doch wie unterscheidet unser Körper zwischen „Freund" und „Feind", und was macht ihn „tolerant" oder „intolerant"? Eine wichtige Frage, die sich nicht nur in unserer mikroskopischen, sondern auch in der sichtbaren Welt stellt ...

Als Begründer der Transplantations-Immunologie gilt der Brite Sir Peter Medawar, der sich mit der Hauttransplantation bei im Zweiten Weltkrieg verwundeten Soldaten beschäftigte und feststellte, dass fremde Transplantate abgestoßen wurden, eigene jedoch nicht. Er wurde 1960 für die „Entdeckung der erworbenen immunologischen Toleranz" mit dem Nobelpreis geehrt. Um die gleiche Zeit herum beobachtete der Amerikaner Ray David Owen, dass zweieiige Zwillinge (er führte die Experimente an Kälbchen durch), die sich ja in ihrem Erbgut genauso unterscheiden wie normale Geschwister, das Gewebe des anderen Zwillings tolerierten. Kam der Körper also mit den Antigenen bereits als Embryo in Kontakt, wurde er gegen sie tolerant. Eine Toleranz kann auch durch hohe Dosen eines Antigens erworben werden, oder, wie wir es zuvor bei der Beschreibung der Hyposensibilisierung gesehen haben, durch die wiederholte Verabreichung kleinerer Antigenmengen.

Bereits um die Jahrhundertwende zum 20. Jahrhundert prägte der uns schon bekannte Immunologe Paul Ehrlich den Begriff des „horror autotoxicus", also die „Angst des Körpers vor Selbstzerstörung". Die Forschenden jener Zeit gingen davon aus, dass sich das Immunsystem nur gegen körperfremde Strukturen richten würde. Erst etwa 50 Jahre später wurde dieses Prinzip endgültig widerlegt und man erkannte, dass es Immunmechanismen gibt, die gegen den eigenen Körper gerichtet sind, dass diese aber durch vielfältige Schutzmechanismen in der Regel gehemmt werden.

Einige dieser Schutzmechanismen haben wir schon kennengelernt: zum einen werden autoreaktive (sich gegen den Körper richtende) B- und T-Zellen bereits in den zentralen lymphatischen Organen (im Knochenmark beziehungsweise im Thymus) aus dem Verkehr gezogen. Jene, die überleben, werden inaktiviert, so dass sie keinen Schaden anrichten können. Auch wird der Angriff auf den eigenen Körper durch die am Anfang des Kapitels beschriebenen regulatorischen T-Zellen, unsere Friedenstruppen, verhindert. Auch dendritische Zellen, unsere Geheimagenten, die mit ihren außergewöhnlich vielen Rezeptoren an der vordersten Front bei der Unterscheidung zwischen „gefährlich" und „ungefährlich" eine Rolle spielen, scheinen beteiligt zu sein. Man entdeckt immer noch Mechanismen, die an diesem komplexen Zusammenwirken aller unserer genialen Immunzellen beteiligt sind und die den immunologischen Zeiger von „Toleranz" auf „Intoleranz" ausschlagen lassen.

Nur wenn alle Mechanismen versagen, kommt es zu Autoimmunerkrankungen. Davon sind in der westlichen Welt etwa fünf Prozent der Menschen betroffen – zwei Drittel davon Frauen –, wie bei den Allergien steigt ihre Zahl jedoch, ebenfalls aus noch nicht eindeutig geklärten Gründen, kontinuierlich an. Inzwischen stellen sie nach den Herz-Kreislauf- und Tumorerkrankungen die dritthäufigste Erkrankungsgruppe dar. Es gibt derzeit etwa 80 bis 100 bekannte Autoimmunerkrankungen und ihre Behandlung gestaltet sich oft als schwierig und langwierig.

Die Auslöser dafür lassen sich meistens nicht eindeutig bestimmen, vor allem deswegen, weil die betroffenen Menschen erst sehr spät Symptome entwickeln, so dass zu der Zeit, wenn sie einen Arzt aufsuchen, körpereigene Zellen und Gewebe meist schon seit Monaten oder gar Jahren dem Angriff durch das Immunsystem unterworfen sind. Als Ursachen werden genetische Faktoren – die vor allem unsere HLA oder MHC-Gene betreffen – diskutiert. Auch in dieser Diskussion spielt, wie beim Thema Allergien, die „Alte-Freunde-Hypothese" und die Zusammensetzung des Mikrobioms eine Rolle. Auch gegen Autoimmunerkrankungen scheinen eine natürliche Geburt, langes Stillen, ältere Geschwister und das Aufwachsen auf einem Bauernhof oder zumindest mit Haustieren zu schützen. Der Einfluss von Hormonen, Infektionen und Stress wird ebenfalls in Betracht gezogen und wissenschaftlich erforscht.

Bis zur Diagnose einer Autoimmunerkrankung vergehen oftmals Monate bis Jahre, da die Symptome – unter anderem niedriges Fieber, allgemeine Müdigkeit, Muskel-

und Gelenkschmerzen – nicht immer zugeordnet werden können. Eine Person kann überdies unter mehr als einer Autoimmunkrankheit zur gleichen Zeit leiden, was die Diagnose zusätzlich erschwert. Die Liste dieser Krankheiten ist lang: Multiple Sklerose, chronisch-entzündliche Darmerkrankungen wie Colitis ulcerosa oder Morbus Crohn, Typ-1-Diabetes, rheumatoide Arthritis („Gelenkrheuma"), Lupus erythematodes, Psoriasis oder Sklerodermie, um nur einige zu nennen.

Die Behandlungsmethoden unterscheiden sich zum Teil sehr stark, weil sich die Erkrankungen ja auch sehr deutlich voneinander unterscheiden. Da die Ursache in der Funktion des eigenen Immunsystems liegt, ist das Eingreifen in diese Regelkreise auch immer eine sensible Gratwanderung: unterdrückt man das Immunsystem zu sehr, beispielsweise durch Kortison, führt dies zu einer Erhöhung des Risikos für Infektionen oder Krebs. Die meisten Therapien zielen daher auf eine Linderung der Symptome ab, eine echte Heilung kann bislang nicht erreicht werden.

Trotz alledem bin ich der festen Überzeugung, dass das Verständnis jener Mechanismen, die in unserem Immunsystem zusammenwirken – die wunderbare Kommunikation zwischen den beschriebenen Zellen und den Botenstoffen, die sie dafür verwenden – sehr wohl dafür genutzt werden könnte, um sich auch vor diesen Krankheiten zu schützen oder diese gar zu heilen. Wir haben schon gesehen, wie wir mit Hilfe von Messer und Gabel und allem, was wir damit in uns einführen, eine Dysbiose im Darm beeinflussen können. Das gleiche gilt für die Zahnbürste und die Interdentalbürstchen, am besten ebenfalls in Kombination mit einer gesunden Ernährung. Und nicht zuletzt können wir wie in den ersten beiden Kapiteln des Buches beschrieben so manches dafür tun, dass unsere Kinder, Enkelkinder und so fort vom ersten Tag ihrer Zeugung an ein harmonisch arbeitendes Immunsystem entwickeln.

Eine der Maßnahmen zum Schutz unserer Kinder, mit der wir uns schon im ersten Teil des Buches beschäftigt haben, ist die Immunisierung. Wie die Menschen auf die Idee kamen, die unterschiedlichen Methoden zu entwickeln, die unter diesem Begriff zusammengefasst werden, und wie sie sich auf uns und unsere Gesellschaft auswirken, darum geht es im nächsten Kapitel.

13 Das Prinzip der Immunisierung

Erinnern wir uns hier an die Ursprünge des Prinzips der Immunisierung. Die österreichisch-ungarische Kaiserin Maria Theresia hat zu einer Zeit, als es noch keine Impfungen gab, drei ihrer 16 Kinder an die Pocken verloren und diese Krankheit als „den Erzfeind des Hauses Habsburg" bezeichnet. Im äußeren Krieg setzte sie zwar lieber auf Diplomatie und ihre Aussage: „Lieber ein mittelmäßiger Frieden als ein glorreicher Sieg" ist uns auch schon bekannt. Als sie selbst 1767 50-jährig schwer an den Pocken erkrankt und überlebt, erringt sie in ihrem Inneren damit einen glorreichen Sieg. Sie ahnt damals natürlich nicht, dass ihre Feinde mikroskopisch kleine Wesen sind, die man später Viren nennen würde. Und auch nicht, dass in ihrem Inneren Milliarden von Zellen alles gegeben haben, um ihr Leben – und ihr Zuhause – zu retten. Ein Jahr später beruft die Kaiserin den niederländischen Arzt und Botaniker Jan Ingenhousz an ihren Hof und dieser behandelt die kaiserlichen Kinder mittels der uns schon bekannten Variolation. Maria Theresia wird zu einer glühenden Verfechterin dieses Verfahrens, führt allerdings keine allgemeine Pflicht zur Variolation ein.

Als Geburtsstunde der Impfung gilt der 14. Mai 1796, als der britische Arzt Edward Jenner den 8-jährigen James Phipps mit den Kuhpockenviren impft, die er aus der Handfläche der Milchmagd Sarah Nelmes entnommen hatte. Daher rührt auch der Name „Vakzine", vom lateinischen Wort für Kuh, „vacca", der im Zusammenhang mit Impfungen noch häufig verwendet wird.

Die Impfpflicht gegen Pocken wird ab dem Beginn des 19. Jahrhunderts nach und nach in der ganzen Welt eingeführt. Im 20. Jahrhundert sterben trotzdem immer noch 400 Millionen Menschen an den Pocken, am 8. Mai 1980 erklärt die WHO die Welt als pockenfrei. Maria Theresia hätte sich über diese Zeitungsnachricht mit Sicherheit gefreut. Und die Welt, in die ich mein Töchterchen zu Anfang des Buches entlassen habe, ist seither – zumindest ein bisschen – weniger gefährlich geworden.

Es dauert noch eine ganze Weile, bis auf Jenners Impfung weitere folgen. Gegen Ende des 19. Jahrhunderts bekommt die Forschung daran einen großen Aufschwung, nachdem unter anderem durch die Arbeit von Louis Pasteur und Robert Koch Mikroben als Krankheitserreger in den Fokus rücken. Mit diesem Wissen werden nach und nach Impfungen gegen weitere ansteckende Krankheiten entwickelt, die Mechanismen dahinter bleiben allerdings noch lange unverstanden.

Es gibt zwei prinzipiell unterschiedliche Arten der Immunisierung. Zum einen ist es die passive Immunisierung: hier werden nur die Antikörper – und zwar die Immunglobuline G –, die vor der Krankheit schützen und die zuvor von einem tierischen oder menschlichen Organismus gebildet worden sind, der mit dem Erreger in Kontakt gekommen ist, übertragen. Diesen Mechanismus haben wir schon kennengelernt: durch die Antikörper in der Muttermilch gewährt unsere Mama uns den „Nestschutz" in unseren ersten Lebensmonaten, der uns vor jenen Krankheiten schützt, die sie schon durchgemacht hat oder gegen die sie geimpft ist.

https://doi.org/10.1515/9783111611143-025

Wir wissen auch schon, dass Emil Behring 1901 den allerersten Nobelpreis für Medizin für die Entwicklung der ersten passiven Immunisierung, und zwar jene gegen Diphtherie, erhalten hatte. Es hatte seinerzeit vielen Kindern das Leben gerettet. Sein später entwickeltes Tetanusheilserum – ein passiver Impfstoff, der Antikörper gegen das Tetanustoxin enthält – konnte später, im Ersten Weltkrieg, auch viele Soldaten vor dem sicheren Tod bewahren.

Heute werden passive Impfstoffe nur noch angewandt, wenn ein Mensch mit einem gefährlichen Erreger in Kontakt gekommen und nicht bekannt ist, ob er zuvor durch eine durchgemachte Krankheit oder eine aktive Immunisierung dagegen geschützt ist. Beispiele dafür sind die Tollwut- oder die passive Tetanus-Impfung. Im Gegensatz zur aktiven Immunisierung ist man dadurch sofort geschützt, andererseits hält der Schutz nur für kurze Zeit – etwa drei bis sechs Monate – an.

Anders bei der aktiven Immunisierung. Hier verabreicht man abgetötete oder abgeschwächte Erreger oder auch nur Erregerteile mit dem Ziel, eine spezifische Immunantwort herbeizuführen, wie wir sie im Verlauf des Buches schon mehrfach beschrieben haben. Es ist also eine Art Täuschungsmanöver: unsere Millionen von Immunzellen sollen, ohne dass eine echte Gefahr droht, zu all jenen Maßnahmen angeregt werden, die sie bei einem echten Krieg ergreifen. Das machen Militärs im äußeren Krieg auch: Die Soldatinnen und Soldaten einer Armee halten sich durch Militärübungen einsatzfähig und üben in ihren Manövern den Ernstfall eines Krieges. All den unterschiedlichen Immunzellen, den beteiligten Zytokinen und der Komplementkaskade einen echten feindlichen Angriff vorzugaukeln, erweist sich in vielen Fällen schwieriger als gedacht.

Auch die neueren Verfahren, die aktuell in der Corona-Pandemie zur Herstellung von Impfstoffen angewandt werden und wurden – die mRNA und Vektorimpfstoffe – gehören zu dieser Gruppe. Bei den ersteren wird das Erbgut, also der Bauplan für die Herstellung eines Antigens in den Körper eingeführt, so dass dieses vom Körper selbst gebildet wird und eine Immunreaktion auslöst. Bei den Vektorimpfstoffen werden harmlose Viren – sie fungieren hier als die Vektoren (aus dem lateinischen Begriff „vector" für Träger, Fahrer) – in den Körper eingeschleust, die in ihrem Bauplan das Erbgut für die Herstellung der Antigene enthalten, gegen die sich die Immunantwort aufbauen soll.

Um über die aktive Immunisierung einen ausreichenden Impfschutz aufzubauen, werden in der Regel mehrere Teilimpfungen benötigt. Bei einigen hält der Schutz lebenslänglich an, bei anderen müssen diese „aufgefrischt" werden. Diese erneuten Impfungen dienen sozusagen der Erinnerung an den Kontakt mit dem Feind, der den Immunzellen nicht in Vergessenheit geraten soll. Während also die meisten durchgemachten Krankheiten in der Regel durch einen einzigen Kontakt zu Immunität führen, ist das bei den meisten Impfungen nicht der Fall. Man muss die Krankheit dafür aber auch – und möglichst unbeschadet – überleben.

Es gibt noch einen wichtigen Knackpunkt bei dem Täuschungsmanöver: Nicht jedes Immunsystem reagiert darauf in gleicher Weise. Bei manchen funktioniert es gar nicht und sie bauen keinerlei Schutz gegen die Krankheit auf. Da waren wohl irgendwelche Geheimagenten oder andere schlauen Zellen im Spiel, die den Trick durchschaut haben, mit dem wir sie hintergehen wollten. Andere reagieren zu stark und werden schwer krank. Auch allergische Reaktionen, wie wir sie aus dem vorherigen Kapitel kennen, sind auf Impfstoffe möglich. Wir dürfen niemals vergessen: Es ist nicht die Impfung, die uns vor einer Krankheit schützt, sondern die wunderbar geniale Reaktion unseres Immunsystems darauf. Deswegen wird die Verabreichung fast aller Impfungen in den ersten 2 Lebensjahren – also innerhalb unserer ersten 1000 Tage empfohlen –, in denen unser Immunsystem noch extrem plastisch ist.

Eines der größten Geheimnisse von Impfungen führte zu einem der spektakulärsten Durchbrüche in der Immunologie: 1989 brütete der Amerikaner Charles Janeway über dem Rätsel, warum man mit Impfstoffen nur dann eine ausreichende Immunreaktion herbeiführen konnte, wenn man ihnen sogenannte „Adjuvantien" – vom lateinischen Wort „adiuvare", helfen – hinzufügte, zum Beispiel Aliminiumhydroxid. Er stellte die Vermutung auf, dass eine Immunreaktion durch besondere Mustererkennungsrezeptoren an der Oberfläche von Zellen in Gang gesetzt wird, die nicht ein spezifisches Antigen, sondern vorerst nur Strukturen erkennen können, die bei vielen unterschiedlichen Erregern vorkommen. Seine Vermutung sollte sich als richtig herausstellen, und inzwischen hat man nicht nur vielfältige solcher Rezeptoren, zum Beispiel die uns schon bekannten Toll-like-Rezeptoren identifizieren können, man hat die Beteiligung unseres angeborenen Immunsystems näher kennengelernt, das lange vor der Aktivierung der erworbenen Abwehr – die sich erst bei Wirbeltieren entwickelt hat – auf Feinde reagiert und in den allermeisten Fällen sogar ohne das Zutun der zweiten Abwehrlinie auskommt. Die Adjuvantien werden demnach dafür benötigt, um das erste Signal zu setzen, das die spezifische Immunreaktion in Gang setzt. Nach wie vor arbeitet man daran, diese Mechanismen besser zu verstehen und für eingesetzte Impfstoffe die geeignetsten und am besten verträglichen Adjuvantien zu entwickeln.

Mir ist bewusst, dass dieser kurze Exkurs in das Thema der Immunisierung nicht alle Fragen von Eltern beantworten kann, die dazu aufkommen. Außerdem haben wir auch gesehen, dass nicht einmal die Forschenden immer wissen, wie alles funktioniert und dass viele Erkenntnisse auf faszinierenden Umwegen zustande kommen. Ich bin trotzdem überzeugt, dass – wie schon früher erwähnt – das Verständnis um die Funktionsweise des Immunsystems jedem einzelnen von uns an die Hand gegeben werden sollte, damit wir für unsere Gesundheit und jene unserer Kinder sorgen können. Meine eigene Erfahrung hat mich allerdings auch gelehrt, dass ein Kinderarzt, dem man vollkommen vertraut, eine unglaublich wertvolle Unterstützung in den ersten Jahren mit den Kindern ist, besonders wenn man zum ersten Mal Vater oder Mutter wird.

Wie wichtig diese Unterstützung bei einem anderen Thema ist, mit dem Eltern und Kinderärzte und eigentlich alle Menschen konfrontiert sind, darum geht es im nächsten Kapitel.

14 Segen und Fluch von Antibiotika

Als Geburtsstunde des Antibiotikums gilt der 3. September 1928, jener folgenreiche Tag, an dem Alexander Fleming nach seinem Sommerurlaub wieder in seinem kleinen Labor im Londoner St-Mary's Hospital zurück ist und beobachtet, wie in der nächsten Umgebung eines zufällig in eine seiner Petrischalen verirrten Schimmelpilzes Bakterien zerstört worden waren.

Bis aus dieser Beobachtung heraus das erste Menschenleben durch den Einsatz eines Antibiotikums gerettet werden kann, vergehen noch 14 Jahre. Alexander Fleming wird dafür in der ganzen Welt wie ein Star gefeiert. Spannend ist, dass Almroth Wright, der Leiter des Labors und einer der ersten Immunologen jener Zeit, bis zu seinem Lebensende daran festhalten wird, dass die Zukunft der Medizin nicht in der Chemo- und Pharmakotherapie liegen wird – also der Therapie mit chemischen Substanzen – sondern in der Immuntherapie – einer Therapie, die auf unser Immunsystem Einfluss nimmt. Wie wir gesehen haben, wird dieser Weg in der Behandlung von Krebs aktuell intensiv erforscht, bei einigen Krebsformen bereits mit Erfolg.

Doch kehren wir zu den Antibiotika zurück. Viele Krankheiten, die zuvor als unbesiegbar galten und Millionen von Menschen das Leben gekostet hatten, können nun geheilt werden. Pest, Syphilis, Tuberkulose, Typhus, Wundbrand: bei diesen Worten kräuselten sich noch unseren Großeltern und Urgroßeltern die Nackenhaare und sie hatten oft nahe Angehörige und eigene Kinder daran verloren.

Man führt den Rückgang der Kindersterblichkeit in den Industrienationen zwar auch auf andere Faktoren, wie zum Beispiel den wachsenden Wohlstand oder auf beratende, soziale und hygienische Maßnahmen zurück, doch die Verfügbarkeit von Impfstoffen und Antibiotika hat dabei unbestritten eine große Rolle gespielt. Zwischen 1970 und 2004 sank die Kindersterblichkeit in den Industrieländern von 27 von tausend auf 6 von tausend Kindern, das ist ein Rückgang von 78 Prozent. Diese Zahlen, die mich als Mutter von zwei Kindern besonders beeindrucken, kennen wir schon: Vor 100 Jahren starb weltweit jedes dritte Kind vor seinem fünften Geburtstag, vor 50 Jahren jedes siebte, vor 25 Jahren jedes zwölfte, heute ist es trotz allem noch jedes sechsundzwanzigste. In den Industriestaaten ist es sogar nur jedes zweihundertste.

Nach dem Penicillin werden noch weitere Substanzen entdeckt, die gegen krankheitsverursachende Bakterien wirksam sind und nach und nach werden diese Medikamente auch für immer mehr Menschen weltweit verfügbar und erschwinglich.

Man fängt auch an, sie in der Tiermedizin einzusetzen, besonders in der Massentierhaltung, wo eine Infektionskrankheit ja sehr schnell auf die anderen Tiere übergreifen kann. Mit Erstaunen stellt man dabei fest, dass Tiere, die mit Antibiotika behandelt werden, schneller an Gewicht zunehmen. In einer Wirtschaft, in der der Hauptfokus auf dem Gewinn liegt, ist das eine große Freude für die Unternehmer, die dazu übergehen, die Tiere mit den Wundermitteln zu füttern.

Warum man mit Antibiotika Tiere mästen kann, ist bis heute nicht vollständig geklärt. Man weiß ja wie schon erwähnt, dass sich die Zusammensetzung des Mikro-

https://doi.org/10.1515/9783111611143-026

bioms auch bei uns Menschen darauf auswirkt, wie viel Energie aus der gleichen Nahrung gewonnen werden kann. Ganz genau versteht man diese Mechanismen bislang nicht und die Forschung daran bleibt spannend.

Das Mästen von Tieren mittels Antibiotika in der Tierhaltung ist inzwischen größtenteils verboten und die Menge der eingesetzten Mittel nimmt kontinuierlich ab. Sie bleibt trotz allem problematisch und es gibt diesbezüglich noch Handlungsbedarf. Das Hauptproblem dabei: die Bakterien entwickeln sogenannte Resistenzen gegen die Substanzen, die sie töten oder mindestens an der Fortpflanzung hindern sollen. Das geschieht auf natürliche Weise, und diese Widerstandsfähigkeit gegen die Antibiotika geben sie an andere Bakterien weiter.

Die Verbreitung von resistenten Keimen unterscheidet sich je nach Gebiet sehr deutlich. Zum Beispiel liegt sie in Süd- und Mitteleuropa – etwa in Spanien, Italien oder Rumänien – zum Teil schon bei über 50 Prozent, hierzulande, in Holland oder Skandinavien bei deutlich unter 10 Prozent. In anderen Gebieten der Welt fehlen dazu oftmals zuverlässige Daten, allein schon dadurch, dass es dort weniger Labore und Diagnosemittel gibt.

Auch Ärzte und Patienten tragen zu dem Phänomen bei, zum Beispiel, weil sie Antibiotika auch bei Krankheiten einsetzen, bei denen sie nicht wirken, etwa bei Virusinfektionen. Auch eine zu geringe Dosis oder eine zu kurze Einnahmedauer erhöhen das Risiko dafür, dass die Bakterien neue Mechanismen entwickeln, um sich vor den Substanzen zu retten. Mancherorts sind Antibiotika sogar frei verkäuflich, oder sie werden von einfallsreichen Geschäftsleuten verdünnt, um mehr Profit zu erzielen. In China und Indien, wo viele dieser Substanzen hergestellt werden, sind Rückstände in die Gewässer gelangt, was die Gefahr für die Entwicklung von Resistenzen ebenfalls erhöht.

Eine 2022 in „The Lancet" veröffentlichte Studie bringt alarmierende Tatsachen zutage: Demnach starben 2019 1,2 Millionen Menschen unmittelbar an einer Infektion mit antibiotikaresistenten Erregern, bei fast fünf Millionen Menschen waren diese immerhin noch für den Tod mitverantwortlich. Die Forscher hatten Daten aus 204 Ländern und Regionen, 23 verschiedenen pathogenen Bakterienarten und 88 Kombinationen von Bakterien und Antibiotika untersucht. Besonders häufig traten die Probleme mit den Resistenzen bei Lungenentzündungen auf, die allein 400.000 Todesfälle verursacht hatten. Die Keimspezies, die am häufigsten Probleme mit Resistenzen zeigten, waren Escherichia coli, Staphylococcus aureus, Klebsiella pneumoniae und Streptococcus pneumoniae. Der gefürchtete Krankenhauskeim MRSA – Methicillin-resistenter Staphylococcus aureus – führte zu etwa 100.000 Todesfällen. Ein Projekt, das „Hospital Microbiome Project", das 2012 bis 2014 den Bau eines Krankenhauspavillons der University of Chicago begleitete, sollte herausfinden, welche Faktoren die Entwicklung von Bakterienpopulationen im Gesundheitswesen beeinflussen und wie man die Ausbreitung von Krankenhauskeimen verhindern kann. Doch auf viele Fragen gibt es bis heute keine eindeutigen Antworten.

Eine mögliche Lösung wäre die Entwicklung neuer Mittel, doch die Forschung daran steckt fest, nicht zuletzt, weil die Kosten dafür sehr hoch sind, die Medikamente, die daraus entwickelt werden, hingegen ja möglichst wenig eingesetzt werden sollen, was den Gewinn daran verringert.

Auch ein weiterer Ansatz erscheint vielversprechend: der Einsatz von Bakteriophagen – das sind bakterienfressende Viren. Das Georgi-Eliava-Institut in Tiflis, Georgien, befasst sich bereits seit den 1930er Jahren mit der Erforschung und dem therapeutischen Einsatz von Phagen gegen Infektionen mit pathogenen Bakterien. Das Problem: man muss zuerst ganz genau wissen, welches Bakterium verantwortlich ist und dann auch noch den passenden Phagen dagegen finden. Für das, was unser Immunsystem innerhalb von ein paar Tagen bewerkstelligt: die genau passende Spezialwaffe (den Antikörper) gegen den angreifenden Feind herzustellen und in großen Mengen auf ihn loszulassen, braucht man oft deutlich länger und manchmal kommt das Mittel zu spät. All das ist weit aufwendiger und teurer als ein herkömmliches Antibiotikum. Doch mit dem Einsatz des Antibiotikums, das nicht so spezifisch auf den Keim abgestimmt ist, nimmt man auch Kollateralschäden in Kauf. Denn das Antibiotikum tötet ja nicht nur die gefährlichen Keime, sondern auch jene, die mit und in uns leben und uns in vielerlei Hinsicht beeinflussen.

Wir sind am Anfang des Buches bereits auf jene Faktoren eingegangen, die sich in den ersten 1000 Tagen unseres Lebens auf die Entwicklung unseres Mikrobioms und daher auch unseres Immunsystems auswirken. Die Einnahme von Antibiotika während dieser Zeit hat erwiesenermaßen einen negativen Einfluss und sollte möglichst vermieden werden. Das gilt also für die werdende Mutter und für das Baby in der Zeit vor dem zweiten Lebensjahr. Das geht natürlich nur, wenn der Arzt oder die Ärztin es vertreten können. Sollte eine stillende Mutter die Einnahme eines Antibiotikums benötigen, sollte sie trotzdem weiterstillen, da die Vorteile der Muttermilch – unter anderem die HMO (Human Milk Oligosaccharides), Bakterien und Immunzellen – die Nachteile überwiegen.

Auch später im Leben wirkt sich die Einnahme von Antibiotika auf unsere Mitbewohner, besonders auf jene in unserem Darm, aus. Viele von uns merken das zum Beispiel auch, weil sie Durchfall bekommen. Bei Frauen kann durch die Dezimierung der schützenden Lactobazillen, die das saure Milieu aufrechterhalten, ein Scheidenpilz auftreten. In der Regel kehrt das Mikrobiom nach dem Absetzen des Medikaments ziemlich schnell wieder in seinen ursprünglichen Zustand zurück. Wie wir schon früher sehen konnten, ist unser körpereigenes Ökosystem umso stabiler, je artenreicher es ist. Eine Dysbiose im Darm, die durch die Gabe eines Antibiotikums auftritt, kann sich also unter normalen Umständen in nur kurzer Zeit wieder in eine Eubiose verwandeln. Ist das Mikrobiom zuvor allerdings schon weniger stabil oder gar dysbiotisch, kann das Ungleichgewicht noch lange bestehen und Beschwerden verursachen.

Um dieser durch Antibiotika verursachten Dysbiose vorzubeugen oder sie zu behandeln, werden wie bereits beschrieben Pro- und Präbiotika eingesetzt, wobei hier noch wenig aussagekräftige Evidenz vorliegt. Das ist auch nicht verwunderlich: wir unterscheiden uns zu 80 bis 90 Prozent in unserem Mikrobiom, sowohl in unserem eubiotischen, als auch in unserem dysbiotischen. Hier wird man in Zukunft vielleicht für jeden einzelnen Menschen und seine Dysbiose einen geeigneten Cocktail aus vielen kleinen Wesen herstellen und zur Heilung beitragen können. Bis dahin gilt: eine möglichst vielfältige Ernährung mit viel Gemüse und Obst, damit unsere guten Freunde, die in uns wohnen, genug zu essen bekommen und der Artenreichtum erhalten bleibt. Und natürliche Probiotika wie zum Beispiel Sauerkraut, gegorene Milchprodukte oder Kimchi. Wir sind wieder bei der Ernährungsberatung angekommen.

Wenn Sie, liebe Leserin und lieber Leser, das Buch bis hierher gelesen haben, wissen Sie schon einiges über das, was Ihr Körper samt der darauf und darin lebenden Mikroben tagtäglich für Ihr Überleben leistet, und das alles ist schon beeindruckend genug! Wenn Sie jetzt weiterlesen, tauchen Sie in ein ganz neues Abenteuer ein. Lassen Sie uns nun gemeinsam erforschen, wie unsere Gedanken und Gefühle unser Immunsystem beeinflussen, und wie diese Interaktion nicht nur in eine, sondern – wie sollte es anders sein – in beide Richtungen geht.

15 Psyche und Immunsystem

Legen Sie dieses Buch kurz beiseite und spüren Sie in sich hinein. Wie fühlen Sie sich gerade? Die Antwort wird unterschiedlich ausfallen, je nachdem, wann und was Sie zuletzt gegessen haben, ob Sie irgendwo in Ihrem Körper Schmerzen empfinden, oder ob Sie den Text, den Sie gerade lesen, spannend oder langweilig finden. Es gibt sicher unendlich viele Möglichkeiten. Doch wo und wie entstehen Ihre Gedanken und Ihre Gefühle? Und wie genau stehen sie mit Ihrem Körper in Verbindung?

Diese Frage beschäftigt die Menschen schon seit Urzeiten. Von der Antike bis ins 18. Jahrhundert hinein beherrschte die sogenannte Humorallehre die Medizin. Sie besagte, dass vier „Leibessäfte" (lateinisch: „humores") in Abhängigkeit von deren Mischung die körperliche Verfassung und den Gesundheitszustand eines Menschen bestimmen. Diese vier Säfte sind Gelbe Galle (cholera), Schwarze Galle (melancholia), Blut (sanguis) und Schleim (phlegma). Die Charaktermerkmale cholerisch, melancholisch, sanguinisch und phlegmatisch sind im Sprachgebrauch erhalten geblieben, die Vier-Säftelehre wurde durch die neuen Erkenntnisse vieler Wissenschaftsbereiche nach und nach abgelöst.

Interessanterweise hatte die Säftelehre im Mittelalter einen großen Einfluss auf die Esskultur und man erwartete von erfahrenen Köchen, dass sie die Zutaten so kombinieren, dass die Körpersäfte wieder in Einklang gebracht werden. Dieses Thema ist seit der Erforschung des Mikrobioms wieder sehr aktuell und man gewinnt immer mehr Erkenntnisse darüber, wie sich die Ernährung auf unsere Stimmung und unsere Gefühle auswirkt. Auch in der ayurvedischen Lehre sind noch viele Elemente der alten Säftelehre präsent und der Zusammenhang zwischen Körper und Psyche ist darin allgegenwärtig.

Eine wichtige Wende in der Medizin ereignete sich, als die Anatomen anfingen, gegen den Widerstand der Kirche Obduktionen an Verstorbenen durchzuführen. Man kann heute noch im Palazzo del Bo in Padua, der zweitältesten Universität Europas, das perfekt erhaltene „Teatro Anatomico" (Anatomische Theater) besichtigen, es wurde 1594 erbaut. Ich war in diesem Jahr selbst dort und habe mir die alten Plätze angesehen, um die herum heute noch die jungen Studentinnen und Studenten ihrem Studium nachgehen.

Der kleine ovale Raum, in dem der Seziertisch steht, ist von sechs Runden aus geschnitzten Walnussschachteln umgeben, auf denen die bis zu 500 Studierenden saßen und die Zerlegung der Leiche beobachteten. Die hier angebrachte lateinische Inschrift „Hic locus est ubi mors gaudet succurrere vitae" bedeutet: „Das ist der Ort, wo der Tod glücklich ist, das Leben zu retten". Der erste Professor für Anatomie an der Universität war der uns schon bekannte Girolamo Fabrizio, nach dem die Bursa fabricii, dem von ihm bei Vögeln beschriebenen lymphatischen Organ, benannt ist. Gerüchten zufolge war unter dem Anatomischen Theater eine Falltür, so dass man die Leiche bei unerwünschtem Besuch verschwinden lassen und mit einem Tierkörper ersetzen konnte.

https://doi.org/10.1515/9783111611143-027

Die vier Temperamente nach Johann Caspar Lavater 1775.
Quelle: https://en.wikipedia.org/wiki/Four_temperaments#/media/File:Lavater1792.jpg

Das Beschreiben und Beobachten von Veränderungen im menschlichen Körper wird zum Mittelpunkt der medizinischen Forschung. Nach und nach versteht man die Funktionsweise vieler Organe und Strukturen. Mit der Erfindung des Mikroskops im 17. Jahrhundert kann man diese nun auch im Detail erforschen und Robert Hooke gibt den kleinsten Bausteinen des Lebens ihren Namen: „Zellen". Krankhafte Veränderungen innerhalb des Körpers werden mit durchgemachten Erkrankungen in Zusammenhang gebracht und als „pathologisch" definiert. Im 19. Jahrhundert entdeckt man schließlich den Zusammenhang zwischen winzig kleinen Wesen – Mikroben –, die in den menschlichen (oder tierischen) Körper eindringen und Infektionskrankheiten, die sie verursachen. Es entstehen immer neue Wissenschaftsbereiche, denn das Wissen um all das Entdeckte wird immer komplexer. Über den Ort und die Art der Entstehung von Gedanken und Gefühlen rätselt man aber noch lange weiter.

Lassen Sie uns wieder auf die Reise gehen und tauchen wir diesmal in von uns bisher noch nicht erforschte Körperregionen ein: in unser Gehirn und das Rückenmark – man nennt es auch das zentrale Nervensystem – und jenes Nervengewebe, das unseren ganzen Körper durchzieht, das periphere Nervensystem. Die kleinsten

Bausteine dieser Gewebe sind ebenfalls Zellen, und zwar Nervenzellen, sogenannte Neuronen. Allein in unserem Gehirn gibt es 100 Milliarden dieser Neuronen, also in etwa so viele wie es Sterne in unserer Milchstraße gibt. Aus einem Nervenzellkörper entspringen zum einen feine Ausläufer, sogenannte Dendriten, die Signale von anderen Nervenzellen empfangen. Zum anderen ein besonders langer und großer Fortsatz, das Axon. Ein Axon ist bei uns Säugetieren etwa 0,5 bis 10 Mikrometer dick, kann aber eine Länge von wenigen Mikrometern bis zu einem Meter haben. An seinem Ende verzweigt sich das Axon baumartig und diese Verzweigungen enden in sogenannten Endknöpfchen. Diese liegen nahe an den Dendriten der nächsten Nervenzelle, dazwischen befindet sich der synaptische Spalt oder die Synapse. Pro Nervenzelle gibt es 10.000 Synapsen, in unserem Gehirn also etwa 1 Billiarde! Die Forscher vermuteten schon im 16. Jahrhundert, dass Wahrnehmungen, Gefühle und Gedanken über diese Nervenbahnen transportiert werden. Die Frage war nur, wie?

Erst durch die Entdeckung der Elektrizität im 17. Jahrhundert kommt man dem Geheimnis nach und nach auf die Spur. 1789 beschreibt Luigi Galvani das Phänomen als Erster: Es sind weder Flüssigkeiten noch Gase, die den Transport ermöglichen, sondern elektrische Ströme. Diese Ströme fließen entlang der Axone und Dendriten und werden in dem etwa 20 bis 30 Nanometer breiten synaptischen Spalt – das ist etwa 3000 Mal kleiner als der Durchmesser eines Haares – durch chemische Substanzen, sogenannte Neurotransmitter, an die nächste Nervenzelle weitergegeben. Unsere Gedanken und Gefühle werden also aus einem Mix aus elektrischer und chemischer Übertragung durch unseren Körper geschickt.

Umgeben werden die Neuronen von sogenannten Gliazellen – den Namen gab ihnen Rudolph Virchow 1856, weil er in ihnen eine Art „Nervenkitt" oder „Leim" (Glia) sah. Etwa die Hälfte der Zellen in unserem Gehirn sind Gliazellen. Es gibt viele verschiedene Arten davon, die unterschiedliche Aufgaben erfüllen. Da gibt es zum Beispiel die Astrozyten – sternförmige Gliazellen –, die die Neuronen mit Energie versorgen, den lokalen Blutfluss um sie herum regulieren oder Abfallprodukte abtransportieren. Die Oligodendrozyten, die die Isolierschicht aus Myelin um die elektrischen Nervenbahnen bilden, ähnlich wie ein elektrisches Kabel mit Gummi oder Plastik ummantelt werden muss, damit es keine Kurzschlüsse gibt. Durch die besondere Gestaltung dieser Ummantelung mit sehr wirkungsvollen Einschnürungen (sogenannten Ranvierschen Schnürringen) können Nervenbahnen eine Leitungsgeschwindigkeit von 200 Metern pro Sekunde erreichen – das entspricht 720 Kilometern pro Stunde, also etwa der Geschwindigkeit eines Düsenflugzeugs! Schließlich gibt es da auch noch die Mikrogliazellen, die schon am Anfang des Buches beschriebenen ortsständigen Makrophagen unseres Gehirns, die mit ihren dünnen Tentakeln, ganz feinen Ausläufern, ihre Umgebung inspizieren. Im gesunden Gehirn gibt es sie zu Hunderttausenden und sie durchforsten es unaufhörlich nach Angreifern. Man schätzt, dass sie es schaffen, dieses alle paar Stunden komplett zu durchkämmen und so die sich am schnellsten bewegende Struktur in unserem Gehirn darstellen.

Hier möchte ich noch auf ein Phänomen eingehen, bei dem die Mikrogliazellen scheinbar eine bedeutende Rolle spielen: neuere Studien konnten zeigen, dass eine Grippeimpfung gegen die Entwicklung von Demenz schützen könnte. Wie bei ihrer Wirkung bei der Vorbeugung von Herzinfarkten, die wir früher beschrieben haben, ist der Mechanismus dahinter noch nicht vollständig geklärt. Möglicherweise geschieht dies über das Training des Immunsystems unseres Gehirns.

Bis in das jetzige Jahrtausend hinein hatten Forscher die Gliazellen wie Virchow als „Kitt" betrachtet und ihnen wenig Aufmerksamkeit geschenkt. Inzwischen weiß man, dass sie im Orchester unserer Gedanken und Gefühle mitspielen und die Botschaften beeinflussen, die über die Synapsen weitergeleitet werden.

Sehr interessant sind auch die Vorgänge, die während unserer Gehirnentwicklung ablaufen. Schon bei unserer Geburt sind alle unsere etwa 100 Milliarden Nervenzellen und ein grobes Gerüst an Verknüpfungen vorhanden, in den ersten etwa sechs Lebensjahren entwickelt sich das Gehirn sehr rasant und bildet ein immer komplexeres Netzwerk aus.

Einer der wichtigsten Vorgänge ist die Myelinisierung – das ist die Ausbildung der Isolierschicht um die Nervenbahnen herum, die Myelinscheide – und sie erfolgt mit Hilfe der Oligodendrozyten. Diese Gliazellen wickeln Teile ihrer selbst, die aus Myelin bestehen, um die Axone der Nervenzellen ummantelnd herum. Myelin ist eine Substanz, die zu 70 Prozent aus Fetten besteht und daher weiß aussieht, deshalb heißt der myelinisierte Bereich unseres Gehirns auch „weiße Substanz". Die weiter oberflächlich liegende „graue Substanz" ist nicht myelinisiert und besteht vorwiegend aus den Nervenzellkörpern. Die Myelinisierung fängt bereits im zweiten Schwangerschaftsdrittel an und erreicht im Alter von acht Monaten ihren Höhepunkt. Wie schon erwähnt erhöht diese Ummantelung die Geschwindigkeit der Übertragung von elektrischen Impulsen um ein Vielfaches.

Eigentlich kann man unser Gehirn wie eine Dauerbaustelle ansehen: wir bilden fortlaufend neue Verschaltungen zwischen unseren 100 Milliarden Nervenzellen aus und verstärken diese, indem wir die Zahl und die Art der Rezeptoren für die Neurotransmitter an unseren synaptischen Spalten verändern. Bestimmte Bahnen werden auf diese Weise verstärkt, andere Bahnen werden so gut wie nie verwendet oder manchmal auch wieder abgebaut. Diese Prozesse sind der Ursprung dessen, was wir als „Lernen" bezeichnen, so kommt aber natürlich auch das Vergessen – oder Verlernen – zustande. Ganz faszinierend: unser Erinnerungsvermögen nimmt mit der Entwicklung unseres Gehirns deutlich zu. Mit sechs Monaten können wir uns an die letzten etwa 24 Stunden erinnern, mit neun Monaten schon an einen Monat! Das hat auch zur Folge, dass wir an unsere ersten Lebensjahre wenig bis keine Erinnerung haben.

Auch für die Entwicklung unseres Gehirns sind – wie für die unseres Immunsystems und unseres Mikrobioms – die ersten tausend Tage eines Menschenlebens, also jene von der Empfängnis bis zum zweiten Geburtstag, von herausragender Bedeutung. Man weiß heute, dass die Umgebung, in der ein Kind heranwächst und die Art der Fürsorge, die ihm in dieser allerersten Zeit zukommt, die Anzahl der Synapsen, die in seinem Gehirn ausgebildet werden, um bis zu 25 Prozent zahlreicher machen oder auch verringern kann. Zudem braucht das Gehirn in dieser Zeit unglaublich viel Energie: bei einem Neugeborenen nimmt es etwa 97 Prozent der gesamten Energie in Anspruch, bei einem vierjährigen Kind nur noch 44 Prozent. Eine Mangelernährung in dieser Zeit hat also fatale Folgen für das gesamte weitere Leben.

In dieser Zeit brauchen Kinder aber nicht nur Nahrung, sondern auch verlässliche, fürsorgliche Bezugspersonen, die ihre Bedürfnisse erkennen und adäquat darauf reagieren. Zudem möglichst viel positive Anregung, damit sich die vielen Netzwerke in ihrem Gehirn entwickeln können. Jede Hilfe, die den Kindern und ihren Eltern in dieser frühen Phase zuteilwird, wirkt sich auf eine gesunde Entwicklung viel nachhaltiger aus, als die vielen oftmals teuren und aufwendigen späteren Interventionen. Auch hier rufen Fachleute aus aller Welt dazu auf, dass das Augenmerk mehr auf diese Zeit gerichtet werden sollte, da sie ungeheure Auswirkungen auf unsere Zukunft hat. Wenn wir heute damit anfangen würden, hätten wir in 15 Jahren eine gesündere und friedlichere Gesellschaft.

In den letzten Jahrzehnten haben die Neurowissenschaften einen wahren Boom erlebt und das Wissen darüber kann in vielen wunderbaren Büchern vertieft werden, ein paar davon erwähne ich im Anhang. Hier soll es jetzt aber um die Zusammenhänge zwischen unserer Psyche und unserem Immunsystem gehen, einem Thema, mit dem sich die Psychoneuroimmunologie beschäftigt. Der Begriff wurde 1980 von Robert Ader bei einem Vortrag vor der Amerikanischen Psychosomatischen Gesellschaft (American Psychosomatic Society) geprägt und bringt seither die medizinischen Disziplinen, die sich einerseits mit dem Körper und andererseits mit der Psyche beschäftigen, von Tag zu Tag näher. Und, wie es schon die Medizin des Mittelalters vorhergesehen hatte, spielen Säfte und ihre Inhaltsstoffe hier eine bedeutende Rolle. Die ab dem 18. Jahrhundert aufgebaute Trennlinie zwischen jenen Ärzten, die sich der Heilung des Körpers widmen, und jenen, die sich mit der der Psyche beschäftigen, verschwimmt zusehends.

Wie man nämlich mehr und mehr herausfindet, werden unsere Gedanken und Gefühle durch viele Hormone, Transmitter, Zytokine und Interleukine beeinflusst, stehen also mit den Vorgängen in unserem Immunsystem und unserem Mikrobiom, die wir in den vorherigen Kapiteln dieses Buches kennengelernt haben, in enger Verbindung.

Legen Sie dieses Buch noch einmal beiseite und erinnern Sie sich ganz intensiv an eine besonders stressige Begebenheit in Ihrem Leben. Vielleicht an eine besonders schwere Prüfung, oder an ein Vorstellungsgespräch. Abhängig von den Erfahrungen, die Sie in den Nervenzellnetzwerken innerhalb Ihrer 100 Milliarden Nervenzellen abgespeichert haben, wird die Reaktion Ihres Körpers unterschiedlich ausgefallen sein.

Es gibt allerdings ein paar Gemeinsamkeiten, wie diese sogenannte biologische Stress-reaktion aussieht.

Als „Vater der Stressforschung" gilt der österreich-ungarisch / kanadische Medizi-ner, Biochemiker und Hormonforscher Hans Selye. Das Wort „Stress", das wir in der heutigen Welt so oft verwenden, gab es vor hundert Jahren noch nicht. 1936 prägte Hans Selye den Begriff, um die „unspezifische Reaktion des Körpers auf jegliche An-forderung" zu beschreiben und entlehnte ihn aus der Werkstoffkunde, wo er die Veränderung eines Werkstoffs durch eine äußere Krafteinwirkung bezeichnet. Hans Selye schenkte der Welt nicht nur das Wort, er schrieb auch mehr als 1700 Arbeiten und 39 Bücher über das Thema „Stress".

Wenn Ihr Körper – aufgrund von früheren, in seinen Nervenzellnetzwerken ge-speicherten Erfahrungen – eine Situation als gefährlich ansieht, kommen verschiede-ne Mechanismen in Gang. In einer bestimmten Gehirnregion, dem Mandelkern oder der Amygdala, wird mittels des Nervenbotenstoffs Glutamat in einer anderen Region, und zwar dem Hypothalamus, die Produktion eines Hormons in Gang gesetzt, des CRH oder Corticotropin-Releasing Hormons. Aus dem Hypothalamus gelangt das CRH in ein nahegelegenes Gebiet, und zwar in die Hypophyse oder Hirnanhangsdrüse, und diese setzt daraufhin ACTH oder Adrenocorticotropes Hormon frei, das in den Blutkreislauf ausgeschüttet wird. Über die Blutbahn gelangt das ACTH in die Neben-nieren, das sind zwei etwa bohnengroße Drüsen, die auf den beiden oberen Polen Ihrer Nieren sitzen. Unter dem Einfluss dieses Hormons beginnen Ihre Nebennieren, Cortisol auszuschütten. Dieses Hormon, eines der wichtigsten Stresshormone, hat viel-fältige Wirkungen auf Ihren Körper. Unter anderem erhöht es Ihren Blutdruck, be-schleunigt den Herzschlag und die Atemfrequenz und erhöht den Blutzuckerspiegel. Und es wirkt auf Ihr Immunsystem. Diese Hypothalamus-Hypophysen-Nebennieren-Achse (HPA-Achse) wird auch als Stressachse bezeichnet. Es gibt noch einen weiteren Mechanismus, der bei einer wahrgenommenen Gefahr im Hirnstamm ausgelöst wird, der zur Freisetzung von Adrenalin und Noradrenalin führt und Herz und Kreislauf in Alarmbereitschaft versetzt.

Die Auswirkung dieses Mixes aus elektrischen und chemischen Nachrichten spü-ren Sie innerhalb von wenigen Minuten. Das macht in einer gefährlichen Situation ja auch Sinn: Ihr Körper ist nun bereit zum Kampf oder zur Flucht. Sie fühlen Unruhe und Angst, manchmal kommen Sie sogar ins Schwitzen, man spricht auch von „Angst-schweiß". Sie haben Herzklopfen, manche Menschen bekommen rote Flecken am Hals oder im Gesicht. Die Atmung wird schneller, der Blutzuckerspiegel steigt. Auch unser Verdauungssystem reagiert, manchmal kann es regelrecht zu einem Angst-Durchfall oder zu Übelkeit bis hin zu Erbrechen kommen.

In der Regel geht eine solche belastende Situation irgendwann zu Ende. Die Prü-fung oder das Vorstellungsgespräch gehen vorbei und man kann sich zurücklehnen und erholen. Die vielen beteiligten Botenstoffe werden wieder abgebaut, die angekur-belte „Stresskaskade" kommt zum Erliegen.

Anders sieht es aus, wenn die belastende Situation anhält oder immer wieder auftritt, ohne dass man das Problem, in dem man steckt, lösen kann. Zum Beispiel, wenn man an seinem Arbeitsplatz unzufrieden ist oder eine Beziehung in der Krise steckt. Langfristig kann ein solcher Dauerstress weitreichende Folgen auf die Gesundheit haben, was inzwischen in vielen Studien bestätigt wurde.

Cortisol spielt in diesem faszinierenden Tanz, den unser Körper tagtäglich vollzieht, um einerseits etwas zu leisten, mit anderen Menschen zu konkurrieren und den Lebensunterhalt zu sichern, und andererseits Erholung und Schlaf zu finden, eine herausragende Rolle.

Noch bevor unser Wecker klingelt, und zwar zwischen vier und sechs Uhr morgens, erreicht die Cortisolproduktion in unserem Körper ihren Höhepunkt, erlebt später zwischen zwei und drei Uhr nachmittags ein Zwischentief – zu jener Zeit, wenn in manchen Kulturen eine „Siesta" abgehalten wird –, nimmt gegen 16 Uhr wieder etwas zu und erreicht in der Nacht, wenn wir schlafen, ihren tiefsten Wert. Jetzt, da wir uns hoffentlich vor den Gefahren der Welt in Sicherheit gebracht haben, kann unser Immunsystem aktiv werden. Die Zahl der Immunzellen, der Zytokine und Interleukine im Blut nimmt zu, auch unsere Körpertemperatur steigt leicht an. Mehr noch: die Zytokine unseres Immunsystems wirken sogar auf unsere Nervenzellen, machen uns müde und versetzen uns in Tiefschlaf. Dieser sogenannte zirkadiane Rhythmus wirkt sich nicht nur auf unser Stress- und Immunsystem, sondern auf viele andere Körperfunktionen aus. Dieser innere Takt, dem jeder von uns folgt, ist eng mit dem 24-Stunden-Rhythmus des Sonnenlichts verbunden. Der Erfinder der Glühbirne, Thomas Alwa Edison, soll ein Workaholic gewesen und gerne über seine Zeitgenossen geschimpft haben, weil sie ihr Leben verschlafen. Seine Erfindung kann, mit etwas Humor, also als eine Strafe an der verschlafenen Menschheit angesehen werden. Während ich diese Zeilen schreibe, ist es schon spät am Abend und ich beschließe, meinem Körper jetzt die für ihn so wichtige Nachtruhe zu schenken.

Nicht nur im Schlaf, auch in einer Trance, wie sie zum Beispiel durch Selbsthypnose oder während einer Meditation erreicht werden kann, vermehrt sich die Anzahl von Immunzellen im Blut. All diese wunderbaren Vorgänge, die Sie in den vorhergegangenen Kapiteln kennengelernt haben, werden durch eine dauerhafte Aktivierung der Stressachse beeinträchtigt. Viele von Ihnen haben sicher erlebt, dass in solchen Fällen eine Herpesviren-Infektion, meist an den Lippen, aber auch an anderen Teilen der Haut, ausbricht. Diese in der Regel „schlummernden" Viren, die das Immunsystem normalerweise unter Kontrolle hat, können nun zu einer richtigen Qual werden. Dies gilt auch für andere solcher Viren, wie zum Beispiel das Epstein-Barr- oder das Cytomegalievirus.

Im 10. Kapitel dieses Buchteils haben wir das Influenza-Virus näher kennengelernt und auch schon erfahren, dass die allermeisten Menschen, die mit diesem in Berührung kommen, meistens gar nicht richtig krank werden oder so milde Symptome haben, dass sie sie nicht für erwähnenswert halten. Zum Ausbruch einer Grippe – und das gilt auch für die milderen grippalen Infekte – kommt es in der Regel nur, wenn das Immunsystem aus irgendeinem Grund in Mitleidenschaft gezogen ist, und häufig hat unsere Stressachse etwas damit zu tun.

Auch eine andere Erkrankung wird mit einem über längere Zeit bestehenden seelischen Stress in Verbindung gebracht: die Depression. Über 15 Prozent der Menschen, also jeder siebte, erleidet mindestens ein Mal im Leben eine schwere Depression. Auf das Thema „Depression" näher einzugehen, würde den Rahmen dieses Buches sprengen. Ich sehe es als eine sehr gute Nachricht an, dass mehr und mehr prominente Menschen, zum Beispiel Schriftsteller, Künstler oder Fußballspieler, angefangen haben, über ihre eigene Depression zu sprechen und es dadurch nach und nach zu einer Enttabuisierung dieses Themas kommt. Auf die Frage, warum belastende Lebenssituationen bei manchen Menschen zum Auftreten einer Depression führen, bei anderen aber nicht, sucht man auf der ganzen Welt noch nach Antworten.

In zahlreichen Studien konnte gezeigt werden, dass sich Stress und Depressionen auf Herz-Kreislauf-Erkrankungen auswirken. Mit den Zusammenhängen zwischen Herz und Psyche beschäftigt sich die Psychokardiologie, die in den letzten Jahren einen echten Boom erlebt. Herzkranke Menschen erhalten damit viel mehr therapeutische Hilfe für die seelische Komponente ihrer Erkrankung. Wie wir schon im 9. Kapitel erfahren haben, spielt Stress beim Aufbrechen der oft jahrelang stabilen atherosklerotischen Auflagerungen in den Blutgefäßen eine bedeutende Rolle, darauf deuten die erhöhten Cortisolwerte in den Haaren von Herzinfarktpatienten hin.

Auch bei Tumorerkrankungen ist der Zusammenhang mit Stress und Depressionen nachgewiesen. Man konnte zeigen, dass bei depressiven Menschen die Zahl und die Funktionsfähigkeit von T-Zellen und natürlichen Killerzellen deutlich abnimmt. Wie wir schon wissen, sind die natürlichen Killerzellen ein Spezialtrupp, der für die Vernichtung von Tumorzellen „ausgebildet" ist. Sie stellen 5 bis 20 Prozent unserer weißen Blutkörperchen und patrouillieren unentwegt in unserem Körper herum, auf der Suche nach eigenen Zellen, mit denen etwas nicht stimmt. Auch in der Krebstherapie kommen die Zusammenhänge zwischen Seele und Körper glücklicherweise immer mehr zum Tragen. Es konnte bestätigt werden, dass eine Psychotherapie bei Tumorpatienten, die zusätzlich an einer Depression litten, zu einer Verlängerung ihrer Überlebenszeit führt. Mit diesen Zusammenhängen beschäftigt sich die sogenannte Psycho-Onkologie, die inzwischen in vielen Tumorkliniken Einzug gefunden hat.

Dies war ein kleiner Exkurs in die Vorgänge, die in unserem Gehirn ihren Anfang nehmen und sich auf unser Immunsystem auswirken. Doch all das ist noch etwas komplexer. Vielleicht erinnern Sie sich an unsere Darmbillionenstadt und unser enterisches Nervensystem? Die Verbindung zwischen unserem „Bauchhirn" und unserem Gehirn, unsere „Darm-Hirn-Achse", wird manchmal sogar als „zweites Gehirn" bezeichnet.

Auch hier, in der Darmwand, befinden sich Nervenzellen. Man schätzt ihre Zahl auf etwa 100 Millionen, das sind vier- bis fünfmal mehr als in unserem Rückenmark und ein Zehntel derer in unserem Gehirn. Dieses komplexe Nervengeflecht, das zwischen den Muskeln unseres Verdauungsapparates liegt und sich fast unseren gesamten Magen-Darm-Trakt entlangwindet, koordiniert unseren gesamten Verdauungsprozess, und das – wie wir alle wissen – zum allergrößten Teil ohne unser bewusstes Zutun. Außerdem vermittelt es Informationen über das, was in unserem Verdauungssystem vor sich geht, zum Beispiel über die Art und Menge der darin vorhandenen Nahrung, unsere hier lebenden Untermieter oder die Aktionen unseres komplexen Immunsystems, das hier zwischen Freund und Feind unterscheidet. Erinnern Sie sich? Ganze 70 Prozent all unserer Abwehrzellen sind in unserem Darm stationiert. Dort sorgen sie nicht nur dafür, dass Gefahren aus unserer Nahrung gebannt und bekämpft werden, sondern auch dafür, dass unsere guten Freunde, die hier wohnen, nicht von unserem Immunsystem angegriffen werden. Krieg und Frieden liegen in unserem Darm ganz nahe beieinander. Welch eine Leistung das doch ist, derer wir uns nur zu einem kleinen Bruchteil jemals bewusst werden!

Die bis zu 100 Billionen Bakterien, die in unserem Darm leben, kommunizieren ja mit uns und unseren Körperzellen. Wie der Informationsfluss zwischen Zellen vonstattengeht, wissen wir bereits: er erfolgt über Rezeptoren, an denen Botenstoffe andocken. So können unsere Mitbewohner über diese Botenstoffe Nachrichten an unser Gehirn überbringen und damit unsere Gefühle, unsere Stimmung und unser Wohlbefinden beeinflussen.

Wie wir schon im 7. Kapitel erfahren haben, bilden unsere Darmbakterien auch Hormone, zum Beispiel Dopamin, Serotonin und Melatonin. Inzwischen weiß man, dass 90 Prozent unseres Serotonins – das für gute Laune, Motivation und Ausgeglichenheit entscheidend ist – im Darm in Zusammenarbeit mit Bakterien gebildet und gespeichert wird. Viele unserer Entscheidungen treffen wir „aus dem Bauch heraus". Der Vagusnerv, über den die meisten Informationen aus unserem Darm an unser Gehirn weitergeleitet werden, ist unter den Nerven unseres Körpers ein wahrer Tausendsassa. Wenn Sie im Internet den Begriff „Vagusnerv Buch" eingeben, können Sie sich ein Bild über das große Interesse an diesem Star aller Nerven machen. „Selbstheilungsnerv", „innerer Therapeut", „Ruhe-" oder „Erholungsnerv", er wird mit Lob und Aufmerksamkeit nur so überschüttet. Durch gezieltes Training des Vagus kann man innere Anspannungen lösen und Stress abbauen.

Wir wissen auch schon, dass neunzig Prozent der Informationen, die hier gesammelt werden, Richtung Gehirn gehen, sozusagen von „unten" nach „oben". Im Moment forscht man sehr intensiv daran, um zu erfahren, was denn da alles an unsere „Schaltzentrale" im Gehirn vermittelt wird.

Was sich in den Studien abzeichnet, ist mehr als beeindruckend. Inzwischen geht man davon aus, dass viele Krankheiten mit einer Dysbiose im Darm assoziiert sind, also mit einem Ungleichgewicht zwischen „guten" und „bösen" Mikroben und der Reaktion unseres Immunsystems darauf. Dazu zählen zum Beispiel Depressionen, Autismus, Morbus Parkinson oder die Alzheimer-Demenz. Daran, ob und wie man mit einer Veränderung des Darmmikrobioms bei diesen Erkrankungen heilend eingreifen kann, wird aktuell intensiv geforscht.

Lassen Sie uns diese Zusammenhänge, die wie beschrieben in beide Richtungen gehen, einmal an zwei konkreten Beispielen erkunden. Zwischen den 100 Milliarden

Nervenzellen unseres Gehirns gibt es Billionen von Synapsen. All diese Nervenzell-netzwerke, die unsere Nervenzellen im Laufe unserer Biografie miteinander „geschal-tet" haben, lassen uns die Welt auf unsere ganz eigene, unverwechselbare Art und Weise sehen. Niemand auf der ganzen Welt hat diese eine ganz besondere Sicht auf die Welt wie wir. Manche dieser Nervenzellnetzwerke können wir bewusst erkunden, andere – und zwar die Mehrzahl von ihnen – sind uns unbewusst.

Ich erinnere mich zum Beispiel an einen Schulausflug in der fünften oder sechs-ten Klasse, den wir mit unserer Klassenlehrerin unternommen haben. Diese strenge und wenig einfühlsame Person war die Protagonistin vieler meiner Albträume. Wäh-rend dieses Ausflugs ins Grüne machten wir ein Lagerfeuer, auf dem wir Bauchspeck grillten. Sie zwang mich, trotz meines Widerstands, davon zu essen. Bis zum heutigen Tag überfällt mich schon beim Geruch von gegrilltem Bauchspeck eine unerträgliche Übelkeit. Und das alles, obwohl ich natürlich weiß, dass Bauchspeck essbar und ungif-tig ist.

Die schönere Variante eines solchen Netzwerkes ist die berühmte Proust'sche Madeleine, die ihn in einen glücklichen Augenblick seiner frühen Kindheit versetzt. Lassen Sie uns diesmal ein bisschen von dem wunderbaren Text „kosten", den er über sie geschrieben hat: „In der Sekunde nun, als dieser mit dem Kuchengeschmack gemischte Schluck Tee meinen Gaumen berührte, zuckte ich zusammen und war wie gebannt durch etwas Ungewöhnliches, das sich in mir vollzog. Ein unerhörtes Glücks-gefühl, das ganz für sich allein bestand und dessen Grund mir unbekannt blieb, hatte mich durchströmt. Mit einem Schlage waren mir die Wechselfälle des Lebens gleich-gültig, seine Katastrophen zu harmlosen Mißgeschicken, seine Kürze zu einem bloßen Trug unserer Sinne geworden; es vollzog sich damit in mir, was sonst die Liebe vermag, gleichzeitig aber fühlte ich mich von einer köstlichen Substanz erfüllt: oder diese Substanz war vielmehr nicht in mir, sondern ich war sie selbst. Ich hatte aufgehört mich mittelmäßig, zufallsbedingt, sterblich zu fühlen. Woher strömte diese mächtige Freude mir zu?"

Natürlich haben die Nervenzellnetzwerke in unserem Gehirn nicht immer mit Essbarem zu tun, obwohl unser Verdauungssystem und unser „Bauchhirn" nicht sel-ten eine wichtige Rolle spielen. Sind wir über Wochen, Monate oder gar Jahre in einer problematischen Situation gefangen, aus der wir mit Hilfe unserer „eingebrannten" Nervenzellnetzwerke nicht herausfinden, kann dieser Zustand wie oben beschrieben zu seelischen und körperlichen Krankheiten führen.

Wie schwierig es ist, diese Verschaltungen umzuprogrammieren, die sich in unser Gehirn „eingebrannt" haben, und neue Wege zu gehen, haben die meisten von uns schon erfahren. Eines der Hauptprobleme: Meistens versuchen wir, mit den gleichen Nervenzellnetzwerken, die uns in die problematische Situation gebracht haben, da auch wieder hinauszukommen. Das erinnert mich an den Baron Münchhausen, der es schafft, sich samt seinem Pferd am eigenen Schopf aus dem Sumpf zu ziehen.

Eine weitere Schwierigkeit ergibt sich daraus, dass sich viele dieser Nervenzell-netzwerke unserer bewussten Wahrnehmung entziehen, sei es, sie liegen so früh in

Münchhausen zieht sich am eigenen Schopf aus dem Sumpf, Zeichnung von Theodor Hosemann.
Quelle: https://de.wikipedia.org/wiki/Hieronymus_Carl_Friedrich_von_M%C3%BCnchhausen#/media/
Datei:M%C3%BCnchhausen-Sumpf-Hosemann.png

unserer Kindheit, dass wir sie nicht mehr erinnern können, sei es, wir haben sie verdrängt.

Die gute Nachricht ist: trotz all dieser Widrigkeiten können Nervenzellnetzwerke verändert werden. Wir haben ja schon gesehen, dass unser Gehirn plastisch ist und eigentlich einer Dauerbaustelle gleicht, in der immer wieder neue und unerwartete Synapsen in Verbindung kommen können. Die Hirnforschung konnte in den letzten Jahrzehnten nachweisen, dass sich das Gehirn lebenslänglich verändert.

In vielen wissenschaftlichen Studien konnte gezeigt werden, dass durch Achtsamkeitsübungen, Meditation oder Hypnose zum Teil beeindruckende Veränderungen in der Struktur unseres Gehirns stattfinden. Auch eine Psychotherapie kann zu solchen „Umbauvorgängen" in den Netzwerken unserer hundert Milliarden Nervenzellen beitragen.

Wichtig für eine erfolgreiche Psychotherapie ist das Aufbauen einer emotional warmen und auf die Bedürfnisse des Klienten oder der Klientin reagierenden menschlichen Beziehung. So kann eine mögliche frühere ungünstige Beziehungserfahrung in den Nervenzellnetzwerken „überschrieben" werden. Auch das Einüben neuer, erwünschter Gedanken, Gefühle und Verhaltensweisen kann, bei wiederholter und regelmäßiger Übung, zur Bildung von neuen Nervenzellnetzwerken führen. Wir „lernen" dabei, neue Wege innerhalb unserer unendlich vielen Nervenbahnen zu gehen und „verlernen" die zuvor beschrittenen. Wie das geschieht, haben wir schon erfahren: aktive Synapsen bauen die Zahl und die Aktivität ihrer Rezeptoren ab, zuvor weniger aktive werden hingegen verstärkt.

Wie oft erweist sich im Leben eine scheinbar ausweglose Situation, eine Krise, wie man es auch nennt, als der Anfang von etwas Wunderbarem, aus unserem Leben nicht mehr wegzudenkendem Glück? Wie Max Frisch so schön sagt: „Jede Krise ist eine Chance, man muß ihr nur den Beigeschmack der Katastrophe nehmen."

Je schneller wir aus einer solchen, für unsere Seele und unseren Körper ungünstige Situation herausfinden, umso geringer die Folgen für unsere Gesundheit, sowohl für die körperliche als auch die seelische. Aber wir wissen ja schon: eigentlich kann man beides gar nicht wirklich auseinanderhalten.

Deshalb ist auch, wie wir aus der Psychoneuroimmunologie lernen können, eine Therapie des Körpers ohne die Berücksichtigung der Seele oder umgekehrt, eine Therapie der Seele ohne die Berücksichtigung des Körpers, nicht erfolgversprechend. Mehr noch: all jene Menschen, die heilend tätig sind, also Ärzte und Ärztinnen und alle anderen Therapeuten und Therapeutinnen, sollten sich zu jeder Zeit bewusst sein, dass nicht nur das, was sie tun oder verschreiben, sondern auch alles, was sie sonst verbal (in Worten) oder nonverbal (ohne Worte) vermitteln, die Gesundheit der Menschen, die sich ihnen anvertrauen, beeinflusst. Das erklärt nicht nur die Wirkung von Placebos, es macht noch viel mehr: es erinnert uns daran, dass jede zwischenmenschliche Interaktion eine Wirkung hat, die wir niemals unterschätzen sollten. Die Voraussetzungen für eine erfolgreiche Psychotherapie, wie ich sie vorhin beschrieben habe, sollten also für alle therapeutischen Beziehungen und Methoden gelten.

Nachwort

Jetzt, da wir am Ende einer langen Reise durch unseren Körper angekommen sind und viele Billionen menschliche und mikrobielle Zellen kennengelernt und bei ihrer Arbeit beobachtet haben, sind immer noch viele Fragen offen. Jeder Tag bringt zudem dank zahlloser Forscherteams, die weltweit an vielen Fragen zu unserem Körper, unserer Seele, unserer Gesundheit und Krankheit forschen, immer neue Erkenntnisse zutage.

Wir erinnern uns an Paracelsus Aussage: „Der Arzt verbindet Deine Wunden. Dein innerer Arzt wird Dich gesunden. Bitte ihn darum, soft Du kannst." In diesem Teil des Buches habe ich versucht, diesem inneren Arzt in jedem von Ihnen Wissen und Können in die Hand zu geben, um sich selbst zu heilen. Je öfter Sie in sich hineinhören, hineinspüren und in Kontakt mit diesem inneren Heiler kommen, umso eher können Sie gesund bleiben oder sogar heilen. Tief in jedem von uns liegt ein Wissen verborgen, von dem wir gar nicht wissen, dass wir es wissen.

Lehnen Sie sich also jetzt zurück, fühlen Sie in sich hinein und stellen Sie sich all die dendritischen Zellen, Makrophagen, Neutrophilen, T- und B-Zellen, all die Bakterien, Viren und Pilze, die friedlich mit Ihnen zusammenleben, bei ihrem Tun vor. Wie bei einem großen Familienfest, wo alle wild durcheinandergestikulieren, Informationen aufnehmen und austauschen, sich bekämpfen und wieder Frieden schließen. Sie alle retten Ihnen jeden Tag das Leben. Jeden einzelnen Tag, außer am letzten. Und niemand von uns weiß, wann er kommen wird. Bis dahin sollten Sie jeden einzelnen Tag voll und ganz und möglichst gesund genießen.

Im letzten Jahr habe ich meine Tochter, die ihr Studium inzwischen beendet hat und damals noch in Amsterdam lebte, wieder an den Bahnhof gebracht. Ich bin dem

Ein Mensch überreicht einer Gruppe von Immunzellen (dendritische Zellen, Makrophagen, usw.) und Bakterien einen großen Blumenstrauß.

https://doi.org/10.1515/9783111611143-028

Zug wie immer hinterhergelaufen, um ihr nachzuwinken, bin allerdings auf der Treppe vom Bahnsteig nach unten nicht mehr in Tränen ausgebrochen. Der Abschied tut immer noch weh, und die Gefahren lauern überall, doch wir Menschen sind außergewöhnlich anpassungsfähig.

Ich bin anschließend in die Bahnhofsbuchhandlung gegangen, um nachzusehen, ob die Militärzeitschriften noch da sind. Sie waren nicht mehr im gleichen Regal, sondern etwas weiter hinten im Laden, aber es gab sie noch. Nicht nur dauert der Krieg in der Ukraine immer noch an, wir haben jetzt auch im Nahen Osten Krieg und ein Ende der beiden Konflikte ist leider nicht in Sicht.

Wie schwierig es schon in jedem von uns ist, ein gesundes Gleichgewicht aufrechtzuerhalten, zwischen Freund und Feind zu unterscheiden und unser Überleben zu sichern, haben wir ja erfahren. Lassen Sie uns all unseren Kämpfern noch einmal einen großen Dank aussprechen, dass sie unser Leben heute gerettet haben. Und morgen fängt alles von Neuem an.

Teil III: **Die Sprache des Lebens.**
DNA und RNA

Was wir heute vermuten können, wird nicht Wirklichkeit werden.
Veränderung wird es auf jeden Fall geben, doch wird die Zukunft anders sein,
als wir glauben.

François Jacob (1920–2013)

Einleitung

Als mein Bruder und ich klein waren, hatten unsere Eltern für uns das französische Comicmagazin Pif Gadget abonniert, das wir jede Woche sehnsüchtig erwarteten. Das „Gadget" war ein kostenloses Geschenk, das jeder Ausgabe beigelegt war. Ich erinnere mich lebhaft an ein Gerät, mit dem man eckige Frühstückseier basteln konnte, oder an die drehbare Spaghettigabel, mit der man seine Spaghetti mittels einer Kurbel aufnehmen konnte.

Das allerschönste „Gadget" war allerdings ein Päckchen mit Samen. Man wurde angeleitet, die klitzekleinen halbmondförmigen Samen etwa einen Zentimeter tief in einen kleinen Topf mit Erde zu stecken, täglich zu gießen, und zu warten … Ich sehe mich jetzt noch jeden Morgen zum Topf laufen, um nachzusehen, was es Neues gab. Ich weiß noch, wie ungeduldig ich war, und wie enttäuscht, als nach einer Woche immer noch nichts passiert war. Hatten wir etwas falsch gemacht?

Doch dann ließ sich das Wunder blicken: wo wir die Samen in die Erde gesteckt hatten, zeigte sich ein kleiner Hauch von Grün, der nach und nach zu einem Stängel heranwuchs, langsam Blätter hervorbrachte und sich immer höher in Richtung Sonne in die Welt reckte. Jeden Morgen sah das kleine Etwas ein bisschen anders aus. Bis schließlich, wie ein Wunder, eine leuchtend gelbe Blüte aufging, die wie eine kleine Sonne das wunderschöne Wesen schmückte. All diese Pracht hatte in dem unscheinbaren, farblosen kleinen Samen geschlummert. Und die Erde, die Sonne und das Wasser hatten dazu geführt, dass der Plan, der im Samen verborgen war, aufging und anfing zu leben.

Daran, wie lange die kleinen Blümchen gelebt haben und wie ihr Leben ein Ende fand, kann ich mich beim besten Willen nicht erinnern. Ich habe es offensichtlich verdrängt und vergessen, wie so vieles andere in meinem Leben auch. Obwohl es schon etwa fünfzig Jahre her ist, lebe ich aber noch und habe vor, es noch eine Weile zu tun.

Die Information, die in dem kleinen Samenkorn steckt, wird für alle Lebewesen dieser Welt mit Hilfe einer Substanz mit dem schönen Namen „Desoxyribonukleinsäure", kurz DNA, verschlüsselt. Und auch ihre „kleinere" Schwester, die Ribonukleinsäure oder RNA, spielt dabei eine nicht unbedeutende Rolle. In der Struktur dieser Substanzen ist der Code für alles Leben verschlüsselt. Jede einzelne unserer Zellen trägt ihn in sich.

Als unsere Tochter ein paar Monate alt war, wurde ihr vier Jahre älterer Bruder einmal gefragt, ob sie schon sprechen könne. Er antwortete: „Ja, aber wir verstehen sie noch nicht."

Die Sprache, um die es im dritten Teil dieses Buches gehen wird, ist so ähnlich. Sie wird seit der Entstehung des Lebens auf der Erde von einer Generation zur nächsten weitergegeben. In allen wunderbaren, faszinierenden und manchmal gefährlichen Spielarten der Natur wird die Nachricht davon, wie ein Wesen aussieht, handelt, überlebt und sich vermehrt in der gleichen Sprache vermittelt.

https://doi.org/10.1515/9783111611143-029

In diesem Teil des Buches möchte ich Sie mit dem, was man bisher über diese Sprache weiß, vertraut machen. Auf unserer Entdeckungsreise werden wir auch wieder viele neugierige und wissensdurstige Menschen kennenlernen, die zur Entschlüsselung der Sprache des Lebens beigetragen haben. Die Geschichte ihrer Entdeckung und Erforschung und wie sich die Vorstellung der Menschen über die Welt, in der sie leben, durch diese Einsichten veränderte, ist mehr als faszinierend. Die gewonnenen Einsichten hatten leider – wie es in der Wissenschaft oft der Fall ist – nicht nur positive Auswirkungen auf die einzelnen von uns und die Menschheit. Die Vorstellung davon, was vererbt wird, und was nicht, führte unter anderem zur Theorie der Rassenhygiene, die zur Sterilisation und Ermordung vieler unschuldiger Menschen geführt hat.

Auch diesmal werden wir unsere wissensdurstigen Menschen dabei begleiten, wie sie sich auf Entdeckungsreise begeben, sich begeistern lassen, irren und manchmal verzweifeln. Manchmal bekämpfen sie sich gegenseitig, ein andermal inspirieren und ergänzen sie einander und arbeiten freundschaftlich zusammen – oft über Länder und Kontinente hinweg. Geld, Ansehen und Macht werden nicht selten eine Rolle spielen. Und auch diesmal werden wir uns immer wieder bewusstwerden, dass es noch so viel zu entdecken gibt und wir bei weitem nicht alles wissen. Der heutige Stand der Wissenschaft wird morgen ein anderer sein – und damit wird sich auch die Sicht der Menschen auf die Welt, in der sie leben, verändert haben.

Jeder neue Schritt wirft zudem immer auch neue Fragen auf. Und auf der Suche nach den Antworten dringen wir Menschen immer weiter auf dem Weg der Erkenntnis vor. Doch Achtung: „Wissenschaft ohne Gewissen bedeutet den Untergang der Seele", wie der berühmte französische Schriftsteller François Rabelais (um 1494–1553) uns schon ermahnt. Dies gilt zwar für alle Wissensbereiche, scheint mir jedoch für die Genetik und die Genforschung besonders bedeutsam.

Die Menschen aller Zeiten hatten immer schon bemerkt, dass Kinder ihren Eltern ähnelten, manchmal ließen sich auch Züge der Großeltern oder anderer Verwandten innerhalb einer Familie erkennen. Wie war das möglich? Wie wurden diese Eigenschaften von einer Generation zur nächsten weitergegeben? Selbst wenn Gott die Welt und alle Wesen darauf erschaffen hatte, wie konnte so etwas wie die gerade beschriebene „Schöpfung" einer Ringelblume auf so perfekte Weise ablaufen und immer wieder neue Ringelblumen hervorbringen?

Einer der Menschen, der fast sein ganzes Leben damit verbracht hat, darüber nachzudenken und zu schreiben, war Charles Darwin.

1 Eine folgenreiche Reise

Als der 22-jährige Charles Robert Darwin am 27. Dezember 1831 auf dem Segelschiff mit dem Namen HMS Beagle in Devonport, England, in See sticht, weiß er noch nicht, wie folgenreich diese Reise für ihn selbst – und für die gesamte Menschheit – sein wird. Die kleine Brigg – das ist ein Segelschiff, wie man sie zu jener Zeit baut – hat den Auftrag, die Küsten Südamerikas zu vermessen und über Australien und Afrika wieder nach England zurückzukehren.

Der Auftrag des jungen Theologen ist es, die Vielfalt der göttlichen Schöpfung kennenzulernen, noch unbekannte Tier- und Pflanzenarten zu sammeln und in die Heimat zu schicken. Die Reise, die auf drei Jahre angelegt ist, wird letztendlich fast fünf Jahre dauern. Die Erkenntnisse, die aus dieser Reise entspringen, werden nicht nur das Weltbild des jungen Charles, sondern das der ganzen Menschheit umstoßen.

Das Meer, auf dem die Beagle ihre Reise anfängt, hat es auf unserer Erde nicht schon immer gegeben. Und alle Tier- und Pflanzenarten, die wir heute kennen, und von denen Charles Darwin einige beschrieben hat, stellen weniger als ein Prozent sämtlicher Arten dar, die jemals auf unserer Erde gelebt haben. Alle anderen sind bereits ausgestorben. All das weiß der junge Charles damals nicht.

In seinem Studium der Theologie in Cambridge hatte er gelernt, dass Gott – gemäß den Berechnungen berühmter Theologen des 17. Jahrhunderts – im Oktober 4004 vor Christus die ganze Welt erschaffen hatte. Nach der Erde, dem Himmel, der Sonne, den Sternen und anderen Himmelskörpern, den Pflanzen und Tieren, erschuf er schließlich den Menschen als „Krone der Schöpfung". Ganz genau wissen wir Menschen zwar heute immer noch nicht, wie all dies entstanden ist, man hat allerdings inzwischen eine wissenschaftliche Vorstellung davon entwickelt.

Wie es nach dem Urknall vor 13,8 Milliarden Jahren zur Entstehung der Erde kam, haben wir ganz am Anfang des Buches erfahren. Wie aus lebloser Materie das Wunder des Lebens hervorgegangen ist, darüber streitet man sich noch. Die Theorie, die im Augenblick die größte Zustimmung erhält, besagt, dass das Leben in heißen Quellen am Meeresboden seinen Ursprung genommen hat.

Dass schon ganz am Anfang die Ribonukleinsäure (RNA) und die Desoxyribonukleinsäure (DNA) eine Rolle gespielt haben müssen, gilt inzwischen auch als sehr wahrscheinlich, nicht zuletzt, da sich alle heute lebenden Wesen dieser Substanzen bedienen, um Informationen an ihre Nachfahren weiterzugeben. Und noch etwas muss ganz am Anfang von Bedeutung gewesen sein: die Bildung von Membranen. Die Membran trennt ein „Innen", in dem es etwas ruhiger zugeht, von einem „Außen". Sie ist jedoch nicht nur trennend, sondern auch durchlässig, um gezielt bestimmte Stoffe aufnehmen und andere wieder abgeben können.

Die kleinen membranumhüllten „Gebilde" müssen sich irgendwann schließlich geteilt und über die – möglicherweise in RNA oder DNA verschlüsselte – Information neue solcher „Gebilde" hervorgebracht haben. Inzwischen etabliert hat sich die soge-

https://doi.org/10.1515/9783111611143-030

nannte RNA-Welt-Hypothese. Eine membranumhüllte „Urzelle" könnte einige verschiedene kurze RNA-Moleküle enthalten haben, die sich gegenseitig beim Kopieren unterstützten. Wenn in ihrer Umgebung lose Aminosäuren herumgeschwommen sind, könnten die ersten RNA-Moleküle möglicherweise angefangen haben, diese zu erstmal kurzen Peptidketten zusammenzubauen, die in der Zelle eigene Aufgaben erfüllen konnten. Später könnten diese Ketten immer länger geworden sein – zu Proteinen. Vielleicht hat eine auf RNA basierende Zelle irgendwann damit angefangen, DNA herzustellen und die doppelsträngigen DNA-Moleküle hätten sich als stabiler und beim Kopieren als weniger fehleranfällig erwiesen. So wäre das Leben – außer bei den an der Grenze zum Leblosen stehenden RNA-Viren – auf DNA für die Weitergabe der Erbinformation umgestiegen. Das ist allerdings nur eine Hypothese und wir warten noch darauf, dass vielleicht jemand doch irgendwann das Kunststück nachbaut, das die Natur vor etwa 3,8 Milliarden vollbracht hat: aus lebloser Materie Leben zu erschaffen.

Wir haben schon erfahren, dass die ersten Wesen, die die Erde bewohnen, Prokaryoten sind, Bakterien und Archaeen. Manche Bakterien fangen an, mit Hilfe der Sonnenenergie Kohlendioxyd und Wasser in Glukose umzuwandeln, dabei wird Sauerstoff frei – man nennt diesen Prozess Photosynthese. Diese Bakterien werden – da sie Sonnenenergie als Grundlage ihres Stoffwechsels verwenden – als phototroph bezeichnet.

Eine Art von phototrophen Bakterien sind die Cyanobakterien – man nannte sie früher Blaualgen. Wie wir Menschen Städte bauen, um uns gegen Unwetter und Angreifer zu wappnen, bilden sie Kolonien mit anderen Bakterien: sie organisieren sich in sogenannten Biofilmen, es entstehen „Stromatolithen", die zu den beständigsten und erfolgreichsten Gebilden werden, die es je gegeben hat und die es vereinzelt auch heute noch gibt. Auch Cyanobakterien haben bis heute überlebt: Sie finden Sie zum Beispiel in dem bläulich-grünen Glibber, der Teiche und Tümpel überzieht.

Die phototrophen Bakterien werden die Welt sehr nachhaltig verändern. Denn die Substanz, die als „Abfallprodukt" ihres Stoffwechsels frei wird, der Sauerstoff, ist für die anderen Wesen jener Zeit extrem giftig. Das erste große Massensterben der Geschichte des Lebens setzt so vor etwa 2,4 bis 2,1 Milliarden Jahren ein. Manche schätzen, dass sogar bis zu 99,5 Prozent aller Arten ausgelöscht wurden.

Zu dieser Zeit setzt auch eine von vielen Eiszeiten ein, die unser Planet in seiner Geschichte erlebt. Man schätzt, dass unsere Erde in den letzten 2,4 Milliarden Jahren rund 530 Millionen Jahre Eiszeit erlebt hat. Wie genau sich in der Geschichte unserer Erde immer wieder Eiszeiten entwickelt haben, wird immer noch intensiv erforscht. Auf jeden Fall scheint die Kohlendioxid-Konzentration in der Atmosphäre dabei eine Rolle gespielt zu haben – sie ist während Eiszeiten um etwa 30 Prozent geringer als sonst.

Von Pol zu Pol breiten sich jetzt Gletscher aus und überziehen die Erde mit einer Eisschicht, die sie etwa 300 Millionen Jahre bedecken wird. Aus dem Weltall sah die Erde also damals nicht blau, sondern weiß aus. Doch die Lebewesen darauf geben nicht auf. Wie stark das Leben doch ist! Ich bin immer wieder beeindruckt, wenn ich

Pflanzen aus Wänden herauswachsen sehe. Ihnen fehlt es an fast allem, aber der Wunsch, zu leben, siegt über alles!

Irgendwann vor 2 bis 3 Milliarden Jahren geschieht etwas sehr Bedeutsames: ein Archaeon nimmt ein Bakterium in sich auf und diese Verbindung führt zur Entstehung des ersten Eukaryoten – des ersten Einzellers mit einem Zellkern. Dabei bedeutet „eu" „richtig" oder „gut".

Diese sogenannte Endosymbiontentheorie ist inzwischen weitestgehend anerkannt und besagt, dass hierbei aus den Bakterien die Mitochondrien hervorgegangen sind, die Energiezentralen der Zellen. Die Bakterienzelle soll demnach zur Ausbildung des Zellkerns geführt haben. Und in diesen Zellkern wird die genetische Information in Form der DNA eingeschlossen und gut beschützt. Gemäß dieser Theorie sind übrigens aus Cyanobakterien die sogenannten Chloroplasten hervorgegangen, die in pflanzlichen Zellen für die Photosynthese zuständig sind. Die Eukaryoten, zu denen wir auch gehören, sind also nicht als Sieger aus einem Krieg zwischen verschiedenen Wesen hervorgegangen, sondern aus einer Symbiose zwischen ihnen.

Statt der einfachen Zellteilung, wie sie die Prokaryoten nutzen, um sich zu vermehren, entwickeln Eukaryoten eine neue Art der Fortpflanzung: Sex. Dafür bildet jedes Elternteil besondere, dafür eigens konzipierte Fortpflanzungszellen, bei deren Bildung das genetische Material auf ganz neue Weise zusammengesetzt wird. Wenn diese Geschlechtszellen oder Gameten verschmelzen, nachdem sich die beiden Eltern gefunden und miteinander „Sex" haben, entsteht ein neuer „Bauplan", der zur Entstehung eines neuen Wesens führt. Auf diese Art der Zellteilung und des Austauschs von Erbsubstanz werde ich später noch näher eingehen.

Nachdem die Photosynthese das Leben auf der Erde fast ausgelöscht hatte, bewirkt der Sex die Entstehung unzähliger neuer Arten und ihre Diversität (Vielfalt) nimmt ebenfalls zu. Außerdem verschmelzen mehrere eukaryotische Zellen miteinander und bilden Mehrzeller.

Zu jener Zeit, also vor etwa 1 Milliarde Jahren, gehört fast die ganze Landmasse auf der Erde nur einem Kontinent an, Rodinia. Dazu muss man wissen, dass die Erde aus mehreren Schichten besteht und sich die oberste von ihnen, die Erdkruste, aus mehreren Platten zusammensetzt, die ähnlich wie Schollen auf dem darunterliegenden Erdmantel aufliegen.

Wie sich das Aussehen der Kontinente und Meere im Verlauf der letzten 750 Millionen Jahre verändert hat, kann man auf einer faszinierenden interaktiven Karte unter dinosaurpictures.org bewundern und sogar seinen Wohnort eingeben, um dessen Position im Verlauf der Jahrmillionen zu erkunden.

Die Erdplatten oder tektonischen Platten sind ständig in Bewegung. Auch heute driften zum Beispiel die Eurasische und die Nordamerikanische Erdplatte auseinander, so dass wir uns jedes Jahr etwa 2 Zentimeter von Amerika entfernen, in etwa so schnell, wie unsere Fingernägel wachsen. Der Superkontinent Rodinia fängt vor etwa 850 Millionen Jahren also an, auseinanderzufallen, und dieser Zerfall führt zu einer Reihe von Eiszeiten, die unsere Erde wieder mit Eis überziehen und insgesamt etwa

80 Millionen Jahre andauern. Viele Arten sterben erneut aus. Als sich die Eismassen zurückziehen, ist das, was überlebt hat, zäher und widerstandsfähiger als zuvor. Das Leben überdauert nicht nur, es geht aus der Krise „gestärkt" hervor. Diese Erfahrung haben Sie, lieber Leser, vielleicht auch schon in Ihrem Leben gemacht und hier sei wieder Max Frisch zitiert: „Krise ist ein produktiver Zustand. Man muß ihr nur den Beigeschmack der Katastrophe nehmen."

Als erste Pflanzen werden einzellige Meeresalgen angesehen, wann sich die ersten mehrzelligen Pflanzen entwickelt haben, weiß man nicht genau, da es keine Fossilien davon gibt. Man ist sich nicht ganz einig, wann genau aus pflanzlichen Wesen tierische hervorgegangen sind. Auf jeden Fall muss dieser Prozess, genau wie die Entstehung des Lebens, im Meer stattgefunden haben. Die Wesen, die zuvor an einem Ort verharrt hatten, fangen nun an, sich in Bewegung zu setzen. Schwämme, die man früher als Pflanzen betrachtet hatte, gelten als die ersten Tiere. Ihre Larven sind noch beweglich, der ausgewachsene Schwamm verweilt aber sein ganzes Leben lang an einem Ort und wartet darauf, dass sein Essen durch ihn durchgespült wird. Andere Tiere sind flach und gleiten friedlich über den Meeresboden. Warum hatten sie sich in Bewegung gesetzt? Ganz klar: auf der Suche nach Nahrung.

In den Meeren der Welt gibt es nun also pflanzliches und tierisches Leben. Tiere fressen Pflanzen, fangen nun aber auch an, sich gegenseitig aufzufressen. Manche wehren sich gegen das Aufgefressenwerden: sie legen sich Panzer, Muschelschalen, Skelette und Zähne zu. Das Kalzium, das sie dafür verwenden, war aufgrund der Abtragung (Erosion) großer Erdmassen ins Meer gespült worden.

Vor etwa 541 Millionen Jahren beginnt eine „nur" 5 bis 10 Millionen Jahre andauernde Phase, die die Paläontologen als „kambrische Explosion" bezeichnen, weil sie sich im Zeitalter des Kambriums ereignet. Die Paläontologie ist jene Wissenschaft, die sich mit der Tier- und Pflanzenwelt beschäftigt, die in Gesteinen verewigt ist, also mit Fossilien. In dieser geologisch gesehen nur sehr kurzen Periode entstehen fast alle Vorfahren der heute noch lebenden Tiere. Nach der langen Eiszeit ist es auf der Erde jetzt lauschig warm bis heiß und es herrscht eine hohe Luftfeuchtigkeit.

Die bekanntesten Tiere des Kambriums sind die Trilobiten, und fast jeder Fossiliensammler hat mindestens ein Exemplar davon in seiner Sammlung. Sie gehören der Gruppe der Gliederfüßer (Anthropoda) an, wie die heutigen Insekten oder Krebse. Heute kennt man etwa 15.000 Trilobitenarten, die zwischen wenigen Millimetern bis etwa 75 Zentimeter groß sind, und sie haben die Meere bis zu ihrem Aussterben etwa 300 Millionen Jahre lang bevölkert. Die Trilobiten hatten zum Teil wunderschöne, aus bis zu hunderten zusammengesetzte Facetten bestehende Augen.

Über die kambrischen Tiere könnte ich ein ganzes Buch schreiben. Fasziniert betrachte ich gerne Videos und Fotos dieser urtümlichen Wesen, die damals gelebt haben. Ernährt haben sie sich von Plankton – das Wort kommt aus dem Griechischen und bedeutet „umhertreibend" – und umfasst alle pflanzlichen und tierischen Wesen, die im Meer herumtreiben, ohne sich selbst zu bewegen, und heute noch die Lebensgrundlage vieler Meeresbewohner ist.

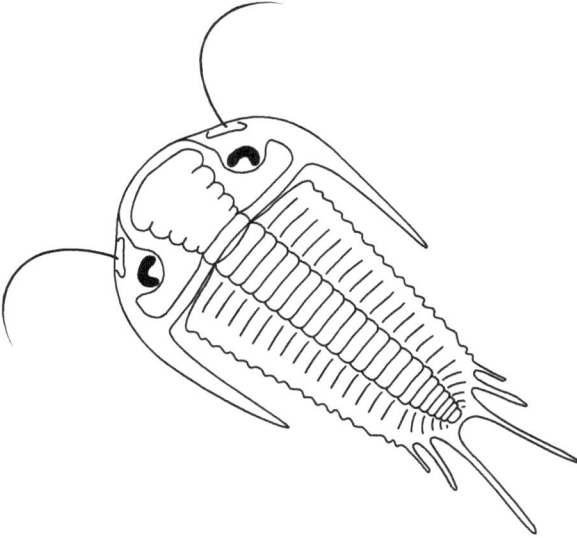

Trilobit.

Während Trilobiten wie heute Insekten oder Hummer Außenskelette haben, die sie abwerfen wenn sie wachsen, entwickeln andere Tiere ein Innenskelett. Außenskelett und Panzer schützen zwar, hindern die Tiere aber in ihrer Fortbewegung. Um zu fliehen, bilden manche Tiere eine Art Schwanz, der am hinteren Ende des Rachens entspringt und mit dessen peitschenartiger Bewegung das ganze Tier in Bewegung gerät: die Chorda dorsalis. Das Wort stammt aus dem Lateinischen und „chorda" bedeutet „Saite", „dorsum" „Rücken". Dem Stamm der Chordatiere oder Chordata gehören auch die Säugetiere an, also auch wir. Die Chorda ist der Ursprung des Innenskeletts.

Auf beiden Seiten der Chorda können nun Muskeln entspringen, deren Spannung und Entspannung zu S-förmigen Bewegungen des Tieres beitragen. Eine Reihe von Nervenfortsätzen, die an der Oberseite der Chorda entspringen, bilden das Rückenmark.

Einige dieser Chordatiere bewegen sich nur kurz, um einen geeigneten Platz im Meer zu finden, und setzen sich dort fest, um ihre Nahrung aus dem Wasser herauszufiltern. Um nicht aufgefressen zu werden, entwickeln sie einen „Mantel" aus Zellulose, weshalb man sie auch Manteltiere nennt. Die sehr erfolgreichen Manteltiere gibt es heute noch und ihre Lebensweise in der Tiefe der Meere hat sich seit dem Kambrium so gut wie nicht verändert.

Eine andere Gruppe der Chordatiere findet großen Gefallen daran, sich zu bewegen: es geht um die Wirbeltiere. Leider scheinen das heute viele von uns vergessen zu haben: zivilisierte Menschen gehen heute im Durchschnitt lediglich 800 Meter am Tag. Bei den meisten Chordatieren ist die Chorda dorsalis nur noch in ihrer Embryonalentwicklung angelegt – also während der Entwicklung der Tiere aus der befruchteten Eizelle. An ihre Stelle tritt im Erwachsenenalter die Wirbelsäule. Bei uns Menschen bleiben Reste davon in den Bandscheiben erhalten.

Um sich in der viel abwechslungsreicheren Umgebung zurechtzufinden, entwickeln Tiere nun mehr Sinnesorgane. Die paarig angelegten Augen, ein komplexer Geruchssinn und ein Organ, um die Wasserströmungen wahrzunehmen, helfen ihnen bei der Suche nach Nahrung, um Feinde aufzuspüren und sich vor ihnen in Sicherheit zu bringen und um einen Partner zu finden, mit dem sie Nachkommen zeugen können. Und um all dies wahrzunehmen und darauf zu reagieren, entwickeln sie ein immer komplexeres Gehirn.

Auch wirbellose Tiere haben schon zum Teil komplexe Gehirne. Im März 2023 wurde die erste Karte eines Insektengehirns veröffentlicht, der Fruchtfliege Drosophila melanogaster, die wir im Verlauf dieses Buches noch näher kennenlernen werden. Demnach besitzt diese 3016 Nervenzellen (Neuronen) und 548.000 Synapsen. Wir Menschen haben etwa 100 Milliarden Nervenzellen und 100 Billiarden Synapsen.

Die sich oft blitzschnell bewegenden Chordatiere der Meere leben heute noch: Fische. Ich liebe es, zu schnorcheln: Wenn ich mit der Schnorchelbrille in die zauberhafte Wasserwelt des Meeres eintauche, bin ich immer wieder beeindruckt davon, wie anders diese Welt ist, in der sie schwerelos und elegant dahingleiten. Und wie gleichgültig und angstfrei uns diese andersartigen Wesen ansehen und um uns herumschwimmen. Sie haben ihre Unterwasserwelt für sich.

Im Gegensatz zu mir können sie auch unter Wasser atmen: durch ihre Kiemen. Mit diesen von vielen Blutgefäßen durchzogenen Organen nehmen sie Sauerstoff aus dem Wasser auf und setzen Kohlendioxid wieder frei. Sie brauchen viel mehr Energie als Tiere, die sich weniger bewegen, und entwickeln daher ein Atmungsorgan, das mit Hilfe von Muskeln der Aufnahme von immer mehr Sauerstoff dient. Und es gibt noch einen Grund, warum sie mehr Energie brauchen: sie sind deutlich größer. Je größer sie sind, umso weniger können sie von größeren Tieren gefressen werden. Die größten Tiere, die je gelebt haben oder noch leben, sind Wirbeltiere: Dinosaurier, Wale, Riesenhaie, Elefanten. Die Chance, so groß zu werden, verdanken sie ihrem Innenskelett.

Die ersten Wesen, die sich aus dem Wasser der Meere an Land wagen, sind Pflanzen. Erst sind es kleine Kriechpflanzen wie Moose, die sich durch ihre Sporen gegen das Austrocknen wehren. Doch bald folgen ihnen auch Bäume nach.

Vor etwa 460 Millionen Jahren bricht eine neue Eiszeit über die Erde herein und hält zwanzig Millionen Jahre an. In dieser Zeit sterben erneut viele der Meerestiere aus. Doch auch aus dieser Eiszeit geht das Leben wieder in einem neuen Kleid hervor. Schon vor etwa 410 Millionen Jahren überziehen leuchtend grüne Wälder die damaligen Kontinente. Unterstützung bekommen die Pflanzen der Wälder durch Bodenpilze – sie heißen auch Mykorrhizapilze –, die mit ihnen eine bis heute andauernde fruchtbare Kooperation eingehen. Man nennt dieses friedliche und für beide Parteien gewinnbringende Zusammenleben eine Symbiose.

In diese inzwischen verlockende Welt wagen sich nun die ersten Tiere vor. Anfangs sind es kleine Insekten: Tausendfüßler oder Spinnen. Die ersten Wirbeltiere, die die Reise an Land wagen, heißen Tetrapoden. Das Wort kommt aus dem altgriechischen und „tetra" bedeutet „vier", „poda" „Füße", also „Vierfüßer". Das sind Fische, die zum Überleben an Land nach und nach Lungen statt Kiemen und Beine statt Flossen hervorbringen. Wie das genau vonstattenging, darüber streitet man sich immer noch. Manche der ersten Tetrapoden, die vor etwa 370 Millionen Jahren lebten, hatten am Ende ihrer vier Beine noch so etwas wie Flossen mit Fransen, später gehen daraus Zehen und Finger hervor. Anfangs schwankt die Zahl der Zehen bei den Arten auch noch und man hat schon Tetrapoden mit sechs, sieben oder acht Zehen gefunden. Irgendwann später einigt die Natur sich aber bezüglich ihrer Zahl: auf fünf.

Zu dieser Zeit fangen drei der kleineren Kontinente, in die Rodinia zerfallen war, an, sich wieder aufeinander zuzubewegen. Durch ihr Aufeinandertreffen bäumen sich riesige Bergketten auf und das Ganze verschmilzt zu einem neuen Superkontinent: Pangäa.

Die Tiere, die an Land gekrochen und vier Beine ausgebildet hatten, haben ein Problem: sie müssen, um sich fortzupflanzen, ins Wasser zurückkehren. Den Nachwuchs im Wasser abzulegen und ihn seinem Schicksal zu überlassen, war oft gefährlich – er konnte von anderen Tieren gefressen werden. Eine Lösung des Problems findet die Natur in einer neuen Fortpflanzungsform: die Tiere fangen an, Eier zu legen. Man nennt sie auch amniotische Eier.

Vielleicht haben Sie, liebe Leserin oder lieber Leser, heute Morgen ein Frühstücksei verspeist. Dieses wunderbare Gebilde dient eigentlich dem Schutz und der Ernährung des Hühnerembryos. Der Embryo wird von einer ersten wasserdichten Membran, dem Amnion, umschlossen. Ein Dottersack ernährt das neue Wesen und in einer – Allantois genannten – Membran werden seine Ausscheidungen aufbewahrt. All das wird von einer weiteren Membran, dem Chorion, umhüllt, und darüber liegt die eigentliche Eierschale, die zum Großteil aus Kalk besteht – wie die Panzer oder Muschelschalen, die frühere Tiere ausgebildet hatten. Die Tiere, die diesen Weg der Entwicklung gehen, nennt man, wegen der ersten umhüllenden Membran, Amnioten. Aus den ersten Amnioten entwickeln sich Reptilien, Vögel und Säugetiere, also auch wir.

Das Ei ist ein großer Fortschritt für die Landwirbeltiere. Sie können sich jetzt unabhängig vom Wasser vermehren und dadurch auch Trockenzeiten überleben. Immerhin gibt es auf der Erde zu jener Zeit den Superkontinent Pangäa – eine riesige Landmasse. Östlich von Pangäa liegt ein Meer, dessen tropische Gewässer und Küsten viel Leben beherbergen: das Tethysmeer. Das, was früher auf dem Grund dieses Meeres lag, bildet heute zum Teil die Gipfel der Alpen. Deshalb kann man manchmal da oben auch versteinerte Muscheln finden.

Mit der neuen Fortpflanzungsform, dem Ei, können sich Reptilien nun immer weiter ins Landesinnere vorwagen und der Trockenheit trotzen. Anfangs besteht ihre Nahrung aus anderen Tieren: Insekten, Fischen, oder anderen – kleineren oder hilfloseren – Reptilien, wie sie. Irgendwann – vielleicht hatten sie großen Hunger und es war nichts anderes zu essen da – kosteten sie Pflanzen. Die mit Zellulose umhüllten faserigen Pflanzengewebe wollten sich in ihrem Inneren nicht so recht zersetzen und

Moschops.

in ihre Bestandteile spalten lassen. Zu diesem Zweck gingen die Tiere eine Symbiose ein: mit Bakterien. Wie sich die Pflanzen der Wälder symbiotisch mit den Mykorrhiza-pilzen vergesellschafteten, um besser zu überleben, so ließen die ersten pflanzenfres-senden Tiere Bakterien in ihren Darm einziehen, um die Pflanzen dort zu „verdauen", also aufzuspalten.

Die pflanzenfressenden Reptilien waren – wie viele Pflanzenfresser heute – ziem-lich groß und die ganze Zeit mit Fressen und Verdauen beschäftigt. Anders als wir Säugetiere konnten sie – wie heutige Reptilien auch – ihre Körpertemperatur nicht selbst beeinflussen, sie mussten sich erst in der Sonne aufwärmen, um in Bewegung zu kommen. Manche von ihnen, die Pelycosaurier, entwickeln gut durchblutete dra-chenähnliche Rückensegel, die sie in der Sonne aufspannen, so dass sie schneller warm werden und auf die Jagd gehen können als ihre noch kalten und ruhenden Zeitgenossen. Außerdem bilden sie unterschiedliche Zahnformen aus – spitzere zum Abbeißen und Mahlzähne zum Zerkleinern – die sie die Nahrung viel effektiver zer-kauen lassen als diese. Aus den Pelycosauriern entwickelt sich die große Gruppe der Therapsiden – zu ihnen gehören die größten Tiere, die je auf der Erde gelebt haben. Einige von ihnen wurden mehrere Meter hoch und einige Tonnen schwer.

Vor etwa 252 Millionen Jahren ereignet sich eine Naturkatastrophe, die erneut zu einem Artensterben führt. Eine Magmablase steigt in der Region des heutigen Chinas aus den Tiefen der Erde an die Oberfläche empor und überzieht das Land mit glühen-der Lava und giftigen Gasen. Eine weitere, noch größere Magmablase in der Gegend des heutigen Sibiriens folgt. Unsere Erde ist zu dieser Zeit glühend heiß und es gibt in der Atmosphäre deutlich weniger Sauerstoff zum Atmen. Forscher schätzen, dass in diesem Höllenszenario fast alle Tier- und Pflanzenarten den Tod finden. Das Mas-sensterben auf unserer Erde dauert etwa eine halbe Million Jahre an. Keine einzige

Trilobitenart überlebt im Meer – diese faszinierenden Wesen verschwinden für immer von der Erde. Was denken Sie, was dieser Krise, dieser völligen Verwüstung folgt? Sie haben richtig geraten: Als sich die Erde erholt, entspringt ihr ein faszinierender, nie dagewesener neuer Reichtum an Arten. Wieder die Krise als Chance.

Wenn die Außentemperatur so großen Schwankungen unterliegt, ist es natürlich von Vorteil, wenn man seine Körpertemperatur unabhängig von ihr aufrechterhalten kann. Lange war unklar, wann die ersten Reptilien gelebt haben, die diesen Schritt gegangen sind. Man schätzt inzwischen, dass dies vor etwa 233 Millionen Jahren der Fall war.

Zu jener Zeit sind die Archosaurier – die „herrschenden Reptilien" – die Bosse. Einige Wirbeltiere hatten schon früher fliegen gelernt, um den vorher schon fliegenden Insekten zu folgen. Anfangs gleiten die drachenähnlichen Geschöpfe nur von einem Baum zum anderen. Einige der Archosaurier, die Pterosaurier – auch Flugsaurier genannt – lernen nun richtig fliegen und fangen an, den Luftraum zu bevölkern.

Es ist mehr als faszinierend, wie genial die Natur die Geschöpfe ausgestattet hat, um ihnen das Fliegen zu ermöglichen. Die grazilen Knochen sind hohl und manchmal so dünn wie Papier. Wenn die riesigen Pterosaurier, die teilweise so groß wie kleine Flugzeuge sind, ihre weiten Flügel ausbreiten, können sie schon in einem kleinen warmen Luftstrom in die Höhe geweht werden, ähnlich einem Segelflugzeug. Haben sie ihre gewünschte Flughöhe erreicht, spähen sie von oben ihre Beute aus und machen sich im Sturzflug über sie her.

Einer der größten Pterosaurier ist Pteranodon, den manche von Ihnen vielleicht aus dem Film Jurassic Park kennen. Die Flügel dieses Seevogels, der sich vor allem von Fischen ernährt, spannen sich bis zu neun Metern auf.

Andere Archosaurier bleiben auf dem Boden und fangen zunehmend an, sich auf zwei Beinen fortzubewegen. Wir sind bei den Dinosauriern angekommen, die schon viele Generationen von Kindern faszinieren. Anfangs spielen die Dinosaurier noch nicht die überragende Rolle, die sie später einnehmen werden. Was dazu beitragen wird, ist eine neue Naturkatastrophe.

Der seit hunderten von Millionen Jahren bestehende Superkontinent Pangäa beginnt wieder auseinanderzubrechen. Die Bruchstelle, die den heutigen Atlantischen Ozean bilden wird, auf dem Charles Darwin seine Reise 1831 antritt, führt zu einem großen Riss in der Erde. Eine riesige Magmablase bricht an dieser Stelle vor etwa 201 Millionen Jahren hervor und bedeckt Nordamerika und Nordafrika – das zu jener Zeit daneben lag – mit Rauch, Asche und giftigen Gasen. Viele Tiere sterben erneut aus, darunter auch viele Saurier. Warum die Dinosaurier damals überleben, ist vielen bis heute ein Rätsel. Doch sie überleben nicht nur: sie entwickeln sich zu den Herrschern über die Welt.

Was macht die Dinosaurier zu jener Zeit so stark? Es ist spannend: vieles, was später auch uns Menschen aus Sicht der Wissenschaft zur Herrschaft über andere Spezies verhalf. Zum einen ist es der aufrechte Gang: Die Dinosaurier stehen und wandeln auf ihren Hinterbeinen, während sie sich mit ihrem langen starren Schwanz, der als Gegengewicht dient, stabil halten. Ihre vorderen Gliedmaßen, die sie nun nicht mehr zum Gehen brauchen, sind jetzt für andere Tätigkeiten frei: zum Klettern oder zum Ergreifen von Beute. Zum anderen ist es ihr Gehirn: kein Wesen zuvor weist ein so hoch entwickeltes Gehirn auf wie sie.

Die Eroberung der Welt durch die Dinosaurier lässt so gut wie keine ökologische Nische an Land und in der Luft aus. Manche von ihnen fressen Pflanzen, andere ernähren sich von Tieren. Einige bleiben klein, andere wachsen zu richtigen Monstern heran und werden, wie zum Beispiel der Argentinosaurus, bis zu 50 Meter lang und mehr als 70 Tonnen schwer. Andere legen sich zu ihrem Schutz Panzer zu und wandeln langsam und behäbig über den Boden – sie könnten heute im Krieg eingesetzt werden.

Und – Applaus – jetzt kommen wir zum Star unter ihnen, der die meisten „Follower" hat: Tyrannosaurus Rex. T-Rex heißt sogar eine der Lieblingsbands meines Mannes. T-Rex kann als Erwachsener bis zu 13 Meter lang und 8,8 Tonnen schwer werden. Wenn man an ihm hochgeblickt hätte, wäre seine Hüfte allein schon 4 Meter hoch gewesen. T-Rex gehört zu den größten Fleischfressern aller Zeiten, wobei noch nicht endgültig gesichert ist, ob er ein Jäger oder eher ein Aasfresser war.

Wenn man sich die Dinosaurier auf Bildern oder in Filmen wie Jurassic Park ansieht, kann man nur beeindruckt sein. Dass sie so riesig werden konnten – viel größer als die größten Tiere heute – verdanken sie einer genialen Entwicklung der Natur: sie werden von einem weit verzweigten System von Säcken durchzogen. Und durch diese Säcke fließt: Luft!

Wenn wir einatmen, strömt die Luft in unsere Lunge, wo der darin enthaltene Sauerstoff aufgenommen wird. Das von unseren Zellen abgegebene Kohlendioxid wird über den gleichen Weg – nur in die andere Richtung – wieder ausgeatmet. Die Dinosaurier lassen die Luft auch in ihre Lunge eintreten, leiten diese aber nun über Ventile in ihr inneres Luftsystem weiter, das ihre inneren Organe umgibt und zum Teil sogar ihre Knochen füllt. Diese Luft ist für die riesigen Tiere, die einen enormen Energieumsatz haben, lebensnotwendig: sie kühlt sie herunter. Sie haben also eine eingebaute innere Luftkühlung. Diese wunderbare Spielweise der Natur vererben die Dinosaurier nach ihrem Aussterben ihren Nachkommen in der Evolution: den Vögeln.

T-Rex.

Manche Dinosaurier fangen an, sich mit Federn zu schmücken, die nach und nach bunter werden. Und dann sind sie eines Tages bereit und heben ab. Als „erster Vogel" gilt der „Urvogel" Archaeopteryx, der vor etwa 150 Millionen Jahren in der Gegend des heutigen Bayerns gelebt hat. Damals gab es dort allerdings ein flaches Meer und wahrscheinlich subtropisches Klima. Der etwa 51 Zentimeter große Archaeopteryx wurde bis zu einem Kilogramm schwer.

Die Dinosaurier beherrschen die Erde etwa 140 Millionen Jahre lang. Lange Zeit war es ein großes Rätsel, warum sie schließlich ausgestorben sind. Die im Augenblick vorherrschende Theorie ist die eines Meteoriteneinschlags vor der Küste der heutigen Yucatan-Halbinsel in Mexiko vor etwa 66 Millionen Jahren. Durch eine Kaskade von Naturphänomenen, die dadurch ausgelöst wurden – Feuer, Tsunamis, die Verdunklung der Sonne durch riesige Staubwolken – kam es zu einem erneuten Massensterben, wie wir sie nun bereits schon mehrfach erlebt haben. Dieses hier löschte alle unsere Dinosaurier aus.

Die ersten Säugetiere waren bereits vor etwa 125 Millionen Jahren auf der Erde erschienen, konnten aber erst jetzt, nach dem Aussterben der Dinosaurier, nach und nach die ökologischen Nischen der Natur erobern. Das Wort „Säugetier" kommt von der Art, wie diese Tiere ihre Babys nach der Geburt ernähren: sie geben ihnen Muttermilch zu trinken.

Da die Brüste der ersten Tiere, die das so gemacht haben, nicht fossilisiert sind, sind die Paläontologen bei der Forschung auf bestimmte Knochen angewiesen, die bei Säugetieren verändert sind. Aus einigen ehemaligen Knochen des Kiefergelenks von Echsen oder Dinosauriern entwickeln sich bei Säugetieren die Gehörknöchelchen. Das alte Kiefergelenk verschwindet und es bildet sich ein neues, das nur noch ein einziger Knochen verbindet: den typischen Säugetierunterkiefer.

Anfangs sind die kleinen, pelzigen Säugetiere die Herrscher der Nacht, verstecken sich tagsüber in Erdhöhlen und ernähren sich vornehmlich von Insekten. Jetzt, im Dunkeln, kommt ihnen ihr verbesserter Gehör- und Geruchssinn zugute. Und es entwickeln sich nicht nur ihre Sinne: auch ihre Gehirne werden größer.

Auch die Art, wie ihre heranwachsenden Kleinen beschützt werden, verändert sich. Eier sind ja, trotz der Kalkhülle, immer noch eine mögliche Beute und Nahrung für andere Tiere. Während die Kloakentiere (heute leben noch das Schnabeltier und der Ameisenigel) noch Eier legen und ihren Nachwuchs nach dem Schlüpfen säugen, wachsen Babys nun im schützenden Inneren ihrer Mütter heran, das sie mit ähnlichen Membranen umhüllt wie das früher im Ei der Fall war. Nur die Kalkschale wird überflüssig. Beuteltiere wie heutige Kängurus oder Koalas haben einen besonderen Weg eingeschlagen: ihre Kleinen sind bei der Geburt kaum mehr als Embryos und kriechen dann in einen Beutel ihrer Mutter, in dem sie sie säugt und herumträgt. Die Plazentatiere, aus denen auch wir hervorgegangen sind, wachsen schließlich im Schoß ihrer Mutter mit der Unterstützung des Mutterkuchens – der Plazenta – so weit heran, dass sie beim Schlüpfen so gut wie überlebensfähig sind. Außer uns Menschen, wie wir später sehen werden.

Nachdem sich die ersten Fische vor etwa 370 Millionen Jahren aus dem Wasser an Land gewagt haben, gehen manche von ihnen 320 Millionen Jahre später den Weg wieder zurück. Es sind Paarhufer und gemeinsame Vorfahren heutiger Schafe und Ziegen. Ihre vier Beine verwandeln sich nach und nach zurück in Flossen und sie werden zu Walen und Delphinen. Als ich klein war, gehörte ein Buch über Delphine zu meinen Lieblingen. Heute schätzt man, dass diese Tiere in ihrer Intelligenz uns Menschen kaum nachstehen. Wer weiß – vielleicht sind sie ja auch intelligenter. Immerhin zerstören sie die Umwelt nicht, in der sie leben.

Wie wir schon wissen, hatte der Superkontinent Pangäa schon vor etwa 200 Millionen Jahren angefangen, auseinanderzubrechen. Zuerst zerfiel er in zwei Teile: Laurasia im Norden und Gondwana im Süden – dazwischen lag nun der Atlantische Ozean. Danach zerfiel er in noch kleinere Teile und dieses Zerfallen setzt sich bis heute fort. Dass Afrika und Südamerika früher einmal zusammengehört haben, kann man heute noch erkennen, wenn man die Weltkarte betrachtet.

Vor etwa 30 Millionen Jahren hatte sich der neue Kontinent Antarktika ebenfalls von Pangäa abgespalten und war immer weiter südlich gedriftet, bis er rundherum von Wasser umgeben war. Er war nun von den wärmenden Strömungen abgeschnitten, was stufenweise dazu führte, dass der einst grüne Kontinent unter dem Eis verschwand. Auch im Norden, in der Arktis, wurde es zunehmend kühler – die Erde bekam ihre eisbedeckten Polkappen, die bis heute fortbestehen. Das Klima der ganzen Erde, das über Jahrmillionen heiß und feucht gewesen war, wurde wechselhafter. Und die Lebewesen, die sie bewohnten, passten sich an.

In den warmen Dschungeln der Erde leben zu jener Zeit bereits Primaten – heute gehören dieser Gruppe die Halbaffen, Affen, Menschenaffen, – auch Hominiden genannt (wie Gorillas, Orang-Utans und Schimpansen) – und wir Menschen an. Die kleinen Äffchen verstecken sich vor großen Raub- und Huftieren noch in den Kronen der Bäume. Doch sie werden größer und zahlreicher. Und sie fangen an, von den Bäumen herunterzuklettern und die Welt um sich herum neugierig zu erkunden und zu bevölkern. Und, wie die Dinosaurier einige Zeit zuvor, fangen sie an, sich auf ihre Hinterbeine zu stellen.

Das Abkühlen der Erde lässt die tropischen Wälder immer weiter schrumpfen, so dass immer mehr dieser in Horden zusammenlebenden Affen aus ihrer gewohnten Umgebung fliehen müssen. Aus dem Paradies vertrieben, entwickeln sie sich weiter – zu Menschen.

Die ersten Hominini, aus denen wir Menschen hervorgehen, erscheinen vor etwa sieben Millionen Jahren auf der Erdoberfläche, und zwar in Afrika. Auch andere Säugetiere kommen manchmal auf die Idee, sich auf ihre Hinterbeine zu stellen. Wir hatten als Kinder einmal ein weißes Kaninchen mit roten Augen, das sich, wenn es neugierig oder wütend war, aufrichtete und frech und aufmerksam in die Welt schaute. Bei den Hominini wird der aufrechte Gang aber zu ihrer Grundhaltung. Auf allen vieren zu gehen, fällt ihnen – außer in einer frühen Phase ihres Lebens – schwer. Wer einmal beobachtet hat, wie sich ein Kleinkind aufmacht, um das Gehen zu lernen, wird mir zustimmen: es ist jedes Mal ein Wunder! Diese Haltungsänderung ist der Ursprung vieler Veränderungen mit weitreichenden Folgen.

Vor ungefähr 3,5 Millionen Jahren kosten die Hominini Fleisch – wahrscheinlich von einem durch ein anderes Tier getötetes Tier – und es schmeckt ihnen. Sie sind natürlich nicht so erfolgreiche Jäger wie manche Raubtiere und haben nicht deren Klauen, Zähne oder Krallen. Doch sie sind einfallsreich: sie fangen an, Waffen herzustellen, zum Beispiel, indem sie Steine anspitzen. Nun, da sie nicht mehr so viel Zeit damit zubringen müssen, Pflanzen zu essen und zu verdauen, wachsen ihre Gehirne, die ungeheuer große Energiemengen brauchen.

Vor etwa 2,5 Millionen Jahren fängt ein Zyklus an, in dem sich wärmere Zeiten und Eiszeiten abwechseln. Das hängt mit verschiedenen Faktoren zusammen, die unter anderem mit der Umlaufbahn der Erde und der Neigung und Drehung der Erdachse zu tun haben. Das führt dazu, dass es alle etwa 100.000 Jahre eine Eiszeit auf der Welt gibt, die von 100.000 bis 200.000 Jahre dauernden Warmzeiten unterbrochen wird.

Vor etwa 21.000 Jahren wird der Höhepunkt der letzten Eiszeit angesiedelt. Der Meeresspiegel lag damals rund 120 Meter tiefer, da viel Wasser in Eis gefroren war. Unsere jetzige Warmzeit hält seit ungefähr 12.000 Jahren an und seither steigt auch der Meeresspiegel. Diese Schwankungen sind auch für Pflanzen und Tiere eine Herausforderung. Nicht zuletzt auch für die Hominini.

Als die Wälder in Afrika anfangen, auszutrocknen, müssen sie ihre Ernährung mehr und mehr auf Fleisch umstellen. Dieses ist besser verdaulich als pflanzliche Nahrung und liefert zudem mehr schnell verfügbare Nährstoffe und Energie. Im Verhältnis zum Rest des Wesens wächst die Größe des Gehirns rasant an. Bei uns Menschen macht das Gehirn ein Fünfzigstel unserer Körpermasse aus, verbraucht allerdings ein Fünftel unserer Energie.

Nun stehen die ersten Hominini also aufrecht und ihre Wirbelsäule, die zuvor in der Waagerechten benutzt worden war, gerät unter Druck. Wir leiden heute noch darunter: Rückenschmerzen und Bandscheibenvorfälle plagen viele Menschen und belasten unser Gesundheitssystem. Auf zwei Beinen zu laufen, erfordert eine komplexe Koordination von Gehirn, Muskeln und Nerven. Vor etwa 2 Millionen Jahren lebt Homo erectus – der aufrechte Mensch – der erste Hominin, der seinen Körperbau vollständig an den aufrechten Gang und die Bipedie – also die Zweibeinigkeit – angepasst hat. Der Hominin mit den langen Beinen, schmalen Hüften und der schmalen Taille, der uns, dem heute lebenden Homo, schon ziemlich ähnlich ist, fängt an, das Laufen zu üben. Das frische, nahrhafte Fleisch, an das sich sein Verdauungssystem gewöhnt hat, muss ja erst einmal erjagt werden. Und er wird immer besser und schneller im Rennen.

Mit den scharf sehenden, nach vorne gerichteten Augen kann er seine Beute kilometerweit verfolgen. Im Gegensatz zu den anderen Tieren überhitzt er dabei nicht. Er hat zwar keine „Innenkühlung" durch Luftsäcke wie die Dinosaurier, dafür aber immer weniger Körperhaare und er hat Schweißdrüsen in der Haut, die seinen

Körper durch die Verdunstung von Schweiß herunterkühlen. Das verfolgte, überhitzte Tier kann er schließlich mit einer seiner angespitzten Waffen erlegen.

Noch etwas macht der Jäger erfolgreich: er jagt mit anderen seiner Art gemeinsam. Er ist ein soziales Wesen. Und, ein nicht unbedeutendes Detail seines Lebens: er benutzt Feuer. Er – und natürlich auch sie – fängt an zu kochen. Nicht nur trägt das Feuer dazu bei, dass die Nahrung weniger Keime enthält und mehr Nährstoffe freisetzen kann, die Hominini sitzen nun nach dem Kochen zusammen am Feuer, essen und kommunizieren miteinander. So, wie wir es heute noch machen, wenn wir uns mit Freunden treffen. Hier, rund um das Feuer, entstehen die Freundschaften und entwickeln sich die Pläne für die nächste gemeinsame Jagd.

Von den Hominini überleben schließlich nur jene, die mit Feuer umgehen können. Alle anderen sterben aus. Was für eine Macht das Feuer hat, beschreibt die berühmte griechische Prometheussage auf wunderbare Art. Prometheus stiehlt den Göttern das Feuer und bringt es den Menschen. Der „Feuerbringer" Prometheus gilt als Urheber der menschlichen Zivilisation.

Die Menschen sitzen natürlich nicht nur zusammen, um ihre grausamen Jagden zu planen. Sie kommunizieren auch mit dem anderen Geschlecht und verlieben sich. Im Gegensatz zu anderen Säugetieren haben sie keine bestimmte Paarungszeit, in der sie, wie diese, ihre Empfängnisbereitschaft offen zur Schau stellen. Nackt, mit zu jeder Zeit gleich aussehenden sexuellen Merkmalen, ziehen sie sich gegenseitig an und bringen Nachkommen hervor.

Bei der Geburt dieser Nachkommen kommt es aber zunehmend zu Problemen. Bei der Aufrichtung hatte sich das Becken der frühen Menschen verengt, im weiteren Verlauf der Geschichte wurden ihre Gehirne und damit ihre Köpfe jedoch immer größer, so dass sie oft nicht mehr durch den Geburtskanal passten. Man nennt es das „Geburtsdilemma".

Nachdem Eva Adam dazu verführt hatte, die Früchte vom Baum der Erkenntnis zu essen, bestraft Gott die beiden nicht nur mit der Vertreibung aus dem Paradies, er sagt Eva auch: „Viele Mühsal will ich dir bereiten, wenn du Mutter wirst. Mit Schmerzen wirst du Kinder gebären." Soweit man weiß, haben andere Säugetiere keine Schmerzen, wenn sie gebären, und Katzen schnurren dabei sogar. Das ist der schmerzhafte Preis, den der Mensch dafür bezahlt, vom Baum der Erkenntnis gegessen zu haben, also intelligent und ein „wissender Mensch", ein „Homo sapiens" geworden zu sein. Und es gibt noch einen Preis: die Gehirne der Menschen sind, wenn sie geboren werden, noch ziemlich unfertig, da die eh schon großen Babyköpfe sonst gar nicht durch den Geburtskanal passen würden. Daher sind Babys bei der Geburt auch so hilflos und brauchen im Gegensatz zu anderen Säugetieren viel Zeit, bis sie sich aus der Abhängigkeit ihrer Eltern lösen können. Die Gehirne von Menschen wachsen auch nach der Geburt im Gegensatz zu anderen Säugetieren noch in einem rasanten Tempo weiter, also in einer Zeit, in der sie bereits am Leben der Familie und der Gemeinschaft beteiligt sind. Diese Einbindung hat nachweislich einen großen Einfluss auf die Entwicklung ihrer Gehirne.

Die frühen Menschen, die aus den Wäldern Afrikas vertrieben und sich nun, aufrecht gehend und in Horden jagend, über den ganzen Kontinent ausbreiten, ziehen vor etwa 1,7 Millionen Jahren weiter, wahrscheinlich den Herden von Beutetieren folgend. Nach und nach bevölkern sie alle Kontinente. Und sie entwickeln sich weiter, auch zu anderen Homo-Spezies. Zum Beispiel dem zwergenhaft kleinen Homo luzonensis, der auf der Insel Luzon in den heutigen Philippinen beheimatet ist und beschließt, wieder zurück auf die Bäume zu steigen. Oder der im Süden Afrikas lebende Homo naledi, dessen Finger deutlich länger und gebogener sind als unsere. Oder der viel größere, in der Nähe der Stadt, in der ich wohne, gefundene Homo heidelbergensis, der bis zu zweieinhalb Meter lange Steinspeere herstellt, die er als Wurfwaffe benutzt. Schließlich der Homo neanderthalensis oder Neandertaler, der im Norden und Nordosten Europas beheimatet ist, im Einklang mit der Natur in Höhlen lebt und bereits Kunstwerke herstellt – beispielsweise Muscheln bemalt. Im Altai-Gebirge im Süden Sibiriens und in der Hochebene von Nepal entwickeln sich die Hominini denisovans oder Denisova-Menschen, die mit den Ur-Neandertalern eng verwandt sind und sich genetisch an das Leben in großen Höhen anpassen. All diese Menschen der Gattung Homo, die eine ganze Zeitlang gleichzeitig auf unserer Erde leben, sterben aus. Außer uns, Homo sapiens.

Wie wir schon gesehen haben, pendelt das Klima in jener Zeit zwischen Eis- und Warmzeiten. Um der Kälte zu trotzen, entwickelt der Mensch einen Schutz: er legt sich Fettpolster an. Selbst die schlanksten unter uns haben noch mehr Fett an ihrem Körper als die fülligsten Menschenaffen. Das ist wichtig: der Mensch braucht, um sein riesiges Gehirn zu versorgen, sehr viel Energie. Um in Zeiten von Nahrungsknappheit zu überleben, kann er nun auf seine Fettreserven zurückgreifen. Frauen legen sich mehr davon zu: sie müssen ja, wenn sie schwanger sind, auch ihr Ungeborenes mitversorgen. Die Frauen mit üppigen Rundungen stellen nicht nur ein Schönheitsideal dar, sie haben auch mehr Nachkommen. Und, da sich die Veränderungen auch in den Genen wiederfinden, werden auch die Männer dicker. Die frühen Menschen schlagen sich, wenn sie die Gelegenheit dazu haben, ihre Bäuche so voll wie sie können, um die Winter- und Trockenzeiten zu überleben. Heute, da wir Menschen der Industrienationen zu jeder Zeit genügend Essen zur Verfügung haben, kann das zum Problem werden. Fettspeicher und größere Gehirne verdanken wir also wieder einer Naturkatastrophe, und zwar einer Eiszeit. Wieder die Krise als Chance.

Die frühen Menschen werden nicht nur dicker, sie leben auch länger: während man schätzt, dass die Lebenserwartung des Homo erectus nur etwa 20 Jahre betrug, erhöht sich diese bei Neandertalern und Homo sapiens auf 40 Jahre. Die neue Gesellschaftsschicht, die Alten, geben ihr Wissen an die jüngeren Generationen weiter. Dieses Wissen wird zu einem weiteren Überlebensfaktor für die Hominini. Die Lebenserwartung der Homo sapiens verlängert sich noch bis heute und beträgt aktuell 73 Jahre, in einigen Ländern sogar über 80 Jahre (Stand 2023).

Noch eine Neuerung in der Evolution, die nur dem Menschen eigen ist, bringt einen weiteren Vorteil: die Menopause. Die Mütter, die unter Lebensgefahr die hilflosen Babys mit den riesigen Köpfen zur Welt gebracht hatten, konnten nun von ihren eigenen Müttern – oder anderen Frauen in den Wechseljahren – beim Großziehen ihrer Kinder unterstützt werden. So kann eine Gemeinschaft, die sich auf die Hilfe jener Frauen verlassen kann, die selbst keine eigenen Kinder mehr bekommen können, mehr Kinder bis zur Geschlechtsreife heranziehen.

Von den Neandertalern, die mindestens 250.000 Jahre auf der Erde geweilt hatten, verliert sich vor etwa 30.000 Jahren jede Spur. Das heißt, nicht ganz: erst 2010 entdeckte ein Leipziger Forscherteam, dass ein bis vier Prozent unserer DNA von Neandertalern stammt. Homo sapiens und Homo neanderthalensis müssen also miteinander Sex gehabt haben. Bevor ihre Spezies ausgestorben ist, haben sie ihre Erbinformation an uns weitergegeben. Bei manchen Homo sapiens konnten auch Gene von Denisova-Menschen ausgemacht werden. Dazu erfahren Sie später mehr.

Darin ist man sich einig: die Wiege des Homo sapiens liegt in Afrika. Von dort aus haben sich unsere Vorfahren auf den Weg gemacht, den ganzen Planeten zu besiedeln. Die Phasen ihrer Wanderschaften haben viel mit dem Abwechseln zwischen Eis- und Warmzeiten zu tun. Was macht genau die eine Homo-Art, den Homo sapiens, zum einzigen Überlebenden unter den Homo-Spezies? Es scheint, als wäre die Ursache dafür seine besondere Gabe, sich an veränderte Umweltbedingungen anzupassen. Von tropischen Regenwäldern und kargen Wüsten bis hin zu arktischen Regionen und Berghöhen: überall fassen Menschen Fuß und bevölkern schließlich die ganze Welt.

Und noch eine Entwicklung scheint einen bedeutsamen Einfluss auf uns zu haben: wir entwickeln die Sprache. Wann genau dieser Prozess anfing, ist nicht genau bekannt und manche können sich sogar vorstellen, dass schon Homo erectus, der vor etwa 1,5 Millionen Jahren lebte, zumindest anatomisch – durch die Größe und Form von Zunge, Kehlkopf, Rachen und Nasenhöhle – in der Lage war, Laute zu artikulieren. Es scheint aber, dass erst Homo sapiens, mit einem riesigen Gehirn ausgestattet, das Sprechen und die Sprache nach und nach vervollkommnete. Eine der etwa 7000 Sprachen dieser Welt verwende ich gerade, um mit Ihnen, liebe Leserin und lieber Leser, zu kommunizieren und Ihnen diese Geschichte zu erzählen.

Der 22-jährige Homo sapiens, der am 27. Dezember 1831 in Devonport in See sticht, ist einer von damals schon über einer Milliarde seiner Spezies (heute sind wir etwas über 8 Milliarden). Charles Darwin wird am 12. Februar 1809 im Mount House, Shrewsbury, England, als fünftes von sechs Kindern des wohlhabenden Arztes Robert Darwin geboren. Schon von Kindesbeinen an ist er von der Natur fasziniert und sammelt Steine, Muscheln, Käfer, Würmer, Spinnen. Er fängt erst in Edinburgh mit dem Studium der Medizin an und wechselt später zum Theologiestudium nach Cambridge. Hier begegnet er dem Botaniker Professor John Henslow, mit dem ihn eine lebenslange Freundschaft verbinden wird.

Henslow empfiehlt dem jungen Charles die Lektüre von Alexander von Humboldts „Vom Orinoco zum Amazonas", das ihn unglaublich fesselt. Da die gesamte

Reise, die Humboldt auf 3754 Seiten beschreibt, zu kostspielig ist, plant Charles schließlich eine Reise nach Teneriffa, um sich auf die Spuren des berühmten Humboldt zu begeben. Bei seiner Rückkehr will er sein Theologiestudium beenden und für sein finanzielles Auskommen eine Pfarrei übernehmen, um so viel Zeit und Geld wie möglich für sein Hobby – die Naturwissenschaften – übrig zu haben.

Doch es kommt anders: Als der 26-jährige Kapitän Robert Fitzroy für seine zweite Reise mit der HMS Beagle einen jungen „Gentleman" mit wissenschaftlichen Interessen sucht, empfiehlt Professor Henslow ihm den jungen Charles. Er soll dem Kapitän vor allem als Gesellschafter dienen – aus Einsamkeit hatte Fitzroys Vorgänger auf der Beagle Selbstmord begangen. Seine weitere Aufgabe soll sein, die Natur zu beobachten und Tier- und Pflanzenarten zu sammeln. Trotz des anfänglichen Widerstands willigt der Vater schließlich zu dieser Reise – für die er finanziell aufkommen muss – ein. Wie viele junge Homo sapiens heute ist der 22-jährige nämlich noch von seiner Familie abhängig. Um sich auf die Reise vorzubereiten, macht Professor Henslow ihn mit dem Geologie-Professor Adam Sedgwick bekannt, der ihm auf einer Expedition nach Wales die Grundlagen der Geologie – besser gesagt des Wissens darüber aus jener Zeit – näherbringt.

Lassen Sie uns mit dem jungen Charles, dessen bläulich-grauen Augen unter buschig abstehenden Augenbrauen neugierig in die Welt schauen, auf die Reise gehen. Die Weltumsegelung führt über die Kapverden, Brasilien, die Falklandinseln, Patagonien, Feuerland, Chile, Peru, die Galapagosinseln, Australien, Südafrika, Brasilien und wieder nach England zurück. Was für ein Erlebnis! Der junge Charles beobachtet alles fasziniert und führt ein Reisetagebuch, außerdem schickt er getrocknete Pflanzen, eingelegte Tiere und Fossilien zu Professor Henslow nach England.

Die HMS Beagle ist nur 30 Meter lang und bis zu 7,4 Meter breit, hier leben auf engstem Raum etwa 70 Menschen. Drei davon – zwei Männer und eine Frau – sind Feuerlandindianer, die Kapitän Fitzroy zwei Jahre zuvor auf seiner ersten Reise mit der Beagle mitgenommen und in einer Schule in England hatte ausbilden lassen. Im Januar 1834 werden sie – mit allem, was man für die englische feine Lebensart benötigt, zum Beispiel Weingläsern, Bettwäsche oder Toilettenkästchen – in ihrer alten Heimat ausgesetzt, um die dortigen „armen" „Wilden" zu „zivilisieren". Mit dabei ist ein Geistlicher, der beim Aufbau der christlichen Mission mitwirken soll. Als das Schiff ein Jahr später zurückkehrt, um zu sehen, welche Früchte dieses „Experiment" getragen hat, ist die Enttäuschung groß: die Mission ist verwüstet, Jemmy – einer der Feuerlandindianer – hat seine feinen Kleider abgelegt, sich wieder ein Fell angezogen und will nicht wieder nach England zurück. Dafür besteigt der desillusionierte Missionar erneut das Schiff, um nach Hause zu segeln. Das Scheitern der Mission wirft Kapitän Fitzroy in eine der – im Laufe seines Lebens vielen – Lebenskrisen.

Da Charles Darwin nicht nur schrecklich unter Seekrankheit leidet, sondern auch viel mehr Interesse an Flora, Fauna und den geologischen Formationen hat, geht er so oft wie möglich auf Expeditionen an Land. In Brasilien erkundet er den tropischen Regenwald und ist fasziniert von der Vielfalt der Arten, aber auch von deren Zusammenleben miteinander. In Argentinien findet er die versteinerten Knochen eines längst ausgestorbenen Faultiers, die er auch nach England schickt. Warum hatte Gott, der alle Wesen erschaffen hatte, einige davon aussterben lassen? Das ist nur eine der vielen Fragen, der er nach der langen Reise noch viele Jahre lang nachgehen wird.

Auf einer Expedition in die Anden findet Darwin auf einem Pass in 3900 Metern Höhe versteinerte Muscheln. Wie waren sie dahin gekommen? Könnte es sein, dass die Erdkruste sich unter unseren Füßen bewegte und zu Bergen werden ließ, was vorher unter dem Meer gelegen hatte? Wieder so eine Frage.

Eine der beeindruckendsten Erfahrungen macht Darwin auf den Galapagosinseln. Die am Äquator liegenden, trockenen und heißen Inseln beherbergen riesige Echsen und Riesenschildkröten, aber auch viele Vögel, zum Beispiel Finken. Von den Schildkröten gibt es nicht mehr viele, da die vorbeireisenden Schiffe sie gerne mitnehmen, um ihre Besatzung mit frischem Fleisch zu versorgen. Faszinierend ist: jede Insel, die von heftigen Strömungen umgeben ist und ihre Tierwelt daher voneinander trennt, hat ihre eigene Schildkrötenart, die die dort lebenden Menschen anhand ihres Panzers auseinanderhalten können. Auch die Finken unterscheiden sich je nach Insel. Da Darwin von jeder Insel ausgestopfte Vögel mitnimmt, werden diese sogenannten „Darwin-Finken" später, als er seine berühmte Theorie verfasst und begründet, noch von großer Bedeutung sein.

Auf den Kokosinseln im Indischen Ozean kann Darwin den Beweis dafür erbringen, dass sich Korallenriffe dort bilden, wo Inseln unter die Meeresoberfläche absinken. Wieder ein Beweis dafür, dass sich die Oberfläche der Erde an einigen Stellen absenkt, während sie sich anderswo auftürmt und zu Bergen auffaltet. Er hatte bereits im Februar 1835 bei Valdivia in Chile ein schweres Erdbeben erlebt und diese Bewegungen der Erde am eigenen Leib erfahren können.

Nach fast 5 Jahren ist Darwins Schiffsreise zu Ende. Am 2. Oktober 1836 gegen 9 Uhr morgens läuft die HMS Beagle in den Hafen von Falmouth ein. Bis zu seinem Tod 1882 wird Darwin England nie wieder verlassen. Einen großen Teil seines restlichen Lebens wird er damit verbringen, die Eindrücke dieser Reise zu verarbeiten, die gesammelten Pflanzen- und Tierpräparate zu ordnen und zu studieren und die Schlussfolgerungen daraus zu ziehen und zu veröffentlichen. In den fünf Jahren hatte er immerhin neben tausenden von Pflanzen 1529 Tierspezies in Spiritus, 3907 etikettierte Häute, Felle und Knochen und andere getrocknete Exemplare gesammelt. Im Natural History Museum in London kann man im Darwin Centre heute noch einige der von ihm beschrifteten Präparate bewundern.

Ich sehe den jungen Wissenschaftler vor mir, wie er über den Rätseln brütet, die ihm all die Eindrücke seiner Reise aufgegeben haben. Er liest Bücher aus so unterschiedlichen Wissensbereichen wie Medizin, Psychologie, Philosophie, Agrarwissenschaften oder politische Ökonomie. Er schreibt und zeichnet seine Gedanken in zahllose Notizbücher, spricht jedoch mit so gut wie niemandem darüber. Akribisch sammelt er Für und Wider und wägt sie gegeneinander ab.

Auch in seinem Privatleben geht er ähnlich vor: um zu entscheiden, ob er heiraten soll oder nicht, setzt er eine Pro-und-contra-Liste auf. Pro: Kinder, ein behagliches

Zuhause mit Kaminfeuer, weibliches Geplauder. Außerdem will er nicht „ein Leben lang nur wie eine geschlechtslose Arbeitsbiene zubringen." Contra: die Aufgabe der Freiheit, Verwandtenbesuche, Ausgaben, Verantwortung, Sorgen um die Kinder, weniger Zeit für die Arbeit. Die Pro-Liste siegt und am 29. Januar 1839 heiratet er seine Cousine Emma Wedgwood, mit der er zehn Kinder hat, drei von ihnen sterben vor dem Erwachsenwerden. Darwin äußert später die Befürchtung, nachdem er die Folgen von Inzucht bei Pflanzen erforscht hatte, dass diese Heirat für einige der Gesundheitsprobleme seiner Kinder verantwortlich sein könnte und setzt sich bei der Volkszählung von 1871 dafür ein, dass die Heiraten unter Verwandten erfasst werden.

Im November 1842 zieht sich die Familie Darwin in das Down House in die kleine südlich von London gelegene Ortschaft Downe zurück. Charles Darwin, dessen Gesundheit sich seit der Rückkehr von seiner Weltreise immer weiter verschlechtert hat, erhofft sich dort mehr Ruhe, um zu arbeiten. Über die Theorie, die in ihm heranreift, spricht er immer noch mit so gut wie niemandem, vor allem nicht mit Emma, die streng gläubig ist und zum Beispiel darum fürchtet, ihrem Mann im Jenseits nicht wiederzubegegnen. Einen der ersten Hinweise gibt er in einem am 11. Januar 1844 verfassten Brief an seinen Freund Joseph Dalton Hooker, in dem er schreibt: „Endlich gibt es Lichtblicke, und ich bin fast überzeugt (ganz im Gegensatz zu meiner anfänglichen Meinung), dass Arten nicht unveränderlich sind (das ist wie das Geständnis eines Mordes)". Im gleichen Jahr, also schon mit 35 Jahren, schreibt er ein Testament, in dem er Emma darum bittet, sich um die Veröffentlichung eines rund 230-seitigen Manuskriptes zu bemühen, in dem er seine Evolutionstheorie, die ihn berühmt machen sollte, in einem ersten Entwurf skizziert.

Darwins Theorie besagt – sehr kurz gefasst –, dass sich Arten durch natürliche Selektion herausbilden. Das bedeutet, dass manche Arten mit besonderen Merkmalen bessere Überlebenschancen haben, mehr Nachkommen zeugen und diese Merkmale ihrem Nachwuchs weitervererben. Wie diese Merkmale allerdings vererbt und an die nächsten Generationen weitergegeben werden, weiß er damals noch nicht und er macht sich viele Gedanken darüber. Er weiß auch nicht, wie es zur Veränderung der Merkmale im Verlauf der Evolution kommt. Darüber werden sich noch viele Fachleute den Kopf zerbrechen und auch wir kommen später in diesem Buch noch darauf zurück.

Obwohl Darwins Freunde ihn drängen, seine Ideen zu veröffentlichen, sträubt er sich. Das ändert sich erst, als er im Juni 1858 von Alfred Russell Wallace, mit dem er in Briefkontakt steht, ein Essay mit der Bitte um dessen Veröffentlichung erhält. In dem Essay, das der 14 Jahre jüngere und aus einfachen Verhältnissen stammende Forscher von der Molukkeninsel Temate in Indonesien verschickt hat, formuliert dieser im Wesentlichen die gleiche Theorie wie Darwin. Am 1. Juli des gleichen Jahres werden bei einer Zusammenkunft der Linnean Society of London Darwins und Wallace's Aufsätze gemeinsam präsentiert. Eineinhalb Jahre später, am 24. November 1859, 23 Jahre nach seiner Rückkehr von der Weltreise, geht Darwins berühmtestes Werk, „Über die Entstehung der Arten" („On The Origin of Species") mit 1250 Exemplaren in Druck. Die Auflage ist bereits am ersten Tag vergriffen.

Charles Darwin, um 1857.
Quelle: https://de.wikipedia.org/wiki/
Charles_Darwin#/media/Datei:Charles_
Darwin_seated_crop.jpg

Die viktorianische Gesellschaft ist zugleich schockiert und fasziniert. Was in diesem Buch steht, widerspricht allen Vorstellungen jener Zeit. Sich den Ursprung des Menschen, ohne eine göttliche Autorität vorzustellen, die einen bestimmten Plan verfolgt, ist für die Menschen jener Zeit – und für manche auch heute noch – undenkbar. Die Reaktionen seiner Zeitgenossen sind daher verständlicherweise extrem. Es gibt unzählige Karikaturen, in denen Darwin zum Beispiel als Affe dargestellt wird. Ein Tierschützer jener Zeit lässt einen Affen in einer Karikatur aber auch die Aussage Darwins beleidigt von sich weisen, er stamme von ihm ab.

Die in die Geschichte eingegangene, am 30. Juni 1860 im Oxford University Museum abgehaltene „Evolutionsdebatte" oder Huxley-Wilberforce-Debatte lässt die Positionen des damaligen Englands aufeinandertreffen. Samuel Wilberforce, der damalige Bischof von Oxford, fragt dabei Thomas Henry Huxley, Professor an der Royal School of Mines und einer der engsten Freunde Darwins – manchmal auch „Darwins Bulldog" genannt –, ob Huxley väterlicher- oder mütterlicherseits vom Affen abstamme. Dieser entgegnet darauf, dass er sich für einen Affen in seinem Stammbaum nicht schämen würde, wohl aber für einen geistreichen Mann, der seine großen Gaben benutzte, um die Wahrheit zu verschleiern.

Auch Robert Fitzroy ist zugegen, der Kapitän, der 25 Jahre zuvor mit Darwin auf der Beagle gesegelt war. Berichten zufolge hob er eine riesige Bibel über den Kopf und „beschwor die Zuhörer feierlich, eher Gott als den Menschen zu glauben." Er äußert

Karikatur von Darwin mit dem Titel: A venerable Orang-Outang. A contribution to unnatural history (Ein altehrwürdiger Orang-Utang. Ein Beitrag zur unnatürlichen Geschichte), erschienen 1871 im Magazin „The Hornet".
Quelle: https://de.wikipedia.org/wiki/Charles_Darwin#/media/Datei:Editorial_cartoon_depicting_Charles_Darwin_as_an_ape_(1871).jpg

auch, er hätte Darwin nicht an Bord der Beagle mitgenommen, wenn er gewusst hätte, was er heute weiß. Alles, was sich damals zugetragen hat, wurde natürlich nicht aufgenommen und Historiker streiten sich heute noch darüber, welcher Standpunkt als Sieger aus dieser Debatte hervorgegangen ist. Robert Fitzroy begeht, knapp fünf Jahre später und nur 59 Jahre alt, Selbstmord, indem er sich die Kehle mit einem Rasiermesser durchschneidet.

Charles Darwin arbeitet, trotz häufiger Krankheit, weiter an seiner Forschung und schreibt und veröffentlicht Bücher. Einmal äußert er gar: "Sogar die Krankheit, obwohl sie mehrere Jahre meines Lebens zunichte gemacht hat, hat mich vor den Ablenkungen der Gesellschaft und des Vergnügens bewahrt." Mit Alfred Wallace, der die Theorie fast zeitgleich entwickelt hatte und der 1862 nach England zurückkehrt, erwächst eine fruchtbare Freundschaft. Darwin stirbt am 19. April 1882 in Down House und wird feierlich in der Westminster Abbey beigesetzt, Wallace ist einer der Sargträger.

Etwas weniger als zwei Jahre später, am 16. Januar 1884, stirbt Gregor Mendel, der heute als Vater der Genetik angesehen wird. Obwohl er sein bedeutendstes Werk bereits 1866 veröffentlicht hatte, bleibt es so gut wie unbemerkt und Mendel erlebt den Ruhm, der Darwin zuteilgeworden war, nicht.

2 Ein Mönch und seine Erbsen

Gregor Johann Mendel wird am 20. Juli 1822 in Heinzendorf in Nordmähren, in einem Gebiet, das Kuhländchen genannt wird, geboren. Das kleine, etwa 500 Einwohner zählende Dorf liegt damals in Österreichisch-Schlesien, heute in Tschechien nahe der polnischen Grenze. Das zweite von fünf Kindern der Kleinbauern Anton und Rosine Mendel ist der einzige Sohn, wobei zwei Mädchen bereits im Kleinkindalter versterben.

Der kleine Johann – den Namen Gregor wird er erst später als Ordensnamen annehmen – hilft seinen Eltern bei der Arbeit im Garten, auf dem Feld, mit den Haustieren und Bienen. Wie ich hat er bestimmt auch fasziniert beobachtet, wie kleinen Samen, die in Erde eingesteckt werden, Salat-, Spinat- oder Erbsenpflanzen entspringen. Johann ist ein ausgezeichneter Schüler. Eigentlich ist er als einziger Sohn dazu bestimmt, den Bauernhof zu übernehmen. Doch der Kleine wünscht sich nichts mehr, als zu studieren und drängt seine Eltern dazu, es möglich zu machen. Nach der Dorfschule besucht er das Gymnasium in Troppau, muss jedoch, vor allem bedingt durch eine schwere Verletzung des Vaters bei Waldarbeiten, seinen Lebensunterhalt schon 16-jährig als Privatlehrer selbst verdienen. Dieser junge Homo sapiens ist, anders als Charles Darwin, gezwungen, sich schon früh aus der Abhängigkeit von seinen Eltern zu befreien.

Zwischen 1840 und 1843 studiert Mendel am Philosophischen Institut der Universität Olmütz und schließt die ersten beiden Jahrgänge erfolgreich und mit sehr guten Noten ab. Ich stelle ihn mir vor, wie er hungrig, geschwächt und unter starkem seelischem Druck über seinen Büchern sitzt. Er wird in dieser Zeit so schwer krank, dass er ein Jahr bei seinen Eltern zubringen muss. Obwohl seine jüngere, noch unverheiratete Schwester Theresia freiwillig auf einen Teil ihrer Erbschaft verzichtet, damit ihr Bruder weiterstudieren kann, sieht dieser sich 1843, also im Alter von 21 Jahren, „gezwungen, in einen Stand zu treten, der ihn von den bitteren Nahrungssorgen befreite. Seine Verhältnisse entschieden seine Standeswahl" – schreibt er in einer vierseitigen, mit 27 Jahren verfassten Autobiographie. Er wird aufgrund einer Empfehlung seines Physiklehrers in Olmütz in der Abtei St. Thomas in Altbrünn bei den Augustiner-Eremiten aufgenommen, hier erhält er den Ordensnamen Gregor.

Nun studiert er – wie Darwin – Theologie, dazu Ökonomie, Obstbaumzucht und Weinbau. Nachdem der 1847 zum Priester geweihte Pater Gregor schon ab 1849 als Aushilfslehrer arbeitet, strebt er die Zulassung für das Lehramt an, besteht 1850 die Prüfung dafür an der Universität in Wien jedoch nicht. Was zunächst als Unglück erscheint, erweist sich als Segen – wie so oft im Leben. Der damalige, sehr fortschrittliche und vielseitig interessierte Abt des Klosters, Cyril Napp, schickt ihn daraufhin zum Studium nach Wien. Zwischen 1851 und 1853 studiert Mendel Physik, Chemie, Mathematik, Zoologie, Entomologie, Botanik und Paläontologie. Und hier begegnet er einigen der führenden Wissenschaftler der damaligen Zeit: dem Mathematiker und Physiker Christian Doppler, dem Botaniker Eduard Fenzl, dem Chemiker Joseph Redten-

https://doi.org/10.1515/9783111611143-031

bacher, dem Botaniker, Paläontologen und Pflanzenphysiologen Franz Unger, um nur einige zu nennen.

Die zweite, 1856 abgelegte Lehramtsprüfung muss Mendel wegen eines Nervenzusammenbruchs abbrechen und er kehrt schwer krank und unverrichteter Dinge ins Kloster zurück. Er wird noch weitere 12 Jahre an der Realschule in Brünn hingebungsvoll unterrichten, wegen seiner fehlenden Zertifizierung allerdings nur als Hilfslehrer und mit der Hälfte des Gehalts. Seine Schüler lieben und achten ihn sehr. Einer seiner Schüler erinnert sich: „Ich sehe ihn noch heute vor mir, wie er die Bäckergasse hinunter zum Kloster schreitet, den mittelgroßen, breitschulterigen und ziemlich behäbigen Mann, mit großem Kopf und hoher Stirn und einer goldenen Brille vor den freundlichen und doch durchdringenden, blauen Augen." Ohne sich anzukündigen, besuchen die Schüler ihren geliebten Lehrer im Kloster, wo er seine Pflanzen, Bienen und andere Tiere züchtet und seine jungen Schüler stets freundlich willkommen heißt.

Unsicher ist, ob Mendel auch mit Mäusen experimentiert. Obwohl er nie etwas darüber veröffentlicht, haben zwei seiner Zeitgenossen bestätigt, dass er Mäuse in seinen Räumen gehalten hat. Da er als Priester unter der Beobachtung der Kirche – besonders des damaligen Bischofs Schaffgotsch von Brünn – stand, wurde spekuliert, dass das Kreuzen von Nagetieren – und sie beim Geschlechtsverkehr zu beobachten – für einen Mönch als unkeusch hätte betrachtet werden können. Damals war es noch nicht allgemein anerkannt, dass Pflanzen auch Sex haben und sie dabei zu beobachten war sicher weniger verfänglich.

Schon nach seiner Rückkehr aus Wien fängt Mendel wahrscheinlich an, seine Experimente zu planen, die ihn später berühmt machen werden. Es gibt immer noch kontroverse Meinungen darüber, was ihn dazu veranlasst haben mag. Wollte er eine Meinungsverschiedenheit zwischen zwei seiner Wiener Professoren auflösen (auf sie kommen wir gleich noch zurück)? Wollte er eine Erbsenart züchten, die gegen den damals gefürchteten gemeinen Erbsenkäfer, der 1853 viele Ernten in der Umgebung von Brünn zerstört hatte, resistent ist? Doch eigentlich spielt das in der Wissenschaft auch keine Rolle und es gibt unzählige Beispiele dafür, dass Forschende auf der Suche nach der Antwort auf eine Frage auf etwas völlig Neues und Unerwartetes stoßen.

Die Akribie, Genauigkeit und Geduld, mit der er seine berühmten Experimente geplant und durchgeführt hat, lassen die Herzen heutiger Forschenden immer noch höherschlagen. Dabei wendet er Methoden an, wie er sie aus den physikalischen Experimenten in Wien kennengelernt hatte, die Ergebnisse wertet er mathematisch aus. Lassen Sie uns den wissensdurstigen, freundlichen Pater Gregor gemeinsam in seinem Erbsengarten besuchen und ihn beim Erbsenzählen beobachten!

Treten wir in das Glashaus im Klostergarten ein: das alte Gewächshaus ist 1870 zwar durch einen Sturm zerstört worden, doch im vorletzten Jahr, anlässlich Mendels 200. Geburtstag, entstand an seiner Stelle ein gläserner „Pavillon der Genetik", der zum Besuch einlädt.

Kennen Sie den Spruch: „Sie gleichen sich wie eine Erbse der anderen?" Die Erbsen der gleichen Pflanze sind tatsächlich genetisch untereinander und mit der elter-

Gregor Mendel, um 1864.
Quelle: https://de.wikipedia.org/wiki/Gre
gor_Mendel#/media/Datei:Gregor_
Mendel_2.jpg

lichen Pflanze identisch. Das liegt daran, dass sich die Pflanze selbst bestäubt. Noch weitere Eigenschaften machen Erbsen für die Experimente geeignet: sie besitzen einheitliche Merkmale, die leicht und sicher zu unterscheiden sind, und bringen bei gegenseitiger Kreuzung vollkommen fruchtbare Nachkommen hervor.

Mendel beschränkt sich bei der Auswahl der Erbsenpflanzen auf sieben Paare von Merkmalen, die besonders leicht zu unterscheiden sind. Das sind zum Beispiel: die Farbe der Samen (gelb/grün), ihre Form (rund/faltig), die Farbe der Samenschale (grau/ weiß), usw. In einer ersten Serie von Experimenten züchtet er Pflanzen, die sich in nur einem Merkmal unterscheiden und beobachtet sie zwei Jahre lang, um sicherzugehen, dass ihre Nachkommen noch die gleichen Merkmale tragen wie die Eltern.

In einer zweiten Serie kreuzt er jede dieser Pflanzen wechselseitig, also eine weibliche Pflanze mit einer männlichen und umgekehrt, dabei verhindert er ihre Selbstbestäubung durch die Entfernung der Staubblätter. Hier testet er die schon erwähnte Kontroverse, die ihm während des Studiums in Wien zwischen seinen beiden Botanikprofessoren Eduard Fenzl und Franz Unger begegnet ist. Dabei vertrat Fenzl die Auffassung, dass die Vererbung rein väterlich ist und die Mutterpflanze nur als Amme für den Pollen dient. Unger hingegen sah die Verschmelzung einer weiblichen und einer männlichen Zelle als Ursprung für das neue Wesen, wobei beide das Erbgut zu gleichen Teilen an die Nachkommen weitergeben. Die Ergebnisse von Mendels wechselseitigen Kreuzungsversuchen weisen eindeutig nach, dass Unger mit seiner Anschauung richtig lag.

Die von ihm künstlich befruchteten Blüten lässt Mendel nun zu Schoten heranreifen, die schließlich trocknen und Samen enthalten. Und diese Samen sät er im nächsten Jahr wieder aus. Ich sehe ihn vor mir, wie er mit großer Ungeduld – ähnlich meiner Ungeduld beim Erwarten der Ringelblume – das Aufkeimen und Heranwachsen seiner Pflanzen beobachtet. Diese neuen Pflanzen nennt er Hybride (heute nennt man sie die F1-Generation). Sie weisen alle nur eines der beiden Merkmale der elterlichen Pflanzen auf, dieses Merkmal nennt er „dominant". Diese Erbsenpflanzen überlässt er der ihnen gewohnten Selbstbestäubung und sät die Samen aus ihren getrockneten Schoten wieder aus.

Die Pflanzen, die aus diesen Samen hervorgehen, nennt er die erste Generation der Hybride (heute F2). Und siehe da: ein Viertel dieser Generation weist wieder das zweite Merkmal der vorher gekreuzten Pflanzen auf. Eines der Merkmale hat also über eine Generation hinweg in der Pflanze „geschlummert". Dieses Merkmal nennt Mendel „rezessiv". Es kommt in der F2-Generation nur dann zum Vorschein, wenn jeder Elternteil je ein rezessives Merkmal beisteuert.

Mendel wiederholt alle Versuche mit allen sieben Merkmalspaaren und erhält immer wieder das gleiche Ergebnis. Er führt die Experimente auch in die nächste Generation (F3) weiter und diese bestätigen seine Annahme von dominanten und rezessiven Erbmerkmalen. Zudem kreuzt er Pflanzen mit zwei oder drei unterschiedlichen Merkmalen und schlussfolgert, dass diese Merkmale unabhängig voneinander weitergegeben werden. Auch kreuzt er Pflanzenhybride mit zwei unterschiedlichen Merkmalen auf beide Elternteile zurück. Aus all diesen Beobachtungen formuliert er seine drei Vererbungsregeln, die heute noch Bestandteil des Biologieunterrichts in der Schule sind.

Nach acht Jahren, etwa 28.000 Erbsenpflanzen, 40.000 Blüten und fast 400.000 Samen stellt er seine Versuche an diesen Pflanzen ein, unter anderem, weil sie mit Erbsenkäfern befallen sind. Die sorgfältig erarbeiteten und statistisch ausgewerteten Ergebnisse stellt er am 8. Februar und am 8. März 1865 in zwei Teilen bei den monatlichen Treffen des Naturforschenden Vereins in Brünn vor. 1866 erscheinen beide Teile unter dem Namen „Versuche über Pflanzenhybriden" als Aufsatz in der Zeitschrift des Vereins. Von den wenigen gedruckten Exemplaren der knapp 50-seitigen Veröffentlichung, die Sie heute noch online lesen können, sind noch zehn in Archiven erhalten. Weder der Vortrag noch die Veröffentlichung erregen zu jener Zeit die Aufmerksamkeit der Öffentlichkeit. Mendel soll einmal geäußert haben: „Meine Zeit wird schon kommen".

Schon Pythagoras (570–495 v. Chr.), Hippokrates (um 460–um 370 v. Chr.) und Aristoteles (384–322 v. Chr.) beschäftigten sich mit der Frage, wie sich Eigenschaften von einer Generation auf die nächste weitervererben. Aristoteles vermutete zum Beispiel, dass der männliche Samen die Information für den Bau eines menschlichen Körpers in etwa so in die Frau hineinträgt, wie ein Zimmermann, der ein Stück Holz bearbeitet,

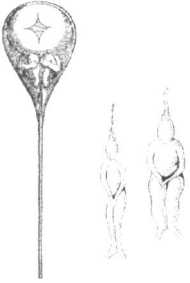

Nicolas Hartsoekers Darstellung der Präformation (1694): Der Embryo ist im
Spermium bereits präformiert und bildet sich durch Ausstülpung.
Quelle: https://de.wikipedia.org/wiki/Pr%C3 %A4formationslehre#/media/
Datei:Preformation.GIF

damit daraus ein Gegenstand wird. Also weniger als ein materieller Beitrag als eine
Idee, man könnte heute sagen, ein „Code". Er stellt sich auch vor, dass manche Arten
Hybride aus verschiedenen Spezies sind. So äußert er zum Beispiel, dass die Giraffe
eine Kreuzung zwischen einem Kamel und einem Leoparden sei. Ihm zufolge gab es
in Libyen deshalb so viele Tierarten, weil Tiere sich an den wenigen verfügbaren
Wasserstellen versammelten und kreuzten. Das scheint der Ursprung des Sprichwor-
tes zu sein: „Afrika bringt immer etwas Neues".

Eine andere Theorie, die sogenannte Präformationstheorie, besagte, dass der ganze tierische oder menschliche Organismus im Spermium vorgebildet (präformiert)
ist und sich nur noch entfalten und wachsen muss. Aus dem 17. Jahrhundert sind
Zeichnungen überliefert, in denen im Inneren von Spermien kleine menschliche Wesen verborgen sind.

Eine Theorie, die der französische Biologe Jean-Baptiste Lamarck im 18. Jahrhundert formuliert hatte, besagte, dass Eltern die vererbbaren Eigenschaften wie eine
Botschaft an ihren Nachwuchs weitergeben, also durch Anweisung. Tiere können sich
dann an ihre Umwelt anpassen, indem sie manche Merkmale abschwächen, andere
wiederum verstärken. Wie man viel später erkennen wird, gibt es auch diese Art der
Weitergabe von Eigenschaften von einer Generation zur nächsten. Wie so oft in der
Natur geht es nicht um ein Entweder-oder, sondern um ein Sowohl-als-auch.

Wie im letzten Kapitel schon erwähnt, macht auch Charles Darwin sich Gedanken
darüber. Ihm ist bewusst, dass seine Evolutionstheorie ohne eine Theorie über die
Vererbung unvollständig bleibt. Die deutsche, 1863 erschienene Übersetzung seines
berühmten Buchs „Über die Entstehung der Arten" hatte Mendel gelesen und sich
darin Notizen gemacht. Mendel übernimmt von Darwin sogar den Begriff „Elemente"
für jene Einheiten, die innerhalb der Keim- und Samenzellen für die Vererbung von
Merkmalen verantwortlich sind. Dabei erklärt er, dass sie eine „materielle Beschaffenheit" aufweisen. Erst viele Jahre später, und zwar 1909, wird der dänische Wissenschaftler Wilhelm Johannsen ihnen den Namen „Gene" geben, der heute noch verwendet wird. Und noch viel später wird entdeckt werden, dass und wie die genetische
Information in der DNA verschlüsselt ist, jener Substanz mit „materieller Beschaffenheit", von der Mendel spricht.

Darwin stellt später, in seinem Werk „Das Variieren der Tiere und Pflanzen im
Zustand der Domestikation" eine in seinen Worten „provisorische Hypothese" auf und

nennt sie „Pangenesis". Auch dieses Buch hatte Mendel gelesen und notiert an einer Stelle, an der Darwin seine Hypothese erklärt, neben einem großen Ausrufezeichen: „sich einem Eindrucke ohne Reflexion hingeben". Darwins Hypothese würde sich als falsch erweisen.

Von jenen Wissenschaftlern, an die Mendel Exemplare seines Artikels verschickt, reagiert nur ein einziger: Carl Nägeli, Botanikprofessor in München. In den erhaltenen Briefen tauschen sie sich über ihre Versuche mit Habichtskraut, lateinisch Hieracium aus. Was beide nicht wissen und erst im nächsten Jahrhundert aufgeklärt wird: manche Arten von Hieracium pflanzen sich zum Teil oder vollständig asexuell fort, die bei der Erbse gefundenen Ergebnisse lassen sich also nicht auf sie übertragen. In einem Brief an Nägeli klagt Mendel zudem darüber, dass er durch das Betrachten der winzig kleinen Hieracium-Blüten seinen Augen Schaden zugefügt hatte und längere Zeit nicht weiterarbeiten konnte. Die Ergebnisse seiner Versuche mit Hieracium veröffentlicht Mendel 1870 in der gleichen Zeitschrift wie jene mit Erbsen.

Nach dem Tod von Cyril Napp wird Gregor Mendel Ende März 1868 zum Abt des Klosters gewählt. Das bedeutet eine große Verantwortung und ist für Pater Gregor, der die Zeit lieber in seinem Gewächshaus verbringt, eine große Bürde. Auch seine Arbeit als Lehrer, die er liebt, muss er dabei aufgeben. Erbittert kämpft er in seinen letzten Lebensjahren zudem gegen eine Steuerauflage aus Wien und reibt sich daran auf. Zur Familie seiner jüngeren Schwester Theresia, die ihm einst das Studium durch den Erbverzicht ermöglicht hatte, behält er engen Kontakt und finanziert seinerseits das Studium ihrer drei Söhne. Der älteste wird, wie sein Onkel, Wissenschaftler und Lehrer, stirbt aber tragischerweise mit 26 an Tuberkulose. Die beiden jüngeren, die beide Ärzte geworden waren, besucht Mendel regelmäßig, philosophiert mit ihnen, spielt mit ihnen Schach.

Auch als Abt fährt Mendel mit seiner wissenschaftlichen Arbeit fort. Neben dem Studium von Pflanzen befasst er sich mit Bienen und mit dem Wetter. Er stellt Instrumente im Kloster auf, mit denen er viele meteorologischen Daten misst, und er berichtet darüber in der Zeitschrift des Naturforschenden Vereins in Brünn, in dem auch sein berühmter Artikel erschienen ist.

Anfang 1883 erkrankt Gregor Mendel an einem Nierenleiden und stirbt am 6. Januar 1884, er ist 61 Jahre alt. Am 9. Januar wird er, begleitet von einer großen Schar von Trauernden, in der Augustiner-Gruft auf dem Brünner Zentralfriedhof beigesetzt, wie alle Äbte der Abtei Sankt Thomas. Die Manuskripte, die sich in seinem persönlichen Besitz befinden, lässt sein Nachfolger im Amt auf dem Klosterhof verbrennen.

Auch wenn Mendel wusste, dass seine Zeit noch kommen würde, hat er sich bestimmt niemals vorstellen können, wie groß der Erfolg seines Werkes einst sein würde. Im Verlauf des Jahres 1900 entdecken drei Wissenschaftler mehr oder weniger unabhängig voneinander die 34 Jahre alte Publikation. Der Niederländer Hugo de Vries, zu dieser Zeit Biologieprofessor in Amsterdam und Direktor des dortigen Botanischen

Gartens, forscht schon lange an Pflanzen auf der Suche nach einer Lösung für das Rätsel, das Darwin der nächsten Generation von Wissenschaftlern überlassen hatte.

Die Post, die er an einem Märzmorgen in Amsterdam öffnet, kommt von einem Freund mit der Bemerkung: "Ich weiß, dass Sie sich mit Hybriden beschäftigen, vielleicht ist der beiliegende Bericht eines gewissen Mendel aus dem Jahr 1865, den ich zufällig besitze, noch von Interesse für Sie." Beim Lesen muss es De Vries ähnlich ergangen sein wie seinerzeit Darwin beim Lesen von Wallaces Essay. Er veröffentlicht kurz darauf einen Artikel, ohne Mendel zu erwähnen. Von Carl Correns, Privatdozent für Botanik in Tübingen, der Mendels Artikel gelesen hatte, darauf hingewiesen, stellt er in einer kurze Zeit später erschienenen Veröffentlichung den Beitrag Mendels an den Erkenntnissen fest. Der dritte Wissenschaftler, der zur Wiederentdeckung Mendels beiträgt, ist Erich von Tschermak in Wien, der Neffe von Eduard Fenzl. Auch er forscht schon lange mit Pflanzenhybriden und muss enttäuscht feststellen, dass ein „gewisser Mendel" seine Ergebnisse schon vor langer Zeit publiziert hatte.

Zu einem der größten Verfechter von Mendel wird der englische Biologe William Bateson, der De Vries Artikel auf einer Bahnreise zwischen Cambridge und London fasziniert liest und seinen Vortrag über Vererbung, den er in Cambridge hält, sofort ändert. Bateson würde später den Spitznamen „Mendels Bulldog" (in Anlehnung an Thomas Huxleys Spitznamen „Darwins Bulldog") erhalten. Bateson prägt 1905 den Begriff „Genetik" und leitet damit die Ära eines neuen Wissenschaftszweiges ein.

Er erkennt sehr bald, wie brisant die neuen Erkenntnisse sind und warnt: „Wenn Macht entdeckt wird, wendet sich der Mensch ihr immer zu. Die Wissenschaft der Vererbung wird bald Macht in einem ungeheuren Ausmaß zur Verfügung stellen; und in irgendeinem Land, zu einer vielleicht nicht weit entfernten Zeit, wird diese Macht eingesetzt werden, um die Zusammensetzung einer Nation zu kontrollieren. Ob die Einrichtung einer solchen Kontrolle letztendlich gut oder schlecht für diese Nation oder für die Menschheit im Allgemeinen sein wird, ist eine andere Frage."

Doch die Schatten, die Bateson über die Menschheit kommen sieht, hatten sich schon lange zuvor angekündigt. Schon ein Jahr nach Charles Darwins Tod, 1883, veröffentlicht Francis Galton, Darwins 13 Jahre jüngerer Cousin – Erasmus Darwin war ihrer beider Großvater –, das Buch "Untersuchungen über die menschlichen Fähigkeiten und ihre Entwicklung" („Inquiries into Human Faculty and Its Development"), in dem er einen Plan für die Verbesserung der menschlichen Rasse entwirft. Wenn die natürliche Selektion, die Ewigkeiten gebraucht hatte, um aus tierischen Vorstufen den Menschen zu erschaffen – meint er –, könnte man diesen Prozess vielleicht durch menschliches Eingreifen beschleunigen. Später prägt er für diesen Plan ein Wort: „Eugenik", abgeleitet von den griechischen Wörtern „eu" (gut) und „genesis" (Werden, Entstehung). In einem seiner Bücher schreibt er: „Was die Natur blind, langsam und unbarmherzig tut, kann der Mensch vorsorglich, schnell und freundlich tun".

Francis, das letzte von neun Kindern der Familie Galton, die einer Dynastie von Bankiers und Waffenfabrikanten entstammt, konnte mit zweieinhalb Jahren schon

Francis Galton, 1840.
Quelle: https://de.wikipedia.org/wiki/
Francis_Galton#/media/Datei:Sir_Francis_
Galton_by_Octavius_Oakley.jpg

Bücher lesen, mit sechs auch schon Shakespeare. Wie sein Cousin, Charles Darwin, beginnt er ein Medizinstudium, das ihm keine Freude bereitet. Als sein Vater stirbt, ist er erst 22, und durch die Erbschaft fortan ohne finanzielle Sorgen. Wie sein Cousin geht er auf Reisen, vor allem durch Afrika, und schreibt Bücher über seine Erfahrungen, die er auf den Reisen sammelt. 1853 heiratet er, doch im Gegensatz zu Darwin bleibt seine Ehe kinderlos.

Obwohl Galton sich mit vielen Wissenschaftsbereichen auseinandersetzt – mit Statistik, Meteorologie oder der Klassifizierung von Fingerabdrücken – und zu seiner Zeit mit Ruhm und Ehre überschüttet und sogar geadelt wird, erinnert man ihn heute vor allem als den Vater der Eugenik. Galtons großes Ziel ist es, die Eugenik als Wissenschaft zu etablieren, und zwar eine Wissenschaft zum Wohle der Menschheit. Denn um die Menschheit zu retten, müsse man – den Eugenikern zufolge – die kranken und „minderwertigen" Menschen daran hindern, Nachkommen zu zeugen und damit ihre „schlechten" Erbanlagen an die nächste Generation weiterzugeben. Die gesunden und „höherwertigen" Menschen sollen demnach nur miteinander Nachwuchs – und möglichst viel davon – haben, nicht jedoch mit den „minderwertigen". Oft argumentieren Eugeniker damit, dass dies ja auch bei der Zucht von Nutztieren erfolgreich zur Verwendung kommt. Und sie warnen: würde man nicht bald eingreifen, würde die Menschheit „degenerieren".

Über die neue „Wissenschaft" wird überall in der Gesellschaft diskutiert und debattiert. Ärzte, Psychiater, Biologen und andere Fachleute formulieren die Inhalte der neuen „Lehre" in Büchern, Artikeln und Vorträgen. Der bekannte englische Schriftsteller D. H. Lawrence schreibt in einem veröffentlichten Brief: „Wenn es nach mir ginge, würde ich eine tödliche Kammer bauen, so groß wie der Kristallpalast," (ein im viktorianischen Stil gebautes Gebäude in London, eigene Anmerkung) „mit einer Militärkapelle, die leise spielt, und einem Kinematographen, der hell leuchtet; dann würde ich in die Seiten- und Hauptstraßen gehen und sie hineinbringen, all die Kranken, die Zurückgebliebenen und die Verstümmelten; ich würde sie behutsam führen, und sie würden mir ein müdes Dankeschön zulächeln; und die Kapelle würde leise den „Halleluja-Chor" blasen." Die tödlichen Kammern würden in nicht allzu ferner Zukunft gebaut werden.

Weltweit werden Eugenik-Institute ins Leben gerufen, so zum Beispiel die „British Eugenics Education Society", die 1907 in London gegründet wird und deren erster Präsident Sir Francis Galton ist. 1912, ein Jahr nach Galtons Tod, veranstaltet die „Society" den ersten internationalen eugenischen Kongress in London. Der Kongress findet vom 24. bis 30. Juli an der Universität von London statt, die Leitung hat Leonard Darwin, der vierte Sohn von Charles Darwin. Der Kongress ist, den damals schon erfolgreichen Zeitschriften „Science" und „Nature" zufolge, ein großer Erfolg. Die Gäste sind in dem damals mit fast 800 Zimmern größten Hotel Europas, dem Cecil, untergebracht, das eine wunderschöne Sicht auf die Themse hat. Unter den etwa 800 Teilnehmern sind Berühmtheiten aus zwölf Ländern und verschiedensten Disziplinen zugegen, darunter Winston Churchill, Lord Balfour, der Oberbürgermeister von London, der Oberste Richter, Alexander Graham Bell, Charles Eliot, der Präsident der Harvard University, William Osler, Professor für Medizin in Oxford, August Weismann, der Embryologe. Die Vorträge informieren die Teilnehmer zum Beispiel über die Vererbung von Epilepsie, das Paarungsverhalten von Alkoholikern oder die genetischen Wurzeln der Kriminalität. So wie das Wissen um das Atom als Einheit der Materie – der Begriff wurde übrigens schon 1808 durch den Chemiker John Dalton geprägt – zur Entwicklung der Atombombe geführt hat, so trug das Wissen um das Gen als Einheit der Vererbung zum Leid und zur Vernichtung von Millionen von Menschen bei. Doch dazu später.

Unter den vielen Rednern sind zwei besonders leidenschaftliche Eugeniker dabei. Alfred Ploetz, ein deutscher Wissenschaftler, hält einen Vortrag zur geplanten „rassischen Säuberungsaktion" in Deutschland. Bleecker van Wagenen aus den Vereinigten Staaten, ist der zweite. Er vertritt die Meinung des damals führenden Eugenikers seines Landes, Charles Davenport, der 1911 sein Buch „Die Vererbung in Bezug auf die Eugenik" veröffentlicht hatte, es wurde die Bibel der Eugenik-Bewegung in den Vereinigten Staaten. Er berichtet von den damals in vielen amerikanischen Staaten durchgeführten Sterilisationsprogrammen, es waren bereits tausende von Menschen diesen Eingriffen unterzogen worden. Laut der Aussagen der beteiligten Krankenhäuser waren keine negativen Auswirkungen festgestellt worden.

Wir werden am Ende des nächsten Kapitels noch einmal auf dieses düstere Thema zurückkommen, bei dem ich Gänsehaut bekomme – und Sie wahrscheinlich auch.

Doch vorher fliegen wir von London über den Ozean – der zu jener Zeit etwa 2 Meter breiter ist als heute – und zwar an die Columbia University in New York, und dort in ein kleines Labor, das man Fliegenzimmer nennt (Fly Room), und das in die Geschichte der Genetik eingegangen ist.

3 Das Fliegenzimmer

Das Zimmer ist 5 Meter lang und 7 Meter breit. Auf den 8 Tischen stehen unzählige mit Mullbäuschen verschlossene, beschriftete Milchflaschen herum. Darin eingeschlossen sind Fruchtfliegen – ihr wissenschaftlicher Name: „Drosophila melanogaster". Die Fruchtfliegen sind nicht nur in den Flaschen, sie schwirren auch im ganzen Fliegenzimmer umher. Besonders anziehend für sie ist ein nahe des Eingangs angebrachter Bananenbüschel. Aber auch im Mülleimer haben sie es sich gemütlich eingerichtet und vermehren sich ganz ohne Beitrag zu den großen wissenschaftlichen Entdeckungen, die dieses Labor berühmt machen werden. Es riecht eindringlich nach leicht fermentierten Bananen, mit denen die Fliegen gefüttert werden, und der Geruch ist so intensiv, dass sich die Mitarbeitenden der anderen Abteilungen regelmäßig darüber beschweren. Die Bananen – das „Nährmedium" – werden auf einem Küchentisch zubereitet.

In der Mitte des Raumes steht eine drehbare Säule, die auf allen vier Seiten beschriftet ist. Und dann sind da natürlich noch die Forscher, die den vielen Fliegen Fragen stellen. Sehr bedeutsame Fragen: Wie werden Eigenschaften von einer Generation zur anderen vererbt? Der Leiter des Labors, der von allen der „Boss" genannt wird, heißt Thomas Hunt Morgan. Er wird der erste Nobelpreisträger sein, der im Bereich der Genetik ausgezeichnet wird.

Thomas Hunt Morgan wird am 25. September 1866, ein Jahr nach dem Ende des Amerikanischen Bürgerkriegs, in Lexington, Kentucky, geboren. Sein Onkel, John Hunt Morgan, mit Spitznamen „Thunderbolt" (Donnerkeil) genannt, war ein berühmt-berüchtigter General der Konföderation – das waren jene Staaten Amerikas, deren Abspaltung zum Bürgerkrieg geführt hatte. In Lexington steht immer noch ein Denkmal des berühmten und stolzen Generals zu Pferde. Selbst 1936, anlässlich der Feier zum 70. Geburtstag des Nobelpreisträgers Thomas Hunt Morgan, kündigt ihn die lokale Zeitung als „Neffen des Thunderbolt der Konföderation" an. In seinem Geburtshaus, Hopemont, ist heute ein Museum eingerichtet, das mehr an den berühmten Onkel als an ihn erinnert.

Wie Darwin und Mendel ist der kleine Tom Morgan fasziniert von der Natur. Er sammelt Schmetterlinge, Vogeleier, ausgestopfte Vögel, Steine. Man erzählt sich, er habe einmal versucht, mit einem seiner Cousins eine Katze zu sezieren, die zum Glück entfliehen konnte. Die Rätsel der Natur werden ihn sein ganzes Leben begleiten: Wie entwickelt sich aus einer Eizelle ein ganzes Wesen? Was genau in einem Hühnerei führt dazu, dass ihm ein Küken und nicht ein kleines Krokodil entschlüpft? Wie kommt es, dass das Wesen danach weiterwächst, um irgendwann damit aufzuhören? Woher bekommt es das Signal dafür?

Nach seiner schulischen Ausbildung, in der er seinen Fokus auch schon auf Naturwissenschaften lenkt, geht er zum Studium der Biologie an die Johns-Hopkins-Universität in Baltimore, Maryland. Die Universität war 1876, zehn Jahre bevor Morgan dort zu studieren anfängt, mit einer Rede von Thomas Huxley, „Darwins Bulldogge", eröff-

https://doi.org/10.1515/9783111611143-032

net worden. Die Professoren sind offen für Neues und regen ihre Studenten dazu an, Fragen zu stellen und die Antworten in Experimenten zu suchen.

Im Frühjahr 1890, mit dem Doktortitel in der Tasche und einem Forschungsstipendium der Johns-Hopkins-Universität, reist Morgan nach Europa und besucht unter anderem die berühmte Zoologische Station in Neapel, die 1872 von dem Deutschen Anton Dohrn gegründet worden war. Diese Forschungseinrichtung, die heute noch Wissenschaftlerinnen und Wissenschaftler aus aller Welt magnetisch anzieht, arbeitet interdisziplinär, also in Zusammenarbeit von Forschern aus vielen verschiedenen Wissensgebieten an grundlegenden Fragen der Zell-, Entwicklungs-, Meeresbiologie oder Ökologie. Morgan wird später, zwischen 1894 und 1895, ein ganzes Jahr hier verbringen. Die Station war schon immer ein Vorbild für den Aufbau vergleichbarer Forschungseinrichtungen in der Welt, zum Beispiel auch für das 1888 gegründete Marine Biological Laboratory in Woods Hole, Massachusetts. Auch hier wird Morgan forschen und arbeiten. Im Sommer 1891 lernt er hier die Biologin Lilian Vaughan Sampson kennen, seine zukünftige Frau.

Im gleichen Jahr wird Morgan, erst 25, als Biologieprofessor an das Bryn Mawr College for Women in Pennsylvania berufen, 1904 als Professor für experimentelle Zoologie an die Columbia-Universität in New York. Vor seinem Umzug in die Millionenstadt im Juni 1904 heiratet er Lilian, 1906 wird ihnen ein Sohn geboren, Howard, 1907, 1910 und 1911 folgen Edith, Lilian und Isabel. Als einer seiner Mitarbeiter Vater eines Mädchens wird, beglückwünscht er die Eltern so: „Herzlichen Glückwunsch. Ich habe nur einen väterlichen Rat für euch. Nennt sie nicht Drosophila. Ich habe der Versuchung schon dreimal widerstanden."

An der Columbia-Universität und sogar im gleichen Gebäude arbeitet und forscht der Zellbiologe Edmund Beecher Wilson, ein 10 Jahre älterer Freund aus der Zeit an der Johns-Hopkins-Universität. Morgan wird die nächsten 23 Jahre dort verbringen, davon viel Zeit in dem uns schon bekannten Fliegenzimmer. Morgan hat immer mehrere Experimente gleichzeitig am Laufen. Oft äußert er spaßeshalber, dass er drei verschiedene Arten von Experimenten machte: törichte, verdammt törichte und solche schlimmer als das. Er bleibt dabei immer aufmerksam und kritisch. Er schreibt: „Der Forscher muss ... auch eine skeptische Haltung gegenüber allen Hypothesen – insbesondere gegenüber seinen eigenen – pflegen und bereit sein, sie aufzugeben, sobald die Beweise in eine andere Richtung weisen." Dieses Gesetz gilt meiner Meinung nach nicht nur für Experimente, sondern für unser ganzes Leben. Eigene Glaubenssätze und die anderer stetig zu hinterfragen – und das ganz besonders, wenn sie auf große allgemeine Zustimmung stoßen – ist für uns alle von größter Wichtigkeit.

1908 beauftragt Morgan einen seiner Doktoranden, Fernandus Payne, mit der Aufgabe, Fruchtfliegen im Dunkeln zu züchten, um zu beobachten, ob ihre Fähigkeit zu sehen im Laufe der Generationen abnimmt. 1887 hatte der deutsche Embryologe August Weismann, einer der Teilnehmer des 1912 abgehaltenen Eugenik-Kongresses in London – ein ähnliches Experiment durchgeführt: Er hatte Mäusen die Schwänze abgeschnitten und über 22 Generationen hinweg beobachtet, ob die Mäusebabys vielleicht auch schwanzlos geboren werden. Das war nicht der Fall.

Die für das Experiment benötigten Drosophila sollte Payne vom Fenstersims des Labors einsammeln, wo sie von ein paar dort abgelegten Bananen angelockt worden waren. Nach 68 Generationen von Fruchtfliegen, die nie das Tageslicht erblickt hatten, schien die 69. etwas benommen, worauf Payne den „Boss" schnell herbeirief, doch sie erholten sich und flogen gleich darauf los, ihr Augenlicht ungetrübt. Bei einem zweiten Experiment setzen sie die Fliegen Röntgenstrahlen, großen Temperaturunterschieden, Salzen, Zuckern, Säuren oder Basen, aus, um zu sehen, ob daraus Mutationen hervorgehen. All das, ohne eine einzige Mutation zu entdecken. Einem Kollegen gegenüber, der ihn im Labor besucht, äußert Morgan: „Da sind zwei Jahre Arbeit verschwendet. Ich habe die ganze Zeit über diese Fliegen gezüchtet und habe nichts dabei herausbekommen."

Doch 1910, wahrscheinlich im Mai, ändert sich alles: eine männliche Fruchtfliege erblickt das Licht der Welt, und ihre Augen sind nicht rot, wie die aller ihrer Brüder und Schwestern, sondern weiß. Ich sehe Morgan vor mir, wie er an seinem Tisch im Fliegenzimmer sitzt und den ungewöhnlichen Gast vor seiner Handlupe erblickt. Die Fliege wird zu einer Berühmtheit in der Geschichte der Wissenschaft.

Sie wird bald darauf gepaart und zehn Tage später kommen 1240 Nachkommen zur Welt. Doch nicht alle sind rotäugig – das Merkmal „rote Augen" ist dominant – drei davon haben weiße Augen. Und alle drei sind männlich. Eine Generation und zehn Tage später erblicken 3470 rotäugige und 782 weißäugige Fliegen das Licht der Welt. Darunter keine einzige weibliche weißäugige. Alle weißäugigen Fliegen sind männlich. Morgan schlussfolgert, dass das Merkmal „weißäugig" an das Merkmal „männlich" gekoppelt sein müsse. Aber wie?

Schon 1902 hatten zwei Wissenschaftler unabhängig voneinander die Theorie aufgestellt, dass Chromosomen – das sind stäbchenförmige Strukturen innerhalb der Zellkerne, die man nur während der Zellteilung unter dem Mikroskop erkennen kann – die Träger der Erbsubstanz sind, also Träger jener „Elemente" mit „materieller Beschaffenheit", die Mendel beschrieben hatte. Den Namen „Gene" würden sie – wie wir schon wissen – erst 1908 von Johannsen bekommen. Der eine, Walter Sutton, forscht mit Grashüpfern, und zwar als Mitarbeiter von Edmund Wilson an der Columbia-Universität. Der andere, der Deutsche Theodor Boveri, forscht in Würzburg an Seeigeln. Ihre Theorie wird als „Boveri-Sutton-Chromosomentheorie" in die Wissenschaftsgeschichte eingehen und sich als richtig erweisen.

Noch 1910 veröffentlicht Morgan einen Artikel, in dem er diese Theorie in Frage stellt. Doch seine eigenen Experimente beweisen etwas anderes. Und dies bringt er kurze Zeit später zu Papier. Der Forscher hatte seine eigene Hypothese hinterfragt und war bereit gewesen, sie aufzugeben, als die Beweise in eine andere Richtung wiesen.

Ein paar Monate später tauchen Fliegen mit neuen Augenfarben auf: ihre Augen sind zinnoberrot oder rosa. Die rosa Augen werden, wie die weißen, geschlechtsabhängig und nur an Männchen vererbt. Die zinnoberroten nicht. Plötzlich tauchen auch weitere Fliegenmutationen auf: manche haben ein dunkles dreizackiges Muster auf der Brust, andere einen olivfarbenen Körper, wieder andere einen wulstigen Flügelrand oder einen Mini-Flügel. Die unzähligen Milchflaschen – die Morgan aus der Cafeteria der Universität „ausleiht" – werden alle fein säuberlich beschriftet. Inzwischen sind es tausende von Fliegen, die in dem kleinen Zimmer wohnen.

Nachdem sie sich vermehren, werden die Fliegen erst mit einem in Äther getränkten Mullbausch betäubt, dann aus der Flasche geschüttelt und schließlich unter einer Handlupe oder einem einfachen Mikroskop beobachtet und gezählt. Manche Fliegen werden getötet und landen in einem mit Öl gefüllten Gefäß, das „Leichenschauhaus" genannt wird. Andere kommen zurück in eine der Milchflaschen, um erneut gepaart zu werden.

Zu jener Zeit sieht man manchen Forscher an der U-Bahn-Station vor der Uni, der mit Milchflaschen unterwegs ist, um die Fliegen daheim auf dem Küchentisch zu zählen. Das Kind eines von ihnen soll mal auf die Frage, was sein Vater beruflich macht, geantwortet haben: „Er zählt Fliegen für die Columbia-Universität". Auch eine andere Geschichte will ich Ihnen nicht vorenthalten: In einer Winternacht bricht ein Feuer im nahegelegenen Gymnasium aus und die Feuerwehrmänner sind gerade dabei, es zu löschen. Morgan eilt an ihnen vorbei, rast die sechs Stockwerke zum Fliegenzimmer hoch und bringt die wertvollen Milchflaschen ans andere Ende des Gebäudes, um sie vor der Hitze zu schützen.

Nach vielen weiteren Kreuzungsversuchen und neu entdeckten Merkmalen kommen neue Fragen auf. Manche Merkmale, die sich geschlechtsabhängig vererben, treten in der nächsten Generation trotzdem getrennt auf. Dabei müssten sie doch auf dem gleichen Chromosom, nämlich auf dem Geschlechtschromosom liegen. Ich stelle mir die Forscher vor, wie sie sich den Kopf darüber zerbrechen und angeregt miteinander diskutieren.

Wäre es möglich, dass sich während der Zellteilung, aus der sich die Geschlechtszellen entwickeln – man nennt diese Art der Zellteilung „Meiose" –, die Gene innerhalb eines Chromosoms durchmischen? Diese Theorie bestätigt sich und dieser Vorgang wird „Crossing-over" (Überschreiten) getauft. Wenn zwei Gene sich auf einem Chromosom weiter weg voneinander befinden, ist die Wahrscheinlichkeit eines Crossing-overs hierbei deutlich höher, als wenn sie nahe beieinander liegen. Anhand dieser Häufigkeit kann man folglich den Abstand zwischen zwei Genen bestimmen. Wenn sie völlig unabhängig voneinander vererbt werden, bedeutet das wiederum, dass sie auf unterschiedlichen Chromosomen zu finden sind.

Das Team fängt an, eine sogenannte Chromosomenkarte der Fruchtfliege zu erstellen, dafür stellen sie die drehbare Säule inmitten des Fliegenzimmers auf. Bis heute ist Drosophila melanogaster eines der am besten erforschten Wesen der Welt. Ich habe 1981 selbst bei einem Schulpraktikum in einem genetischen Labor die Forschenden bei der Arbeit mit Drosophila beobachten können. Die Fruchtfliege hat vier Chromosomenpaare, also acht Chromosomen. Ich durfte auch meine eigenen Chromosomen bei der Zellteilung unter dem Mikroskop bewundern und zählen. Es war sehr beruhigend, dass alle 46 da waren, also 23 Chromosomenpaare. Auch Mendels Versuchsobjekt, die Erbse, wird später noch genauer erforscht. Es stellt sich heraus, dass die 7 Merkmale, die Mendel ausgewählt hatte, auf 7 der 14 Chromosomen der Pflanze zu finden waren. Nur so war der Vorgang des Crossing-overs nicht aufgetreten.

Ein wichtiges Detail in der Erforschung dieser faszinierenden Erkenntnisse sollte nicht übersehen werden: all diese Ergebnisse wären wahrscheinlich viel schwieriger oder später zustande gekommen, hätten die Teams von Morgan, dem Zoologen, und Wilson, dem Zellbiologen, nicht zusammengearbeitet. Ihre Labors befanden sich Tür an Tür und sie waren eng befreundet. Wie wir im nächsten Kapitel erleben werden, ist eine solche kollegiale Zusammenarbeit unter Forschenden nicht immer gegeben.

Auch die Menschen, die in dieser Zeit im Fliegenzimmer zusammenarbeiten, gehen kollegial miteinander um. Alfred Sturtevant, der in einer schlaflosen Nacht Ende 1911 die erste Genkarte der Fruchtfliege erstellt, aber farbenblind ist und daher Schwierigkeiten damit hat, die Mutanten auseinanderzuhalten; Calvin Bridges, mit einem besonders guten Auge für die Entdeckung neuer Mutationen; Hermann Muller, der das erste Merkmal – gebogener Flügel – entdeckt, das auf dem vierten und kleinsten Chromosom der Fruchtfliege liegt. 1915 veröffentlichen alle vier Forscher zusammen – also Morgan und seine jungen Kollegen, die in den letzten fünf Jahren mit ihm zusammengearbeitet hatten – das Buch „Der Mechanismus der Mendelschen Vererbung" („Mechanism of Mendelian Heredity"). Es wird zu Morgans bekanntestem Buch und zu einem wichtigen Pfeiler für das Verständnis der Vererbung für die nächsten Generationen von Forschenden. Es gibt einen wunderbaren Film von 2014, „The Fly Room", der das Labor aus der Sicht von Betsey, der zehnjährigen Tochter von Calvin Bridges beschreibt und uns Gelegenheit gibt, in das Fliegenzimmer einzutauchen.

Jeden Sommer zieht die ganze Familie Morgan mitsamt dem Team des Labors, den Milchflaschen voller Drosophila und anderen Labortieren um. Sie reisen allesamt nach Woods Hole, in das Marine Biological Laboratory, ans Meer. Manche Mitglieder der Drosophila-Familien bleiben jedes Jahr im Labor – zur Sicherheit – und Morgan schickt bei seiner Ankunft in Woods Hole sofort ein Telegramm, dass all die anderen gut ihren neuen Aufenthaltsort erreicht haben.

1928, bereits 61 Jahre alt, wird Morgan gebeten, am California Institute of Technology (kurz CalTech) in Pasadena die Biologie-Abteilung zu gründen und zu organisieren. Er sagt zu. Hier sollen Forschende aus vielen Wissenschaftsbereichen Seite an Seite und interdisziplinär zusammenarbeiten: unter anderem aus den Bereichen Mathematik, Physik, Chemie, Biologie und Zoologie. Was für eine schöne Vision!

Hier, im neuen Haus der Morgans in Pasadena – die Kinder waren ja schon alle erwachsen und ausgeflogen – erreicht Thomas Hunt Morgan 1933 das Telegramm aus Stockholm. Er hatte den Nobelpreis für seine Forschungsarbeit gewonnen. Das Preisgeld von 40.000 Dollar verteilt er in gleichen Anteilen auf seine Kinder und auf jene von Alfred Sturtevant und Calvin Bridges – Herrmann Muller ist nicht dabei, er hatte das Team um Morgan 1921 verlassen. Muller wird 1946 einen Nobelpreis für seine Entdeckung zur Wirkung von energiereicher Strahlung auf die Veränderung des Erbguts erhalten.

Morgan ist so gut wie nie krank und arbeitet auch noch weiter, nachdem er 1942 im Alter von 76 Jahren in den Ruhestand geht. Das einzige Leiden, das ihn schon länger plagt, ist ein Zwölffingerdarmgeschwür. Ende 1945 erlebt er seinen schwersten Anfall, nimmt es aber auf die leichte Schulter. Als er zu bluten anfängt, wird er ins Krankenhaus eingeliefert, die Kinder werden herbeigerufen. Er stirbt am 4. Dezember 1945 – der Zweite Weltkrieg ist gerade zu Ende – an einer gerissenen Arterie.

Wir kehren jetzt, wie schon angekündigt, zur Eugenik zurück. 1910, in jenem Jahr, in dem die berühmte weißäugige Fliege das Licht der Welt im Fliegenzimmer erblickt, wird innerhalb des Cold Spring Harbor Laboratory auf Long Island, U. S. A., das Eugenic Record Office (ERO, übersetzt in etwa Amt für Eugenik) gegründet, Charles Davenport wird der Direktor des Instituts. Es verfügt über viel Geld, denn es wird von einflussreichen und reichen Institutionen gefördert, unter anderem der Carnegie Institution for Science, der Rockefeller Foundation und der Witwe eines Multimillionärs, Mary Harriman. Das Cold Spring Harbor Laboratory ist heute noch eines der wichtigsten Zentren der Genforschung und wurde sogar 2018 vom Wissenschaftsjournal Nature zum besten einzelnen Forschungsinstitut der Welt gekürt.

Charles Davenport hatte Francis Galton 1899 in London getroffen und wurde zu einem großen Verfechter der Eugenik auf der anderen Seite des Ozeans. 1910 schreibt er: „Die Vererbung ist die einzige große Hoffnung der menschlichen Rasse, ihr Retter vor Schwachsinn, Armut, Krankheit und Unmoral." Das ERO verfolgt zum einen das Ziel, eugenische Maßnahmen wie zum Beispiel die Einschränkung der Einwanderung oder die Zwangssterilisation von „minderwertigen" Menschen durchzusetzen. Zum anderen sammelt es mit Hilfe von Fragebögen Daten über Familien, aus denen die Wissenschaftler um Davenport Informationen über die Vererbungsmuster unterschiedlichster Eigenschaften gewinnen sollen.

In einem Land, das bereits 1776 eine Grundrechteerklärung verfasst hatte, in denen das Grundrecht auf Freiheit besonders betont wird – zu jener Zeit allerdings Frauen, Sklaven und Indianer nicht einschließt – müssen die Eheleute in manchen Bundesstaaten ein ärztliches Attest über ihre medizinische Tauglichkeit vorlegen, bevor sie heiraten dürfen. Es gibt sogar Valentinskarten, auf denen man seine „gute" Erbsubstanz bestätigen konnte und so dem Geliebten oder der Geliebten signalisierte: Schau, ich habe gute Gene, ich „darf" Dich umwerben.

Einer der berühmtesten Eugeniker, der Psychologe Henry H. Goddard, der unter anderem Intelligenztest zu einer breiten Anwendung verhilft, schreibt 1912 das Buch „Die Familie Kallikak: Eine Studie über die Vererbung von Schwachsinn", es wird ein Bestseller. Darin zeichnet er den Stammbaum der Familie von Emma Wolverton nach, einer jungen Frau, die in einem Heim, der Vineland Training School in New Jersey, lebt und die seine Patientin ist. Eine seiner Mitarbeiterinnen, Elizabeth Kite, macht sich auf die Suche nach den Vorfahren und Verwandten von Emma. Das Ziel ist, die Vererbung ihrer „Schwachsinnigkeit" zurückzuverfolgen, so, wie Mendel es für die Farbe der Erbsenblüten und die Form der Samen beschrieben hatte. Goddard will der Welt beweisen, dass die Vererbungsregeln auch für Menschen gelten.

Elizabeth Kite ermittelt den gemeinsamen Urahnen von 480 Wolvertons und behauptet, dass bei 143 seiner Nachkommen ein eindeutiger Beweis von „Schwachsinnigkeit" vorliegt. Doch in der Familie finden sich auch Ärzte, Anwälte oder Geschäftsleute. Wie konnte das sein? Der Nebel darüber lichtet sich, als ein älterer Zeitzeuge folgende Geschichte erzählt: John Wolverton war in eine angesehene Familie von Quäkern hineingeboren worden. Während des Amerikanischen Unabhängigkeitskrieges trat er einer Miliz bei. Als die Kameraden eines Nachts in einer Taverne Halt machten, betrank er sich und schlief mit einem geistesschwachen Mädchen, das dort arbeitete. Bei seiner Heimkehr heiratete er ein anständiges Mädchen und gründete eine glückliche und angesehene Familie. Das Mädchen aus der Taverne gebar einen Sohn, den sie nach ihrem Vater John Wolverton nannte. Die Nachkommen dieser Familienlinie waren von Schwachsinnigkeit und Kriminalität gezeichnet. Die beiden Linien hatten sich vor 130 Jahren in zwei ganz verschiedene Richtungen entwickelt. Die „gute" Linie hatte 493 „gute" Nachkommen hervorgebracht, die „schlechte" 434 „schlechte".

Goddard ist begeistert. Niemand vor ihm hatte die Regeln der Vererbung beim Menschen so gut erforscht. Seine große Aufgabe, die er mit fast religiösem Eifer verfolgt, ist es, die Welt vor der Vererbungskrise zu warnen: Würde man diese Entwicklung in den Vereinigten Staaten nicht aufhalten, würden sich die „Schwachsinnigen", die ja in der Regel mehr Kinder haben als die „Anständigen", immer weiter verbreiten und die ganze Gesellschaft würde degenerieren.

In seinem viel gelesenen Buch heißt Emma Wolverton Deborah Kallikak. Die Wortschöpfung „Kallikak" kommt aus den griechischen Wörtern „kalos" für „gut" und „kakos" für „schlecht". Obwohl er ihren Namen ändert, scheut Goddard nicht davor zurück, Fotos von Emma und ihrer Familie abzudrucken. Das Buch – das man immer noch online erwerben kann – macht den Wissenschaftler Goddard über Nacht berühmt.

Die Öffentlichkeit hat endlich eine echte wissenschaftliche Handhabe, um zum Beispiel den endlosen Einwanderungsstrom aus Europa zu kontrollieren. Eine der Hauptanlaufstellen für die Einwanderer ist Ellis Island, eine kleine Insel im vom Hudson River gebildeten Hafengebiet von New York, auf dem die berühmte Freiheitsstatue steht. Seit 1990 kann man die Insel als Museum zur Geschichte der Einwanderung in die Vereinigten Staaten besuchen. Zwischen 1892 und 1954 werden hier etwa 12 Millionen Immigranten auf ihre Tauglichkeit für die Einwanderung geprüft.

Das Team von Goddard ist ab 1912 eingeladen, die Spreu vom Weizen zu trennen. Während die Einwanderer in das Hauptgebäude der Insel strömen, werden sie von Goddards Feldforschern beobachtet. All jene, die ihnen als geistesschwach auffallen, werden aus der Menge herausgezogen und in einen Nebenraum gebracht, um mit einer Reihe von Aufgaben, zum Beispiel dem Einsetzen von Blöcken in Löcher getestet zu werden. Die Aufzeichnungen werden wissenschaftlich in Vineland ausgewertet und Goddard kommt zu einem erstaunlichen Ergebnis: 79 Prozent der Italiener, 83 Prozent der Juden und 87 Prozent der Russen sind „schwachsinnig". Immerhin bezweifelt Goddard selbst die Ergebnisse und verändert die Tests, so dass sie besser zu Menschen aus anderen Kulturen passen. Die Werte verringern sich auf die Hälfte, was die Skepsis gegenüber den Einwanderern auch nicht grundlegend verändert. Die Arbeit des wissenschaftlichen Teams wird schließlich durch den ersten Weltkrieg eingeschränkt.

Die nächste Aufgabe von Goddards Team ist es, die Armee zu testen. Auch hier werden 47 Prozent der weißen und 89 Prozent der schwarzen Soldaten als „schwachsinnig" getestet. Doch die Theorie der Vererbung von „Schwachsinnigkeit" passt zu gut in den Zeitgeist, um hinterfragt zu werden. 1914 wird Goddards Buch mit großem Beifall in einer deutschen Übersetzung veröffentlicht.

Auch andere berühmte Eugeniker schreiben Bücher. Madison Grants 1916 erschienenes Buch „The Passing of the Great Race" (Der Untergang der großen Rasse") erscheint 1925 in der deutschen Übersetzung. Adolf Hitler hatte das Buch gelesen und in einem Brief an Madison Grant als „seine Bibel" bezeichnet. Das Exemplar, das Grant mit einer Widmung an Hitler schickt, befindet sich heute in der Library of Congress, einer öffentlich zugänglichen Bibliothek. In seinem berühmten Roman „The Great Gatsby" lässt F. Scott Fitzgerald – der die Ansichten der Eugeniker übrigens kritisch hinterfragt – eine seiner Figuren das fiktive Werk „The Rise of The Coloured Empires" („Der Aufstieg der farbigen Reiche") von einem gewissen Goddard erwähnen – gemeint ist Lothrop Stoddards 1920 erschienenes Buch „The Rising Tide of Color against White World Supremacy" („Die steigende Flut der Farbe gegen die Vorherrschaft der weißen Welt"). Auch für die Journalisten jener Zeit ist es ein Schwerpunktthema: zwischen 1909 und 1914 erscheinen mehr Artikel über Eugenik als über jedes andere Thema.

Gemeinsam mit Davenport im Eugenics Record Office arbeitet auch Harry H. Laughlin. Er wirkt maßgeblich bei den Gesetzen zur Zwangssterilisation in den Vereinigten Staaten mit. In seinem 1922 erschienenen Buch „Eugenical Sterilization in the United States" („Eugenische Sterilisation in den Vereinigten Staaten") entwirft er in Kapitel 15 das Modell eines eugenischen Sterilisationsgesetzes. Das 1933 in Deutschland gleich nach der Machtergreifung durch die Nationalsozialisten erlassene „Gesetz zur Verhütung erbkranken Nachwuchses" lehnt sich sehr stark an Laughlins Gesetzesmodell an. Dass dieses Gesetz ein Unrechtsgesetz ist, wird 2007 vom Deutschen Bundestag anerkannt. 1936 wird Harry Laughlin die Ehrendoktorwürde der Universität Heidelberg verliehen.

Es soll hier allerdings nicht der Eindruck entstehen, das eugenische Gedankengut wäre aus den Vereinigten Staaten nach Deutschland „importiert" worden. Schon Ernst Haeckel, ein großer Bewunderer Darwins, der in den 1860er Jahren dessen Ideen nach Deutschland getragen hatte, war ein entschiedener Vertreter einer eugenischen Sozialpolitik. Alfred Ploetz und dessen Vortrag zur geplanten „rassischen Säuberungsaktion" in Deutschland beim ersten Eugenik-Kongress 1912 im Cecil-Hotel in London kennen wir schon. Der Mediziner und Privatgelehrte Ploetz hatte 1905 in Berlin die „Gesellschaft für Rassenhygiene" gegründet. 1920 erscheint die Schrift „Die Freigabe der Vernichtung lebensunwerten Lebens" des Psychiaters Alfred Hoche und des Strafrechtlers Karl Binding, die darin dargelegten Ideen werden später in Nazideutschland auf fruchtbaren Boden fallen.

Zwischen 1907 und 1981 werden in den Vereinigten Staaten mehr als 60.000 Menschen zwangssterilisiert. Die Nazi-Diktatur schafft es bis 1945 auf geschätzte 350.000 bis 400.000. Die Sterilisationskampagne wird von einer groß angelegten Propagandaaktion begleitet und es werden Briefe an Schulen, Behörden und andere Einrichtungen verschickt, die Vorstand und Personal der Institutionen dazu aufrufen, von ihnen entdeckte „Erbkranke" anzuzeigen.

Gleich nach Hitlers Machtübernahme 1933 erscheint Goddards „Die Familie Kallikak" in einer neuen Auflage. In einem 1935 veröffentlichten zwölfminütigen „Lehrfilm" mit dem Titel „Das Erbe", der überall in den deutschen Kinos gezeigt wird, erklären zwei ältere männliche Wissenschaftler einer jungen Assistentin die Vererbungsgesetze anhand von Blumen, Vögeln, Pferden oder Hunden. So, wie man neue Pflanzen- und Tierrassen züchte, so könne man auch bessere Menschen züchten. Welchen Schaden eine schlechte Familienplanung anrichten kann, zeige niemand so deutlich wie der berühmte Wissenschaftler Henry Goddard mit der Kallikak-Familie. Nachdem der Kallikak-Stammbaum gezeigt wird, wird im Film ein Zitat Adolf Hitlers eingeblendet: "Wer körperlich und geistig nicht gesund und würdig ist, darf sein Leid nicht im Körper seines Kindes verewigen."

Wie wir wissen, ist dies nur eine Vorstufe des Horrors, der nun folgt. Ab 1939 wird das Programm ausgeweitet. Nun werden Kinder mit Missbildungen oder die als „schwachsinnig" eingestuft werden, getötet; ihren Eltern wird zum Beispiel erklärt, sie wären an einer versehentlichen Überdosis von Beruhigungsmitteln gestorben. Bald werden auch jugendliche Straftäter, Juden und Sinti und Roma umgebracht. Als nächstes folgt die streng geheim gehaltene Aktion T4. Der Name kommt von der Villa in der Tiergartenstraße 4 in Berlin, der Leitzentrale für die Ermordung behinderter Menschen in ganz Deutschland; an dem Haus ist heute eine kleine Gedenktafel dazu angebracht. Die Aktion T4 kostet geschätzten 300.000 Menschen das Leben.

Das Ausmaß dessen, was in der Folge geschieht und heute als „Holocaust" bezeichnet wird, wird nach dem Ende des Krieges 1945 erst nach und nach aufgedeckt. Es wird geschätzt, dass die Nationalsozialisten etwa 17 Millionen Menschen getötet haben. Für die Massenermordungen bauen sie – in leicht abgewandelter Form – die bereits 1905 von D. H. Lawrence beschriebenen tödlichen Kammern.

Viele Ärztinnen und Ärzte Deutschlands spielen zu jener Zeit leider eine unrühmliche Rolle. Um 1942 war bereits die Hälfte von ihnen der NSDAP beigetreten, das waren 38.000 Menschen. Sie führen Sterilisationen durch, sie töten „lebensunwertes" Leben. Der berühmte Josef Mengele, der „Todesengel" von Auschwitz, hat ein besonderes Interesse an Zwillingen. Sie waren bereits von Francis Galton für das Studium der Vererbung ins Gespräch gekommen. Die Aufforderung „Zwillinge heraustreten" wird den Bewohnern der Konzentrationslager im Gedächtnis eingebrannt bleiben. So makaber es ist, lag die Wahrscheinlichkeit zu überleben, für Zwillingspaare höher als für andere Kinder. Zwillingsforschung gehört bis heute zur Genforschung dazu.

Bei dem berühmten „Ärzte-Prozess", der zwischen 1946 und 1947 in Nürnberg abgehalten wird, stehen 19 Ärzte, eine Ärztin, ein Jurist und zwei Verwaltungsfachleute vor Gericht. Viele verweisen bei ihrer Verteidigung darauf, dass sie sich in ihren Handlungen auf die Erkenntnisse berühmter Wissenschaftler aus aller Welt gestützt hatten. Sechzehn von ihnen werden schuldig gesprochen, sieben erhängt. Aus diesem Prozess geht unter anderem der so genannte Nürnberger Kodex hervor, der in zehn Punkten die Grundsätze der Forschungsethik für Versuche an Menschen festlegt.

Am 8. Mai 1945 kapituliert Deutschland. Schon 1939 schließt das Eugenics Record Office auf Long Island mit der Begründung, es sei ein „wertloses Unterfangen". Auch „Die Familie Kallikak" wird ab 1939 nicht mehr gedruckt, später wird aufgedeckt, dass die meisten Behauptungen darin falsch sind. 1946 schickt Henry Goddard Emma Wolverton, die ihr ganzes Leben in einem Heim verbringen würde, eine Weihnachtskarte. Emma freut sich sehr darüber und sagt: „Das Schönste daran ist, dass er dachte, ich hätte den Verstand, um es zu verstehen, was ich natürlich auch habe."

Während im Westen Europas, den USA und Kanada die Sprache der Eugeniker Wissenschaft und Politik bestimmen, entwickelt sich weiter östlich, in der Sowjetunion, eine entgegengesetzte Bewegung. Während mit Hilfe der Wissenschaft im Westen versucht wird, die Überlegenheit mancher Menschen über andere zu untermauern, versuchen Wissenschaftler im Osten den Einfluss von Genen zu widerlegen. Diese Gene seien nur von der „Bourgeoisie" erfunden worden, um die Macht der Herrschenden zu zementieren. In Wirklichkeit sei jeder Mensch durch Umerziehung wandelbar und beeinflussbar.

So wie der Westen Wissenschaftlerpersönlichkeiten nutzt, um ihre Vorhaben, unter anderem Sterilisation und Ermordung, durchzusetzen – wir kennen ja schon die Menschen, die hinter „Darwinismus" und „Mendelismus" stehen – so brauchen auch die Sowjets eine Leitfigur. Sie finden sie in Trofim Denissowitsch Lyssenko. Lyssenko ist ein Agrarwissenschaftler, der auf abgelegenen sibirischen Bauernhöfen Experimente mit Weizen durchführt. Er setzt Weizenstämme schwerer Kälte und Dürre aus und beobachtet, dass diese Stämme daraufhin eine Resistenz gegen Kälte und Dürre entwickeln. Seine Lehre stößt in der damaligen Sowjetunion auf große Resonanz. In einem Land, in dem es viel Armut und Hunger gibt, erscheint die Aussicht auf Pflanzen, die jeder Dürre und Kälte trotzen, paradiesisch. Der Lyssenkoismus wird die Sowjetunion in ihrer genetischen Forschungsarbeit gegenüber den westlichen Ländern um Jahrzehnte zurückwerfen. Heute forscht man, wie wir später noch sehen werden, wieder daran, wie nicht nur angeborene, sondern auch erworbene Eigenschaften weitergegeben werden können. Wie so oft geht es hier nicht um ein Entweder-Oder, sondern um ein Sowohl-als-Auch.

Lyssenko gelingt es, Stalin, den zu jener Zeit diktatorisch regierenden Parteiführer, von seinen Ideen zu überzeugen. Anfang 1934 veröffentlicht er sein Buch „Physiologie der Pflanzenentwicklung und die Leistung der Selektion", in dem er die Genetik als Wissenschaft grundsätzlich in Frage stellt. Wie in totalitären Regimes heute noch üblich werden alle Andersdenkenden als Staatsfeinde verfolgt und manchmal auch ermordet.

In Sankt Petersburg lebt und forscht der wichtigste sowjetischen Genetiker seiner Zeit, Nikolai Iwanowitsch Wawilow, der 1913 unter William Bateson Genetik studiert hatte. Auf seinen 180 Forschungsreisen in 64 Länder der Welt hatte er Pflanzen und ihre Samen eingesammelt, um die genetische Vielfalt von Nutz- und Wildpflanzen zu dokumentieren und für die Nachwelt aufzubewahren. Wawilow stellt sich mit seinen Überzeugungen zur Genetik offen gegen Lyssenko, den er in hitzigen Publikumsdebatten und in seinen Artikeln herausfordert. Im August 1940 wird Wawilow verhaftet, seiner Ämter enthoben und zum Tode verurteilt. Die Todesstrafe wird zwar aufgehoben, er stirbt aber trotzdem im Januar 1943 im Gefängnis von Saratov, wahrscheinlich an Unterernährung.

1941–1942, während der 900 Tage dauernden Belagerung der Stadt – die zu jener Zeit Leningrad heißt – durch die deutsche Wehrmacht, retten Wawilows Mitarbeiter (er ist ja schon im Gefängnis) die Schätze. Trotz des zehrenden Hungers, der neun von ihnen das Leben kostet, widerstehen sie der Versuchung, die Erdnüsse, den Reis oder die Weizensamen zu essen. Heute beherbergt das Wawilow-Institut Samen von über 320.000 Pflanzen, darunter allein tausend Erdbeer- und 600 Apfelsorten. 90 Prozent aller Samen gibt es in keiner anderen Sammlung auf der Welt. Werden heute Nutzpflanzen zum Beispiel durch Krankheiten oder den Klimawandel zerstört, hilft es, wenn irgendwo noch Samen aus der vergangenen Vielfalt unserer Kulturpflanzen lagern. Die wenigen Forschenden, die diesen Schatz der Menschheit heute bewachen, haben ein monatliches Gehalt von umgerechnet etwa 200 Euro.

Ich stelle mir gerne vor, wie diese Samen in einigen Jahrzehnten, wenn die Artenvielfalt auf unserer Erde noch weiter abgenommen hat, in ein Töpfchen mit Erde eingepflanzt werden. Vielleicht wartet dann ein Mädchen, wie ich auf meine Ringelblume gewartet hatte, auf das Aufkeimen der Samen mit Ungeduld und Neugier. Auf die Geburt einer Pflanze, die seit vielen, vielen Jahren nicht mehr das Licht der Welt erblickt hatte.

In nicht einmal fünfzig Jahren seit seiner Existenz hatte sich der Begriff des Gens – beziehungsweise dessen Leugnung – zu einem der gefährlichsten Gedanken der Menschheitsgeschichte entwickelt. Immer noch weiß man nicht, was dieses „Gen" eigentlich ist. Immer noch rätselt man über die Struktur und die Funktionsweise von Mendels „Elementen" mit „materieller Beschaffenheit" mittels derer Eigenschaften vererbt werden. Lassen Sie uns jetzt nach Cambridge und London reisen, wo eine Wissenschaftlerin und vier Wissenschaftler dem Rätsel auf der Spur sind und es auch lösen werden. Seine Lösung wird die Genetik von Grund auf verändern.

4 Wer löst das Rätsel zuerst?

Thomas Hunt Morgan hatte mit seinem Team wie bereits beschrieben die Theorie erhärtet, dass die Erbinformation in den Chromosomen verschlüsselt ist. Schon 1868 entdeckt der Schweizer Mediziner und Physiologe Friedrich Miescher im Schlosslabor in Tübingen, in dem heute ein Museum untergebracht ist, im Zellkern (lateinisch: Nucleus) von Immunzellen in eitrigen Bandagen von Kriegsverwundeten eine Substanz, die er „Nuklein" nennt. Es ist eine Säure.

1944 kann das Team um Oswald Avery am Rockefeller Institute of Medical Research beweisen, dass die Substanz, die für die Weitergabe der Erbinformation verantwortlich ist, diese Nukleinsäure ist, und zwar Desoxyribonukleinsäure, besser bekannt als DNA. Das Team forscht an Bakterien, die Lungenentzündungen herbeiführen. Davon gibt es verschiedene Stämme: zum einen harmlose, die nicht zur Erkrankung führen, zum anderen gefährliche, die krank machen. Mischt man tote, gefährliche Bakterien unter lebendige, harmlose, „erben" diese die Eigenschaft „gefährlich" und können Lungenentzündungen herbeiführen. Auf der Suche nach jener Substanz, die dafür verantwortlich ist, stoßen sie auf die DNA. Diesen uns schon bekannten horizontalen Gentransfer, bei dem Erbinformationen nicht von einer Generation zur anderen (also vertikal), sondern von einem Organismus zum anderen weitergegeben werden, beobachtet man vorwiegend bei Prokaryoten, vor allem bei Bakterien.

Das Jahr 1944 beeinflusst die Zukunft der Genetik noch auf eine andere Weise: es wird ein Buch mit dem Titel „What is Life" („Was ist Leben") des österreichischen Physikers, Wissenschaftstheoretikers und Nobelpreisträgers Erwin Schrödinger veröffentlicht. Es ist die Zusammenfassung von drei Vorträgen, die Schrödinger, der als Begründer der Quantenmechanik gilt, im Laufe des Jahres 1943 im Trinity College in Dublin gehalten hatte und die auf großes öffentliches Interesse gestoßen waren. Er stellt eine Frage, die viele Menschen jener Zeit bewegt: Warum sehen wir die lebendige und die leblose Welt als voneinander getrennt an? Er ist davon überzeugt, dass beides den Gesetzen der Physik und der Chemie gehorcht. Er denkt darüber nach, wie die Gesetze der Physik uns helfen könnten, „die Ereignisse in Raum und Zeit zu verstehen, die sich innerhalb der räumlichen Begrenzung eines lebenden Organismus abspielen".

Als Physiker stellt er auch folgende Frage: Warum, wenn alles – dem zweiten Hauptsatz der Thermodynamik zufolge – aus der Ordnung nach der Unordnung strebt, warum zerfallen dann Gene nicht? Warum werden sie stattdessen von Generation zu Generation weitergegeben?

Das Buch wird ein Bestseller. Vielen Wissenschaftlerinnen und Wissenschaftlern jener Zeit ist es eine große Inspiration und fordert sie dazu heraus, die Antworten auf Schrödingers Fragen zu suchen.

Eine der Fragen ist: Wie schafft es die DNA – die wahrscheinlich deren Trägerin ist –, die Erbinformation von einer Generation zur anderen weiterzugeben? Würde man ihre Struktur kennen, würde man dieses Rätsel vielleicht lösen können.

https://doi.org/10.1515/9783111611143-033

Eine Möglichkeit, räumliche Strukturen von Kristallen zu entschlüsseln – auch DNA kommt in kristalliner Form vor –, bietet die Röntgenkristallographie. Röntgenstrahlen, 1895 von Conrad Röntgen entdeckt, haben eine Wellenlänge von ungefähr der Entfernung von zwei Atomen innerhalb eines Kristalls. Dadurch werden Röntgenstrahlen von Kristallgittern reflektiert und in spezielle Richtungen gebeugt. Diese gebeugten Strahlen lassen Muster entstehen, die man mit Fotoplatten sichtbar werden lassen kann. Aus diesen Fotos Rückschlüsse auf die Struktur der von den Strahlen „durchleuchteten" Kristalle zu ziehen, ist allerdings nicht ganz einfach und erfordert viele mathematische Berechnungen.

Tauchen wir nun in ein kleines Labor des King's College der University of London ein. Hier forschen Rosalind Franklin, Raymond Gosling und Maurice Wilkins. Ihr Auftrag ist es, mittels Röntgenkristallographie die Struktur der DNA zu entschlüsseln. Ihre Geschichte ist das Thema einiger Bücher, Filme und sogar eines Theaterstücks und bewegt Menschen bis zum heutigen Tag.

Wir sind in diesem Teil des Buches bisher nur wenigen Frauen begegnet. Emma Darwin hat ihrem Mann vor allem den Rücken freigehalten und ihn liebevoll gepflegt, wenn er krank war. Lilian Morgan, selbst Wissenschaftlerin, ist stets im Schatten ihres Mannes geblieben. Elizabeth Kite, die Mitarbeiterin Goddards, recherchierte die Familiengeschichte Emma Wolvertons, ohne es mit der Wahrheit allzu genau zu nehmen. Rosalind Franklin wird der Ruhm, der ihr wahrscheinlich zugestanden hätte, auch nicht zuteil. Sie ist durch und durch Wissenschaftlerin und ihre Forschungsarbeit wird die Menschheit einen großen Schritt in Richtung Erkenntnis weiterbringen.

Rosalind Elsie Franklin – wir werden im weiteren Verlauf der Einfachheit halber nur ihren Vornamen verwenden – wird am 25. Juli 1925 als zweites von fünf Kindern in eine wohlhabende jüdische Familie hineingeboren, die bereits im 18. Jahrhundert in England Fuß gefasst hatte. Während eines Strandurlaubs auf den Scilly Inseln nahe der Küste von Cornwall beschreibt ihre Tante Helen Bentwich – genannt Mamie – sie als Sechsjährige so: „Rosalind ist erschreckend schlau – aus reinem Vergnügen verbringt sie ihre ganze Zeit mit Arithmetik & ihre Rechnungen stimmen immer." „Erschreckend schlau" – für jene Zeit noch eine beunruhigende Eigenschaft für eine Frau.

Nach der Grundschule besucht Rosalind ab neun Jahren ein Internat an der Küste von Sussex in Südengland, mit elf wird sie in der renommierten St. Paul's Mädchenschule im Westen Londons angenommen, die viele berühmte Absolventinnen hervorgebracht hat, man nennt sie „alte Paulinas". Das Stipendium, das sie nach ihrem Schulabschluss zugesprochen bekommt, stellt ihr Vater, Ellis Franklin, einem Studenten zur Verfügung, der aus dem nationalsozialistischen Deutschland geflohen war. Ellis engagiert sich auch für die Unterbringung von deutsch-jüdischen Kindern in der Zeit des Nationalsozialismus – zwei Kinder nehmen die Franklins selbst in ihrer Familie auf –; mit einem von ihnen, Evi, wird Rosalind zeitlebens in Kontakt bleiben.

1938, erst siebzehnjährig, besteht Rosalind die Aufnahmeprüfung an der Cambridge University und schneidet in Chemie als Beste ab. In Cambridge wurden Frauen seit 1869 aufgenommen, Jüdinnen und Juden seit 1871. Frauen erhielten allerdings nur ein Ehrendiplom beim Abschluss des Studiums. In den mehr als 700 Jahren seit ihrem Bestehen hatte die Universität zu jener Zeit noch keine einzige Professorin beschäftigt und Rosalind erlebt während ihres Studiums die Ernennung der ersten, einer Professorin für Archäologie.

Rosalind studiert Naturwissenschaften, wendet sich aber zunehmend der physikalischen Chemie zu, besonders der Kristallographie. Die physikalische Chemie verbindet die beiden Disziplinen Chemie und Physik zur Erforschung der Struktur und des Verhaltens von Atomen und Molekülen. Als beste Absolventin ihres Jahrgangs in diesem Fach erhält sie ein Stipendium, um ein viertes Jahr in Cambridge zu forschen. Während der Zweite Weltkrieg tobt, besucht sie Vorlesungen, bereitet sie sich auf Prüfungen vor, experimentiert im Chemielabor.

Als ihr Vater ihr vorwirft, dass sie die Wissenschaft zu ihrer Religion macht, antwortet sie mit einem vierseitigen Brief, in dem sie unter anderem schreibt: „Aber Wissenschaft und Alltag können und sollten nicht getrennt werden. Für mich ist die Wissenschaft eine Teilerklärung des Lebens. (...) Ich sehe keinen Grund zu glauben, dass ein Schöpfer von Protoplasma oder Urmaterie, wenn es einen solchen gibt, irgendeinen Grund hat, sich für unsere unbedeutende Spezies in einer winzigen Ecke des Universums zu interessieren, und noch weniger für uns, als noch unbedeutendere Individuen. Ich sehe auch keinen Grund, warum die Überzeugung, dass wir unbedeutend oder zufällig sind, unseren Glauben – wie ich ihn definiert habe – schmälern sollte."

1942 tritt Rosalind ihre erste Stelle bei der British Coal Utilisation Research Association (BCURA) an und forscht an den Eigenschaften von Kohle und Holzkohle. Die Frage, mit der sich Rosalind beschäftigt, ist, warum manche Kohlearten viel unempfindlicher gegen das Eindringen von Gas oder Wasser sind als andere. Mit ihrer Arbeit zur Kohle erlangt Rosalind 1945 ihren Doktortitel.

Seit ihrer Zeit in Cambridge ist Rosalind mit der französisch-jüdischen Physikerin Adrienne Weill befreundet, die während der deutschen Besatzung aus Paris nach Cambridge geflohen war. Diese vermittelt ihr 1947 eine Forschungsstelle in Paris. Das Labor, in dem sie arbeitet, wird von Jaques Mering geleitet. Unter seinem Einfluss und in einem kollegialen und inspirierenden Team von Wissenschaftlern und Wissenschaftlerinnen blüht Rosalind auf. Ihre Biografin, Brenda Maddox, hat einige Hinweise dafür gesammelt, dass die Beziehung zwischen Rosalind und Jaques Mering viel mehr als nur eine zwischen Forscherkollegen war, gesichert ist das aber nicht.

Auf jeden Fall gehören die drei Jahre, die Rosalind in Paris verbringt, zu den glücklichsten ihres leider viel zu kurzen Lebens. Im Paris der Nachkriegsjahre, in denen man mit etwas Glück im Café de Flore dem berühmten Existentialistenpaar Simone de Beauvoir und Jean-Paul Sartre begegnen konnte, trifft sich Rosalind zum Mittagessen mit ihren Kolleginnen und Kollegen im „Chez Solange", wo sie angeregt debattieren, philosophieren und sich über ihre Forschungsarbeit austauschen. Inzwischen spricht sie ein nahezu perfektes Französisch mit einem nur leichten britischen Akzent.

Rosalind Franklin in Paris (undatiert). Quelle: https://de.wikipedia.org/wiki/ Rosalind_Franklin#/media/ Datei:Rosalind-franklin- in-paris_crop.jpg

Die Familie drängt sie, nach England zurückzukehren, und so nimmt sie 1950 eine Forschungsstelle am King's College in London an. Mit einem dreijährigen Stipendium in der Tasche und unter der Leitung von Professor John Turton Randall bekommt Rosalind die Aufgabe, die Struktur der DNA röntgenkristallographisch zu entschlüsseln. Sie gilt damals schon als Expertin auf dem Gebiet der Kristallographie, nachdem sie mehrere Veröffentlichungen über ihre Arbeit an Kohle publiziert hatte. Vor ihrer Ankunft in London bestellt sie schon das Instrumentarium für ihre Arbeit, vor allem eine speziell von ihr entworfene Kamera, die sie in Paris zusammenbauen lässt.

Bis zum letzten Augenblick zweifelt Rosalind daran, ob sie ihr geliebtes Paris verlassen soll. Dass sie in ihrem neuen Labor am King's College keine neue wissenschaftliche Heimat im Kreise von Kolleginnen und Kollegen findet, hat schließlich vielfältige Ursachen. Zum einen schafft es Professor Randall nicht, die Aufgaben zwischen dem stellvertretenden Laborleiter Maurice Wilkins und Rosalind klar zu definieren. Als Rosalind am 8. Januar 1951 dem Team des Labors vorgestellt wird, ist Wilkins gerade im Urlaub. Raymond Gosling, ein junger Doktorand, wird ihr als Assistent zugesprochen. Gosling hatte zuvor Wilkins bei der Erforschung der DNA unterstützt.

Auch die Stimmung im King's College könnte zu jener des „Labo Central" in Paris nicht gegensätzlicher sein. Es gibt zwei Speisesäle, in einem ist Frauen der Zutritt verwehrt. Nach der Arbeit setzen viele Kollegen ihren Austausch im Finch's Pub bei einigen Gläsern Bier fort – doch ganz anders als im „Chez Solange" sind Frauen dort selten gesehene Gäste.

Der in Neuseeland geborene Physiker Maurice Wilkins hatte während des Zweiten Weltkriegs in Kalifornien am Manhattan Project mitgearbeitet – jenem Projekt, das ab 1942 unter der wissenschaftlichen Leitung von Robert Oppenheimer all das Wissen zur Kernspaltung vereint hatte, um es militärisch zu nutzen. Nach dem Krieg hatte er sich – wie viele Physiker jener Zeit und inspiriert von Schrödingers „Was ist Leben" – der Biophysik zugewandt.

Auf einer wissenschaftlichen Tagung im Frühjahr 1951, die in der uns schon bekannten Zoologischen Station in Neapel stattfindet, lernt Wilkins den erst 22-jährigen US-Amerikanischen Molekularbiologen James Watson kennen. Dieser ist auch ein Fan von Schrödingers Buch und lauscht Wilkins' Vortrag zur Arbeit seines Labors an DNA voller Neugier und Spannung.

Was weiß man bislang über die Substanz, außer dass sie eine Säure ist? Ihre Einzelbausteine sind die so genannten Nukleotide, die sich jeweils aus einem Zucker (Desoxyribose), einer Phosphatgruppe und einer Base (Adenin, Guanin, Cytosin oder Thymin) zusammensetzen. 1949 war der Österreicher Erwin Chargaff an der Columbia-Universität in New York auf eine merkwürdige Übereinstimmung gestoßen: die Anzahl der Moleküle von Purinbasen, also Adenin und Guanin, waren immer gleich mit der Anzahl der Moleküle von Pyrimidinbasen, also Thymin und Cytosin. Dieses eindeutige Verhältnis konnte er immer wieder nachweisen, jedoch keine Erklärung dafür finden.

Das Labor des King's College hatte eine 15 g schwere und besonders reine DNA-Probe bei einem Vortrag von Professor Rudolf Signer aus Bern kostenlos erhalten. Wenn man die gelartige Substanz befeuchtete, zog sie feine Fasern, die sich auf das Doppelte ihrer ursprünglichen Länge ausdehnen ließen und dann wieder zurückschrumpften. Maurice Wilkins meinte dazu, es sei wie Rotze.

Den Forschern des King's College ist auch die Doktorarbeit des Norwegers Sven Furberg bekannt, der am Birkbeck College in London geforscht und mittels Modellen aus Papier versucht hatte, die Anordnung der Zucker, Basen und Phosphate zu beschreiben – jenen chemischen Gruppen, die man zusammen als „Nukleotid" bezeichnet. Dabei stellte er fest, dass die Zucker zu den Basen in einem rechten Winkel angeordnet und voneinander 3,4 Ångström (Zehnmillionstel eines Millimeters) entfernt sind. Er war der Erste, der den Verdacht äußerte, die DNA könnte in der Form einer Helix angeordnet sein.

Um die DNA röntgenkristallographisch zu untersuchen, muss Rosalind eine einzige Faser der Substanz genau im Röntgenstrahl positionieren und der Strahlung viele – bis zu 100 – Stunden lang aussetzen. Die Filme werden schließlich von Freda Ticehurst entwickelt, einer freundlichen Mitarbeiterin, deren Dunkelkammer für viele Mitglieder des Labors ein Zufluchtsort ist. Nicht unerwähnt soll bleiben, dass weder Rosalind noch Raymond Gosling bei dieser Arbeit Bleischürzen tragen, um sich vor der Röntgenstrahlung zu schützen. Doch zu jener Zeit hatten die Menschen in vielen Forschungsbereichen noch nicht so großen Respekt vor gesundheitsgefährdender Strahlung wie heute, wo jede Einrichtung, die mit solcher arbeitet, einen hohen Aufwand in den Strahlenschutz steckt.

Rosalind findet eine Lösung für ein Problem, auf das die Mitglieder des Labors gestoßen waren: die Luftfeuchtigkeit in der Kammer, in der die DNA aufgespannt ist, über die vielen Stunden Belichtungszeit hinweg konstant zu halten. Sie erreicht das über eine Reihe von Salzlösungen, durch die sie bei kontrollierter Luftfeuchtigkeit Wasserstoff in die Kammer einbringen kann. Dabei nutzt sie die Eigenschaft der DNA aus, Feuchtigkeit aufzunehmen und wieder abzugeben. Durch diese Maßnahmen kann sie eine einzelne DNA-Faser sogar für mehr als ein Foto verwenden.

Durch diese Methode findet Rosalind noch etwas anderes heraus: es gibt zwei Formen, in denen DNA vorkommt. Nimmt sie Feuchtigkeit auf, werden die Fasern länger und dünner, verliert sie diese wieder, verkürzen sie sich. Alle, die die Struktur zuvor studiert hatten, hatten ein Gemisch zwischen den beiden Formen untersucht. Erst jetzt, da dies bekannt ist, kann man die beiden Formen einzeln erforschen. Sie nennen die „feuchte" Form B-Form, die „trockene" A-Form.

Obwohl eine Zusammenarbeit zwischen Rosalind und Maurice Wilkins zu Anfang noch möglich erscheint, trübt sich die Stimmung zusehends. Die beiden scheinen auch von ihrem Temperament her nicht sehr gut zueinander zu passen. Er versucht, den Blicken seines Gegenübers gerne auszuweichen, sie fixiert es mit durchdringendem Blick. Er vermeidet Debatten und versucht ihnen aus dem Weg zu gehen, sie feuert sie gerne an. Und mehr: anstatt zu ihm aufzusehen, schaut sie auf den ihr zugeteilten Forschungspartner in wissenschaftlicher Hinsicht herab. Sie ist aufgrund ihrer Arbeit in Paris einfach die erfahrenere Wissenschaftlerin im Bereich der Röntgenkristallographie. Als Maurice Wilkins ihr vorschlägt, bei der Interpretation ihrer wunderbaren Fotos mitzuwirken, verweigert sie es ihm. Nachdem sie ihre ganze Energie und ihr Können in diese Arbeit gesteckt hatte, möchte sie nicht zulassen, dass sich jemand wie Maurice Wilkins darin einmischt. Irgendwann im Herbst 1951 muss Professor Randall einsehen, dass eine Mitarbeit zwischen den beiden nicht mehr möglich ist. Er entscheidet, dass Rosalind an der A-Form und mit der DNA-Probe von Professor Signer aus Bern weiterarbeiten und Maurice Wilkins sich der B-Form widmen soll.

Rosalind fängt schließlich an, sich an die Auswertung ihrer Fotos zu machen. Ihre Berechnungen und Überlegungen vertraut sie ihren vielen Notizbüchern an. Sie schreibt: „Entweder ist die Struktur eine große Helix oder eine kleinere Helix, die aus mehreren Ketten besteht. Die Phosphatgruppen befinden sich auf der Außenseite, so dass die Phosphat-Phosphat-Bindungen zwischen den Helices durch Wasser unterbrochen werden." Dass die Phosphatgruppen außen liegen, ist für sie offensichtlich: nur so kann das viele Wasser, das von dem Molekül aufgenommen werden kann, in die Faser eindringen und daraus wieder entweichen. Das erklärt auch die Verlängerung des Moleküls, wenn es Wasser aufnimmt.

Nicht nur das Labor am King's College, auch das Cavendish-Laboratorium in Cambridge und das Team um Linus Pauling am CalTech in Kalifornien interessieren sich brennend für die Struktur der DNA. Der US-amerikanische Chemiker Pauling hatte zwischen 1948 und 1951 die Bindungskräfte in Eiweißmolekülen erforscht und bereits einiges über ihre Struktur entschlüsselt. Er hofft nun, auch das Rätsel der DNA zu lösen. Linus Pauling wird 1954 der Nobelpreis für Chemie verliehen.

In Cambridge sind Francis Crick, der mit Maurice Wilkins noch aus der Kriegszeit bekannt ist, und James Watson, dem wir schon begegnet sind, dem gleichen Rätsel auf der Spur. Auch Francis Crick hat Schrödingers „Was ist Leben" gelesen. In dem physikalischen Labor, in dem Crick und Watson zusammenarbeiten, gibt es – im Gegensatz zu jenem des King's College – nichts als Tafeln und Tische. Aber, anders als in jenem, stimmt die Chemie zwischen den beiden Kollegen.

Beide Männer reden unermüdlich und führen ihre Gespräche, die sich oft um Gene und ihre Struktur drehen, nach der Arbeit im Eagle fort, dem lokalen Pub des Cavendish. Beide lachen viel. Sie ergänzen sich in ihren Fähigkeiten und harmonieren in ihren Temperamenten.

Anstatt sich der mühevollen Arbeit mit Kameras und Röntgenstrahlen zu widmen, bauen sie Modelle aus Metallkugeln und Drähten, um herauszufinden, wie das DNA-Molekül nach den Regeln der Chemie und der Physik aufgebaut sein könnte. So, wie es zuvor schon Linus Pauling für Proteine und Sven Furberg für die DNA mit Papiermodellen gemacht hatten.

Nach der Arbeitsteilung am King's College durch Professor Randall fühlt Maurice Wilkins sich isoliert. Er beginnt, die Gesellschaft von Francis Crick aufzusuchen, mit dem er ja gut bekannt ist. Auch James Watson ist häufig dabei. Gemeinsam rätseln sie weiter. Warum wolle man am King's College nicht auch versuchen, Modelle zu bauen? Rosalind will nichts davon wissen. Sie ist nicht als Forscherin angeheuert worden, um mit Metallkugeln und Drähten Modelle zu bauen. Sie hat den Auftrag, Mutter Natur um die Antwort auf ihre Fragen zu bitten. Wenn man die Struktur erst kannte, könne man das Modell dazu immer noch bauen.

Am 21. November 1951 wird am King's College ein Colloquium zur DNA-Struktur abgehalten. Auch Maurice Wilkins und Rosalind halten Vorträge, James Watson sitzt im Auditorium. Eine Woche später haben Watson und Crick ein Modell der DNA-Struktur zusammengebaut. Es ist eine dreikettige Helix mit den Phosphaten im Inneren und den Basen außen. Das Team des King's College wird eingeladen, um es zu begutachten. Für Rosalind ist sofort klar, dass es nicht stimmen kann und dass vor allem die Phosphatgruppen außen liegen müssen, um die ausgeprägte Fähigkeit der Substanz zur Wasseraufnahme zu erklären. Crick gibt später zu, dass er als Physiker zu wenig von Chemie wusste, um die Eigenschaften und die Struktur der DNA miteinander zu verknüpfen. Professor William Lawrence Bragg, der Leiter des Cavendish, verbietet Watson und Crick daraufhin, weiter an der Entschlüsselung der DNA-Struktur zu arbeiten und diese Aufgabe dem King's College zu überlassen. Um ihr Einverständnis damit zu bezeugen, schicken Watson und Crick ihre Kugeln und Drähte ins King's College nach London.

Rosalind ist mit ihrer Situation am King's College zusehends unglücklicher, was die anderen Mitarbeitenden auch bemerken. Über die Weihnachtsfeiertage reist sie nach Paris, um anzufragen, ob sie ihre alte Stelle wieder haben kann. Jaques Merings Antwort ist nein. Nach ihrer Rückkehr fragt sie auch bei John Desmond Bernal am Birkbeck College in London nach und dieser stellt ihr prinzipiell eine Stelle in Aussicht.

Zurück im Labor macht sie sich gemeinsam mit Raymond Gosling daran, die Fotos mit Hilfe der Patterson-Methode zu analysieren. Etwas vereinfacht ausgedrückt erlaubt diese Methode, anhand der Intensität – also der Schwärze – der auf der fotographischen Platte aufgenommenen Flecken und mittels komplexer mathematischer Berechnungen Rückschlüsse auf die Entfernungen zwischen den Atomen eines Moleküls zu ziehen und so seine Struktur zu bestimmen. Die stundenlangen Berechnungen, die Rosalind dafür machen muss – Mathematik liebte sie ja schon als Sechsjährige – können heute innerhalb von Augenblicken von einem Computer gelöst werden. Im Frühling können sie und Raymond Gosling auch die schwenkbare Kamera in Betrieb nehmen, die in der Werkstatt des King's College nach ihren Ideen hergestellt worden war. Die Fotos, die sie damit aufnehmen können, sind noch schärfer und klarer.

Am 1. Mai 1952 findet in London ein Meeting der Royal Society zu Proteinen statt. Rosalind ist natürlich da, außerdem James Watson, der sich aktuell der Erforschung von RNA (Ribonukleinsäure) widmet, und zwar in der Form, in der sie im Tabakmosaikvirus vorkommt, jenem Virus, das Tabak-, aber auch Tomaten- und Paprikapflanzen befällt. Sich mit DNA zu beschäftigen, wurde ihm ja von Professor Bragg verboten, das ändert aber nichts daran, dass das Rätseln in seinem Kopf weitergeht. Ein weiterer Rätselnder, Linus Pauling, der auch gerne gekommen wäre, darf nicht aus Amerika einreisen. In der Ära von Präsident McCarthy und seiner antikommunistischen Kampagne war dem nach den Atombombenabwürfen auf Hiroshima und Nagasaki zum leidenschaftlichen Pazifisten gewordenen Wissenschaftler das Einreisevisum verweigert worden. 1962 wird Linus Pauling der Friedensnobelpreis verliehen und damit wird er der einzige Mensch, dem zwei Nobelpreise verliehen werden, die er mit niemandem teilen muss.

Während das Treffen der Royal Society tagt, ist ein Röntgenstrahl 62 Stunden lang auf eine DNA-Faser gerichtet. Während der Belichtung ist die DNA diesmal aus der A- in die B-Form übergegangen, und um die B-Form soll sich ja, wie vereinbart, Maurice Wilkins kümmern. Das Foto wird am 6. Mai entwickelt und wird in die Geschichte der Wissenschaft eingehen. Rosalind nennt es „Foto 51".

Irgendwann im Juni eröffnet sie Professor Randall, dass sie das King's College verlässt, um ans Birkbeck College ins Labor von J. D. Bernal zu gehen. Sie kommen überein, dass dies zum 1. Januar 1953 stattfinden soll. Am 15. Dezember 1952 stattet das Medical Research Council (MRC), dass seit 1947 alle Forschungsarbeiten für Biophysik beaufsichtigt, dem King's College einen Besuch ab. Professor Randall stellt den Besuchern auch alle Ergebnisse zur Verfügung, die Rosalind für diese Gelegenheit zusammengefasst und ihm überreicht hatte, mit all ihren Abmessungen der Einheitszelle des Moleküls, ihrer Länge, Breite und Winkel. Der Bericht mit diesen Informationen, der dem MRC zur Verfügung gestellt wird, ist zwar nicht als „vertraulich" gekennzeichnet, jedoch auch nicht explizit für eine Veröffentlichung vorgesehen.

Rosalinds Wechsel ins Birkbeck College verschiebt sich auf Mitte März. Irgendwann im Januar wird bekannt, dass Linus Pauling ein Modell für die DNA-Struktur gefunden und einen Artikel dazu veröffentlicht hat. Doch als die Veröffentlichung in England ankommt, ist klar: auch dieses Modell – eine Dreifachhelix mit Phosphatgruppen im Inneren – stimmt nicht. Watson und Crick sind erleichtert.

Am 30. Januar stattet James Watson dem Labor des King's College einen Besuch ab. Bei diesem Besuch zeigt Maurice Wilkins ihm das berühmt gewordene „Foto 51", mit dem ihn Raymond Gosling kurz zuvor vertraut gemacht hatte. Beim Anblick des Fotos „blieb mir der Mund offen stehen und mein Puls begann zu rasen" – wie Watson später in seiner Autobiographie bemerken wird. Wilkins und Watson essen später in Soho zu Abend und reden noch lange über die DNA. Auf der Zugfahrt nach Cambridge zeichnet James Watson das Muster des Fotos, wie er es im Gedächtnis hat, auf das einzige Stück Papier, das er dabeihat: den Rand seiner Zeitung.

Am 31. Januar erlaubt Professor Bragg Watson und Crick, neue Metallteile in der Laborwerkstatt zu bestellen und sie fangen wieder an, zu bauen. Etwa eine Woche später bekommen sie von Max Perutz, einem Molekularbiologen, der auch in Cambridge forscht, den unveröffentlichten Bericht des MRC mit Rosalindes Daten. Für den Modellbau eine große Hilfe. Das Foto zeigt eindeutig, dass das Molekül die Form einer Doppelhelix hat. Dass die Phosphatgruppen außen liegen müssen, ist ja jetzt schon lange klar. Doch was hält das so stabile Molekül im Inneren zusammen? Die vier beteiligten Basen, die Purine Adenin und Guanin und die Pyrimidine Cytosin und Thymin haben alle sehr unterschiedliche Formen. Gegen Mitte Februar brütet Watson an einem der Labortische mit Pappformen – die Metallteile waren noch nicht fertig. Am Nebentisch sitzt Jerry Donohue, ein ehemaliger Student von Linus Pauling und Chemiker. Er beobachtet Watson und weist ihn darauf hin, dass er die falschen Formen benutzt: die Basen kommen in Nukleinsäuren nicht in der Enol-, sondern in der Keto-Form vor. Diese Neuigkeit stand noch nicht in den Lehrbüchern, war aber inzwischen in der Chemie bekannt.

Am 23. Februar beginnt Rosalind mit der Messung von Foto 51. Sie notiert in einem ihrer vielen Notizbücher, dass beide DNA-Formen, also A und B, zweikettige Helices sind und dass die beiden Stränge komplementär sind. Sie stellt auch fest, dass „eine unendliche Vielfalt von Nukleotidsequenzen möglich wäre, um die biologische Besonderheit der DNA zu erklären". Sie ist ganz nah an der Lösung des Rätsels dran.

Doch Watson und Crick sind schneller. Gegen Ende Februar findet Watson mit seinen Pappformen heraus, dass Adenin mit Thymin mittels Wasserstoffbrücken die gleiche Form bildet wie Cytosin mit Guanin – alle vier Basen wohlgemerkt in ihrer Keto-Form. Das erklärt plötzlich die Beobachtung von Erwin Chargaff, dass die Anzahl der Moleküle von Purinbasen immer gleich mit der Anzahl der Moleküle von Pyrimidinbasen sind. Wo immer in einer der beiden Ketten Adenin vorkommt, ist auf der anderen Kette Thymin, wo immer auf einer Kette Cytosin, ist auf der anderen Kette Guanin. Eine Kette ist auf diese Weise die genaue Vorlage für die andere. Werden die Ketten getrennt – was bei der Zellteilung der Fall ist – stellt jede von ihnen alle Informationen zur Verfügung, um eine neue, doppelkettige DNA zu bilden. Wie genial, oder? Plötzlich ist klar, wie diese Substanz das Geheimnis der Weitergabe von Erbinformationen von einer Generation zur nächsten in sich trägt. Plötzlich ist die Ordnung gefunden, nach der Schrödinger gesucht hatte. Laut Watsons Autobiographie strömt Crick an jenem Tag zur Mittagszeit in den Pub des Cavendish, den Eagle, und verkündet, sie hätten das Geheimnis des Lebens gefunden.

Am 7. März sind Watson und Crick mit dem DNA-Modell fertig. Mitte März reisen Rosalind, Raymond Gosling und Maurice Wilkins nach Cambridge, um es zu sehen. In seiner beeindruckenden Schönheit steht es da und ist sehr überzeugend. Rosalind soll dazu gemeint haben, es sei sehr hübsch, aber wie würden sie es beweisen?

Man kommt überein, dass das Modell als alleinige Arbeit von Watson und Crick veröffentlicht werden soll, die – getrennten – Artikel von Maurice Wilkins und zwei Mitarbeitern und Rosalind und Raymond Goslings sollen zeitgleich in der renommierten Zeitschrift „Nature" erscheinen. Am 25. April feiert das King's College das Erscheinen der drei Publikationen. Doch Rosalind ist nicht dabei. Sie ist nun Teil des Teams des Birkbeck College.

J. D. Bernal, der Leiter des Labors, ist damals schon eine Legende im Bereich der Röntgenkristallographie und unter anderem der Lehrer von Maurice Wilkins und Max Perutz, denen wir schon begegnet sind. Seine Mitarbeiter nennen ihn „the Sage" (den Weisen) und tatsächlich scheint er immer alles zu wissen. In seinem Labor blüht Rosalind wieder auf. Ihre Aufgabe ist es, an der Struktur von Viren zu forschen, besonders am Tabakmosaikvirus, an dem Watson schon gearbeitet hatte. Hier, mit der Unterstützung eines kollegial zusammenarbeitenden Teams, veröffentlicht sie zahlreiche Artikel und unternimmt ausgedehnte Vortrags- und Kongressreisen ins Ausland, besonders in die USA.

Im Sommer 1956, während eines Aufenthalts in New York, erkrankt Rosalind und wird nach ihrer Rückkehr mit Eierstockkrebs diagnostiziert. Bei der Operation im September findet man zwei metastasierende Tumorherde, die Prognose ist schlecht. Von mehreren Krankenhausaufenthalten unterbrochen arbeitet sie unermüdlich weiter. Ende März 1958 kann sie die schmale Treppe zu ihrem Büro im obersten Stockwerk nur noch hinaufkriechen, verweigert aber jede Hilfe ihrer Mitarbeiter, sich tragen zu lassen. Am 16. April stirbt Rosalind, erst 37 Jahre alt.

Das von Watson und Crick vorgeschlagene DNA-Modell bleibt, nachdem der berühmte Linus Pauling ja gerade erst eines veröffentlicht hatte, vorerst nur eine Hypothese, nicht zuletzt für Rosalind selbst. Viele bezweifeln sie noch jahrelang. Bis zu ihrem Tod wird Rosalind auch nicht wissen, dass Watson und Crick viele Jahre später öffentlich zugeben werden, dass sie die DNA-Struktur ohne ihre experimentellen Daten – von deren Weitergabe sie auch nichts erfahren würde – niemals hätten entschlüsseln können.

Mit James Watson und Francis Crick unterhält Rosalind nach ihrem Wechsel ins Birkbeck College nicht nur kollegiale, sondern auch freundschaftliche Beziehungen. Während ihrer Arbeit am Tabakmosaikvirus tauscht sie sich regelmäßig mit Watson aus und trägt mit ihren außergewöhnlich scharfen Aufnahmen maßgeblich an der Entschlüsselung seiner Struktur bei.

1958 publiziert Francis Crick eine Hypothese über den Informationsfluss zwischen DNA, RNA und Proteinen, die man heute als zentrales Dogma der Molekularbiologie bezeichnet. Darin beschreibt er, wie über die Reihenfolge der Nukleotide der DNA diese Information erst in einen RNA-Strang überführt und schließlich zum Zusammenbauen eines Proteins außerhalb des Zellkerns verwendet wird. Die Hypothese wird heute weitestgehend als bestätigt anerkannt, auch wenn alles, wie wir später sehen werden, komplexer ist als die damalige Vorstellung davon. Hier sehen wir sehr schön, wie Wissenschaft auch funktioniert: durch die intuitive Vorstellung davon, wie etwas sein könnte, entwerfen Forschende Modelle, die sie später zu beweisen versuchen. Natürlich ist es wie im Leben selbst: die Vorstellung davon, wie etwas sein sollte oder könnte, erweist sich in den allermeisten Fällen als Irrweg. Doch, wie wir hier sehen, durchaus nicht immer. Rosalinds Scheitern daran, die DNA-Struktur selbst entschlüsselt zu haben, wird manchmal auch ihrer Schwierigkeit zugesprochen, der Intuition zu folgen. Sie wollte sich allein auf experimentelle Daten stützen.

1962 erhalten James Watson, Francis Crick und Maurice Wilkins den Nobelpreis für die Entdeckung der DNA-Struktur. In ihrer Rede bei der Preisverleihung erwähnen sie Rosalind nicht. Dazu muss man bemerken, dass der Nobelpreis nur an lebende Personen vergeben werden kann – wir wissen also nicht, ob er an Rosalind Franklin gegangen wäre, hätte sie noch gelebt.

1966 erscheint James Watsons Autobiographie „The Double Helix" („Die doppelte Helix"), die ein Bestseller wird. Darin stellt er „Rosy" – wie sie ungern genannt wurde – in einem nicht besonders schmeichelhaften Licht dar. Viele, die sie gekannt hatten, widersprechen der Darstellung sehr deutlich, unter anderem Francis Crick, Maurice Wilkins, Max Perutz und J. D. Bernal. Das verhindert nicht, dass das Buch in achtzehn Sprachen übersetzt und zu einem Klassiker des 20. Jahrhunderts über eine bahnbrechende wissenschaftliche Entdeckung wird.

Erst nach und nach und viele Jahre nach ihrem Tod werden die Details zu dieser wahrlich kriminalistischen Geschichte der Wissenschaft bekannt. Ich persönlich glaube, dass Rosalind, hätte sie länger gelebt, einfach nur glücklich darüber gewesen wäre, dass die Menschheit das Geheimnis der DNA entschlüsselt hatte. Denn wer genau von all den vielen beschriebenen Menschen am Ende den Ruhm davongetragen hat, ist letztendlich nebensächlich. Jetzt, da man die Buchstaben kennt, in denen die Sprache des Lebens geschrieben ist, kann man sich an ihre Entzifferung machen.

5 „Die Sprache, in der Gott das Leben schuf"

Als mein Bruder klein war, baute er liebend gerne Dinge auseinander, um zu verstehen, wie sie funktionieren. Er tat sich später oft schwer damit, sie wieder zusammenzubauen. Das kennt sicher auch manch einer von Ihnen. Anhand der einzelnen Bausteine der DNA verstehen zu wollen, wie sie funktioniert, ist nicht möglich. Das wäre, wie wenn Sie alle Buchstaben dieses Buches ausschneiden und durcheinandermischen würden. Die Bedeutung dessen, was es enthält, wäre nicht mehr verfügbar.

Frederick (Fred) Sanger wird am 13. August 1918 in Rendcombe, in Gloucestershire, England geboren. Er will zunächst wie sein Vater Medizin studieren, entscheidet sich dann aber für Naturwissenschaften. Später schreibt er in einer Kurzbiographie, die er für die Nobelpreis-Organisation verfasst, er habe sich nur auf eine Sache konzentrieren wollen und das sei in der Medizin weniger gut möglich gewesen.

Fred Sanger studiert in etwa der gleichen Zeit wie Rosalind Franklin in Cambridge und forscht dort zuerst an Proteinen (Eiweißstoffen). Er bekommt den Auftrag, die Struktur des Insulins zu entschlüsseln. Diese Substanz war 1916 aus der Bauchspeicheldrüse von Rindern isoliert worden und konnte im Frühjahr 1922 das erste Menschenleben retten: das des 13-jährigen, an Diabetes erkrankten Leonard Thompson aus Toronto. Das lebensrettende Insulin war für ihn aus mehreren Kilogramm zerkleinerter Hundebauchspeicheldrüsen gereinigt und ihm injiziert worden. In den späten 1920er Jahren stellt die Firma Eli Lilly aus riesigen Fässern mit Kuh- und Schweinebauchspeicheldrüsen den wertvollen Wirkstoff her. Für 500 Gramm Insulin werden 4000 Kilogramm Bauchspeicheldrüsengewebe benötigt.

Obwohl das Insulinmolekül so lebenswichtig für viele Menschen ist und schon viele Menschen versucht hatten, seiner Struktur auf die Spur zu kommen, widersetzt es sich hartnäckig seiner Erforschung. Insulin ist ein Protein und besteht aus einer – bis dahin – noch unbekannten Reihenfolge von Aminosäuren. Es gibt 20 sogenannte proteinogene Aminosäuren (in manchen Lehrbüchern wird eine 21., Selenocystein, dazugerechnet) – das sind jene Aminosäuren, mit Hilfe derer die gesamte lebende Welt alle Eiweißstoffe (Proteine) baut, die sie zum Leben braucht. Die 51 Aminosäuren, aus denen Insulin aufgebaut ist – 21 in einer Kette, 30 in einer zweiten, diese sind miteinander verbunden – bestimmt Fred Sanger nach und nach, indem er immer nur eine einzelne aus der Kette herauslöst und bestimmt. Für seine Arbeit erhält er 1958 den ersten seiner beiden Nobelpreise.

Im Sommer 1962 zieht Fred Sanger in ein anderes Labor innerhalb von Cambridge, das im Gebäude des Medical Research Center (MRC) liegt – dieses kennen wir schon aus dem letzten Kapitel. Hier begegnet er unter anderem Francis Crick und Max Perutz, deren Forschungsmittelpunkt die DNA ist. Fred Sanger wird von der Faszination für die Trägerin der Erbinformation angesteckt.

Das System, mit dem er das Rätsel von Proteinen geknackt hatte, funktioniert für DNA aber nicht. Beim Versuch, einzelne Bausteine nach und nach herauszulösen, entsteht nur Chaos – die durcheinandergemischten DNA-Schnipsel enthüllen ihren Code nicht.

https://doi.org/10.1515/9783111611143-034

In der Zwischenzeit hatten viele, oft unabhängig voneinander arbeitende Forschende herausgefunden, wie die Sprache, die in der DNA verschlüsselt ist, zum Zusammenbauen von Proteinen außerhalb des Zellkerns eingesetzt wird. Die Information wird zuerst im Zellkern abgelesen und mittels RNA – man nennt diese mRNA oder messenger RNA (Boten-RNA) – aus dem Zellkern geschleust. In besonderen Zellorganellen, die man Ribosomen nennt, wird diese Information für die Bildung von Eiweißstoffen verwendet. Hierbei bewirken jeweils drei Basen aus der Kette – man nennt sie Tripletts oder ach Kodons – das Anhängen einer der 20 Aminosäuren an die Eiweißkette. Wir erinnern uns: es gibt vier Basen auf der DNA-Kette, Adenin (A), Cytosin (C), Guanin (G) und Thymin (T). In der entsprechenden RNA-Kette wird Thymin mit einer fünften Base, Uracil (U) ersetzt. So führt das Triplett ACT zum Beispiel zum Einfügen der Aminosäure Theonin, GGT kodiert Glycin, CAT Histidin und so weiter.

Weitere Abschnitte der DNA regulieren das Ablesen einer bestimmten Sequenz, das heißt, sie bestimmen den Anfang und das Ende des „Satzes" der genetischen Information. So, wie in dem Satz, den ich gerade schreibe, der Großbuchstabe den Anfang der Information und der Punkt das Ende beschreibt. Das ist zugegebenermaßen etwas vereinfacht ausgedrückt und Sie erfahren in den nächsten Kapiteln noch ein bisschen mehr dazu.

1956 hatte der US-Amerikanische Biochemiker Arthur Kornberg ein Enzym isoliert, das bei der Zellteilung des Bakteriums Escherichia coli (E. Coli) das Kopieren der DNA für die Weitergabe der genetischen Information übernimmt. Er nennt die Substanz DNA-Polymerase. Wenn er dieses Enzym in einem Reagenzglas mit der DNA des Bakteriums mischt und genügend Basen, also A, C, G und T hinzufügt, entspringt der Lösung neue Bakterien-DNA. Eine geniale Kopiermaschine, wie sie jede Sekunde in unserem Körper zur Bildung neuer DNA für jede einzelne unserer neuen Zellen eingesetzt wird. Kornberg wird bereits 1959 für diese Entdeckung mit dem Nobelpreis geehrt.

Fred Sanger kommt 1971 auf die Idee, die DNA nicht wie beim Insulin über ihr Auseinanderbauen, sondern über ihr Zusammenbauen zu entschlüsseln. Könnte er beobachten, in welcher Reihenfolge die DNA-Polymerase die einzelnen Basen beim Kopieren der DNA anbaut, könnte er die DNA „lesen". Das Ganze ist jedoch schwieriger als gedacht. Das Enzym liest die Information so schnell ab, dass die einzelnen Schritte nicht „gelesen" werden können. 1975 hat Sanger die Idee, die einzelnen Basen ganz leicht zu verändern, gerade so, dass die DNA-Polymerase sie noch erkennen kann. Dafür braucht sie nun etwas mehr Zeit und die Forscher können sie dabei besser beobachten.

Die Methode, die Fred Sanger entwickelt, nennt er DNA-Sequenzierung. Er macht sich nun an die Arbeit: er fängt ganz klein an, und zwar mit dem Virus PhiX174. Es ist ein Bakteriophage, also ein Virus, das Bakterien zerstört.

Am 24. Februar 1977 erscheint sein Artikel über das vollständig entschlüsselte Genom von PhiX174 in der Zeitschrift Nature. Das kleine Wesen misst nur 5386 Basenpaare – unser Genom ist 3.095.677.412 Basenpaare lang – doch die Errungenschaft ist für die Menschheit ein Durchbruch. Auf den neun identifizierten Genen von Phi steht die Information geschrieben, die es für die Bildung aller Proteine benötigt, die es zum Leben braucht. Es ist das erste Wesen, dessen Erbinformation die Menschheit „lesen" gelernt hat. Sanger erhält für seinen Beitrag an dieser Entzifferung 1980 seinen zweiten Nobelpreis und ist damit der einzige Mensch mit zwei Nobelpreisen in Chemie.

Fred Sanger bleibt trotz seiner Nobelpreise bescheiden und zurückhaltend. Einen Ritterschlag durch die Königin lehnt er mit der Begründung ab, dass er nicht mit „Sir" angesprochen werden möchte. Er arbeitet bis zu seiner Pensionierung 1983 am Medical Research Center (MRC) in Cambridge und widmet sich später gemeinsam mit seiner Frau mit großer Begeisterung seinen Hobbys, dem Gärtnern und dem Segeln. Seine Sequenzierungsmethode wird die Sicht auf uns und die Welt verändern.

Mendels „Elemente" mit „materieller Beschaffenheit", denen die Forscher seit Anfang des Jahrhunderts auf der Spur sind und denen Johannsen 1909 ihren Namen – „Gene" – gegeben hatte, sind plötzlich chemische Moleküle, die man in Reagenzgläser füllen kann.

In einem Labor der Universität Stanford in Kalifornien experimentiert das Team um Stanley Cohen und Herbert (Herb) Boyer damit, Gene aus einem Organismus in einen anderen zu „verpflanzen". Immerhin sprechen ja alle Lebewesen die gleiche Sprache, jene der DNA und RNA. Am Neujahrstag des Jahres 1974 berichtet ein Forscher des Labors, dass er es geschafft hat, das Gen eines Frosches in ein Bakterium einzuschleusen. Das Experiment hatte eher einen theoretischen Sinn – was sollte ein Bakterium eigentlich mit einem Froschgen anfangen? – aber es war gelungen. Als ein Kollege Stanley Cohen fragte, wie er die Bakterien erkannt hatte, die das Froschgen trugen, antwortete er spaßeshalber, er habe alle Bakterien geküsst und geschaut, ob sie zu Prinzen werden. Das Experiment ist in die Geschichte der Genetik als „Froschprinz-Experiment" eingegangen.

Im Herbst 1975 trennen sich Cohens und Boyers wissenschaftliche Wege und Boyer setzt seine Experimente an Bakterien an der Universität von San Francisco (UCSF, University of California San Francisco) fort. Im Winter des gleichen Jahres ruft ihn ein Geschäftsmann an – der 27-jährige Robert (Bob) Swanson. Er hat schon viele risikoreiche Geschäfte angefangen und bisher alle Projekte in den Sand gesetzt. In populärwissenschaftlichen Zeitschriften hatte er von der sogenannten „rekombinanten DNA-Technologie" gehört und eine Liste der daran Forschenden erstellt, die er in alphabetischer Reihenfolge abarbeitet. Herb Boyer erklärt sich bereit, ihm zehn Minuten seiner Zeit an einem Freitagnachmittag zu gewähren.

Das Treffen findet im Januar 1976 statt. Die zehn Minuten werden zu drei Stunden. Swanson schlägt Boyer vor, ein Unternehmen zu gründen, um die rekombinante Gentechnologie zur Herstellung von Medikamenten zu nutzen. Boyer ist von der Idee begeistert. Und die beiden Männer packen es an. Sie geben ihrem Unternehmen den Namen Genentech. Das erste Ziel: mit Hilfe von Gentechnologie Insulin herzustellen.

Wir erinnern uns: zu jener Zeit werden wenige Gramm des für viele Menschen lebensnotwendigen Mittels aus tausenden von Kilogramm gereinigter Kuh- und Schweinebauchspeicheldrüsen hergestellt. Das Gen zur Bildung von Insulin ist noch nicht bekannt, aber man könnte es Nukleotid um Nukleotid aufbauen, da man seine Aminosäurenstruktur ja kennt – Fred Sanger hatte sie in den 50er Jahren aufgedeckt. Anhand der Aminosäurenfolge würde man das Insulingen Triplett für Triplett zusammenbauen. Man kennt inzwischen ja das zugrundeliegende System, mit dem Lebewesen das Alphabet von DNA in das Protein-Alphabet übersetzen. Man würde je ein Gen für je eine der beiden Aminosäureketten bauen und sie später zusammenfügen. Um die Herstellung von Insulin bemühen sich zu jener Zeit auch andere Forschergruppen: eine in Harvard, um Walter Gilbert, die andere an der UCSF, in einem Labor unweit jenes von Herb Boyer. Wieder haben wir es, wie in unserem letzten Kapitel, mit einem Wettrennen um Ruhm zu tun. Und um Geld.

Das Team beschließt, nicht sofort mit Insulin anzufangen, sondern es vorher mit einem einfacheren Molekül zu probieren: mit Somatostatin, einem Wachstumshormon. Während Insulin, wie wir wissen, ja aus 51 Aminosäuren besteht, ist Somatostatin aus nur 14 zusammengesetzt. Sie stellen zwei Chemiker des City of Hope National Medical Centre an – einem Krankenhaus etwas außerhalb von Los Angeles –, die sie bei der Arbeit unterstützen sollen.

Im Sommer 1977 ist es so weit: die notwendigen Genfragmente waren zusammengesetzt und in die DNA eines E. coli-Bakteriums eingebaut worden. Von den Bakterien, die sich auf ihrem Nährmedium vermehren, wird nun erwartet, dass sie das erwünschte Protein, also Somatostatin, herstellen. Die Aufregung ist groß. Die Detektoren für die Substanz schlagen erst an, dann ist Funkstille. Es hat nicht funktioniert. Boyer, der seit Jahrzehnten mit Bakterien arbeitet, hat einen Verdacht: die Bakterien könnten das von ihnen entwickelte Protein verdaut oder zerstört haben. Als nächstes gehen sie einen neuen Weg: sie koppeln das Gen an eines, das ein Bakterienprotein herstellt. Das Ergebnis muss dann nur noch von diesem getrennt werden. Nach weiteren drei Monaten haben sie es geschafft: sie haben Bakterien damit beauftragt, eine Substanz herzustellen, und diese haben ihren Wunsch erfüllt.

Jetzt ist Insulin dran. Das Team geht den gleichen Weg und nutzt die Erfahrungen, die es mit Somatostatin gesammelt hat. Am späten Abend des 21. August 1978 wird das erste Molekül gentechnisch hergestellten Insulins in einem Reagenzglas zusammengefügt. Zwei Wochen später meldet Genentech ein Patent für das entwickelte Verfahren an. Am 14. Oktober 1980 verkauft Genentech 1 Million seiner Aktien und innerhalb weniger Stunden hat das Unternehmen 35 Millionen Dollar Kapital eingesammelt – es ist einer der spektakulärsten Börsengänge der Geschichte der Wall Street. In der Zwischenzeit hat das Pharmaunternehmen Eli Lilly die Lizenz für die gentechnische Herstellung des Insulins gekauft und produziert es in großen Mengen. Die Umsatzzahlen steigen von 8 Millionen Dollar (1983) binnen fünf Jahren auf 700 Millionen. Herb Boyer und Bob Swanson sind inzwischen Multimillionäre und ihre Mitarbeiter, die sie zur Bewältigung der Aufgabe eingestellt haben, brauchen sich auch nie wieder finanzielle Sorgen zu machen.

Die Forscher der Firma Genentech werden bei der Entwicklung vieler weiterer Medikamente und Impfungen einen bedeutsamen Beitrag leisten, zum Beispiel bei der Herstellung der Blutgerinnungsfaktors VIII. Nach dem Aufkommen der verstörenden AIDS-Epidemie Anfang der 80er-Jahre hatten sich viele Hämophilie-Patienten (Bluter) durch die Übertragung des Gerinnungsfaktors aus Blutspenden, die noch nicht auf das Virus getestet werden konnten, mit der Krankheit angesteckt und viele waren an AIDS gestorben. Für diese Menschen war der gentechnisch hergestellte Faktor lebensrettend. Auch die Verfahren zur Herstellung des Wachstumshormons Somatotropin oder des gentechnisch hergestellten Hepatitis-B-Impfstoffs werden bei Genentech entwickelt.

Während die genetische Forschung weitere Fortschritte macht, entwickelt sich auch der Wunsch, das Genom des Menschen zu entschlüsseln. Das, was Fred Sanger mit dem Virus PhiK174 geschafft hatte, müsste doch auch mit dem über 3 Milliarden Basenpaare langen Genom des Menschen machbar sein. Etwa 1984 fängt man in wissenschaftlichen Konferenzen an, sich darüber Gedanken zu machen, wie es zu bewerkstelligen sei. Im Frühjahr 1986 beruft James Watson ein Treffen in Cold Spring Harbor mit dem Titel „Die Molekularbiologie von Homo sapiens" („The Molecular Biology of Homo sapiens") ein.

Für Watson ist es eine schwere Zeit und er teilt seine persönliche Krise mit dem Auditorium: einen Tag vor Beginn der Konferenz war sein 15-jähriger Sohn Rufus aus einer psychiatrischen Anstalt ausgebrochen. Rufus war einige Monate zuvor mit der Diagnose Schizophrenie dort eingewiesen worden, nachdem er versucht hatte, ein Fenster des World Trade Center zu zerbrechen, um in den Tod zu springen. Ein paar Tage nach seinem Ausbruch wird Rufus barfuß im Wald umherirrend gefunden und in die Anstalt zurückgebracht.

Mit der Entschlüsselung des Genoms erhofft sich James Watson auch eine Lösung für ein persönliches Problem. Er bemerkt: „Die einzige Möglichkeit, Rufus ein Leben zu geben, war zu verstehen, warum er krank war. Und das konnten wir nur, indem wir das Genom beschafften." Rufus hat überlebt und ist heute in seinen Fünfzigern. Auch James Watson lebt noch, er ist in diesem Jahr 96 geworden. Eine rein genetische Ursache von Schizophrenie wurde bis heute, 36 Jahre später, durch die Entschlüsselung des menschlichen Genoms nicht gefunden – die Forschung zu diesem Thema geht immer noch weiter, auch wenn manche Fachleute diese Suche inzwischen als gescheitert betrachten.

Einer der wichtigsten Beiträge der Konferenz in Cold Spring Harbor kommt von dem US-Amerikanischen Biochemiker Kary Mullis, der an der Cetus Corporation in Kalifornien forscht. Um die menschliche DNA nämlich zu „sequenzieren", das heißt, sie Basensequenz um Basensequenz kennenzulernen, braucht man große Mengen davon. Bei Bakterien und Viren ist das kein Problem: sie vermehren sich so schnell, dass man innerhalb kurzer Zeit viel von ihrer DNA hat. Mullis hat folgende Idee: er macht mit Hilfe von DNA-Polymerase (das Enzym kennen wir schon, Arthur Kornberg hatte es entdeckt) eine Kopie eines menschlichen Gens in einem Reagenzglas. Danach benutzt er die Kopie, um weitere Kopien zu machen, und dies über viele Male hinweg.

So, wie in Schulen Arbeitsblätter immer wieder kopiert werden. Das Verfahren nennt er Polymerase-Kettenreaktion (polymerase chain reaction, PCR) und sie wird einen entscheidenden Beitrag bei der Entschlüsselung des menschlichen Genoms leisten. Den Namen kennen wir gut aus der Corona-Pandemie: mit Hilfe der Polymerase-Kettenreaktion konnte die in unseren Schleimhäuten vorhandene Coronavirus-DNA millionenfach vervielfältigt und ihr Vorhandensein auch dann festgestellt werden, wenn nur ganz wenig davon da war. Mullis erhält 1993 den Nobelpreis für Chemie.

Der US-amerikanische Mediziner und Biologe Leroy Hood, der am California Institute of Technology (Caltech) forscht, beschreibt in seinem Vortrag eine von ihm entwickelte Maschine, die Fred Sangers Sequenzierungsmethode um das 10- bis 20-fache beschleunigen kann.

Der US-amerikanische Physiker und Biochemiker Walter Gilbert, der in Harvard forscht, wird sehr konkret: er rechnet dem Auditorium vor, dass die Sequenzierung des menschlichen Genoms etwa fünfzigtausend Menschenjahre brauchen und etwa drei Milliarden Dollar kosten würde – einen Dollar für jede Base. Die Schätzung sollte sich als ziemlich genau herausstellen. Wenn man es mit der Apollo-Mission zur Landung auf dem Mond verglich, bei der fast vierhunderttausend Menschen beteiligt waren und die etwa hundert Milliarden gekostet hatte, war das gar nicht so viel.

Der britische Biologe Sydney Brenner, der am MRC Laboratory of Molecular Biology in Cambridge forscht, witzelt später, dass die Entschlüsselung des menschlichen Genoms wahrscheinlich nicht am Geld, sondern an der langweilenden Eintönigkeit der Arbeit scheitern könnte.

Wie wollte man nun anfangen? Manche Teilnehmer der Konferenz plädieren dafür, erst mit einfacheren Organismen, also Bakterien, Würmern, oder Fliegen anzufangen. James Watson will – hier spielen seine persönlichen Gründe vielleicht auch wieder eine Rolle – das menschliche Genom sofort angehen. Man einigt sich auf eine Zwischenlösung: man würde zuerst mit den einfachen Organismen anfangen und parallel dazu mit den menschlichen Genen. So könnte man die Erfahrungen, die man mit den einfacheren Genomen machte, auf das menschliche Genom übertragen. Das Projekt erhält seinen Namen: The Human Genome Project (das Humangenomprojekt). Von US-amerikanischer Seite wird das Projekt von James Watson geleitet, in Großbritannien vom britischen Genetiker John Sulston.

Im Januar 1989 trifft sich ein zwölfköpfiges Team von Beratern, um die Details des Projektes zu besprechen. Der Vorsitzende, der US-amerikanische Molekulargenetiker und Biochemiker Norton Zinder, eröffnet die Sitzung so: „Heute beginnen wir. Wir beginnen mit einer nicht enden wollenden Studie der menschlichen Biologie. Was auch immer es sein wird, es wird ein Abenteuer sein, ein unbezahlbares Unterfangen. Und wenn es fertig ist, wird sich jemand anderes hinsetzen und sagen: ‚Es ist Zeit, anzufangen‘." Der offizielle Start des Humangenomprojekts ist 1990.

Das Projekt ist eine wunderbare Gelegenheit, die Zusammenarbeit von Biowissenschaftlerinnen und -wissenschaftlern aus der ganzen Welt zu fördern. Mit den ziemlich genau errechneten 3 Milliarden Dollar und der Beteiligung von Forschern aus zwanzig in der ganzen Welt verteilten Institutionen – in den USA, Großbritannien, Frankreich, Deutschland, Japan und China – wird es 13 Jahre dauern. Finanziert wird es vom Energieministerium (Department of Energy, DOE) und den nationalen Gesundheitsinstituten (National Health Institutes, NIH) in den USA, später kommen das Medical Research Council (MRC) und der Wellcome Trust in Großbritannien dazu.

Craig Venter, ein Neurobiologe, der seit 1984 am Nationalen Gesundheitsinstitut (NIH) in Bethesda, Maryland, forscht, interessiert sich auch für die Sequenzierung menschlicher Gene, besonders jener, die im menschlichen Gehirn aktiv sind. Schon 1986 kauft er für sein Labor die von Leroy Hood entwickelte Sequenzierungsmaschine. Als sie ankommt, nennt er sie „meine Zukunft in einer Kiste".

Der leidenschaftliche Surfer und Segler wird zu Beginn des Vietnamkriegs in die Armee eingezogen und lässt sich dort zum Sanitäter ausbilden. Nach einem Jahr kehrt er 1968 21-jährig zurück und nennt sich selbst einen Absolventen der „Universität des Todes".

Craig Venter kommt auf eine – wie sich herausstellen wird – geniale Idee: wie wäre es, wenn man nicht die gesamte DNA Sequenz für Sequenz „lesen" würde, sondern den DNA-Strang in unzählige kleine „Schnipsel" zersetzen würde, diese Teile dann sequenzieren und über ihre übereinstimmenden Sequenzen wieder zusammenfügen würde – mit Hilfe von Computern? Seine Methode wird als „Schrotschuss-Sequenzierung" bekannt. Venter fängt damit an, hunderte solcher DNA-Fragmente aus dem Gehirngewebe zu sequenzieren.

Am 10. Juni 1992 verlässt Venter das NIH (National Health Institute) und gründet ein eigenes Institut: das „Institut für Genomforschung" (Institute für Genomic Research, TIGR). Um zu beweisen, dass es funktionieren kann, machen er und sein Team sich daran, das vollständige Genom eines Bakteriums zu sequenzieren: des Haemophilus influenzae, einem Bakterium, das wir auch schon kennen und das schwere bis tödliche Lungenentzündungen herbeiführen kann. Wir erinnern uns: Fred Sanger hatte 1977 das vollständige Genom des Virus PhiX174 entschlüsselt. Bei Viren ist man sich allerdings nicht sicher, ob man sie der lebendigen oder der leblosen Welt zuordnen soll. Das Projekt zur Entschlüsselung des Haemophilus-Bakteriums wird im Winter 1993 gestartet und ist im Juli 1995 vollendet.

Die Menschen, die die Veröffentlichung darüber lesen, sind beeindruckt. Es ist das erste vollständige Genom eines lebendigen Wesens. Es hat Gene, die seine Proteinhülle bilden, solche, die zur Energiegewinnung beitragen, andere, die ihm erlauben, dem menschlichen Immunsystem zu entkommen. Manche Forscher schlagen sich die Nacht um die Ohren, um den Artikel zu lesen. Fred Sanger beglückwünscht Craig Venter und beschreibt seine Arbeit als großartig.

1993 tritt James Watson aufgrund von möglichen Interessenskonflikten wegen seiner Beteiligung an verschiedenen Biotechnologie-Aktien von der Leitung des Humangenomprojekts zurück. Francis Collins, ein US-amerikanischer Genetiker, übernimmt seine Aufgabe. Für ihn und das Team des Humangenomprojekts macht nur eine Stück-für-Stück-Sequenzierung des menschlichen Genoms Sinn. Sie befürchten, dass eine Schrotschuss-Sequenzierung viele Informationen außer Acht lassen würde. Doch dieser Ansatz erfordert mehr Zeit, mehr Geld, und vor allem mehr Geduld. Auf die lange Sicht wird Craig Venter Recht behalten: heutzutage werden Genome alle mit der Schrotschussmethode sequenziert. Dazu muss man aber auch sagen, dass die Computer, die die Informationen zusammensetzen, immer leistungsfähiger geworden sind.

Das erste eukaryotische Wesen, dessen Genom entschlüsselt wird, ist die Backhefe, sie heißt auch Saccharomyces cerevisiae. Der Durchbruch gelingt im Mai 1996, weltweit hatten sich hunderte Forschende daran beteiligt. Die etwas mehr als 12 Millionen Basenpaare, die in 16 Chromosomen verpackt sind, enthalten etwa 6000 Gene.

Im Mai 1998 gründet Craig Venter eine neue Institution, die das Projekt der Sequenzierung des menschlichen Genoms noch schneller vorantreiben soll, und nennt es „Celera", von „accelerate" (beschleunigen"). Sein Unternehmen hatte zweihundert der modernsten Sequenzierungsmaschinen gekauft und verkündet, das menschliche Genom bis 2001 entschlüsselt zu haben. Man wollte das meiste der gefundenen Informationen zwar öffentlich machen, allerdings mit einer bedrohlichen Klausel: die dreihundert für die bedeutsamsten Krankheiten verantwortlichen Gene sollten patentiert werden. Mit diesem Zeitfenster würde die Deadline für das Humangenomprojekt um ganze vier Jahre übertroffen werden. Am 12. Mai 1998 meldet die Washington Post: „Private Firma will Regierung in Sachen Genkarte schlagen".

Im Dezember 1998 verkündet John Sulston – der Leiter des Humangenomprojekts auf der britischen Seite –, der sich entschieden gegen die Kommerzialisierung der Genomanalyse stellt, einen großen Durchbruch: in seinem Labor in Hinxton, Nähe Cambridge, hatte man mit Hilfe der Stück-für-Stück-Sequenzierung das vollständige Genom eines etwa einen Millimeter langen Wurms entschlüsselt: jenes des Caenorhabditis elegans (C. elegans). Auch diese Veröffentlichung in der renommierten Zeitschrift Science lässt die Herzen von Wissenschaftlern und Wissenschaftlerinnen höherschlagen und bringt viele um ihre Nachtruhe.

Würmer sind uns – im Gegensatz zu Bakterien – schon viel ähnlicher: sie haben Münder, Därme, Muskeln, ein Nervensystem und sogar ein – zwar noch rudimentäres – Gehirn. C. elegans, dessen DNA etwa 100 Millionen Basenpaare lang ist, besitzt 18.891 Gene (Stand 1998, man würde später noch mehr finden). 36 Prozent der darin verschlüsselten Proteine weisen Ähnlichkeiten mit menschlichen auf. Die restlichen, etwa 10.000 Gene, tun das nicht – man wird später auch für einige von diesen menschliche Gegenstücke finden. Nur zehn Prozent der Wurmgene ähneln jenen von Bakterien.

Aus dem Wurmgenomprojekt lernt man viel, das für das menschliche Genom auch gilt. Zum Beispiel, dass es Gene gibt, die für mehr als eine Funktion im Wurmleben kodieren und dass wiederum für andere Funktionen viele verschiedene Gene gebraucht werden. Überraschend ist auch, dass es hunderte, vielleicht sogar tausende von Genen gibt, die keine Proteine kodieren – man nennt sie daher „nicht-kodierend".

Diese sind über das gesamte Wurmgenom verstreut. Heute weiß man, dass dies nicht nur auch für unsere DNA gilt, sondern dass sogar etwa 95–98 Prozent davon nicht-kodierend sind. Dass der Großteil der DNA keine Proteine kodiert, gilt für alle Eukaryoten (also Pflanzen, Tiere und Menschen), bei Prokaryoten (Bakterien und Archaeen) beträgt ihr Anteil nur 5–20 Prozent.

Die Rolle mancher dieser nicht-kodierenden Gene ist damals schon bekannt: einige kodieren für spezielle RNA-Moleküle, die in den Ribosomen an der Herstellung von Proteinen beteiligt sind. Für andere findet man heraus, dass sie für sogenannte Mikro-RNAs (miRNAs) kodieren, die bei der Genregulation eine Rolle spielen. Das Thema Genregulation wird uns in den nächsten Kapiteln noch näher beschäftigen. Die Rolle vieler nicht-kodierender DNA-Abschnitte bleibt allerdings mysteriös und unbekannt. Bis heute forscht man daran, was ihre Rolle sein könnte.

Inzwischen ist man auch mit dem menschlichen Genom weitergekommen: ein paar Tage nach der Science-Veröffentlichung des Wurmgenoms meldet das Humangenomprojekt, dass ein Viertel der DNA-Sequenz entschlüsselt worden war. In einem Lagerhaus in Cambridge, Massachusetts, „lesen" 125 Sequenzierungsmaschinen ungefähr zweihundert „Buchstaben" des DNA-„Alphabets" pro Sekunde. PhiK174, für dessen Entschlüsselung Fred Sanger in den 1970er Jahren drei Jahre gebraucht hatte, kann jetzt in 25 Sekunden „gelesen" werden. Einen Monat später ist das 1-Milliardste Basenpaar der menschlichen DNA „gelesen": es ist ein G-C.

Das Wettrennen geht weiter. Auch Celera, mit dem Geld privater Investoren, sequenziert munter weiter. Am 17. September 1999 stellt es auf einer im Fontainebleau-Hotel in Miami abgehaltenen Genom-Konferenz das fertig sequenzierte Genom von Drosophila melanogaster vor, der Fruchtfliege, die Thomas Hunt Morgan Anfang des Jahrhunderts sein ganzes Forscherleben hinweg begleitet hatte. Die Arbeit an der Entschlüsselung ihrer Gene hatte im Fliegenzimmer begonnen, und sie wurden auf die in der Mitte des Raumes stehende drehbaren Säule aufgezeichnet. Bis 1999 hatte man etwa 2500 Gene von Drosophila kennengelernt – das Team um Craig Venter hatte weitere 10.500 gefunden.

Der Artikel mit dem Drosophila-Genom erscheint im März 2000 in Science, auf dem Cover die Zeichnung eines Fruchtfliegenpaares aus dem Jahre 1934. Morgan hätte ihn sicher auch liebend gerne gelesen, wenn er noch gelebt hätte. Für die Forscher war eine Erkenntnis daraus verblüffend: Drosophila hatte „nur" 13.601 Gene, 5000 weniger als der Wurm C. elegans. Dabei ist die Fliege doch deutlich komplexer als ein Wurm: sie kann riechen, schmecken, sehen, sie kann sich betrinken und liebt Bananen, wie wir. Die Anzahl der Gene scheint für die Komplexität eines Wesens nicht ausschlaggebend zu sein.

Im Mai 2000 organisiert ein Mitarbeiter des Energieministeriums der USA (Department of Energy, DOE) und Freund von Craig Venter, Ari Patrinos, ein Treffen zwischen Francis Collins, dem US-amerikanischen Leiter des Humangenomprojekts, und Craig Venter von Celera. Das Weiße Haus, in dem zu jener Zeit Bill Clinton wohnt, war beunruhigt: was, wenn Celera, eine private Firma, das Wettrennen bei der Entschlüsselung des menschlichen Genoms gegen die Forscher des Humangenomprojekts gewinnen würde? Das Treffen findet ganz privat, ohne Journalisten, Beratern oder Investoren statt, und es soll vertraulich bleiben.

Die Frage, die im Raum steht, ist: würden die beiden eine gemeinsame Ankündigung der Sequenzierung des menschlichen Genoms in Betracht ziehen? Die Antwort ist ja. Nach mehreren Treffen zwischen den drei Männern trifft man folgende Absprache: es würde eine Zeremonie geben, bei der Celera und das Humangenomprojekt gemeinsam zu den Siegern im Wettrennen um die Entschlüsselung des menschlichen Genoms erklärt werden. Bill Clinton würde die erste Ansprache halten, gefolgt von Tony Blair (dem damaligen Premierminister Großbritanniens), Francis Collins und Craig Venter.

Am Montag, den 26. Juni 2000, um 10:19 morgens, treffen sich der amerikanische Präsident, Collins und Venter im Weißen Haus – Tony Blair ist per Satellit zugeschaltet –, um einer großen Gruppe von Wissenschaftlern, Journalistinnen und ausländischen Würdenträgern den „ersten Überblick" über das menschliche Genom zu geben. Bill Clinton gibt feierlich bekannt: „Heute lernen wir die Sprache, in der Gott das Leben schuf. Mit diesem tiefgreifenden neuen Wissen steht die Menschheit an der Schwelle zu einer immensen, neuen Heilkraft." Der Präsident betont auch, dass genetische Informationen niemals zur Diskriminierung oder Stigmatisierung einer Person oder Gruppe verwendet werden dürfen. Allerdings ist zu diesem Zeitpunkt keines der beiden Forscherteams mit der Entschlüsselungsarbeit fertig – die Sequenzierungsmaschinen laufen weiter auf Hochtouren.

Der Frieden zwischen Venter und Collins währt nicht lange. Craig Venter hatte schon zu Anfang seiner Arbeit mit der Schrotschuss-Sequenzierung versucht, die neuen Genfragmente zu patentieren. Die Frage war nur: konnte man Gene, die uns Menschen eigentlich allen zu eigen sind, patentieren? Da die Patentierungsverfahren noch laufen, können viele Ergebnisse nicht veröffentlicht werden, die anderen Forschenden vielleicht von Nutzen sein könnten. Große Teile des menschlichen Genoms sind nun zwar entschlüsselt, aber geheim.

Inzwischen hatte Celera beschlossen, Forschern den Zugang zu ihrer Gendatenbank als Abonnements zu verkaufen. Das sehen die Forschenden, die am Humangenomprojekt arbeiten, natürlich kritisch. Es geht um Geld, Ruhm, Anerkennung. Dieser Krieg wird oft öffentlich ausgetragen und es gibt Beschuldigungen und Vorwürfe von beiden Seiten. Forscher aus aller Welt appellieren an Celera, ihnen ihre Ergebnisse in der öffentlichen Sequenzdatenbank – man nennt sie Gen-Bank – zur Verfügung zu stellen. Craig Venter stimmt zwar letztendlich zu – jedoch mit Einschränkungen. Mit diesen ist die Leitung des Humangenomprojekts jedoch nicht einverstanden.

Dieser Krieg zwischen den Forschenden ist sehr spannend und lehrt uns heute, wie wissenschaftliche Forschung eigentlich nicht stattfinden sollte. Während zum Beispiel Celera Zugang zu den Daten des Humangenomprojekts hat, hat dieses keine zu den Daten von Celera. Doch Menschen, die in der Forschung arbeiten, sind auch nicht perfekt. Ruhm, Geld und Anerkennung spielen hier, wo es eigentlich um das Wohl der ganzen Menschheit geht, auch immer eine Rolle.

Die beiden konkurrierenden Parteien veröffentlichen ihre Artikel zum menschlichen Genom schließlich in zwei rivalisierenden Zeitschriften, Nature und Science, und zwar am 15. beziehungsweise 16. Februar 2001. Die Publikationen gehören zu den längsten Artikeln, die je in wissenschaftlichen Zeitschriften erschienen sind.

Nun ist also die „Gebrauchsanweisung" für das Wesen „Mensch" von Menschen vollständig entziffert worden. Die große Frage bleibt: verstehen wir Menschen sie auch? Ich vergleiche es gerne mit einer Enzyklopädie, wie sie in vielen Wohnzimmern – meist denen unserer Großeltern – noch in der Bibliothek steht. Sie ist zwar da, aber wie, wie oft und mit welchen Folgen wir sie nutzen, das bleibt eine ganz andere Frage. Die Humangenom-Enzyklopädie wäre übrigens mit nur vier Buchstaben – A, C, T und G – geschrieben und auf 1,5 Millionen Seiten abgedruckt. Damit hätte sie 66-mal die Größe der Encyclopaedia Britannica. Man bräuchte ein sehr großes Wohnzimmer.

Die veröffentlichten Ergebnisse sind allerdings auch eine große Enttäuschung. In den 1960er Jahren hatte man die Anzahl der menschlichen Gene auf mehrere Millionen geschätzt, jetzt waren es nur etwa 20.687 (heute geht man von etwa 23.000 aus). Damit sind es nur 1796 mehr als bei Würmern, etwa 12.000 weniger als bei Mais und 25.000 weniger als bei Weizen oder Reis. In der Größe der „Enzyklopädie" konnte unsere Komplexität nicht liegen, eher in der Art, wie wir sie benutzen. Über unsere faszinierende „Enzyklopädie" werden wir in den nächsten Kapiteln noch mehr erfahren.

Halten wir nun inne und erinnern wir uns daran, wo wir gestartet sind: es war auf einer Brigg, die um die Welt gesegelt ist. Mit den staunenden Augen des 22-jährigen Charles Darwin haben wir uns von der Vielfalt der Spezies beeindrucken lassen und haben uns später mit vielen wissensdurstigen Menschen auf die Reise nach mehr und mehr Erkenntnis gemacht. Auch heute noch verbringen viele Menschen auf der ganzen Welt viel Zeit damit, die „Sprache des Lebens" lesen zu lernen. Das, was unsere Zellen und jene der Mikroben, die in und auf uns leben, quasi von „Geburt" an zu lesen und zu schreiben gelernt haben, wurde uns nicht in die Wiege gelegt.

Reisen wir nun ins Hier und Jetzt. Was wissen wir heute über die „Bedienungsanleitung", mit der wir ins Leben entlassen wurden? Was über die „Bedienungsanleitungen" der vielen kleinen Wesen, die uns als ihre Heimat auserkoren haben? Und, genauso wichtig: was wissen wir alles (noch) nicht?

6 Es war einmal ... eine Zelle

Fangen wir mit unserem Anfang an: Es war einmal eine Zelle, die aus der Verschmelzung einer Eizelle unserer Mutter und einer Samenzelle unseres Vaters hervorgegangen ist.

Genau genommen liegt in dieser einen Zelle schon unendlich viel Information aus vielen, vielen vorherigen Leben verborgen. Seit der ersten Zelle, die auf unserer Erde irgendwann vor etwa 3,8 Milliarden Jahren entstanden ist, hat Leben immer wieder neues Leben hervorgebracht. Es ist bis heute niemandem gelungen, Leben aus lebloser Materie entstehen zu lassen. Dass alles Leben, das wir heute kennen, einen gemeinsamen Ursprung hat, wird als sehr wahrscheinlich angesehen: würde alle genetische Information denn sonst in der gleichen Sprache, jener der DNA und der RNA, weitergegeben werden? Würden all die wunderbaren Spielarten der Natur, ausgestorbene oder heute noch lebende, von den Trilobiten, Moschopsen, Dinosauriern bis zu Ringelblumen, Schmetterlingen und uns die gleiche „Sprache des Lebens" sprechen?

Bis wir aus dem beschützenden Schoß unserer Mutter in diese Welt entlassen werden, haben wir bereits Unglaubliches erlebt. Mit dieser Entwicklung, die bis heute immer noch viele Geheimnisse birgt, beschäftigt sich die Embryologie. Lassen Sie uns auf die Reise gehen – auf die Reise von jener einen Zelle zum Baby, das das Licht der Welt erblickt. Jeden Tag werden etwa 200.000 Neugeborene auf diese Erde entlassen, jedes einzelne ein Wunder!

Die eine Zelle muss sich dafür nicht nur unzählige Male teilen – ein Neugeborenes besteht schon aus etwa 1 Billion Zellen –, auf dem Weg zum neuen menschlichen Wesen müssen sich die geteilten Zellen verändern, organisieren, ihre Rolle im Körper finden und einnehmen. Woher wissen diese Zellen aber, wann sie sich teilen, wohin sie gehen, in welchen Zelltyp sie sich spezialisieren sollen? Das heißt, ihre Bestimmung zu erhalten, um in Zellgemeinschaften zu funktionieren: zum Beispiel, Sauerstoff zu transportieren, unser Skelett oder unsere Muskeln zu bilden, uns vor Krankheitserregern zu verteidigen?

Ein bisschen wie bei uns Menschen, wenn wir Kindergarten, Schule und Ausbildung oder Studium durchlaufen: wir „spezialisieren" uns auch, und je weiter wir uns entwickeln, umso „spezialisierter" werden wir. Sind wir etwa Finanzberater oder -beraterin, ist die Wahrscheinlichkeit, Balletttänzer oder -tänzerin zu werden, nicht mehr so groß. Wann und wie wird das Schicksal besiegelt, das Zellen zu Muskel-, Knochen-, Gehirn- oder Geschlechtszellen macht? Und was macht es diesen Zellen unmöglich, sich aus – sagen wir mal einer Nierenzelle – in eine Gehirnzelle zu verwandeln?

Die Antwort darauf ist: Genregulation. Dieser Prozess macht Teile des Genoms – der DNA-Sequenz – „unlesbar", also inaktiv, als würden sie „versteckt" werden. Greifen wir hier wieder zu einer Analogie: stellen Sie sich die Embryonalentwicklung als Tanzaufführung vor, bei der die einzelnen Beteiligten – Tänzer, Bühnen- und Kostümbildnerinnen, Choreographen, Tontechnikerinnen, usw. – jeweils die ihnen zugedachte Aufgabe erfüllen. Um das zu erreichen, müssen alle die gesamte Choreografie ken-

https://doi.org/10.1515/9783111611143-035

nen, um bestmöglich das erwünschte Ergebnis – die Tanzaufführung – zu erreichen. So, wie alle Zellen, aus denen wir gebildet werden, die gesamte DNA in sich tragen, die zu dem wunderbaren Ergebnis, dem Neugeborenen, führt. So, wie sich die Tänzerin auf ihren Tanz fokussiert und andere Details in der Choreografie ausblendet, um ihre Rolle bestmöglich zu spielen, so „lernen" Zellen ihre Rollen bestmöglich und „verlernen" den Rest.

Wenn ich an Genregulation denke, fallen mir als Erstes oft Raupe und Schmetterling ein. Hier ist die Nachzeichnung eines lustigen Cartoons dazu:

Polizeikontrolle

Auf die sehr unterschiedlichen Mechanismen, durch welche Gene reguliert werden, kommen wir im späteren Verlauf des Buches zurück.

Beobachten wir das mal von Anfang an. Etwa 30 Stunden nach der Verschmelzung der Samen- und Eizelle teilt sich die Zelle, aus der wir hervorgehen, zum ersten Mal. In einem Rhythmus von etwa 20 Stunden geht das so weiter, mit jeder Zellteilung verdoppelt sich die Zahl der Zellen. Anders als bei Zellteilungen im späteren Leben vergrößert sich die befruchtete Eizelle – man nennt sie auch Zygote – erst einmal nicht. Zwischen den einzelnen Zellen bilden sich feine Trennlinien, bis ein kleiner runder „Ball" aus etwa 200 Zellen entstanden ist, man nennt diesen kleinen „Zellball" „Blastozyste" – wir haben diese auch schon im zweiten Teil des Buches kennengelernt. Die Blastozyste macht sich nun auf den Weg in die Gebärmutter, um sich dort zum Heranwachsen einzunisten.

Schon in der Blastozyste differenzieren sich die Zellen. Die außen liegenden Zellen werden gar nicht zu uns – aus diesem „Trophoblast" genannten Gewebe entsteht die Plazenta, die uns während unserer Entwicklung in der Gebärmutter ernährt. Wir selbst gehen aus einem kleinen Zellhaufen im Inneren der Blastozyste, dem „Embryoblasten", hervor.

In der Folge ereignet sich ein sehr bedeutsamer Schritt in unserer Entwicklung, und zwar die sogenannte „Gastrulation". Zuerst flachen sich die Zellen der inneren Zellmasse zu einer einzelligen Zellschicht ab, die „Epiblast" genannt wird. Auf dessen Oberfläche entsteht eine Vertiefung, die sich ausdehnt und zu einer zentralen Grube wird, dem sogenannten „Primitivstreifen". Die um diesen Streifen gelegenen Zellen werden von dem Spalt sozusagen „verschluckt", um auf der anderen Seite wieder verändert hervorzutauchen. Nach dem „Verschlucken" ist ihr Schicksal erneut „besiegelt": die Zellen der untersten Schicht werden zum Entoderm, die der obersten Schicht zum Ektoderm, und jene dazwischen zum Mesoderm. Wieder ein bisschen wie im wahren Leben und den drei Schulformen, die auf die Grundschule folgen – Haupt-, Realschule und Gymnasium. Glücklicherweise ist es hierbei nicht ganz so schwierig, von einer Schulform zur anderen zu wechseln, wie aus einer Mesodermzelle wieder eine Entoderm- oder Ektodermzelle zu machen. Aus dem Entoderm entwickeln sich zum Beispiel unsere Atemwege, die Leber und unsere Schilddrüse, aus dem Ektoderm unsere Haut, unsere Sinnesorgane und unser Nervensystem, aus dem Mesoderm unsere Knochen, Muskeln und Blutgefäße.

Während der Embryo wächst, kommen weitere Mechanismen zum Tragen, die die Ausrichtung seiner Körperteile und Organe lenken. Vor allem geschieht dies über eine Art „Gespräch" zwischen einzelnen Zellen, also durch Kommunikation. Diese „Gespräche" können zwischen direkt nebeneinander befindlichen Zellen stattfinden, aber auch über weitere Entfernungen hinweg, wobei die „Signale" über eine Art „Gradienten" (das heißt, der Anstieg bzw. das Gefälle) nicht nur die An- oder Abwesenheit des Signals, sondern auch seine Stärke vermitteln. Schließlich können Informationen über große Entfernungen mittels sogenannter Hormone übertragen werden, das sind alle Substanzen in unserem Körper, die an einer Stelle gebildet und ihre Wirkung an anderen Stellen ausüben, beispielsweise Insulin oder Wachstumshormone.

So wird also nach und nach die Lage all unserer Zellen auf innen/außen, oben/unten, vorne/hinten, rechts/links verteilt. Wie faszinierend: es gibt hier zwar ein „Skript" mit der „Choreografie", doch die einzelnen Vorgänge verlaufen in vielerlei Hinsicht aus sich heraus, begründet in der Kommunikation der einzelnen beteiligten Zellen untereinander. Es gibt keinen „Regisseur", der über den einzelnen Zellen steht und sie an ihre Position und zu ihren Aufgaben leitet. Sie leiten sich gegenseitig und orientieren sich aneinander. Eine schöne Vorstellung: wir bauen uns aus uns selbst heraus und das Kunstwerk, das wir sind, braucht keinen Schöpfer oder Künstler, sondern nur sich selbst. Es gibt zwar einen Bauplan, der in unserer DNA aufgeschrieben ist, das Zusammenbauen erledigen wir jedoch selbst.

Sehr bedeutsam ist eine weitere Entscheidung, die in einer frühen Phase der Embryonalentwicklung getroffen wird: einige Zellen werden die Möglichkeit haben, über unser Leben hinaus weiterzuleben – unsere Keimzellen. Alle anderen müssen in und letztendlich mit uns sterben. Diese „Spezialisierung" geschieht etwa zwei Wochen nach der Befruchtung und noch bevor sich unsere Geschlechtsorgane entwickeln, das heißt, noch bevor diese Zellen wissen, welchem Geschlecht sie angehören werden. Dies wird erst etwa in der sechsten Woche „entschieden", und zu diesem Zeitpunkt wandern die Urkeimzellen in ihre zugehörigen Organe. Unsere Keimzellen entstehen durch die Teilung dieser Urkeimzellen.

Die Art der Zellteilung, wie sie viele Male ständig in unserem Körper stattfindet, nennt man Mitose. Dabei wird die Zahl der Chromosomen erst einmal „repliziert" (also kopiert und verdoppelt), um schließlich gleichmäßig auf zwei neue Zellen mit der vollständigen Anzahl von Chromosomen verteilt zu werden. Keimzellen haben, wie alle unsere anderen Körperzellen auch, 46 Chromosomen, also 23 Chromosomenpaare. Damit daraus Geschlechtszellen, sogenannte „Gameten", werden, muss sich die Keimzelle auf eine besondere Weise teilen, die Meiose heißt.

Diesem Begriff sind wir schon einmal begegnet, erinnern Sie sich? Als die Forscher um Thomas Hunt Morgan im Fliegenzimmer Drosophila miteinander kreuzten, fanden sie heraus, dass bei dieser Art der Zellteilung das genetische Material der männlichen mit jenem der weiblichen Fruchtfliege durcheinandergemischt wird, was sie „Crossing-over" tauften. Die „Mischung", die daraus hervorgeht, ist zufällig und führt dazu, dass jedes neu entstandene Wesen ein völlig einzigartiges, noch nie dagewesenes Genom bekommt. Nach dem Crossing-over unserer Chromosomen gleich zu Anfang der Meiose werden diese wieder „repliziert" (also kopiert und verdoppelt), um sich danach noch zwei Mal zu teilen, was zur Entstehung von vier Gameten führt. Daraus ergeben sich also aus einer unserer Keimzellen vier Geschlechtszellen mit je 23 Chromosomen, also „haploide" Zellen. Wenn wir nun später im Leben mit einem Partner des anderen Geschlechts Sex haben, können sich die beiden Gameten wieder vereinigen – was die Einzigartigkeit des neuen Wesens natürlich noch verstärkt – und eine neue diploide Zelle mit 46 Chromosomen ergeben. Der Kreislauf, mit dem wir dieses Kapitel gestartet haben, beginnt von neuem.

Faszinierend ist auch, wie es zur Bildung der entweder männlichen oder weiblichen Geschlechtsorgane kommt. Bei der Entscheidung spielt ein Gen mit dem Namen SRY, das auf dem Y-Chromosom liegt, eine bedeutsame Rolle. Ist es in der DNA des kleinen Wesens vorhanden, führt es dazu, dass sich die Geschlechtsorgane zu männlichen entwickeln, fehlt es, dann werden sie weiblich. In den Hoden finden nach der Pubertät fortlaufend meiotische Zellteilungen statt, um Samenzellen zu bilden. In den Eierstöcken wird mit der Meiose der Keimzellen schon beim Fötus angefangen – so wird das kleine Wesen im Bauch seiner Mutter ab der neunten Schwangerschaftswoche genannt –, sie wird aber im Verlauf angehalten. In dieser Phase nennt man die Zellen „primäre Oozyten" und diese werden durch die Umhüllung mit einer Epithelschicht (einer Schicht schützender Zellen) zu sogenannten Primordialfollikeln. Ein Mädchen hat mit dem Einsetzen der Pubertät noch etwa 400.000 solcher Primordialfollikel. Die erste Reifeteilung der Meiose findet direkt vor dem Eisprung statt – das ist die Abgabe der Eizelle in den Eileiter, um dort befruchtet werden zu können. Daraus entstehen zwei ungleich große Zellen: das erste Polkörperchen und die sekundäre Oozyte, die fast das gesamte Zytoplasma abbekommt. Die zweite Reifeteilung, die sich daran anschließt, wird erst nach einer erfolgreichen Befruchtung zu Ende gebracht. Das Ergebnis sind drei weitere Polkörperchen und die befruchtete Eizelle, wobei die drei Polkörperchen aufgrund des fehlenden Zytoplasmas verkümmern. Nur eine Zelle der vier überlebt – und kann zu einem neuen menschlichen Wesen werden.

Nachdem das alles schon sehr beeindruckend ist, ist die Entwicklung unseres Gehirns mehr als faszinierend. Unser zentrales Nervensystem, einschließlich des Gehirns, entsteht aus einem der drei Keimblätter, die sich nach der schon beschriebenen Gastrulation herausbilden, und zwar dem Ektoderm. Dies vollzieht sich in einem Prozess, den man als „Neurulation" bezeichnet. Am 18. Lebenstag des Embryos bildet sich im Ektoderm eine erste Vertiefung, die sich daraufhin einschnürt und zur Bildung des Neuralrohrs führt, dem Vorläufer des Rückenmarks. An dessen vorderen Ende bilden sich drei Ausstülpungen – man nennt sie „Hirnbläschen" –, später vergrößert sich dieser Bereich und unterscheidet sich immer stärker vom Rückenmark. Nach etwa vier Wochen bilden sich die sogenannten „Augenflecken" – aus ihnen entstehen unsere Augen –, in der neunten Woche, in der schon Finger und Zehen zu erkennen sind, beginnt das Rückenmark bereits, erste Bewegungen des kleinen heranwachsenden Wesens zu steuern.

Wie bei allen unseren anderen Organen ist diese Entwicklung nur in groben Zügen in unserer DNA festgeschrieben. Die ersten Nervenzellen (Neuronen) entstehen aus Stammzellen in einer Gewebeschicht des Neuralrohrs. Diese teilen sich während der Schwangerschaft in einem rasanten Tempo: man hat errechnet, dass pro Minute durchschnittlich 250.000 Neuronen hinzukommen. Von da aus wandern sie an die verschiedenen Orte des Gehirns und machen hier schon eine weitere Spezialisierung durch, die sie auf ihre späteren Aufgaben vorbereitet. Anfangs bilden sich die inneren Gehirnschichten, die jüngeren Zellen wanden später an den älteren vorbei und bilden immer weiter außen liegende Schichten.

Ist ein Neuron an seinem Platz im Gehirn angekommen, fängt es damit an, Verbindungen zu anderen Hirnregionen zu machen, mit denen es „verschaltet" sein will. Dazu streckt die Zelle einen feinen „Arm" aus, an dessen Ende ein Wachstumskegel sitzt, und dieser bahnt dem sogenannten „Neuriten" – entweder einem Axon oder einem Dendriten, auf den Unterschied gehe ich im nächsten Kapitel ein – den Weg über oft weite Entfernungen hinweg durch das dichte Gewebe bis zu seinem Ziel. Wohin die Reise geht, wird zum einen über „anziehende" oder „abstoßende" Signalstoffe auf den Oberflächen der umgebenden Zellen bestimmt, zum anderen über Wachstumsfaktoren – das sind kleine Proteine, die von der Zielregion ausgeschickt werden, um „seinen" Neuriten anzulocken. Dieser wächst also in jene Richtung, in der die Konzentration des Wachstumsfaktors am höchsten ist.

Ist der Wachstumskegel dort angekommen, muss der Zellkern nun auch erfahren, wo er gelandet ist. Dafür muss der Wachstumsfaktor wieder den Weg zurück antreten, also in seinen Zellkörper „heimkehren". Hier löst er eine Kaskade von Signalen aus, die in seinem Zellkern jene Gene aktivieren, die für sein Weiterleben benötigt werden.

Geschieht das nicht, muss die Zelle leider sterben: sie begeht sozusagen Selbstmord, man nennt diese Art des gesteuerten Selbstmords, wie wir schon wissen, Apoptose. Von den unzähligen Neuronen, die in dieser Zeit gebildet werden, sterben schätzungsweise 80 Prozent ab.

Jene Axone, die bei dieser „Verschaltung" erfolgreich waren, werden mit einer Myelinschicht ummantelt, die von einer bestimmten Art von Gliazellen, den Oligodendrozyten, gebildet wird. Den Namen „Gliazellen" gab ihnen 1856 der deutsche Pathologe Rudolph Virchow, weil er in ihnen eine Art „Nervenkitt" oder „Leim" (Glia) sah. Der Vorgang, der als „Myelinisierung" bezeichnet wird, fängt in den ältesten Teilen des Gehirns, also dem Hirnstamm, an, und setzt sich in die jüngeren Teile fort. Wir wissen schon, dass die geniale Ummantelung aus Myzelien die Axone nicht nur schützt, sondern die Leitungsgeschwindigkeit in den Nervenbahnen auf bis zu 200 Metern pro Sekunde erhöht. Der Vorgang der Myelinisierung fängt in der Schwangerschaft an, erreicht etwa im achten Schwangerschaftsmonat ihren Höhepunkt und setzt sich in manchen Hirnregionen – besonders in den Frontallappen, die als Sitz der individuellen Persönlichkeit und des Sozialverhaltens gelten – lebenslänglich fort.

Auch nach unserer Geburt wächst unser Gehirn noch deutlich: im ersten Lebensjahr verdreifacht sich seine Größe sogar, unser Kopf erreicht drei Viertel seiner erwachsenen Ausmaße. In dieser Zeit entstehen nicht nur neue Neuronen, auch ihre Ummantelung mit Myelin und das Aufbauen der vielen Synapsen – das sind die Verschaltungen unserer Nervenzellen miteinander – führen zu dieser Größenzunahme.

Wie bei der überschießenden Bildung von Neuronen, die später absterben, geht unser Gehirn auch bei der Synapsenbildung vor: mit unglaublicher Geschwindigkeit und scheinbar wahllos, so, als würde man auf einer Party erst einmal alle Gäste kennenlernen, um sich dann zu entscheiden, mit wem man sich unterhalten möchte. Im Alter von drei Jahren haben wir etwa doppelt so viele Synapsen wie Erwachsene. Wir trennen uns also beim Aufwachsen von vielen „Verschaltungsmöglichkeiten" in unserem Gehirn. Dieser Vorgang, den man als „synaptic pruning" bezeichnet, dauert noch bis zum Einsetzen der Pubertät an. In manchen Phasen unserer Kindheit kann es vorkommen, dass täglich viele Milliarden Synapsen verlorengehen. Das hört sich zugegebenermaßen traurig an, führt jedoch dazu, dass unsere kognitiven Funktionen – das sind bewusste und unbewusste Vorgänge, die bei der Verarbeitung von Informationen ablaufen – effizienter werden. Beim Lernen geht es also immer auch um ein „Verlernen", also um das Aufgeben möglicher Nervenzellnetzwerke.

Dass sich unser Gehirn so langsam und unter dem ständigen Einfluss unserer Erfahrungen entwickelt, macht uns Menschen sehr anpassungsfähig und klug, gleichzeitig aber auch extrem verletzlich. Dies schlägt sich sogar in der Größe unseres Gehirns nieder: bei Dreijährigen kann diese um bis zu 30 Prozent variieren. Zu den Ursachen dazu wird weiter geforscht, man geht allerdings davon aus, dass hier neben der Ernährung das Aufwachsen in einer fürsorglichen gegenüber einer von Vernachlässigung und emotionalem Trauma geprägten Umgebung eine Rolle spielen.

Wir haben dieses Kapitel mit unserem Anfang als eine einzelne Zelle begonnen. Kehren wir nun ins Hier und Jetzt zurück und widmen uns den Aufgaben der genetischen Information in den Zellen unseres Körpers.

7 Die Gene unserer Körperzellen

Bis wir erwachsen werden, sind aus der einen etwa 30 Milliarden Körperzellen hervorgegangen. Wenn Sie ein Mann sind, haben Sie mit rund 36 Milliarden Zellen etwas mehr, als wenn Sie eine Frau sind, die etwa 29 Milliarden beherbergt. Unser Körper wird zudem von etwa 39 Milliarden Bakterien bewohnt, außerdem von Viren, Pilzen und anderen Mikroben.

In jeder einzelnen Sekunde sterben in unserem Körper etwa 50 bis 70 Millionen Zellen – und entstehen durch Zellteilung wieder neu. Mit jeder einzelnen Zellteilung wird DNA kopiert und in eine neue Zelle eingebaut. Und in jeder einzelnen Sekunde werden unsere Gene auch reguliert. Wie unendlich bedeutsam dies für uns ist, wird gerade erst nach und nach entdeckt. Man spricht in diesem Zusammenhang manchmal von „Epigenetik" oder „Postgenomik", so, als würde allein die Entdeckung dieser Mechanismen zum Begriff des „Gens" in Widerspruch stehen. Dabei hat es sie schon vorher gegeben – genauso, wie es die Mikroben auch schon gegeben hat, bevor Antoni van Leeuwenhoek sie um 1674 herum mit einem seiner kleinen, selbst gebauten Mikroskope im Wasser eines Sees in der Nähe von Delft in Holland entdeckt hat.

Erinnern wir uns an unsere riesige Genom-Enzyklopädie. Im Gegensatz zu den Bänden, die in vielen Wohnzimmern stehen, verwenden wir sie ständig, in jeder Sekunde. In uns werden mit Hilfe der Genom-Enzyklopädie fortlaufend Proteine (Eiweißstoffe) gebildet, die uns und unsere Funktionen aufrechterhalten und steuern. Es sind zum einen Proteine, die wir für unseren Körper selbst, also für die ständige Erneuerung unserer Zellen benötigen. Andere wirken als Enzyme, die für die biochemischen Reaktionen in unseren Zellen gebraucht werden. Wieder andere sind Botenstoffe und Hormone, die der Kommunikation zwischen unseren Zellen dienen – und jener mit den uns bewohnenden Einzellern, unseren Mikroben. Damit die einzelnen Zellen die Nachrichten empfangen können, brauchen sie auf ihrer Oberfläche sogenannte Rezeptoren – auch diese sind Proteine. Man schätzt, dass wir in unserem Körper etwa 35.000 verschiedene Proteine herstellen können. Stellen Sie sich mal eine Chemiefabrik vor, die so viele unterschiedliche Substanzen herstellt! Sie würde Bayer und BASF locker in den Schatten stellen!

Außer den etwa 20–30 Billionen roten Blutkörperchen (Erythrozyten), die sich ihres Zellkerns entledigt haben und sich nur noch dem Sauerstofftransport durch unseren Körper widmen, werden in allen unseren Zellen ständig Gene abgelesen, um Proteine zusammenzubauen. Wir wissen schon, dass es 20 proteinogene Aminosäuren gibt, also solche, die von allen lebenden Organismen zu Proteinen zusammengebaut werden können. Manche dieser Proteine bestehen aus nur ein paar Dutzend Aminosäuren – wir erinnern uns: bei Insulin sind es 51 –, in anderen sind mehrere hundert davon eingebaut, selten sind es über tausend. Die Abfolge ihrer Bausteine wird „Aminosäure-Sequenz" genannt.

Erinnern wir uns auch an das „zentrale Dogma" der Molekularbiologie, das Francis Crick 1958 formuliert hatte: die DNA-Sequenz führt zur Bildung von RNA und diese

https://doi.org/10.1515/9783111611143-C36

führt zur Bildung von Proteinen. Je drei Nukleotide bilden hierbei ein „Triplett" oder ein „Kodon", und jedes davon ist für das Anhängen einer bestimmten Aminosäure zuständig. Dabei gibt es Tripletts, die für mehr als eine Aminosäure kodieren. Auch Anfang und Ende des Proteins werden mittels bestimmter Tripletts kodiert, die entsprechend „Startkodon" oder „Stopkodon" genannt werden. Als Startkodon benutzen wir das Triplett ATG, am Ende eines Gens können die Stopkodons TAG, TAA oder TGA stehen. Jedes unserer Gene hat im Durchschnitt etwa 3000 Nukleotide, also etwa 1000 Tripletts, diese Tripletts sind allerdings nicht alle für die Übertragung in eine Aminosäurenfolge zuständig, wie wir gleich noch sehen werden.

Nachdem in den Ribosomen die RNA für den Zusammenbau der Aminosäurenkette erfolgt ist, ist die Arbeit aber längst nicht getan. Denn die Proteine haben nicht sofort ihre außerordentlich wichtige dreidimensionale Form, in die sie gefaltet werden müssen, um ihre Rolle zu spielen. Diese Aufgabe übernehmen sogenannte Chaperone (englisch für „Anstandsdame"), die ihnen zu ihrer notwendigen Form verhelfen. Anstandsdamen waren bis in die erste Hälfte des 20. Jahrhunderts ältere Damen, die jüngeren Frauen zugestellt wurden, damit sie diese, besonders beim Treffen mit männlichen Personen, zu moralisch integrem Verhalten verhelfen sollen. Die Anstandsdamen der Proteine „verbiegen" sie also in die „richtige" Form, damit sie auch richtig funktionieren können. Man vermutet, dass diese „Anstandsdamen" die „aus der Form geratenen" Proteine so lange festhalten, bis sie korrekt gefaltet sind. Tritt dies nach einer bestimmten Zeit nicht auf, werden sie wieder zerstört.

In jedem einzelnen Zellkern unserer Zellen – außer den Erythrozyten – sind die Gene für die Bildung aller möglichen Proteine, die unser Körper braucht, enthalten. Das ist dadurch möglich, dass der „Text" der DNA auf verschiedene Weise abgelesen werden kann, um ein Protein zu bilden. In Wahrheit stellt eine Zelle aber nur jene Proteine her, die in ihren Aufgabenbereich fallen. Alle anderen Gene sind zu diesem Zweck „stummgeschaltet". Ein bereits großer Teil dieser „Stummschaltung" wurde, wie im letzten Kapitel beschrieben, während der Differenzierung der Zellen vollzogen, als sie sich aus der einen befruchteten Eizelle zu Knochen-, Muskel, Nerven- oder Immunzellen verändert haben.

Nur ein kleiner Teil der Gene in einer Zelle ist ständig aktiv: man nennt sie „Haushaltsgene" („housekeeping genes"). Das sind jene, die mit der Grundausstattung der Zelle zu tun haben und für die Aufrechterhaltung ihrer Funktion unabdingbar sind. Diese werden nicht reguliert. Die Mehrzahl der Gene unterliegt allerdings einer Regulierung, die von Signalen bestimmt wird, die von der Zelle selbst, von außerhalb der Zelle oder sogar von außerhalb unseres Körpers kommen können.

Erinnern wir uns hier noch einmal an die sogenannten „nicht-kodierenden" DNA-Abschnitte, die den Forschern um John Sulston schon bei der Entschlüsselung des Wurmgenoms (des Genoms von C. elegans) aufgefallen waren. Beim Menschen sind es, wie schon erwähnt, etwa 95 bis 98 Prozent. Man entdeckt später, dass einige dieser nicht-kodierenden Abschnitte sehr wichtige regulatorische Aufgaben übernehmen und nennt sie „regulatorische" Sequenzen. Manche davon liegen oberhalb der Leserichtung der DNA und aktivieren das Ablesen des darauffolgenden Gens, man nennt sie „Promoter". Andere, die man „Enhancer" nennt, liegen unterhalb der Leserichtung, manchmal in größerer Entfernung vom Gen und manchmal sogar mittendrin.

Das Besondere an diesen Sequenzen ist: sie sind mögliche Bindungsstellen für Substanzen, die ihrerseits aus der Zelle selbst, von außerhalb oder aus der Umwelt kommen. Häufig wirken Signale aus der Umwelt auch mit solchen aus dem Körper zusammen. Durch die Bindung solcher Faktoren wird die Genaktivität, also ihr Ablesen und Übertragen in RNA und dann Protein verstärkt oder abgeschwächt. Da das Ablesen der Gensequenz als „Transkription" bezeichnet wird, nennt man diese Faktoren auch „Transkriptionsfaktoren". Die Anlagerung dieser Faktoren findet natürlich nur dort statt, wo diese zu den entsprechenden Bindungsstellen passen. Kommt es zu solch einer Bindung, wird die Genaktivität entweder verstärkt oder abgeschwächt. Die Faktoren können von den Bindungsstellen schließlich wieder „abgeworfen" werden, oder sie fallen von allein wieder ab – viele haben nur eine begrenzte Lebensdauer. Durch mehrere solcher Promoter- und Enhancersequenzen und den Wechselwirkungen zwischen vielen Transkriptionsfaktoren ist auf diese Weise ein sehr komplexes und sensibles Feintuning von Genen möglich.

Besonders die Gene unseres Kreislauf-, Blutzucker-, Hormon-, Stress- oder Immunsystems werden fortlaufend reguliert. Und, nicht zuletzt, und vielleicht mit den weitreichendsten Folgen, geschieht das mit den Genen in unserem Gehirn. Darauf kommen wir später in diesem Kapitel noch einmal zurück.

Eine besondere Form der Genregulation finden wir bei der Hälfte der Menschheit, und zwar bei allen Frauen. Interessanterweise wird das Phänomen 1961 auch von einer Frau entdeckt: von der britischen Wissenschaftlerin Mary Lyon, die an der Universität von Edinburgh forscht.

Sie findet heraus, dass bei weiblichen Mäusen – und es wird sich später herausstellen, dass es auch weibliche Menschen betrifft – eines ihrer beiden X-Chromosomen inaktiv ist. Sehr spannend dabei ist: jede Zelle des frühen weiblichen Embryos entscheidet scheinbar zufällig, welches X-Chromosom auf diese Weise zum Schweigen gebracht werden soll und die Wahl ist dauerhaft. Wenn sich die Zelle teilt, packt sie das inaktivierte X-Chromosom – es ist in eine Hülle aus Heterochromatin eingepackt – wieder aus, um eine Kopie davon zu machen und packt es sorgfältig wieder ein, um es stillzuhalten. Die zufällige „Stummschaltung" eines ganzen X-Chromosoms wurde lange als Lyon-Hypothese bezeichnet und erst in den 1970er Jahren als Tatsache akzeptiert.

Wenn wir Frauen sind, haben wir also in etwa der Hälfte unserer Zellen unterschiedliche DNA, die aktiv ist. In der einen Hälfte wirkt jene des väterlichen, in der anderen jene des mütterlichen X-Chromosoms. 2014 gelingt es einer Gruppe von Forschern um Jeremy Nathans an der Johns-Hopkins-Universität, die Gene von aktiven X-Chromosomen durch die Zugabe zweier unterschiedlicher Substanzen in zwei verschiedenen Farben – rot und grün – leuchten zu lassen. Durch sorgfältige Züchtung erhalten sie Mäuse, die ein „grünes" Chromosom von einem Elternteil und ein „rotes" vom anderen geerbt haben. Wenn sie ihnen die Substanzen verabreichten, leuchteten die Mäuse in den beiden Farben auf und man konnte ausmachen, welche Chromosomen wo aktiviert sind. Es werden faszinierende Muster sichtbar: manchmal leuchten ganze Organe in vorwiegend einer Farbe oder eine der beiden Farben dominiert zum Beispiel in je einer der beiden Gehirnhälften.

Man vermutet, dass dieser Mechanismus dazu dient, bei Frauen die Expression zu vieler Gene zu verhindern. Im Gegensatz zu ihnen haben ja Männer neben dem deutlich größeren X-Chromosom das kleine und nur mit wenigen Genen versehene Y-Chromosom. Wie sich später herausstellt, gibt es in bis zu 20 Prozent der Zellen X-Chromosomen, die sich dieser Inaktivierung entziehen, sogenannte „Escape-Gene", und man forscht noch daran, wie sich diese auf den Körper auswirken.

Ein schönes Beispiel für die X-Chromosomen-Inaktivierung sind übrigens die sogenannten dreifarbigen „Glückskatzen", Mary Lyon hatte selbst eine. Die Farben orange und schwarz werden bei ihnen auf den X-Chromosomen vererbt und verteilen sich mosaikartig über ihr Fell, die weiße Farbe wird auf einem anderen Chromosom vererbt. Folglich gibt es diese Fellfärbung – mit wenigen Ausnahmen – nur bei weiblichen Katzen, und sie wird nicht genetisch, sondern epigenetisch bestimmt.

In den späten 1970er Jahren findet man einen weiteren Mechanismus, mit dem Gene „stillgeschaltet" werden. Man entdeckt, dass das Anheften einer Methylgruppe (sie besteht aus einem Kohlenstoff- und drei Wasserstoffatomen) an bestimmte Stellen der DNA zu einer „Ausschaltung" des entsprechenden Gens führt, man nennt es „Methylierung". Teilt sich eine Zelle, die eine Methylierung an bestimmten Stellen seiner DNA erfährt, wird dieser „Schmuck" mit den dazugehörigen Folgen an die nächste Zelle weitergegeben. So ist also unser Genom „gespickt" mit zusätzlichen Informationen, wie ein Lehrbuch, in dem wir handschriftliche Veränderungen vornehmen, während wir darin lesen: wir unterstreichen, streichen durch, kritzeln Notizen hin.

Schließlich findet der US-amerikanische Biochemiker David Allis 1996 ein weiteres System, das die Aktivität von Genen regelt: es liegt in der Form und Faltung der Histone verborgen, die das Gerüst für die DNA bilden. Würde man die DNA einer einzelnen Zelle auseinanderziehen – wie es Rosalind Franklin gemacht hat, um ihre Struktur röntgenkristallographisch zu untersuchen –, wäre sie etwa zwei Meter lang. Um in den kleinen Zellkern zu passen, ist sie fest verpackt, und die Art ihrer Verpackung und Faltung kann ihre Funktion ebenfalls beeinflussen. Das hat jeder von uns schon erlebt, der versucht hat, ein Strandzelt aus- und wieder einzupacken. Ob die Faltung solcher Histone auch bei Menschen über mehrere Generationen hinweg vererbt werden kann, wird noch erforscht. Bei einfacheren Organismen, beispielsweise Hefen und Würmern, konnte es bereits nachgewiesen werden. Wieder zeigt sich hier, dass wissenschaftliche Dogmen oft nicht im Gegensatz zueinander, sondern gleichzeitig nebeneinander existieren: es gibt außer Merkmalen, die rein über die Nukleotid-Sequenz vererbt werden, auch solche, die durch die Anpassung an bestimmte Einflüsse erworben und an die nachfolgende Generation weitergegeben werden.

Wie schon im vorletzten Kapitel beschrieben, gibt es außer den für Proteine kodierenden DNA-Abschnitte – die ja nur 2 bis 5 Prozent unserer DNA-Sequenz ausmachen – noch viel, viel mehr, und vieles bleibt für uns bisher noch mysteriös. Früher nannten es die Forscher „Junk-DNA" („Müll-DNA") – immerhin stand es ja mit dem berühmten zentralen Dogma der Molekularbiologie im Widerspruch. Doch viel von diesem „Müll" scheint sehr wertvoll zu sein. Der Einfachheit halber werde ich auch für DNA-Abschnitte, die nicht für Proteine kodieren, ab und zu den Begriff „Gene" verwenden. Aus dem Text wird das Gemeinte jedoch ersichtlich sein.

Wie schon erwähnt, werden jene DNA-Abschnitte, die für Proteine kodieren, erst einmal in mRNA (messenger-RNA, also „Boten-RNA) „transkribiert", also kopiert und als mRNA aus dem Zellkern hinaus in die Ribosomen „geschickt", um dort als Vorlage für die benötigten Proteine verwendet zu werden. Für die Proteinsynthese wird zudem auch noch die sogenannte tRNA (Transfer-RNA) benötigt. Diese ist mit besonderen Aminosäuren beladen und wandert an der mRNA entlang und „übersetzt" die Vorlage in die richtige, für den Zusammenbau des Proteins verantwortliche Reihenfolge von Aminosäuren. Es gibt selbstverständlich für alle verschiedenen Formen von RNA irgendwo auf unserer DNA eine entsprechende Nukleotidsequenz, die für ihre Bildung abgelesen werden muss.

Auch weitere Abschnitte der früher „DNA-Müll" genannten Teile unseres Genoms werden ebenfalls in RNA transkribiert, also kopiert. Zusammengefasst nennt man sie heute ncRNA, (non-coding RNA), also nicht-kodierende RNA. Den Großteil davon bildet die rRNA (ribosomale RNA), die vorherrschende Substanz in unseren Ribosomen, sie ist dort ebenfalls an der Proteinsynthese beteiligt. Auch schon erwähnt haben wir die mikro-RNAs (miRNA), Diese kurzen, nur 20 bis 25 Nukleotide langen RNA-Ketten können über das „Stummschalten" von mRNA (messenger-RNA) auf die Herstellung von Proteinen Einfluss nehmen und damit mit sehr feiner Abstimmung auf die Bildung von Eiweißstoffen in unseren Zellen einwirken. Bisher weiß man noch gar nicht genau, wie viele solcher miRNA-Abschnitte es in unserem Genom gibt und die Forschung daran bleibt sehr spannend. Es gibt noch weitere Arten von ncRNA und auch an diesen forscht man intensiv.

Unsere DNA erweist sich nach und nach als weniger „konservativ" als man zu Anfang gedacht hatte. Heute schätzt man, dass etwa 50 Prozent unserer DNA sogenannte „springende Gene", „Transposons", sind, diese können ihre Position in unserem Genom verändern. Die meisten davon sind zwar inaktiv, einige werden aber auch von uns verwendet.

Manche davon stammen von Viren ab, die ihre DNA in unsere „eingebaut" haben – man geht von etwa 8 Prozent viraler DNA in jedem von uns aus. Unsere sogenannten humanen endogenen Retroviren (HERV) unterstützen uns zum Beispiel bei der Ausbildung einer Grenzschicht zwischen Plazenta und Gebärmutter oder führen zur Bildung von Progesteron, einem wichtigen Schwangerschaftshormon. Möglicherweise haben uns diese kleinen Viren sogar geholfen, dass wir Mütter unsere Babys in unserem Inneren beschützend empfangen können, statt Eier zu legen. Einige andere solcher HERV stehen im Verdacht, bei einer Aktivierung neurologische Erkrankungen herbeizuführen, andere wiederum könnten uns vor Krebs beschützen oder das Muskelwachstum bei Männern ankurbeln. Die meisten bleiben bisher allerdings rätselhaft.

Auch eine weitere Entdeckung wirft neue Rätsel auf: bisher war man davon ausgegangen, dass alle Zellen unseres Körpers mehr oder weniger das gleiche Erbgut tragen – auch wenn es, wie bei Frauen, nicht immer gleichmäßig aktiv ist. Eine Forschergruppe um Karen Grimes vom Europäischen Laboratorium für Molekularbiologie (EMBL) in Heidelberg hat nun herausgefunden, dass wir wahrscheinlich alle mehr oder weniger Mosaiks sind – so nennt man Organismen, die Zellen mit unterschiedlichem Erbmaterial in sich tragen. Das trifft nicht nur auf ältere Menschen zu, bei denen sich im Verlauf des Lebens und nach vielen Zellteilungen Veränderungen ergeben – man nennt sie Mutationen – es gilt auch für jüngere Menschen. Die Andersartigkeit ist sogar mehr als verblüffend: manche unserer Zellen unterscheiden sich in ihrem Genom mehr voneinander als solche zwischen Menschen untereinander.

Als Mosaiks bezeichnet man also Wesen mit Zellen, die unterschiedliche genetische Informationen beherbergen, die aber alle von der gleichen befruchteten Eizelle abstammen. Doch es ist alles noch abenteuerlicher: wahrscheinlich sind auch noch in jedem von uns Zellen mit genetischem Material anderer Menschen vorhanden. Dieses Phänomen bezeichnet man als Chimärismus und der Begriff stammt aus der griechischen Mythologie. Die Chimaira ist ein feuerspeiendes Mischwesen, das vorne wie ein Löwe, in der Mitte wie eine Ziege und hinten wie eine Schlange oder ein Drache aussieht. Manchmal trägt sie auch die drei Köpfe der Tiere, aus denen sie zusammengesetzt ist.

So eindrucksvoll ist das bei uns zwar nicht, weswegen man es auch als Mikrochimärismus bezeichnet. Tatsache ist: man findet im Körper der Mutter noch viele Jahre nach der Entbindung – oder auch einer Fehlgeburt oder Abtreibung – sowohl Zellen des Fötus, als auch umgekehrt mütterliche Zellen im Körper des Kindes. Man dachte früher, die sogenannte Plazentaschranke – eine dünne Zellschicht, durch die Sauerstoff und Nährstoffe von Mutter zu Kind wandern – würde einen solchen Austausch verhindern. Doch diese Schranke kann scheinbar von einzelnen Zellen überwunden werden.

Hinweise darauf gab es bereits in den 1960er Jahren, 1979 fand der US-amerikanische Biochemiker, Genetiker und Immunologe Leonard Herzenberg männliche Blutzellen im Blut von mit Jungen schwangeren Frauen. Da das Phänomen noch wenig erforscht ist, weiß man nicht sehr genau, wie häufig es ist. Man geht aber wie beim Mosaizismus davon aus, dass es sehr verbreitet und vielleicht in jedem von uns anzutreffen ist.

Kehren wir nun wie bereits versprochen zu unserem Gehirn zurück. Wir wissen schon, dass unsere etwa 100 Milliarden Nervenzellen über Synapsen miteinander verbunden sind. Jede unserer Nervenzellen unterhält etwa 10.000 Synapsen, wir haben in unserem Gehirn also etwa 1 Billiarde!

Über diese unzähligen Nervenbahnen werden all unsere Wahrnehmungen, Gedanken und Gefühle transportiert. In Dendriten, Nervenzellkörpern und Axonen geschieht dies elektrisch – wie die Myelinschicht diese Nervenleitung schützt und beschleunigt wissen wir auch schon. Im etwa 20 bis 30 Nanometer breiten synaptischen Spalt – das ist etwa 3000 Mal kleiner als der Durchmesser eines Haares – geschieht dies durch chemische Substanzen, sogenannte Neurotransmitter. Unsere Wahrnehmungen, Gedanken und Gefühle werden also von einem Mix aus elektrischer und chemischer Übertragung durch unseren Körper geschickt.

Welche Rolle spielen darin nun unsere Gene und wie werden sie reguliert? Die Nervenzellen unserer fünf Sinne – Sehen, Hören, Riechen, Schmecken und Tasten – nehmen Signale aus unserer Umgebung auf. Zunächst werden die Signale an unsere Großhirnrinde und an unser sogenanntes limbisches System weitergeleitet – das ist ein mit der Großhirnrinde eng verbundenes Nervenzell-System, das als „Zentrum für emotionale Intelligenz" zuständig ist, wie es der berühmte Neurowissenschaftler Joachim Bauer ausdrückt. Welche Gene schließlich im Gehirn aktiv werden, um Proteine zu bilden, und in welchen Mengen, wird davon bestimmt, wie unsere Nervenzellnetzwerke in unserer Großhirnrinde und in unserem limbischen System die entsprechenden Signale „bewerten". Wird die Situation als gefährlich oder bedrohlich wahrgenommen, sind andere Gene aktiv und/oder in einem anderen Ausmaß, als wenn wir diese als interessant, herausfordernd und vor allem als bewältigbar ansehen. So, wie ein Land zum Beispiel in Kriegszeiten Waffen herstellt und in Friedenszeiten Spielzeug. Bezüglich Waffen und Spielzeug: ich habe mich als Mutter von zwei Kindern immer schon gefragt, warum es so viele Spielsachen in Form von Waffen gibt. Scheinbar möchte uns die Welt schon von Kindesbeinen an auf einen möglichen Krieg vorbereiten.

Fangen wir mit dem „Kriegszustand" an: eine Situation wird von uns als gefährlich eingestuft. Von Anthony de Mello stammt die Aussage „Angst liegt nie in den Dingen selbst, sondern darin, wie man sie betrachtet." Jeder von uns weiß, wie unterschiedlich wir Menschen Situationen bewerten, nicht nur von Mensch zu Mensch, sondern auch im Verlauf unseres Lebens. Als Kinder hatten die meisten von uns wahrscheinlich Angst vor Gewittern und wir haben diese Angst irgendwann abgelegt, als wir verstanden haben, was ein Gewitter ist. Ich kann als Zahnärztin auch ein Lied davon singen: nicht wenige Menschen, die in meine Praxis kommen, haben Angst vor dem Zahnarzt und bei etwa fünf Prozent der Menschheit ist diese Angst so ausgeprägt, dass man sie als Erkrankung nach den Kriterien des ICD (International Statistical Classification of Diseases and Related Health Problems) oder DSM (Diagnostic and Statistical Manual of Mental Disorders, das Klassifikationssystem für psychische Störungen) einordnet. Ich finde es wirklich beeindruckend, dass sich diese Angst trotz der Möglichkeit der weitestgehend schmerzfreien zahnärztlichen Behandlung unter Lokalanästhesie noch so hartnäckig behauptet.

Wenn Sie also selbst Angst vor dem Zahnarzt haben, können Sie sich solch einen „Kriegszustand" vorstellen, wenn Sie sich allein die Geräusche und die Gerüche in Erinnerung rufen, die man in einer Zahnarztpraxis findet. In unserem Gehirn gibt es sogenannte Alarmzentren, vor allem im Hirnstamm und im Hypothalamus. Im Hirnstamm werden in diesem Fall Gene „eingeschaltet" – wie das durch die uns bekannten Promoter und Enhancer und andere Transkriptionsfaktoren geht, wissen Sie ja schon – und diese Gene führen zur Bildung von Proteinen, die die Bereitstellung von Alarmbotenstoffen, zum Beispiel Glutamat, CRH oder Noradrenalin, zur Folge haben. Die Folgen davon kennen wir auch schon: über komplexe Mechanismen wird unser Körper in Alarmbereitschaft versetzt, um der Gefahr zu trotzen.

Ganz anders sieht es aus, wenn wir eine Situation als anregend, interessant oder herausfordernd betrachten. Ich befinde mich gerade, während ich dies schreibe, in einem solchen Zustand. Es gibt nämlich für mich im Augenblick nichts Schöneres auf der Welt, als zu schreiben. In einer solchen Situation entsteht in unserem Körper ein ganz anderer Substanzenmix, und zwar einer, der sich in seiner Wirkung grundlegend von jenem des „Kriegszustands" unterscheidet. In diesem Fall werden im Gehirn zahlreiche Gene aktiviert, und die daraus entstehenden Proteine sind sogenannte Wachstumsfaktoren für Nervenzellen, darunter BDNF (Brain-Derived Neurotropic Factor) oder NGF (Nerve Growth Factor). Diese Aktivierung führt nicht nur zu einer Funktionssteigerung von Nervenzellen, diese bilden auch vermehrt Verknüpfungen untereinander, also Synapsen. Nach neueren wissenschaftlichen Erkenntnissen kann sich in solchen Situationen sogar die Zahl der Nervenzellen erhöhen, eine Tatsache, die man früher für ausgeschlossen hielt. Solche als positiv bewertete Situationen sind dazu geeignet, unsere Nervenzellnetzwerke zu stabilisieren und die Funktion unserer Nervenzellen zu verbessern. Freude und Frieden sind ja auch im Äußeren stets besser für unser Wohlergehen und natürlich auch für unsere Gesundheit – sowohl für die körperliche als auch für die seelische. Doch das wussten wir Menschen schon immer. Die neueste Forschung hat nur einige biochemische und physiologische Erklärungen für diese Vorgänge aufgedeckt – an vielen weiteren wird noch geforscht.

Zu den faszinierendsten Genen, denen die Forschenden auf die Spur gekommen sind, gehören jene unseres Immunsystems. Daher wollen wir diesen ein eigenes Kapitel widmen.

8 Die Gene unseres Immunsystems

Es ist ihnen vielleicht aufgefallen: je mehr wir uns in der Geschichte der Wissenschaft der Gegenwart nähern, umso zahlreicher werden die Menschen, die an den großen Entdeckungen beteiligt sind. Wenn wir zu den Ursprüngen der Entdeckung der Gene unseres Immunsystems zurückkehren, begegnen wir einem Wissenschaftler, der über die anderen seiner Zeit herausragt: Peter Medawar.

Peter Medawar wird am 18. Februar 1915 in Petrópolis, Brasilien, als Sohn eines aus dem Libanon stammenden Geschäftsmannes und einer Engländerin geboren. Medawar studiert in Oxford Zoologie und arbeitet zeitweise mit dem Pathologen Howard Florey zusammen, den wir schon als einen der Entdecker des Penicillins kennengelernt haben.

Diese Geschichte fängt mit dem Absturz eines britischen Bombers an einem heißen Sommernachmittags des Jahres 1940 an. Das Flugzeug stürzt ganz in der Nähe des Gartens von Peter Medawars Haus ab, seine Frau und seine älteste Tochter sind auch zugegen. Der Pilot überlebt, er trägt aber schwere Verbrennungen davon.

Da Medawar gerade daran forscht, welche Antibiotika sich am besten zur Behandlung von Verbrennungen eignen, bitten die Ärzte, die den verwundeten Piloten behandeln, Medawar um Hilfe. Der Anblick der vielen Kriegsverletzten in dem Krankenhaus, in das er gerufen wird, lässt den Fünfundzwanzigjährigen nicht mehr los. Seine Frau Jean berichtet, er habe danach „wie ein Dämon gearbeitet".

Peter Medawars Lebensaufgabe wird es werden, zu erforschen, warum für die Deckung solcher Verbrennungen transplantierte Haut manchmal einheilt und manchmal nicht. Medawar gilt als der Vater der Transplantations-Immunologie. Wir haben ihn bereits im zweiten Teil dieses Buches kennengelernt, als wir uns mit dem Prinzip der Toleranz beschäftigt haben.

Eine der ersten Patientinnen, die Medawar gemeinsam mit dem schottischen Chirurgen Tom Gibson behandelt, hatte ausgedehnte Verbrennungen von einem Gaskaminofen davongetragen. Während Hauttransplantate von ihrem eigenen Oberschenkel einheilten, wurden solche, die man vom Oberschenkel ihres Bruders entnommen hatte, abgestoßen. Wurde Haut von ihrem Bruder ein zweites Mal transplantiert, fiel die Reaktion noch stärker aus.

Wir erinnern uns: unser Immunsystem unterscheidet zwischen „Freund" und „Feind", „Selbst" und „Nicht-Selbst". Peter Medawar kann unter dem Mikroskop beobachten, dass Immunzellen in das Gewebe eingewandert waren. Doch waren sie auch dafür verantwortlich, dass es zerstört worden war?

Eine weitere Beobachtung erstaunt die Forscher zudem: transplantierte man Haut ein zweites Mal, wurde diese noch schneller abgestoßen. Dieses Phänomen bringt Medawar auf die richtige Spur: es muss eine Immunantwort sein. Seine Aufgabe ist es nun, Daten zu sammeln, und er macht sich an die Arbeit. Medawar forscht mit 25 Hasen, denen er gegenseitig Haut transplantiert – es werden 625 (25 Mal 25) Operationen. Die Ergebnisse, die er in den 1940er Jahren veröffentlicht, begründen die Transplantations-Immunologie.

https://doi.org/10.1515/9783111611143-037

Eine bedeutende Rolle spielt auch die Entdeckung des Amerikaners Ray Owen: er beobachtet, dass zweieiige Zwillinge – er forscht mit Kälbchen –, die sich ja in ihrem Genom genauso unterscheiden wie normale Geschwister, das Gewebe des anderen Zwillings nicht abstoßen. Waren die Geschwister also bereits im Bauch ihrer Mutter mit den Zellen des anderen in Kontakt gekommen, akzeptierte ihr Immunsystem sie als „Selbst" und griff sie nicht an.

Um Owens Beobachtung zu überprüfen, führt Peter Medawar 1951 gemeinsam mit seinem Forschungsteam folgendes Experiment durch: sie injizieren Zellen eines Mäusestammes in ungeborene Mäuse eines anderen Stammes. Wird diesen Mäusen, wenn sie erwachsen sind, die Haut des nicht mit ihnen verwandten Mäusestamms transplantiert, akzeptierten sie diese. Das ist eine bahnbrechende Entdeckung, für die Peter Medawar 1960 der Nobelpreis verliehen wird. Er findet es ungerecht, dass seine beiden Forscherkollegen, Leslie Brent und Rupert Billingham, den Preis nicht mit ihm erhalten, und teilt das Preisgeld mit ihnen. Er schreibt auch einen Brief an Ray Owen, in dem er seine Bedeutung für diese Entdeckung unterstreicht. Den Nobelpreis teilt sich Peter Medawar mit dem australischen Mediziner Macfarlane Burnet, der in Melbourne wirkt und sich wie Medawar mit der Frage beschäftigt, wie unser Körper lernt, zwischen „Selbst" und „Nicht-Selbst" zu unterschieden.

Am 7. September 1969 erleidet Sir Peter Medawar – er war inzwischen zum Ritter geschlagen worden und 54 Jahre alt – während einer Rede bei einem Treffen der British Science Association einen Schlaganfall. Wie seinerzeit Pasteur arbeitet er trotzdem ungebremst weiter, forscht und veröffentlicht Artikel und Bücher – es werden noch weitere 18 fruchtbare Jahre. Peter Medawar stirbt am 2. Oktober 1987, auf seinem Grabstein steht: „Es kann keine Zufriedenheit geben, wenn man nicht vorankommt".

Zu den frühen Pionieren der Immunologie gehört auch der britische Pathologe, Immunologe und Genetiker Peter Gorer. Er forscht bereits in den 1930er Jahren in London an Mäusen und ihrer Fähigkeit, transplantierte Tumore, also Krebs, zu bekämpfen. Dabei entdeckt er, dass das Verhalten des Tumors davon abhängt, welche genetische Komponente einer bestimmten Substanz – Gorer nennt sie H-2-Antigene – eine Maus geerbt hatte. Hatte die Empfängermaus eine andere Version des Gens, als jene, der der Tumor entnommen wurde, konnte die Empfängermaus den Tumor abtöten und überlebte. Hatte sie dagegen die gleiche Version geerbt, konnte der transplantierte Tumor wachsen und die Maus starb. Die von ihm beschriebenen H-2-Antigene sind die ersten MHC-Proteine (Major Histocompatibility Complex Proteine), die man entdeckt. Peter Gorer zieht die Schlussfolgerung aus seinen Experimenten, dass seine Beobachtungen nicht nur für Tumore, sondern für alle Transplantate gilt, und dies wird sich später als richtig erweisen.

Diesen Substanzen sind wir im zweiten Teil des Buches mehr als nur einmal begegnet. Wir wissen auch schon, dass sie auf der Oberfläche von Zellen vorkommen und damit unseren Immunzellen Nachrichten darüber übermitteln, was im Inneren

der Zelle geschieht, und manchmal – auf der Oberfläche von bestimmten Immunzellen – über den Krieg, der in uns geführt wird. Auf der Oberfläche jeder Zelle liegen
etwa 100.000 solcher MHC-Proteine! Das alles weiß man zur Zeit von Medawar und
Gorer allerdings noch nicht.

In den 1960er Jahren sind bereits mehrere – zu Anfang sind es 14 – wissenschaftlichen Teams damit beschäftigt, diese für unser Immunsystem so wichtigen Substanzen
und ihre dazugehörigen Gene zu erforschen. Ihnen wird sehr bald klar, dass sie sich,
um das Problem zu bewältigen, miteinander austauschen müssen. Das erste Treffen
findet 1964 in North Carolina statt, dabei finden die Teams vor allem heraus, dass
jedes Labor völlig andere Techniken benutzt und die Ergebnisse nicht miteinander
kompatibel sind. Im nächsten Jahr, im holländischen Leiden, läuft es schon besser.
1967 setzt die WHO (World Health Organization) ein Komitee ein, um für diese neuen
Substanzen und ihre Gene ein offizielles Benennungssystem festzulegen. Was das Komitee damals auf den Weg bringt, ist die Nomenklatur für die MHC- bzw. HLA-Gene,
die man heute auch noch verwendet. Auch das Komitee gibt es immer noch.

Die Forscherteams führen zwei verschiedenartige Versuche durch, deren Ergebnisse sich grundlegend unterschieden. In der ersten Versuchsgruppe mischen sie das
Blutserum einer Person mit den weißen Blutkörperchen einer anderen Person – aus
dem zweiten Teil des Buches wissen wir ja schon, es sind Immunzellen –, und beobachten, ob es eine Immunreaktion gibt. In der zweiten Versuchsgruppe werden
Immunzellen von zwei verschiedenen Personen gemischt, auch hier gibt es manchmal
eine Reaktion. Da die Ergebnisse dieser Versuche teilweise unterschiedlich verlaufen,
vermutet man, dass es zwei Arten von MHC-Molekülen (beim Menschen nennt man
sie ja HLA-Moleküle) geben muss. Daraus ergibt sich die Unterteilung in Klasse I und
Klasse II HLA bzw. MHC. Die Klasse I findet man, wie wir schon wissen, auf so gut
wie allen Zellen außer Erythrozyten und den Zellen des Trophoblasen, die Klasse II
auf Makrophagen, dendritischen Zellen und B-Zellen.

Wir Menschen haben drei Klassen von HLA-I-Genen (die für die entsprechenden
HLA-I-Proteine kodieren), und zwar A, B und C. Wir haben auch drei Klassen von
HLA-II, und zwar HLA-DR, -DP und -DQ. Die Unterschiede in den Genvarianten sind
von Mensch zu Mensch nicht besonders groß, haben aber eine große Wirkung. Er-
staunlich ist auch, dass wir uns in unseren HLA-Genen unglaublich stark voneinander
unterscheiden, sie sind sogar die variabelsten Gene in unserem gesamten Genom. Das
Gen HLA-B gibt es zum Beispiel in etwa 4000 Varianten! Und nicht nur das: im Gegensatz zu den meisten unserer Gene werden diese kodominant vererbt, das bedeutet,
wir bekommen sie sowohl von unserer Mutter als auch von unserem Vater.

Die Wirkung der HLA-Gene wird zu jener Zeit vor allem im Hinblick auf die
Abstoßungsreaktionen verstanden, die für Transplantationen von Bedeutung sind.
Nach und nach findet man immer mehr dieser MHC-Proteine und es bestätigt sich,
dass Transplantationen umso besser funktionieren, je ähnlicher sich die Versuchstie-
re – es wird später auch bei Menschen nachgewiesen – in ihren MHC-Molekülen sind.
Dass diese Substanzen nicht in unserem Körper sind, um den Ärzten die Arbeit bei

Transplantationen zu erschweren, war den Forschern natürlich schon immer klar. Welche herausragende Rolle sie beim Funktionieren unseres Immunsystems allerdings spielen, das uns Tag für Tag das Leben rettet, wird erst viele Jahre später entdeckt.

Wir schreiben das Jahr 1979 und tauchen in ein Labor der Universität Harvard ein. Wie Rosalind Franklin 1950 für die DNA erhält die 23-jährige US-Amerikanerin Pamela Bjorkman den Auftrag, die Struktur des HLA-Proteins zu entschlüsseln. Mit ihr arbeiten Don Wiley und Jack Strominger. Das Trio wird die Vorstellung davon, wie unser Immunsystem arbeitet, für immer verändern.

Warum ist es so wichtig, die Struktur von Proteinen zu kennen? Wir haben ja schon gesehen, dass ihre Herstellung in den Ribosomen bei weitem nicht da aufhört, wo die Aneinanderreihung der Aminosäuren endet. Genauso wichtig ist die Faltung der Moleküle und ihre korrekte dreidimensionale Ausrichtung. Sehr oft versteht man erst dann, wenn man ihre Form sieht, was sie bewirken und wofür sie gut sind. Das kennen wir auch von manchen (einfachen) Werkzeugen: man braucht keine Bedienungsanleitung, um zu verstehen, wofür man einen Hammer oder eine Zange verwenden kann. Auch für das Verständnis der DNA war die Entschlüsselung ihrer Struktur schließlich von großer Bedeutung.

Wie Rosalind Franklin arbeitet Pamela Bjorkman mit der Röntgenkristallographie. Zuerst muss sie das HLA-Protein in kristalliner und reiner Form erhalten. Anschließend soll das Proteinkristall mit Röntgenstrahlen durchleuchtet werden. Wir erinnern uns: da Röntgenstrahlen eine Wellenlänge von ungefähr der Entfernung von zwei Atomen innerhalb eines Kristalls haben, werden Röntgenstrahlen von Kristallgittern reflektiert und in spezielle Richtungen gebeugt. Diese gebeugten Strahlen lassen Muster entstehen, die man mit Fotoplatten sichtbar werden lassen und anhand dieser Fotos Rückschlüsse auf ihre Struktur ziehen kann.

Obwohl es Pamela Bjorkman sehr bald gelingt, Kristalle des HLA-Proteins zu züchten, gestaltet sich die weitere Arbeit als schwierig. Sieben Jahre lang geht sie morgens um 10 ins Labor und bleibt oft bis in die Morgenstunden des nächsten Tages. Doch die Kristalle sind zu klein und zu wenige. Immerhin ist der Druck von außen nicht so groß: da die anderen Forschergruppen wissen, woran das Team in Harvard forscht, lassen sie selbst die Hände davon.

Als später stärkere Strahlen als Röntgenstrahlen in neu gebauten Teilchenbeschleunigern zur Verfügung stehen, reist Bjorkman mit ihren Proben dahin – nach Cornell in der Nähe von New York oder nach Hamburg in Deutschland. Mit ihren Versuchen muss sie allerdings warten, bis die Strahler für die physikalische Forschung eingeschaltet werden – ein Mal wartet sie fünf Tage lang, ohne dass etwas geschieht. Ein anderes Mal ist der Strahler kaputt und ihre Proben, die sie ein Jahr lang gesammelt hatte, verloren. Doch sie gibt nicht auf. Welch ein Durchhaltevermögen!

In der Zwischenzeit finden zwei Wissenschaftler in Canberra, Australien, eine neue Spur in der MHC-Forschung: der Schweizer Rolf Zinkernagel und der Australier

Peter Doherty. Sie forschen an Mäusen, die sie mit Viren infizieren, und finden heraus, dass die durch das Virus aktivierten T-Killerzellen eines Mäusestamms das Virus nur in anderen Zellen erkennen können, die die gleiche Klasse-I-MHC-Gene haben. Dieses Phänomen wird als MHC-Restriktion bezeichnet, die wir schon aus dem zweiten Teil des Buches kennen. Es beschreibt, dass T-Zellen die fremden Antigene nur dann erkennen und bekämpfen können, wenn sie auf bestimmten MHC-Molekülen präsentiert werden.

Nun versteht man auch besser, warum wir in unseren MHC- (oder HLA-) Genen so unterschiedlich sind: dadurch gibt es zu fast jedem feindlichen Eindringling ein passendes MHC-Protein. Treibt also ein bestimmter Erreger in unserer Umgebung sein Unwesen, überstehen bestimmte Menschen mit einer bestimmten MHC-Variante die Krankheit problemlos und überleben. Die Gene, die ihnen das ermöglicht haben, geben sie an ihre Kinder weiter, dadurch nimmt ihre Häufigkeit in der Bevölkerung zu.

Doch auch die Erreger verändern sich und ihre DNA. Wollen sie weiter Erfolg haben und Menschen anstecken, müssen sie sich so verändern, dass diese MHC-Variante den Menschen keinen Schutz mehr bietet. Zu der neuen Erregermutation passt aber nun eine neue MHC-Variante, der Anpassungskreislauf beginnt von vorn. Ich erwähne gerne, dass nichts auf der Welt so sicher ist wie die Veränderung. Wir werden uns und unsere Kinder niemals gegen alle Krankheiten der Welt schützen können. Als Menschheit insgesamt können wir uns allerdings an viele Herausforderungen anpassen. Wir werden später im Buch darauf zurückkommen, wie uns die Erforschung von Genen Hinweise auf die Menschheitsgeschichte liefern kann.

Auch der US-Amerikaner Mark Davis, der an der Universität in Stanford forscht, leistet einen wichtigen Beitrag: 1983 identifiziert er die Gene des T-Zell-Rezeptors. Wir erinnern uns: jeder einzelne dieser Rezeptoren kann jeweils ein bestimmtes Antigen – besser gesagt, schon kleine Schnipsel eines Antigens, sogenannte Peptide – erkennen. Durch die uns auch schon bekannte somatische Rekombination hat jeder von uns Milliarden von verschiedenen T-Zell-Rezeptoren, mit denen wir Milliarden von Antigenen erkennen können. Dies allerdings nur gemeinsam mit dem passenden MHC-Molekül, wie Zinkernagel und Doherty gezeigt hatten. Doch wie machen die Immunzellen das?

Kehren wir nach Harvard in das Labor zurück, in dem Pamela Bjorkman arbeitet. Nach neun langen Jahren gibt die Mutter Natur dem Team im Frühjahr 1987 das Geheimnis preis: die Struktur des Moleküls HLA-A*02 (es kommt weltweit sehr häufig vor) ist entschlüsselt! In eine Rille an der Spitze des Proteins, das zwischen zwei langen Helices (spiralförmigen Ketten) liegt, passt genau ein Peptid. Es eignet sich also perfekt dazu, Peptide zu umklammern und so den anderen Zellen vorzuzeigen, also zu präsentieren. In der Rille des untersuchten HLA-A*02-Moleküls findet Pamela Bjorkman ein Peptid. Es musste aus der menschlichen Zelle selbst stammen, da sie der Probe keine Erreger oder andere Substanzen zugefügt hatte.

Wir haben es schon im zweiten Teil des Buches besprochen, was diese Entdeckung verrät: Alle Proteine (Eiweiße), die in unseren Zellen gebildet werden, werden in kleine Schnipsel „zerhackt" und in der Rille des HLA-Proteins an der Oberfläche der Zelle „ausgestellt". Ein bisschen wie ein Ausweis, den wir Menschen mit uns führen. Unsere T-Zellen wären, um bei diesem Bild zu bleiben, die Polizeibeamten, die die Ausweise kontrollieren. Finden sie etwas, was nicht zu ihnen gehört, wie beispielsweise Viruspeptide, schlagen sie Alarm und setzen eine Immunreaktion in Gang. Jetzt erkennt man erst, wie sich diese Moleküle, die von Transplantationsmedizinern entdeckt wurden, auf unser gesamtes Immunsystem auswirken.

Die Entdeckung ist ein großer Durchbruch und es erscheinen gleich zwei Veröffentlichungen des Teams in der Zeitschrift „Nature". Diese Entdeckung hat – natürlich gemeinsam mit jenen der vielen anderen erwähnten und noch viel zahllloseren unerwähnt gebliebenen Forschenden – einen großen Einfluss darauf, wie wir heute die Begriffe von Krankheit und Gesundheit verstehen. Pamela Bjorkman forscht heute am California Institute of Technology (Caltech) und gilt laut dem Medienkonzern Clarivate als Favoritin auf einen Nobelpreis.

Nun macht es auch Sinn, warum wir Menschen MHC-Gene erriechen können und für uns jene am besten riechen, die möglichst unterschiedlich von den unsrigen sind. Und es macht auch Sinn, wenn die Wahrscheinlichkeit, dass eine befruchtete Eizelle vom mütterlichen Körper aufgenommen wird, umso größer ist, je unterschiedlicher die Eltern in ihren MHC-Genen sind. Die Natur bevorzugt also schon früh jene Nachkommen, die sich durch ihren immunologischen Fingerabdruck besser vor Krankheiten schützen können.

Nach und nach erforscht man auch andere MHC-Varianten und findet heraus, dass sich die kleinen Unterschiede so gut wie nur auf die Rille beziehen, in die die Peptide passen. So bewirkt jede MHC-Variante eine etwas andere Rillenform für die Peptide. Genial, oder? Ohne diesen Mechanismus wäre die Menschheit ziemlich wahrscheinlich durch einen der krankheitsauslösenden Erreger, die ständig in und um uns herum sind, ausgelöscht worden. Ich danke gerade insgeheim all jenen unzählbaren MHC-Molekülen, die mir, meinem Mann und unseren beiden Kindern bisher das Leben gerettet haben! Und es ist auch sehr schön, zu wissen, dass die Kinder ihre von uns beiden haben und nicht nur von einem von uns.

Es gibt allerdings auch eine Kehrseite der Medaille: sehr viele unterschiedliche MHC-Varianten schützen uns zwar effizienter vor Erregern, erhöhen aber gleichzeitig die Wahrscheinlichkeit für Autoimmunkrankheiten, da die einzelnen Immunzellen weniger tolerant gegen Antigene aus dem eigenen Körper werden. Es scheint, als hätte sich im Laufe der Evolution ein optimales Niveau der MHC-Diversität eingependelt, die uns einerseits vor Krankheitserregern schützt und andererseits den Angriff von Immunzellen auf eigenes Körpergewebe verhindert. Manche haben die Vermutung, dass sich dieses Gleichgewicht aufgrund der zunehmenden Hygienemaßnahmen in den industrialisierten Ländern verschoben hat und erklären damit die dortige Zunahme von Autoimmunerkrankungen. Wie schmal der Grat ist, den unser Körper geht, um trotz der vielen darin ausgefochtenen Kriege immer noch so viel Frieden zu schaffen, dass wir überleben, wird hier, am Beispiel der Gene unseres Immunsystems, noch einmal auf eindrucksvolle Weise klar.

Mit all unseren etwa 30 Milliarden Körperzellen und den Genen, die in ihren Zellkernen versteckt sind, können wir das große Ganze allerdings noch nicht verstehen. Dafür brauchen wir – wie schon so oft in diesem Buch erwähnt – unser Mikrobiom. Und dieses hat natürlich seine ganz eigenen Gene, wie alle lebendigen Wesen dieser Welt.

9 Die Gene unserer Mikroben

Sie wissen ja schon, liebe Leserin und lieber Leser, dass Sie und ich uns voneinander nur zu etwa 0,1 Prozent unserer Gene unterscheiden. Unsere Gene sind zudem nur etwas mehr als 1 Prozent anders als jene von Schimpansen. In dem Mikrobiom, das Sie und ich wiederum beherbergen, unterscheiden wir uns zu 80 bis 90 Prozent. Dass sich die Zusammensetzung dieses Mikrobioms auf uns und unsere Gesundheit auswirkt, haben wir auch schon erfahren.

Das humane Mikrobiomprojekt, das 2007 gestartet wurde, hat unsere Sicht auf uns selbst und unsere Gesundheit oder Krankheit erneut verändert. Viele in der Wissenschaft fest verankerte Lehrmeinungen wurden in den letzten Jahren umgestoßen und diese Entwicklung setzt sich weiter fort.

Aus der am Anfang dieses Buchteils beschriebenen Geschichte des Lebens auf unserer Erde, die vor etwa 3,8 Milliarden Jahren ihren Anfang genommen hat, kennen wir auch schon viele Beispiele von Symbiosen, die Mikroben, Pflanzen und Tiere miteinander eingegangen sind. Schon bei der Entstehung der ersten Eukaryoten haben sich, gemäß der Endosymbiontentheorie, Bakterien in Archaeen eingenistet und sind zu ihren Mitochondrien geworden und diese haben ihre eigenen Gene sogar behalten. Die Mikroben in und auf uns sind auch solche Symbionten. Sie haben uns als ihr Zuhause auserkoren und sich an das Zusammenleben mit uns angepasst.

Heute geht man davon aus, dass die Menschen, als sie sich auf der ganzen Welt ausgebreitet haben, nicht nur ihre Gene verändert haben – wie wir im nächsten Kapitel noch sehen werden – sondern auch die Mikrobenarten in und auf sich. Jene Mikroben, die sich in der Symbiose mit uns entwickelt haben, haben ganz besondere Gene verglichen mit Mikroben, die nicht mit uns Menschen „großgeworden" sind. Unter anderem haben sie weniger davon – sie entledigen sich manchmal bis zu 90 Prozent ihrer ursprünglichen Gene – und sind empfindlicher gegen Sauerstoff und Temperatur. Zum Beispiel können sie Temperaturen unterhalb unserer Körpertemperatur weniger gut aushalten. Außerhalb von uns können sie, wenn überhaupt, schlecht überleben.

Diese Einsicht hat aber auch eine schlechte Nachricht für uns: unsere Mikroben sind an die Außenwelt nicht sehr gut angepasst und so sind wir darauf angewiesen, dass unsere Eltern – besonders unsere Mama – sie uns ganz schnell nach unserer Geburt, und möglicherweise schon zuvor, weitergeben.

Unser Mikrobiom hat sich so von Eltern zu Kindern über hunderte bis tausende von Generationen „weitervererbt" und die kleinen Wesen verhalten sich auch so, als wären sie ein Teil von uns. Sie teilen vor allem auch ihre Gene mit uns, und „vererben" sie an uns, über Generationen hinweg. Diese Einsichten haben weitreichende Folgen für unser Wohlergehen und die Sicht unserer Ärztinnen und Ärzte darauf. Wir unterscheiden uns in unserem Mikrobiom so sehr, dass der Aufruf nach einer sogenannten „personalisierten" Medizin immer lauter wird. Und diesem Aufruf folgen zum Glück auch schon viele Medizinerinnen und Mediziner.

https://doi.org/10.1515/9783111611143-038

Allein die etwa 1000 Bakterienarten, die unser Darmmikrobiom ausmachen, verfügen über mehr als 7 Millionen Gene, das bedeutet etwa 360 Mikrobengene für jedes menschliche Gen! Das gemeinsame Genom von menschlichen und sie bewohnende Mikrobenzellen bezeichnet man als Hologenom.

Widmen wir uns zuerst der vielfältigen Mikrobengemeinschaft in unserem Darm. Manche der Bakterien verfügen über Gene für Enzyme – das sind Substanzen, die biochemische Reaktionen beschleunigen –, die die Arbeit unserer Verdauungsenzyme aus Leber und Darmschleimhaut ergänzen. Besonders die Ballaststoffe in unserer Nahrung könnten wir ohne ihre Hilfe nicht verstoffwechseln. Nur so können wir auch aus Pflanzen Energie gewinnen. Die zusätzlichen Enzyme der Bakterien bauen zum Beispiel Polysaccharide (Mehrfachzucker) und Polyphenole ab (diese kommen auch in pflanzlicher Nahrung vor), außerdem tragen sie zur Bildung der Vitamine B1, B2, B5, B6, B9 (oder Folsäure), B12 und K2 bei. Wie wir schon wissen, zersetzen unsere Darmbakterien die Ballaststoffe zu kurzkettigen Fettsäuren, zum Beispiel Butyrat, Acetat und Propionat, und zu Gasen, beispielsweise Methan, Wasserstoff, Schwefelwasserstoff und Kohlendioxyd. Besonders wertvoll ist das Butyrat, das, wie wir schon wissen, unseren Darmzellen als direkte Nahrungsquelle dient und damit unsere Darmschleimhaut mit ihren drei Verteidigungslinien gesund erhält.

Für unsere Verdauung wichtige Stoffe sind auch Gallensäuren. Sie werden in der Leber gebildet, in der Gallenblase zwischengelagert und von dort in den Dünndarm abgegeben. Diese Gallensäuren gehören uns aber nicht allein, auch unsere Mikroben „mischen" hier mit. Sie wandeln sie in neue Moleküle um, die man als sekundäre Gallensäuren bezeichnet, und die von der Darmschleimhaut besser aufgenommen werden können als die ursprünglichen.

Diese sekundären Gallensäuren erweisen sich als außerordentlich vielfältig und man hat inzwischen tausende davon entdeckt. Dabei hat man auch herausgefunden, dass sie viel mehr können als nur verdauen. Sie sind scheinbar ein wichtiger Bestandteil der „Sprache" unserer Mikrobiota und dienen ihnen als Kommunikationsmoleküle. Die Forschung zu diesen von unseren Bakterien gebildeten Gallensäuren wird gerade sehr intensiv betrieben. Ein japanisches und US-amerikanisches Forscherteam hat zum Beispiel 2021 nachweisen können, dass die Mikrobiota sehr alter Menschen in der Lage ist, besondere dieser Gallensäuren zu bilden. Doch für einen Therapieansatz ist es noch zu früh.

Die Darmbakterien produzieren nicht nur Stoffe, die uns von Nutzen sind, sie ernähren sich innerhalb ihrer Mikrobengesellschaft auch gegenseitig. Außerdem verteidigen sie sich ziemlich erfolgreich gegen Eindringlinge, die nicht schon immer mit ihnen zusammengelebt haben. Das hat auch Nachteile: möchte man seinen Darm mit neuen Spezies besiedeln, können diese nicht so leicht im „alteingesessenen" Mikrobiom Fuß fassen. Möchte man seinen „Darmzoo" verändern, reicht es oftmals nicht, neue Arten in Form von Probiotika zuzuführen, man muss diese auch mit entsprechender, für sie förderlicher Nahrung (Präbiotika) „füttern". Über eine gesündere, ballaststoffreiche und viel Gemüse und Obst enthaltende Nahrung kann man überdies „vernachlässigte" Spezies in seinem Darm zu neuem Leben erwecken.

Unsere Bakterien im Darm produzieren auch wichtige Hormone, zum Beispiel Dopamin, Serotonin oder Melatonin. 90 Prozent unseres „Glückshormons" Serotonin, das für gute Laune, Motivation und Ausgeglichenheit entscheidend ist, wird sogar in unserem Darm gebildet. Im Augenblick arbeiten Forschende aus den Bereichen der Mikrobiologie mit jenen aus der Psychiatrie und Psychologie zusammen, um die Zusammenhänge zwischen unserem Mikrobiom und psychischen Erkrankungen, zum Beispiel Depressionen, zu erforschen. Dabei entdeckt man viele faszinierende Wechselwirkungen zwischen unserem Immunsystem, unserem Mikrobiom und unseren Gedanken und Gefühlen. Viele dieser Wechselwirkungen haben wir auch schon im Kapitel „Psyche und Immunsystem" im zweiten Teil des Buches kennengelernt.

Kommen wir nun zu den Bakterien in unserem Mund. Ihre Zahl ist zwar etwas geringer als jene in unserem Darm, doch ihre Vielfalt kommt ihr ziemlich nahe – etwa 1000 Spezies im Darm gegenüber 700 im Mund. Auch hier unterschieden wir, wie im Darm, zwischen einem gesunden Gleichgewicht, einer Eubiose, und einem krankmachenden, einer Dysbiose.

Unsere eubiotischen Bakterien können zum Bespiel aus Nitrat Stickstoffmonoxyd (NO) bilden. Das Nitrat stammt aus der Nahrung oder wird auch aktiv durch die Speicheldrüsen aufgenommen und über den Speichel ausgeschieden. Stickstoffmonoxyd wird von manchen Forschenden als der älteste Botenstoff des Körpers angesehen (nicht nur Säugetiere, sondern auch Vögel, Fische, Frösche und sogar Krebse können ihn bilden) und beeinflusst die Regulation von Durchblutung, Blutdruck und Blutgerinnung.

Stickstoffmonoxyd ist ein sehr kurzlebiges Molekül. Seine biologische Halbwertszeit – das ist die Zeit, die ein Stoff benötigt, um auf die Hälfte seiner Ausgangsmenge abzufallen – beträgt nur drei bis fünf Sekunden. Außerdem kann es sehr leicht durch die Membranen von Zellen hindurchschlüpfen. Damit ist es ein idealer Botenstoff, um Nachrichten zwischen den Zellen zu überbringen.

Man hat herausgefunden, dass diese Substanz auch an der Insulinsignalisierung beteiligt ist, den Schlaf verbessert, den Cholesterinspiegel und den Blutdruck senkt und sogar die Immunität, das Gedächtnis und das Lernen verbessert. Es spielt sogar eine Rolle bei der Peniserektion – auch das Präparat Viagra® wirkt über eine NO-Freisetzung. Ein Tausendsassa also. Wir erinnern uns: Stickstoffmonoxyd spielt auch eine große Rolle, wenn es um die Gesundheit unserer Blutgefäße geht: ein Mangel an dieser Substanz geht mit einem erhöhten Risiko von atherosklerotischen Plaques einher, erhöht also die Gefahr eines Herzinfarkts oder Schlaganfalls.

Eigentlich ist Stickstoffmonoxyd ein giftiges Gas. Menschen, die damit experimentieren, müssen Gasmasken benutzen und die Laborräume ausreichend lüften. Doch Paracelsus, den wir schon kennengelernt haben, sagt uns: „Alle Dinge sind Gift, und nichts ist ohne Gift; allein die dosis machts, daß ein Ding kein Gift sei." Es ist aber

alles noch „explosiver": man hat schon lange, bevor man das Geheimnis von Stickstoffmonoxyd kannte, herzkranke Menschen mit Nitroglycerin behandelt, man kennt
es auch als Nitro-Spray. Auch seine Wirkung beruht auf der Freisetzung von Stickstoffmonoxyd. Nitroglycerin ist gleichzeitig ein Hauptbestandteil von Dynamit, einem
Sprengstoff.

Die Geschichte des Dynamits ist eng mit dem schwedischen Chemiker und Erfinder
Alfred Nobel, dem Namensgeber des Nobelpreises, verbunden. Der Entdecker des Ni-
troglycerins ist der italienische Chemiker Ascanio Sobrero, der bei einem seiner Experimente damit so schwere Gesichtsverletzungen davontrug, dass er die Entdeckung
ein Jahr lang geheim hielt. In privaten Briefen und Zeitungsartikeln sprach er sich
eindrücklich gegen die Verwendung der Substanz für kommerzielle Zwecke aus.

Alfred Nobel ist fasziniert von ihr und experimentiert damit, wie man sie kontrolliert sprengen könnte. Im Herbst 1864 kommt bei einem der Experimente tragischerweise sein jüngerer Bruder Emil, der gerade sein Abitur gemacht hat, ums Leben,
dazu noch vier weitere Personen. Da sein Heimatland Schweden ihm weitere Experimente verbietet, zieht Alfred Nobel nach Geesthacht bei Hamburg und eröffnet dort
eine eigene Firma. Doch die Pulverfabrik fliegt, kurz nach ihrer Eröffnung 1866, auch
in die Luft.

Doch Alfred Nobel gibt nicht auf. Er stößt bei seinen Versuchen schließlich auf
eine erfolgreiche Mischung aus Nitroglycerin und Kieselgur, einem Sediment aus Kie-
selalgen. Er nennt das Gemisch „Dynamit" nach dem altgriechischen Wort für „dyna-
mis", Kraft. Das von ihm erfundene Dynamit lässt Alfred Nobel in vielen Ländern der
Welt patentieren, gründet im Laufe seines Lebens in zwanzig Ländern Firmen und
Labore und meldet insgesamt über 350 Patente an. Er wird steinreich.

Als sein älterer Bruder Ludwig 1888 stirbt, veröffentlicht eine französische Zeitung versehentlich einen Nachruf auf Alfred Nobel mit der Überschrift: „Der Kauf-
mann des Todes ist tot". Es wird vermutet, dass Alfred Nobel das als ungerecht empfunden hat und anfing, sich mit der Frage zu beschäftigen, wie die Nachwelt ihn
sehen würde. In seinem am 27. November 1895 verfassten Testament – er war kinderlos geblieben – verfügt er, dass sein Vermögen der Grundstein einer Stiftung sein soll,
die jedes Jahr die besten Wissenschaftlerinnen und Wissenschaftler der Fachrichtungen Medizin, Physik, Chemie und Literatur auszeichnet, die „im vergangenen Jahr der
Menschheit den größten Nutzen erbracht haben". Er beauftragt auch ein Komitee des
norwegischen Parlaments, alljährlich einen Friedensnobelpreis zu vergeben. Alfred
Nobel stirbt am 10. Dezember 1896 in San Remo, Italien, und seit 1901 wird an seinem
Todestag in jedem Jahr der Friedensnobelpreis verliehen.

Nach diesem kleinen Exkurs in die Geschichte der Nobelpreise, von denen wir in
diesem Buch ja auch schon einige erwähnt haben, kehren wir zu unserem Stickstoffmonoxyd zurück. Wir bilden diesen besonderen Stoff fast überall in unserem Körper,
und zwar aus der Aminosäure Arginin mit Hilfe sogenannter NO-Synthasen. Man

geht aber davon aus, dass die Bakterien uns dabei unterstützen, genügend davon zu bilden.

Dieser Zusammenhang wurde in einer 2019 veröffentlichten Studie eindrucksvoll nachgewiesen, bei der Menschen aus mehreren Wissenschaftsbereichen zusammengearbeitet hatten. Nachdem gesunde Probanden ihren Mund zwei Mal täglich eine Woche lang mit einem antiseptischen (also Krankheitserreger abtötenden) Mundwasser gespült hatten, stellten die Forscher einen signifikant erhöhten Blutdruck bei ihnen fest. Außerdem untersuchten sie das Mikrobiom auf ihren Zungen, das sich in dieser Zeit ebenfalls verändert hatte. Eine Woche nach Absetzen der Mundspülung erholte sich nicht nur der Bakterienzoo auf der Zunge, auch der Blutdruck normalisierte sich wieder. Alle Bakterien zu bekämpfen, hilft also nicht; es geht wie immer um ein gesundes Gleichgewicht, und darum, jene Spezies, die unserer Gesundheit förderlich sind, zu unterstützen, und nur die anderen, schädlichen, zu bekämpfen. „Füttern" wir die „guten" Bakterien nun auch noch mit nitrathaltigen Speisen, zum Beispiel Rucola, Spinat, Kohlrabi oder Kohlgemüse, können sie munter bei unserer Stickstoffmonoxydproduktion mitwirken.

Wir könnten hier noch lange verweilen und viele neue und beeindruckende Zusammenhänge beschreiben zwischen den Genen unserer Mikroben, unseren eigenen und unserem Immunsystem, das unaufhörlich gefordert ist, ein Gleichgewicht zwischen allen Beteiligten herzustellen. Eine große Bedeutung gewinnen all diese Einsichten auch in der Krebsforschung. Wir wissen ja inzwischen, dass unser Mikrobiom eine Rolle bei der Entstehung und Aufrechterhaltung von Tumoren spielt. Andererseits ist es auch daran beteiligt, das Immunsystem darin zu unterstützen, Krebs zu besiegen. Claude Bernards „milieu intérieur", dessen Reichweite er zu seiner Zeit nur erahnen konnte, gewinnt durch die neue Sichtweise auf uns Menschen als geniale Symbiose zwischen Mensch und Mikrobe eine ganz neue Bedeutung.

Sowohl vor als auch nach Claude Bernard irrten die Forschenden – wie heute natürlich auch noch – bei dem Verständnis all der komplexen Zusammenhänge zwischen den beschriebenen Faktoren. Als das Humangenomprojekt gestartet wurde, erhofften sich alle Beteiligten durch die Einsichten daraus möglichst schnelle und wirksame Behandlungsmethoden für viele Krankheiten der Menschheit. Wie wir wissen, hatte James Watson schon im Frühjahr 1986 in Cold Spring Harbor ein Treffen organisiert, in dem erste Pläne für das Projekt besprochen wurden. Er erhoffte sich damals aus den Ergebnissen der Forschung auch neue Behandlungsansätze für Schizophrenie, eine Krankheit, mit der sein damals 15-jähriger Sohn diagnostiziert wurde, der gerade aus einer psychiatrischen Anstalt ausgebrochen war. Leider wurden viele Hoffnungen mit der Entschlüsselung des menschlichen Genoms Anfang unseres Jahrtausends enttäuscht. In unserem nächsten Kapitel widmen wir uns nun dem Thema der Zusammenhänge zwischen Genen und Krankheiten.

10 Gene und Krankheiten

Wir wissen schon, dass in unserem Körper jeden Tag zwischen 50 und 70 Milliarden Zellen sterben und fortlaufend ersetzt werden. Bei unseren roten Blutkörperchen, die ja keinen Zellkern und auch keine DNA enthalten, geschieht die Erneuerung über Stammzellen im Knochenmark und sie werden in der Milz „herausgefiltert" und entsorgt, sobald sie zu alt sind, das ist nach etwa 120 Tagen. Bei der Zellteilung aller anderen Zellen wird unsere DNA aus dem Zellkern kopiert und an die nächste Zellgeneration weitergegeben. Und bei jedem dieser Kopiervorgänge können Fehler auftreten.

In jeder unserer Zellen sind vielfältige Reparaturmechanismen aktiv, die solche Fehler aufdecken und beseitigen können. Es wird sozusagen ständig „korrekturgelesen", ob alles denn auch mit rechten Dingen zugeht und mit Hilfe vieler verschiedener Maßnahmen unablässig repariert. Meistens erkennt die DNA-Polymerase, das Enzym, das bei der Bildung der neuen DNA eingesetzt wird, sofort eine falsch eingesetzte Base, kehrt an die Stelle auf dem Strang zurück und korrigiert den Fehler im Handumdrehen. Auf all die vielen Reparaturmechanismen einzugehen, die hier eingesetzt werden, würde den Rahmen des Buches sprengen.

Jede Zelle hat auch einen eingebauten Mechanismus – man könnte sagen ein eingebautes „Verfallsdatum" –, der sie bei einer gewissen Anzahl von Zellteilungen aus dem Verkehr zieht, da die Gefahr von Fehlern ja damit zunimmt. Am Ende jedes Chromosoms sind sogenannte Telomere angehängt, die keine – bisher zumindest bekannten – wichtigen Informationen enthalten, also sogenannte „Junk-DNA" sind. Sie werden manchmal mit den Enden von Schnürsenkeln verglichen, die diese vor dem Ausfransen bewahren. Vor diesen Telomeren wird bei jeder Zellteilung ein bisschen abgeschnitten. Werden sie nach vielen Zellteilungen zu kurz – das sind bei den meisten Zellen ungefähr 50 –, muss die Zelle durch Apoptose, also durch gesteuerten Selbstmord, sterben. Dadurch werden wir vor Mutationen geschützt, die zum Beispiel Krebs verursachen können.

Nur Stammzellen in unserem Körper können ein Enzym bilden, das die Telomere wieder verlängern kann, Telomerase; damit können sie länger leben. Manche Krebszellen können die Aktivität dieses Enzyms im Tumorgewebe hochregulieren, um ihre Telomere möglichst unbeschädigt zu lassen. Die Menschen, die in diesem Bereich forschen, erhoffen sich, daraus neue Krebstherapien zu entwickeln.

Mutationen ereignen sich nicht nur zufällig, sie können auch durch Strahlung oder bestimmte Substanzen ausgelöst werden. Da der größte Teil unserer DNA allerdings nicht für Proteine kodiert, bleiben die meisten Veränderungen unbemerkt. Und nicht nur das: wie wir ja schon wissen, hat unser Immunsystem geniale Waffen entwickelt, um „auffällige" Zellen, die sich nicht so verhalten, wie sie es sollten, aus dem Verkehr zu ziehen.

An sich sind Mutationen nicht grundsätzlich etwas Schlechtes. Die ganze Evolution auf der Erde ist durch solche Veränderungen in der „Sprache des Lebens" ent-

https://doi.org/10.1515/9783111611143-039

standen. Man schätzt, dass die DNA in jeder einzelnen Zelle unseres Körpers bis zu eine Million Mal am Tag verändert wird. Werden die Fehler nicht sofort repariert, bleibt die veränderte DNA erhalten. Betreffen die Mutationen nur unsere Körperzellen, wirken sie sich nur auf uns selbst aus. Finden sie jedoch in unseren Geschlechtszellen statt, können wir sie an unsere Kinder weitergeben und sie können von ihnen auch an nächste Generationen vererbt werden. Hier gibt es allerdings noch einen Schutzmechanismus: Keimzellen mit Mutationen, die für schwere Krankheiten verantwortlich sind, sterben meistens sofort ab.

Wenn wir uns an die Bildung der weiblichen Keimzellen erinnern, und an die Primordialfollikel, die schon beim weiblichen Fötus entstehen und nur die letzte Phase der Meiose kurz vor dem Eisprung vollenden, ist das auch ein Schutzmechanismus. In dieser frühen Phase gibt es noch so gut wie keine Mutationen. Anders sieht es bei den Samenzellen aus: hier nimmt die Zahl der Mutationen mit dem Alter des Vaters zu. All das gilt natürlich nur für neue Mutationen – nicht für jene, die wir schon von unseren Eltern vererbt bekommen haben.

So, wie die Entdeckung der krankheitserregenden Keime im 19. Jahrhundert die Aufmerksamkeit der Menschen auf die für uns schädlichen Mikroben gelenkt hat, fokussierten sie im 20. Jahrhundert auf Mendels „Elemente" mit „materieller Beschaffenheit", die Gene. Man erhoffte sich, über die Erforschung unserer Gene möglichst viele Krankheiten zu heilen. Man weiß inzwischen, dass lediglich ein bis zwei Prozent aller Krankheiten durch eine Mutation hervorgerufen werden. Bei den restlichen 98 Prozent kann die genetische Information zwar eine Rolle spielen, wichtiger ist aber die Art und Weise, wie die Gene reguliert, also an- und abgeschaltet werden. Eine der ersten reinen Erbkrankheiten, deren Ursache man in den Genen findet – man nennt sie auch monogenetische Krankheiten –, ist Phenylketonurie.

Carol Grace Buck wird am 4. März 1920 im ostchinesischen Nanjing als Tochter von Pearl und Lossing Buck geboren. Pearl Buck war als Tochter eines US-amerikanischen Missionarehepaars in China aufgewachsen. Bei ihrer Geburt wirkt die kleine blauäugige blonde Carol wie ein normales Kind. Doch sehr bald fällt Pearl auf, dass sie sich nicht wie andere Kinder entwickelt. Sie fängt sehr spät zu laufen an, sie lernt nicht sprechen. Um herauszufinden, was mit ihrem Kind nicht stimmt, reist die Familie in die USA.

Pearl konsultiert viele Kinderärzte, Psychologinnen, Endokrinologen, doch es findet niemand eine Diagnose. Kurz nach Carols Geburt hatte Pearl eine Gebärmutteroperation, ein gutartiger Tumor, doch sie würde danach keine eigenen Kinder mehr haben können. Vor ihrer Rückkehr nach China adoptiert das Paar die drei Monate alte Janice.

Während ihrer Reise in die USA hatte Pearl angefangen, zu schreiben. Zuerst ein paar Artikel über China, später Essays und Geschichten über die Menschen und das Land, in dem sie aufgewachsen war. Als Carol acht Jahre alt und in ihrer Entwicklung weiterhin zurückgeblieben ist, sieht Pearl ein, dass sie ein Heim für sie finden muss.

Pearl Buck um 1932, Fotografie von Arnold Genthe. Quelle: https://de.wikipedia.org/wiki/Pearl_S._Buck#/media/Datei:Pearl_Buck.jpg

Doch eines, in dem sie ihr Kind gerne unterbringen möchte, würde viel Geld kosten. Pearl schreibt in der Zwischenzeit weiter, während sie als Lehrerin arbeitet. Die Artikel, die sie für amerikanische Zeitschriften verfasst, bringen ihr nicht das notwendige Geld ein, das sie für Carol braucht. Sie fängt an, Romane zu schreiben.

1929 reist die Familie wieder in die USA. Diesmal sucht Pearl nach einem geeigneten Heim für Carol und findet es in der Vineland Training School in New Jersey, die wir schon kennen. Emma Wolverton, durch Henry Goddards Buch „Die Familie Kallikak: Eine Studie über die Vererbung von Schwachsinn" bekanntgeworden, hatte dort fast ihr ganzes Leben gelebt. Einen Monat lang verbringt Pearl bei Freunden und begleitet Carol bei ihrer Eingewöhnung im Heim, eine sehr harte Zeit.

In dieser Zeit reist Pearl auch nach New York, um das Manuskript zu ihrem fertigen Roman dem Verleger Richard Walsh zu zeigen. Er nimmt nicht nur dieses zur Veröffentlichung an, sondern auch das Buch, an dem sie gerade schreibt, „Die gute Erde". Dafür gewinnt sie 1932 den Pulitzer Preis, 1938 folgt der Nobelpreis für Literatur. Eigentlich hatte Pearl nur genug Geld verdienen wollen, um ihrer Tochter ein gutes Heim zu finanzieren. Nun war sie eine Berühmtheit.

Pearl zieht zurück in die USA, lässt sich von ihrem ersten Mann scheiden, heiratet ihren Verleger Richard Walsh und adoptiert noch mehr Kinder – insgesamt werden es acht. Pearl S. Buck – das S. steht für Sydenstricker, ihren Mädchennamen – veröffentlicht insgesamt über 70 Bücher, die in viele Sprachen übersetzt werden, einige werden verfilmt. Sehr lange spricht und schreibt sie aber nicht über Carol – bis 1950, in ihrem Buch „The Child Who Never Grew" (in etwa: „Das Kind, das nie aufwuchs"). Menschen aus aller Welt fangen an, über ihre eigenen Sorgen mit geistig behinderten

Kindern und anderen Familienangehörigen zu sprechen, schreiben ihr Briefe. Sie beantwortet jeden einzelnen.

1934 wendet sich eine Mutter an den norwegischen Arzt und Biochemiker Asbjørn Følling, um eine Ursache für die geistige Behinderung ihrer beiden Kinder zu ermitteln. Der Arzt entdeckt in deren Urin ungewöhnlich hohe Konzentrationen von Phenylbrenztraubensäure – einer Substanz, die einen „mäusedreckartigen" Geruch ausströmt. Die hohen Mengen dieses Stoffes sind der Unfähigkeit der Kinder geschuldet, eine in der Nahrung häufig vorkommende Aminosäure, und zwar Phenylalanin, zu verstoffwechseln. Das Gen – es bekommt später den Namen PAH –, das für die Herstellung der Phenylalaninhydroxylase, dem benötigten Enzym, kodiert, ist bei ihnen defekt. Das Zuviel an Phenylalanin, das im Körper nicht gebraucht wird, hat scheinbar eine Wirkung auf die Entwicklung des Gehirns.

Nur wenige Fachleute beachten Asbjørn Føllings 1934 erschienenen Artikel über die Krankheit. Einer davon ist der britische Arzt Lionel Penrose, der sich mit psychischen Störungen befasst. Er untersucht geistig behinderte Menschen auf Phenylbrenztraubensäure und wird fündig. Die Krankheit bekommt den Namen Phenylketonurie. Penrose schlägt vor, dass ein einziger Erbfaktor für die Störung verantwortlich ist und dass nur Menschen daran erkranken, die von jedem ihrer beiden Eltern eine Variante des fehlerhaften Gens erhalten. Diese Vermutung wird sich bestätigen.

Lionel Penrose hat auch eine Idee, wie man verhindern könnte, dass sich die Betroffenen mit dem Zuviel an Phenylalanin vergiften. Sie müssten eine Diät einhalten, die möglichst arm daran ist. Auf der Suche nach solch einer Diät wendet er sich an Frederick Gowland Hopkins, einen Biochemiker aus Cambridge, der 1929 den Nobelpreis für die Entdeckung der Vitamine erhalten hatte. Als Penrose ihm von Phenylketonurie erzählt, erklärt Hopkins, dass eine Diät gegen die Störung tausend Pfund pro Woche kosten würde.

1939 besucht Penrose die Vineland Training School in New Jersey und trifft die damals 19-jährige Carol Buck. Er erkennt nicht nur die Symptome, der ihm bekannten Krankheit, er nimmt auch den besonderen Geruch der Phenylbrenztraubensäure wahr. Er testet ihren Urin auch mit dem von Følling entwickelten Test, er ist positiv. Niemand aus der Einrichtung erzählt Pearl allerdings von diesem Besuch und der Diagnose.

Lionel Penrose, der sein Leben lang ein Pazifist bleiben würde, verbringt den Zweiten Weltkrieg in Kanada. 1945 kehrt er auf Einladung seines Heimatlandes nach London zurück, um Galton Professor am University College London mit dem Lehrauftrag eines Professors für Eugenik zu werden. Er nutzt seinen Einführungsvortrag am 21. Januar 1946 mit dem Titel „Phenylketonurie, ein Problem der Eugenik", um dem Auditorium vorzuführen, welch ein Irrweg die Eugenik ist. Er sagt darin voraus, dass man noch einige Krankheiten wie die Phenylketonurie finden würde. Er bemerkt: „Es ist nicht unwahrscheinlich, dass etwa zwei von drei Menschen Träger von mindestens einem schweren rezessiven Defekt sind." Er schätzte damals anhand der Fälle, die er gefunden hatte, dass etwa 1 Prozent der britischen Bevölkerung Träger des defekten

Gens sein könnte – die Schätzung würde sich als ziemlich genau erweisen. Sollte man also all diese Menschen mit dem defekten Gen – könnte man es irgendwann bestimmen – sterilisieren lassen? Und auch all jene anderen, die andere defekten Gene beherbergen? Nach den Gräueltaten der Eugeniker und dem Horror des Holocaust fängt die Welt an, sich zu besinnen.

Erst Ende der 1940er Jahren entwickelt der deutsche Arzt Horst Bickel, der damals in Birmingham, Großbritannien, tätig ist, eine Diät für Phenylketonurie. Die Mutter der kleinen Sheila Jones will sich mit der Diagnose nicht abfinden und drängt Bickel dazu, sich etwas einfallen zu lassen. Das phenylalaninarme Gebräu, das Sheila ausschließlich zu sich nehmen soll, schmeckt scheußlich. Aber – es bewirkt Wunder. Das Mädchen, das zuvor teilnahmslos dagesessen und vor sich hingestarrt hatte, erwacht zu neuem Leben. Das Team filmt die Szenen und die Ärzte fangen an, betroffene Kinder auf Diät zu setzen. Sie stellen dabei fest, dass die Auswirkung auf die geistige Gesundheit der Kinder umso höher ist, je früher man mit der Diät anfängt. Doch der Test, den Asbjørn Følling entwickelt hatte, konnte nur bereits höhere Mengen der Phenylbrenztraubensäure entdecken. 1957 findet der kalifornische Kinderarzt Willard Centerwall heraus, dass man die Substanz durch das Betupfen der Babywindel mit Eisenchlorid nach wenigen Wochen detektieren kann. Und schließlich entwickelt der US-amerikanische Mikrobiologe Robert Guthrie 1963 einen Test, der die Krankheit bei 5 Tage alten Säuglingen ausfindig macht. Und das mit nur einem kleinen Blutstropfen, der auf einem Filterpapier getrocknet an ein Labor geschickt werden kann. Guthries zweites von sechs Kindern hatte selbst Phenylketonurie. Sehr bald wird der Guthrie-Test flächendeckend bei Neugeborenen durchgeführt, um jene mit der Krankheit möglichst schnell mit der speziellen Diät zu versorgen.

1957 testet die Vineland Training School all ihre Bewohner auf Phenylketonurie. Bei Carol ist der Test positiv. Das hatte ja Lionel Penrose schon 20 Jahre zuvor bestätigt. Diesmal erfährt Pearl jedoch davon. Nach 37 Jahren hat die Krankheit ihrer Tochter, die beider Leben so einschneidend verändert hatte, einen Namen. Es bestätigt sich auch, dass sie und Lossing zu dieser Krankheit durch ihre Gene beigetragen hatten. Und – wie schmerzhaft – dass das Essen, das sie ihrer Tochter gegeben hatte, Gift für sie war. 1973 stirbt Pearl S. Buck 80-jährig, 1992 folgt ihr Carol nach, die auf dem Gelände der Vineland Training School, unweit von Emma Wolverton, begraben liegt.

Heute ist Phenylketonurie eine Krankheit, die mit Hilfe des Neugeborenenscreenings innerhalb der ersten drei Lebenstage eines Babys entdeckt wird. Eine Heilung im engsten Sinne des Wortes gibt es nicht. Die Menschen mit dieser Diagnose müssen ihr Leben lang eine strenge Diät einhalten. Da Phenylalanin in fast allen tierischen und pflanzlichen Lebensmitteln vorhanden ist, muss man sehr eiweißarm essen, also so gut wie kein Fleisch, keinen Fisch, keine Eier oder Milchprodukte. Mit dieser Diät führen Menschen mit Phenylketonurie ein ganz normales Leben und haben eine normale Lebenserwartung. Hierzulande werden alle Neugeborenen durch die sogenannte Tandem-Massenspektrometrie am ersten Lebenstag gescreent, mit dieser Methode können noch weitere genetisch bedingte Störungen des Stoffwechsels und des Hormonhaushalts entdeckt werden. In Deutschland tritt die Krankheit in etwa einem von 10.000 Neugeborenen auf, jährlich werden also etwa 60 Fälle diagnostiziert.

So, wie es Lionel Penrose 1946 vorhergesagt hatte, findet man noch weitere Krankheiten, deren Ursache ausschließlich in den Genen liegt. Zurzeit sind etwa 10.000 solcher monogenetischen Erkrankungen bekannt und alle kommen selten bis sehr selten vor.

Eine der häufigeren davon ist die zystische Fibrose, im deutschen Sprachraum auch als Mukoviszidose bekannt. Das Gen, das bei dieser Krankheit defekt ist und ebenfalls von beiden Eltern vererbt werden muss, kodiert ein Molekül, das Salz – eigentlich die Chloridionen daraus – durch Zellmembranen leitet. Das Gen heißt CFTR (cystic fibrosis transmembrane conductance regulator). Die Veränderungen in diesem Gen führen zu zähem und klebrigem Schleim und erhöhen die Salzmenge im Schweiß – wenn man die schweißgetränkten Kleider von Erkrankten auf Drähten aufhängt, beginnen diese zu rosten. Viel einschneidender sind aber die Veränderungen im Schleim der Lungen, des Verdauungssystems und anderer Organe, besonders der Bauchspeicheldrüse. Der Schleim wird dabei so zäh, dass die Organe verstopfen und dabei Schaden nehmen. Besonders dramatisch ist das für die Lunge: das Atmen fällt den Betroffenen sehr schwer, die sich im Schleim festsetzenden Keime können nur unzureichend durch das Flimmerepithel hinausbefördert oder abgehustet werden.

Weltweit schätzt man, dass zwischen 70.000 und 165.000 Menschen mit dieser Krankheit leben. Durch die frühe Erkennung und die verbesserten Therapiemethoden liegt die Lebenserwartung bei den Betroffenen in Deutschland inzwischen bei 40 Jahren – früher starben die meisten Menschen schon als Kinder daran. Trotzdem ist die Krankheit leider immer noch nicht heilbar.

Auch immer noch nicht heilbar ist eine Erkrankung mit dem Namen Huntington-Krankheit oder Chorea Huntington. Das Wort „Chorea" stammt von dem griechischen Wort „choreia", Tanz, und wurde früher auch „Veitstanz" genannt. Die Krankheit, die seit dem 16. Jahrhundert bezeugt ist, wurde 1872 vom New Yorker Arzt George Huntington beschrieben. Die Betroffenen haben in der Regel bis in ihr viertes Lebensjahrzehnt hinein keinerlei Symptome. Wenn diese auftreten, haben die meisten Menschen bereits selbst Kinder, die die Krankheit wieder an ihre Kinder vererben können.

Die Träger des defekten Gens merken erst etwa zwischen dem dreißigsten und vierzigsten Lebensjahr, dass etwas mit ihnen nicht stimmt. Oft sind es zuerst Stimmungsschwankungen, später kommen unkontrollierbare Bewegungen ihres Körpers hinzu, die sie unaufhörlich „tanzen" lassen. Sie verlieren nach und nach die Kontrolle über ihre Mimik, ihre restliche Körpermotorik und schließlich ihre gesamten Hirnfunktionen. Nach dem ersten Auftreten der Symptome bleiben den Betroffenen im Durchschnitt noch 15 Jahre Lebenszeit. Viele sterben an Unterernährung, da die Bewegungen ihrer Muskeln unglaublich viel Energie verbrauchen.

1968 gründet Milton Wexler, dessen Ex-Frau Leonore im gleichen Jahr mit der Huntington-Krankheit diagnostiziert worden war, die Hereditary Disease Foundation

(Stiftung für Erbkrankheiten). Wexler ist ein bekannter Psychotherapeut in Los Angeles, dessen Praxis von vielen berühmten Schriftstellern, Künstlerinnen und Hollywood-Schauspielern frequentiert wird. Mit Leonore hat er zwei Töchter, Alice und Nancy, die bereits erwachsen sind. Jede von ihnen trägt das Risiko, die Symptome der Huntington-Krankheit zu entwickeln, zu 50 Prozent in sich – im Gegensatz zu den vorher beschriebenen Krankheiten reicht nämlich ein defektes Gen für die Weitervererbung aus. Das Gen wird nur weitervererbt, wenn es während der Meiose durch das „Crossing Over" weitergegeben wird. In einem Interview, das Wexler 2007 gab, wurde er gefragt, warum er sich an der Suche nach dem Gen beteiligte. Er antwortete: „Ich wurde Aktivist, weil ich furchtbar egoistisch war. Ich hatte eine Todesangst, dass eine meiner Töchter es auch bekommen könnte."

Ab 1979 arbeitet ein internationales Team aus 58 Forschenden, finanziert von der Hereditary Disease Foundation, daran, das Huntington-Gen zu finden und die für die Krankheit verantwortliche Mutation auszumachen. Im Februar 1993 ist es so weit: die Krankheit gibt ihr Geheimnis der Menschheit preis. Das Gen, das für das Protein mit dem Namen Huntingtin kodiert, beherbergt eine Folge von mehreren aufeinanderfolgenden CAG-Sequenzen, das Triplett kodiert für die Aminosäure Glutamin. Bei den meisten Menschen findet man im Durchschnitt etwa 17 dieser Wiederholungen, bei den Erkrankten ab 40 aufwärts, manchmal über 100. Durch diese Wiederholung wird das gebildete Protein, das so schon etwa 3100 Aminosäuren lang ist, noch viel größer. Diese riesigen Moleküle lagern sich scheinbar im Gehirn ab und führen zu den Krankheitssymptomen.

Milton Wexler stirbt 2007 98-jährig, seine jüngere Tochter Nancy führt das Projekt weiter und auch ihre Schwester Alice unterstützt sie. Anfang 2020 gibt Nancy Wexler öffentlich bekannt, dass sie die Krankheit auch hat, die ihre Mutter getötet und für deren Erforschung sie sich fast ihr ganzes Leben lang eingesetzt hat. Erste Symptome waren schon etwa zehn Jahre zuvor aufgetreten.

Bis heute ist keine Therapie für Chorea Huntington gefunden, doch die Suche danach geht weiter. Deutschlandweit leben etwa 10.000 Menschen mit Symptomen der Krankheit und man schätzt, dass ungefähr 30.000 das Gen dafür in sich tragen.

Gehen wir noch auf eine Erbkrankheit ein, mit der die Menschen bis in die Mitte des letzten Jahrhunderts durchschnittlich nur etwa 20 Jahre alt wurden. Es geht um die Hämophilie – der Begriff ist abgeleitet von den griechischen Wörtern „haima" (Blut) und „philia" (lieben). Bei der deutlich häufiger vorkommenden Hämophilie A ist das Gen defekt, das für den Blutgerinnungsfaktor VIII kodiert, bei Hämophilie B jenes für den Faktor IX. Wie wir schon erfahren haben, verläuft die Blutgerinnung kaskadenartig ab und das Fehlen eines Faktors in der Kaskade kann bei kleinsten Verletzungen zu lebensbedrohlichen Blutungen führen.

In den 1950er Jahren entwickelt man erste Methoden, um die Gerinnungsfaktoren aus dem Blut Gesunder zu gewinnen und auf die Betroffenen zu übertragen, um lebensbedrohliche Blutungen zu stoppen. Doch damit verbunden ist auch das Risiko der Übertragung von ansteckenden Krankheiten, die man zu jener Zeit nicht feststellen konnte, zum Beispiel HIV oder Hepatitis C – sie sind nicht weniger gefährlich als Hämophilie. Erst durch die Gentechnik konnte 1987, wie wir schon wissen, der erste rekombinante Faktor VIII bei betroffenen Menschen eingesetzt werden, 1997 folgte Faktor IX nach.

Da die Gene, die für die beiden Gerinnungsfaktoren kodieren, auf dem X-Chromosom liegen, tritt die Krankheit (so gut wie immer) nur bei Männern auf. Frauen haben durch ihr zweites, nicht defektes Gen, immer noch die Möglichkeit, die wichtigen Proteine zu bilden. Eine frühe Erwähnung des Leidens (um 100 n. Chr.) ist im jüdischen Talmud enthalten. Darin nahm eine Regel den dritten Sohn einer Frau von der Beschneidung aus, wenn bereits zwei ihrer Söhne dabei verblutet waren.

Im 19. und frühen 20. Jahrhundert wird die Hämophilie als „königliche Krankheit" bekannt. Die Königin Victoria von England (1819–1901) gab sie an zwei ihrer fünf Töchter weiter und so verbreitete sie sich über mehrere Generationen auch im spanischen, preußischen und russischen Herrscherhaus. Einer der berühmtesten Bluter war der letzte Zarewitsch (Zarensohn) Alexej Nikolajewitsch Romanow. Er starb nicht an seiner Krankheit, sondern wurde in der Nacht zum 17. Juli 1918 13-jährig mitsamt der ganzen Zarenfamilie von den kommunistischen Bolschewiken während des russischen Bürgerkriegs erschossen. Alexejs Leiche und die seiner Schwester Maria konnten trotz langer Suche nicht gefunden werden und wurden erst 2007 von einem Archäologenteam entdeckt. Die im Mai 2008 veröffentlichte DNA-Analyse ergab, dass die gefundenen Überreste zweifelsfrei den 90 Jahre zuvor ermordeten Zarenkindern zuzuordnen waren.

Gene tragen nicht nur dazu bei, dass wir krank werden, sie können uns auch vor Krankheiten beschützen. Eines der am besten erforschten Beispiele ist das Phänomen der Sichelzellkrankheit und der Malaria. Menschen mit der Sichelzellkrankheit weisen bestimmte Genveränderungen im Gen auf, das für die Herstellung von Hämoglobin kodiert, dem Protein, das in unseren Erythrozyten zum Sauerstofftransport verwendet wird. Bei diesen Menschen tritt über die Hälfte des Hämoglobins in Form von Sichelzellhämoglobin (HbS) auf, was den roten Blutkörperchen eine Sichelform statt ihrer normalen, in der Mitte eingedellten Form, verleiht. Die Sichelzellen leben nicht so lange wie gesunde Erythrozyten.

Sehr häufig findet man dieses Phänomen in Afrika südlich der Sahara, wo in manchen Regionen die Hälfte der Menschen von einem Elternteil das fehlerhafte Gen vererbt bekommen. Bekommt ein Kind das Gen von beiden Eltern vererbt, sind seine Überlebenschancen nur gering und in diesen Regionen stirbt jedes vierte Kind an der Krankheit. Die Sichelzellen verleihen ihren Trägern aber auch einen Vorteil: sie schützen sie fast vollständig vor den tödlichen Verläufen der Malaria. So haben sich die Gene dafür in jenen Teilen der Welt erhalten, die nach wie vor stark von Malaria bedroht ist.

Wie die veränderten Sichelzellen vor den schweren Malaria-Verläufen schützen, war lange unklar. Man hat inzwischen herausgefunden, dass die Erreger zuerst, wie bei Gesunden auch, vom Immunsystem bekämpft werden, in einer zweiten Phase jedoch ein komplexer Mechanismus in Gang gesetzt wird, der den Körper von Sichelzellträgern vor einer zu starken Entzündungsreaktion schützt und damit die schweren Verläufe verhindert.

Weitere Krankheiten, wie Favismus oder die Thalassämien, haben ihren Ursprung in defekten Genen und auch sie schützen, über jeweils unterschiedliche Mechanismen, vor schweren Malariaverläufen. Auch diese Genveränderungen bestehen weiter und werden vererbt. Und auch die Malariaerreger sind noch nicht aus der Welt: sie töten jedes Jahr etwa 600.000 Menschen (Stand 2024).

Es gibt auch einen Gendefekt, der Menschen gegen die gefürchtete Krankheit AIDS schützt: bei ihnen ist das Gen für einen Rezeptor defekt, der auf T-Helferzellen vorkommt, und zwar der CCR5-Rezeptor (Chemokinrezeptor 5), der in der Variante CCR5-Delta32 vorkommt. In dieser Variante gerät der Rezeptor zu klein und sitzt damit nicht mehr außen auf der Zellwand. Das HI-Virus, das ihn normalerweise als Eintrittspforte benutzt, kann nicht in die Zelle gelangen.

In Europa bekommt rund jeder Zehnte die Genmutation von einem der Eltern vererbt, bei jedem Hundertsten von beiden Eltern, was eine fast vollständige Resistenz gegen HIV bedeutet. Neuen Erkenntnissen zufolge scheint die Mutation allerdings für eine höhere Anfälligkeit gegenüber dem West-Nil-Virus und Influenza-Viren verantwortlich zu sein.

Am 25. November 2018 teilt der chinesische Biophysiker He Juankui der Welt mit, dass die ersten genetisch veränderten Babys im Oktober zur Welt gekommen waren. Es sind zwei Mädchen, die mit den Pseudonymen Lulu und Nana bekannt werden. Der Wissenschaftler hatte mit Hilfe der CRISPR/Cas-Methode während einer In-Vitro-Fertilisation (einer Befruchtung, die in einem Reagenzglas durchgeführt wird, „in vitro" heißt „im Glas") die Genmutation CCR5-Delta32 in das Erbgut der Zwillinge eingeführt, um sie gegen HIV immun zu machen. Die Grundlage für die CRISPR/Cas-Methode wurde 2012 durch eine Arbeitsgruppe um die Französin Emanuelle Charpentier und die US-Amerikanerin Jennifer Doudna gelegt, die dafür mit dem Nobelpreis ausgezeichnet wurden. Sie erlaubt es, DNA gezielt zu schneiden und zu verändern, so dass Gene zum Beispiel eingefügt, entfernt oder ausgeschaltet werden.

Nach kurzer anfänglicher Begeisterung für diese Pionierarbeit regnet es Kritik aus der ganzen Welt. Die chinesischen Autoritäten verbieten He Juankui bereits am 29. November 2018, mit seiner Forschungsarbeit fortzufahren, am 30. Dezember 2019 befindet ihn ein chinesisches Gericht der illegalen Ausübung der Medizin für schuldig und verurteilt ihn zu drei Jahren Gefängnis und einer Geldstrafe von 3 Millionen Yuan (etwa 380.000 Euro). Seit April 2022 ist er wieder auf freiem Fuß, seit 8. September Gründungsdirektor des Instituts für Genetische Medizin in Wuhan, Hubei, China. Der Skandal, den er verursacht hat, hat die wissenschaftliche Welt aufgerüttelt und – hoffentlich – zum Nachdenken angeregt.

Auch eine besondere Variante von MHC-Genen (die bei uns Menschen HLA-Gene heißen), und zwar HLA-B*57, schützt manche Menschen davor, nach einer Infektion

mit dem HI-Virus daran zu erkranken. Man nennt diese Menschen „HIV-Controller".
Weltweit haben etwa ein Prozent der Menschen diese Genvariante, bei den HIV-
Controllern sind es 40 bis 60 Prozent.

Von den 10.000 heute bekannten und seltenen monogenetischen Erkrankungen hat
man inzwischen bei über einem Drittel die genetischen Ursachen aufgedeckt. Gene
spielen allerdings bei allen Krankheiten, unter denen wir leiden, eine Rolle. Wie sollte
es auch anders sein: jede einzelne unserer Zellen (außer unseren Erythrozyten) muss
auf sie zugreifen, wenn sie Proteine herstellt, und diese wiederum braucht auch jede
einzelne Zelle, um ihre Aufgaben zu erfüllen, auch jene der Immunabwehr.

Zum Beispiel gehen Veränderungen in den Genen mit dem Namen BRCA1 und
BRCA2 mit einem erhöhten Risiko einher, an Brust- oder Eierstockkrebs zu erkranken.
Einer Schätzung zufolge erkrankt die Hälfte der Trägerinnen dieser Mutationen bis
zu ihrem achtzigsten Lebensjahr daran. Die berühmte Schauspielerin Angelina Jolie
ließ sich wegen ihrer BRCA1-Mutation 2013 beide Brüste entfernen, 2015 auch Eier-
stöcke und Eileiter. Daraufhin wurden die genetischen Labore mit Gentests von Frau-
en überrannt, deren Verwandte an Brust- oder Eierstockkrebs erkrankt und gestorben
waren, und dieser Ansturm erhielt den Namen „Jolie-Effekt".

Viele Menschen sind, nachdem die Möglichkeit der Sequenzierung von menschlichen Genomen nicht nur möglich, sondern auch immer erschwinglicher wird, auf der
Suche nach Varianten von Genen, die ungewöhnlich häufig bei Menschen mit einer
bestimmten Krankheit vorkommen. Doch sie können auch auf irreführende Ergebnisse kommen, wenn sie nicht das große Ganze berücksichtigen. Auf diese Gefahr machen 1994 zwei US-amerikanische Genetiker aufmerksam, und zwar Eric Lander und
Nicholas Schork.

Es ist ein Gedankenexperiment und wird als „Essstäbchen-Effekt" in die Geschichte der Genetik eingehen. Man stelle sich vor, ein Forscherteam in San Francisco beschließt, die genetische Ursache dafür zu finden, warum manche Menschen in ihrer
Stadt mit Essstäbchen essen und andere nicht. Sie wählen eine Gruppe von Menschen
aus, entnehmen ihnen Blut und sequenzieren ihre DNA. Es stellt sich heraus, dass die
Variante eines Immunsystem-Gens bei jenen Probanden, die mit Stäbchen essen, viel
häufiger vorkommt als bei jenen, die Messer und Gabel benutzen. Das Ergebnis ist
statistisch signifikant. Sie schlussfolgern: das Vererben dieser Genvariante führt dazu,
dass Menschen Stäbchen zum Essen benutzen. Sie bezweifeln das? Zu Recht. Die Übereinstimmung ergibt sich natürlich nur daraus, dass bei asiatischen Amerikanern die
Variante des Immunsystem-Gens häufiger vorkommt.

Auch wenn manche Hoffnungen, die man in die Genforschung gesetzt hatte, enttäuscht wurden, hat man auch viel daraus gelernt. Zum Beispiel weisen über 30 Prozent der Menschen eine deutlich verringerte Entgiftungsfunktion der Leber gegenüber bestimmten, häufig eingenommenen Medikamenten auf. Die genetische Ursache
dafür wurde in bestimmten Varianten der Gene gefunden, die für das sogenannte
P450-Enzymsystem kodieren. Da durch unerwünschte Medikamentenwirkungen Men-

schen zu Tode kommen oder schwere Nebenwirkungen erleiden können, könnte man durch entsprechende, bereits verfügbare Gentests eine für jeden Menschen passendere Dosierung finden. Hier ist er wieder: der Ruf nach einer personalisierten Medizin, den wir schon kennen.

Bevor wir zum nächsten Kapitel übergehen, erfahren wir noch etwas über einen Zustand, der zwar mit unseren Genen zu tun hat, der allerdings nicht vererbt wird. Es geht um Trisomie 21 oder Down-Syndrom. Dieser Zustand ist eigentlich keine Krankheit, sondern eine genetisch bedingte Veranlagung für sehr verschiedene körperliche und geistige Besonderheiten. Dazu kommt es durch einen Fehler bei der Verteilung des Erbguts während der Meiose, also bei der Reifung der Ei- oder, deutlich seltener, der Samenzelle. Die Zelle geht aus dieser fehlerhaften Meiose mit zwei Chromosomen 21 hervor, nach der Verschmelzung mit der Keimzelle des anderen Geschlechts hat das neue Wesen daher drei davon. Dieses zusätzliche Chromosom bewirkt nicht nur, dass die Menschen anders aussehen, sie haben auch oft fehlgebildete Organe und sind anfälliger für bestimmte Krankheiten. Ungefähr eines von 600 Neugeborenen kommt mit einem Down-Syndrom zur Welt, das Risiko dafür wächst allerdings mit dem Alter der Frau. Während bei 20-jährigen Frauen etwa eines von 1500 Kindern mit Down-Syndrom zur Welt kommt, ist es bei über 40-jährigen eines von 100. Seit 2012 gibt es sogenannte nicht-invasive Pränataltests, bei denen anhand einer Blutprobe der Mutter, in der die DNA des Embryos in kleinen Mengen frei herumschwimmt, auf – unter anderem – Trisomie 21 untersucht werden kann. Seither nimmt die Zahl der Kinder, die mit dieser Veranlagung geboren werden, kontinuierlich ab. Hierzulande entscheiden sich neun von zehn Frauen, ihr Baby bei Trisomie 21 abzutreiben.

Es gibt ein beeindruckendes Theaterstück der Peruanerin Chela De Ferrari, das 2019 in Lima uraufgeführt wurde und Anfang Februar 2024 hier in Heidelberg beim Theaterfestival ¡Adelante! auf die Bühne kam. In dieser Hamlet-Inszenierung treten acht Schauspielerinnen und Schauspieler mit Down-Syndrom auf, denen es gelingt, den geistigen Horizont der Menschen im Zuschauerraum zu erweitern und das Publikum dazu aufzufordern, die Welt aus ihrer Perspektive zu betrachten. Die Aussage „Sein oder Nichtsein" gewinnt in diesem Kontext eine ganz neue Bedeutung.

Das Wissen um unsere DNA hat sich auch auf einen Wissensbereich ausgewirkt, der zuvor von der Archäologie bestimmt war. Wie dieses Wissen unser Verständnis von der Geschichte der Menschheit revolutioniert hat, erfahren Sie im nächsten Kapitel.

11 Gene und Menschheitsgeschichte

Als Vater der Archäologie gilt Cyriacus Pizzecolli d'Ancona (1391–1452). Nachdem ihn sein Großvater schon 9-jährig mit auf Reisen genommen hatte, um ihm das Handelsgewerbe beizubringen, lässt ihn die Reiselust nicht mehr los. Und er ist neugierig: auf die vielen Ruinen und ihre Inschriften, mit denen der Mittelmeerraum nur so übersät ist. Er fertigt Abschriften und Zeichnungen davon an, um die wertvollen Informationen für die Nachwelt aufzubewahren. Er liest auch viel und sammelt alte Manuskripte, unter anderem jene der Ilias, der Odyssee oder einiger Tragödien von Euripides. So kann er die Plätze, die er bereist, mit ihrer Geschichte in Zusammenhang bringen.

Zur Zeit der Renaissance (französisch: Wiedergeburt") – einer etwa drei Jahrhunderte andauernden europäischen Kulturepoche am Übergang zwischen Mittelalter und Neuzeit – hatte sich das Interesse an griechischen und römischen Altertümern entfacht und die Menschen fingen an, antike Kunstgegenstände zu sammeln und ihre Häuser damit zu schmücken. Später geht man dazu über, die Denkmäler und Gegenstände zu erfassen und einzuordnen.

Die ersten großen Ausgrabungen finden in Herculaneum und Pompeji statt, man beginnt um 1709 damit. Aus den Schriften von Plinius dem Jüngeren wusste man, dass die beiden Städte am 24. August 79 n. Chr. nach einem Ausbruch des Vesuvs unter der Vulkanasche begraben worden waren. Ich erinnere mich stets gerne an die Faszination, die ich empfunden habe, als ich mit unserer Tochter durch die jahrhundertealten Straßen der ehemaligen Städte gewandelt bin und die wunderschönen Springbrunnen oder Wandmalereien in den Häusern der Menschen bewundern durfte, die vor so langer Zeit dort gewohnt, geliebt, gearbeitet, geträumt hatten.

Während seines Ägypten-Feldzugs 1798 hat Napoléon Bonaparte auch Wissenschaftler dabei, die die alten Pyramiden, die Gräber alter ägyptischer Könige, erforschen. Mit Hilfe der Inschrift auf dem mitgebrachten Stein von Rosetta gelingt es 1822, die Hieroglyphenschrift zu entziffern. Es folgen viele weitere Entdeckungen und Ausgrabungen, die mehr und mehr Geheimnisse der Menschheitsgeschichte lüften, auch solche aus Zeiten, in denen Menschen ihre Geschichte noch nicht aufschreiben konnten – oder sie schrieben sie auf, das verwendete Alphabet ist aber (noch) nicht entschlüsselt.

Bei ihren Ausgrabungen stoßen die Forschenden immer wieder auf die Frage: wie alt sind sie? Die Zeiten ordnet man den Gegenständen zu, die mit den Menschen gefunden werden: in Altsteinzeit (geschlagene Steine), Neusteinzeit (geschliffene Steine), Bronzezeit und Eisenzeit. 1946 entwickelt man eine Methode, mit der man das Alter archäologischer Funde genauer bestimmen kann: die Radiokarbonmethode. Dafür verwendet man Isotope des Kohlenstoffs (das sind Atomarten, in denen der Stoff vorkommt), einer Substanz, die beim Zerfall dieses wichtigen Lebensbausteins frei wird. Dabei streben die instabilen (radioaktiven) Isotope C13 und C14 immer nach der stabilen Form, dem C12-Isotop. Die Verwandlung von instabilen Isotopen in stabile findet nun unabhängig von äußeren Einflüssen und stets mit der gleichen Geschwin-

https://doi.org/10.1515/9783111611143-040

digkeit statt. So kann man das Verhältnis zwischen den Isotopen wie eine „eingebaute" Uhr „lesen".

Durch die Sequenzierung von Genomen, wie wir sie schon beschrieben haben, eröffnen sich der Archäologie in den letzten Jahrzehnten völlig neue Möglichkeiten. In der DNA der Menschen, Tiere, Pflanzen, Bakterien und Archaeen zu „lesen", lässt uns ganz neue Geheimnisse lüften, die oft genug mit den ehemaligen Einsichten der Gelehrten in Widerspruch stehen. Die neuen Wissenschaftszweige nennt man Archäogenetik – sie fokussiert sich auf die Entwicklung des modernen Menschen – und Paläogenetik – deren Fokus auf Urmenschen und urzeitlichen Lebewesen liegt.

Nachdem infolge der Entschlüsselung der DNA 1953 das Sequenzieren von Genomen nach und nach schneller und erschwinglicher wird, kommt man irgendwann auf die Idee, in alten Knochen und Zähnen nach DNA zu suchen, um sie zu studieren. Unterscheidet sie sich von unserer? Und wenn ja, inwiefern? Man sucht nach jenen Stellen in der über 3 Milliarden Basenpaare langen DNA, die nicht mit jenen von heute lebenden Menschen übereinstimmen, in denen die DNA also mutiert ist. Mutationen, die ja, wie schon bekannt, die Triebfedern der Evolution sind, werden für die Archäogenetik zu wichtigen Informationsträgern. Die Zahl der Mutationen, die sich im Laufe der Zeit angesammelt haben, wird wie das Verhältnis der Kohlenstoff-Isotope zu einer „eingebauten" Uhr, die darüber hinaus noch mehr Geschichten erzählt, als nur das Alter des ausgegrabenen Körperteils festzulegen. Ein Stückchen Knochen oder ein Zahn sind plötzlich Überbringer von Nachrichten, die Jahrtausende bis Jahrmillionen alt sind. Wie genial, so eine Nachricht zum ersten Mal zu „lesen"! Vielleicht ein bisschen vergleichbar mit dem Gefühl, das Antoni van Leeuwenhoek hatte, als er die erste Mikrobe zu Gesicht bekam.

Bis die Forscher die wertvollen Nachrichten entziffern können, gibt es allerdings ein paar Hürden zu überwinden. Zum einen sind nur wenige Knochen so gut erhalten, dass sie ihre DNA preisgeben. Diese kann durch Wärme, Strahlung oder Feuchtigkeit geschädigt worden sein – aber auch einfach nur durch die Zeit. Man findet dann trotzdem DNA: die von Bakterien, die die Knochen besiedelt haben, die von Archäologen, die sie ausgegraben haben, oder sogar jene von Museumsbesucherinnen, die in ihre Nähe gekommen sind. So kam beispielsweise die erste DNA-Probe, die der schwedische Wissenschaftler Svante Pääbo einer ägyptischen Mumie entnommen hatte, sehr wahrscheinlich nicht von der Mumie, sondern von ihm selbst. Er würde 2022 für seine Forschung mit dem Nobelpreis ausgezeichnet werden. Heute kann man aufgrund der DNA-Schäden, die beim Zerfall der DNA im Laufe der Zeit entstehen, junge und alte DNA zuverlässig voneinander unterscheiden und Proben, die Spuren von junger DNA enthalten, aussortieren.

Um zum Beispiel DNA aus einem Knochen zu gewinnen, wird – mit Schutzkleidung und Handschuhen und weiteren Maßnahmen, um eine Kontamination mit fremder DNA zu vermeiden – ein kleines Loch in den Knochen hineingebohrt und der daraus gewonnene Knochenstaub in eine Flüssigkeit gelegt, um die DNA herauszulösen. Oft können damit nur wenige DNA-Moleküle gewonnen werden, besonders dann, wenn man auf der Suche nach Zellkern-DNA ist. Mit Hilfe der Polymerase-Kettenreaktion (PCR), die wir schon kennen, können anschließend aus nur einem DNA-Molekül innerhalb kurzer Zeit viele identische Moleküle erzeugt werden.

Sehr viel mehr DNA findet man hingegen in unseren Mitochondrien: eine einzelne Zelle enthält etwa 1000 bis 2000 Mitochondrien, je nach Zellart können es aber auch unter 10 (in Samenzellen) bis zu mehreren 100.000 (in reifen Eizellen) sein. Wir erinnern uns: als die ersten Eukaryoten aus der Verschmelzung von Bakterien und Archaeen hervorgegangen sind, entwickelten sich aus den Bakterien die Mitochondrien der Zelle, und diese haben eine eigene ringförmig angeordnete DNA, die mitochondriale DNA (mtDNA) genannt wird. Sie besteht aus 16.569 Basenpaaren, auf denen 37 Gene liegen. Die mitochondriale DNA wird nur von der Mutter an ihre Kinder weitergegeben. Die Mitochondrien der Samenzelle werden nach dem Eindringen in die Eizelle größtenteils nicht übertragen oder abgebaut, gelangen also nicht in das neue Wesen. Nur in vereinzelten Fällen konnte bisher eine Weitergabe von mitochondrialer DNA des Vaters an die nächste Generation nachgewiesen werden.

Man hat herausgefunden, dass die mitochondriale DNA zuverlässig alle 3000 Jahre mutiert, das heißt aber auch, dass in der weiblichen Linie 3000 Jahre lang die gleiche DNA vererbt wird. Wenn man nun die mitochondriale DNA zweier Menschen miteinander vergleicht, kann man errechnen, wann ihre letzte gemeinsame Ururururur(...)oma gelebt hat. Die mitochondriale DNA aller heute lebenden Menschen auf der Welt konnte so auf eine einzige, vor etwa 160.000 Jahren im Süden Afrikas lebende Frau zurückverfolgt werden, der man den Namen „mitochondriale Eva" gab. Das bedeutet allerdings nicht, dass sie die erste Frau auf der Welt war, sondern nur, dass heute keine Nachfahren von anderen Frauen mehr leben.

Genforscher haben anhand der Mutationen auf dem Y-Chromosom auch das Alter unseres ältesten gemeinsamen männlichen Vorfahren bestimmt und ihn Ur-Adam genannt. Auf dem Y-Chromosom der männlichen Homo sapiens gibt es etwa 62 Millionen Basenpaare und 693 Gene. Ur-Adam lebte auch in Afrika (wahrscheinlich in Zentral/Nordwestafrika), und gemäß den letzten Schätzungen vor 237.000 bis 581.000 Jahren. Die beiden können also keinen Sex miteinander gehabt haben ...

Viel mehr Informationen erhält man, wenn man die gesamte Zellkern-DNA eines vor langer Zeit verstorbenen Menschen – oder eines anderen Wesens – zur Verfügung hat. Hier findet nicht eine Mutation alle 3000 Jahre statt, sondern es gibt in jedem Jahr etwa drei. Auch dies kann als genetische Uhr „gelesen" werden.

Mit uns Menschen sind schon immer auch Mikroben gereist. Die Kriege, die die kleinen, für unsere Augen unsichtbaren Lebewesen mit uns ausgefochten haben, haben die Geschichte der Menschheit mindestens genauso geprägt wie jene Kriege, die zwischen den Menschen geführt worden sind. Auch die Spuren von Mikroben-DNA erzählen uns daher faszinierende Geschichten über uns und wie wir zu jenen Menschen geworden sind, die heute die Erde besiedeln.

Wir haben uns schon vieler Einsichten der Archäogenetik und Paläogenetik bedient, als wir uns am Anfang dieses Buchteils mit der Geschichte des Lebens auf der Erde beschäftigt haben. Knüpfen wir dort an. Kehren wir dahin zurück, wo die sprechenden Homo sapiens mit den riesigen Gehirnen nach und nach die Erde bevölkern.

Heute ist man sich in der wissenschaftlichen Welt darüber einig: die Wiege unserer Spezies liegt in Afrika. Dort tauchen die ersten modernen Menschen vor mindestens 200.000 Jahren auf – ein Knochenfund von 2017 aus Marokko deutet gar auf 300.000 Jahre hin. Hier finden wir heute auch die größte genetische Vielfalt weltweit. Wir sind zum Beispiel als Europäer oder Asiaten manchmal genetisch näher verwandt mit bestimmten Afrikanern, als diese es mit anderen Afrikanern sind. Auch in ihrer Sprache und Kultur gibt es große Unterschiede. In Afrika werden mehr als zweitausend unterschiedliche Sprachen gesprochen, das sind nahezu ein Drittel aller Sprachen der Welt.

Wo ganz genau unsere Wiege stand, darüber streitet man sich noch. Wobei es damals mit Sicherheit noch keine Wiegen gab ... Möglicherweise ist der Homo sapiens auch aus früheren Formen hervorgegangen, von denen noch keine Überreste gefunden wurden. Diese könnten sich später untereinander vermischt haben, oder auch mit einer anderen Urmenschen-Art, die auch noch nicht entdeckt worden ist, von der es aber genetische Spuren gibt.

Obwohl es vereinzelt schon frühere Anläufe von Auswanderungen gegeben hatte, fingen die Menschen vor etwa 50.000 Jahren mit nachweisbarem Erfolg an, von Afrika aus auch andere Teile der Welt zu besiedeln. Trotzdem geht man heute davon aus, dass 99 Prozent der damals lebenden Menschen Afrika niemals verlassen haben. Alle Menschen, die nicht aus Afrika stammen, sind die Nachkommen einer winzig kleinen Minderheit, die sich auf die Reise gemacht hat. Von ihr stammen alle nicht-afrikanischen Menschen ab, und das erklärt eben auch, warum diese sich genetisch so sehr ähneln.

Die Reisenden streben zuerst in den Südosten Asiens, nach Australien, Europa und Ostasien, später, vor etwa 35.000 bis 15.000 Jahren über die damals noch trockene Beringstraße nach Amerika, und noch viel später zu den entlegenen Südpazifikinseln Ozeaniens, wo sie sich vor rund 1000 bis 4000 Jahren niederließen.

Dass sich die modernen Menschen auf ihrer Reise mit anderen Menschen der Gattung Homo vermischt haben, gilt heute durch die Erkenntnisse der Archäogenetik als gesichert. Europäer, Asiaten und Australier tragen etwa zwei bis zweieinhalb Prozent Neandertalergene in sich, die Ureinwohner von Ozeanien und Australien beherbergen etwa fünf Prozent Denisovanergene. Auch bei modernen Afrikanern lassen sich, wenn auch nur mit einem Anteil von unter einem Prozent, Neandertalergene nachweisen. Das erklärt man damit, dass Menschen mit diesen Genen später wieder nach Afrika eingewandert sind. Wie erstaunt muss so manch ein Forschender aus Europa oder US-Amerika nach der Veröffentlichung dieser Ergebnisse gewesen sein. Jene Menschen, die genetisch die „reinsten" Homo sapiens sind, sind die heutigen Bewohner Afrikas.

Viele Geheimnisse unserer Herkunft werden gerade erst gelüftet, immer mehr DNA wird gesammelt und sequenziert. Viele Daten gibt es bereits für jene Menschen, die ihre Wurzeln in Europa haben, und auf ihre Geschichte möchte ich hier etwas näher eingehen. Im Anhang finden Sie weitere Literatur, um die vielen anderen unglaublichen Reisen zu verfolgen, die Menschen in den letzten Jahrtausenden über unseren Planeten auf sich genommen haben. Auf die lange Sicht gesehen ist das Reisen wahrlich keine Errungenschaft unserer Zeit.

Wenn Sie eine Europäerin oder ein Europäer sind oder Ihre Vorfahren aus Europa stammen, vereinen Sie in der Regel drei verschiedene genetische Komponenten in sich. Je nachdem, woher Sie kommen, werden diese drei Komponenten schließlich in unterschiedlichen Verhältnissen auftreten. Die erste der drei Komponenten geht auf Menschen zurück, die vor etwa 45.000 Jahren – also während der letzten Eiszeit – aus dem Nahen Osten entlang des Schwarzen Meeres am Donauufer entlang nach Mitteleuropa einwanderten. Dort grasen zu jener Zeit unter anderem Mammuts, Riesenhirsche und Wollnashörner, die gejagt werden konnten. Aus dem Elfenbein der Mammuts schnitzen die Menschen der Aurignacien-Kultur, wie sie heute genannt werden, zum Beispiel Statuetten, so wie die Venus vom Hohle Fels oder den Löwenmenschen. Zu jener Zeit lebten in Europa die inzwischen ausgestorbenen Höhlenlöwen noch, die die Künstlerin oder den Künstler inspiriert haben könnten. Beide Kunstwerke wurden in Höhlen auf der Schwäbischen Alb gefunden und können heute in Museen bestaunt werden. Die Menschen scheinen auch schon musiziert zu haben: ebenfalls im Hohlen Fels wurden mehrere Elfenbeinflöten und eine Flöte aus dem Knochen eines Gänsegeiers gefunden. Ich stelle sie mir vor, wie sie zu der Musik auch getanzt haben. Wie die Musik geklungen hat, wissen wir leider nicht mehr.

In Europa treffen die Homo sapiens auch auf Neandertaler, die bereits seit mindestens 250.000 Jahren dort leben. Und, wie schon erwähnt, müssen sie Sex miteinander gehabt haben. Wie diese Begegnungen wohl abgelaufen sind und ob die Menschen der unterschiedlichen Gattungen sich miteinander verständigen konnten, wissen wir nicht. Man hat zwar eine Mutation im Gen mit dem Namen FOXP2 sowohl bei Neandertalern als auch bei Menschen gefunden, die bei Schimpansen nicht vorhanden ist, und dieses Gen wird – auch wenn noch nicht endgültig geklärt ist, wie – mit der Fähigkeit zur Sprachentwicklung in Zusammenhang gebracht. Doch wie auch immer sich die Kommunikation mit den Neandertalern gestaltet haben mag, verliert sich deren Spur vor etwa 37.000 Jahren, außer jenen Spuren, die sie in unserem Erbgut hinterlassen haben. Man vermutet zum Beispiel, dass Europäer ihre im Vergleich zu Afrikanern etwas dickere Haut den Neandertalern verdanken, die schon vor ihnen an das kalte Klima in Europa angepasst waren.

Die Siedler kommen nicht zur günstigsten Zeit nach Europa: der Höhepunkt der Eiszeit, die damals auf der Erde herrscht, wird vor etwa 21.000 Jahren erreicht. Man vermutet heute, dass sich wenige Menschen der Aurignacien-Kultur während der Zeit, als Mitteleuropa wegen der Kälte unbewohnbar war, auf die iberische Halbinsel flüchten und dort, durch die vergletscherten Pyrenäen vom Rest der Welt isoliert, leben. Auch nach Afrika können sie nicht weiterreisen – sie wissen noch nicht, wie man

Schiffe baut. Vor etwa 18.000 Jahren, zu Ende der letzten Eiszeit, kehren die Menschen wieder nach Mitteleuropa zurück. Dort treffen sie auf weitere Siedler, die sich aus der Balkanregion dahin aufgemacht haben. Die Gene dieser Menschen vermischen sich im jetzt warmen und von viel Grün überzogenen Mitteleuropa und überdauern in Europäerinnen und Europäern bis heute.

Die zweite erwähnte Komponente geht auf eine große Einwanderung nach Europa zurück, die vor etwa 8000 Jahren stattgefunden hat. Dazu müssen wir in der Zeit noch etwas zurückgehen, und zwar an den Anfang unserer jetzigen Klimaepoche vor etwa 11.700 Jahren, die Holozän (altgriechisch: „das ganz Neue") genannt wird. Es ist die heute noch andauernde Warmzeit nach der letzten Eiszeit. Damals wurde es zwar auch schon in Europa wärmer, doch noch viel wärmer war es im Nahen Osten, wo die bis dahin karge Steppe zu blühen begann. Die damals aufkeimenden großkörnigen Wildgräser würden zu den Vorläufern unseres heutigen Getreides werden. In einer Region, die man als „Fruchtbaren Halbmond" bezeichnet, und die sich vom Jordan über den Libanon, den Südosten der Türkei, den Norden Syriens und Iraks bis in den Westen Irans erstreckte, gab es durch das günstige Klima immer mehr Pflanzen, Tiere, und damit Menschen. Weil es keinen Grund mehr gab, weiterzuziehen, wurden diese sesshaft. Es gibt eine beeindruckende Hügelanlage im Südosten Anatoliens, Gobekli Tepe, die vor etwa 12.000 Jahren von dort lebenden Jägern und Sammlern erbaut wurde. Sie befinden sich in einem Prozess, der den Übergang zu Ackerbau und Viehzucht einleitet.

Die Menschen fangen an, Getreide anzubauen und jene Sorten zu züchten – also Mutationen der Pflanzen –, deren Körner, statt aus den Ähren herauszufallen, darin bleiben. Sie fangen damit an, Tiere zu zähmen und sie zu züchten. Zuerst sind es Ziegen und Schafe, später Rinder. Die Tiere werden vor allem wegen ihrer Milch gehalten, nur wenige geschlachtet.

Vor etwa 8000 Jahren fangen die anatolischen Bauern an, weiter nach Westen zu ziehen. Sie ziehen im Süden über den Balkan entlang der Küste weiter, im Norden entlang der Donau. In Mitteleuropa treffen sie schließlich auf die dort lebenden Jäger und Sammler. Sie bringen ihre Pflanzen und Tiere und das Wissen um Ackerbau und Viehzucht mit sich. Außerdem die Kunst des Töpferns. Es würde allerdings noch etwa 2000 Jahre dauern, bis sich die Landwirtschaft in ganz Europa etabliert hat, bis dahin würden Jäger und Sammler neben Ackerbauern und Viehzüchtern mehr oder weniger nebeneinander dahinleben und sich miteinander arrangieren.

Die Menschen, auf die die Einwanderer aus dem Osten treffen, sind, gemäß archäogenetischer Hinweise, dunkelhäutig und meist blauäugig. Bei der Jagd nutzen sie einfache Waffen wie Speere oder Stoßlanzen, später auch Pfeil und Bogen. Auf ihrem Speiseplan stehen – wenn es erjagt oder erfischt werden konnte – vor allem Fleisch und Fisch, außerdem Vogeleier, Wildpflanzen und -kräuter, Pilze, Würmer oder Insekten. Wenn sie in einem Gebiet, in dem sie sich vorübergehend in einfachen Unterkünften niedergelassen hatten, keine Nahrung mehr finden, ziehen sie einfach weiter.

Die Jäger und Sammler leben in kleinen Gemeinschaften von nur 20 bis 50 Mitgliedern. Die Frauen bekommen nur wenige Kinder: da sie keine tierische Milch zur Verfügung haben, werden die Kinder bis ins Alter von etwa sechs Jahren gestillt, was bei der damaligen Ernährung aufgrund der Hormone einen Schutz vor einer erneuten Schwangerschaft darstellte. Achtung: das gilt heute mit unserer üppigen Ernährungsweise nicht mehr! So sind also die Kinder, wenn sie Geschwister bekommen, schon etwa sechs Jahre alt und nicht mehr so schutzlos, dass sie die ständige Fürsorge der Eltern brauchen. Mehr als vier Mal werden die Frauen also in der Regel nicht schwanger, und, da die Kindersterblichkeit hoch ist, werden vielleicht zwei Kinder das Erwachsenenalter erreicht haben. Daher bleibt die Population der Jäger und Sammler zwar erhalten, wächst aber nicht.

Ein faszinierendes Zeugnis über die Menschen jener Zeit legt das etwa 9000 Jahre alte Grab der Schamanin von Bad Dürrenberg in Sachsen-Anhalt ab, das zwar schon 1934 bei Kanalarbeiten gefunden wurde, aber auch heute noch Archäologen, Anthropologinnen, Genetiker und Medizinerinnen beschäftigt. Die etwa 30 Jahre alte Frau wurde mit einem Baby im Schoß sitzend begraben. Neben Tierzähnen und -knochen, Knochennadeln, Schildkrötenpanzern, Muscheln und einem Rehgeweih findet man roten Farbstoff und einen primitiven Pinsel, der aus einem gespaltenen Hirschknochen hergestellt war – wahrscheinlich hatte die Dame ihn als Lippenstift benutzt. Man vermutet, dass die Schamanin an einer Zahninfektion gestorben ist: ihre beiden mittleren Frontzähne waren durch Abrieb so abgenutzt, dass ihre Pulpa frei lag, sie könnte also an einer Blutvergiftung gestorben sein. Die Abnutzung der Zähne bei den frühen Menschen erklärt man sich damit, dass sie ihre Zähne als eine Art dritte Hand benutzten, um Werkzeuge zu bedienen, zum Beispiel beim Nähen.

Ein kleiner Exkurs bezüglich des Nähens: Archäogenetiker wollten herausfinden, wann die ersten Menschen angefangen haben könnten, sich Kleidung anzuziehen. Dazu befragten sie nicht etwa Menschengene – wie hätten die es ihnen denn auch verraten können –, sondern Läusegene. Sie fanden heraus, dass vor etwa 170.000 Jahren aus der Kopflaus eine neue Art hervorgegangen ist: die Kleiderlaus. So lange könnte es also auch schon Kleidung gegeben haben.

Die kleinen Gemeinschaften von Jägern und Sammlern legen sich schätzungsweise vor 15.000 bis 20.000 Jahren einen treuen Begleiter zu: den Hund. Meistens heißt es, die Menschen hätten den Wolf domestiziert, also gezähmt. Seit wir selbst einen Hund haben, Frieda, bin ich mir da nicht mehr so sicher. Ich kann mir nämlich sehr gut vorstellen, dass es umgekehrt war und der Wolf sich den Menschen anschloss, um sie zu „zähmen". Diese Fähigkeit hat Frieda in unserer Familie allemal. Auf jeden Fall haben sich die Hunde auch genetisch an das veränderte Leben an der Seite der Menschen angepasst: durch mehr Amylase-Genkopien können sie, wie der Mensch, stärkehaltige Nahrung besser verdauen als ihre Vorfahren, die Wölfe. Das gilt übrigens auch für Mäuse, Ratten und Schweine, die sich alle von dem ernähren, was wir Menschen übriglassen. Auch wir haben mehr Amylase-Genkopien als Schimpansen, Neandertaler und Denisova-Menschen.

Die zahlenmäßig weit überlegenen Siedler aus Anatolien, die in Mitteleuropa einwandern, sehen ganz anders aus als jene, die sie dort antreffen. Sie haben hellere Haut und dunkle Augen. Das scheint im ersten Augenblick widersprüchlich, da sie ja von weiter südlich kommen. Genetisch gesehen macht es aber Sinn: während sie Fleisch und Fisch von ihrem Speiseplan mehr und mehr gestrichen hatten, benötigten sie mehr Sonnenenergie, um das lebensnotwendige Vitamin D zu bilden, und um die Sonnenenergie aufzufangen, wurde ihre Haut heller.

Zu viel Sonne auf heller Haut ist jedoch auch nicht gesund. Besonders viel Sonne zerstört zum Beispiel Folsäure (Vitamin B9), ein besonders in der Schwangerschaft bedeutendes Zeltwachstums-Vitamin. Außerdem führt sie zu Hautschäden, wie man sie bei den aus Europa eingewanderten Australiern beobachtet – jeder dritte von ihnen entwickelt in seinem Leben Hautkrebs. Die Jäger und Sammler wiederum, die viel Fleisch und Fisch essen, haben die dunklere Haut, da sie zur Vitamin D-Bildung nicht so viel Sonne brauchen. So kann sich die Hautfarbe also genetisch über viele tausend Jahre an neue Nahrungs- und Umweltbedingungen anpassen. Mit einer „Rasse", wie das Menschen früher dachten, hat die Hautfarbe also reichlich wenig zu tun. Vielmehr mit den Genen für den sogenannten „Melanocortin-Rezeptor", der unter anderem Haut- und Haarfarbe von Menschen über die Bildung von Melanin kontrolliert, einem Farbstoff, der in der Haut produziert wird. Übrigens haben Schimpansen unter ihrem Fell helle Haut. Die dunkle Pigmentierung der Haut ist bei uns Menschen mit ziemlicher Sicherheit erst aufgetreten, nachdem wir das Fell abgelegt haben.

Während die helle Hautfarbe der Einwanderer sich mit der Vermischung der Menschen nach und nach in Europa durchsetzt, behalten doch viele die blauen Augen, eine Erscheinung, die bis heute nicht vollständig geklärt ist. Man vermutet jedoch, dass blaue Augen als schöner empfunden wurden und Menschen mit dieser Augenfarbe mehr Nachkommen gezeugt haben könnten.

Die anatolischen Bauern, die ja viel mehr Kinder bekommen als die Jäger und Sammler, zwingen diese erst einmal zur Flucht. Sie ziehen sich in Gegenden zurück, die für die Ackerbauern und Viehzüchter weniger einladend waren: in die Berge und in den Norden Europas. Die verschiedenen Menschengruppen leben und ernähren sich ja ganz anders und müssen einander reichlich fremd vorgekommen sein. Zum einen die durchtrainierten, dunkelhäutigen, Fleisch essenden und umherstreunenden Jäger und Sammler, die nur wenige Stunden am Tag mit dem Besorgen von Nahrung beschäftigt sind, zum anderen die hellhäutigen Siedler, die viele Kinder haben, für sich und ihre Familien Hütten bauen, Getreide anbauen und essen, die Milch ihrer Schafe, Ziegen und Rinder trinken und zu Joghurt und Käse verarbeiten. Große gemeinsame Ess- und Trinkgelage haben die so unterschiedlichen Menschen von damals wahrscheinlich nicht gefeiert.

Es gibt heute noch viele Menschen, die sich an das „neue" Essen nicht oder nur schlecht gewöhnt haben – das beweisen die vielen Regale mit gluten- und laktosefreien Produkten in unseren Supermärkten. Doch, wie wir heute sehen, gibt es kein Zurück. In Europa dauert es zwar etwa 2000 Jahre, bis die neue Lebensform überall

Fuß gefasst hat, doch danach sind die Menschen „an die Scholle gebunden", bekommen immer mehr Kinder, die auch zu Essen brauchen, und sammeln Besitz an: Ländereien, Häuser, Tiere, Geschirr, ... Wie sich das anfühlt, wissen die meisten Menschen von heute. Nur noch geschätzte 0,001 Prozent der Menschheit leben heute noch als Jäger und Sammler, das sind etwa 50.000 bis 60.000 Menschen, und es werden immer weniger. Mögen wir manchmal noch so neidisch und romantisierend auf die Art und Weise schauen, wie sie leben, mit ihnen tauschen würde heute wohl niemand mehr.

Doch auch in den 2000 Jahren gibt es genetische Anzeichen dafür, dass sich die unterschiedlichen Menschen damals vermischt haben. So wurden Überreste von gemeinsamen Nachkommen gefunden. Interessanterweise fand man in den Knochen dieser Nachkommen keine mitochondriale DNA (mtDNA) von Bäuerinnen, wohl aber von Jäger- und Sammlerinnen. Das beobachtet man auch heute bei Jäger- und Sammlergruppen, die in der Nähe von Ackerbau betreibenden Menschen leben: nur wenige Bäuerinnen lassen sich mit Jägern ein, umgekehrt jedoch Sammlerinnen und Jägerinnen mit Bauern.

Mit dem Besitz kommt die Befestigung von Land, um die Besitztümer vor Fremden zu schützen. Und sehr bald kommt es beim Kampf um die Verteilung von Besitz auch schon zu Gewalt. Es ist möglich, dass es auch schon unter Jägern und Sammlern zu Gewalt gekommen ist, es gibt aber wenig Hinweise darauf und die alten Höhlenmalereien zeigen zum Beispiel viele Jagdszenen, jedoch keine Szenen von Kämpfen zwischen zwei Menschen. Jetzt, schon sehr früh nach der Einführung des Ackerbaus, findet man bereits Massengräber, die auf Krieg zwischen Menschen hindeuten. Anfangs tötet man noch mit Jagd- und Arbeitsgeräten, bald stellen die Homo sapiens aber schon Waffen her, die eindeutig zum Töten anderer Menschen entworfen wurden und lassen sich gerne mit den schön verzierten Waffen begraben.

Im Gegensatz zur Mitte und zum Süden Europas halten sich im Norden, zum Beispiel in Skandinavien, mangels weniger guten Böden und dichten Wäldern noch lange Jäger und Sammler-Populationen und ihr genetischer Anteil ist dort heute noch stärker vertreten. Hier entwickelt sich die sogenannte Trichterbecher-Kultur, benannt nach den nach unten trichterförmig auslaufenden Trinkbechern, die die Menschen benutzten. Die Nachfahren der ehemaligen Jäger und Sammler, die sich in den Norden des Kontinents geflüchtet hatten, fingen schließlich auch mit dem Ackerbau an, setzten Räder und zweispännige Ochsenwägen ein, um die gefällten Bäume und Findlinge (das sind große Felsblöcke, die nach dem Rückzug der eiszeitlichen Gletscher zurückgeblieben waren) abzutransportieren und Acker anzulegen. Die Menschen dieser Trichterbecherkultur breiten sich schließlich vor 6200 bis 5400 Jahren wieder gen Süden aus und verdrängen die dort ansässigen Bauern. So beobachtet man heute bei Skandinaviern etwa eine ausgeglichene Verteilung der genetischen Komponenten von Jägern und Sammlern und anatolischen Bauern, während bei den Südeuropäern, wo die anatolischen Bauern zuerst eingewandert waren und die Menschen aus Skandinavien kaum vorgedrungen sind, die anatolische Komponente überwiegt. Sardinien ist hierbei außergewöhnlich: die Menschen hier scheinen sich über eine lange Zeit vom

Rest der Welt isoliert entwickelt zu haben und weisen fast nur die Komponente der anatolischen Siedler auf. So wie Sarden heute aussehen, könnten die damaligen Siedler ausgesehen haben, die die Landwirtschaft nach Europa brachten. Außerdem müssen sie bereits vor 8000 Jahren imstande gewesen sein, Schiffe oder Flöße zu bauen, um sich, ihre Familien und Tiere auf die Insel zu bringen.

Kommen wir zur dritten und letzten Komponente, die im Erbgut von Europäerinnen und Europäern eine Rolle spielt. Sie geht auf neue Einwanderer zurück, die vor etwa 5000 Jahren hoch zu Ross und wieder aus dem Osten nach Europa ziehen. Woher diese Menschen kamen, wurde erst in den letzten Jahren endgültig geklärt. Eine erste Spur findet man in der DNA eines vierjährigen Jungen, der vor 24.000 Jahren in Mal'ta in der Nähe des Baikalsees in Sibirien gelebt hatte. Seine Gene finden sich interessanterweise auch im Erbgut von amerikanischen Ureinwohnern und es war lange ein Rätsel, warum es zwischen den Einwohnern Europas und amerikanischen Ureinwohnern diese genetischen Überschneidungen gab.

Der Detektivarbeit von Archäogenetikern ist es zu verdanken, dass das Rätsel gelöst wurde. Demnach kam die Einwanderungswelle aus der pontisch-kaspischen Steppe, einer Region nördlich des Kaspischen und Schwarzen Meeres. Die Menschen, die einwandern, werden heute als anzestrale Nordeurasier bezeichnet und sind Pastoralisten, das heißt, sie weiden ihre Tiere – und zwar Rinder – auf Naturweiden. Das Ausbreitungsgebiet der Nordeurasier erstreckte sich von Osteuropa bis in die sibirische Baikalregion, so dass die Gene der Steppenbewohner bei der Einwanderung der Menschen über die Beringstraße vor etwa 15.000 Jahren nach Nordamerika gelangt sein könnten.

Die Reiter aus der Steppe gehören der Jamnaja-Kultur an, die vor etwa 5600 Jahren in der pontisch-kaspischen Steppe entstand. Sie benutzen bereits Messer und Dolche aus Bronze und bauen in der Steppe riesige Hügelgräber, Kurgane, in denen sie ihre Toten mitsamt zahlreicher Grabbeigaben bestatten, und die wahrscheinlich in der weiten Landschaft auch als Orientierung dienen.

Die neuen Siedler breiten sich mit einer beeindruckenden Geschwindigkeit in Europa aus, was die Forscher vermuten lässt, dass die Bevölkerungszahlen dort zuvor sehr zurückgegangen waren, vielleicht durch eine Epidemie, möglicherweise die Pest. Wie dem auch sei, die Gene der Steppenbewohner setzen sich im damaligen Europa innerhalb von wenigen 100 Jahren durch: binnen 200 Jahren hatten die Einwanderer das heutige Großbritannien erreicht, nach 500 Jahren die iberische Halbinsel. Je weiter entfernt die Gebiete dieser Einwanderung, umso weniger „Steppengene" findet man in den heutigen Europäern: am wenigsten haben Spanier, Sarden, Griechen oder Albaner.

Die Reiter, die über die ansässigen Bauern hereinfallen, sind nicht nur einen Kopf größer als diese, sie haben auch noch kurze Bögen, mit denen sie die Pfeile vom Pferd aus abfeuern können, und Streitäxte. Viele Ausgrabungen zeugen von den gewalttätigen Auseinandersetzungen zwischen den Neuankömmlingen und den schon ansässigen Menschen. Und, mit Hilfe der DNA-Spuren, bezeugen sie auch, dass aus der Steppe vor allem Männer kamen – die Forscher schätzen den Anteil auf etwa 80 Prozent. In der Zeit nach der Einwanderung findet man in 80 bis 90 Prozent der Y-Chromosomen „Steppengene", dagegen wenig solcher Gene in mitochondrialer DNA. Diese männliche Übermacht kann man heute noch spüren: die Mehrheit der europäischen Männer trägt heute auf dem Y-Chromosom die Gene der Urururur(...)großväter aus der Steppe.

Was die „Steppenväter" noch mitbringen, sind Rinder. Zwar hatten die Bauern zuvor auch ein paar wenige Kühe, die sie mit Milch versorgten, die neuen Viehhirten aber haben ganze Herden davon. Der Segen an Milch, der plötzlich verfügbar ist, kommt nicht allen Menschen zugute: viele von ihnen sind laktoseintolerant. Sie können die Laktase, das Enzym, das zur Verdauung von Milchzucker benötigt wird, nur in der Kindheit bilden, danach wird dessen Produktion eingestellt. Wenn sie Milch in größeren Mengen trinken, wird der unverdaute Milchzucker im Dickdarm von Bakterien zu Gasen umgebaut, was zu teils schmerzhaften Blähungen und Durchfall führt. Das ist bei den meisten Säugetieren so und hatte in der Evolution auch seinen Sinn: der Rest der Familie konnte, wenn die Nahrung knapp wurde, dem Säugling nicht die Milch wegtrinken.

Hier kommt manchen eine Mutation zugute, die auf eine Veränderung des Gens zurückgeht, die die Laktaseproduktion nach der Kindheit ausschaltet. Die Gene dieser laktosetoleranten Menschen setzen sich besonders im Norden Europas durch, hier können etwa 80 Prozent der Erwachsenen Laktose (Milchzucker) verdauen. Am wenigsten setzen sich diese Gene beispielsweise in Spanien und auf dem Balkan durch, wobei die Menschen hier trotzdem schon vor langer Zeit Milchprodukte konsumierten – und zwar solche, in denen der Milchzucker bereits von Bakterien vorverdaut ist, wie das in Joghurt, Kefir oder den meisten Käsesorten der Fall ist. Möglicherweise blieb die Milch in diesen Regionen wegen des Klimas weniger lange frisch und wurde bald sauer, weswegen die Menschen hier von der genetischen Veränderung weniger profitierten. Weiter nördlich scheint sie wiederum einen großen Vorteil gehabt zu haben: Familien mit möglichst vielen laktosetoleranten Mitgliedern können mit Hilfe ihrer Kuh oder ihrer Kühe mehr Kinder großziehen, die Mutation setzt sich durch. Und die europäische Bevölkerung wächst.

Endgültig gesichert ist die Hypothese nicht, aber es wird vermutet, dass die Reiter aus der Steppe noch etwas anderes nach Europa gebracht haben: ihre Sprache. So gut wie alle Sprachen, die heute in Europa gesprochen werden und die sich mit der Kolonialisierung vor über 500 Jahren weltweit ausgebreitet haben, gehören der indoeuropäischen Sprachfamilie an. Wie die Sprache des Lebens, unsere DNA, verändern sich auch Sprachen im Laufe der Zeit, man könnte sagen, sie „mutieren" ebenfalls. Dass zum Beispiel, Englisch, Spanisch, Deutsch, Hindi, Russisch oder Griechisch jeweils gemeinsame Wurzeln haben, erschließt sich uns nicht auf den ersten Blick, lässt sich wissenschaftlich jedoch sicher belegen. Aufgrund der Veränderungen haben Linguisten sogar versucht, zu rekonstruieren, wie sich die indoeuropäische Ursprache wohl angehört haben mag. Genauso wenig wie wir je wissen werden, wie die Melodien geklungen haben, die im Hohlen Fels auf den Elfenbeinflöten gespielt wurden, werden wir auch niemals wissen, wie die Sprache geklungen hat, die die Menschen jener Zeit gesprochen haben. Heute sprechen etwa 3 Milliarden Menschen weltweit eine der 445 indoeuropäischen Sprachen.

Obwohl die Menschen in Europa – wie in der ganzen Welt – sich also genetisch recht wenig voneinander unterscheiden, kann man anhand ihrer DNA mit überraschender Genauigkeit auf ihren geographischen Herkunftsort schließen, oft bis auf ein paar hundert Kilometer genau. Anhand von ein bisschen Speichel, den man in ein Fläschchen einschließt und verschickt, kann man inzwischen für unter 100 Euro eine Entschlüsselung seiner DNA bezüglich seiner Herkunft und jener seiner Familie erhalten. Doch Achtung: jeder, der überlegt, so einen Test zu machen oder ihn jemandem zum Geburtstag zu schenken, sollte sich genau überlegen, ob er den Unternehmen, die diese kommerziellen Tests anbieten, die dafür notwendigen persönlichen Angaben samt seiner – auch unendlich persönlichen – DNA zur Verfügung stellen möchte.

Seit der Einwanderung der Rinderhirten aus der pontisch-kaspischen Steppe vor 5000 Jahren hat es in Europa und in der ganzen Welt bekanntlich viele Veränderungen gegeben. Genetisch haben wir uns weltweit zum Beispiel immer weiter vermischt und werden uns immer noch ähnlicher, als wir es uns als junge Spezies eh schon sind. Am meisten unterscheiden wir uns, trotz der offensichtlichen äußeren Unterschiede, in den Genen, die für unser Immunsystem eine Rolle spielen. Bezüglich dieser Gene haben uns viele der kleinen Wesen geprägt, die wir im ersten Teil des Buches kennengelernt haben: die Mikroben. Wir alle, die bis heute überlebt haben, sind die Nachkommen von Menschen, die das ebenfalls erfolgreich gemeistert haben. Und um das zu meistern, mussten auch sie den Angriffen von unzähligen Mikroben trotzen, die schon lange vor ihnen auf der Erde gelebt hatten und die sich auch heute noch unablässig verändern, um sie zu besiedeln.

1973 schlägt der US-amerikanische Evolutionsbiologe Leigh Van Valen die Rote-Königin-Hypothese vor. Sie ist angelehnt an eine Szene aus Lewis Carrolls Buch „Through The Looking Glass, And What Alice Found There" („Alice hinter den Spiegeln"), die Sie vielleicht kennen. Darin veranstaltet die Rote Königin ein Rennen mit Alice, und als die beiden keuchend innehalten, entdeckt Alice erstaunt, dass sie immer noch unter dem gleichen Baum sind. Nachdem Alice ihre Verwunderung darüber äußert, entgegnet die Königin: „Hierzulande muss man so schnell rennen, wie man kann, um am selben Ort zu bleiben. Wenn man woanders hinkommen will, muss man mindestens doppelt so schnell rennen." Auf die Evolutionsbiologie übertragen bedeutet das, dass wir uns beständig weiterentwickeln müssen, um mit den Organismen Schritt zu halten, die sich um uns herum weiterentwickeln. Um seinen Platz zu verteidigen, ist Wandel unabdingbar. Ein ständiges Wettrüsten. Wir haben uns als Antwort auf die Veränderungen im Mikrobenreich heraus „geformt". Und sie sich als Antwort und Anpassung an uns. Die Hypothese ist außer auf unsere Wechselwirkung mit den Mikroben selbstverständlich auch noch auf andere Wissenschaftsbereiche anwendbar.

Alice und die Rote Königin.
Quelle: https://en.wikipedia.org/wiki/Red_Queen_hypothesis#/media/File:Alice_queen2.jpg

Archäogenetiker haben sich schließlich auch auf die Suche nach Mikroben-DNA ge-macht. Möglich wurde dies durch ein Preisausschreiben, das das US-amerikanische Verteidigungsministerium 2012 ausgerufen hatte. Das Preisgeld von einer Million Dol-lar sollte jenes Forscherteam bekommen, das ein Computerprogramm zur schnellen Auffindung von Bakterien- und Viren-DNA entwickelt, damit man sich damit besser auf Angriffe mit Biowaffen vorbereiten konnte. Das Geld ging an das Team um den deutschen Bioinformatiker Daniel H. Huson, der in Tübingen forscht. Durch eine Wei-terentwicklung des Programms können Archäogenetiker heute neben der menschli-chen DNA auch jene von Mikroben bestimmen – allerdings nur von solchen, die schon bekannt sind und nach denen sie suchen. Den Erreger des Englischen Schweißes zum Beispiel, jener geheimnisvollen Krankheit, die im England des 15.–16. Jahrhunderts viele Todesopfer gefordert hatte, wird man wahrscheinlich niemals kennenlernen.

Über die Epidemien und Pandemien, die die Menschheitsgeschichte geprägt ha-ben, haben wir am Ende des ersten Buchteils bereits einiges erfahren und auch dort ist die Forschungsarbeit der Archäogenetik bereits eingeflossen. Jetzt, am Ende des Buches, schließt sich also ein Kreis. Aufgrund der Begegnungen mit den Mikroben aus unserer Umwelt hat sich unser Immunsystem verändert und diese Veränderung hat sich in unseren Genen niedergeschlagen. Gehen wir jetzt noch einmal auf Spuren-suche. Laufen wir ein bisschen herum in dem Rennen der Roten Königin mit Alice. So, wie unsere Mikroben, unser Immunsystem und unsere Gene seit unendlichen Zeiten um die Wette laufen.

Man vermutet heute zum Beispiel, dass die Steinzeitpest, die wir schon aus dem ersten Buchteil kennen, der Einwanderung der Rinderhirten aus der pontisch-kaspischen Steppe den Weg geebnet haben könnte. Möglicherweise haben diese sie sogar aus dem Osten mitgebracht, wie eine Forschergruppe aus Jena 2017 mit Hilfe von Untersuchungen an über 500 Proben aus den Knochen und Zähnen von Menschen ermitteln konnte, die vor 5000 bis 2500 Jahren in Europa und Asien gelebt hatten. Die darin gefundenen Pestbakterien konnten den Forschern zufolge keine Beulenpest verursachen – sie waren nämlich nicht an den Floh angepasst –, und sind inzwischen wahrscheinlich ausgestorben. Der jüngste bisherige Fund eines Beulenpestbakteriums ist etwa 3500 Jahre alt.

Es könnte sein, dass die aus dem Osten eingebrachten Pestbakterien – vielleicht auch noch andere – auf Menschen getroffen sind, die darauf völlig unvorbereitet waren und daher massenhaft daran gestorben sind. So, wie es später den Ureinwohnern Amerikas ergangen ist, als die europäischen Siedler vor über 500 Jahren eintrafen. Sie waren ja, nachdem sie über die Beringstraße vor etwa 15.000 Jahren in Amerika eingewandert waren, seit 11.000 bis 13.000 Jahren vom Rest der Welt abgeschnitten, nachdem die Beringstraße durch das Schmelzen des Eises überflutet wurde. So hatten sie sich auch genetisch anders entwickelt und an andere Erreger angepasst als ihre europäischen Artgenossen. Es wird geschätzt, dass etwa 90 Prozent der indigenen Bevölkerung Amerikas Krankheiten zum Opfer fielen, die die Einwanderer eingeschleppt hatten.

Einen weiteren Hinweis auf eine schwere Pestepidemie sieht man darin, dass es für die Zeit vor 5500 bis 4800 Jahren kaum Knochenfunde in Mitteleuropa gibt. Es könnte also sein, dass die Menschen die vielen Toten aus Angst vor Ansteckung verbrannt oder auch einfach nicht begraben haben, so dass sie verwesten. All diese Annahmen sind allerdings nur Hypothesen – es könnte sich alles auch ganz anders zugetragen haben. Spätestens vor 3800 Jahren taucht schließlich der Erreger der Beulenpest auf, der sich an den Floh anpasst, um ihn, über die Hausratte, in die Häuser und die Körper der Menschen zu bringen.

Bis ins 8. Jahrhundert unserer Zeitrechnung gibt es immer wieder Pestepidemien in Europa, um 770 verschwindet die Krankheit für fast 600 Jahre aus der Region. Die Ursachen dafür sind noch nicht endgültig geklärt, wahrscheinlich hat es aber zum einen mit der Immunität der Menschen zu tun, zum anderen mit dem Rückgang der Rattenpopulationen in Europa. Die Pest kehrt leider im 14. Jahrhundert mit voller Wucht nach Europa zurück und der „Schwarze Tod", wie man sie damals nennt, bricht 1346 in der Hafenstadt Kaffa am Schwarzen Meer erneut aus und wird auf Schiffen nach Italien gebracht – mit verheerenden Folgen, wie wir bereits wissen. Sie gewährt den Menschen immer wieder kleine Verschnaufpausen von wenigen Jahrzehnten und tritt in Wellen auf. Die Verschnaufpausen sind der Immunität der Überlebenden zu verdanken – doch besonders Kinder, die die Krankheit noch nie kennengelernt hatten, sterben bei der neuen Welle. Während der Pausen überleben die Erreger höchstwahrscheinlich in den Ratten, die weiterhin in Menschennähe geblieben waren. Die Pest bleibt diesmal bis in den Anfang des 18. Jahrhunderts hinein. Hier vermutet man, dass das Ende der Beulenpest wieder auf Schiffen nach Europa kommt: in Gestalt der Wanderratten, die die kleineren Hausratten aus den europäischen Häusern vertreiben. Die Wanderratten können die Pest zwar auch übertragen, leben allerdings weniger eng mit den Menschen zusammen.

Die Archäogenetik machte sich auch auf die Spuren der Lepra. Es war lange ein Rätsel, wo die Krankheit ihren Anfang genommen hatte. Die Forschung konnte zeigen, dass es Lepra spätestens im Mittelalter in Europa und Asien gegeben hatte. Außerdem konnte das Mycobakterium leprae in roten Eichhörnchen nachgewiesen werden – und so der mögliche Wirt, von dem die Mikrobe auf den Menschen übergetreten ist. Aus Eichhörnchenpelzen hergestellte Kleidung war bekanntermaßen im Mittelalter begehrt und teuer und könnte zur Ansteckung der Menschen geführt haben.

Wie wir schon wissen, stritten sich die Menschen schon sofort nach dem Aufkommen der Syphilis in Europa darüber, woher sie gekommen war. Hier konnte die Geschichte ebenfalls durch die Detektivarbeit der Archäogenetik rekonstruiert werden. Demnach gab es vor der Entdeckung Amerikas in Europa wahrscheinlich noch keine Syphilis, dafür aber die Frambösie, die zum Teil ähnliche Symptome verursacht und von einem verwandten Bakterium übertragen wird, dem Treponema pallidum subspecies pertenue. So haben die Reisenden wahrscheinlich die Syphilis aus der Neuen Welt in die Alte Welt gebracht, bei der Frambösie war es andersherum.

Es werden gerade viele Zusammenhänge zwischen Genen und unserer Anfälligkeit für Krankheiten erforscht und wir dürfen auf die Ergebnisse gespannt sein. Viele für unser Überleben ungünstige Gene sind wahrscheinlich längst aus unserem Erbgut verschwunden – so wie viele Mikroben auch von der Erde. Eine Tendenz zeichnet sich hierbei deutlich ab: den größten Einfluss auf Veränderungen in unserem Erbgut haben und hatten Mikroben. Die Gene, die die größte Veränderung aufweisen, sind jene, die mit unserem Immunsystem in Zusammenhang stehen: MHC bzw. HLA-Gene oder auch jene Gene, die für die Bildung der Toll-Like-Rezeptoren (TLR) kodieren. Wir erinnern uns: diese Rezeptoren gehören dem angeborenen Immunsystem an und haben die Fähigkeit, Strukturen von Mikroben zu erkennen, die nur bei diesen vorkommen, um daraufhin das Immunsystem zu mobilisieren. Beispielsweise konnte man zeigen, dass bestimmte TLR-Gene, und zwar TLR6/TLR1/TLR10, die auf unserer DNA nahe beieinander liegen, zu einer veränderten Immunantwort von europäischen gegenüber afrikanischen Menschen führen. Man findet sie auch im Neandertaler-Genom. So haben die Homo sapiens, die die Reise nach Europa auf sich genommen und sich mit Neandertalern durchmischt haben, deren Gene möglicherweise übernommen, um Krankheiten zu trotzen, an die diese schon angepasst waren.

2011 wurde ein Projekt ins Leben gerufen, das sich der Erforschung dieser komplexen Zusammenhänge widmet: das Projekt Milieu Intérieur, angelehnt an Claude Bernard, der den Begriff Mitte des 19. Jahrhunderts geprägt hatte. Hier arbeiten Menschen aus vielen Wissensbereichen wie Immunologie, Infektiologie, Mikrobiologie,

Virologie, Genetik, Bioinformatik, Statistik, Evolutionsbiologie oder Systembiologie zusammen. Kommunikation ist alles, wie wir schon oft in diesem Buch erfahren haben. Es wird aller Wahrscheinlichkeit nach noch eine Weile dauern, bis wir die vielen Wechselwirkungen zwischen unserem Immunsystem, unseren Genen und den vielen Mikroben in und um uns herum verstehen werden.

Die Vielfalt unserer Immunsystem-Gene schützt also nicht immer jeden Einzelnen von uns, dafür aber die gesamte Population von Menschen. Da nie bekannt ist, in welcher Form eine neue Bedrohung auf die Menschheit zukommen wird – man denke nur an die Corona-Pandemie –, stehen uns weltweit viele Varianten zum Kampf dagegen zur Verfügung. Sie werden uns niemals alle retten können, doch jene, die gewappnet sind, können weiterleben und Nachkommen hervorbringen. So, wie es die menschliche Spezies schon seit Menschengedenken getan hat. Wir dürfen aber auch nicht vergessen: mindestens so wichtig wie diese Gene sind unsere Mikrobiota und ihre eigenen Gene, sowie die Art der Symbiose, die sie mit uns Menschen eingehen.

Bevor wir zum nächsten Kapitel übergehen, statten wir der Eismumie Ötzi noch einen kurzen Besuch ab. Sie kann heute im Südtiroler Archäologiemuseum in Bozen bestaunt werden. Am 19. September 1991 finden Erika und Helmut Simon beim Wandern am Niederjochferner, einem Gletscher in den Ötztaler Alpen in Österreich, eine Gletscherleiche. Sie vermuten erst, dass es sich um einen verunglückten Bergsteiger handelt. Doch bei der Untersuchung des Verstorbenen erlebt man eine Überraschung: er liegt schon seit über 5300 Jahren dort und ist damit eine der ältesten und am besten konservierten Mumien der Welt. Außer „Ötzi" wird die Mumie auch noch „Iceman" oder „Frozen Fritz" getauft. Seither befassen sich Menschen aus vielen Wissenschaftsbereichen mit der berühmten Mumie. Hier sind ein paar der vielen Details, die man bisher herausgefunden hat, unter anderem nach der fast vollständigen Sequenzierung seines Genoms 2012 durch ein internationales Forscherteam um Albert Zink aus Bozen: Ötzi war zur Zeit seines Todes etwa 48 Jahre alt, 160 cm groß und 50 kg schwer. Er hatte dunkle Haut, braune Augen, braune, wellige Haare, einen Bart und wahrscheinlich schon eine Glatze. Er litt unter Parodontitis und Karies, außerdem war einer seiner beiden mittleren Vorderzähne, wahrscheinlich durch einen Unfall, abgestorben. Radiologen fanden auch Verkalkungen im Herzbereich, an der Halsschlagader und an Arterien der Schädelbasis. In seinen Knochen fand man den Erreger Borrelia burgdorferi, er litt also an Lyme-Borreliose. Er ist an keiner dieser Krankheiten gestorben: er wurde durch einen Pfeilschuss in den Rücken ermordet. Der Mörder konnte nicht ermittelt werden, er läuft jedoch mit Sicherheit nicht mehr frei herum. Wie spannend: Seit über 30 Jahren „lesen" wir jetzt schon die Nachrichten, die Ötzi uns zu erzählen vermag. Und wahrscheinlich gibt es noch mehr Geheimnisse, die darauf warten, gelüftet zu werden.

Seit schätzungsweise 3,8 Milliarden Jahren, als das Leben auf unserer Erde dem Ozean entsprang, werden in der Sprache des Lebens, in DNA und RNA – wie wir schon wissen, wahrscheinlich zuerst in RNA –, „Aufzeichnungen" gemacht. Auf mehr als wundersame Weise „schreiben" diese Substanzen ihre Geschichte weiter. Richten wir unsere Aufmerksamkeit nun darauf, wie sie das machen.

12 Gene und die Unendlichkeit

Das allererste Wesen, das je gelebt hat, hat inzwischen einen wissenschaftlichen Namen: LUCA, eine Abkürzung für „Last Universal Common Ancestor" (letzter universeller gemeinsamer Vorfahre"). Wie genau LUCA „geboren" sein könnte, darüber streitet sich die Wissenschaft immer noch. Man könnte sagen, es ist eines der vielen Henne-Ei-Probleme. Jedenfalls hat es nach der Geburt von LUCA nie wieder einen nachgewiesenen Fall von einem Übergang von lebloser in lebende Materie gegeben. Es klappt immer nur andersherum, wenn ein Lebewesen stirbt.

Ziemlich einig ist man sich inzwischen, dass es vor der heutigen DNA-Welt eine RNA-Welt gegeben haben muss, in der die Erbinformation mit Hilfe von RNA vererbt wurde. Später übernahm die DNA diese Rolle, möglicherweise, weil sie sich besser für das Konservieren von Information eignet. Sie konserviert sie aber nicht nur, sie wird auch verändert. Diese Veränderungen führen zu neuen Arten.

Was Viren angeht, gibt es mehrere Hypothesen, keine davon ist gesichert. Sie sind aller Wahrscheinlichkeit nach später als Prokaryoten entstanden. Einzeller ohne Zellkern, also Prokaryoten wie Bakterien und Archaeen, können ihre DNA, wie wir wissen, auch von Zelle zu Zelle weitergeben, also horizontal. Unser Stammbaum aus dieser Zeit ist also weniger ein Stammbaum, sondern mehr ein verworrenes Dickicht. Zu einem Baum wird er erst vor etwa 2 bis 3 Milliarden Jahren, als aus der Verschmelzung einer Archaea mit einem Bakterium die erste eukaryotische Zelle entsteht, die einen Zellkern hat. Durch die geschlechtliche Fortpflanzung ändert sich die Art der Vererbung. Auch hier kommt es, wie Darwin es viele Jahre nach seiner Weltreise auf der Beagle schon ahnt, zu Veränderungen. Und diese Veränderungen führen dazu, dass neue Arten entstehen. Wenn eine Art sich so sehr verändert hat, dass sie mit ihren eigenen Vorfahren keine Nachkommen mehr zeugen kann, entsteht eine neue Spezies – wobei die Grenzen zwischen verschiedenen Spezies nicht immer ganz klar gezogen werden können. Jene Arten, die am besten an ihre jeweilige Umgebung angepasst sind, überleben. Alle anderen sterben aus.

Es wird geschätzt, dass über 99 Prozent aller Spezies, die je auf der Erde gelebt haben, nicht mehr unter uns weilen. Heute leben noch schätzungsweise 8,7 Millionen eukaryote Spezies, die Zahl der Prokaryotenarten kann man so gut wie nicht schätzen. Von den Letzteren werden jährlich 500 bis 800 neue Arten gefunden, man geht aber davon aus, dass 99 Prozent davon immer noch unentdeckt sind.

In den DNA-Molekülen dieser Welt spiegeln sich also Anpassungen an all die Lebensumstände, die auf unserer Erde in den letzten 3,8 Milliarden Jahren geherrscht haben und von denen wir am Anfang dieses Buchteils schon einige kennengelernt haben, wider: Bewegungen der tektonischen Platten, Vulkanausbrüche, Meteoriteneinschläge, Klimaveränderungen und nicht zuletzt die Wechselwirkungen mit den vielen anderen Arten.

Die Veränderungen im Erbgut bezeichnet man, wie wir schon wissen, als Mutationen. In jedem von uns wird die DNA fortlaufend verändert, auch wenn es vielfältige

https://doi.org/10.1515/9783111611143-041

Mechanismen gibt, um das zu korrigieren. Es wird zum Beispiel geschätzt, dass unsere DNA bereits hunderte kleiner Mutationen erlebt hat, noch bevor wir geboren werden, und dieser Prozess setzt sich im Laufe unseres Lebens fort. Doch Mutationen, selbst wenn sie manchmal zu Krankheiten führen, sind gleichzeitig die Triebfedern der Evolution. Viele kleine Veränderungen der DNA bewirken irgendwann größere, und eine neue Art entsteht.

Ein faszinierendes Phänomen, das der Wissenschaft heute noch viele Rätsel aufgibt, wird in den 1950er Jahren von einer Frau entdeckt. Barbara McClintock wird am 16. Juni 1902 in Hartford, Connecticut, als Eleanor McClintock geboren, sie wird jedoch schon seit ihrer Kindheit Barbara genannt, weil ihre Eltern der Meinung sind, der Name würde besser zu ihrem temperamentvollen Wesen passen. Fast hätte sich ihr Wunsch zu studieren nicht erfüllt: ihre Mutter war der Meinung, es würde ihre Chancen, einen Mann zu finden, verringern. Doch ihr Vater, der als Feldarzt im Ersten Weltkrieg gedient hatte und aus Frankreich zurückkehrt, setzt sich für sie ein. 1919 beginnt sie ihr Studium der Landwirtschaft an der Cornell University in Ithaca, New York. Noch während ihres Studiums fängt sie mit Untersuchungen in einem damals neuen Forschungszweig an: der Zytogenetik. Ihre Begeisterung für das Forschen wird sie ihr Leben lang begleiten. Sie wird auch – wie von ihrer Mutter befürchtet – niemals heiraten.

Sie liebt die Arbeit im Labor und empfindet ihre Lehrtätigkeit als Dozentin als Ablenkung davon. Nach vielen Zwischenstationen wechselt sie 1941 an die Carnegie Institution in Cold Spring Harbor, wo sie sich ausschließlich der Forschung widmen kann. Dort bleibt sie bis zu ihrer Pensionierung 1967 – und arbeitet als emeritierte Wissenschaftlerin noch weiter dort, bis zu ihrem Tod im Alter von 90 Jahren.

Barbara McClintocks Hauptforschungspflanze ist von Anfang an der Mais. Auch in Cold Spring Harbor beschäftigt sie sich mit Mais, und zwar mit den mosaikartigen Farbmustern auf den Kolben, die sie genetisch untersucht. Sie stellt fest, dass sich die Körnermuster über mehrere Generationen hinweg zu häufig verändern, um als Mutationen betrachtet zu werden. Doch wie veränderten sie sich dann? Ihre Beobachtungen widersprechen den damals vorherrschenden Theorien der Genetik.

Die Wissenschaftlerin beobachtet ihre Maispflanzen – wie seinerzeit Gregor Mendel seine Erbsenpflanzen – über viele Generationen hinweg und schreibt und zeichnet alles detailgenau auf. Sie stellt fest, dass sich einige der Maisgene innerhalb ihrer (bei der Maispflanze 10) Chromosomen bewegen oder „transponieren", später werden sie den Namen „Transposons" erhalten. Sie beobachtet beispielsweise, dass solch ein Transposon in das Gen „hineinspringt", das für die Bildung eines Pigments (Farbstoffs) zuständig ist und es damit funktionsunfähig macht. Die Mutation, die daraus erfolgt, ist allerdings umkehrbar, denn das Transposon „springt" mit einer gewissen Wahrscheinlichkeit auch wieder an seinen früheren Platz zurück. Sie vermutet, dass diese „springenden Gene" wichtige „Kontrollelemente" darstellen. Ihre Ergebnisse publiziert sie 1950, 1951 stellt sie sie auf dem Cold Spring Harbor Symposium vor.

Barbara McClintock, 1947.
Quelle: https://de.wikipedia.org/wiki/Barbara_McClintock#/media/Datei:Barbara_McClintock_(1902-1992)_
shown_in_her_laboratory_in_1947.jpg

Die Reaktion ihrer Kolleginnen und Kollegen reicht von verblüfft bis feindselig. Wie sie sich später erinnert, schienen alle zu denken, sie sei verrückt. Barbara McClintock versucht angesichts des massiven Widerstands andere schließlich nicht mehr zu überzeugen. Sie hört auf zu publizieren und Vorträge zu halten. Doch sie hört niemals auf weiterzuforschen. Mit beeindruckender Beharrlichkeit macht sie einfach weiter. Später bemerkt sie: „Wenn du weißt, dass du auf dem richtigen Weg bist, wenn du dieses innere Wissen hast, dann kann dich niemand davon abbringen ... egal, was sie sagen." In den 1960er Jahren fangen auch andere Forschende an, das von ihr entdeckte Phänomen zu beobachten. Dass sie den Nobelpreis gewonnen hat, erfährt die 81-Jährige 1983 aus dem Radio: sie besitzt kein Telefon. Am 2. September 1992 stirbt Barbara McClintock an einer Grippe. Sie hatte bis kurz zuvor an sieben Tagen der Woche im Labor gearbeitet. Bei der Pressekonferenz zum Nobelpreis äußert sie: „Ich habe ein sehr, sehr befriedigendes und interessantes Leben gehabt. Ich konnte es am Morgen nicht abwarten, ins Labor zu gehen, und ich hasste es, einfach zu schlafen."

Erst 2021 wird das menschliche Genom vollständig, also auch bezüglich aller transponierbaren Elemente, entschlüsselt. Diese Elemente machen bei uns Menschen etwa die Hälfte des Genoms aus, bei Mais sind es 80 Prozent. Das Phänomen der schnellen Anpassung von Arten an veränderte Umweltbedingungen war allerdings schon früher aufgefallen – heute weiß man, dass dabei ein Transposon beteiligt war. Es geht um den Birkenspanner (Biston betularia). Anfang des 19. Jahrhunderts kannte man nur eine Form dieser Schmetterlinge: die weiße, mit dunklen Flecken gesprenkelte. 1864 beschrieb ein englischer Naturforscher einen komplett dunklen Birkenspanner, ein seltener Anblick. Doch mit der industriellen Revolution änderte sich das Aussehen der Schmetterlinge: die von der Kohle rußverschmierten Bäume boten den hellen Tieren keinen Schutz mehr vor Vögeln oder Fledermäusen und die dunkle Art setzte sich durch.

Nach und nach wird die Rolle der transponierbaren Elemente (TE) des Genoms immer besser verstanden. Sie scheinen, anders als früher vermutet, eine bedeutsame Rolle in der Evolution von Arten zu spielen. Wieder ist es kein Entweder-oder, sondern ein Sowohl-als-auch: neue Arten entstehen nicht nur nach rein zufälligen Mutationen und dem Überleben der am besten angepassten, sondern sehr wahrscheinlich auch durch Anpassungsvorgänge, die aus einem dynamischen Genom heraus stattfinden.

In der DNA aller lebenden Wesen dieser Erde wird also an den Genom-Enzyklopädien in der Sprache des Lebens weitergeschrieben, während wir immer noch damit beschäftigt sind, sie zu entschlüsseln. Ein Team von Forschenden rund um den Paläoklimatologen Alexander Farnsworth von der Universität Bristol hat 2023 mit Hilfe von Supercomputern errechnet, dass sich die Bedingungen auf unserem Planeten so verändern könnten, dass er für Säugetiere unbewohnbar würde. Die gute Nachricht aus der Veröffentlichung: laut ihren und den Berechnungen der Supercomputer wäre das erst in 250 Millionen Jahren der Fall. Wie beruhigend ... Sie könnten sich natürlich auch irren, wie einige Wissenschaftlerinnen und Wissenschaftler vor ihnen. Lassen Sie uns hier mit den Worten des französischen Mediziners, Genetikers und Molekularbiologen François Jacob (1920–2013) enden, die am Anfang dieses Buchteils stehen: „Was wir heute vermuten können, wird nicht Wirklichkeit werden. Veränderung wird es auf jeden Fall geben, doch wird die Zukunft anders sein, als wir glauben."

Nachwort

Mein Vater pflegte gerne zu sagen: „Eltern von erfolgreichen Kindern glauben an Vererbung." Als Kind merkte ich damals nur, dass meine Eltern die Aussage lustig fanden, verstehen konnte ich sie nicht. Während ich an diesem Buch schrieb, habe ich oft darüber nachgedacht, was meine Eltern mir eigentlich mit auf den Weg gegeben haben.

Bereits sehr früh in ihrem Leben, als sie noch im Bauch ihrer Mutter, also meiner Oma, war, fing meine Mutter mit der Familienplanung an. Unter den etwa 400.000 primären Oozyten (Eizellen), die sie für die nächste Generation aufbewahrt hatte, sollte eine einzige davon zu mir führen. Kurz vor meiner Zeugung legten sich ihre Chromosomen – von denen sie je 23 von ihrer Mutter und von ihrem Vater geerbt hatte – aneinander und tauschten in einem Vorgang, der als Crossing-over bezeichnet wird, Erbinformationen aus, danach teilte sich die Eizelle. Die jetzt sekundäre Oozyte genannte Zelle, die nur noch 23 Chromosomen enthielt, wanderte schließlich in den Eileiter, um auf eine Samenzelle zu warten.

Bei meinem Vater erfolgten das Crossing-over und die Zellteilung erst kurz vor meiner Zeugung. Jene Samenzelle, die zu mir führen sollte, trat gemeinsam mit mehreren Millionen ihresgleichen eine abenteuerliche Expedition in Richtung Eizelle an und ging als Gewinnerin aus dem Wettrennen hervor. Bei der Verschmelzung dieser einen Samenzelle mit der wartenden Eizelle wurde die Grundlage dafür gelegt, was zu mir werden sollte.

Die befruchtete Eizelle fing an, sich zu teilen, und die vorhandene Information aus ihrem Zellkern trug dazu bei, dass sich die neu gebildeten Zellen veränderten und zu meinen Haut-, Leber-, Herz- oder Gehirnzellen wurden. Ungefähr die Hälfte meiner X-Chromosomen entschied dabei scheinbar zufällig, inaktiv zu sein, und versteckte sich dafür in einer Heterochromatinhülle. Bei jeder weiteren Teilung wurde das „verpackte" Chromosom wieder aus- und sorgfältig wieder eingepackt. (Das gilt nicht für Männer, die nur ein X-Chromosom haben, das fortlaufend aktiv ist).

In einem genialen Tanz, dessen Choreografie zwar in meiner DNA niedergeschrieben war, den meine Zellen jedoch von selbst aufführten, fanden sie ihren Platz in meinem kleinen Körper. Auch mein Gehirn fing schon sehr früh damit an, zwischen seinen einzelnen Gehirnzellen Verbindungen (Synapsen) herzustellen. Durch einen Prozess, den man als Myelinisierung bezeichnet, und der die Ausläufer meiner Nervenzellen (Axone) ummantelte, wurde die Geschwindigkeit der Nervenleitung auf bis zu 200 Metern pro Sekunde verstärkt. Dieser Prozess setzte sich auch nach meiner Geburt fort, besonders in meinen Frontallappen, die als Sitz der individuellen Persönlichkeit und des Sozialverhaltens gelten. Er dauert in manchen Regionen bis heute an. Wie sich meine Mutter in dieser frühen Phase meiner Gehirnentwicklung fühlte, hatte einen bedeutsamen Einfluss auf diesen Prozess.

Schon im Fruchtwasser schwimmend und ab der vierzehnten Woche mindestens zweihundert Milliliter davon trinkend, schluckte ich wahrscheinlich schon Mikroben

https://doi.org/10.1515/9783111611143-042

meiner Mutter. Auch mein noch unfertiges Immunsystem machte hier schon ihre Bekanntschaft. Bei meiner (natürlichen) Geburt wurde ich erst recht mit ihnen infiziert, meine Mutter „vererbte" sie mir also. Während sie mich danach stillte, übertrug sie mir mit jedem Milliliter Muttermilch über 10 Millionen Bakterien, vor allem aus der Familie der Lactobazillen und Bifidobakterien, und gab den kleinen Wesen auch noch gleich ihre Nahrung in Form von sogenannten Human Milk Oligosaccharides (HMO) mit auf den Weg. In der Muttermilch schwammen nicht nur Antikörper mit, mit denen sie mich vor Krankheiten schützte, die sie schon mitgemacht hatte, sondern sogar ein paar ihrer eigenen Immunzellen. Sie sollten mich vor der Ansteckung mit krankmachenden Keimen schützen, bis mein eigenes Immunsystem der Aufgabe gewachsen war.

Jetzt, da ich nicht mehr in ihren Körper eingebettet war, machte ich nämlich erst recht die Bekanntschaft mit den Mikroben, die einfach überall waren: in der Liebkosung meines Vaters und meines kleinen Bruders, im Sandkasten auf dem Spielplatz, im Kindergarten, später in der Schule. Mein Immunsystem lernte nach und nach, mit diesen Wesen umzugehen: jene, die mir freundlich gesinnt waren, willkommen zu heißen, und jene, die es nicht waren, abzuwehren. Meine Nase lief ständig und ich hustete oft, während ich mich den neuen Herausforderungen stellte.

Schon bei meiner Geburt war meine DNA nicht mehr die gleiche wie in der befruchteten Eizelle, die sich im Körper meiner Mutter eingenistet hatte. Nach den vielen Zellteilungen hatte sie bereits hunderte kleiner Mutationen erfahren und dieser Prozess würde sich mein Leben lang fortsetzen. Dies geschieht trotz der vielen Reparaturmechanismen, die bereits innerhalb meiner Zellen wirken. Und auch außerhalb von ihnen ist Schutz geboten: mein Immunsystem hat den veränderten Zellen bisher erfolgreich aufgelauert und hat sie zerstört. Es hat mich auch gegen zahllose Krankheitserreger verteidigt.

Nach meiner Geburt wuchs auch mein Gehirn noch und im ersten Jahr verdreifachte sich seine Größe sogar. Mit drei hatte ich etwa doppelt so viele Synapsen (Verschaltungen der Nervenzellen) wie heute. Die vielfältigen Nervenzellnetzwerke in meinem Gehirn wurden ebenfalls von meinen Eltern beeinflusst: wenn sie mich anlächelten, mit mir schmusten, schimpften, sprachen, sangen oder mir vorlasen. Während ich aufwuchs, trennte ich mich von vielen der aufgebauten Verschaltungen in meinem Gehirn, damit es effizienter arbeiten konnte. Manche Verschaltungen, die ich häufiger benutzte, verstärkten sich, andere verkümmerten. In Freud und Leid, Enttäuschung, Verlust, Glück und Unglück gestalteten sich jene komplexen Nervenzellnetzwerke, die ich gerade benutze, um diesen Text zu schreiben. So, wie meine DNA und mein Immunsystem sind sie einzigartig auf dieser Welt.

Jetzt, da wir am Ende unserer Reise angekommen sind, möchte ich mich bei Ihnen bedanken, dass Sie mit mir gereist sind. Ich reise nämlich nicht gerne allein. Wenn man es genau nimmt, reisen wir aber nie allein. Mit uns reisen zum einen unsere unzähligen Mikroben, die sich an das Leben in, auf und mit uns angepasst haben.

Darum, dass es in uns einigermaßen friedlich bleibt, kümmert sich unser geniales Immunsystem in jedem einzelnen Augenblick. Mit uns reisen auch die Informationen, die das Leben, dieser „einzigartige Gewinn im Roulette der Moleküle", in 3,8 Milliarden Jahren gesammelt hat, in Trilobiten, Moschopsen, Dinosauriern, Vögeln, Ringelblumen, Hunden und Menschen. Dieses Roulettespiel haben wir – Sie und ich – wahrlich gewonnen!

Literaturverzeichnis

Anmerkung zum Gebrauch: Um das flüssige Lesen nicht zu stören, wurde darauf verzichtet, die Bücher und Artikel, auf die Bezug genommen wird, direkt im Text zu zitieren. Sämtliche im Buch gemachten Aussagen sind durch wissenschaftliche Untersuchungen belegt. Jene Arbeiten, die die zentralen Aussagen des Buches begründen, sind nachfolgend aufgelistet. Interessierte Leserinnen und Leser haben so die Möglichkeit, darin weiterzulesen.

Teil I Was wir nicht sehen können. Das unsichtbare Leben der Mikroben

Aogáin, M. M., Baker, J. M., Dickson, R. P.: On Bugs and Blowholes: Why Is Aspiration the Rule, Not the Exception?, American Journal of Respiratory and Critical Care Medicine 2021 May 1; 203(9): 1049–1051.

Antimicrobian Resistance Collaborators: Global burden of bacterial antimicrobial resistance in 2019: a systematic analysis: The Lancet 2022 Volume 399 Issue 10325, 629–655.

Baudisch, Nicolas Frenzel: Hygienekosten in Zahnarztpraxen. Institut der Deutschen Zahnärzte, Köln: Deutscher Ärzteverlag, 2020.

Biagi E. et al.: Gut Microbiota and Extreme Longevity, Current Biology, 2016, S. 1480–1485.

Blaser, Martin J.: Missing Microbes: How the Overuse of Antibiotics Is Fueling Our Modern Plagues, New York: Henry Holt and Company, 2014.

Boccaccio, Giovanni: Das Dekameron: Vollständige Ausgabe, Köln: Anaconda, 2013.

Bracci, Paige: Oral Health and the Oral Microbiome in Pancreatic Cancer. An Overview of Epidemiological Studies, The Cancer Journal 2017 23(6): 310–314.

Branton, W. G. et al.: Brain microbial populations in HIV/AIDS: α-proteobacteria predominate independent of host immune status, PLoS One 2013; 8(1): e54673.

Brown, Kevin: Penicillin Man. Alexander Fleming And The Antibiotic Revolution, Cheltenham, Gloucestershire, UK: The History Press, 2005.

Cavaillon, Jean-Marc, Legout, Sandra: Duclaux: Chamberland, Roux, Granger and Metchnikoff: the five musketeers of Louis Pasteur, Genes & Immunity 20, 2019, S. 244–356.

Charisius, Hanno, Friebe, Richard: Bund fürs Leben. Warum Bakterien unsere Freunde sind, München: Carl Hanser Verlag, 2014.

Clemente, J. C, et al.: The microbiome of uncontacted Amerindians, Science Advances 17 Apr 2015 Vol. 1 Issue 3.

Colebrook, Leonard: Almroth Wright – Pioneer in Immunology, British Medical Journal 1953, 2(4837), 635.

Conrads, G.: Zutritt verboten. Wie im Mund die Invasion von Mikroben verhindert wird, Quintessenz Zahnmedizin, 2020, S. 1408–1416.

Deng, B.: Bacteria bonanza found in remote Amazon village, Nature 2015.

Deo, P. N., Deshmukh, R.: Oral microbiome: Unveiling the fundamentals, Journal of Oral and Maxillofacial Surgery 2019 Jan-Apr; 23(1): 122–128.

Deschner, J., Eick, S.: Ätiologie und Pathogenese der Parodontitis, Zahnärztliche Mitteilungen 2011, 10.

Dobell, Clifford: Antony van Leeuwenhoek and his "Little animals": being some account of the father of protozoology & bacteriology and his multifarious discoveries in these disciplines, Bolton, UK: Russell & Russell, 1958.

Dongyeop K. et al.: Spatial mapping of polymicrobial communities reveals a precise biogeography associated with human dental caries, The Proceedings of the National Academy of Sciences 2020; 117(22): 12375–12386.

https://doi.org/10.1515/9783111611143-043

Dunnill, Michael S.: The Plato of Praed Street. The Life And Times of Almroth Wright, London: Royal Society of Medicine Press., 2001.

Enders, Giulia: Darm mit Charme. Alles über ein unterschätztes Organ, Berlin: Ullstein, 2014.

Enke, Ulrike: 125 Jahre Diphtherieheilserum. „Das Behring'sche Gold", Deutsches Ärzteblatt 2015; 112(49): A-2088 / B-1722 / C-1667.

Escherich, Theodor: Die Darmbakterien des Säuglings und ihre Beziehungen zur Physiologie der Verdauung, Stuttgart: Verlag von Ferdinand Enke 1886.

Fasano, Alessio, Flaherty, Susie: Gut Feelings: The Microbiome and Our Health, Cambridge, Massachusetts: The MIT Press, 2021.

Filloux, A., Valet, I.: Biofilm: set-up and organization of a bacterial community, Medical Sciences (Paris) 2004 Jan; 19(1): 77–83.

Fischer, Ernst Peter: Noch wichtiger als das Wissen ist die Phantasie. Die 50 besten Erkenntnisse der Wissenschaft von Galilei bis Einstein, München: Penguin, 2016.

Gao, Lu et al.: Oral microbiomes: more and more importance in oral cavity and whole body, Protein Cell 2018; 9(5): 488–500.

Goddemeier, C.: George Bernard Shaw. Des Doktors Dilemma, Deutsches Ärzteblatt 2006; 103(50): A-3399 / B-2954 / C-2834.

Goddemeier, C.: Ignaz Philipp Semmelweis: Retter der Mütter, Deutsches Ärzteblatt, 2/2011: 22.

Goeser, Felix: Mikrobiomforschung: Wie körpereigene Keime als „Superorgan" agieren, Deutsches Ärzteblatt 2012; 109(25): A-1317 / B-1140 / C-1120.

Hall, John B.: Opsonins and the Opsonic Index in medicine, Journal of the National Medical Association 1909 Jan-Mar; 1(1): 9–15.

Hofmann, Friedrich: Geschichte der Medizin: Louis Pasteur, Joseph Meister und die Tollwutimpfung, Deutsches Ärzteblatt 2010; 107(27): A-1345 / B-1189 / C-1180.

Hofmann, Friedrich: Robert Koch (1843–1910). Begründer einer neuen Wissenschaft, Deutsches Ärzteblatt 2010; 107(21): A-1067 / B-939 / C-927.

Hulcr, J. et al.: A Jungle in There: Bacteria in Belly Buttons are Highly Diverse, but Predictable, PLoS One 2012 Nov 7; (11): e47712.

Invernizzi, R., Lloyd, C. M.., Molyneaux, P. L.: Interaktionen zwischen respiratorischem Mikrobiom und Epithelzellen formen Immunität der Lunge, Kompass Pneumologie 2020 8(5): 240–251.

Jepsen, S., Dommisch, H., Die parodontale Entzündung. Zahnärztliche Mitteilungen 2014, S. 24.

Jeurink, P. V. et al.: Human milk: a source of more life than we imagine. Beneficial Microbes 2013 Mar 1; 4(1); 17–30.

Li, X. Et al.: The Oral Microbiota: Community, Composition, Influencing Factors, Pathogenesis, and Interventions, Frontiers in Microbiology 2022 Apr 29; 13: 895537.

Mark Welch, J. et al.: Biogeography of a human oral microbiome at the micron scale, Proceedings of the National Academy of Sciences of the United States of America 2016; 113(6): E791-E80.

Mayer, Emeran: Das zweite Gehirn: Wie der Darm unsere Stimmung, unsere Entscheidungen und unser Wohlbefinden beeinflusst, München: Riva, 2022.

Mayer, Emeran: Gesundheit beginnt im Darm. Wie unsere Ernährung unser Immunsystem beeinflusst – Für mehr Energie, Balance und ein längeres Leben. Mit 40 Immunbooster-Rezepten, München: Riva, 2022.

Meadow, J. F. Et al.: Humans differ in their personal microbial cloud, Peer J 2015 Sep 22: 3: e1258.

Metchnikoff, Elie: The Prolongation of Life: Optimistic Studies, Forest Grove, Oregon: Pacific University Press 2003.

Meyer, Gernot: Die Pest in Athen. Quelleninterpretation von Thuk. 2,48–53, München: GRIN 2017.

Montagu, Mary Wortley: Briefe aus dem Orient, Frankfurt am Main: Societäts-Verlag, 1991.

O'Dwyer, D. N., Dickson, R. P., Moore, B. B.: The Lung Microbiome, Immunity and the Pathogenesis of Chronic Lung Disease, The Journal of Immunology 2016 Jun 15; 196(12) :4839–4847.

Orsenna, Eric: La vie, la mort, la vie. Louis Pasteur (1822–1895), Paris: Le Livre de poche, 2017.

Pellegrini, Antonio: Lysozym, ein „altes" Protein hält die Forschung immer noch in Atem, Vierteljahrsschrift der Naturforschenden Gesellschaft in Zürich (1995) 140/3: 133–140.

Perrot, Annick, Schwartz, Maxime: Robert Koch und Louis Pasteur. Duell zweier Giganten, Freiburg im Breisgau: Theiss in Herder, 2015.

Sampaio-Maia, B., Monteiro-Silva, F.: Acquisition and maturation of oral microbiome throughout childhood: An update, Dental Research Journal (Isfahan) 2014 May-Jun; 11(3): 291–301.

Schenk, Rolf-Martin: Die dentale Plaque als Biofilm und dessen Bedeutung in Ätiologie und Pathogenese der Parodontitis – eine aktuelle Literaturübersicht, Masterarbeit zur Erlangung des akademischen Grades Master of Science (M.Sc.) im Studiengang „DGP-Master für Parodontologie und Implantattherapie der Dresden International University (DIU)", 2014.

Schlehe, J. S., Ussar, S.: Das Mikrobiom: Einfluss auf Adipositas und Diabetes, Deutsches Ärzteblatt 2016; 113(17): [27].

Sender, Ron, Fuchs, Shai, Milo, Ron: Revised Estimates for the Number of Human and Bacterial Cells in the Body, PLoS Biology 2016 Aug 19; 14(8): e1002533.

Sinding, Christiane: Claude Bernard and Louis Pasteur. Contrasting Images Through Public Commemorations, Osiris, 1999.

Sonnenburg, E., Smits, S., Tikhonov, M. et al.: Diet-induced extinctions in the gut microbiota compound over generations. Nature 2016 529: 212–215.

Spinney, Laura: Pale Rider. The Spanish Flu of 1918 and How it Changed the World, New York: PublicAffairs, 2017.

Stiegelmayr, Dr. Alois et al.: Ansteckungsrisiko in der Zahnarztpraxis mit Covid-19. Die Zahnarzt Woche, 2020.

Stinson, L.F. et al.: The Not-so-Sterile Womb: Evidence That the Human Fetus Is Exposed to Bacteria Prior to Birth. Front. Microbiol. 2019; 10: 1124.

Sugisawa, E. et al.: RNA Sensing by Gut Piezo2 Is Essential for Systemic Serotonin Synthesis, Cell, Volume 182, Issue 3, 609 – 624.e21.

Swift, Jonathan: On Poetry. A Rhapsody, London, Dublin: Oxford University, 1734.

Sztajer, H. et al.: Cross-feeding and interkingdom communication in dual-species biofilms of Streptococcus mutans and Candida albicans, The ISME Journal 2014 (8); 2256–2271.

The Human Microbiome Project Consortium: Structure, function and diversity of the healthy human microbiome, Nature 2012 486, 207–214.

Vögele J., Schuler, K.: Epidemien und Pandemien – die historische Perspektive, GGW 2021 Jg. 21, Heft 2 (April), 24–30.

Wilbert, S. A. et al.: Spatial Ecology of the Human Tongue Dorsum Microbiome. Cell Reports 2020; 30: 4003–4015.

Wright, Kristina: The Big Book of Infectious Disease Trivia. Everything You Ever Wanted to Know about the World's Worst Pandemics, Epidemics, and Diseases, Berkeley: Ulysses Press, 2021.

Yong, Ed: I Contain Multitudes: The Microbes Within Us and a Grander View of Life, London: Vintage, 2017.

Teil II Krieg und Frieden in uns. Wie wir jeden Tag überleben

Aghaeepor, N. et al.: An immune clock of human pregnancy, Science Immunology 2017 Sep 1; 2(15).

Akbar, N. et al.: The role of gut microbiome in cancer genesis and cancer prevention, Health Sciences Review, 2(3): 100010.

Balkwill, F. R., Capasso, M., Hagemann, T.: The tumor microenvironment at a glance, Journal of Cell Science 2012 Dec 1; 125(Pt 23): 5591–6.

Bhatia, A., Kumar, Y.: Cellular and molecular mechanisms in cancer immune escape: a comprehensive review, Expert Review of Clinical Immunology 2014 Jan; 10(1): 41–62.

Bouvard, V. et al.: A review of human carcinogens--Part B: biological agents, The Lancet Oncology 2009 Apr; 10(4): 321–2.

Brinkmann, V. et al.: Neutrophil extracellular traps kill bacteria, Science 2004 Mar 5; 303(5663): 1532–5.

Bryson, Bill: Eine kurze Geschichte des menschlichen Körpers, München: Goldmann Verlag, 2022.

Català-Moll, F., et al.: Vitamin D receptor, STAT3, and TET2 cooperate to establish tolerogenesis, Cell Reports 2022 Jan 18, Volume 38, Issue 3, 1102.

Condon, G. C. et al.: Surfactant protein secreted by the maturing mouse fetal lung acts as a hormone that signals the initiation of parturition, The Proceedings of the National Academy of Sciences 2004; 101(14): 4978–83.

Davis, Daniel M.: The Beautiful Cure. The New Science to Immune Health. New York: Vintage, 2019.

Desalegn, G., Pabst, O.: Inflammation triggers immediate rather than progressive changes in monocyte differentiation in the small intestine, Nature Communications 2019, 10, 3229.

Dettmer, Philipp: Immun. Alles über das faszinierende System, das uns am Leben hält. Berlin: Ullstein, 2021.

Dudeck, J. et al.: Directional mast cell degranulation of tumor necrosis factor into blood vessels primes neutrophil extravasation, Immunity 2021, Volume 54, Issue 3: 468–483.

Eisenbach, M., Giojalas, L. C.: Sperm guidance in mammals – un unpaved road to the egg, Nature Reviews Molecular Cell Biology 2006; 7: 276–285.

Erbay, E.: Bacteria-Driven Atherosclerosis, Science Translational Medicine 2014 May 14, Vol 6, Issue 236 p. 236e.

Fernández, L. et al.: The human milk microbiota: origin and potential roles in health and disease, Pharmacological Research 2013 Mar; 69(1): 1–10.

Fiala, C., Diamandis, E. P.: Mutations in normal tissues – some diagnostic and clinical implications, BMC Medicine 2020 Oct 29; 18: 283.

Fiedler, J. et al.: Exposure to farming in early life and development of asthma and allergy: a cross-sectional survey, The Lancet 2001 Oct 6; 358(9288): 1129–33.

Gomez-Lopez, N. et al.: Immune cells in term and preterm labor, Cellular & Molecular Immunology 2014 Jun 23; 11((6): 571–581.

Gürtler, Lutz: Influenza, Doctor Consult – The Journal. Wissen für Klinik und Praxis 2010 Aug5; 1(2): e115.

Haverich, A.: A Surgeon's View on the Pathogenesis of Atherosclerosis, Circulation 2017, Volume 135, Number 3.

Haverich, A., Kreipe, H. H.: Ursachenforschung Arteriosklerose: Warum wir die KHK nicht verstehen. Dtsch Arztebl 2016; 113(10): A-426 / B-358 / C-358.

Hayward, A.C. et al.: Comparative community burden and severity of seasonal and pandemic influenza: results of the Flu Watch cohort study, The Lancet Respiratory Medicine, Volume 2, Issue 6, 445–454.

Herremans K. M., Riner, A. N., Cameron, M. E. et al.: The oral microbiome, pancreatic cancer and human diversity in the age of precision medicine, Microbiome 2022 10, 93.

Hilbi, Hubert: Fressen und gefressen werden – Vom Umgang pathogener Bakterien mit Phagozyten, Vierteljahrsschrift der Naturforschenden Gesellschaft in Zürich 2003; 148/4: 113–121.

Karewa, Irina: Immune Suppression in Pregnancy and Cancer: Parallels and Insights, Translational Oncology 2020 Apr 27; 13(7): 100759.

Kirschfink, Michael: Komplementsystem und Komplementdefekte, Pädiatrie 2014 Jul 25: 738–743.

Knowles, M., Boucher, R. C.: Mucus clearance as a primary innate defense mechanism for mammalian airways, Journal of Clinical Investigation 2002 Mar; 109(5): 571–7.

Koren, O., Spor, A., Felin, J.: Human oral, gut, and plaque microbiota in patients with atherosclerosis, Proceedings of the National Academy of Sciences of the United States of America 2010; 108 (supplement_1) 4592–4598.

Kozarov, E. et al.: Detection of bacterial DNA in atheromatous plaques by quantitative PCR. Microbes and Infection 2006; 8(3): 687–93.

Kreutzberg, Karin: Krebstherapie: Sauerstoffmangel im Tumor bekämpfen, Deutsches Ärzteblatt 1999; 96(19): A-1290 / B-1080 / C-1007.

Lämmermann, Tim: In the eye of the neutrophil swarm-navigation signals that bring neutrophils together in inflamed and infected tissues, Journal of Leukocyte Biology 2016 Jul; 100(1): 55–63.

Lanter, B. B., Sauer, K., Davies, D. G.: Bacteria Present in Carotid Arterial Plaques Are Found as Biofilm Deposits Which May Contribute to Enhanced Risk of Plaque Rupture. mBio 2014; 5(3): 01206–14.

Ledford, H.: Eye-opening picture of fetal immune system emerges, Nature 2017; 546: 335–336.

Lee, C.-H., Giuliani, F.: The Role of Inflammation in Depression and Fatigue, Frontiers in Immunology 2019 Jul 19; 10: 1696.

Lehnert, R. et al.: Antivirale Arzneimittel bei saisonaler und pandemischer Influenza. Ein systematisches Review, Deutsches Ärzteblatt 2016; 113: 799–807.

Lender, N. et al.: Review article: associations between Helicobacter pylori and obesity – an ecological study, Alimentary Pharmacology and Therapeutics 2014 Jul, Vol. 40: 34–31.

Liu Richard T.: The microbiome as a novel paradigm in studying stress and mental health, American Psychologist 2017 Oct; 72(7): 655–667.

Ljunggren, H.-G., Kärra, K.: Review. In search of the 'missing self': MHC molecules and NK cell recognition, Immunology Today 1990 Vol 11: 237–244.

Margulis, Lynn: Der symbiotische Planet oder Wie die Evolution wirklich verlief. Neu-Isenburg: Westend-Verlag 2018.

Marshall, E. A., Telkar, N., Lam, W. L.: Graphical Review. Functional role of the cancer microbiome in the solid tumour niche, Current Research in Immunology 2021 Vol 2: 1–6.

Maurois, André: Alexander Fleming, Leipzig: List, 1962.

Mellmann, I., Coukos, G., Dranoff, G.: Cancer Immunotherapy comes of age, Nature 2011, 480: 480–489.

Minelli, S., Minelli, P., Montinari M. R., Reflections on Atherosclerosis: Lessons from the Past and Future Research Directions, Journal of Multidisciplinary Healthcare 2020 Jul 17; 13: 621–633.

Modin., D. Et al.: Influenza Vaccine in Heart Failure, Circulation 2019 Jan 29; 139(5): 575–586.

Mor, G., Aldo, P., Alvero, A.: The unique immunological and microbial aspects of pregnancy, Nature Reviews Immunology 2017; 17: 469–482.

Mor, G., Kwon, J.-Y.: Trophoblast-microbiome interaction. A new paradigm on immune regulation. American Journal of Obstretics & Gynecology, 2015, 131–137.

Morais, L. H., Schreiber, H. L. 4th, Mazmanian S. K.: The gut microbiota-brain axis in behaviour and brain disorders, Nature Reviews Microbiology 2021 Apr; 19(4): 241–255.

Munusamy, G., Shanmugam, R.: Bacterial Infections and Atherosclerosis – A Mini Review, Journal of Pure and Applied Microbiology 2022; 16(3): 1595–1607.

Murphy, Kenneth, Weaver, Casey: Janeway Immunologie. Heidelberg: Springer 2018.

Nardone, G., Compare, D.: The human gastric microbiota: Is it time to rethink the pathogenesis of stomach diseases?, United European Gastroenterology Journal 2015 Jun; 3(3): 255–260.

Ness, S., Lin, S., Gordon, J. R.: Regulatory Dendritic Cells; T cell Tolerance, and Dendritic Cell Therapy for Immunologic Disease, Frontiers of Immunology 2021 Mar 10, Sec. Immunological Tolerance and Regulation, Volume 12.

Neumann, Jürgen: Immunbiologie. Eine Einführung. Heidelberg: Springer 2008.

Nejman D. et al.: The human tumor microbiome is composed of tumor type-specific intracellular bacteria, Science 2020 May 29; 368(6494): 973–980.

Nishio, N. et al.: Antibodies to wounded tissue enhance cutaneous wound healing, Immunology 2009 Nov; 128(3): 369–280.

Noval Rivas, M., Chatila, T. A.: Regulatory T cells in allergic diseases. The Journal of Allergy and Clinical Immunology 2016 Sep; 138(3): 639–652.

Ortner, D. et al.: Langerhans cells and NK cells cooperate in the inhibition of chemical skin carcinogenesis, Oncoimmunology 2027 6(2).

Plaza-Sirvent, C. et al.: c-FLIP Expression in Foxp3-Expressing Cells Is Essential for Survival of Regulatory T Cells and Prevention of Autoimmunity, Cell Reports 2017 Jan 3; 18(1): 12–22.

Prager, I. et al.: NK cells switch from granzymeB to death receptor-mediated cytotoxicity during serial killing, Journal of Experimental Medicine 2019 Jul 03 216(9): 2113–2127.

Proust, Marcel: Auf der Suche nach der verlorenen Zeit, Ditzingen: Reclam 2020.

Pylaeva E. et al.: During early stages of cancer, neutrophils initiate anti-tumor immune responses in tumor-draining lymph nodes, Cell Reports 2022 Aug 16; 40(7): 111171.

Reif-Leonard, C., Reif, A., Baune, B. T.: Vagusnervstimulation bei schwer zu behandelnden Depressionen, Nervenarzt 2022 Apr 5; 93(9): 921–930.

Richtel, Matt: An Elegant Defense. The Extraordinary New Science of the Immune System. A Tale in Four Lives. Boston: Mariner Books, 2019.

Riedel, Matthias: Die Macht der ersten 1000 Tage. Falsche Ernährungsmuster aus der frühen Kindheit aufdecken und der Prägungsfalle endlich entkommen (Artgerechte Ernährung), München: Gräfe und Unser Verlag, 2020.

Riedel, E., Stumpfe, M.: Auswirkungen einer Parodontitis auf Schwangerschaft und Geburt. ZMK 2011; 27: 425–427.

Rink, Lothar: Infektionsimmunologie 8, Immunologie für Einsteiger 2016 Feb 18: 121–140.

Roos, W. P., Thomas, A. D., Karina B.: DNA damage and the balance between survival and death in cancer biology, Nature Reviews Cancer 2016 Jan; 16(1): 20–33.

Riquelme, E. et al.: Tumor Microbiome Diversity and Composition Influence Pancreatic Cancer Outcomes. Cell. 2019 Aug 8; 178(4): 796–806.

Sotiriadis, G. et al.: Surfactant Proteins SP-A and SP-D Modulate Uterine Contractile Events in ULTR Myometrial Cell Line, PLoS One 2015 Dec 7; 10(12): e0143379.

Stegemann-Koniszewski, S. et al.: Respiratory Influenza A Virus Infection Triggers Local and Systemic Natural Killer Cell Activation *via* Toll-Like Receptor 7, Frontiers in Immunology 2018, Vol 9, Feb 13.

Stein, M. et al.: Innate Immunity and Asthma Risk in Amish and Hutterite Farm Children, New England Journal of Medicine 2016; 375: 411–421.

Sternberg, Esther: The Balance Within: The Science Connecting Health and Emotions, New York: St. Martin's Press, 2001.

Venkata, N. et al.: Infections, atherosclerosis, and coronary heart disease, European Heart Journal 2017, Vol 38, Issue 43: 3195–3201.

Vinay, D. S. et al.: Review. Immune evasion in cancer: Mechanistic basis and therapeutic strategies, Seminars in Cancer Biology 2015 Dec: 185–198.

Virk, H., Arthur, G., Bradding, P.: Mast cells and their activation in lung disease, Translational Research 2016 Aug: 174: 60–76.

Westwood, J. et al.: The hospital microbiome project: meeting report for the UK science and innovation network UK-USA workshop 'beating the superbugs: hospital microbiome studies for tackling antimicrobial resistance', October 14th 2013, Standards in the Genomic Sciences 2014 Dec 8; 9: 12.

Wiemken T. L. et al.: Dementia risk following influenza vaccination in a large veteran cohort, Vaccine 2021, Volume 29, Issue 39, 5524–5531.

Xiao, L., Fangqing, Z.: Microbial transmission, colonisation and succession: from pregnancy to infancy, Gut 2023 Apr; 72(4): 772–786.

Yang, C.-Y. et al.: The Implication of Vitamin D and Autoimmunity: a Comprehensive Review, Clinical Reviews in Allergy & Immunology 2013 Oct: 45(2): 217–226.

Yitzhak, K. et al.: RNA sequence analysis reveals macroscopic somatic clonal expansion across normal tissues, Science 2019 Jun 7; 364(6444).

Yu, J. et al.: Poor dental health and risk of pancreatic cancer: a nationwide registry-based cohort study in Sweden, 2009–2016, British Journal of Cancer 2022 Dec; 127(12): 2133–2140.

Ziganshina, E. E. et al.: Bacterial Communities Associated with Atherosclerotic Plaques from Russian Individuals with Atherosclerosis, PLoS One 2016 Oct 13; 11(10): e0164836.

Zimmermann, C. et al.: Mast cells are critical for controlling the bacterial burden and the healing of infected wounds, Proceedings of the National Academy of Sciences of the United States of America September 23, 2019; 116 (41) 20500–20504.

Teil III Die Sprache des Lebens.
DNA und RNA

Anderung, C. et al.: Fishing for ancient DNA, Forensic Science International: Genetics 2008 Vol 2, Issue 2: 104–107.

Andrades Valtueña, A. et al.: Stone Age Yersinia pestis genomes shed light on the early evolution, diversity, and ecology of plague, Proceedings of the National Academy of Sciences of the United States of America 2022 Apr 26; 119(17): e2116722119.

Arzate-Mejía, R. G., Mansuy, I. M.: Epigenetic Inheritance: Impact for Biology and Society—recent progress, current questions and future challenges, Environmental Epigenetics 2022 Nov 5; 8(1): dvac021.

Bae, T. et al.: Different mutational rates and mechanisms in human cells at pre-gastrulation and neurogenesis, Science 2017 Dec 7; 359(6375): 550–555.

Ball, Philip: How to Grow a Human: Adventures in Who We Are and How We Are Made, Townhead, Glasgow, Scotland: William Collins, 2019.

Barreiro, L. B., Quintana-Murci, I.: From evolutionary genetics to human immunology: how selection shapes host defence genes, Nature Reviews Genetics 2010 Jan; 11(1): 17–30.

Bauer, Joachim: Das Gedächtnis des Körpers. Wie Beziehungen und Lebensstile unsere Gene steuern, München: Piper, 2013.

Bauer, Joachim: Arzneimittelunverträglichkeit: Wie man Betroffene herausfischt, Deutsches Ärzteblatt 2003; 100(24): A-1654 / B-1372 / C-1288.

Benayoun, B. A., Brunet, A.: Epigenetic memory of longevity in Caenorhabditis elegans, Worm 2012, Jan 1; 1(1): 77–81.

Blot, S.: Antiseptic mouthwash, the nitrate–nitrite–nitric oxide pathway, and hospital mortality: a hypothesis generating review, Intensive Care Medicine 2020 Oct 16; 47(1): 28–38.

Boddy, A. M., Fortunato, A., Savres, M.: Fetal microchimerism and maternal health: a review and evolutionary analysis of cooperation and conflict beyond the womb, BioEssays 2015 Oct; 37(10): 1106–18.

Bonduriansky, R., Day, T.: Nongenetic Inheritance and Its Evolutionary Implications, Annual Review of Ecology, Evolution, and Systematics 2009; 40: 103–125.

Borger, P.: Über den Entwurf des Lebens: Mobile genetische Elemente. Genetische Quellen der Anpassungsfähigkeit, Studium Integrale Journal 2023 Jg. 30: 22–30.

Bregman, Rutger: Im Grunde gut: Eine neue Geschichte der Menschheit. Hamburg: Rowohlt 2020.

Browne, Janet: Charles Darwin. A Biography, New York: Alfred A. Knopf, 1995.

Burn, A. et al.: Widespread expression of the ancient HERV-K (HML-2) provirus group in normal human tissues, PLoS Biology 2022, Oct 18; 20(10): e3001826.

Carlson, J. A. et al.: The immunopathobiology of syphilis: the manifestations are determined by the level of the delayed-type hypersensitivity, The American Journal of Dermatopathology 2011 Jul; 33(5): 433–460.

Chen, L. et al.: Identifying and Interpreting Apparent Neanderthal Ancestry in African Individuals, Cell 2020 Feb 20; 180(4): 677–687.e16.

Dannemann, M., Andrés A. M.: Introgression of Neandertal- and Denisovan-like Haplotypes Contributes to Adaptive Variation in Human Toll-like Receptors, The American Journal of Human Genetics 2016 Jan 7; 98(1): 22–33.

Darwin, Charles: Life and Letters of Charles Darwin, Hamburg: Tredition Classics, 2013.

Davis, Daniel M.: The Compatibility Gene, London: Penguin, 2014.

van Dijk, P. J., Jessop, A. P., Ellis, T. H. N.: How did Mendel arrive at his discoveries?, Nature Genetics 2022, 54: 926–933.

Dorkenwald, S. et al.: FlyWire: online community for whole-brain connectomics. Nature Methods 2022 Jan; 19(1): 119–128.

Edelson, Edward: Gregor Mendel. And the Roots of Genetics (Oxford Portraits in Science), Oxford: Oxford University Press, 2001.

Fairbanks, Daniel J.: Gregor Mendel: His Life and Legacy, Amherst, New York: Prometheus Books, 2022.

Farnsworth, A., Lo, Y.T.E., Valdes P. J. et al.: Climate extremes likely to drive land mammal extinction during next supercontinent assembly, Nature Geoscience 2023 16: 901–908.

Fischer, B., Mitteroecker, P.: Covariation between human pelvis shape, stature, and head size alleviates the obstetric dilemma, The Proceedings of the National Academy of Sciences 2015 Apr 20; 112(18): 5655–5660.

Fortey, Richard: Life. A Natural History of the First Four Billion Years of Life on Earth, New York: Knopf Doubleday Publishing Group, 1999.

Fox Keller, Evelyn: Barbara McClintock. Die Entdeckerin der springenden Gene, Base.: Birkhäuser Verlag 1995.

Gee, Henry: Eine (sehr) kurze Geschichte des Lebens, Hamburg: Hoffmann und Campe, 2022.

Giffin, K., Lankapalli, A. K., Sabin S. et al.: A treponemal genome from an historic plague victim supports a recent emergence of yaws and its presence in 15th century Europe, Scientific Reports 2020 10: 9499.

Gilbert, J. et al.: Current understanding of the human microbiome, Nature Medicine 2018 Apr 20; 24(4): 392–400.

Glass, Bentley: Geneticists Embatt ed: Their Stand against Rampant Eugenics and Racism in America during the 1920s and 1930s, Proceedings of the American Philosophical Society 1986. Vol. 130, No. 1: 130–154.

Grimes, K., Jeong, H., Amoah, A. et al.: Cell-type-specific consequences of mosaic structural variants in hematopoietic stem and progenitor cells, Nature Genetics 2024 56: 1134–1146.

Haak, W., Lazaridis, I., Patterson, N. et al.: Massive migration from the steppe was a source for Indo-European languages in Europe, Nature 522: 207–211.

Harrison, R. G., Larson, E. L.: Hybridization, Introgression, and the Nature of Species Boundaries, Journal of Heredity 2014 Vol 105, Issue S1: 795–809.

Heather, J. M., Chain, B.: The sequence of sequencers: The history of sequencing DNA, Genomics 2016 Jan; 107(1): 1–8.

Helenthal, G. et al.: A genetic atlas of human admixture history, Science 2014 Feb 14; 343(6172): 747–751.

Henig, Robin Marantz: The Monk in the Garden. The Lost and Found Genius of Gregor Mendel, the Father of Genetics, Boston: Mariner Books, 2017.

Hublin, J. J. et al.: New fossils from Jebel Irhoud, Morocco and the pan-African origin of Homo sapiens, Nature 2017, 546: 289–292.

Horsthemke, B.: A critical view on transgenerational epigenetic inheritance in humans, Nature Communications 2018 9: 2973.

Houson, D. H., Weber, N.: Microbial community analysis using MEGAN, Methods in Enzymology 2013; 531: 465–85.

Iltis, Dr. Hugo: Gregor Johann Mendel. Leben, Werk und Wirkung, Berlin Heidelberg: Springer Verlag, 1924.

Jablonski, N. G., Chaplin, G.: Human Skin Pigmentation as an Adaptation to UV Radiation, Proceedings of the National Academy of Sciences 2010 107 (Suppl 2): 8962–8.

Jheeta, S.: The Routes of Emergence of Life from LUCA during the RNA and Viral World: A Conspectus, Life (Basel) 2015 Jun 5; 5(2): 1445–53.

Jones, Elizabeth D.: Ancient DNA: The Making of a Celebrity Science, New Haven, Connecticut: Yale University Press 2022.

Kapil, V. et al.: Physiological role for nitrate-reducing oral bacteria in blood pressure control, Free Radical Biology and Medicine 2013 Feb; 55: 93–100.

Keyles, Daniel J.: Eugenics and human rights, British Medical Journal, 1999 Aug 14; 319 (7207): 435–438.

Krause, Johannes, Trappe, Thomas: Die Reise unserer Gene: Eine Geschichte über uns und unsere Vorfahren, Berlin: Ullstein, 2020.

Krause, Johannes, Trappe, Thomas: Hybris: Die Reise der Menschheit: Zwischen Aufbruch und Scheitern, Berlin: Ullstein, 2023.

Kritsky, G. R.: Gregor Mendel's Early Entomology, American Entomologist 2016, Vol. 62, Issue 4: 202.

Lander, E. S., Schork, N. J.: Genetic dissection of complex traits, Science 1994 Sep 30; 265 (5181): 2037–48.

Li, Jing-ru et al.: Experiments that led to the first gene-edited babies: the ethical failings and the urgent need for better governance, Journal of Zhejiang University Science B 2019 Jan; 20(1): 32–38.

Lobos, C. A. et al.: Protective HLA-B57: T cell and natural killer cell recognition in HIV infection, Biochemical Society Transactions 2022 Sep 16; 50(5): 1329–1339.

López-Otín, C. et al.: The hallmarks of aging, Cell 2013 Jun 6; 153(6): 1194–217.

Luo S. et al.: Biparental Inheritance of Mitochondrial DNA in Humans, Proceedings of the National Academy of Sciences of the United States of America 2018 115 (51): 13039–13044.

Lynch, V. J. et al.: Transposon-mediated rewiring of gene regulatory networks contributed to the evolution of pregnancy in mammals, Nature Genetics 2011 Vol 43 Issue 11: 1154–1159.

Maddox, Brenda: Rosalind Franklin. Die Entdeckung der DNA oder der Kampf einer Frau um wissenschaftliche Anerkennung, Frankfurt am Main: Campus Verlag, 2003.

Majander, K. et al.: Ancient Bacterial Genomes Reveal a High Diversity of Treponema pallidum Strains in Early Modern Europe, Current Biology 2020 Oct 5; 30(19): 3788–3803.e10.

Mendel, Gregor: Versuche über Pflanzen-Hybriden. Vorgelegt in den Sitzungen vom 8. Februar und 8. März 1865, Verhandlungen des Naturforschenden Vereins in Brünn 4, 1866: 3–47.

Michel, M. et al.: Ancient Plasmodium genomes shed light on the history of human malaria. Nature 2024 Jul; 631(8019): 125–133.

Mittelman, K., Burstein, D.: Tiny Hidden Genes within Our Microbiome, Cell 2019, Vol 178, Issue 5: 1034–1035.

Mohanty, I. et al.: The underappreciated diversity of bile acid modifications, Cell. 2024 Mar 28; 187(7): 1801–1818.

Mukherjee, Siddhartha: Das Gen: Eine sehr persönliche Geschichte, Berlin: Ullstein, 2023.

Neffe, Jürgen: Darwin. Das Abenteuer des Lebens, München: Penguin Verlag, 2017.

Novembre, J., Johnson, T., Bryc, K. et al.: Genes mirror geography within Europe, Nature 2008 456: 98–101.

Nurse, Paul: Was ist Leben? Die fünf Antworten der Biologie, Berlin: Aufbau Verlag, 2023.

Our Genes, our microbes, Nature Genetics 2022 54: 95.

Pajic, P. et al.: Independent amylase gene copy number bursts correlate with dietary preferences in mammals, eLife 2019 8: e44628.

Pääbo, Svante: Molecular cloning of Ancient Egyptian mummy DNA, Nature 1985 314: 644–645.

Penrose, L. S.: Phenylketonuria – a problem in eugenics, Annals of Human Genetics 1998 May; 62(Pt 3): 193–202.

Ponce de León et al.: Neanderthal brain size at birth provides insights into the evolution of human life history, Proceedings of the National Academy of Sciences of the United States of America 2008 Sep 16; 105 (37): 13764–13768.

Poznik, G. D. et al.: Sequencing Y Chromosomes Resolves Discrepancy in Time to Common Ancestor of Males Versus Females, Science 2013 Vol 341, Issue 6145: 562–565.

Quach, H. et al.: Genetic Adaptation and Neandertal Admixture Shaped the Immune System of Human Populations, Cell 2016 Oct 20; 167(3): 643–656.e17.

Quintana-Murci, Lluís: Die große Odyssee: Wie sich die Menschheit über die Erde verbreitet hat, München: C. H. Beck, 2024.

Raposo, Vera Lucia: The First Chinese Edited Babies: A Leap of Faith in Science, JBRA Assisted Reproduction 2019 Jul-Sep; 23(3): 197–199.

Reichholf, Josef H.: Der Hund und sein Mensch. Wie der Wolf sich und uns domestizierte, München: Hanser Verlag 2020.

Rowland, I. et al.: Gut microbiota functions: metabolism of nutrients and other food components, European Journal of Nutrition 2017 Apr 9; 57(1): 1–24.

Rutherford, Adam: Control. The Dark History and Troubling Present of Eugenics, London: Weidenfeld & Nicolson, 2022.

Rutherford, Adam: Creation. How Science Is Reinventing Life Itself, London: Current, 2013.

Sanes, Dan H., Reh, Thomas A., Harris, William A.: Development of the Nervous System, London, Oxford, Boston, New York and San Diego: Academic Press 2011.

Sankararaman, S., Mallick, S., Dannemann, M. et al.: The genomic landscape of Neanderthal ancestry in present-day humans, Nature 2014 507: 354–357.

Sato, Y. et al.: Novel bile acid biosynthetic pathways are enriches in the microbiome of centenarians, Nature 2021 Nov; 599(7885): 458–464.

Schmidt, A. et al.: Genetische Prädisposition und variable Infektionsverläufe, Deutsches Ärzteblatt International 2022; 119: 117–23.

Schuenemann, V. J. et al.: Ancient genomes reveal a high diversity of Mycobacterium leprae in medieval Europe, Public Library of Science Pathogens 2018 May 10; 14(5): e1006997.

Schwartz, M., Issing, J.: Paternal inheritance of mitochondrial DNA, The New England Journal of Medicine, 2002 Aug 22; 347(8): 576–80.

Seiler, R. et al.: Oral pathologies of the Neolithic Iceman, c.3,300 bc, European Journal of Oral Sciences 2013 Vol 121, Issue 3 pt 1: 137–141.

She, R. et al.: Comparative landscape of genetic dependencies in human and chimpanzee stem cells, Cell Vol 186, Issue 14: 2977–2994.

Shine, Ian, Wrobel, Sylvia: Thomas Hunt Morgan. Pioneer of Genetics, Lexington, Kentucky: The University Press of Kentucky, 2021.

Shubin, Neil: Das Universum in Dir. Eine etwas andere Naturgeschichte, Frankfurt am Main: S. Fischer, 2014.

Simonti, C. N. et al.: The phenotypic legacy of admixture between modern humans and Neandertals, Science 2016 Feb 12; 351(6274): 737–41.

Smaers, J. B. et al.: The evolution of mammalian brain size, Science Advances 2021 Vol. 7, No. 18.

Stanger, Ben: From One Cell: A Journey into Life's Origins and the Future of Medicine, New York: W. W. Norton & Company, 2024.

Sturtevant, A. H.: A History of Genetics, New York: Harper & Row, 1965.

Tobin, M. J.: April 25, 1953: three papers, three lessons, American Journal of Respiratory and Critical Care Medicine 2003 Apr 15; 167(8): 1047–9.

Toups, M. A. et al.: Origin of Clothing Lice Indicates Early Clothing Use by Anatomically Modern Humans in Africa, Molecular Biology and Evolution 2011 Jan Vol 28, Issue 1: 29–32.

Tribble, G. D. et al.: Frequency of Tongue Cleaning Impacts the Human Tongue Microbiome Composition and Enterosalivary Circulation of Nitrate, Frontiers in Cellular and Infection Microbiology 2019 Mar 1; 9: 39.

Wang. K. et al.: High-coverage genome of the Tyrolean Iceman reveals unusually high Anatolian farmer ancestry, Cell Genomics 2023 Vol 3 m Issue 9: 100377.

Wei, X., Nielsen, R.: CCR5-Δ32 is deleterious in the homozygous state in humans, Nature Medicine 2019 25: 909–910.

Wexler, Alice: Mapping Fate: A Memoir of Family, Risk, and Genetic Research, Berkeley, California: University of California Press 1996.

Zimmer, Carl: She Has Her Mother's Laugh: The Story of Heredity, Its Past, Present and Future, London: Picador, 2019.

Zheng, W. et al.: Amniotic fluid and vaginal microbiota in pregnant women with gestational diabetes mellitus by metagenomics, Medicine in Microecology 2023 Mar 15: 100074.

Zirkle, Conway: The role of Liberty Hyde Bailey and Hugo de Vries in the rediscovery of Mendelism, Journal of the History of Biology 1968 1(2): 205–218.

Zylka-Menhorn, Vera: Telomerase-Hypothese der Krebsentwicklung: Wie die Zündschnur an einem Sprengsatz, Deutsches Ärzteblatt 1997; 94(14): A-898 / B-689 / C-629.

Dank

Mein allererster Dank gilt meinen Patientinnen und Patienten, die mich in den letzten 33 Jahren dazu motiviert haben, weiter zu lernen, um so bestmöglich zu ihrer Gesundheit und zu ihrer Heilung beizutragen. Dank an meine „himmlischen Schwestern" – so nenne ich meine Praxismitarbeiterinnen –, die mich in meiner täglichen Arbeit liebevoll unterstützen. Dank an all meine Kolleginnen, die im Laufe der vielen Jahre mit mir in der Praxis zusammengearbeitet haben.

Dank an alle meine Lehrerinnen, Professoren, Dozentinnen und Assistenten, die mich in meiner Schulzeit und in meinem Studium begleitet haben. Dank an Herrn Professor Dr. Erhard Siegel und Herrn Professor Dr. Dr. h. c. Georg Meyer, die mich immer wieder darin bestärken, das Wissen um die Zusammenhänge zwischen Mund- und Allgemeingesundheit nach außen zu tragen. An alle ärztlichen und zahnärztlichen Kolleginnen und Kollegen und den Vertretern und Vertreterinnen anderer Fachdisziplinen, mit denen ich mich in Gesprächen, Fortbildungen, Vorträgen und Qualitätszirkeln ausgetauscht habe.

Dank an meinen Literaturagenten Tom Drake-Lee von der DHH Literary Agency, der mich zwei Jahre lang begleitet und mich immer wieder dazu ermutigt hat, weiterzuschreiben.

Dank an die Mitarbeitenden der Setzerei Meta Systems Publishing & Printservices GmbH. Einen ganz besonderen Dank an Karin Sora, Ute Skambraks, Nadja Schedensack, Kathleen Prüfer, Undine Ullrich und Kristin Berber-Nerlinger vom Verlag De Gruyter, die mir bei der Arbeit an diesem Buchprojekt liebevoll und aufmerksam zur Seite gestanden haben.

Dank an meine Eltern und meinen Bruder, mit denen ich mich von Kindesbeinen an in wissenschaftlicher Neugier geübt habe und immer noch übe. Einen ganz besonderen Dank an meine inzwischen 85 Jahre alte Mutter, selbst Wissenschaftlerin, die jedes Kapitel immer sofort gelesen und mich mit wertvollen Hinweisen beim Weiterschreiben unterstützt hat.

Ich danke meinem Mann und meinen Kindern für ihre Geduld und ihre Liebe, mit der sie mich beim Schreiben begleitet haben, und für die vielen Ideen und Impulse, mit denen sie mich unterstützt haben.

Heidelberg, im Januar 2025

https://doi.org/10.1515/9783111611143-044

www.ingramcontent.com/pod-product-compliance
Lightning Source LLC
Chambersburg PA
CBHW082128210326
41599CB00031B/5912